Jetzt helfe ich mir selbst

Motor buch Verlag

Einbandgestaltung: Andreas Pflaum

Bilder/Zeichnungen: Detlev Hammermeister, Lautenschlager, Thomas Müller, Klaus Breustedt, Audi, Volkswagen, Bosch, Continental, Dunlop, Uniroyal, Hella.

Alle Angaben und Ratschläge in diesem Ratgeber wurden nach bestem Wissen und Gewissen erteilt. Eine Haftung der Autoren oder des Verlages und seiner Beauftragten für Personen-, Sach- und Vermögensschäden ist jedoch ausgeschlossen.

Dieser Band entspricht dem Kenntnisstand zum Zeitpunkt der Drucklegung. Abweichungen durch Weiterentwicklung der beschriebenen Fahrzeuge, geänderte Anweisungen des Fahrzeugherstellers bzw. neue gesetzliche Bestimmungen sind möglich.

ISBN 3-613-02083-1

Ein Unternehmen der Paul Pietsch Verlage GmbH + Co
1. Auflage 2000

Grafische Gestaltung: Andreas Pflaum
Herstellung: Maisch & Queck
Druck: Maisch & Queck, 70839 Gerlingen
Bindung: Nething Buchbinderei, 73235 Weilheim
Printed in Germany

Detlev Hammermeister

AUDI A6
AUDI A6 AVANT

Vierzylinder 1,8 Liter, 92 KW/125 PS ab 11/97
Vierzylinder-Turbo 1,8 Liter, 110 KW/150 PS ab 4/97
Sechszylinder 2,4 Liter 121 KW/165 PS ab 4/97
Sechszylinder 2,8 Liter 142 KW/193 PS ab 4/97
Vierzylinder-TDI 1,9 Liter 81 KW/110 PS ab 4/97

Inhaltsverzeichnis

Ein Ratgeber stellt sich vor

»Jetzt helfe ich mir selbst« ist ein Ratgeber rund ums Auto. Er zeigt, wie die Technik funktioniert und wie Sie Ihr Fahrzeug optimal pflegen und warten können. Sie werden sehen: Do it yourself macht Spaß und spart Geld. Und mit dem richtigen Know-how schrumpft manche Panne zur Bagatelle, weil oft wenige Handgriffe genügen, ein Auto wieder flott zu machen.

Ein Ratgeber mit System

Jedes Kapitel dieses Ratgebers gliedert sich in die Abschnitte Theorie, Wartung und Reparatur.

Theorie: Hier informieren Sie sich über Technik und Funktionen. Neben ausführlichen Beschreibungen finden Sie in diesem Abschnitt auch ein **Techniklexikon** mit Hintergrundwissen zu speziellen Problemen.

Wartung: Eine detaillierte Anleitung führt Step by Step durch alle Arbeiten. **Arbeitssymbole** verdeutlichen Zeitaufwand, Schwierigkeitsgrad sowie Gefahren für Sicherheit und Umwelt. Eine Fotodokumentation veranschaulicht Arbeitsabläufe und Probleme.

Reparatur: Die **Arbeitsschritte** werden nach dem gleichen Muster dargestellt wie die Wartungsarbeiten. **Praxistipps** helfen Ihnen bei der Umsetzung und bei Problemen. Der Reparatur-Teil enthält auch häufig einen **Störungsbeistand,** der Störungen, Ursachen und Abhilfen auflistet.

Technik-Themen und Störungsbeistände erschließen Sie über die Inhaltsübersicht und das Stichwortverzeichnis. Im Inhaltsverzeichnis finden Sie auch einen Hinweis auf die Wartungen und Reparaturen zu den verschiedenen Baugruppen: Jeweils auf der ersten Seite des entsprechenden Kapitels steht eine Übersicht mit Seitenangaben, die Sie direkt zu den Arbeitsschritten führt.

Die Bauteile des Motors

Technik-lexikon

Motorblock. Hier sind die beweglichen Teile gelagert. Er besteht bei vielen Motoren aus Grauguss. Der Motorblock trägt auch Aggregate wie Lichtmaschine, Anlasser und Zündanlage.

Zylinderkopf. Schließt den Zylinder nach oben ab. Er enthält Kanäle für Frisch- und Abgas, Ventilsitze, Lager und Führungen für Teile der Ventilsteuerung, Zündkerzengewinde, Wasserkanäle und Brennraum. Die Zylinderkopfdichtung zwischen den Metall-Flächen von Zylinderkopf und Zylinderblock verhindert, dass an dieser Stelle Luft und Kühlwasser in den Zylinder gelangen.

Technik auf den Punkt gebracht: Knappe und präzise Infos über Begriffe, Funktionen und Zusammenhänge.

Wartung

Motor durchdrehen ....

Ventilspiel prüfen ....

Ventile einstellen ....

Kompressionsdruck messen ....

Reparatur

Zahnriemenzustand prüfen ....

Zahnriemenspannung behelfsmäßig prüfen ....

Eine Übersicht der Wartungen und Reparaturen finden Sie auf der ersten Seite jedes Kapitels. Die Seitenangaben führen Sie direkt zu den Arbeitsschritten.

Arbeitsschritte | W | 30.000 km 2 Jahre

① Ansauggeräuschdämpfer abbauen. Beim Diesel: Luftansaugleitung abbauen. Bei allen Motoren: elektrische Steckverbindungen lösen.

② Sechs Schrauben der Zylinderkopfhaube lösen und Haube vorsichtig abnehmen. Sitzt der Deckel fest, lösen Sie ihn durch Schläge mit Handballen oder Hammerstiel.

③ Für die Messung von Ein- und Auslassventil eines Zylinders müssen beide Ventile entlastet sein. Dazu den Motor durchdrehen, bis an der Nockenwelle die Spitzen beider Nocken von Zylinder 1 (in Fahrtrichtung rechts) symmetrisch nach links und rechts oben zeigen (OT-Markierung beachten). Diese Position entspricht dem Oberen Totpunkt.

Die Arbeitsschritte führen Sie Step by Step durch Ihre Wartungen und Reparaturen. Hier steht, wo Sie den Hebel ansetzen müssen und worauf Sie dabei achten müssen.

Kühlsystem

Störungs-beistand

Störung	Ursache	Abhilfe
A Temperatur-Anzeigenadel steht im roten Bereich	**1** Keilrippenriemen zu schwach gespannt oder gerissen	Riemenspannung kontrollieren oder Riemen ersetzen
	2 Zu wenig Flüssigkeit im Kühlsystem	Auffüllen, notfalls aus der Scheibenwaschanlage
	3 Kabel zur Temperaturanzeige hat Masseschluss	Kabel am Temperaturgeber abziehen, Zeiger muss zurückgehen, sonst Masseschluss; Kabelverlauf kontrollieren

Der ideale Pannenhelfer: Der »Störungsbeistand« hilft Ihnen, Fehlern und Defekten an Ihrem Fahrzeug systematisch auf den Grund zu gehen. Außerdem finden Sie hier Tipps, wie Sie mit einer Störung fertig werden.

Praxistipp

Kompressionsdruckluft strömt aus

Wenn Kompressionsdruckluft an einer der folgenden Stellen ausströmt, hat dies meist diese Ursachen:

- Ansaugkrümmer oder Luftfiltergehäuse: defektes Einlassventil.
- geöffneter Kühler oder Kühlmittel-Ausgleichsbehälter.

Praxistipps für Schrauber: Hier steht, wie Sie schnell und effektiv Fehler feststellen und Probleme lösen.

Wartung und Inspektion

Sie finden den **Wartungsplan** von »Jetzt helfe ich mir selbst« auf den hinteren Buchseiten. Er basiert auf dem Wartungsplan, den die Autohersteller an ihre Vertragswerkstätten ausgeben. Außerdem enthält er einige Wartungsarbeiten an Baugruppen, die der Prüfer von TÜV oder DEKRA bei einer Hauptuntersuchung in Augenschein nimmt.
Wenn Sie einen neuen Audi fahren, halten Sie unbedingt die Wartungsintervalle des Herstellers ein. Vor allem verzichten Sie aufs Do it yourself: Selbst berechtigte Garantieansprüche erfüllt Audi ausschließlich nur dann, wenn eine Vertragswerkstatt die Wartungsarbeiten an Ihrem Audi erledigt hat.

Ratgeberservice: Checklisten

Auf die vorderen und hinteren Umschlaginnenseiten dieses Ratgebers haben wir eine Reihe von **Checklisten** gestellt, die Ihnen helfen, Ihr Auto für Alltag, Winter und TÜV/DEKRA fit zu machen. Hier steht, welche Arbeiten Sie durchführen sollten und auf welchen Seiten Sie die Arbeitsanleitungen dazu finden. Am besten die benötigte Liste kopieren und alle Arbeiten Punkt für Punkt abhaken.

Die Arbeitssymbole

Der Umweltbaum soll Sie für den Umweltschutz sensibilisieren. Er taucht immer dann auf, wenn eine Arbeit oder die dabei anfallenden Abfälle für die Umwelt problematisch sind.

Die Zahl der Schraubenschlüssel signalisiert den Schwierigkeitsgrad.
1 Schlüssel = leichte Arbeit; 2 Schlüssel = anspruchsvolle Arbeit; 3 Schlüssel = schwierige Arbeit.

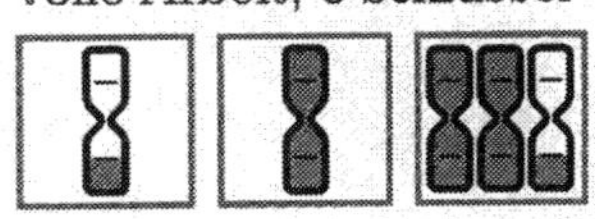

Die Sanduhr nennt den Zeitaufwand für den Hobby-Schrauber. Ein Teilstrich steht für eine Viertelstunde – bei einer gefüllten Uhr müssen Sie also mit rund einer Stunde Arbeit rechnen.

Das Ausrufezeichen steht für Arbeiten, die die Betriebssicherheit Ihres Fahrzeugs betreffen. Wenn Sie nicht absolut kompetent sind: Hände weg! Das ist ein Fall für die Werkstatt.

Die Prüfplakette klassifiziert eine Vorsorgearbeit für die Hauptuntersuchung. Sie sparen Geld und Zeit, wenn Sie die markierten Wartungs- und Prüfarbeiten vor Ihrem Termin bei TÜV oder DEKRA durchführen.

Die Wartungsplakette bezeichnet alle Wartungsarbeiten für Ihr Auto, die auch die Werkstatt beim Kleinen und Großen Kundendienst durchführt. Sämtliche Punkte entsprechen den offiziellen Wartungsplänen.

DER AUDI A

Mit dem A6 hat Audi endgültig den Aufstieg in die Oberklasse geschafft. Anspruchsvolle Technik, hervorragende Verarbeitungsqualität und natürlich das charakteristische Design machen den A6 zum Konkurrenten von Mercedes E-Klasse und BMW Fünfer.

Der Audi A6

Das Beste kommt zum Schluss. Wenn dieser Slogan irgendwo seine Berechtigung hat, dann beim Design des Audi A6. Während der Anblick von vorn noch nichts Großes erahnen lässt – um Markenidentität zu wahren, ähnelt der A6 in der Frontpartie stark dem Vorgänger und auch dem A4 – kommt hinten eine dicke Überraschung: Das extrem flach auslaufende Dach und die weit nach außen verbannten Rückleuchten geben der Ingolstädter Limousine ein ausgesprochen progressives Erscheinungsbild. Sie würde sich auch im Museum für Modern Art in New York gut behaupten.

Die Design-Revolution bei Audi

Hinter dem Design-Konzept, das derzeit im Audi TT seinen Höhepunkt findet, steht das Audi-Selbstverständnis, Top-Marke des VW-Konzerns zu sein. Und das soll sich nicht nur im »Vorsprung durch Technik« (Audi-Werbeslogan) ausdrücken, sondern, für jedermann erkennbar, auch in der Optik. Peter Schreier, Chefdesigner bei Audi erklärt seine Philsophie so: »Von Zeit zu Zeit muss eine Rebellion im Design stattfinden.« Rebellion, das klingt nach Aufruhr und Revolte – unerhört für eine bislang als ausgesprochen konservativ geltende bayrische Autofirma.

Doch Unerhörtes hat Audi in der Tat vollbracht. Noch zu Beginn der achtziger Jahre galt ein Audi als langweilige Beamtenkutsche. Die Konkurrenten des Audi 100, Vorgänger des A6, hießen Ford Scorpio oder Opel Omega. Heute gilt der A6 als Gegner der Mercedes E-Klasse und des BMW Fünfer. Damit hat Audi geschafft, was bislang kaum einem anderen Hersteller gelungen ist: der Aufstieg in die Oberklasse-Gesellschaft. Der A6 ist damit vorläufiger Schlusspunkt einer seit vielen Jahren andauernden Entwicklung.

Die Verarbeitungs-Qualität: Spitzenklasse

Dieser Erfolg ist freilich nicht nur eine Frage des Designs. Ferdinand Piech legte den Grundstein, indem er unerbittlich »Vorsprung durch Technik« und kompromisslose Verarbeitungsqualität durchsetzte. Hochwertig anmutende Materialien im Innenraum, Vollverzinkung der Karosserie und perfekte Passungen dokumentieren schon seit langem Audis Oberklasse-Anspruch. Ein aktuelles Beispiel für diese Entwicklung ist die sogenannte Null-Fuge. Gemeint ist der spaltlose Übergang zwischen dem schwarzen Kunststoffstoßfänger und dem in Wagenfarbe lackierten Kotflügel. Dadurch wird einerseits die Designlinie nicht unterbrochen, andererseits der optische Qualitätseindruck angehoben. Kommentar der Zeitschrift auto motor und sport: »Unerschütterliche Verwindungssteifigkeit, hochwertiges Plastik und feines Gewirk im Innenraum, alles sauber verarbeitet, verleihen dem A6 eine Güteklasse, um die ihn auch die Konkurrenten in München und Stuttgart beneiden dürften.«

Komplette Serienausstattung

Das gilt auch für die Serienausstattung des A6. Neben Standards in der Klasse wie elektrische Fensterheber, fernbedienbare Zentralverriegelung, Servolenkung, ABS und vier Airbags bietet der Audi ohne Aufpreis auch Leichtmetall-Felgen und eine Klimaautomatik. Sie ist für beide Seiten getrennt regelbar und berücksichtigt per Sonnenstandssensor auch Intensität und Einfallswinkel der Sonneneinstrahlung. Besonders wichtig für Gebrauchtwagen-Interessenten: Die Klimaautomatik gibt es in laut Audi-Terminologie nicht serienmäßig, sondern, wie gesagt, ohne Aufpreis. Dass ein Neuwagen-Käufer auf die Klimaautomatik verzichtet, ist zwar unwahrscheinlich – zumal der Verzicht keine Geldersparnis bedeutet. Trotzdem ist es theoretisch möglich, daß A6 ohne Klimaanlage auf dem Markt sind. Nachfragen kann also nichts schaden. Um den unterschiedlichen Geschmäckern der Kunden Rechnung zu tragen, bietet Audi den A6 in drei Ausstattungslinien an: Advance, Ambition und Ambiente. Diese setzen unterschiedliche optische Akzente. Holzdekor kostet bei allen Linien Aufpreis.

Der A6 ist eine markante Erscheinung von unverwechselbarem Charakter. Er wirkt dynamisch, aber nicht aggressiv. Um Oberklasse-Ansprüchen gerecht zu werden, bietet der Audi ohne Aufpreis unter anderem serienmäßig vier Türen, elektrische Fensterheber, Klimaautomatik und Leichtmetallfelgen.

Das Heck des A6 gefällt nicht jedem, es ist aber unbestritten seine interessanteste Seite. Von hinten wirkt der Audi wie ein Design-Objekt, das sich auch in einem Museum für moderne Produkt-Gestaltung gut machen würde.

Der Avant ist seit November 1997 auf dem Markt. Das Volumen des komplett mit Teppich ausgekleideten Kofferraums reicht von 455 Liter bis 1590 Liter bei umgeklappter Rückbank. Dass der Avant kein Lastesel sein will, verdeutlichen die angebotenen Motor-Varianten: Es gibt den Kombi auch mit bis zu 340 PS starkem Achtzylinder-Motor.

Viel High-Tech gegen Aufpreis

Darüber hinaus lässt sich der A6 mit einer Vielzahl von aufpreispflichtigen Extras ausstatten. Dazu gehören ein Navigationssystem, dessen Bildschirm in der Topversion »Plus« auch als Fernsehgerät fungiert, und eine Einparkhilfe mit Abstandssensoren im hinteren Stoßfänger. Weiter gibt es unter anderem Xenon-Scheinwerfer, ein beheizbares Lenkrad und einen automatisch abblendenden Innenspiegel. Der Audi-typische Allradantrieb quattro ist außer für die Einstiegsmodelle 1.8 und 1.9 TDI natürlich auch lieferbar. Diese beiden Versionen können auch mit einem Viergang-Automatikgetriebe ausgerüstet werden. Bei den stärkeren Modellen steht eine Fünfgang-Automatik mit Tiptronic zur Wahl. Damit lassen sich die Gänge bei Bedarf auch manuell schalten.

Die Motoren

Um möglichst vielen Ansprüchen gerecht zu werden, steht eine große Auswahl an Motoren zur Verfügung. Der Kunde muss zwischen nicht weniger als acht Benzin- und zwei Diesel-Versionen entscheiden. Charakteristikum aller Benziner ist die Fünfventiltechnik, die besonders hohen Gasdurchsatz ermöglichen soll. Der Einstieg beginnt mit dem vierzylindrigen 1.8, der 125 PS liefert. Die genügen für 203 km/h Höchstgeschwindigkeit, der Durchschnittsverbrauch nach 93/116/EG liegt bei 8,5 Liter Super auf 100 Kilometer. Einen Hauch sparsamer ist die Turboversion des Vierzylinders, die es auf 150 PS bringt. Die Maximalgeschwindigkeit des A6 1.8T beträgt 217 km/h, den Verbrauch gibt Audi mit 8,4 Liter Super an.

Deutlich mehr verbrauchen die Sechszylinder-V-Motoren. Der 2.4 mit 165 PS und 222 km/h Höchstgeschwindigkeit genehmigt sich im Schnitt 9,8 Liter, genausoviel wie der 236 km/h schnelle 2.8 mit 193 PS. Im Stadtverkehr sind bei den Sechszylindern Verbräuche von um die 14, mit Automatik gar 16 Liter einzukalkulieren.

Für sportlich orientierte Audi-Fahrer gibt es den 2.7 T, ein V6, der es dank zweier Turbolader mit Ladeluftkühlung auf 230 PS bringt. Der 2.7 T hat serienmäßig ein Sechsgang-Getriebe und beschleunigt auf maximal

247 km/h. Das ist noch nicht das Ende der Fahnenstange: Um jeden Zweifel am Anspruch der Modellreihe auszuräumen, präsentierte Audi auf dem Automobil-Salon in Genf 1999 zwei Achtzylinderversionen: einen 3,7 Liter mit 260 PS und einen 4,2 Liter mit 300 PS. Noch beeindruckender die Drehmomentwerte: Beim kleinen V8 stehen 350 Nm zur Verfügung, beim großen sind es sogar 400 Nm. Die Höchstgeschwindigkeit wird in beiden Fällen bei 250 km/h abgeregelt. Im Jahr 2000 setzt Audi noch einen drauf: Dann kommt der S6 mit 340 PS.
Die ganz andere Audi-Welt repräsentieren die beiden Diesel-Versionen. Der 1.9 TDI ist mit 110 PS der leistungsschwächste Motor im A6-Programm, mit 197 km/h Höchstgeschwindigkeit aber beileibe keine Schnecke. Und er verbraucht am wenigsten: Im Schnitt nur 5,7 Liter auf 100 Kilometer. Der andere Diesel, der 2.5 TDI, verbraucht trotz serienmäßigem Sechsgang-Getriebe mit 6,9 Litern zwar deutlich mehr, ist als 150 PS starker und 218 km/h schneller Sechszylinder aber auch von ganz anderem Kaliber.

Die Modellpflege beim A6

1997

Markteinführung der Limousine im **April.** Zunächst sind folgende Motoren erhältlich: der 1.8 Turbo mit 150 PS, die beiden V6 mit 165 beziehungsweise 193 PS und der 1.9 TDI.

Ab **August** (Modelljahr '98) werden alle Benzinmotoren in der Abgasnorm EU III-D eingestuft. Erweiterte Funkfernbedienung der Zentralverriegelung: Mit dem Schlüssel lassen sich Fenster und Schiebedach (optional) öffnen und schließen. Einführung der Niveauregulierung auf Luftfederbasis und der automatisch abblendenden Außenspiegel (Optionen).

Im **September** kommt der neue Diesel-Direkteinspritzer. Der 2.5 TDI hat einen Sechszylinder-V-Motor und 150 PS.

Im **November** kommt der 1.8 mit 125 PS, ein Vierzylinder aus Aluminium.

1998

Markteinführung der Kombiversion Avant im **Februar.** Auf dem Genfer Automobilsalon im **März** präsentiert Audi den A6 Biturbo mit 230 PS. Die Markteinführung steht noch nicht fest. Anfang 1998 Einführung der ISO-FIX-Kindersitzefestigung (Option). Außerdem gibt es folgende neue optionale Ausstattungsdetails: Tiptronic-Lenkrad und Multifunktionslenkrad mit Radio-Betätigung und Heizung, das elektronische Stabilitätsprogramm ESP und die Einparkhilfe Acoustic Parking System (APS).

1999

Im **März** präsentiert Audi die Achtzylinder-Versionen 3.7 und 4.2 mit 260 beziehungsweise 300 PS. August: Präsentation des S6 mit 340 PS. Ab **August** '99 (Modelljahr 2000) haben alle Sechszylinder-Benziner ESP serienmäßig. Gegen Aufpreis gibt es das Kopfairbag-System Sideguard und eine elektrisch verstellbare Lenksäule. 16-Zoll-Leichtmetallräder bei allen A6 serienmäßig.

Abmessungen
Mit einer Gesamtlänge von knapp 4,8 Metern ist der A6 eine klassische Reise-Limousine. Sie bietet im Innenraum jede Menge Platz – und das nicht nur auf den vorderen Plätzen. Der Avant ist nicht länger, bietet aber natürlich mehr Variabilität und etwas mehr Kofferraumvolumen. Während die Limousine mit 434 Litern auskommen muss, bringt es der Avant auf 455 Liter. Bei umgeklappter Rückbank steigt die Ladekapazität auf maximal 1590 Liter.

DIE AUSRÜSTU

Wenn Sie nicht das geeignete Werkzeug besitzen, kommen Sie beim Schrauben an Ihrem A6 nicht weit. Das Bordwerkzeug reicht für kaum mehr als den Radwechsel.

NG

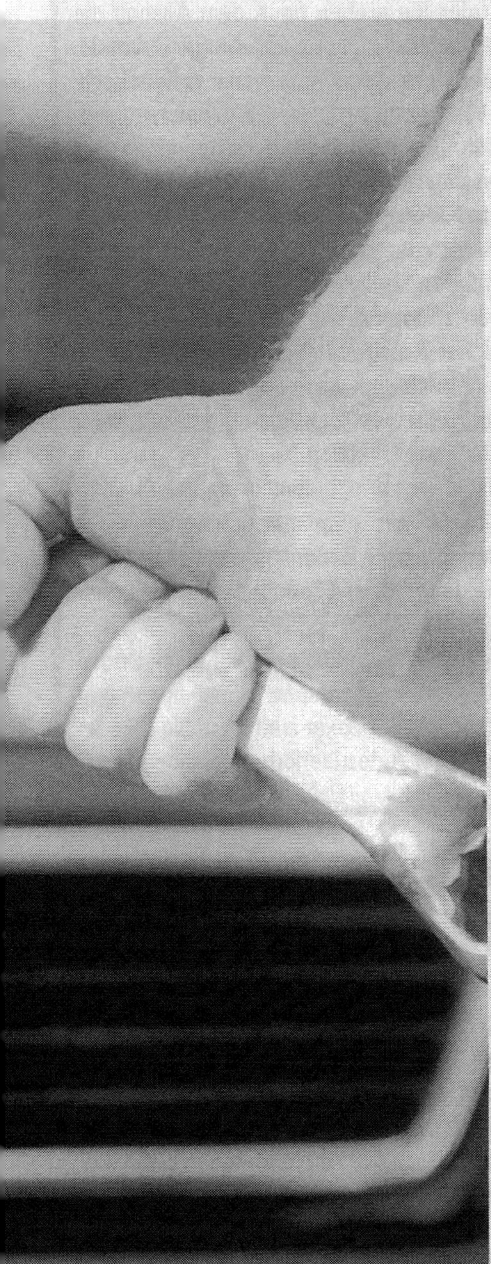

Eine gute Organisation und Vorbereitung sind auch beim Heimwerken fast schon die halbe Miete. Nur wenn der Arbeitsplatz geeignet ist, die Ausrüstung stimmt und das enötigte Material bei Bedarf auch wirklich zur Verfügung steht, haben Sie Spaß beim Do it yourself. Und Spaß ist die Grundvoraussetzung für eine erfolgreiche Pflege und Wartung Ihres Audi A6.

Der Arbeitsplatz

Als Hobbymechaniker brauchen Sie einen geeigneten Arbeitsplatz, damit Sie sich ganz aufs Schrauben konzentrieren können. Am besten eignet sich eine Garage mit Stromanschluss, die ausreichend breit und gut beleuchtet ist. Sie können aber durchaus auch im Freien zum Werkzeug greifen. Zu Ihrer eigenen Sicherheit sollten Sie dann auf eine ebene und befestigte Fläche Wert legen.

Mietwerkstatt

Mietwerkstätten sind in aller Regel eine gute Empfehlung für Selbstschrauber. Dort gibt es neben Hebebühnen und umfangreicher Werkzeugausstattung oft auch kompetente Hilfestellung mit Praxistipps bei Problemen am Fahrzeug und mit der Technik. Die meisten Mietwerkstätten bieten mehrere Arbeitsplätze. Mit freien Plätzen ist unter der Woche eher zu rechnen als am Wochenende, wenn alle Autobastler zum Werkzeug greifen. Die Preise für eine Werkstattstunde bewegen sich zwischen 15 und 20 Mark, Werkzeug inbegriffen. Die Adressen finden Sie in den Gelben Seiten. Achten Sie auch auf entsprechende Anzeigen im Autoteil der Tageszeitung und in Anzeigenblättern oder fragen Sie bei einer Tankstelle nach.

Werkstattbesuch gut vorbereiten

Die Eigenarbeit in der Mietwerkstatt lohnt sich freilich nur, wenn die Reparatur flott von der Hand geht. Führen Sie eine umfangreiche Arbeit zum ersten Mal selbst aus, kann die Summe der angesammelten Mietwerkstattstunden leicht teurer werden als der Arbeitspreis in der Fach- bzw. Vertragswerkstatt. Dazu kommt: Wenn Sie erst einmal angefangen haben, müssen Sie die Arbeit meist auch direkt zu Ende führen. Das zwingt Sie förmlich zu einer akribischen Vorbereitung der geplanten Aktion – Sie wollen ja nicht die Hälfte der gebuchten Zeit mit der Organisation fehlender Teile oder Hilfsmittel verbummeln.

Der Ersatzteilkauf

Die für Wartungs- oder Reparaturarbeiten benötigten Ersatzteile sollten Sie spätestens am Tag der Arbeit parat haben. Stellen Sie sich eine Liste der Ersatzteile zusammen, die Sie für Ihre Arbeit brauchen. Denken Sie dabei nicht nur an die direkt betroffenen Teile, sondern auch an Zubehör wie Dichtungen, Sicherungsringe und selbstsichernde Muttern. Fragen Sie zur Sicherheit den Fachmann im Ersatzteillager – er ist mit diesem Problem vertraut und sucht Ihnen die erforderlichen Teile heraus.

Reparaturen, deren Umfang Sie nicht genau abschätzen können, sollten Sie auf einen Termin legen, der Ihnen auch einen außerplanmäßigen Besuch beim Zubehör- oder Stützpunkthändler erlaubt. Rechnen Sie damit, dass selbst eine Werkstatt nicht immer alle Teile auf Lager hat und diese dann erst bestellen muss.

Das richtige Ersatzteil

Im Laufe der Produktionszeit haben sich manche Details am Audi A6 geändert. Deshalb entscheidet oft das Baujahr, welches Ersatzteil für einen A6 das richtige ist. Sie erleichtern sich und dem Verkäufer die Arbeit, wenn Sie den Fahrzeugschein mitnehmen und die Daten des Typenschilds auf einem Zettel notiert haben. Mit diesen Informationen kann ein geschulter Ersatzteilverkäufer das für Ihr Fahrzeug passende Teil mühelos aus dem Katalog oder dem vom Hersteller zusammengestellten Microfiche ermitteln. Wenn Sie auf Nummer Sicher gehen wollen: Bringen Sie das ausgebaute Altteil gleich mit zum Händler.

Praxistipp

So arbeiten Sie effektiv

- Säubern Sie zuerst den Arbeitsplatz. Schrauben und Teile von früheren Zerlegearbeiten sollten unbedingt weggeräumt werden, damit Sie nichts Falsches wieder einbauen.
- Abgenommene Teile legt man in der Ausbaureihenfolge ab. Das erleichtert den Zusammenbau.
- Kleinteile packen Sie am besten in kleine Schachteln oder Gläser. Oder Sie drehen nach dem Ausbau die Schrauben gleich wieder in das zugehörige Gewinde. So werden ganz sicher keine Schrauben verwechselt.
- Falls sich ein Wasserablauf in der Nähe befindet, sollten Sie ihn während der Arbeit abdecken, sonst verschwinden garantiert Kleinteile darin.
- Lesen Sie mitgelieferte Reparatur- oder Montageunterlagen vor Beginn der eigentlichen Arbeit durch. Und zwar konzentriert und gründlich. Deponieren Sie diese Unterlagen während der Arbeit in Reichweite.
- Bei umfangreichen Arbeiten sollten Sie eine Skizze anfertigen und sich zusätzlich die Reihenfolge der ausgebauten Teile aufschreiben. Das erleichtert bei Bedarf die Fehlersuche ganz erheblich.
- Zum Hinlegen, etwa bei Arbeiten in den Radkästen oder an den Stoßfängern, empfiehlt sich als Unterlage eine alte Decke gegen die Bodenkälte und darauf eine Plastikfolie, die gegen Öl und Feuchtigkeit unempfindlich ist.
- Bleiben nach der Arbeit Ölspuren auf dem Boden zurück, hilft fürs erste ein scharfer Haushaltsreiniger oder Geschirrspülmittel. Besser sind spezielle Ölfleckentferner, wie sie der Autozubehörhandel anbietet.

Originalteile oder Fremdteile?

Alle Ersatzteile, die Sie im Reparaturfall für Ihren A6 benötigen, erhalten Sie bei einem Audi-Händler. Aber Sie müssen nicht ausschließlich dort einkaufen. Der Zubehörhandel hält ebenfalls ein breites Angebot bereit, darunter Teile von denselben Herstellern, die das Audi-Werk beliefern. Vergleichen Sie die Preise, wenn Service und Lieferfähigkeit gleich sind. Auf No-name-Produkte sollten Sie beim Ersatzteilkauf verzichten. Die eingesparten Beträge sind gering und machen die fehlende Beratung beim Kauf von Verschleißteilen nicht wett.

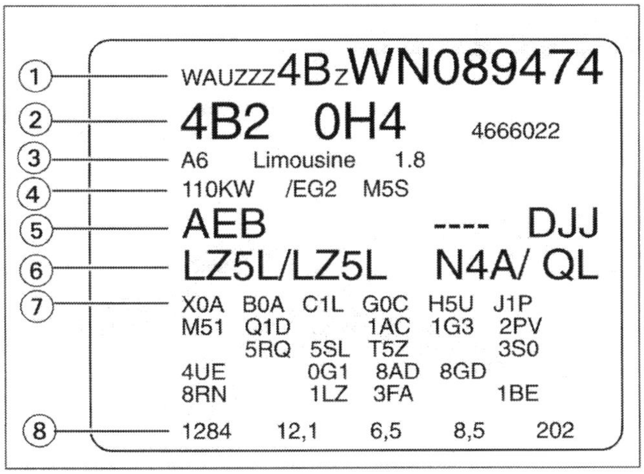

Den Fahrzeugdatenträger finden Sie im Serviceplan und am Fahrzeug hinten in der Reserveradmulde oder auf dem Gepäckraumboden. Der Aufkleber enthält folgende Fahrzeugdaten:
❶ Fahrzeug-Identifikationsnummer. ❷ Typ-Kennnummer, ❸ Typerklärung. ❹ Motorleistung/Abgasnorm/Getriebe. ❺ Motor- und Getriebekennbuchstabe. ❻ Lacknummer/Innenaustattungs-Kennnummer. ❼ Mehrausstattungs-Kennnummern. ❽ Leergewicht/Verbrauch/CO2-Emission.

Safety first

Bei sicherheitsrelevanten Ersatzteilen ist Sparsamkeit freilich am falschen Platz. Bremsbeläge, Bremsscheiben, Radlager, Antriebswellen und Gelenke sollten Sie grundsätzlich in Erstausrüster- oder Originalqualität kaufen. Die meisten Billig-Produkte entsprechen bei weitem nicht der vom Hersteller geforderten Mindestqualität. Was nutzen Ihnen preiswerte Bremsscheiben aus Osteuropa oder Asien, wenn sie nach dem Einbau eine Unruhe in der Vorderachse verursachen, die nur für teures Geld in der Werkstatt behoben werden kann? Audi sieht beim A6 eine spezielle Mischung des Bremsbelagmaterials vor. Die Kennnummer dafür steht in der »Allgemeinen Betriebserlaubnis« (ABE). Falls Ihr Fahrzeug nach einem ernsteren Unfall begutachtet wird und sich dabei eine nicht freigegebene Belagsmischung herausstellt, kann sich dies zu Ihren Ungunsten auswirken. Ihre Sicherheit und die Sicherheit anderer Verkehrsteilnehmer muss Ihnen daher ein paar Mark extra wert sein.

Austauschteile

Second hand lohnt sich bei einer Reihe von Ersatzteilen. Austauschteile von Audi haben die gleiche Qualität wie ein Neuteil, sind deutlich billiger und werden mit gleicher Garantie geliefert. Auch der Zubehörhandel bietet zahlreiche neuwertige Austauschteile an. Erneuerte Elektrik-Bauteile vertreibt die Firma Bosch über ihre Autoelektrik-Werkstätten. Aber auch der Autoverwerter ist in vielen Fällen eine gute Adresse – wenn Sie eine Reparatur besonders billig ausführen wollen und auf Äußerlichkeiten keinen großen Wert legen. Das gilt etwa für Karosserie-Bauteile wie Türen, Stoßfänger und Motorhauben. Gebrauchte Verschleißteile lohnen sich jedoch nur dann, wenn sie deutlich besser sind als die bisher im Wagen eingebauten. Bisweilen müssen Sie das gewünschte Ersatzteil selbst ausbauen. Fragen Sie auf jeden Fall nach dem Preis: Das gebrauchte Teil darf höchstens halb so teuer sein wie das Neuteil. Ein Verschleißteil darf nicht mehr als ein Viertel des Neupreises kosten.

Teilmotor oder Austauschmotor?

Bei Schäden an Kurbeltrieb, Kolben und Ölwanne lohnt sich der Kauf eines Teilmotors. Das ist eine wirtschaftliche Alternative, weil man beim Einbau Zylinderkopf und Nebenaggregate vom alten Motor übernimmt. Ein kompletter Austauschmotor macht dagegen nur bei einem jüngeren und gut erhaltenen Fahrzeug Sinn. Fragen Sie in Ihrer Audi-Werkstatt nach. Außerdem gibt's eine Reihe von Firmen, die auf Komplett- und Teilüberholung von Motoren spezialisiert sind und Reparaturen nach Qualitätsrichtlinien garantieren. Ein Anschriftenverzeichnis dieser Betriebe erhalten Sie beim Verband der Motorinstandsetzungsbetriebe e.V., Gothaer Straße 17, 40980 Ratingen.

Original-/Fremdteile	Austauschteile
Anlasser	Anlasser
Ölfilter	Kupplungsdruckplatte
Lichtmaschine	Schwungrad
Glühlampen	Antriebswellen
Scheinwerfer	Kurbelwelle mit Lagern
Keilriemen	Zylinderkopf
Stoßdämpfer	Lichtmaschine
Radbremszylinder	Kupplungs-Mitnehmerscheibe
Bremsschläuche	Getriebe
Lack	Antriebswellen
Motordichtungen	Zylinderblock mit Kolben
Zündkabel	Kurbelwelle mit Lagern
Zündkerzen	Teilmotor
Gelenkwellen	
Hauptbremszylinder	
Bremsleitungen	
Kupplung	
Reparaturbleche	

Werkzeug-Grundausstattung

– Bleiben nach der Arbeit Ölspuren auf dem Boden zurück, hilft fürs erste ein scharfer Haushaltsreiniger oder Geschirrspülmittel. Besser sind spezielle Ölfleckentferner, wie sie der Autozubehörhandel anbietet.

Nur vollständiges und gutes Werkzeug garantiert Ihnen das gewünschte Ergebnis. Überprüfen Sie daher Ihre Ausrüstung, bevor Sie mit der Arbeit beginnen.

- Schlechtes Werkzeug, das sich schon bei der ersten verrosteten Schraube verbiegt oder ausbricht, macht Ihnen jede Menge Ärger und verdirbt den Spaß an der Bastelei.
- Achten Sie beim Kauf Ihrer Werkzeug-Grundausstattung auf Qualität – gute Werkzeuge werden aus einwandfreiem Material hergestellt und arbeiten stets maßgenau.
- Wer nur gelegentlich schrauben möchte, dem genügt die folgende Grundausstattung:

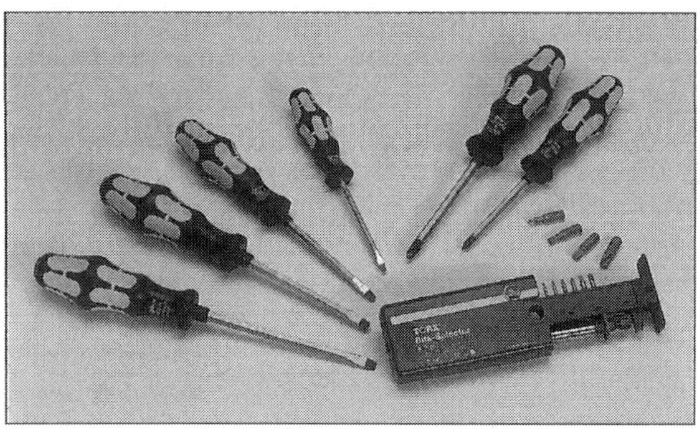

Ein Sortiment Schraubendreher mit rutschfestem Griff für Schlitz-, Kreuzschlitz- und Torxschrauben.

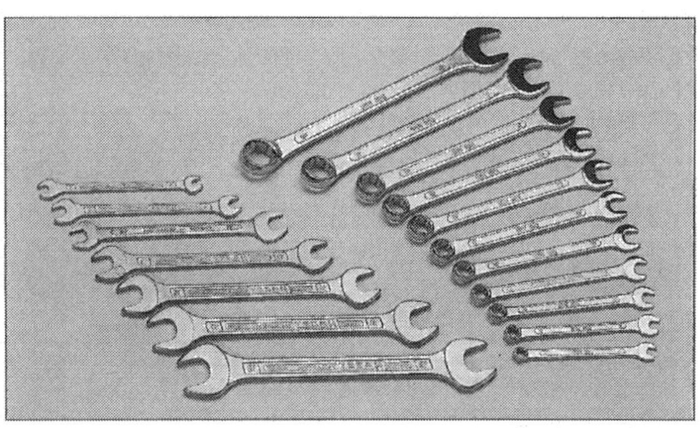

Ein Satz Gabel- und Ringschlüssel. Sinnvoll sind Doppelgabelschlüssel mit Maulweiten zwischen sechs und 19 Millimetern. Ring-/Gabelschlüssel SW 10, 13, 17 und 19 Millimeter sollten Sie in doppelter Ausführung anschaffen.

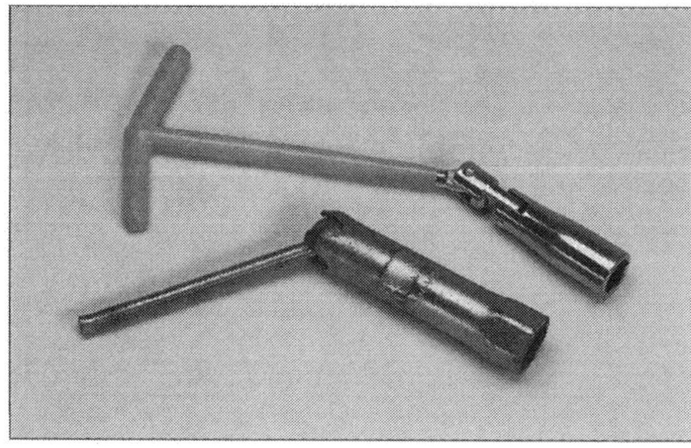

Zündkerzenschlüssel SW 16, ein spezieller Steckschlüssel mit Gummieinsatz.

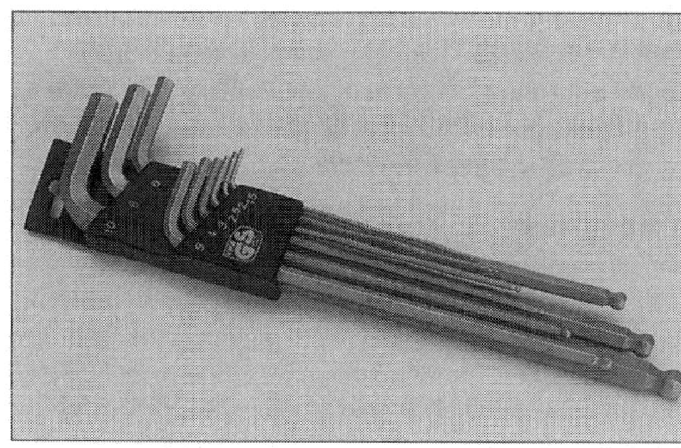

Innensechskantschlüssel (Inbusschlüssel) am Ring in den Größen 2-8 Millimeter.

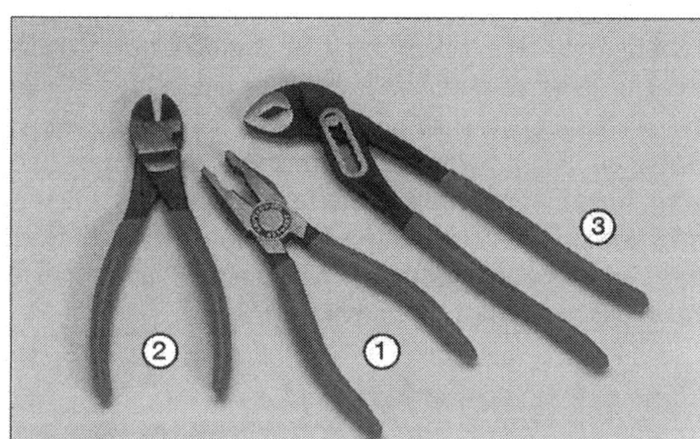

Kombizange ❶, Seitenschneider ❷ und Wasserpumpenzange ❸ (Länge mindestens 240 mm) biegen, halten, drehen und trennen so ziemlich alle Materialien an Ihrem Fahrzeug.

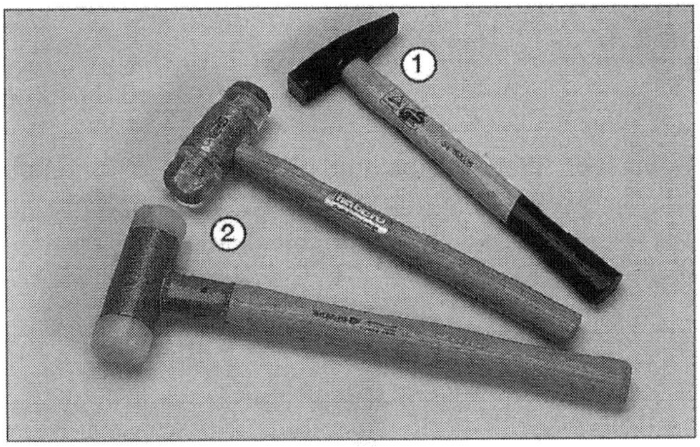

Der Schlosserhammer ❶ (empfohlenes Gewicht ca. 300 g) wird als Schlagwerkzeug benutzt. Empfindliche Bauteile wie Lager, gegossene oder gehärtete Teile werden mit einem Kunststoffhammer ❷ bearbeitet.

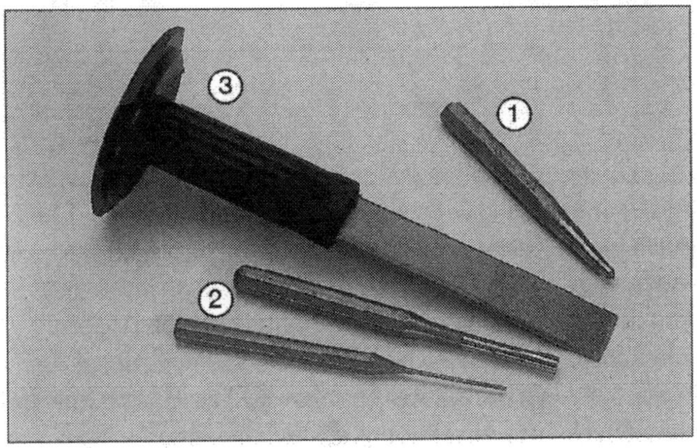

Körner ❶ für Bohrarbeiten an Metallen. Durchschlag ❷ (Durchmesser 3 und 6 mm) für Montagearbeiten an Fahrwerk, Motor und Bremsen. Flachmeißel ❸ (gehärtete Schneide) zum Lösen festgerosteter Schrauben.

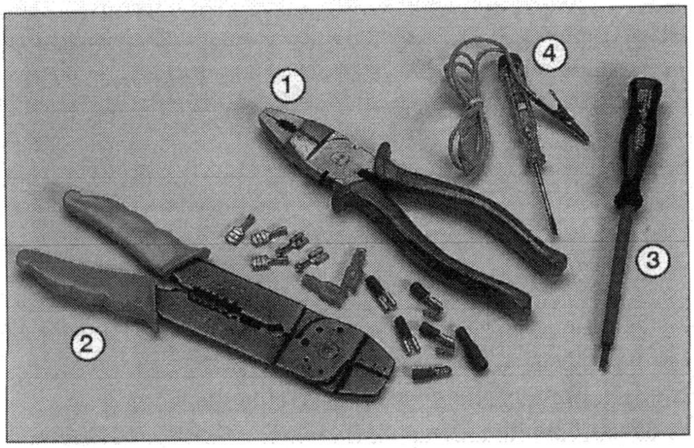

Für Arbeiten an der Elektrik sind zu empfehlen eine isolierte Kombizange ❶, eine Quetschzange ❷ für Steckeranschlüsse und Kabelverbindungen, ein isolierter Schraubendreher ❸ und eine Phasenprüflampe mit separatem Massekabel ❹.

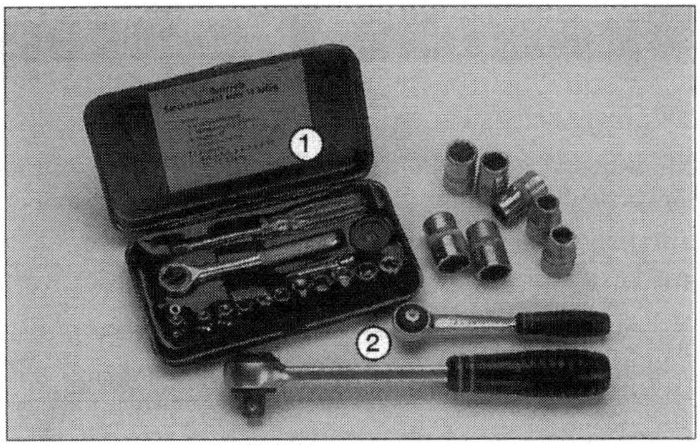

Für Arbeiten im Motorraum und unter dem Fahrzeug empfiehlt sich die Anschaffung eines Steckschlüsselsatzes ❶ mit den Einsätzen 10–32 Millimeter und einer Umschaltknarre ❷ mit 1/2-Zoll-Antrieb. Ein komplettes Set ist billiger als der Kauf der jeweils benötigten Einzeleinsätze. Für Arbeiten im Innenraum ist ebenfalls ein Steckschlüsselsatz sinnvoll, allerdings mit kleinerem 1/4-Zoll-Antrieb. Neben Kreuz-, Torx-, Schlitzschrauben und Kunststoffclips verbauen die Hersteller hier oft Schrauben mit SW 6 bis 13 Millimeter.

Praxistipp

Bordwerkzeug komplett?

Checken Sie das Bordwerkzeug Ihres A6. Die beste Grundausstattung in der Garage nützt Ihnen nichts, wenn Ihnen bei einer Panne unterwegs die Werkzeuge fehlen. Sind Wagenheber, Radkreuz ❶ und Schraubendreher an Bord? Bei einem Wackelkontakt oder einer gelösten Kabelverbindung helfen Kombizange ❷, Ersatzkabel ❸ und Isolierband ❹. Ebenfalls sinnvoll: ein Lampenset ❺ und Ersatzsicherungen ❻, Abschleppseil oder -stange ❼, Starthilfekabel ❽ und Taschenlampe ❾. Auch das vorliegende Reparaturhandbuch ist in Ihrem A6 sinnvoller aufgehoben als zu Hause im Bücherschrank.

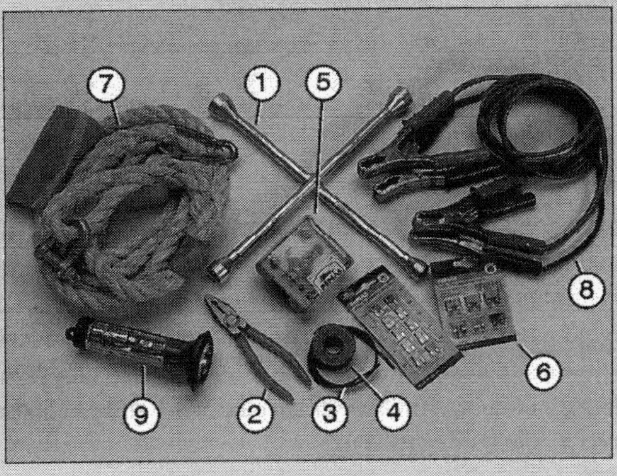

Spezielle Werkzeuge

Mit einer vernünftigen Grundausstattung können Sie viele Wartungen und Reparaturen selbst erledigen. Für einige Arbeiten brauchen Sie jedoch spezielles Werkzeug. Darüber hinaus bietet der Handel eine Reihe von Werkzeugen und Geräten an, mit denen Wartung und Reparatur leichter von der Hand gehen. Die folgende Auswahl gibt Ihnen einen Überblick sinnvoller Anschaffungen.

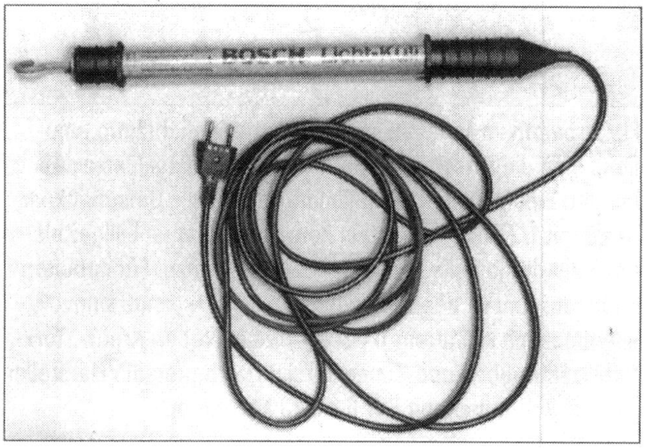

Eine Handstablampe ist fürs Schrauben unter dem Auto oder im Motorraum eine große Sichthilfe. Ebenso im Innenraum und in der oft nur spärlich beleuchteten Garage. Vorteil einer Handstablampe: Sie hat einen Blendschutz, das Anschlusskabel ist resistent gegen Öl, der Leuchtkörper ist mit schlagsicherem Kunststoffgehäuse geschützt. Außerdem ist die Lampe wasserdicht abgeschlossen.

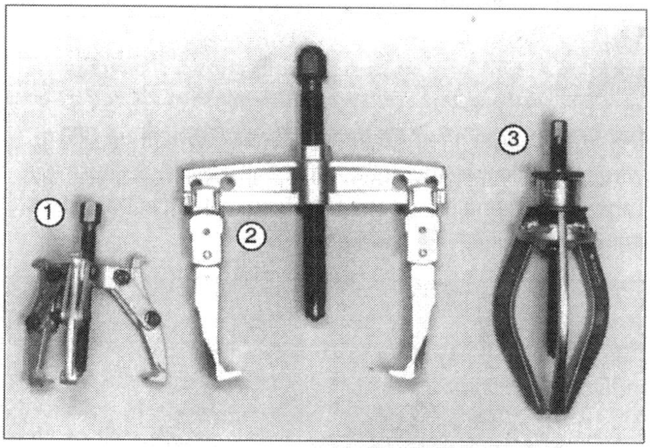

Abzieher gehören zur Grundausstattung jeder Autowerkstatt. Auch für Heimwerker lohnt sich die Anschaffung dieses Werkzeugs – zum Beispiel wenn Sie Radnaben lösen müssen oder Achsgelenke aus Ihrer Führung pressen wollen. Die Abbildung zeigt eine kleine Auswahl verschiedener Abziehertypen. ❶ Dreiklauen-Abzieher. ❷ Zweiklauenabzieher (gebräuchlichste Ausführung). ❸ Innenabzieher.

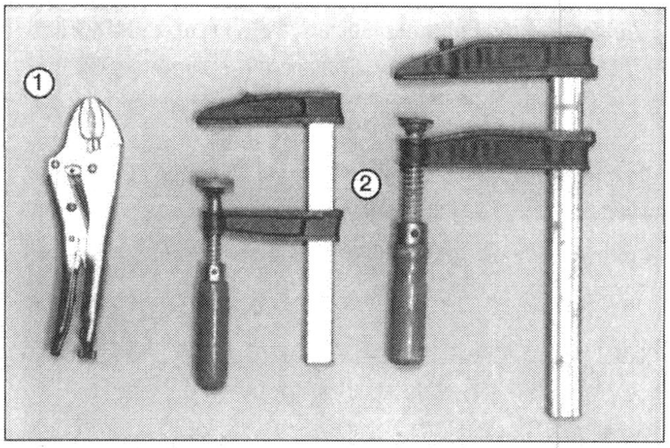

Eine Klemm- oder Gripzange ❶ kann in ihrer Maulweite mit einer Einstellschraube am Griffteil exakt eingestellt werden. Eine Schraubzwinge ❷ ersetzt Ihnen bei einer Reihe von Arbeiten – zum Beispiel beim provisorischen Fixieren größerer Teile – die fehlende dritte Hand. Schraubzwingen gibt es in allen erdenklichen Größen für ein paar Mark in Baumärkten und im Zubehörhandel.

Ein kurzer, kleiner Rangierwagenheber ist eine gute Alternative zum Bordwagenheber. Ideal ist eine Ausführung mit Fußpedal zum Hochpumpen. Beachten Sie, dass sich ein Heber mit zu kleinen Rädern unter Last nicht mehr bewegen läßt. Wichtiges Zubehör beim Anheben sind ein Hartgummiaufsatz ❶ gegen Schäden am Wagenboden und eine lastverteilende Quertraverse ❷.

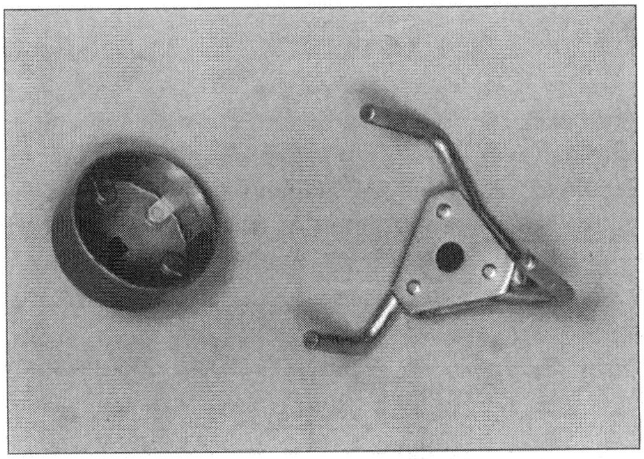

Für den Ölwechsel brauchen Sie einen Ölfilterschlüssel, den es je nach Preis in den verschiedensten Ausführungen gibt. Im Bild der fahrzeugspezifische Schlüssel (links) und ein Universalschlüssel (rechts).

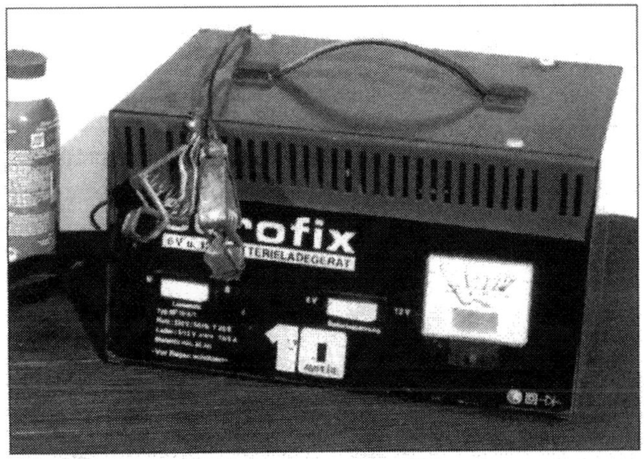

Ein Batterie-Ladegerät mit automatischer Ladestromanpassung ist besonders im Winter bei Kurzstreckenfahrzeugen wichtig, falls die stark beanspruchte Batterie von der Lichtmaschine nicht mehr voll geladen werden kann.

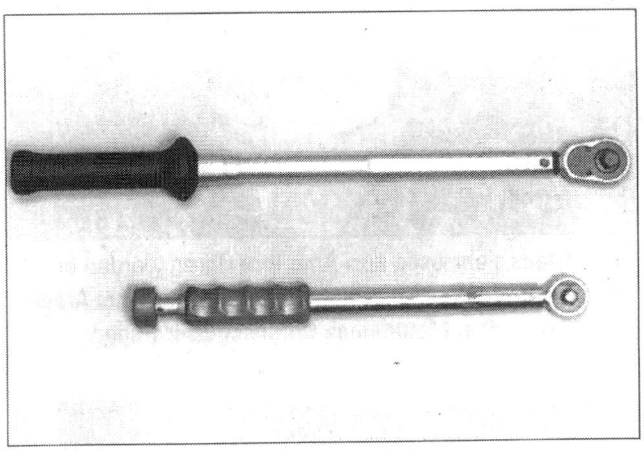

Ein Drehmomentschlüssel ist für fortgeschrittene Hobbymechaniker unentbehrlich. Ein Automatikschlüssel löst bei Erreichen des eingestellten Drehmoments vernehmlich aus.

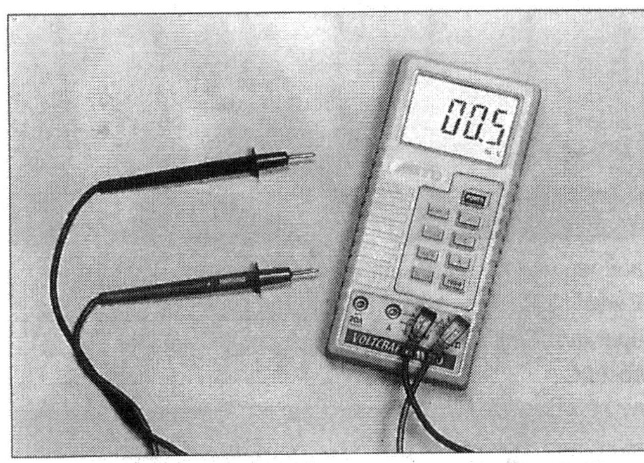

Für exakte Messwerte bei elektronischen Bauteilen ist das Multimeter zuständig. Ambitionierte Schrauber kommen ohne dieses Messgerät nicht aus.

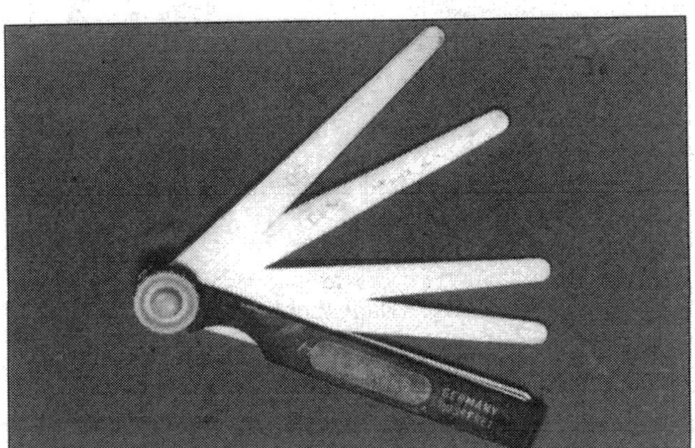

Eine Fühlerblattlehre brauchen Sie, wenn Sie das Ventilspiel prüfen oder etwa das Spaltmaß von Zündsystem-Drehzahlgeber oder ABS-Radsensoren messen wollen.

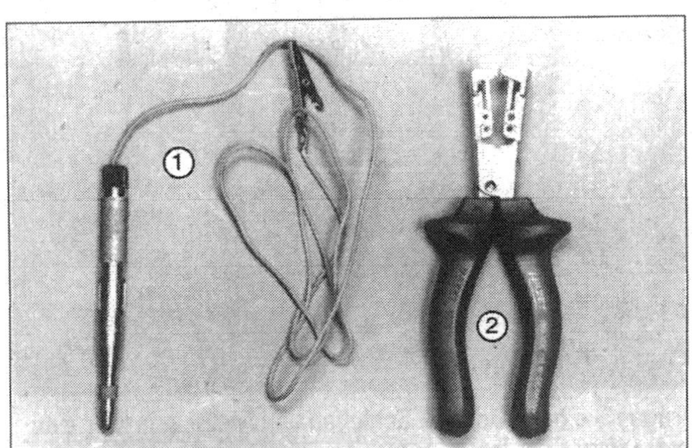

Durchgangsprüfer mit Krokodilklemme und Kontaktspitze ❶. Mit einer Abisolierzange ❷ ziehen Sie die Gummi-Isolierung der Kabel ab, ohne dass der Kupferdraht beschädigt wird.

Sicherheit geht vor

Es ist eine Selbstverständlichkeit, doch wir möchten es an dieser Stelle noch einmal ausdrücklich unterstreichen: Sicherheit hat beim Heimwerken absolute Priorität. Wagen Sie sich nur an Arbeiten, die Sie sich wirklich zutrauen können. Nehmen Sie handwerkliche Aufgaben, mit denen Sie in der Praxis bislang wenig oder gar keine Erfahrung haben, nicht auf die leichte Schulter. Fatale Folgen können mangelhaft ausgeführte Arbeit natürlich auch im Straßenverkehr haben – übrigens nicht nur für Sie, sondern auch für Dritte.

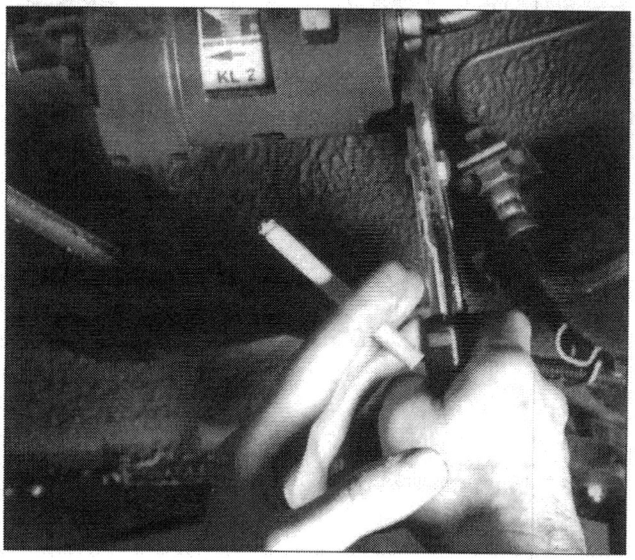

Rauchen und Kraftstofffilter ersetzen – warum nicht gleich russisches Roulette spielen? Also: Bei allen Wartungs- und Reparaturarbeiten bleibt der Glimmstengel in seiner Verpackung.

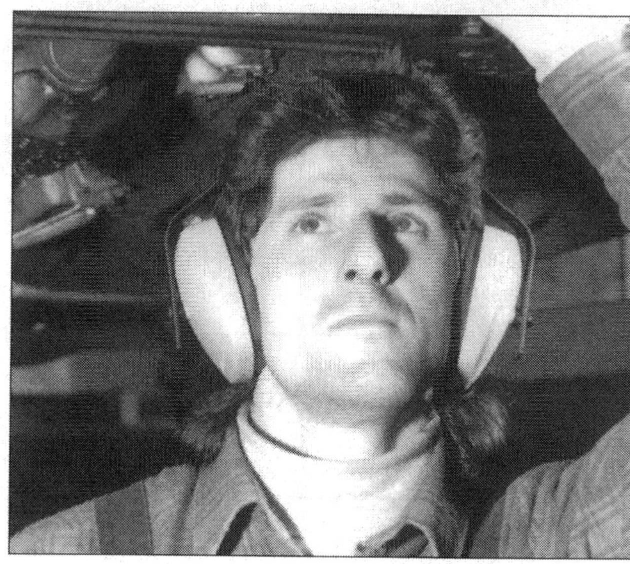

Micky-Maus sieht lustig aus. Aber Ihre Ohren werden es Ihnen danken, wenn Sie beim Blechtrennen oder bei Arbeiten mit laufendem Motor einen Ohrenschützer tragen.

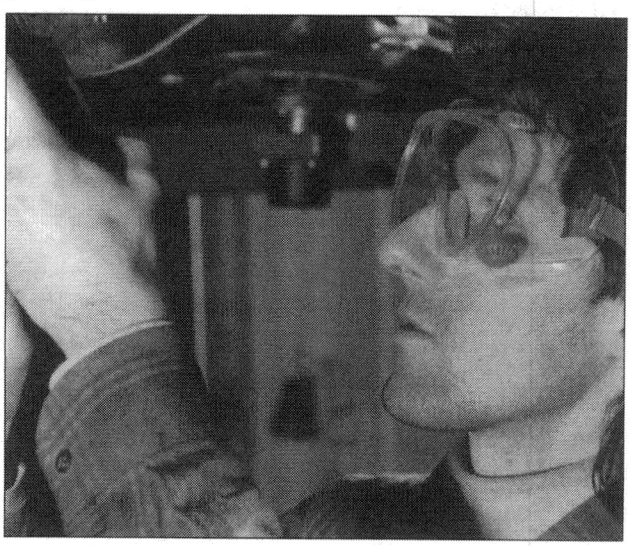

Tragen Sie beim Bohren, Schleifen und Meißeln immer eine Schutzbrille. Der Augenschutz ist auch dann empfehlenswert, wenn Sie unter dem Fahrzeug an der Kraftstoffanlage arbeiten oder den Unterboden säubern. Bei Schweißarbeiten sollten Sie eine spezielle Schweißbrille aufsetzen.

Arbeitshandschuhe schützen zwar vor Schmutz oder Schürfwunden am scharfen Blech. An der Bohrmaschine sind sie jedoch eher gefährlich. Wenn das Bohrfutter Ihren Handschuh zu fassen bekommt, gibt zuerst die Hand nach, was ihr meistens schlecht bekommt.

Vorsicht bei der Arbeit in einer schlecht belüfteten Montagegrube. Hier können sich Benzindämpfe und Auspuffgase sammeln. Bei laufendem Motor herrscht Lebensgefahr durch Vergiftung.

Wenn Sie größere Flächen an Ihrem Fahrzeug lackieren, sollten Sie eine spezielle Lackiererschutzmaske tragen. Sorgen Sie außerdem dafür, dass der Lackierraum ausreichend belüftet wird.

Sprühdosen, Altöl, Bremsflüssigkeit, Farbdosen oder alte Bremsbeläge geben Sie sauber getrennt an den Sondermüll-Annahmestellen Ihrer Stadt oder Gemeinde ab. Gebrauchte (Starter-)Batterien übernimmt der Händler.

Durchgebrannte Sicherungen müssen Sie immer durch neue Sicherungen desselben Typs und identischer Stromstärke (A = Ampere) ersetzen. Niemals Draht oder Büroklammern zum Überbrücken verwenden. Die Beschädigung der nachfolgenden Bauteile oder – viel schlimmer – ein Kabelbrand können die Folge sein.

Vorsicht bei allen Arbeiten an der Zündanlage! Bei laufendem Motor steht die Anlage hochspannungsseitig (Primärstromkreis) mit bis zu 30000 Volt unter Spannung. Führen Sie Prüfungen an der Zündung deshalb nur bei Motorstillstand durch. Oder richten Sie den Prüfaufbau so aus, dass Sie während des Motorlaufs nicht die Hand anlegen müssen.

So bocken Sie Ihr Fahrzeug richtig auf

Audi stattet den A6 serienmäßig mit einem Spindelwagenheber aus. Damit lässt sich die Limousine für die meisten Arbeiten hoch genug heben. Eine am Boden zwischengelegte Bohle vergrößert die Hubhöhe. Im übrigen sollten Sie immer ein kleines Brett unterlegen, damit sich der Wagenheberfuß nicht in den Untergrund drücken kann. Ein Wagenheber ist jedoch – wie der Name schon sagt – nur dazu da, das Fahrzeug anzuheben. Er ist keinesfalls eine ausreichende Abstützung für Arbeiten an der Wagenunterseite.

Mit Unterstellböcken auf Nummer Sicher

Lassen Sie es daher auch in der größten Eile nie an der Abstützung des aufgebockten Fahrzeugs fehlen. Sonst kann die eigenhändige Reparatur das Leben kosten. Auf Nummer Sicher gehen Sie mit Unterstellböcken, die der Zubehörhandel in verschiedenen Größen und Ausführungen anbietet. Ein Paar reicht für die meisten Reparaturen völlig aus. Besonders praktisch sind Dreibeinböcke mit klappbaren Füßen. Beachten Sie beim Kauf, dass die Unterstellböcke keine zu kleine Standfläche haben.

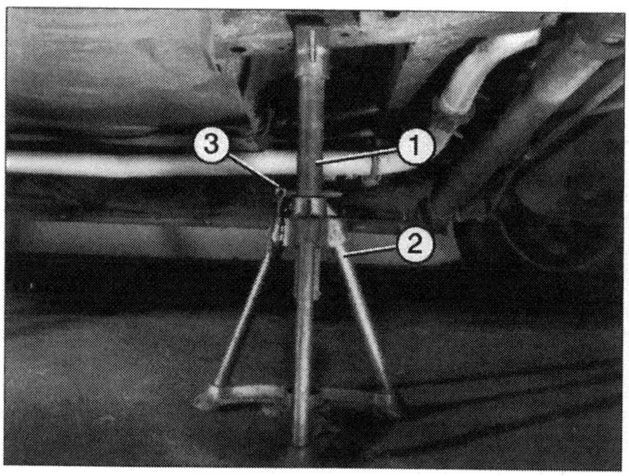

Ist der Unterstellbock ❷ unter dem Wagen richtig platziert, wird der Säulenauszug ❶ auf die richtige Höhe gezogen und im nächsterreichbaren Loch mit dem Sicherungsbolzen ❸ arretiert. Dann den Wagen vorsichtig mit Gefühl so absenken, dass die Aufnahme richtig am Fahrzeug zu sitzen kommt.

Arbeitsschritte

① Der A6 muss auf festem, ebenem Untergrund stehen. Räumen Sie vor Arbeitsbeginn ggf. erst den Kofferraum aus.

② Handbremse anziehen und die Räder gegenüber der Anhebestelle mit Holzkeilen, notfalls mit geeigneten Steinen gegen Vor- und Zurückrollen sichern. Nur auf die angezogene Handbremse dürfen Sie sich nicht verlassen, da sie bei manchen Arbeiten gelöst werden muß.

③ Der Bordwagenheber ist unter dem Reserverad untergebracht. Um ihn in Betrieb zu nehmen, müssen Sie ihn mit der Kurbel zunächst von Hand soweit öffnen, bis die Bodenplatte Bodenkontakt hat und möglichst senkrecht unter dem Ansatzpunkt steht. Setzen Sie den Wagenheber nur an den speziellen Ausschnitten des Türschwellers an (auf keinen Fall an den Langlöchern in der Nähe der Radkästen). Dabei muss der Hebekopfschlitz des Wagenheberauslegers genau in den Ansatzpunkt des Türschwellers eingreifen. Ein Rangierwagenheber sollte nur mit lastenverteilendem Kantholz bzw. einer Traverse etwa mittig am Türschweller angesetzt werden.

④ Wagenheber auf die Arbeitshöhe hochkurbeln. Der Unterstellbock darf nur an den Bodenverstärkungen angesetzt werden. Zwischen der Auflage des Bocks und den Fahrzeugboden sollten Sie einen Gummi oder Hartholzklotz legen, der die Last verteilt.

Die Pfeile kennzeichnen die Stellen an den Türschwellern, wo der Wagenheber angesetzt werden darf. Die vordere Wagenheberaufnahme befindet sich etwa 15 cm und die hintere etwa 25 cm vom jeweiligen Radausschnitt entfernt. Wird der Wagenheber nicht an diesen markierten Stellen angesetzt, kann das zu Schäden am Fahrzeug führen. Außerdem besteht Verletzungsgefahr, weil der Wagenheber bei nicht ausreichendem Halt abrutschen kann.

⑤ Kontrollieren Sie vor dem Ansetzen des Unterstellbocks, ob eventuell ein Blechfalz im Weg ist, der eingedrückt oder deformiert werden könnte, oder gar die Bremsleitung hinten links eingeklemmt werden kann.

⑥ Der Dreibein-Unterstellbock steht am sichersten, wenn eines seiner Beine nach außen und zwei zur Wagenmitte hin zeigen. Achten Sie auf diese Stellung, wenn Sie den A6 aufbocken. Sonst kann es passieren, dass beim Anheben des Wagens der auf der anderen Seite bereits angesetzte Unterstellbock seitlich weggedrückt wird.

Drehen Sie den Wagenheberarm zunächst so weit nach oben, dass der Heber gerade noch unter das Auto passt. Setzen Sie den Wagenheberarm so am Unterholm an, dass der Steg in der Aussparung von der Klaue des Wagenheberarms umfasst wird und die bewegliche Grundplatte des Wagenhebers plan auf dem Boden aufliegt. Bei weichem Untergrund sollten Sie eine stabile, großflächige Unterlage, etwa ein Brett, unterlegen. Beim Ausrichten des Wagenhebers ist zu beachten, dass die Klaue des Hebers nicht vom Steg des Türschwellers abrutscht.

Tipps für Schrauber

Eine unlösbare Verschraubung oder eine abgerissene Schraube haben schon manchen Hobbyschrauber von seinem Reparaturvorhaben wieder abgebracht. Die folgenden Arbeitstipps sollen dem Einsteiger helfen, ungewohnte Arbeiten durchzuführen.

Verrostete Verschraubungen lösen

Bevor der Schraubenschlüssel an einer festgerosteten Mutter bzw. Schraube angesetzt wird, sollten Sie die freiliegenden Gewindegänge des Gewindebolzens von Schmutz und Rost befreien. Andernfalls wird der Gewindebolzen beim Loswuchten abgedreht.

- Gewinde mit einer Drahtbürste säubern und anschließend mit Rostlöser besprühen.
- Bei Schnell-Rostlösern die Mutter sofort losdrehen.
- Bei anderen Rostlösern einige Zeit warten.

Praxistipp: Umgang mit selbstsichernden Muttern

Selbstsichernde Muttern klemmen satt auf dem Gewinde und können sich auch durch Vibrationen nicht lösen. Dazu besitzen sie eine Einlage aus Kunststoff oder ein enger geschnittenes Gewinde. Derartige Muttern sollten Sie grundsätzlich nur einmal verwenden, sonst ist die selbstsichernde Wirkung dahin.

Beschädigte Muttern lösen

Wenn Sie die Kanten einer Mutter bereits rund gedreht haben oder wenn Rost die Anlageflächen für den Schraubenschlüssel deformiert hat, hilft nur noch Gewalt.

- Als erste Möglichkeit kommt eine Gripzange in Betracht. Damit lässt sich die Mutter fest greifen und oft auch losdrehen.
- Erwärmen mit einer Gasflamme dehnt die Mutter, sie lässt sich ohne Kraftaufwand herausdrehen.
- Hilft das nicht weiter, wird ein scharfer Meißel angesetzt und die Mutter aufgemeißelt.
- Eine gut zugängliche Mutter kann auch entlang des Gewindes mit einer Metallsäge aufgesägt werden. Werkstätten benutzen zum Lösen solcher Muttern einen sogenannten Mutternsprenger.

Innensechskant- und Innenvielzahnschrauben lösen

Bei beiden Schraubenarten muß das Schraubenloch von jeglichem Schmutz gesäubert sein, ehe Sie das entsprechende Werkzeug ansetzen.

- Am besten eignen sich zum Lösen solcher Schrauben Steckeinsätze mit langem Sechskant bzw. Vielzahn.
- Im Gegensatz zu den gebräuchlichen Winkelschlüsseln (bei denen die Kraft immer schräg ansetzt) vertragen die Steckeinsätze auch einen Hammerschlag auf der Adapterseite mit dem Vierkant. Der Schlag mit dem Hammer auf das Werkzeug – oder im Notfall auch direkt auf den Schraubenkopf – lockert den Sitz der Schraube und erleichtert das Lösen.

Praxistipp: Schraube fällt vom Werkzeug

Wollen Sie eine Schraube an einer schwer zugänglichen Stelle wieder eindrehen, verhindern Sie mit folgendem Trick, dass sie immer wieder vom Werkzeug abfällt: In den Schraubenschlitz etwas Kaugummi ankleben oder die Schraube mit einem Klebebandstreifen am Werkzeug anheften.

Schlitz- und Kreuzschlitzschrauben lösen

Schon nach relativ kurzer Zeit können Schrauben so fest sitzen, dass sie sich nicht mehr einfach mit einem Schraubendreher herausdrehen lassen. Bei Kreuzschlitzschrauben kommt erschwerend hinzu, daß sich der Schraubendreher auch bei starkem Druck auf den Griff aus dem Kreuzschlitz herausdreht. Nach wenigen erfolglosen Versuchen ist der Kreuzschlitz vermurkst, die Schraube ist praktisch unlösbar.

- Wenn sich eine Schraube nicht gleich problemlos losdrehen lässt, sollten Sie einen genau passenden, stabilen Schraubendreher ansetzen und mit einem kräftigen Hammerschlag auf das Griffende versuchen, die Schraubverbindung zu lösen.

- Meistens bricht die oft nur mit dem Kopf festkorrodierte Schraube los. Sie lässt sich dann in der Regel normal herausdrehen.
- Hilft das nichts, brauchen Sie einen Schlagschrauber. Bei jedem Hammerschlag auf die Griffoberseite des Schlagschraubers dreht dieser den Schraubendrehereinsatz unter Druck ein wenig weiter. Das löst praktisch jede Schraube.

Blechschrauben ausbohren

Lässt sich in einem Schraubenkopf kein Werkzeug mehr ansetzen, hilft nur noch Ausbohren.

- Erst entfernt man mit einem entsprechend großen Bohrer den Schraubenkopf. Eventuell mit einem kleineren Bohrer vorbohren.
- Das Gewindeteil einer Blechschraube lässt sich jetzt entweder durchstoßen oder mit einer Zange von der Rückseite her abnehmen.
- Andernfalls mit einem dünnen Bohrer das Gewindeteil ausbohren. Wenn Sie hierfür einen zu großen Bohrerdurchmesser wählen, wird das Loch für die Schraube so vergrößert, dass später nur eine dickere Blechschraube hält.

Lösen und Festdrehen von Stehbolzen

Da ein Stehbolzen (auch Gewindestange genannt) keine Anlagefläche für einen Schraubenschlüssel besitzt, müssen Sie diese erst schaffen.

- Auf dem freien Gewindeteil des Bolzens zwei Muttern fest gegeneinander festdrehen (kontern). An den so blockierten Muttern den Schraubenschlüssel ansetzen und den Bolzen lösen bzw. anziehen.

Abgerissene Schrauben ausbohren

Das Gegengewinde, in dem die abgerissene Schraube steckt, sollte möglichst wenig Schaden nehmen.

- Den Schraubenrest genau in der Mitte mit einem Körnerschlag versehen.
- Jetzt kann gebohrt werden: Bis zur Schraubengröße M 8 geht dies gleich mit dem sogenannten Kernlochbohrer. Das ist der Durchmesser einer »rasierten« Schraube, also ohne Gewindeflanken. Bis zur Schraubengröße M 6 gilt die Faustregel: Gewindedurchmesser multipliziert mit 0,8. Beispiel: Verschraubung M 6 x 0,8 = Kernlochdurchmesser 4,8. Ab Schrauben der Größe M 8 sollten Sie mit einem dünneren Bohrer vorbohren.
- Die in den Gewindegängen verbliebenen Metallreste lassen sich bisweilen mit einer Reißnadel entfernen. Meistens muss jedoch das Gewinde nachgeschnitten werden.

Gewinde schneiden

In Leichtmetall eingeschnittene Gewinde reißen besonders leicht aus, da das Material eine wesentlich geringere Festigkeit hat als etwa Stahl. Hat das Metall noch genug Substanz, können Sie ein größeres Gewinde einschneiden. Andernfalls muss eine Gewindebuchse eingesetzt werden – eine Angelegenheit für die Werkstatt.

- Das Nach- oder Neuschneiden von Gewinden geht in drei Stufen vor sich. Die entsprechenden Gewindeschneider heißen daher Vorschneider (ein Ring am Schaft), Mittelschneider (zwei Ringe am Schaft) und Fertigschneider (ohne bzw. drei Ringe am Schaft).
- Die drei Gewindeschneider werden nacheinander unter ständigem Ölen in das vorgebohrte Kernloch hinein- und wieder herausgedreht.
- Um ein Abreißen des Gewindeschneiders zu vermeiden, muss beim Hineindrehen immer wieder abgesetzt und ein Stück zurückgedreht werden. Sonst werden die Metallspäne zu lang und klemmen.

Technik-lexikon

Schraubengröße und Drehmoment

Schrauben und Muttern, die keinen speziellen Belastungen ausgesetzt sind, werden mit Standard-Drehmomenten angezogen. Die meisten Hobbymechaniker ziehen einfache Verschraubungen meist mit »Gefühl« an. Falls Sie Ihr Schraubgefühl einmal mit einem Drehmomentschlüssel kontrollieren wollen – für die gebräuchlichsten Schraubverbindungen gelten folgende Drehmomente:

Gewindedurchmesser (mm)	6	8	10	12	14
Drehmoment (Nm)*	10	25	49	85	135

*Die angegebenen Drehmomente gelten nicht für Sonderschrauben und für Schrauben, die in Leichtmetall eingedreht sind.

Tipps für den Werkstatt-Besuch

Praxistipp

Inspektion und Garantie

- Bei der Inspektion werden in erster Linie Zustand und Funktion von Baugruppen geprüft und, falls nötig, ersetzt, die für die Zuverlässigkeit und Sicherheit Ihres Fahrzeugs wichtig sind.
- Schon nach einer Laufzeit von 20.000 Kilometern kann an Baugruppen wie der Bremsanlage, Radaufhängung, Reifen und Lenkung deutlicher Verschleiß auftreten, der vom Fahrer unbemerkt bleibt. Regelmäßige Wartung hält also nicht nur Ihr Auto in Schuss, sie dient vor allem auch Ihrer eigenen Sicherheit.
- Audi empfiehlt für den A6 alle 15000 Kilometer oder 12 Monate den Kleinen, alle 30000 Kilometer den Großen Kundendienst in der Vertragswerkstatt.
- Wenigfahrer mit geringer jährlicher Laufleistung sollten einmal im Jahr einen Kundendienstaufenthalt einplanen.
- Wenn Sie einen neuen Audi A6 (oder einen mit Austauschmotor) fahren: Halten Sie die Wartungsintervalle unbedingt ein und verzichten Sie aufs Do it yourself. Audi erfüllt berechtigte Garantieansprüche nur dann, wenn die Wartungsarbeiten rechtzeitig in einer Vertragswerkstatt erledigt wurden.

Auch Ihr A6 muss manchmal in die Werkstatt. Zur regelmäßigen Wartung zum Beispiel, wenn es noch mit einer Garantie ausgestattet ist. Auch eine Reparatur in der Werkstatt ist immer mal drin, wenn Ihnen die Zeit fürs Do it yourself fehlt, die nötige Erfahrung oder Spezialwerkzeug. Macht sich ein Mechaniker mit Ihrem Auto ans Werk, können Sie trotzdem dazu beitragen, dass Wartung oder Reparatur zu Ihrer Zufriedenheit ausfallen. Unsere Übersicht stellt eine Reihe von Tipps und Spielregeln zusammen, die Sie bei Ihrem Werkstatt-Besuch beachten sollten.

Vertragswerkstatt und freie Werkstatt

- Es steht Ihnen grundsätzlich frei, welche Werkstatt Sie mit Ihrem Fahrzeug aufsuchen. Neben der Vertragswerkstatt ist auch die freie Werkstatt meist eine gute Adresse. Dort ist man bei vielen Reparaturen ebenso kompetent, und Ölwechsel, neue Bremsbeläge, Bremsscheiben, Reifen und Stoßdämpfer sind oft billiger. In jedem Fall sollte die Werkstatt ein Meisterbetrieb sein und der Kfz-Innung angehören.
- Ein Wagen mit Garantie gehört zur Inspektion stets in die Vertragswerkstatt. Das gilt auch für die meisten Reparaturen. Einen Blech- oder Lackschaden etwa können Sie trotz Garantie zwar in Eigenregie beheben oder von einer freien Werkstatt erledigen lassen. Gibt's später jedoch Probleme mit der reparierten Stelle, sind Sie in diesem Fall eventuelle Garantie-Ansprüche los.

Reparaturauftrag nur schriftlich

- Stellen Sie eine Liste mit den Symptomen und Mängeln zusammen, die Ihnen am Fahrzeug aufgefallen sind. Sprechen Sie diese Liste in der Werkstatt mit dem Meister oder Kundendienstberater durch. Fragen Sie nach, wenn Ihnen in dem Gespräch etwas unklar ist. Demonstrieren Sie die Mängel direkt am Fahrzeug.
- Geben Sie präzise Reparaturaufträge. Bei Pauschalaufträgen wie »TÜV-fertig machen« oder »für den Urlaub herrichten« sind Unstimmigkeiten programmiert – etwa wenn Sie für Arbeiten bezahlen sollen, die nicht nötig gewesen wären.
- Erteilen Sie einen Reparaturauftrag stets schriftlich. Der Auftrag sollte die auszuführenden Arbeiten möglichst genau bezeichnen. Lassen Sie sich eine Auftragsbestätigung geben.

Nach den Kosten fragen

- Fragen Sie nach den voraussichtlichen Kosten für Arbeitslohn und Material, bevor Sie einen Reparaturauftrag erteilen. Setzen Sie für eventuell erforderliche Zusatzarbeiten eine Preisgrenze fest. Lassen sich Umfang und Aufwand einer Reparatur nicht genau bestimmen, sollten Sie eine Höchstgrenze für die Kosten festlegen.

- Fragen Sie nach den Kosten für die Fehlersuche. Wenn Ihr Auto zum Beispiel zuviel Sprit verbraucht oder schlecht anspringt, wenn der Motor stottert oder Sie merkwürdige Geräusche an den Rädern hören, ist die Suche nach den Ursachen dieser Symptome manchmal teurer als die eigentliche Reparatur. Legen Sie daher für die Fehler-Suche ebenfalls ein Preislimit fest.

- Geben Sie der Werkstatt Ihre Telefonnummer, damit man Sie für Rückfragen erreichen kann, wenn die Reparatur umfangreicher oder teurer wird als ausgemacht. Halten Sie auch zusätzliche Absprachen schriftlich fest.

- Bitten Sie die Werkstatt bei umfangreichen Reparaturen um einen schriftlichen Kostenvoranschlag, der Ihnen zeigt, mit welchen Kosten Sie rechnen müssen. Den Kostenvoranschlag wird man Ihnen in der Regel nur dann berechnen, wenn Sie der Werkstatt anschließend keinen Reparaturauftrag erteilen. Die Werkstatt-Rechnung darf den Kostenvoranschlag bei unvorhergesehenen Arbeiten maximal 15–20 Prozent überschreiten.

Billigere Teile bei älterem Fahrzeug

- Bei einem älteren Fahrzeug lohnt es sich, nach speziellen Teile- und Service-Angeboten zu fragen. Vertragswerkstätten bieten oft im Preis reduzierte Originalteile an – Sie können hier bis zu 30 Prozent sparen.

- Ist der Tausch eines ganzen Aggregats fällig, muss nicht das Neuteil erste Wahl sein. Fragen Sie nach aufbereiteten und geprüften Austauschteilen – die sind billiger und bieten die gleiche Qualität. In Frage kommen Austauschteile wie Motor, Kupplung, Lichtmaschine, Anlasser und Wasserpumpe.

- Ein Ölwechsel in Werkstatt oder Tankstelle geht mitunter ins Geld, wenn man dort Ihrem Auto das teuerste Öl aus dem Angebot spendiert. Fragen Sie nach billigeren Ölsorten mit der gleichen Spezifikation – die eignen sich in der Regel ebensogut.

Rechnung prüfen

- Gehen Sie nach der Reparatur zusammen mit dem Meister oder Kundendienstberater Ihre Werkstatt-Rechnung durch. Lassen Sie sich unverständliche Abkürzungen und Fachbegriffe erklären.

- Auf der Rechnung sollten Posten wie Arbeitslohn, Material und Mehrwertsteuer separat aufgeschlüsselt sein. Fehler in der Rechnung können Sie innerhalb sechs Wochen nach ihrer Ausstellung reklamieren.

Rechtzeitig reklamieren

- Mangelhafte Reparaturen sollten Sie so bald wie möglich reklamieren. Die Werkstatt muss für ihre Arbeit sechs Monate geradestehen (Gewährleistung). Treten durch eine unsachgemäße Reparatur Schäden an Ihrem Fahrzeug auf, können Sie von der Werkstatt Schadensersatz verlangen.

- Wenn Sie bereits bei der Abholung Ihres Fahrzeugs Grund für eine Reklamation haben, kann die Werkstatt trotzdem darauf bestehen, dass Sie die Reparatur erst in voller Höhe bezahlen, bevor sie den Wagen herausgibt. Vermerken Sie in diesem Fall auf der Rechnung, dass Ihre Zahlung nur unter Vorbehalt erfolgt.

- Reklamationen sollten Sie in einem sachlichen Gespräch mit der Werkstatt vortragen. Lassen sich Unstimmigkeiten nicht ausräumen, helfen die Kfz-Schiedstellen der Kfz-Innung kostenlos weiter – vorausgesetzt, Ihre Werkstatt ist Mitglied der Innung. Adressen erhalten Sie zum Beispiel bei Ihrem Automobil-Club.

DIE WAGEN-PFLEGE

Wartung

Reparatur

Ein gepflegtes Auto macht mehr Spaß als ein ungepflegtes. Es behält länger seinen Wert und bringt Ihnen beim Verkauf ein oder zwei Tausender zusätzlich ein. Außerdem hat ein gepflegt aussehendes Fahrzeug bei den Prüfern von TÜV und DEKRA von vornherein die besseren Chancen. Wenn die Wagenwäsche die Kür ist, die unter klarem Wasser den Lack in altem Glanz zurückzaubert, dann ist die Pflege des Innenraums die Pflicht. Die sollten Sie allerdings zuerst in Angriff nehmen. Heben Sie sich diese Arbeit bis zuletzt auf, verschmutzen die Staubwolken aus Polstern und Fußmatten die frisch gewaschene Außenseite.

Innenreinigung

Für die Innenraumpflege verwenden Sie am besten spezielle Autopflegemittel. Vergessen Sie Seifenlauge und Haushaltsreiniger: Scheiben, Polster und Kunststoffoberflächen sind durch Witterung, Staub, Schmutz und Feuchtigkeit extremen Belastungen ausgesetzt, denen spezielle Pflegesubstanzen einfach besser gewachsen sind. Diese Spezialreiniger sind nicht billig, aber in aller Regel ihr Geld wert.

Praxis-Tipp: Pflegemittel für den Innenraum

Plastikreiniger. Für Kunststoffflächen. Reinigt und frischt die Farben auf, sorgt für Glanz und wirkt antistatisch, so dass die Flächen gegen Schmutz- und Staubbefall lange Zeit geschützt sind.
Textilreiniger. Für Polster, Teppiche, Tür- und Innenverkleidungen. Lösen zuverlässig Staub und Schmutz. Dadurch werden die Polsterfarben aufgefrischt. Viele Reiniger entfernen zudem auch hartnäckige Flecken.
Glasreiniger (auch als Schaumreiniger). Geeignet für alle Glasflächen, lösen sie auch hartnäckige Verschmutzungen, zum Beispiel Insektenreste, Nikotin, Kunststoffausdünstungen und Ölablagerungen.
Gummipflegemittel (silikonhaltig). Für Tür-, Fenster- und Kofferraumdichtungen sowie Fußmatten. Halten das Gummi geschmeidig, verhindern Festfrieren und frischen die Farben auf.
Antibeschlagspray. Konserviert die Glasreinigung für einige Tage oder Wochen (je nach Wetterlage). Auf die Scheibe gesprüht, bildet sich nach kurzer Zeit ein Schaumbelag, den Sie mit einem trockenen Küchenpapier abreiben können. Antibeschagtücher oder Fensterschwämme sind nur ein Notbehelf.

Zur gründlichen Innenreinigung Ihres Fahrzeugs brauchen Sie:

- Lappen, möglichst nicht flusend, zum feuchten und trockenen Ab- und Auswischen.
- Kleider- oder Polsterbürste.
- Staubsauger mit verschiedenen Düsen (Handfeger und Kehrschaufel).
- Fensterleder.
- Feinporigen Kunststoffschwamm für die Kunststoffteile.

Arbeitsschritte

① Räumen Sie Ihren Wagen aus. Bei dieser Gelegenheit gleich Ascher leeren und auswischen.

② Die Fußmatten nach innen zusammenschlagen und herausnehmen, ausschütteln, ausklopfen und bei Bedarf staubsaugen.

③ Gummimatten feucht abwischen. Vorsicht: Die Unterseite trocknet im Fahrzeug nur schlecht. Eine feuchte Matte kann üblen Geruch und Stockflecken im Textilbelag verursachen. Daher Trockenzeit einkalkulieren.

④ Grobschmutz im Innenraum mit Staubsauger entfernen. Verwenden Sie für weiche Textilbeläge starre Düsenaufsätze, für harte Kunststoffe Borstenaufsätze. Bei glattem Gummibelag den Wagenboden feucht auswischen.

⑤ Sitzpolster abbürsten oder staubsaugen, die anderen Kunststoffoberflächen staubwischen. Das Heizungsgebläse pustet den Staub vor allem in die Ecken – hier leistet ein Pinsel gute Dienste.

⑥ Sicherheitsgurte trocken abbürsten. Bei starker Verschmutzung mit einer milden Seifenlösung abwaschen. Sie dürfen nicht chemisch gereinigt werden, da chemische Reinigungsmittel das Gewebe zerstören können. Die Gurte dürfen auch nicht mit ätzenden Flüssigkeiten in Berührung kommen.

⑦ Kunststoffteile und Armaturenbrett mit einem feuchten Leder abledern. Bei Grundreinigung: Auf keinen Fall mit Benzin oder anderen Lösungsmitteln arbeiten – Kunststoff kann Flecken bekommen, die nicht mehr entfernt werden können. Verwenden Sie Kunststoffreiniger. Die besprühten Stellen mit klarem Wasser nachwischen und mit einem Tuch trockenreiben. Bei häufigen Reinigungsintervallen reicht auch ein mildes, fettlösendes Reinigungsmittel, aufgelöst in einem Eimer Warmwasser.

Reinigen Sie den Dachhimmel stets komplett

⑧ Den Dachhimmel, meist ein mit Textilgewebe versehenes Formteil, nur bei starker Verschmutzung reinigen. Himmel mit Textilreiniger großflächig einsprühen. Mit Schwamm und Frottierhandtuch nachwischen.

⑨ Diese Behandlung bei Bedarf wiederholen. Vorsicht: Wenn Sie sich auf die verschmutzten Stellen beschränken, können hässliche Platten mit Rändern entstehen. Deshalb Dachhimmel immer komplett reinigen.

⑩ Sitzpolster und Textileinsätze in Seitenteilen und Innenverkleidungen mit Polsterschaumreiniger behandeln. Für Ledersitze nur spezielle Lederpflegemittel verwenden, die auch die Nähte flexibel und geschmeidig halten. Die Polster gründlich absaugen, solange sie noch feucht sind – der Schmutz löst sich so am besten.

⑪ Die Türdichtungen mit silikonhaltigem Gummipflegemittel einsprühen.

⑫ Die Innenseiten der Fenster rundum mit feuchtem Waschleder reinigen und Glasreiniger aufsprühen. Mit trockenem Krepppapier nachpolieren. Wird im Auto viel geraucht, sind nach der Reinigung oft noch Schlieren und Graubelag sichtbar. Hier wirkt eine Lackpolitur wahre Wunder Vorsicht. Tropft Politur auf unversiegelten Kunststoff, entsteht ein hässlicher und dauerhafter Fleck.

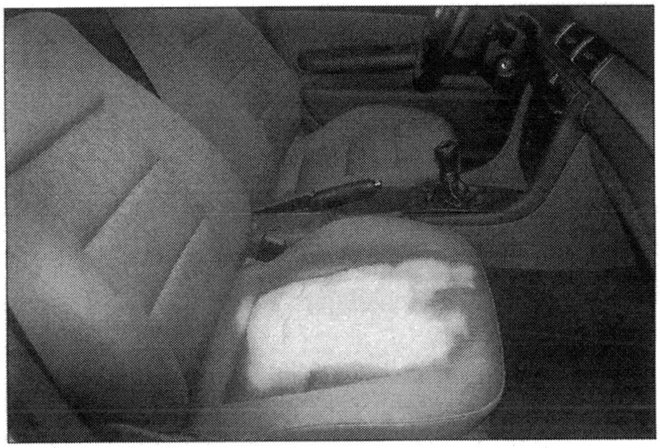

Polsterreiniger beseitigt Feinschmutz, Staub und frische Flecken. Reinigungsschaum aufsprühen und mit feuchtem Schwamm verteilen. Reiben Sie nicht zu fest, Sie pressen die Schmutzpartikel wieder ins Gewebe. Beachten Sie die Gebrauchsanweisung auf der Dose. Tipp: Sie können übrigens auch preiswerten Teppichschaum nehmen.

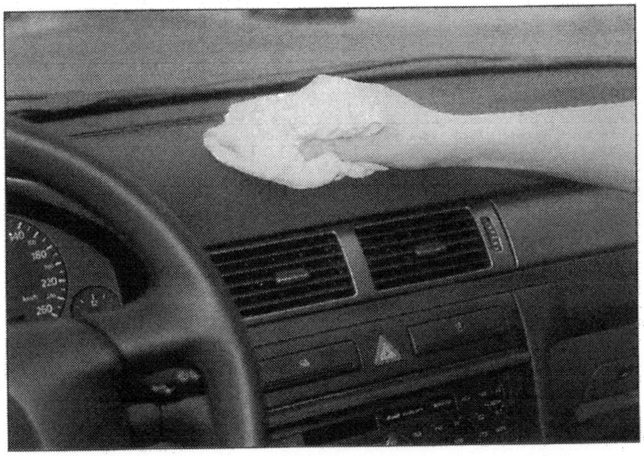

Verteilen Sie den Kunststoffpfleger mit einem feuchten, sauberen Lappen. So erzielen Sie die größtmögliche Tiefenwirkung der Pflegesubstanzen. Kunststoffpfleger, der auf Scheiben, Lenkrad oder Instrumente gelangt, muss mit Kunststoff- oder Glasreiniger sofort entfernt werden.

Nach den Dichtgummis der Türen sollten Sie nicht erst schauen, wenn die Türen schon zugefroren sind. Regelmäßige Kontrolle und Pflege mit silikonhaltigen Substanzen verlängert ihre Lebensdauer entscheidend. Der Ersatz solcher Dichtungen kann teuer werden.

Die Lederausstattung

Teuren Ledersitzen sollten Sie besondere Aufmerksamkeit schenken. Bei Leder handelt es sich um ein Naturprodukt, das empfindlich auf Öle, Fette und Verschmutzungen reagiert. Staub und Schmutzpartikel in Poren, Falten und Nähten können scheuern und die Lederoberfläche beschädigen. Saugen Sie also regelmäßig die Sitze ab.

Außerdem ist das Leder empfindlich bei starker Sonneneinstrahlung. Wenn Sie Ihren A6 länger in praller Sonne stehen lassen, sollten Sie Ledersitze abdecken. Andernfalls könnten die Sitze ausbleichen.

Zum Reinigen der Lederausstattung (inklusive Lederlenkrad) feuchten Sie einen Baumwoll- oder Wolllappen mit Wasser leicht an und wischen die verschmutzten Stellen. Bei stärkerer Verschmutzung können Sie eine milde Seifenlösung verwenden. Audi empfiehlt eine Seifenlösung mit zwei Esslöffel Neutralseife auf einen Liter Wasser. Achten Sie beim Reinigen darauf, dass das Leder nicht durchfeuchtet wird und kein Wasser durch die Nahtstellen sickert. Anschließend mit einem weichen, trockenen Tuch nachwischen.

Zur regelmäßigen Pflege gehört die Behandlung mit einem Lederpflegemittel alle sechs Monate. Das Mittel, das Sie bei der Audi-Werkstatt bekommen, ist sehr sparsam zu verwenden.

Für die Lederausstattung haben Sie eine Menge Geld bezahlt. Damit das Leder seinen Wert behält, sollten Sie es regelmäßig reinigen und pflegen.

Außenwäsche

Die Wagenwäsche auf der Straße ist heute in vielen Städten und Gemeinden verboten. Das hat gute Gründe: Mit dem Schmutzwasser gelangen oft Ölrückstände und andere umweltschädigende Substanzen in die Kanalisation. Eine saubere Sache ist dagegen die Wagenwäsche in einer automatischen Waschanlage. Die verwendeten Wassermengen sind in der Regel großzügig, die Wäsche ist also relativ schonend. Ölabscheider und Wasseraufbereitungsanlagen sorgen für den Umweltschutz. Sie können meist zwischen mehreren Reinigungs- und Pflegeprogrammen wählen.

Die Reinigung in der Waschanlage geht am schnellsten und ist kaum teurer als die SB-Wäsche. Allerdings gehen die rotierenden Bürsten nicht immer sehr sorgsam mit dem Lack um. Und das Waschergebnis braucht manchmal etwas Nacharbeit.

Fahrzeug auf Sauberkeit prüfen

Trotzdem sollten Sie nach dem Waschgang Ihr Fahrzeug auf Sauberkeit prüfen. Die Bürsten behandeln Radhäuser, Radläufe und die Unterkanten der Türschweller oft nachlässig. Auch bei Türrahmen und Ritzen ist bisweilen nachträgliche Handarbeit mit Schwamm und Putztuch angesagt. Im Winter, wenn streusalzhaltiges Wasser sich am Lack, an den Innenseiten der Kotflügel und am Unterboden festsetzt, sollten Sie öfter in der Waschanlage vorfahren. Ihr A6 ist zwar nach kurzer Zeit wieder schmutzig, der Rost hat jedoch keine Chance, sich an kritischen Stellen einzunisten.

Praxistipp

Bremsen trockenfahren

Machen Sie nach jeder Wagenwäsche eine kurze Bremsprobe. Dabei verdampft die Feuchtigkeit, die während der Reinigung zwischen Bremsscheiben und Bremsklötze gelangt ist. Nach Fahrten durch Regen oder streusalzhaltiges Tauwasser sollten Sie die Bremsen trockenfahren, bevor Sie Ihr Fahrzeug für mehrere Tage abstellen. Es genügt, die letzten hundert Meter Wegstrecke öfter leicht zu bremsen. Mit der Bremsprobe vermeiden Sie, dass aufgrund der Feuchtigkeit oder einer Salzschicht auf den Bremsscheiben die Bremswirkung im Notfall etwas verzögert einsetzt.

Praxistipp

So gehen Sie mit dem Hochdruckreiniger richtig um

- Wassertemperatur maximal 60 Grad. Zu heißes Wasser greift Gummi und Unterbodenschutz an.
- Druckregler auf maximal 30 bar einstellen. Abstand zum Auto 60 bis 80 Zentimeter. Bei geringerem Abstand und zu großem Druck Gefahr für den Lack Ihres A6.
- Bei der Motorwäsche kann Wasser die Motorelektronik lahmlegen oder über den Ansaugtrakt in den Motor gelangen – ein kapitaler Schaden wäre die Folge.
- Reifen niemals mit Rundstrahldüsen reinigen. Gefahr für die Reifenflanken.
- Selbst bei relativ großem Spritzabstand und nur kurzer Einwirkzeit können Schäden auftreten, die auf den ersten Blick nicht erkennbar sind.

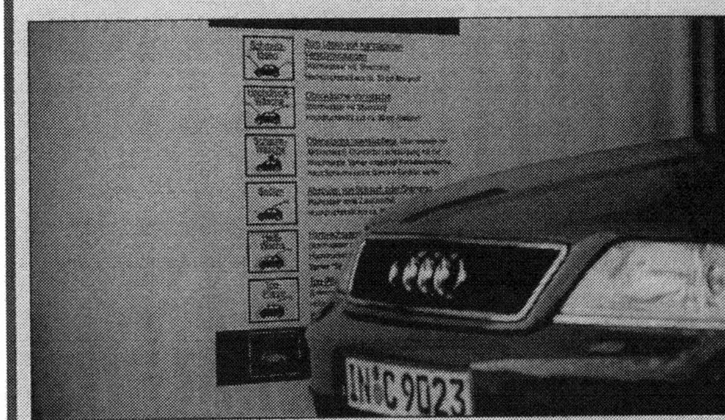

In SB-Waschanlagen stehen Ihnen verschiedene Gerätschaften zur Verfügung, unter anderem Hochdruckreiniger. Ein Hochdruckreiniger mit Waschbürstenaufsatz spart Wasser und reinigt schonend und gründlich. Spezielle Waschzusätze lösen zuverlässig hartnäckigen Schmutz.

Waschplatz und Selbstwaschanlage

Wenn Sie Ihren Wagen lieber selbst waschen, bietet sich ein Waschplatz an der Tankstelle an. Auch Selbstwaschanlagen sind eine gute Alternative. Dort stehen Ihnen vom Hochdruckreiniger bis zum Staubsauger alle Hilfsmittel zur Verfügung. Kontrollieren Sie jedoch vor Arbeitsbeginn den Zustand der Bürsten. Möglicherweise hat Ihr Vorgänger nach einer Fahrt über einen verschlammten Feldweg gerade seinen Unterboden oder seine Radkästen gereinigt und die Bürste mit grobem Dreck verschmutzt – ärgerliche Kratzer im Lack wären die Folge. Sie sollten Ihr Fahrzeug auch nicht in der prallen Sonne waschen. Das schadet dem Lack, da die kleinen Wassertropfen wie Linsen wirken und den Einbrenneffekt von Staubteilchen und Kalk beim Trocknen noch verstärken.

Wenn Sie Ihr Auto selbst waschen, brauchen Sie:

- Jede Menge Wasser. Wird der Schmutz mit wenig Wasser abgewischt, schmirgeln feine Staub- und Sandkörnchen im Schwamm über den Lack und zerkratzen ihn mit mikroskopisch kleinen, spinnwebartigen Kratzern.
- Gartenschlauch, wenn möglich mit Sprühdüse aus Kunststoff. Steht kein Wasserschlauch zur Verfügung, brauchen Sie mindestens zwei Wassereimer für den Wassernachschub.
- Eine Schlauchbürste, bei der das durchfließende Wasser den Schmutz wegschwemmt. Arbeiten Sie mit Waschhandschuh oder Schwamm, sollten Sie die Schlauchmündung dicht an der bearbeiteten Fläche halten, damit sie gut mit Wasser versorgt wird.
- Waschhandschuh oder Schwamm sollten nach jedem zweiten oder dritten Waschstrich in den vollen Wassereimer getaucht und ausgedrückt werden, damit sich kein schmirgelnder Schmutz in den Schwammporen oder im Haarbesatz des Waschhandschuhs festsetzen kann.
- Eine langstielige Waschbürste, die sich besonders für die Felgen und Radkästen eignet.
- Einen großporigen Viskoseschwamm.
- Fliegenschwamm für Insektenrückstände.
- Großflächiges echtes Leder zum Trocknen des Wagens.
- Wassereimer für eine eventuelle Shampoowäsche oder um das Fensterleder auszuwaschen.

Pflegemittel für die Außenwäsche

Technik-lexikon

Autoshampoo. Hilft, ölige Rückstände auf dem Lack leichter zu entfernen.

Waschwachs. Hat ähnliche Eigenschaften wie Autoshampoo, schützt jedoch nach dem Trocknen den Lack gegen Umwelteinflüsse und verlängert so die Zeit bis zur nächsten Politur.

Felgenreiniger. Löst festgebackenen Bremsstaub.

Kunststoffpfleger. Speziell für Stoßfänger, die schon ausgebleicht sind. Enthält neben Pflegesubstanzen auch Farbstoffe. Wird mit sauberem Schwamm aufgetragen und verteilt. Nach kurzer Einwirkzeit überschüssige Flüssigkeit mit feuchtem Lappen abwischen.

Arbeitsschritte

① Schließen Sie alle Türen und Fenster. Nassgespritzte Polster sind kein Vergnügen.

② Säubern Sie zuerst Radhaus, Felgen und Türschweller. Sie müssen sonst den Restschmutz zweimal wegspülen.

③ Spritzen Sie den Unterboden gelegentlich mit Dampfstrahler oder Wasserschlauch ab. Im Winter sollten Sie die Unterseite bei jeder Wagenwäsche reinigen. Lassen Sie Ihr Fahrzeug ein oder zweimal im Jahr auf einer Hebebühne hochnehmen (Werkstatt oder Tankstelle) und prüfen Sie den Zustand des Unterbodenschutzes per Augenschein.

④ Die Felgen haben eine Reinigung oft bitter nötig, weil sich dort der Bremsstaub festsetzt. Stahlfelgen mit Felgenreiniger für Leichtmetallfelgen einsprühen. Die Einwirkzeit hängt ab von Verschmutzung und Produkt. Beachten Sie die Gebrauchsanweisung. Mit kleinem Schwamm den angelösten Schmutz wegwischen. Felgen mit kräftigem Wasserstrahl nachspülen.

⑤ Leichtmetallfelgen sollten regelmäßig mit Wasser und etwas Spülmittel gereinigt werden. Alufelgen sind sehr empfindlich gegen starke Reinigungsmittel – putzen Sie lieber zweimal im Monat, dann haben Sie länger Freude daran.

⑥ Zur Pflege filigraner Felgen lohnt sich die Anschaffung einiger Zahnbürsten. Ebenfalls sinnvoll: Sprühwachs zum Versiegeln. Bremsstaub und Schmutz können sich nicht durch die Wachsschicht fressen. Vorsicht: Das Wachs darf nicht auf Bremsscheiben oder -beläge gelangen.

Weichen Sie Ihr Auto gut ein

⑦ Wagen mit mäßigem Wasserdruck aus dem Schlauch abspritzen. In der Selbstwaschanlage mit Hochdruckreiniger: Programm »Spülen« wählen.

⑧ Wagen mit Schlauchbürste, Waschhandschuh oder Schwamm zuerst vom Dach bis zur Unterkante der Fenster waschen. Dann bewegt man sich rund um den Wagen.

Mit dem Schwamm sollte immer viel Wasser auf den Lack gebracht werden. Beachten Sie bei der Mischung des Waschwassers die Pflegemittel-Gebrauchsanweisung: Weniger ist meist mehr.

⑨ Reinigungsschaum mit kreisenden Bewegungen und wenig Druck verteilen. Den Schaum kurz einwirken lassen.

⑩ Schmutzbrühe mit Gartenschlauch abspülen. In der Selbstwaschanlage: Programm »Spülen« wählen.

⑪ Im letzten Waschgang reinigen Sie die Räder mit Waschbürste und Schlauch.

⑫ Nach der Wäsche den Wagen sofort abledern. Getrocknetes Waschwasser bildet einen grauen Kalkbelag auf dem Lack.

Benutzen Sie zum Trocknen des Lacks ein spezielles Trockenleder. Damit können Sie schnell und effizient arbeiten. Vorteil: Das weiche Leder hinterlässt bei sorgfältigem Gebrauch keine Kratzspuren im Lack.

⑬ Leder vor Gebrauch ins Wasser tauchen, gut auswringen. Flächig auf dem Lack ausbreiten und breit gespannt zu sich herziehen.

⑭ Vor jedem neuen Durchgang Leder ausspülen und auswringen. Schlecht zugängliche Ecken (etwa am Radkasten) mit Baumwolllappen oder altem Trockenleder trocknen. Schonen Sie Ihr gutes Leder, Schmutzrückstände würden es ruinieren.

Sorgen Sie für Durchblick

⑮ Zum Schluss sind die Außenseiten der Fensterscheiben an der Reihe. Gehen Sie vor wie bei der Reinigung der Innenseiten. Kontrollieren Sie dabei die Frontscheibe auf Steinschläge, Kratzer und Risse.

⑯ Die Wischlippe des Scheibenwischers mit Schwamm oder Trockenleder reinigen.

⑰ Kontrollieren Sie nach der Wäsche Lack, Scheinwerfergläser und Frontstoßfänger gründlich auf hartnäckigen Schmutz, der sich nicht gelöst hat. Insektenreste, Vogelkot, Blütenpollenrückstände und Teerspritzer wirken aggressiv und sollten umgehend mit Spezialreiniger entfernt werden.

⑱ Teerentferner sollten Sie nicht auf frischen oder frisch ausgebesserten Lacken anwenden – die enthaltenen Lösungsmittel können die Lackschichten angreifen.

Insektenreste beseitigt man mit Insektenentferner. Verschmutzte Stellen einsprühen, einige Minuten wirken lassen (nicht in der Sonne), dann mit einem Eimer Wasser abspülen. Bleibt noch ein Rest hängen, eingeweichtes Zeitungspapier darauf legen und über Nacht stehen lassen. Am nächsten Morgen kleben die Insektenreste an der Zeitung. Auf Glasflächen können Sie einen speziellen Insektenschwamm benutzen, wie ihn viele Tankstellen bereithalten.

Praxistipp

Scheinwerfer reinigen

Die Scheinwerfer sollten Sie häufiger waschen als die Karosserie Ihres A6. Schmutzpartikel auf dem Glas sorgen für Ablenkung und Absorption der Lichtstrahlen. Die Folgen: geringere Sichtweite, starke Blendung. Schon nach einer halben Stunde Fahrt auf feuchter Straße sind die Scheinwerfer zu über 60 Prozent verschmutzt. Dadurch reduziert sich die Leuchtweite um etwa 35 Meter – eine Strecke die Ihnen im Notfall bei einer Vollbremsung fehlt.

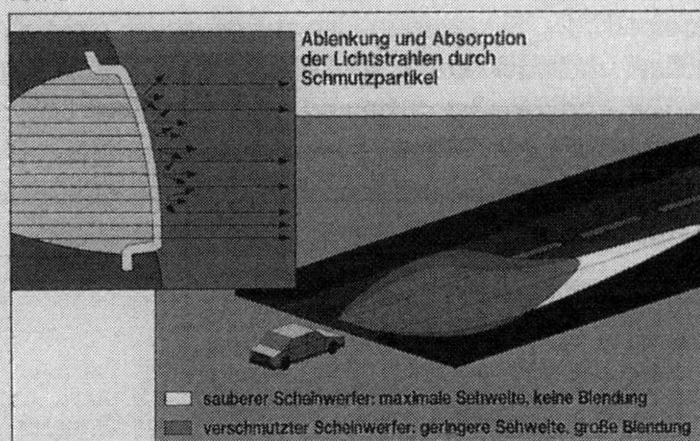

Praxistipp

Alufelgen richtig pflegen

Alufelgen werden durch eine Lackierung vor Umwelteinflüssen geschützt. Wenn Sie gegen Bordsteine schrammen oder Rollsplit die Außenseiten der Räder malträtiert, hilft der beste Lack nichts mehr. Schrammen und Kratzer an den Felgen sollten Sie umgehend ausbessern, da sie vor allem aggressiven Staub der Bremsbeläge ideale Angriffsflächen bieten – der grau-schwarze Abrieb frisst kleine Löcher ins Leichtmetall. Kleine Schrammen und Blindstellen lassen sich mit Alupolitur ausbessern.

Schön und sensibel: die Alufelgen, die der Audi serienmäßig hat. Sie sind mit einer Klarlackschicht geschützt, die Sie bei Beschädigungen schnellstens ausbessern sollten.

Die Service-Intervallanzeige

Der Audi A6 hat eine Service-Intervallanzeige. Wird der Fälligkeitstermin eines Ölwechsels oder einer Inspektion erreicht, erscheint nach Einschalten der Zündung im Feld der Wegstreckenanzeige blinkend das fällige Service-Ereignis. Es blinkt auch nach dem Anlassen des Motors für etwa 60 Sekunden weiter. Folgende Anzeigen sind möglich: »serivceOEL« oder »serviceINSP«. Sie werden also aufgefordert, einen Ölwechsel und/oder eine Inspektion durchführen zu lassen. Die Audi-Werkstatt benutzt ein Spezialwerkzeug, um die Anzeige wieder auf Null zu stellen. Wenn Sie die Arbeiten selbst durchgeführt haben, können Sie die Anzeige auch auf andere Weise zurückstellen:

Arbeitsschritte

① Schalten Sie die Zündung aus.

② Drücken Sie die Rückstelltaste für den Tageskilometerzähler .

③ Schalten Sie bei gedrückter Taste die Zündung ein.

④ Lassen Sie die Taste los. Im Display des Tageskilometerzählers erscheint nun die Anzeige »serviceOEL«.

⑤ Jetzt ziehen Sie den Stellknopf für die Uhrzeit so lange, bis der Eintrag gelöscht wird.

⑥ Durch erneutes Drücken der Rückstelltaste für den Tageskilometerzähler gelangt man zum nächsten Service-Ereignis. Im Display erscheint »serviceINSP«. Durch Ziehen des Stellknopfes für die Uhrzeit können Sie auch diese Anzeige löschen.

⑦ Zum Schluss schalten Sie die Zündung aus.

Die Service-Intervallanzeige im Tageskilometerzähler meldet sich, wenn eine Inspektion fällig ist. Sie können Sie selbst zurückstellen.

Die Motorwäsche

Im Motorraum Ihres A6 verbinden sich Öl und Staub mit der Zeit zu einem unansehnlichen Schmutzfilm, der sich über den Motor und andere Teile legt. Das ist in erster Linie ein ästhetisches Problem, das Sie mit Hilfe spezieller Reiniger lösen können. Wichtiger als die Schönheitspflege des Motors ist die Motorraumwäsche im Frühjahr.

Salzkrusten begünstigen Rost

Das im Winter auf die Straßen gestreute Salz dringt durch Ritzen und Schächte tief in den Motorraum und lagert sich an Kühler, Kanten und Kabeln ab. Diese Salzkrusten binden Feuchtigkeit und erleichtern die Rostbildung. Die Motorwäsche dürfen Sie nur dort vornehmen, wo es einen Ölabscheider gibt. Am besten machen Sie sich in einer Selbstwaschanlage oder auf einem Waschplatz ans Werk.
Kontrollieren Sie nach der Motorwäsche, ob noch genug Schmierfett an Drosselklappengestänge, Gas- und Kupplungszug vorhanden ist. Bei Bedarf sollten Sie maßvoll nachfetten.

Arbeitsschritte

① Der Motor sollte möglichst kalt sein – auf einem warmen Motor verdampft der Motorreiniger rasch, kann also nicht einwirken und den Schmutz lösen.

② Motor abstellen und Zündung ausschalten.

③ Schützen Sie empfindliche Bauteile wie Zündung, Lichtmaschine und Kraftstoffsystem mit Lappen oder Plastiktüten. Bei unbedachtem Ausspritzen des Motorraums sind Störungen an Zündung und Bordelektrik programmiert.

④ Nehmen Sie sich zuerst die Innenseite der Motorhaube vor. Mit viel Wasser einweichen, dann mit Schwamm und Shampoo reinigen und wieder abspritzen. Vergessen Sie nicht die Kanten, dort befinden sich echte Schmutznester.

⑤ Den Kühler mit der Waschlanze und reichlich Wasser reinigen. Insektenreste mit einem eiweißlösenden Mittel (Geschirrspülmittel) einsprühen, einwirken lassen und von der Rückseite des Kühlers her abspülen. Vorsicht: Harte Bürsten können die weichen Kühlerlamellen beschädigen.

⑥ Den Motorraum an allen Falzen, Trägern und ungeschützten Stellen abduschen.

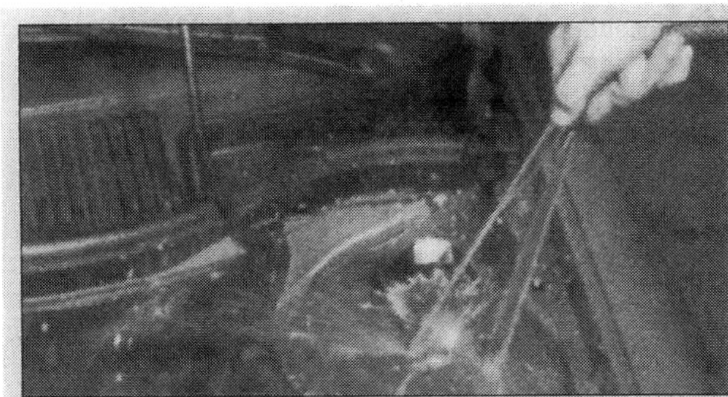

Sprühen Sie den Motorreiniger auf die verschmutzten Stellen, lassen ihn dann ein bis zwei Minuten einwirken. Spülen Sie den eingeweichten Schmutz mit der Sprühanlage (Programm »Spülen«) ab. Beim Gartenschlauch mit scharfem Strahl spritzen, sonst wird die Schmutzschicht nicht vollständig abgelöst.

⑦ Stärker verschmutzte Teile an Motor und Motorraum mit einem Kaltreiniger einsprühen. Nach einer kurzen Einwirkzeit mit scharfem Wasserstrahl nachspülen.

⑧ Um das Wasser wieder aus dem Motorraum herauszubekommen, benutzen Sie eine der an Selbstwaschanlagen meist vorhandenen Druckluftpistolen. Nicht zu nah an die zu trocknende Fläche herangehen.

Motorschutzlack

Praxistipp

Damit sich der Schmutz im Motorraum nicht schnell wieder festsetzt, können Sie Motorblock und Peripherie mit einem besonders hitzefesten Motorschutzlack versiegeln. Für den restlichen Motorraum reicht ein Konservierungsspray oder Konservierungswachs.

Schmierdienst

Eine gelegentliche Schmierration hält manches auf Dauer leichtgängig, was sonst quietscht, klemmt, reißt oder rostet. Halten Sie sich an folgende Faustregel: An Scharnieren und Gelenken mit engen Durchgängen, in die kein Fett eindringen kann, ist Öl oder Schmierspray günstiger. Gegeneinander reibende Flächen werden besser gefettet oder mit einer Schmierpaste behandelt, da diese Gleitstoffe besser haften.

- Die Scharniere an **Türen und Heckklappe** sind gelegentlich für einen Spritzer Öl dankbar.
- Die **Türfeststeller** am unteren Türscharnier erhalten etwas Mehrzweckfett.

Bei jeder Inspektion gehört auch etwas Fett auf die Türfeststeller.

- Die **Schlossfallen an Türen, Kofferraumdeckel und Heckklappe** können mit Sprühfett behandelt werden.
- In den **Schlüsselschlitz der Schließzylinder** sollten Sie spätestens zu Beginn der kalten Jahreszeit etwas Rostlöser-Isolierspray sprühen. Es schmiert, verdrängt Feuchtigkeit und schützt vor Rost sowie Einfrieren im Winter. Am besten, aber etwas teurer ist ein spezielles Schlossöl, mit dem man zugefrorene Schlösser auftauen und lange Zeit vor dem Zufrieren schützen kann.
- An der Stelle des **Motorhaubenschlosses,** wo der **Seilzug** aus der Umhüllung kommt, etwas Fett aufstreichen und durch mehrmalige Hebelbewegung in die Zugumhüllung ziehen.
- Den **Schließbügel der Motorhaube** und die **Schlossfalle am Querblech der Karosserie** dünn mit Fett bestreichen oder Schmierspray auftragen.
- Die **Motorhaubenscharniere** erhalten etwas Öl oder Schmierspray.
- Die **Gleitschienen des Schiebedachs** werden hauchdünn mit Silikonspray behandelt.

Die Scheibenwaschanlage

Saubere Scheiben sind eine wichtige Voraussetzung für Ihre Sicherheit beim Fahren. Damit Sie unterwegs auch bei Regen und Schnee den Durchblick behalten, ist Ihr A6 mit einer Scheibenwaschanlage ausgestattet. Auf der Frontscheibe läuft der Scheibenwischer in zwei Geschwindigkeiten. Dazu kommt eine Intervalleinrichtung, die etwa alle vier Sekunden eine Wischerbewegung auslöst. An der Heckscheibe sorgt ein zusätzlicher Wischer für freie Sicht. Gute Wischresultate erhalten Sie, wenn die Spritzdüsen das Waschwasser zielgenau auf die Scheiben spritzen.

Wischergummi nutzt ab

Außerdem müssen sich die Wischerblätter fest auf die Scheiben pressen. Die Lebensdauer der Wischergummis ist jedoch begrenzt. Sie werden mit der Zeit durch die Bewegungen der Wischer abgerubbelt, Ozon und UV-Stahlen machen das Material zusätzlich spröde. In der Frontscheibe verursachen zudem winzige Kratzer Scharten im Gummi, was die Waschwirkung auf Dauer beeinträchtigt. Das Wischergummi sollten Sie daher stets im Frühjahr und Herbst ersetzen. Die meisten Arbeiten an der Scheibenwaschanlage können Sie selbst in die Hand nehmen – meist genügt dazu ein Schraubendreher. Wenn Sie feststellen, dass Leitungen oder Sicherungen an einem der beiden Wischermotoren defekt sind, sollten Sie vor der Reparatur das Kapitel »Die Fahrzeugelektrik« lesen.

Scheibenwischer und Waschanlage prüfen

Arbeitsschritte — ständige Wartung

① Zündung einschalten, Wischerhebel betätigen.

② Läuft der Scheibenwischer in beiden Geschwindigkeiten? Geht er beim Ausschalten in die Parkstellung zurück?

③ Funktioniert die Wischer-Intervallschaltung?

④ Funktioniert die Wischer-Tippschaltung?

⑤ Spritzt Wasser aus den Wascherdüsen?

⑥ Arbeiten Heckwischer und -wascher (Avant)?

Scheibenwaschwasser auffüllen

Arbeitsschritte — ständige Wartung

① Im Sommer Wascherbehälter mit Leitungswasser auffüllen. Ein Anteil Reinigungsmittel verbessert die Waschwirkung. Im Winter sollten Sie zusätzlich Gefrierschutz zugeben.

② Erst Zusatzmittel und dann Wasser einfüllen, damit sich die Flüssigkeiten im Behälter gut vermischen.

③ Bei starkem Frost können die Wascherdüsen einfrieren. Zur Vorbeugung ein Drittel Brennspiritus beimischen (riecht aufdringlich). Damit die lange Zuleitung zur Heckscheibe nicht einfriert, vor dem Abstellen des Fahrzeugs einige Male die Heckscheiben-Waschanlage betätigen.

Wischergummi wechseln

Arbeitsschritte

① Wischerarm abklappen.

② Arretierungsfeder des Wischerblatts zusammendrücken, bis die Kerbe aus der Öffnung des Wischerarms austritt.

③ Wischerblatt nach unten drücken und aus dem Arm herausschwenken.

④ Der Wischergummi besitzt an einer Seite Aussparungen zum Einhängen der Wischerarm-Halteklammern. Die Erhebungen im Gummi mit dem Fingernagel oder einem kleinen Schraubendreher zurückdrücken, damit die Halteklammern ausgerastet werden können.

⑤ Wischergummi mit den seitlichen Metall-Federstreifen herausziehen.

⑥ Neues Wischergummi in die unteren Halteklammern des Wischerarms einhängen.

⑦ Federstreifen rechts und links in den Nut des Wischergummis einschieben und die Halteaussparungen der Streifen in die entsprechenden Erhebungen im Gummi einsetzen.

⑧ Gummierhebungen zum Einrasten der Halteklammern wieder zurückdrücken.

⑨ Beim Einsetzen des Wischerblatts darauf achten, dass die Kerbe in der Arretierungsfeder der Aussparung im Wischerarm gegenübersteht und dort einrasten kann.

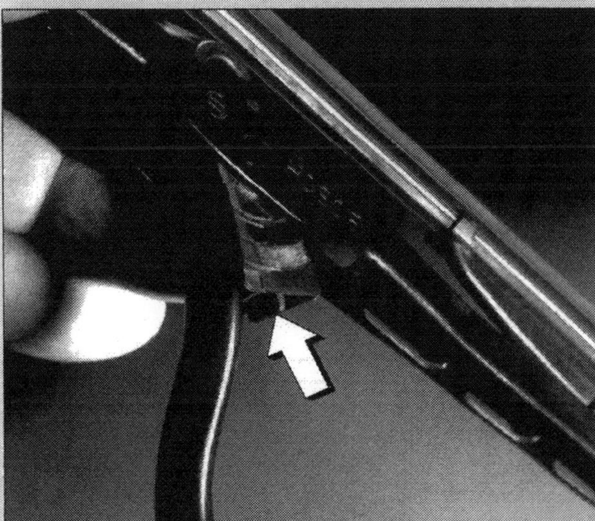

Wechseln des Wischerblatts: Erst den Wischerarm abklappen, dann das Gelenk des Wischerblattes an der kleinen Zunge (Pfeil) entsichern. Das Blatt kann jetzt aus dem »U« des Wischerarms geschoben werden.

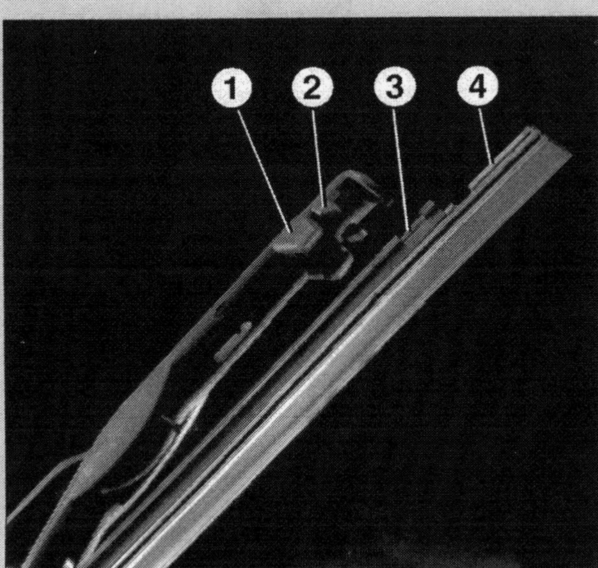

Wechseln des Wischergummis: ❶ Führungsnasen der Wischerblattschiene. ❷ Arretierungsklammern für das Wischergummi. ❸ Führungsprofil des Gummis. ❹ Nuten für Federstreifen.

Wascherdüse einstellen

Arbeitsschritte

Vorn

① Die Düsen sollten für klare Sicht nicht zu tief eingestellt sein. Sonst verschmiert bei höherem Tempo erst die Scheibe, bevor das Wasser die gesamte Fensterfläche bestreicht.

② Audi schreibt zum Einstellen der Düsen das Spezialwerkzeug 3125A vor. Mit einer Nadel können die Wasserkanäle der Spritzdüse beschädigt werden. Also nehmen Sie nur im Notfall eine Nadel oder Büroklammer. Spitze vorsichtig in die Düsenöffnung stecken und die Düse in die gewünschte Spritzrichtung drehen.

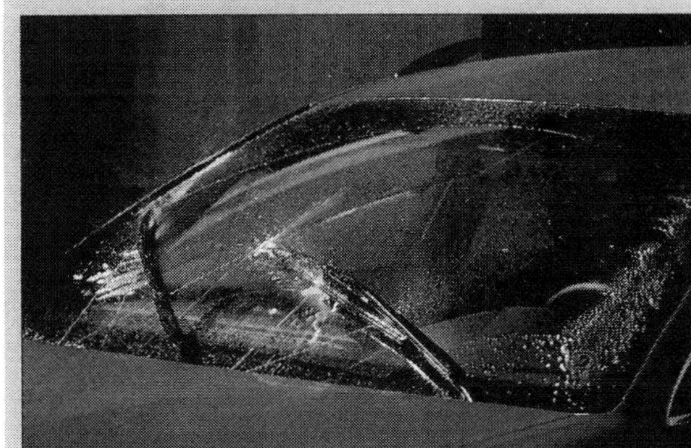

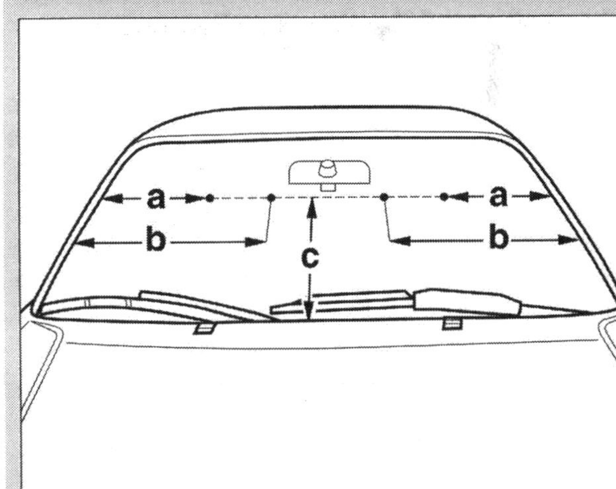

Die Waschdüsen sollen auf folgende Bereiche der Frontscheibe sprühen: **a:** 190 mm. **b:** 590 mm. **c:** 420 mm. Markieren Sie die Punkte mit einem wasserlöslichen Stift auf der Scheibe. Die Einstellmaße geben die Vorhaltewerte für das fahrende Auto an, das heißt im Stand spritzen die Düsen leicht versetzt.

Hinten:

① Entfernen Sie die Abdeckkappe.

② Zeichnen Sie mit einem wasserlöslichen Stift einen Punkt auf die Heckscheibe (siehe Zeichnung).

③ Mit dem Einstellwerkzeug 3125A mit Nadel 3125/5 einstellen.

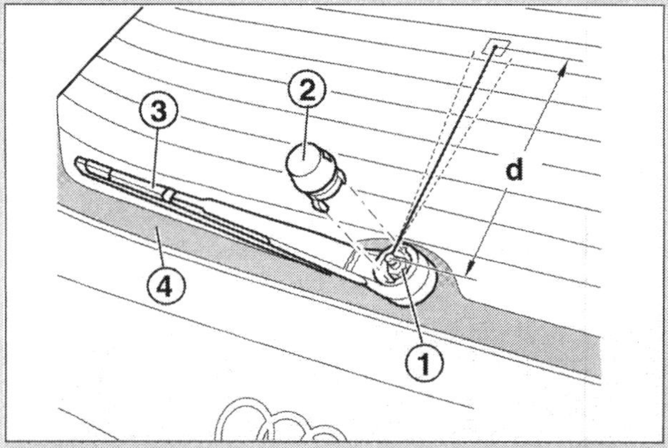

Das Einstellmaß für die Heckscheibe ist im rechten Winkel zur Mittelachse der Antriebswelle des Heckwischers ❶ gerechnet. Das Maß d beträgt 280 Millimeter. An die Düse kommen Sie heran, wenn Sie die Abdeckkappe ❷ entfernen. ❸ ist der Wischer, ❹ die Scheibe.

Wascherdüse ausbauen

Mit einer verstopften Wascherdüse werden Sie am besten fertig, indem Sie die Düse ausbauen und sie mit Druckluft durchblasen. Hilft das nichts, muss die Düse ausgewechselt werden. Verstopfungen der Wascherdüsen vermeiden Sie, wenn Sie in die Waschwasserleitung einen handelsüblichen Benzinfilter einbauen.

Arbeitsschritte

① Motorhaube öffnen. An der hinteren Motorhaubenkante den jeweiligen Schlauch der Wascherdüse vorsichtig abziehen.

② Stecker für die Spritzdüsenheizung abziehen.

③ Wascherdüse kräftig aus dem Ausschnitt der Motorhaube ziehen.

④ Achten sie beim Eindrücken der Wascherdüse auf festen Sitz, sonst gibt es Probleme bei der Einstellung der Düse.

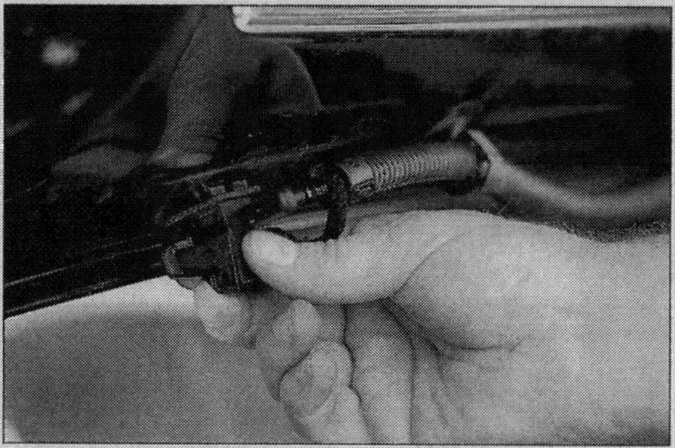

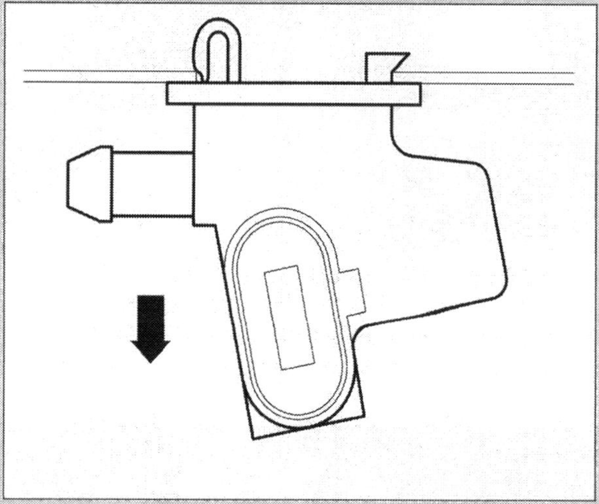

Die Düse ist in die Motorhaube hineingeklipst. Drücken Sie sie vorn herunter wie in der Zeichnung (Pfeil) gezeigt.

Scheibenwischerarm ausbauen

Arbeitsschritte

Frontwischer

① Bevor Sie die Wischerarme abbauen, stellen Sie sicher, dass sich der Wischermotor in Endstellung befindet.

② Abdeckkappe von Wischerarmachse mit einem Schraubendreher abhebeln.

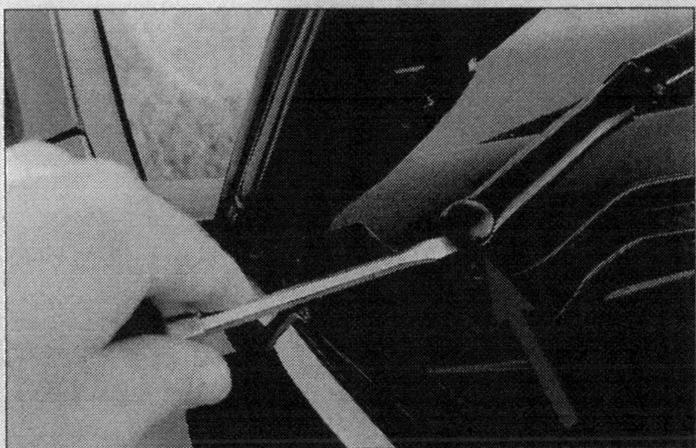

Unter der Abdeckkappe, die Sie leicht mit einem Schraubendreher abhebeln können, kommt die Befestigungsmutter für den Scheibenwischerarm zum Vorschein.

③ Jeweilige Haltemutter zwei Umdrehungen lösen. Die Wischerarme nicht verwechseln! Das eingeprägte »F« steht für »Fahrerseite«, das »B« für »Beifahrerseite«.

④ Wischerarm seitlich gefühlvoll etwas hin- und herbewegen, damit er sich vom Konus der Wischerachse löst. Sitzt er fest, auf beiden Seiten Schraubendreher flach ansetzen und Wischerarm auf der Welle lösen. Um die Umgebung der Achse nicht zu beschädigen, am besten rechts und links einen großen Lappen unterlegen.

⑤ Beide Muttern mit Unterlegscheibe abschrauben und abnehmen.

⑥ Wischerarm von der Welle abziehen.

⑦ Den Wischerarm so montieren, dass das Wischerblatt annähernd parallel zum Wasserabweiser an der Scheibenunterkante steht. Der Abstand rechts soll 25 mm betragen, links 12 mm. Kontrollieren Sie nach der Montage den korrekten Lauf des Wischers. Das Blatt darf nicht an die Scheiben-Dichtungen stoßen.

Heckwischer (Avant)

① Abdeckkappe vorsichtig mit einem kleinen Schraubendreher abhebeln.

② Lösen Sie die Befestigungsmutter des Scheibenwischerarms.

③ Nehmen Sie den Wischerarm ab.

④ Beim Einbau achten Sie darauf, dass das Wischerblattende in Endstellung in fünf Millimeter Abstand zum Keramikvolldruck steht.

Frontwischermotor ausbauen

Arbeitsschritte

① Wischerarm abbauen

② Halteklammern (es sind insgesamt drei) für das Windlaufgrill herausziehen.

③ Das Windlaufgrill vorsichtig am Scheibenrand abhebeln.

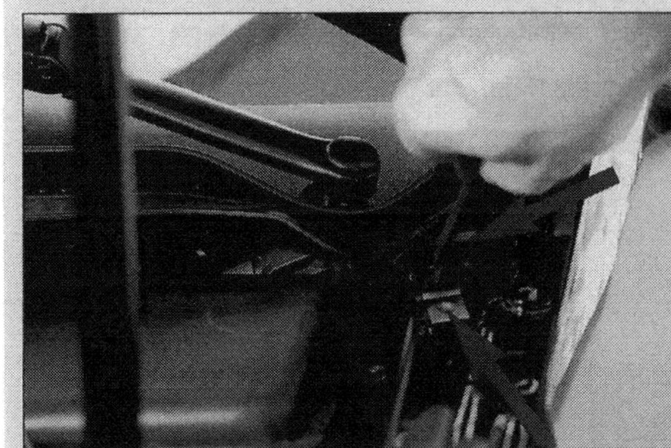

Um das Windlaufgrill abnehmen zu können, müssen Sie diese Klammern (Pfeil) mit einem Schraubendreher abdrücken.

④ Die drei Schrauben des Wischerrahmens lösen.

⑤ Der Wischermotor kann nun komplett mit dem Gestänge herausgenommen werden. Dazu kippen Sie den Rahmen hinten nach oben und ziehen ihn nach rechts aus dem Wasserkasten heraus. Ziehen Sie den Mehrfachstecker ab.

⑥ Die Sechskantmutter (SW 13) an der Wischermotorkurbel darf nicht gelöst werden. Um das Gestänge vom Wischermotor zu lösen, hebeln Sie das Gestänge vom Kugelgelenk des Motors ab.

⑦ Zum Schluss schrauben Sie die drei Schrauben der Wischermotorhalterung ab.

⑧ Beim Einbau des Wischerrahmens führen Sie den Rahmen mit dem Wischermotor voraus in den Wasserkasten. So geht es am einfachsten.

Heckwischermotor ausbauen

Arbeitsschritte

① Bauen Sie den Heckwischer aus.

② Bauen Sie die Innenverkleidung der Heckklappe aus. Dazu mit Filz verkleidete Schrauben und Schrauben im Zuziehgriff herausdrehen. Auskleidung von unten nach oben ausclipsen.

③ Ziehen Sie die elektrische Steckverbindung ab. Dann Wasserschlauch vorsichtig abziehen.

④ Muttern lösen und Wischermotor abnehmen.

⑤ Beim Einbau ist es wichtig, dass das Dichtungsgummi sorgfältig in die Heckscheibenbohrung montiert wird.

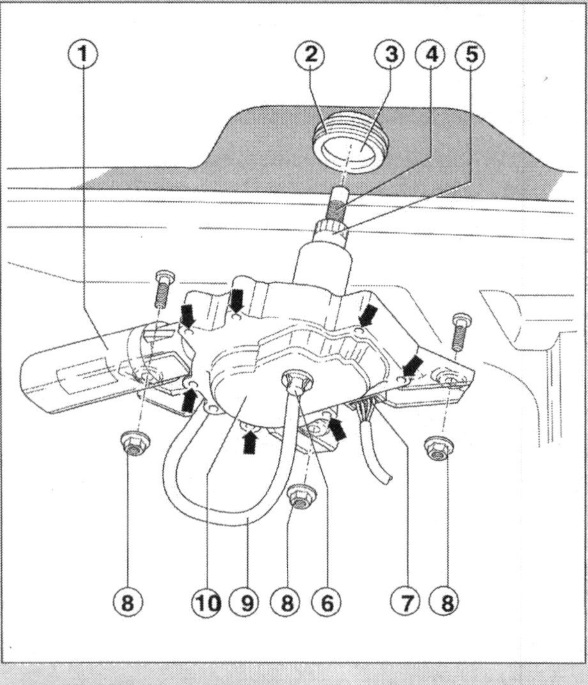

Die Teile des Heckwischermotors:

❶ Wischermotor. ❷ Dichtungsgummi. ❸ Bohrung in der Heckscheibe. ❹ Spritzdüse. ❺ Antriebswelle für Heckwischer. ❻ Anschlussrohr. ❼ Elektrische Steckverbindung. ❽ Befestigungsmuttern. ❾ Wasserschlauch. ❿ Motorabdeckung.

Spritzdüsen der Scheinwerferreinigungsanlage ausbauen

Arbeitsschritte

① Für den Ausbau der Spritzdüsen muss der Stoßfänger ausgebaut werden (siehe Kapitel »Die Karosserie«).

② Den Waschwasser-Anschluss der Scheinwerferreinigungsanlage trennen.

③ Die Verbindung zur Waschwasserleitung trennen.

④ Am Stoßfänger den Deckel der Spritzdüsen nach oben ziehen und die Halterungen mit einem kleinen Schraubendreher aushängen.

⑤ Zum Ausbau der Spritzdüsen sind jeweils die beiden Kreuzschlitzschrauben herauszudrehen.

⑥ Lösen Sie die Kreuzschlitzschraube am Halter der Spritzdüsen.

⑦ Die neuen Spritzdüsen werden vom Hersteller voreingestellt und müssen nach dem Einbau nicht mehr eingestellt werden.

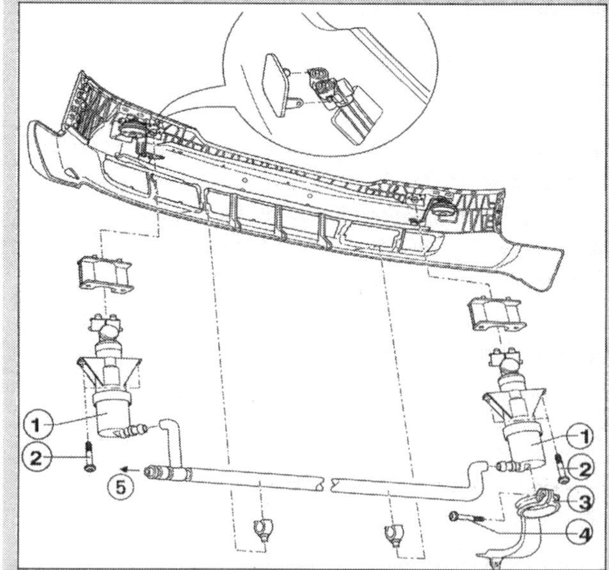

Die Teile der Scheinwerfer-Reinigungsanlage:

❶ Spritzdüsen. ❷ Kreuzschlitzschrauben. ❸ Halter für Spritzdüsen. ❹ Kreuzschlitzschraube. ❺ Waschwasser-Anschluss.

Scheibenwischer

Störungs-beistand

Störung	Ursache	Abhilfe
A Frontscheiben-wischer laufen nicht	1 Sicherung defekt	Austauschen
	2 Intervallmodul defekt	Motor austauschen
	3 Wischerantriebskurbel lose	Festziehen
	4 Kabel zum Wischerschalter unterbrochen	Steckverbindungen und Leitungen überprüfen
	5 Kabel zum Wischermotor unterbrochen	Steckverbindungen und Leitungen überprüfen
	6 Wischermotor durchgebrannt bzw. defekt	Austauschen
B Heckscheibenwi-scher läuft nicht	1 Siehe A1	
	2 Siehe A4 und 5	
	3 Siehe A6	
C Scheibenwischer laufen nicht in Stufe 1	1 Klemme 53 am Wischermotor defekt	Motor austauschen
	2 Klemmen 53a/53b im Wischerschalter unterbrochen	Schalter austauschen
D Scheibenwischer laufen nicht in Stufe 2	1 Leitung Klemme 53b vom Wischerschalter zum Motor unterbrochen	Leitung überprüfen
	2 Klemmen 53a/53b im Wischerschalter unterbrochen	Schalter austauschen
	3 Klemme A1 am Wischermotor defekt	Motor austauschen
E Keine Wi-scherrückstellung	1 Leitung Klemme 53e zwischen Wischerschalter zum Motor unterbrochen	Leitung kontrollieren
	2 Wischermotor defekt	Mit Prüflampe kontrollieren: Zwischen Klemme 53a und Masse muss die Lampe dauernd brennen. Zwischen Klemme 53e und Masse muss die Lampe kurz vor Erreichen der Parkposition verlöschen. Bei Gegenprüfung zwischen Klemme 53e und Batterie-Plus muss Lampe kurz vor Erreichen der Parkstellung aufleuchten. Wenn nicht, Motor austauschen
F Scheibenwischer laufen nicht im Inter-vallbetrieb	1 Wisch-/Waschrelais defekt	Austauschen
	2 Leitung Klemme J zwischen Wischerschalter und Modul unterbrochen	Leitung überprüfen (violettes Kabel)
	3 Kontakt J im Wischerschalter defekt	Schalter austauschen
G Intervallbetrieb lässt sich nicht ab-schalten	1 Siehe E1	
	2 Siehe F1	
	3 Kontakt J im Wischerschalter öffnet nicht	Schalter austauschen
H Scheibenwischer bleiben nach dem Ab-schalten nicht oder nur kurz in Parkstellung ste-	1 Mangelhafter Kontakt am Schleifkontakt im Wischermotor	Wischermotor zerlegen, Kontakte blankschleifen, ggf. Motor austauschen

Wischerblätter

Störungs-beistand

Störung	Ursache	Abhilfe
A Wasser und Schmutz werden gleichmäßig über das Wischerfeld verteilt	**1** Scheibe durch Lackpflegemittel, ölhaltige Rückstände oder Insektenreste verschmutzt	Auf der Scheibe »Sidol«-Messingputzmittel auftragen, antrocknen lassen, dann mit einem sauberen Lappen abreiben
	2 Wischergummi verschlissen	Austauschen
	3 Wischerarm am Anlenkpunkt des Wischerblattes verdreht und nicht parallel zur Windschutzscheibe	Wischerarmende nachbiegen (in sich verdrehen)
B Im Wischfeld bleiben feine Wasserstreifen stehen	**1** siehe A 2.	
C Im Wischfeld bleiben feine Wassertropfen zurück	**1** Neigungswinkel des Wischergummis zur Windschutzscheibe zu flach	Wischergummi austauschen
D Im Wischfeld bleibt ein breiter Wasserfilm zurück	**1** Ungleiche Druckverteilung durch verbogene oder defekte Anpressfeder im Wischergummi	Wischerblatt austauschen
E Im Wischfeld bleiben einige Wasserfelder zurück	**1** Anpressdruck des Wischerarms zu gering	Anpressdruck überprüfen. Feder leicht einölen ggf. Wischerarm ersetzen
	2 Scheibenwischerantrieb verschlissen	Kontrollieren, defekte Teile eretzen
	3 Wischerarm lose auf seiner Achse	Festschrauben
	4 Wischerarm verbogen	Nachbiegen
	5 Wischerblatt verbogen	Austauschen
F Im Wischerfeld bleiben oben am Rand Wassertropfen zurück	**1** Siehe E1	
	2 Siehe D1	
G Wischerblatt rattert	**1** Zuviel Spiel in der Verbindung von Wischerarm und Wischerblatt bzw. dem Kunststoffverbindungsteil	Wischerblatt oder -arm auswechseln
	2 Wischerarm in sich verdreht	Wischerarm zurecht biegen

Die Lackpflege

Jeder Quadratzentimeter glänzender Lack schlägt der Fahrzeugalterung ein Schnippchen. Die Pflege des Lacks ist daher eine lohnende Arbeit. Der Lack eines neuen Autos braucht zunächst freilich nicht viel Aufmerksamkeit. Eine regelmäßige gründliche Wäsche und die Beseitigung von Steinschlägen, Teerflecken und Insektenresten reichen als Pflege völlig aus. Doch nach zwei, drei Jahren haben Sonne, Regen, Schmutz und häufige Wagenwäschen dem Lack so zugesetzt, dass er eine sanfte Grundreinigung nötig hat. Machen Sie die Tropfenprobe: Wenn die Wassertropfen auf dem sauberen Lack mit unscharfen Rändern zerfließen, ist es Zeit für die Lackpflege.

Wundermittel Lackreiniger

Welches Pflegemittel für Ihr Fahrzeug das richtige ist, hängt vom Zustand des Lacks ab. Für einen neuen und gut erhaltenen Lack genügt eine milde Politur. Sie glättet die durch Umwelteinflüsse und mechanische Einwirkungen aufgerauhte Lackschicht, indem sie die mikroskopisch kleinen Furchen in der oberen Lackschicht behutsam abschmirgelt. Außerdem enthält eine Politur Wachskomponenten, die das Blechkleid konservieren. Ein Lackreiniger ist für neue Lacke reines Gift – für alte und verwitterte Lacke jedoch genau das richtige.

Für Lackpflege ist es nie zu spät

Ein Lackreiniger funktioniert wie eine Politur, enthält jedoch gröbere Schleifmittel, die auch mit stärkeren Verschmutzungen fertig werden. Tatsächlich ist es für die Lackpflege fast nie zu spät. Bevor Sie Ihrem gealterten A6 eine Neulackierung spendieren, sollten Sie es mit einem Lackreiniger versuchen. Allerdings enthalten diese Wundermittel in der Regel keine konservierenden Komponenten. Sie müssen daher den aufbereiteten Lack in einem neuen Arbeitsgang mit einem Autowachs versiegeln.

Konservierung für den Lack

Es empfiehlt sich übrigens, die Konservierung bei neuen und aufbereiteten Lacken zwei- oder dreimal im Jahr zu erneuern. Das erhält den Glanz länger und verbessert den Langzeitschutz. Die meisten Polituren und Lackreiniger wirken ziemlich aggressiv. Arbeiten Sie deshalb nie unter direkter Sonneneinstrahlung. Die chemischen Verbindungen in der Politur können sonst förmlich in den Lack einbrennen.

Arbeitsschritte

① Vor der Lackpolitur das Fahrzeug gründlich waschen und trocknen.

② Prüfen Sie zuerst an einer unauffälligen Stelle, ob der Autolack Ihre Politur verträgt. Vorsicht bei Lackreinigern: Tragen Sie nur eine dünne Schicht auf, zuviel Reiniger nimmt mehr Decklack ab als nötig. Gehen Sie lieber in mehreren Durchgängen vor.

③ Politur oder Lackreiniger mit Baumwoll- oder Synthesewatte (handballengroße Stücke) oder weichem Tuch (kein Kunstfaserlappen) auftragen. Mit sanftem Druck in kreisförmigen Bewegungen einreiben. Nehmen Sie sich immer nur eine kleine Fläche vor.

④ Nach kurzer Einwirkzeit bildet sich ein trockener weißer Belag, der mit einem Watteballen in kreisenden Bewegungen auspoliert wird. Vorsicht an Kanten bei verwittertem Lack: Nicht zu lange dieselbe Stelle bearbeiten, da man sonst schnell auf die Grundierung stößt.

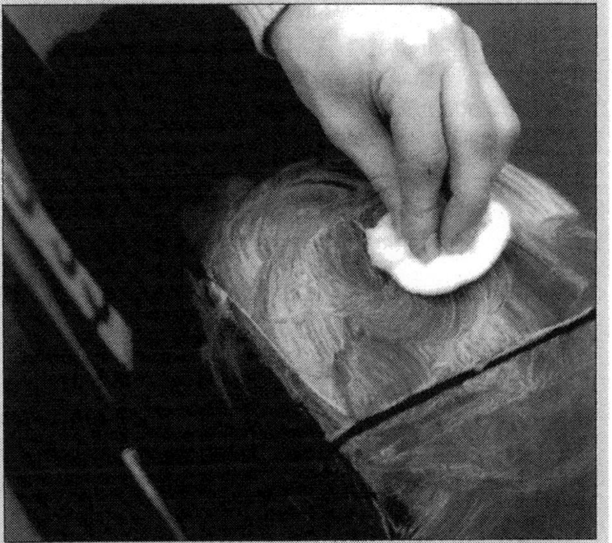

Teilen Sie die Karosserie in Abschnitte von etwa einem halben Quadratmeter ein. Bei größeren Flächen kommen Sie mit dem Auspolieren nicht nach. Eingetrocknete Politur lässt sich nur schwer verarbeiten.

⑤ Nach einiger Zeit geht das Polieren schwerer, weil Wachs- und Pflegemittelpartikel die Bewegungen einbremsen. Dann Watteballen wenden oder erneuern.

⑥ Zum Abschluss den Lack mit sauberem Baumwolllappen abreiben, um noch vorhandenes Poliermittel und Watteflusen zu entfernen.

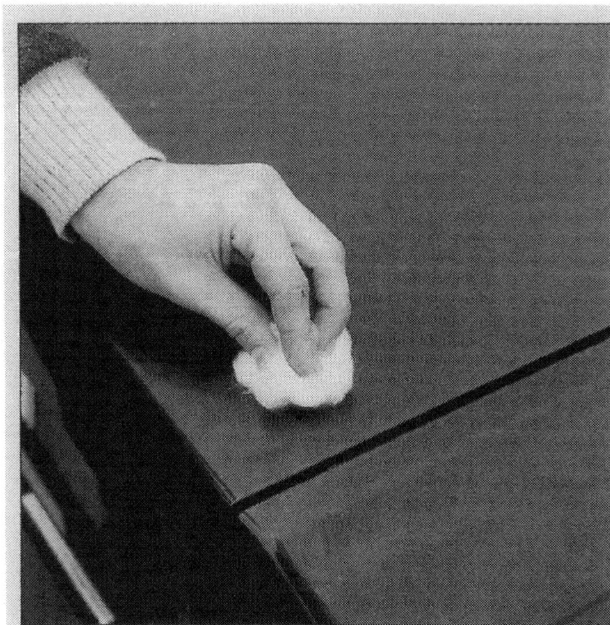

Damit der Lack schlierenfrei erscheint, reibt man den weißen Belag mit großen Watteballen unter Druck glänzend. Wird die Polierbewegung schwerer, den Watteballen wenden oder erneuern.

So konservieren Sie richtig

⑦ Autowachs mit Watte auftragen. Die Größe der zu bearbeitenden Fläche hängt vom verwendeten Produkt ab. Vorsicht: Konservierer haben einen hohen Lösemittelanteil. Sorgen Sie daher für ausreichende Belüftung.

⑧ Die Flüssigkeit mit Watteballen in kreisenden Bewegungen einreiben. Gleichmäßiges druckvolles Kreisen erzeugt bei guten Konservierern Tiefenglanz.

⑨ Die Watte darf nur mit wenig Widerstand über den Lack gleiten. Deshalb häufig die Watte wenden und rechtzeitig wechseln.

⑩ Weist der Lack nach dem Konservieren Streifen oder Wolken auf, liegt das meist an verschmierten Farbpartikeln, die eine vorhergehende Politur hinterlassen hat. An diesen Stellen nochmals mit einer Politur beginnen.

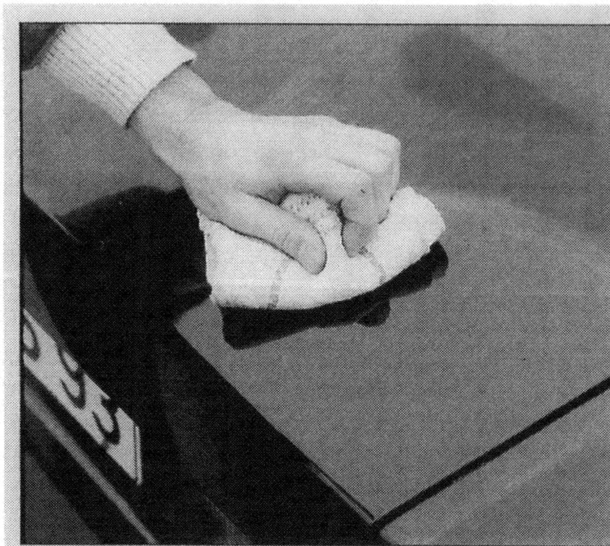

Reiben Sie die polierte Lackfläche zum Schluss noch mit einem sauberen Baumwolllappen ab. Damit entfernen Sie eventuell noch vorhandenen Belag und natürlich auch die Watteflusen.

Wenn der Konservierer beim Auftragen fast vom Lack perlt, ist die Oberflächenspannung des Lacks noch zu groß. Versuchen Sie es in diesem Fall vor der Konservierung mit einer milden Politur.

Lackschäden

Während der Fahrt verüben aufwirbelnde Steine immer wieder Anschläge auf die Karosserie Ihres Audi A6. Bei hohem Tempo werden selbst winzige Sandkörner zu Geschossen, die wie Meteoriten im Lack einschlagen. Im Winter sind vor allem Frontpartie und Motorhaube gefährdet, wenn der Rollsplitt gegen das Blech prasselt. Steinschlagschäden sind jedoch kein Drama. Auch ein Parkrempler mit Kratzern und Schrammen bietet keinen Anlass zur Panik. Solche Stellen lassen sich ebenso wie Fremdlack mit Lackreiniger oder Schleifpolitur oft einfach auspolieren.

Reparaturset bei Steinschlag

Viele Hersteller bieten für Lackschäden durch Steinschlag (etwa in der Größe eines Stecknadelkopfes) Reparatursets an, die sich so leicht handhaben lassen wie eine Flasche Nagellack. Eine Alternative ist Tupflack, bei dem der Krater mit einem Pinsel in mehreren Lackschichten aufgefüllt wird. Bei normalen Lacken helfen auch Wachsstifte in Wagenfarbe – der aufgetragene Wachsfilm hält freilich nur einige Wagenwäschen lang und muss dann erneuert werden. Die Lackbezeichnung und den Code für die Farbe Ihres Wagens finden Sie auf einem Schild am Türausschnitt der Beifahrerseite.

Lackschäden rechtzeitig beseitigen

Macken im Lack sollten Sie nicht ignorieren. Der Rost kann den angrenzenden Lack unterwandern – bei ungünstigen Bedingungen wie Nässe und Wärme schon in wenigen Tagen. Deshalb gilt: Lackschäden möglichst schnell ausbessern. Hat sich der Rost über Monate oder Jahre ungehindert ausgebreitet, erkennen Sie das meist an unschönen Kratern oder Löchern im Karosserieblech. In diesem Fall helfen nur noch aufwendige Restaurierungsarbeiten. Die können wir Ihnen hier freilich ebenso wenig vorstellen wie die Behebung eines Blechschadens. Für solche Arbeiten empfehlen wir den Band 175 aus der Reihe »Jetzt helfe ich mir selbst«. Er informiert umfassend über alle Arbeiten rund um die Autokarosserie.

Mit dieser Grundausstattung bessern Sie Lackschäden aus:

- Abklebeband (Profimaterial verwenden).
- Zeitungen oder Folie zum Abkleben.
- Schleifklotz aus Holz oder Kork für flächiges Schleifen.
- Nass- und Trockenschleifpapier in verschiedenen Körnungen.
- Spachtel und Spachtelmasse, Härter, Spritzspachtel zum Ausgleich kleinerer Unebenheiten.
- Haftgrund, als Grundlage für den Lackaufbau.
- Decklack in der Farbe Ihres Fahrzeugs.
- Lackreiniger, Konservierer, Politur.

Steinschlagschäden ausbessern

Arbeitsschritte

① Stehen rund um den Lackkrater Ränder ab: Mit einer feinen Nadel abheben.

② Hat sich Rost gebildet, kratzen Sie ihn mit einem spitzen Taschenmesser vorsichtig heraus. Einen Tropfen Rostumwandler auf die Stelle tupfen und etwa eine Stunde einwirken lassen.

③ Die Schadstelle mit Waschbenzin oder Verdünnung reinigen, gründlich trocknen.

④ Etwas Haftgrund in den Sprühdosendeckel spritzen und mit Tupfpinsel oder Fingerkuppe dünn auftragen. Warten Sie, bis der Haftgrund getrocknet ist.

⑤ Mit Fingerkuppe oder kleinem Kunststoffmesser ein wenig Spachtel bündig zur umgebenden Lackfläche in den Krater drücken und trocknen lassen. Halten Sie Lappen und Verdünnung bereit, um Spachtelflecken auf dem Lack sofort abzuwischen.

⑥ Wenn Sie zuviel Spachtel eingebracht haben: Spannen Sie um ein Bleistiftende einen schmalen Streifen feines Schleifpapier, schleifen Sie den überschüssigen Spachtel bleistiftdrehend vorsichtig bei.

⑦ Ein wenig Lack in den Dosendeckel sprühen und eine Minute ablüften lassen. Den Lack sehr dünn mit Fingerkuppe oder spitzem Pinsel auftragen.

⑧ Wenn der Lack vollständig getrocknet ist (im Sommer nach etwa zwei, im Winter nach fünf Tagen): die ausgebesserte Stelle mit Politur, die Übergänge bei Bedarf mit Lackreiniger bearbeiten.

Kleinere Schrammen auspolieren

Arbeitsschritte

① Die Schadstelle mit Waschbenzin oder Verdünner reinigen.

② Polieren Sie die Fremdfarbe (falls vorhanden) mit Polierwatte, Schleifpolitur oder Lackreiniger in mehreren Arbeitsgängen aus dem Decklack. Halten Sie die Polierfläche möglichst klein.

③ Wenn die Ränder der Schramme noch rauh sind: Schleifen Sie diese Stellen mit einem kleinen Streifen feinstem Naßschleifpapier (mindestens Körnung 600) behutsam glatt. Dabei Schleifpapier immer wieder anfeuchten. Vorsicht: Schleifen Sie nicht die Decklackschicht durch.

④ Die Schadstelle mit einer milden Politur nachpolieren. Dabei werden Farbpartikel aus der unmittelbaren Lackumgebung in die Schramme hinein verteilt.

⑤ Zuletzt die bearbeitete Stelle mit Konservierer behandeln.

⑥ Wenn Sie auf gleichmäßigen Glanz Wert legen, anschließend das ganze Fahrzeug polieren.

Stärkere Schrammen ausbessern

Arbeitsschritte

① Bei tiefen Schrammen an Stoßfänger, Kotflügel oder Tür: Bauen Sie das Karosserieteil vor der Lackreparatur aus. Die Ausbesserung geht so leichter von der Hand.

② Schadensfläche mit Schleifpapier (Körnung 80 oder 100) eben schleifen. Ist Rost vorhanden, bis aufs blanke Blech schleifen, Rostumwandler auftragen und eine Stunde einwirken lassen.

③ Die Stelle mit Waschbenzin oder Verdünnung reinigen und entfetten, trocknen lassen.

④ Spachtel und Härter mischen. Die Spachtelmasse macht die Schadstelle zu dem angrenzenden Lack bündig. Vorsicht: Der Spachtel lässt sich nur einige Minuten verarbeiten, weil der Härter schnell abbindet. Deshalb nur kleine Mengen vorbereiten. Bei geringen Unebenheiten können Sie auch Spritzspachtel aufsprühen.

⑤ Die Spachtelmasse gleichmäßig und zügig in mehreren dünnen Schichten auftragen. Nach etwa einer Stunde ist die Schicht ausgehärtet.

⑥ Unebenheiten mit Trockenschleifpapier (Körnung 240) vorsichtig abschmirgeln. Für den Feinschliff Nassschleifpapier (Körnung 400) verwenden und Fläche mit wenig Druck beischleifen.

⑦ Sind dann noch Riefen vorhanden – mit Spritzspachtel ausgleichen, aushärten lassen und mit Nassschleifpapier (Körnung 600) nachschleifen.

⑧ Vor dem Lackieren Schleifstaub sorgfältig abwischen.

Lackieren wie die Profis

⑨ Die Schadstelle mit wasserfestem und dehnbarem Lackierer-Klebeband, einer Folie oder alten Zeitungen abkleben. Billiges Klebeband weicht schnell durch und lässt bald auch Farbe passieren. Vorsicht: Beim Lackieren entstehen giftige Dämpfe. Sorgen Sie deshalb für eine gute Belüftung des Arbeitsplatzes.

⑩ Haftgrund (Füller) als feinporige Grundlage für den Decklack sprühen. Sauber arbeiten – Unebenheiten und Lacknasen verschwinden nicht mit zunehmenden Lackauftrag, sondern vergrößern sich. Haftgrund trocknen lassen, mit Nassschleifpapier (Körnung 600) planschleifen. Schleifrückstände abwischen.

⑪ Decklack aus der Sprühdose gleichmäßig und zügig in mehreren Schichten auftragen. Der Abstand vom Sprühkopf zur Lackierfläche sollte etwa 20 bis 30 Zentimeter betragen. Erwärmen Sie die Sprühdose vor dem Lackieren kurz in heißem Wasser. Der Sprühstrahl entweicht dann unter höherem Druck, ist feiner und erzielt eine glattere Oberfläche.

⑫ Die Ränder des Klebebands an der Reparaturstelle lösen, umknicken und diese Stellen nachsprühen. Das macht den Übergang zum Originallack unscharf.

⑬ Wenn der Lack vollständig getrocknet ist (im Sommer nach etwa zwei, im Winter nach fünf Tagen): die ausgebesserte Stelle mit Politur, die Übergänge mit Lackreiniger bearbeiten. Wenn Sie auf gleichmäßigen Glanz Wert legen, anschließend das ganze Fahrzeug polieren.

Praxistipp

Farben und Lacke entsorgen

Farb- und Lösungsmittelreste sind Sondermüll, der in speziellen Deponien entsorgt werden muss. Das gilt auch für verschmutzte Lappen, Pinsel und Spraydosen. In vielen Städten und Gemeinden gibt's heute mobile Annahmestellen. Fragen Sie bei Ihrem Umweltamt nach den Abholterminen oder den Öffnungszeiten der Deponie.

Wenn Sie mit der Spraydose lackieren: Schneiden Sie in ein großes Stück Pappe ein Loch in Größe der Schadensstelle. Der Sprühstrahl deckt dann nur die vorgesehene Fläche ab.

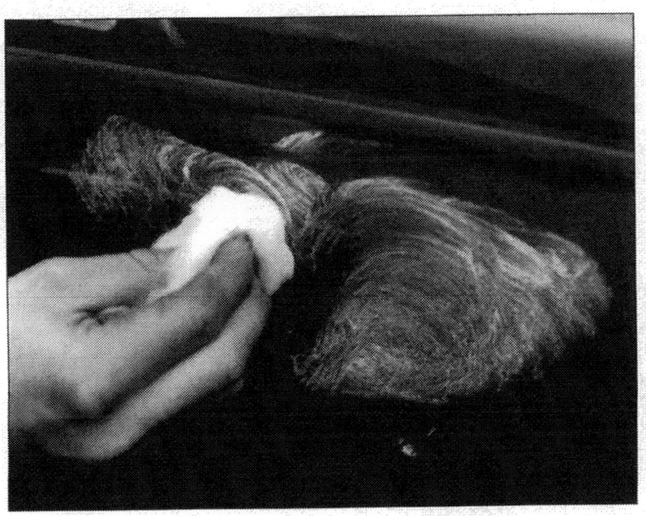

Kratzer oder Schrammen lassen sich mit Schleifpolitur oder Lackreiniger beseitigen, wenn noch ein Hauch Decklack vorhanden ist. Verwenden Sie nur hochwertiges Arbeitsmaterial aus dem Zubehörhandel.

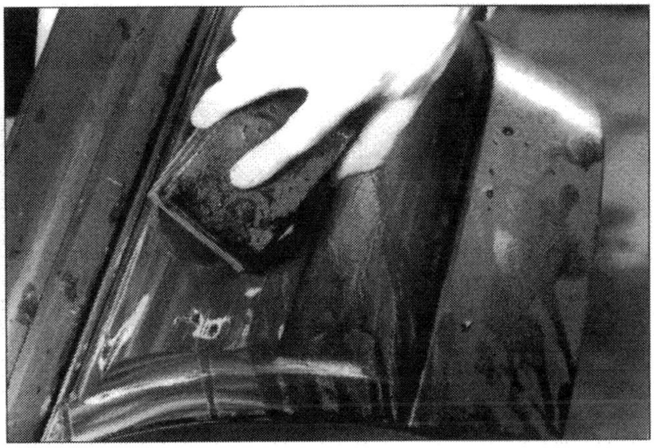

Schleifpapier um Schleifklotz wickeln, die Schadensfläche durch gleichmäßige Bewegungen in eine Richtung glatt schleifen. Den Klotz immer wieder in Wasser tauchen, damit der Schleifstaub herausgeschwemmt wird.

Wenn Sie zum ersten Mal mit Spachtel umgehen, sollten Sie erst üben, bevor Sie ernst machen. Machen Sie auf einem alten Stück Autoblech einen Probedurchlauf. Das bringt das nötige Gefühl und Sicherheit im Umgang mit diesem Material.

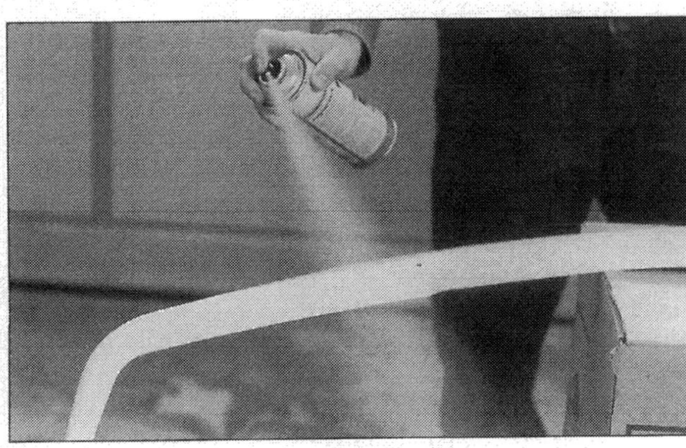

Halten Sie die Spraydose möglichst ruhig über der Lackierfläche. Führen Sie den Sprühstrahl am Lackierobjekt vorbei, nicht absetzen oder im Oval zurückführen – das vermeidet Lacknasen.

DIE MOTORE

Wartung

Reparatur

Die Fünfventiltechnik ist eine Spezialität von Audi. Bei keinem Großserien-Hersteller außerhalb des VW-Konzerns wird sie derzeit eingesetzt. Die Ingolstädter haben die Technik heute bei allen Benzin-Motoren eingeführt.

Das Motorenangebot des A6 ist so umfassend, wie es die gut zahlende Kundschaft von einem Oberklasse-Hersteller erwartet. Neben zwei Direkteinspritzer-Dieselmotoren (110 und 150 PS) stehen nicht weniger als acht Benziner-Versionen zur Verfügung, die ein großes Leistungsspektrum abdecken. Einstiegsmodell ist der 1,8 Liter-Vierzylinder mit 125 PS, die Turboversion dieses Motors leistet 150 PS. Mehr Laufkultur und Leistung bieten die V6-Modelle mit 2,4 Liter Hubraum und 165 PS und der 2,8 Liter mit 193 PS. Für den besonderen Geschmack gibt es noch einen 2,7 Liter-Biturbo mit 230 PS und zwei Achtzylinder mit 260 beziehungsweise 300 PS. Im neuesten Überflieger S6 leistet der Achtzylinder sogar 340 PS. Aus Platzgründen und wegen der geringen produzierten Stückzahlen können diese vier Modelle hier nur am Rande berücksichtigt werden.

Die Motoren des Audi A6

Modell	Hubraum (cm3)	Leistung (KW/PS)
1.8	1781	92/125
1.8 Turbo	1781	110/150
2.4	2393	121/165
2.8	2771	142/193
2,7 Turbo	2671	169/230
3.7	3697	191/260
4.2	4172	220/300
1.9 TDI	1896	81/110
2.5 TDI	2496	110/150

Die Fünfventiltechnik

Allen Motoren gemeinsam ist eine Audi-Spezialität, mit der die Ingolstädter ihren »Vorsprung durch Technik« dokumentieren wollen: Es ist die Fünfventiltechnik. Kein anderer Auto- oder Motorradhersteller außerhalb des VW-Konzerns bietet sie, nicht einmal in der Formel 1 konnte sie sich bislang durchsetzen. Die theoretischen Vorteile: Zwei Auslassventile und besonders die drei Einlassventile sollen für besseren Gasdurchsatz sorgen. Es scheint einleuchtend: Durch drei Ventile kann in kurzer Zeit mehr Gasgemisch strömen als durch zwei oder gar eines. Die Zylinderfüllung ist pro Ansaugtakt deutlich besser. In der Praxis konnten sich die Fünfventiler bislang noch nicht so gut in Szene setzen: Verbrauchs- und Leistungswerte sind nicht unbedingt besser als bei vergleichbaren Motoren mit weniger Ventilen. Nachteile bringt die Technik jedenfalls nicht. Ein erhöhter Wartungsaufwand etwa ist nicht zu befürchten – alle Motoren verfügen über hydraulischen Ventilspielausgleich, zeitraubendes Einstellen der zahlreichen Ventile entfällt also.

Der 1,8-Liter

Der 1,8-Liter-Motor ist ein typisches Beispiel der von Konzernchef Ferdinand Piech verfolgten Gleichteile-Strategie. Das heißt: Möglichst viele Modelle sollen mit möglichst wenig verschiedenen Teilen produziert

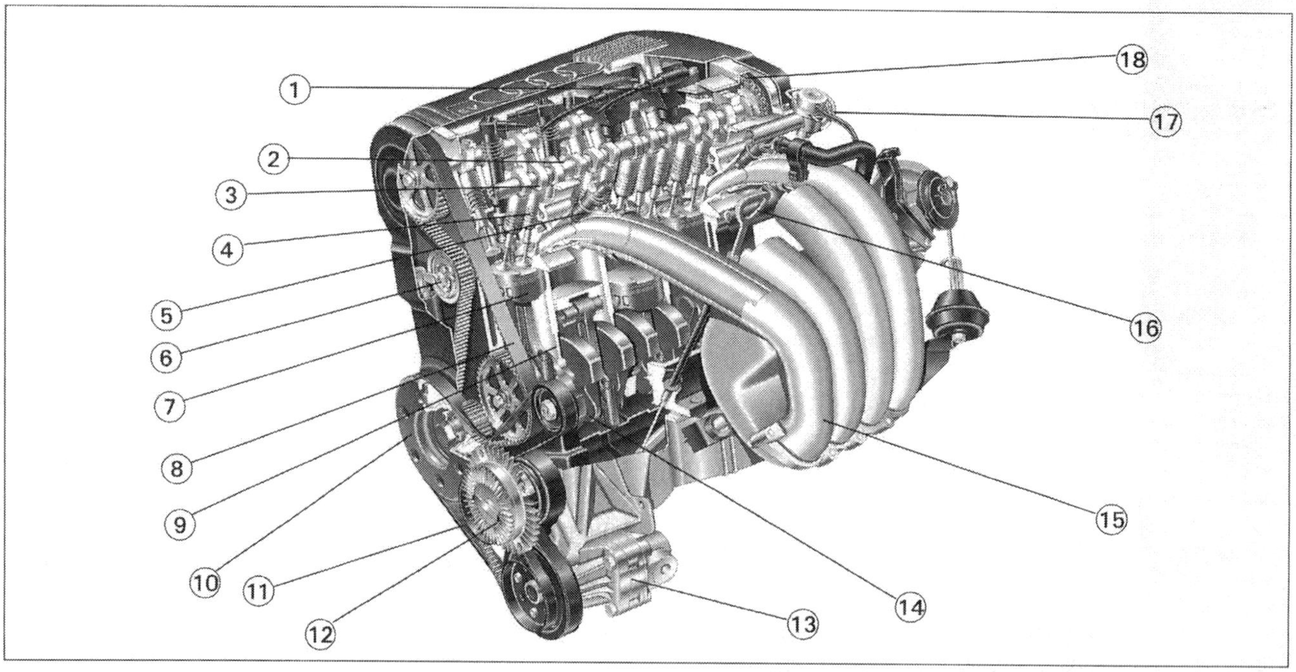

Der 1,8 Liter-Motor mit 125 PS im Detail: ❶ Einzelfunkenzündspule. ❷ Auslassnockenwelle. ❸ Einlassnockenwelle. ❹ Hydrostößel. ❺ Einspritzventil. ❻ Spannrolle für Zahnriemen. ❼ Kolben. ❽ Zahnriemen. ❾ Pleuel. ❿ Schwingungsdämpfer. ⓫ Keilrippenriemen. ⓬ Nabe für Viscolüfter. ⓭ Pumpe für Servolenkung. ⓮ Kurbelwelle. ⓯ Schaltsaugrohr. ⓰ Ölpeilstab. ⓱Kraftstoffdruckregler. ⓲ Antriebskette für Einlassnockenwelle.

werden. Der genau 1781 ccm große Vierzylinder ist dabei eine Standard-Komponente bei den Konzern-Modellen wie ein weißes T-Shirt im Kleiderschrank. Einige Beispiele, in welchen Fahrzeugen der Aluminium-Motor außer im A6 noch eingebaut wird: Er läuft im Seat Toledo, im Skoda Octavia, im Audi A3 und A4, im VW Golf und im VW Passat. Die Ausstattung des Motors ist freilich nicht überall gleich. Das Schaltsaugrohr beispielsweise, dass dem 1.8 im Audi A6 zu mehr Drehmoment im unteren Drehzahlbereich verhilft, hat nicht jeder. Hier bringt es ein ordentliches maximales Drehmoment von 168 Newtonmetern bei 3500 U/min. Das hilft auch Kraftstoff sparen: Der Durchschnitts-Verbrauch liegt laut Werksangabe bei nur 8,5 Liter Super auf 100 Kilometer. Das ist kein schlechter Wert für eine über 1300 Kilogramm schwere Limousine, die in 11,3 Sekunden von null auf 100 km/h beschleunigt und maximal 203 km/h erreicht. Die Motronic, ein aufwendiges elektronisches Motormanagement-System von Bosch, trägt auch ein Gutteil zur Sparsamkeit des Audi bei. Zum System gehören unter anderem sequentielle Einspritzung und eine Zündanlage mit einer Zündspule pro Zündkerze.

Besonders aufwendig ist natürlich der Zylinderkopf mit den fünf Ventilen pro Zylinder. Um die insgesamt 20 Ventile in Bewegung zu versetzen, kommen zwei Nockenwellen zum Einsatz. Die Nockenwelle für die Auslassventile wird per Zahnriemen von der Kurbelwelle angetrieben. Die Kraftübertragung von der Auslass- zur Einlassnockenwelle erfolgt per Kette. Die Ventilbetätigung geschieht wie bereits erwähnt per Hydrostößel.

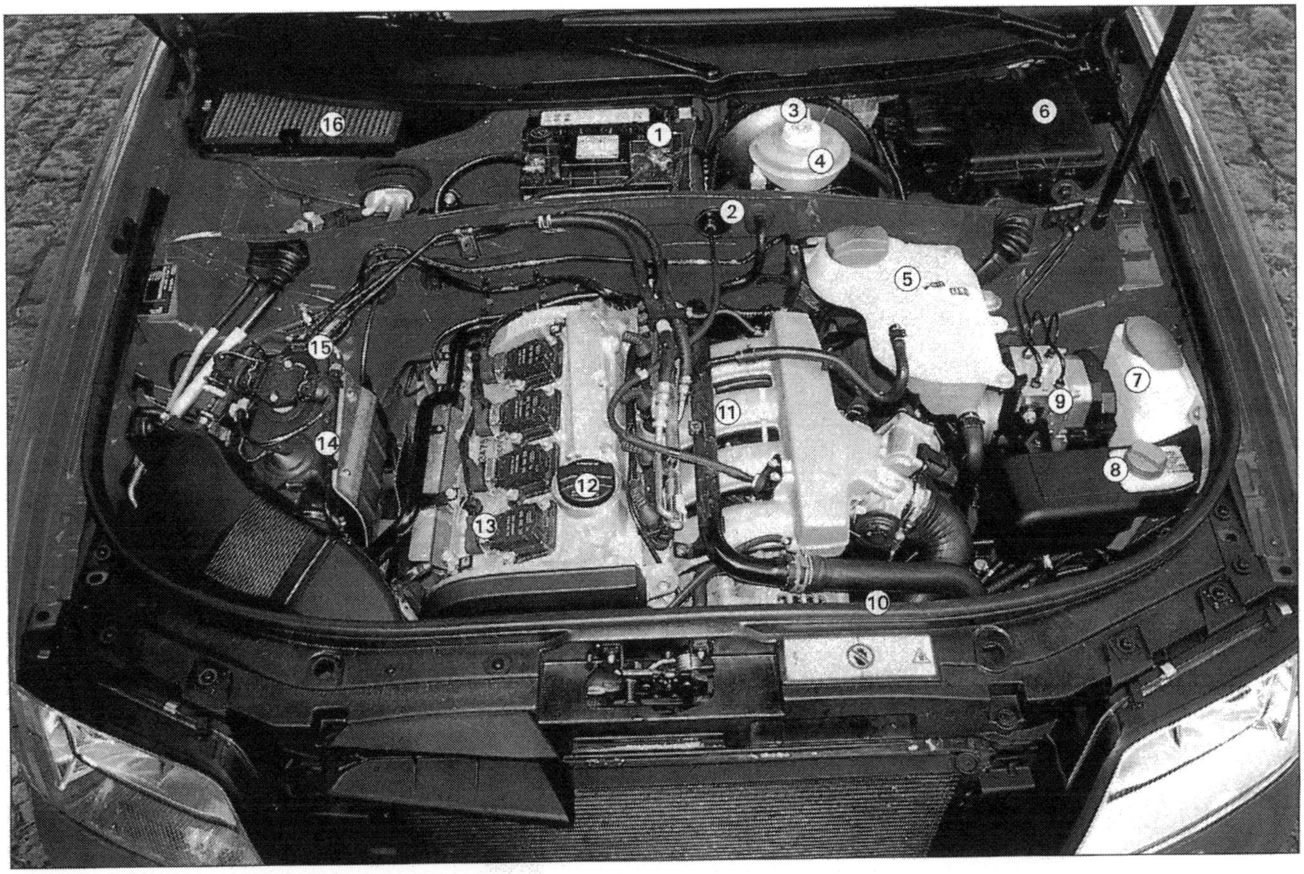

Der 1,8 Liter-Motor mit 150 PS (ohne Abdeckungen):
❶ Batterie. ❷ Gaszug. ❸ Bremskraftverstärker. ❹ Bremsflüssigkeitsbehälter. ❺ Kühlmittel-Ausgleichsbehälter. ❻ Elektronikbox. ❼ Behälter für Scheibenwaschwasser. ❽ Hydrauliköl-Vorratsbehälter der Servolenkung. ❾ Hydraulikeinheit des Antiblockiersystems. ❿ Lichtmaschine. ⓫ Ölpeilstab. ⓬ Öleinfüllstutzen. ⓭ Zündspulen. ⓮ Luftfiltergehäuse. ⓯ Luftmassenmesser. ⓰ Pollenfilter.

Der 1.8 Turbo

Die technischen Eckdaten des Turbomotors entsprechen jenen der Saugversion, wie bei aufgeladenen Motoren üblich ist allerdings die Verdichtung von 10,3:1 auf 9,5:1 zurückgenommen. Die Leistung des Fünfventil-Turbos ist gewaltig: 150 PS bei 5700 U/min. Das ist eine enorme Literleistung – zum Vergleich: Um im verflossenen Audi 100 150 PS zu bekommen, musste man einen Sechszylinder mit 2,6 Liter Hubraum bestellen. Der erreichte ein maximales Drehmoment von 225 Newtonmeter bei 3500 U/min. Mit 210 Newtonmeter kommt der 1.8T fast an den Wert heran, der Maximalwert steht jedoch schon weitaus früher zur Verfügung: bei 1750 U/min. Bis 4600 U/min bleibt das Drehmoment auf diesem Niveau. Für bulligen Durchzug bei niedrigen Drehzahlen ist also gesorgt. Mit einem Durchschnittsverbrauch von 8,4 Litern auf 100 Kilometer ist der Turbo eine Spur sparsamer als der Sauger.

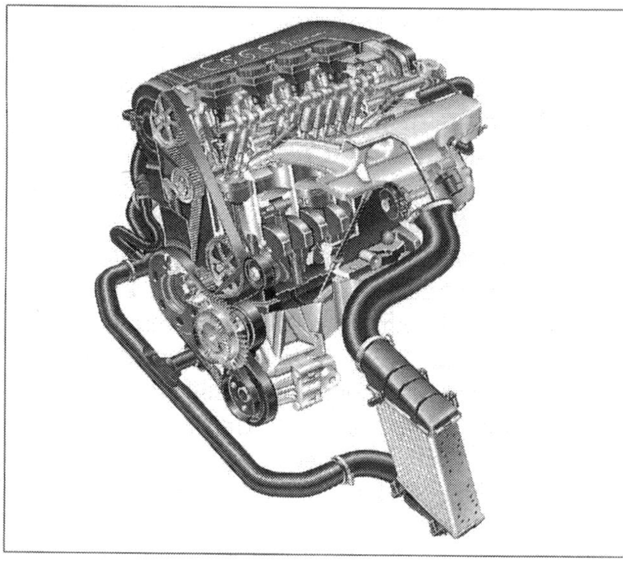

Die 150 PS-Version kommt mit einem Turbolader, aber ohne Schaltsaugrohr. Das hat ein aufgeladener Motor auch nicht nötig.

Die Sechszylinder-Benziner

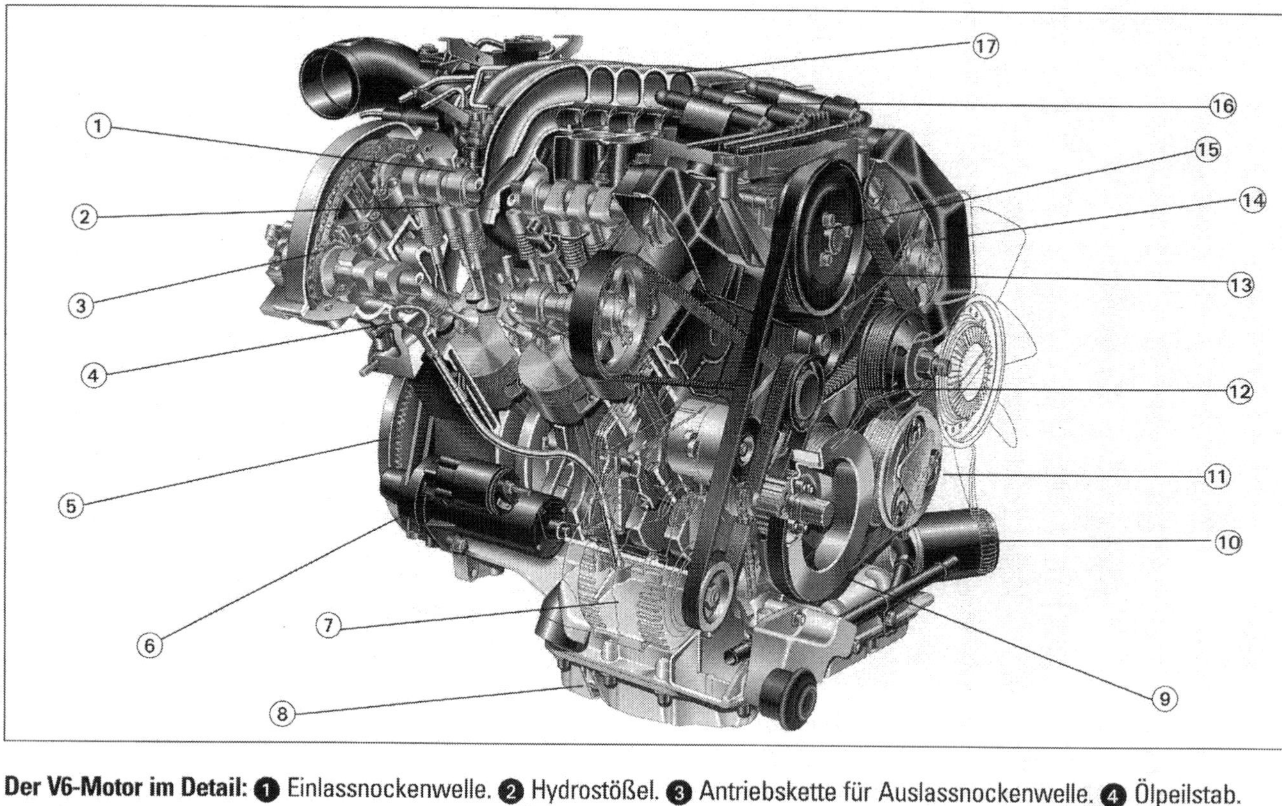

Der V6-Motor im Detail: ❶ Einlassnockenwelle. ❷ Hydrostößel. ❸ Antriebskette für Auslassnockenwelle. ❹ Ölpeilstab. ❺ Schwungrad. ❻ Anlasser. ❼ Lichtmaschine. ❽ Ölwanne. ❾ Schwingungsdämpfer. ❿ Ölfilter. ⓫ Riemenrad für Klimakompressor. ⓬ Viscolüfter. ⓭ Riemenrad für Servopumpe. ⓮ Zahnriemen. ⓯ Keilrippenriemen. ⓰ Zündspulen. ⓱ Schaltsaugrohr.

Technik-lexikon

Turbolader

Grundsätzlich geht es bei der Aufladung darum, die Füllung des Zylinders mit Frischluft zu verbessern, also die Motorleistung zu steigern. Das Mittel zum Zweck kann ein mechanisch angetriebener Kompressor sein, der aber Leistung kostet. Populärer ist daher der Turbolader, der die mit Überschallgeschwindigkeit durch den Auspuffkrümmer jagenden Abgase als Antriebsenergie nutzt. Die Gase passieren das Turbinengehäuse, wo sie den Läufer auf über 100.000 U/min beschleunigen. Der Läufer treibt über eine Welle das Verdichterrad an. Es saugt Frischluft in das Verdichtergehäuse und presst sie in die Brennräume. Bei Ottomotoren kann die Turboaufladung Nachteile haben: Wegen der großen in die Brennräume gepumpten Luftmenge muss die Verdichtung im Vergleich zum Sauger reduziert werden, damit der Motor bei voller Drehzahl nicht zum Klopfen neigt. Dadurch sinkt der Wirkungsgrad. Ein weiter Nachteil: Läuft der Motor mit nur wenig geöffneter Drosselklappe, kann die Abgasmenge den Läufer nicht auf ausreichende Drehzahlen bringen. Beschleunigt man nun, dauert es eine Weile, bis der Lader auf Touren kommt – es entsteht das sogenannte Turboloch. Durch den Einsatz von kleinen, schneller ansprechenden Ladern kann der Nachteil kompensiert werden. Weitere moderne Möglichkeiten der Turbo-Optimierung: Eine elektronische Ladedruck-Regelung kann den Ladedruck per Höhenmesser sogar von der Luftdichte abhängig machen. Und ein Ladeluftkühler sorgt für noch mehr Leistungsausbeute, weil kühlere Luft über eine höhere Dichte und somit mehr Sauerstoffteilchen pro Volumeneinheit verfügt. Mehr Sauerstoff bedeutet mehr Verbrennungsenergie.

Bei Dieseln ist die Situation etwas anders als bei Benzinern: Ein Klopfproblem gibt es nicht. Und ihm fehlt die Drosselklappe – der Luftdurchsatz und damit die Abgasmenge hängen nur von der Drehzahl und nicht von der Gaspedalstellung ab. Die Leistung wird ausschließlich über die Einspritzmenge geregelt. So bleibt die Abgasmenge relativ konstant, der Lader braucht beim Beschleunigen nicht so große Drehzahlsprünge mitzumachen. Der Diesel-Turbo spricht also besser an. Das gilt im besonderen Maße für den Audi-Turbodiesel: Die Ingolstädter setzen nämlich den VTG-Lader ein, also einen Lader mit variabler Turbinengeometrie. Die Funktion: Um bei jeder Drehzahl die gesamte Abgasenergie nutzen zu können, werden verstellbare Leitschaufeln eingebaut. Eine elektronisch geregelte pneumatische Ansteuerung verstellt den Winkel der Schaufeln. So wird bei unterschiedlichen Strömungsverhältnissen im Lader immer der optimale Ladedruck zur Verfügung gestellt.

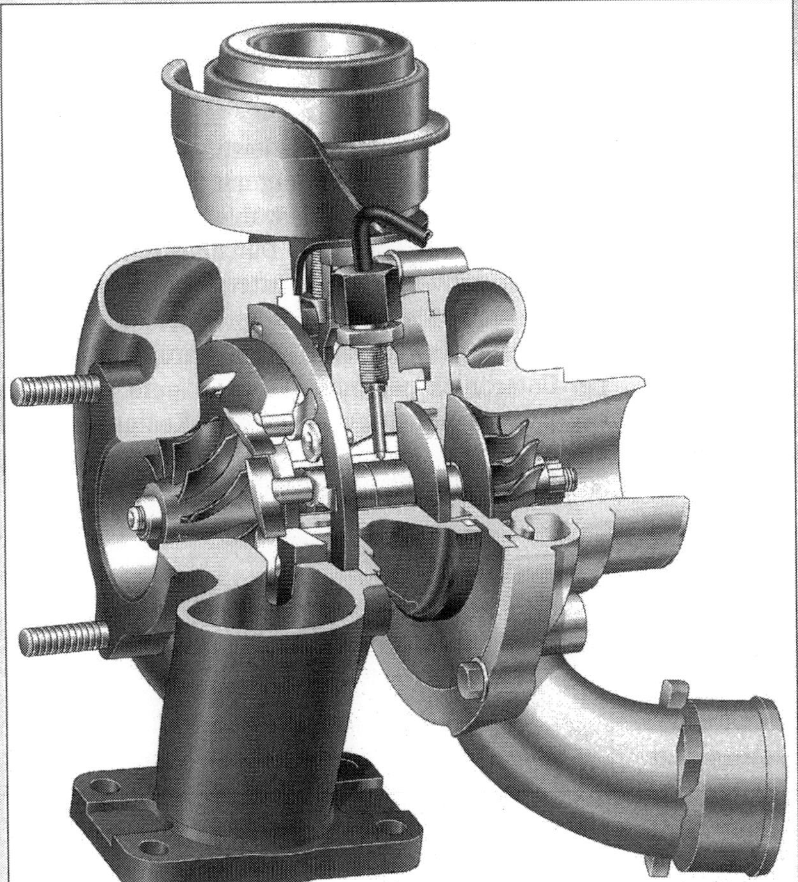

Audi baut Turbolader beim 1.8-Benziner und bei allen Dieseln ein. Hier sehen Sie einen Turbolader mit variabler Turbinengeometrie, wie er beim 1.9 und 2.5 TDI zum Einsatz kommt.

Der 2,4 Liter-Motor mit 164 PS (ohne Abdeckungen):
❶ Batterie. ❷ Druckregler der Einspritzanlage.
❸ Bremskraftverstärker.
❹ Bremsflüssigkeitsbehälter.
❺ Kühlmittel-Ausgleichsbehälter. ❻ Elektronikbox.
❼ Behälter für Scheibenwaschwasser.
❽ Hydraulikeinheit des ABS.
❾ Hydrauliköl-Vorratsbehälter der Servolenkung.
❿ Öleinfüllstutzen.
⓫ Schaltsaugrohr.
⓬ Zündspulen. ⓭ Ölpeilstab.
⓮ Luftfiltergehäuse.
⓯ Luftmassenmesser.
⓰ Pollenfilter.

Den V-Motor mit sechs Zylindern gibt es in gleich drei Versionen: Die beiden wichtigsten sind zweifellos der 2.4 mit 164 PS und der 2.8 mit 193 PS. Der 2.7 mit zwei Turboladern und nicht weniger als 230 PS ist ein aufwendiger Exot und sei hier nur der Vollständigkeit halber erwähnt.

Die »zivilen« V6 sind aber auch nicht gerade einfache Bauernmotoren: Beide verfügen über die Fünfventiltechnik, Nockenwellenverstellung und ein zweistufiges Schaltsaugrohr aus gewichtsparendem Kunststoff. Alle diese Maßnahmen helfen, mehr Drehmoment, mehr Dampf bei niedrigen Drehzahlen zur Verfügung zu stellen. Das Ergebnis kann sich sehen lassen: Der 2.4 erreicht ein maximales Drehmoment von 230 Newtonmetern bei 3200 U/min und eine Höchstgeschwindigkeit von 222 km/h. Der Durchschnittsverbrauch liegt bei 9,7 Liter auf 100 Kilometer.

Der 2.8 legt natürlich noch eins drauf: 280 Newtonmeter bei 3200 U/min sind hier angesagt, interessanter noch der breite Drehzahlbereich, in dem viel Drehmoment zur Verfügung steht: Zwischen 2500 und 5000 U/min liefert der V6 255 Newtonmeter. Die Höchstgeschwindigkeit: 236 km/h. Mit 9,8 Litern liegt der Durchschnittsverbrauch auf annehmbarem Niveau. Bei ausschließlichem Stadtverkehr können es beim 2.8 aber knapp 15 Liter werden, beim 2.4 fast 14.

Das Schaltsaugrohr

Mit einem Schaltsaugrohr kann man die Länge des verfügbaren Saugrohres verändern. Der Sinn dieser Maßnahme: Für hohe Motorleistung bei hohen Drehzahlen ist ein kurzes Saugrohr mit großem Querschnitt optimal, bei niedrigen Drehzahlen jedoch ein langes Ansaugrohr mit kleinem Durchmesser. Geschaltet wird das teilweise aus Kunststoff gefertigte System durch sechs Klappen (eine pro Zylinder), die bis 4000 U/min geschlossen bleiben. Darüber werden sie per Unterdruck geöffnet. Die Ingenieure müssen bei der Saugrohrgestaltung also keinen Kompromiss mehr eingehen. Der Gewinn dieser Technik liegt bei etwa 30 Newtonmetern bei niedrigen Drehzahlen.

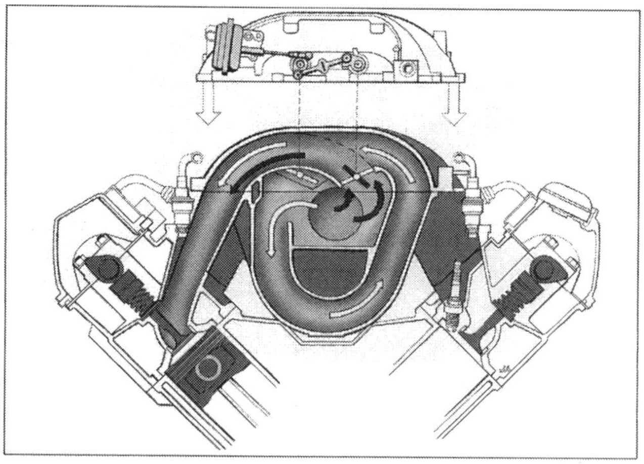

Die V6-Motoren werden mit einem Schaltsaugrohr ausgestattet. Es verbessert das Drehmoment im niedrigen Drehzahlbereich und erhöht die Leistung bei hohen Drehzahlen. Eine Unterdruckdose (oben links) schaltet die Klappen bei 4000 U/min.

Die Nockenwellenverstellung

Auch diese Technik sorgt für mehr Drehmoment im unteren Drehzahlbereich und für günstigere Abgaswerte. Verstellt wird nur die Einlassnockenwelle, also die Steuerzeiten der Einlassventile. Das Prinzip: Schließt das Einlassventil am Ende des Ansaugtaktes relativ spät, führt dies zu geringerer Ventilüberschneidung – der Motor glänzt mit stabilem Leerlaufverhalten und guter Leistungsausbeute. Im Bereich niedriger bis mittlerer Volllastdrehzahl führt das frühere Schließen des Ventils zu besserer Zylinderfüllung und damit höheren Drehmomentwerten.

Der Achtzylinder

Technik-lexikon

Die V8-Motoren katapultieren den A6 mit viel Hubraum und einer geballten Ladung High-tech in eine andere Autowelt. Fünfventiltechnik, ein dreistufiges Schaltsaugrohr und Nockenwellenverstellung sind nur einige Details. Das Ergebnis: 260 PS und 350 Nm Drehmoment beim 3.7, 300 PS und 410 Nm beim 4.2. Beim sportlichen Topmodell S6 leistet der 4,2-Liter sogar 340 PS. Beide Autos werden bei 250 km/h elektronisch abgeregelt.

Den V8 gibt es in zwei Leistungsstufen: den 3.7 mit 260 PS und den 4.2 mit 300 PS. Noch beeindruckender als die Leistungsdaten sind die Drehmomentwerte: Beim 4.2 stehen über einen breiten Drehzahlbereich von 3.000 bis 4.000 1/min 410 Newtonmeter an der Kurbelwelle an, der 3.7 kommt auf 350 Newtonmeter bei 3250 U/min. Damit werden die V8-A6 zu Limousinen mit Sportwagen ähnlichen Fahrleistungen: Nur 6,9 Sekunden benötigt der 4.2 quattro, um Tempo 100 zu überschreiten, der 3.7 8,1 Sekunden. Die Höchstgeschwindigkeit wird in beiden Fällen bei 250 km/h abgeregelt.

Die technischen Details: Wie die V6 sind die V8 mit einem Schaltsaugrohr ausgerüstet, hier kommt jedoch eine dreistufige Version aus Magnesium zum Einsatz. Beim Ventiltrieb bietet der Zylinderkopf des V8 ein Rollenschwinghebelsystem. Dabei treten durch seine günstige Kinematik und durch den Einsatz von Aluminium-Druckguss für die Hebel geringe Massenkräfte auf. Die Vorteile sind geringe Reibungsverluste und hohe Drehzahlsicherheit. Daneben können die Ventilhübe größer ausgebildet werden als bei vergleichbaren Tassenstößelkonzepten. So werden große Strömungsquerschnitte realisiert. Ein ventilseitig im Schwinghebel integrierter hydraulischer Ventilspielausgleich sorgt für guten Akustikkomfort und Wartungsfreiheit.

Zum Einsatz kommt bei beiden V8-Triebwerken auch ein Nockenwellenversteller pro Zylinderbank, der je nach Drehzahlbereich die Ventilsteuerzeiten der Einlassnockenwellen variiert. Niedrige Rohemissionen, hohe Leerlaufqualität und ein fülliger Drehmomentverlauf sind die Ergebnisse.

Das gesamte Motormanagement einschließlich sequentieller Kraftstoffeinspritzung, Klopfregelung und ruhender Hochspannungs-Zündverteilung übernimmt bei den V8-Motoren ein motormoment-koordinierendes Steuergerät der neuesten Generation. Gaspedal und Drosselklappe sind jetzt elektronisch miteinander verbunden.

Durch die Möglichkeit, die Drosselklappenöffnung gezielt zu beeinflussen, steht ein weiteres Stellglied für das Erreichen des jeweils optimalen Motorbetriebspunktes zur Verfügung. Das Einbinden von Informationen anderer elektronischer Systeme zur Berechnung des optimalen Motordrehmoments wird durch die Vernetzung der Steuergeräte mit Hilfe eines CAN-Bus vereinfacht.

Die Diesel

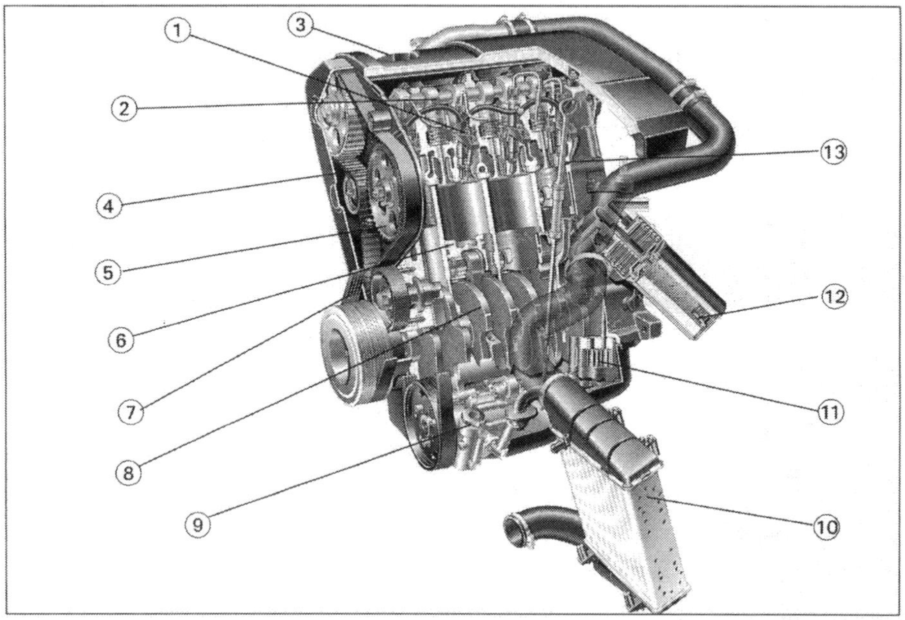

Der 1.9 TDI im Detail:
❶ Einspritzdüse. ❷ Nockenwelle. ❸ Öleinfüllstutzen. ❹ Zahnriemen. ❺ Antriebsrad für Einspritzpumpe. ❻ Kolben. ❼ Keilrippenriemen. ❽ Kurbelwelle. ❾ Pumpe für Servolenkung. ❿ Ladeluftkühler. ⓫ Ölpumpe. ⓬ Ölfilter. ⓭ Ölpeilstab.

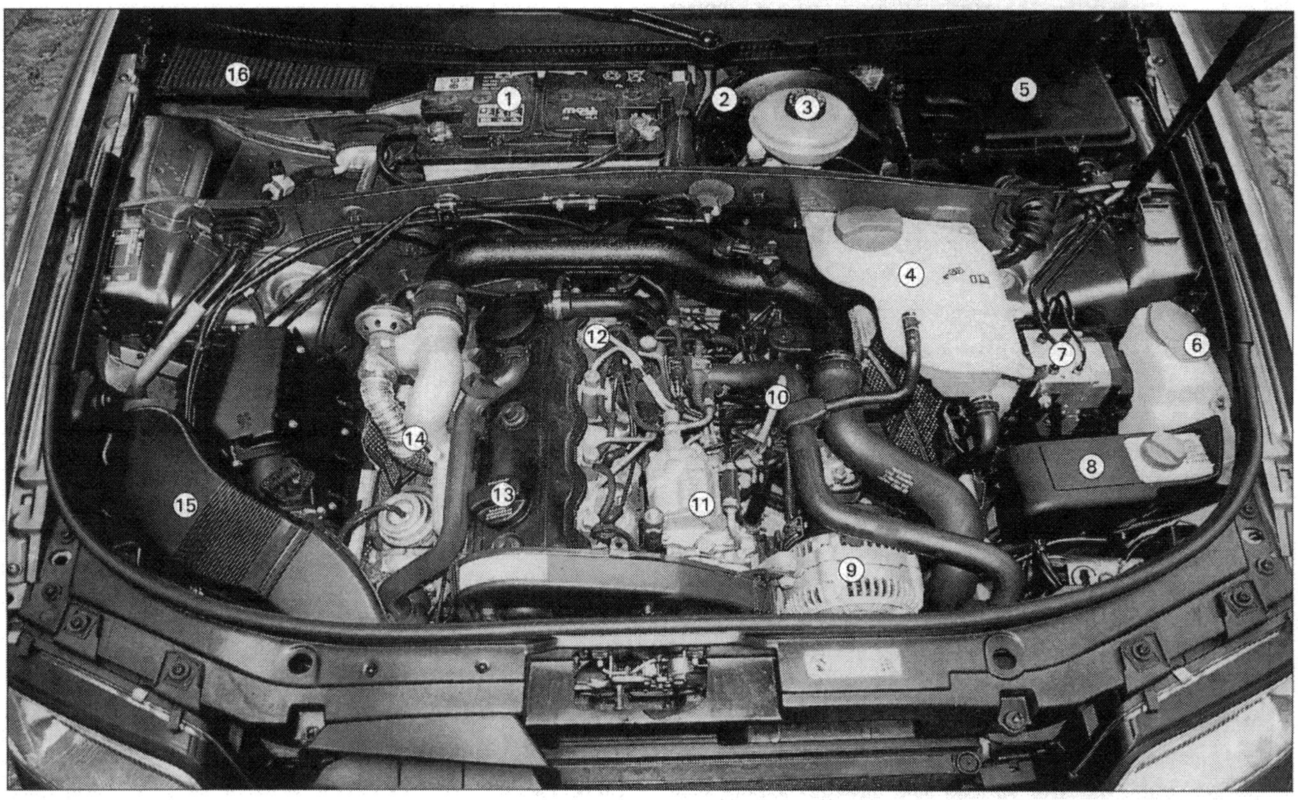

Der 1.9 TDI mit 110 PS (ohne Abdeckungen):
❶ Batterie. ❷ Bremskraftverstärker. ❸ Bremsflüssigkeitsbehälter. ❹ Kühlmittel-Ausgleichsbehälter. ❺ Elektronikbox. ❻ Behälter für Scheibenwaschwasser. ❼ Hydraulikeinheit des Antiblockiersystems. ❽ Hydrauliköl-Vorratsbehälter der Servolenkung. ❾ Lichtmaschine. ❿ Ölpeilstab. ⓫ Einspritzpumpe. ⓬ Einspritzdüsen. ⓭ Öleinfüllstutzen. ⓮ Turbolader. ⓯ Luftfiltergehäuse. ⓰ Pollenfilter.

Audi darf zusammen mit VW für sich das Recht in Anspruch nehmen, der Diesel-Entwicklung entscheidende Impulse gegeben zu haben. Mit der Einführung des TDI zeigte sich der Diesel so kräftig und sparsam wie nie zuvor. Auch im A6 demonstriert der konzernweit eingesetzte 1.9 TDI mit 110 PS Spartugenden: Der Durchschnittsverbrauch liegt bei nur 5,8 Liter auf 100 Kilometer. Dabei ist der Diesel-A6 keine lahme Ente: Bereits nach 12,6 Sekunden werden aus dem Stand 100 km/h erreicht, die Höchstgeschwindigkeit liegt bei 194 km/h. Mitverantwortlich für die guten Fahrleistungen ist auch das beachtliche Drehmoment von 235 Newtonmetern, das schon bei 1900 U/min ansteht. Die technischen Daten dieses mittlerweile bewährten Triebwerks: zwei Ventile pro Zylinder, Turbolader mit variabler Turbinengeometrie, Ladeluftkühlung, elektronisch geregelte Verteilereinspritzpumpe von Bosch und natürlich Direkteinspritzung. Mehr zur Dieseleinspritzung lesen Sie im entsprechenden Kapitel.

Werkstatt oder Do it yourself?

Bei den Audi-Motoren handelt es sich um aufwendige Konstruktionen, an denen Heimwerker kaum noch etwas selbst reparieren können. Reparaturen und Einstellarbeiten am Motor sind so fast immer eine Sache für die Werkstatt. Dafür braucht man Fachwissen, Erfahrung und meist auch Spezialwerkzeuge. Ein falsch ausgetauschter Zahnriemen zum Beispiel kann schwere Schäden an Kolben und Ventilen verursachen. Überlassen Sie Reparaturen an Zylinderkopfdichtung und Ventilen der Werkstatt, ebenso die Beseitigung eines Lagerschadens. Wenn Sie nicht sicher sind, ob Sie eine Arbeit an den Innereien des Motors fachgerecht durchführen können: Verzichten Sie aufs Do it yourself. Es bleiben Ihnen trotzdem noch eine Reihe von Prüf- und Wartungsarbeiten, die Sie in Eigenregie durchführen können.

Der 2,5 TDI

Technik-lexikon

Der V6-TDI mit zwei Turboladern, Vierventiltechnik und Ladeluftkühlung leistet 150 PS. Anfang 2000 kam eine noch stärkere Version dieses Motors zum Einsatz: Durch eine neue Einspritzpumpe, die einen Druck von 1850 bar liefert, steigt die Leistung auf 180 PS.

Eine ganz neue Dimension des Diesel-Fahrens eröffnet der 2.5 TDI mit einem 150 PS starken V6. Das Drehmoment des neu entwickelten Direkteinspritzers: 310 Newtonmeter, das zwischen 1500 und 3200 U/min zur Verfügung steht. Kein Wunder, dass der 2.5 fast sportlich zu nennende Fahrleistungen an den Tag legt: Nur 9,7 Sekunden vergehen für den Spurt von Null auf 100 km/h, die Höchstgeschwindigkeit beträgt 218 km/h.

Bei dem V-Motor kommen gleich zwei Turbolader mit variabler Turbinengeometrie zum Einsatz, pro Zylinderbank einer. Die Vierventiltechnik erfordert insgesamt vier obenliegende Nockenwellen. Ladeluftkühlung und elektronisch geregelte Einspritzung gehören auch hier zum Standard. Um auf langen Strecken niedrigste Verbräuche zu ermöglichen, ist der 2.5 TDI serienmäßig mit einem Sechsgang-Getriebe ausgerüstet. Das Resultat: ein Durchschnittsverbrauch von 6,9 Liter auf 100 Kilometer.

Die Bauteile des Motors

Technik-lexikon

Motorblock. Hier sind die beweglichen Teile gelagert. Der Motorblock trägt auch Aggregate wie Lichtmaschine, Anlasser und Zündanlage.

Der mächtige Motorblock des V8. Unten, wo die beiden Zylinderbänke zusammentreffen, sitzt die Kurbelwelle.

Zylinderkopf. schließt den Zylinderraum nach oben ab. Der Zylinderkopf enthält Ansaug- und Abgaskanäle, Wasserkanäle, die Ventilsitze, Lager und Führungen für Teile der Ventilsteuerung sowie die Zündkerzengewinde und den Brennraum. Die Zylinderkopfdichtung zwischen den Metallflächen von Zylinderkopf und Zylinderblock verhindert, dass an dieser Stelle Luft und Kühlwasser in den Zylinder gelangen.

Zylinder. Bilden zusammen mit dem Zylinderkopf den Hubraum. Sie sind glatt ausgeschliffen (gehont) und exakt auf den Kolbendurchmesser abgestimmt. Für die Kühlung sorgt Wasser, das durch Kanäle in der Zylinderwand fließt.

Kolben. Nehmen den Verbrennungsdruck auf und geben ihn über die Pleuel an die Kurbelwelle weiter. Die Hauptbestandteile sind Kolbenboden, Ringzone mit Kolbenringen und Bolzenaugen für die Kolbenbolzen. Die beiden oberen Kolbenringe (Verdichtungsringe) verhindern, dass Gas aus dem Verbrennungsraum ins Kurbelgehäuse entweicht. Der untere Ring (Ölabstreifring) führt überschüssiges Schmieröl von der Zylinderwand in die Ölwanne zurück.

Pleuel. Verbinden den Kolben mit der Kurbelwelle. Ihre Bestandteile: Pleuelkopf (umschließt den Kolbenbolzen), Pleuelschaft, Pleuelfuß und Pleuellagerdeckel (umschließen den Kurbelzapfen).

Kurbelwelle. Wandelt das Auf und Ab der Kolben in eine Drehbewegung um. Ihre Teile: Wellenzapfen (für Lagerung im Kurbelgehäuse), Kurbelzapfen, Kurbelwangen (verbinden Kurbelzapfen und Wellenzapfen).

Ventile. Die Einlassventile lassen Frischgas in den Zylinder strömen, durch die Auslassventile gelangen sie in den Auspuff. Alle Audi-Benzinmotoren haben drei Einlass- und zwei Auslassventile. Sämtliche Teile, die am Öffnen und Schließen der Ventile beteiligt sind, nennt man zusammenfassend Ventiltrieb.

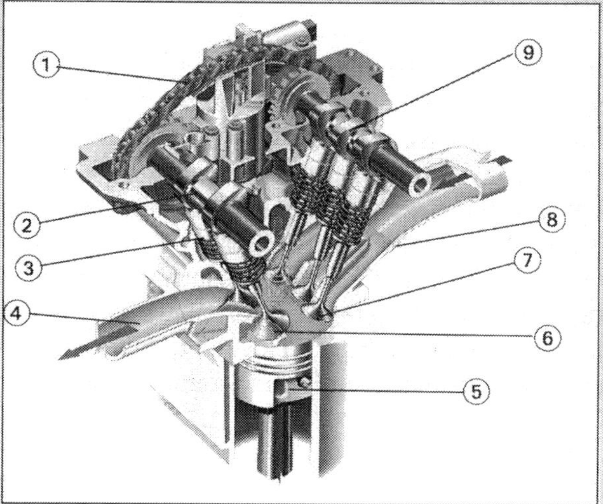

Die Ventilsteuerung der Benziner mit Fünfventiltechnik und Nockenwellenverstellung im Detail: ❶ Antriebskette für Auslassnockenwelle. ❷ Auslassnockenwelle. ❸ Hydrostößel. ❹ Auslass. ❺ Kolben. ❻ Auslassventil. ❼ Einlassventil. ❽ Einlass. ❾ Einlassnockenwelle.

Nockenwelle. Öffnet und schließt die Ventile zum richtigen Zeitpunkt.

Die Motorverkleidungen

Die Triebwerke des Audi sind rundum mit Kunststoff-Teilen verkleidet. Bei vielen Arbeiten am Motor müssen Sie diese zuerst abmontieren. Bei den Benzinern haben die oberen Abdeckungen vor allem eine optische Funktion, bei den Dieseln sollen Sie auch vor Lärm schützen. Die große Platte unter dem Motor dient der Geräuschdämmung, aber auch der Aerodynamik.

Motorabdeckungen abbauen

Arbeits-schritte

Die Demontage der oberen Motorabdeckungen ist bei allen Motoren mit ein paar Handgriffen erledigt. Die Schnellverschlüsse müssen mit einen Schraubendreher nur um 90° gedreht werden. Lediglich beim TDI ist sie richtig festgeschraubt.

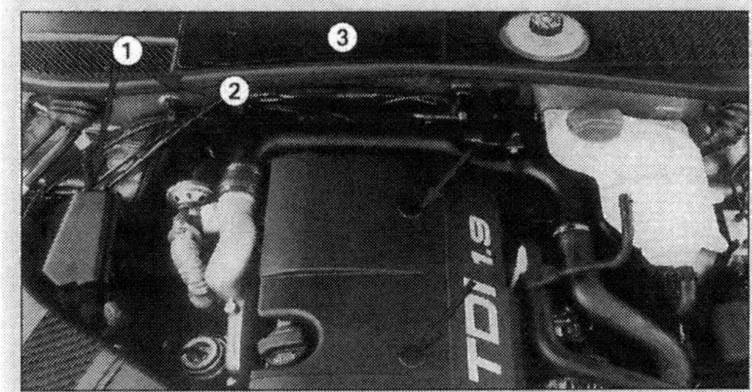

Die **Motorabdeckung** des TDI ist relativ schwer, weil auf der Innenseite eine dicke Geräuschdämmung klebt. Zur Demontage die Abdeckungen (kleine Pfeile) mit einem Schraubendreher abhebeln und darunterliegende Schrauben herausdrehen.
Die **Wasserkastenabdeckung** ❶ lässt sich bei allen Modellen mit zwei Handgriffen entfernen. Einfach die Gummidichtung ❷ nach vorn (großer Pfeil) abziehen. Das große Plastikteil lässt sich dann ebenfalls nach vorn herausnehmen.
Die **Batterieabdeckung** ❸ lässt sich ebenfalls bei allen Modellen separat nach oben abziehen.

Die **Motorabdeckungen** der Benziner sind mit Schnellverschlüssen (Pfeile) ausgestattet. Es genügt eine Drehung um 90 Grad, und der Verschluss löst sich. Auf den Zylinderköpfen sitzen separate Plastikteile ❶ und ❷, die Sie mit einem Schraubendreher abclipsen können. Die **Luftfilter-Abdeckung** ❸ ist nur gesteckt. Man kann sie nach oben abziehen.

Geräuschdämmung abbauen

Wenn Sie beispielsweise Kühlwasser ablassen oder einen Ölwechsel machen wollen, müssen Sie zuvor die Geräuschdämmung an der Motorunterseite abbauen. Um an die hinteren Schrauben heranzukommen, muss das Auto angehoben werden. Es gibt zwei Versionen:

Arbeits-schritte

① Lösen Sie die Schnellverschlussschrauben und Klemmstifte.

② Ziehen Sie die Geräuschdämmung nach hinten von der Abdeckung für den Stoßfänger ab und nehmen Sie sie herunter.

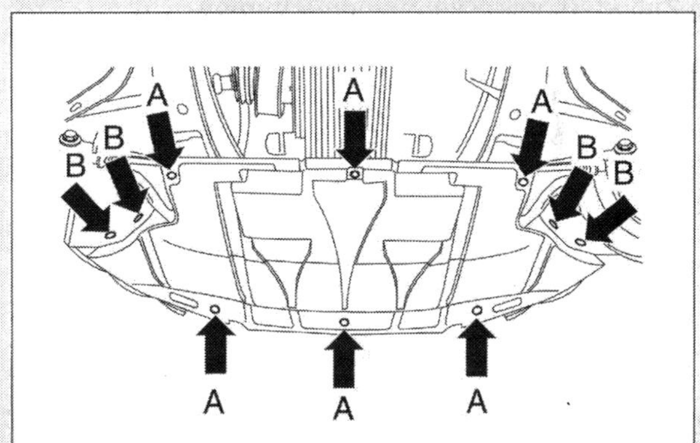

Zur Demontage der Geräuschdämmung schrauben Sie die Schnellverschlussschrauben A heraus. Die Klemmstifte B mit einer leichten Drehung abziehen. Die Kunststoffplatte nach hinten von der Abdeckung für den Stoßfänger abziehen und abnehmen.

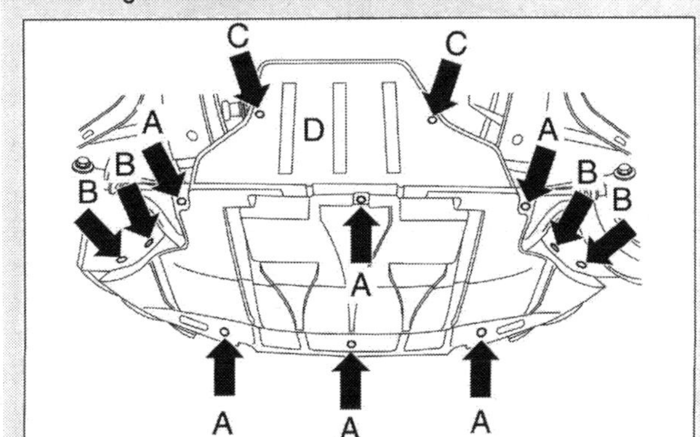

Bei dieser Version mit zweiter Geräuschdämmung D müssen Sie zusätzlich zu den Schnellverschlussschrauben A und den Klemmstiften B noch die Schnellverschlussschrauben C herausdrehen.

Motor durchdrehen

Bei einer Reihe von Arbeiten an Motor sowie Zündung kommt es darauf an, dass sich die Kolben am oberen Punkt der Zylinderlaufbahn befinden (OT = Oberer Totpunkt). Beim Viertaktmotor kommt der Kolben während vier Arbeitstakte zweimal in den OT: Einmal beim Zünden des angesaugten Gemisches und zum zweiten Mal beim Ausstoßen der verbrannten Gase. Üblicherweise wird bei verschiedenen Einstellarbeiten der OT während des Zündzeitpunktes von Zylinder 1 gebraucht.

Motor in OT:

Vierzylinder: Der Kolben im Zylinder 1 (und 4) steht im oberen Totpunkt, wenn die OT-Markierungen am Nockenwellen-Zahnriemenrad mit der Bezugsmarke am Zylinderkopfdeckel übereinstimmen.

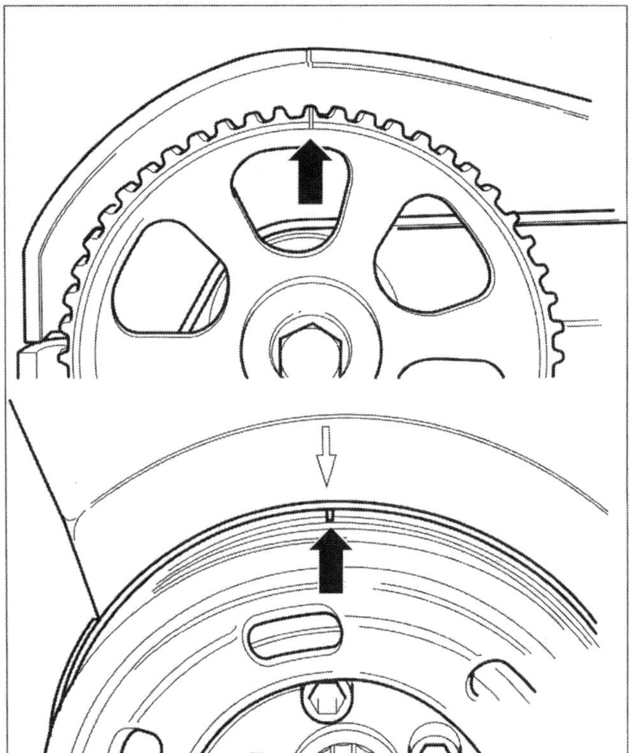

Zylinder 1 steht auf OT, wenn die Markierungen (Pfeile) am Nockenwellenrad (oben) und an der Kurbelwellen-Riemenscheibe (unten) jeweils gegenüberstehen.

Sechszylinder: Bringen Sie die Markierungen auf der unteren Riemenscheibe und der Zahnriemenabdeckung in Übereinstimmung. Gleichzeitig müssen die großen Bohrungen der Fixierplatten auf den beiden Nockenwellenrädern zur Motormitte hin stehen.

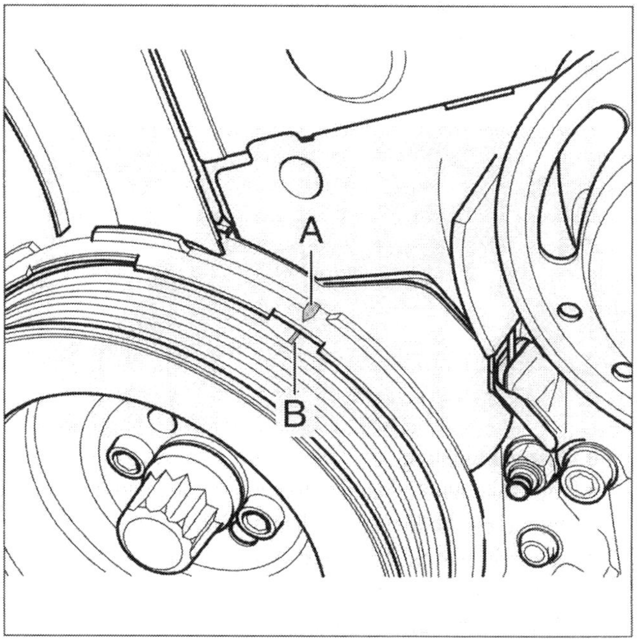

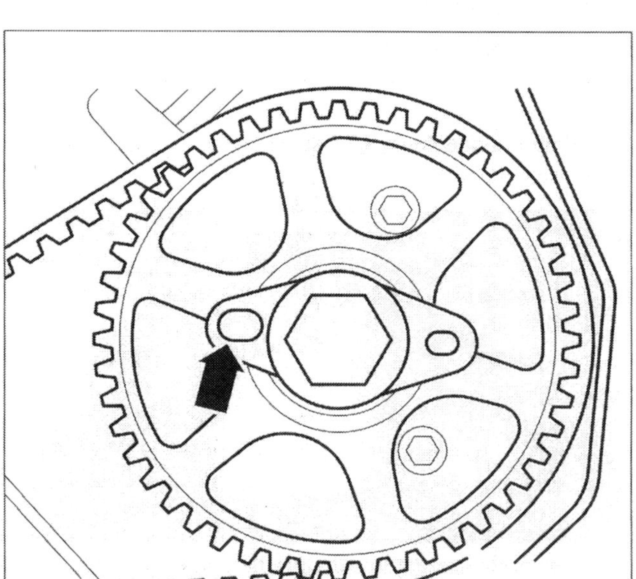

Die Markierungen A und B an der unteren Zahnriemenscheibe müssen sich gegenüberstehen. Gleichzeitig müssen die großen Bohrungen (Pfeil) in den Fixierplatten der Nockenwellenräder nach innen zueinander stehen.

Diesel: Auf dem Schwungrad befindet sich eine OT-Markierung. Diese ist durch ein Fenster in der Getriebeglocke zu sehen.

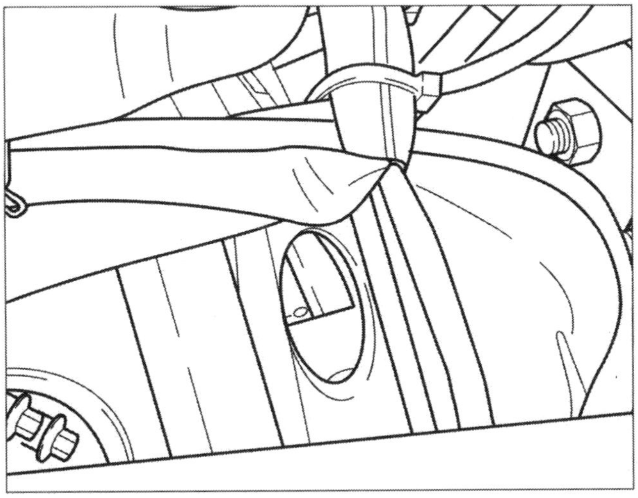

Wenn man sich weit in den Motorraum hineinbeugt, sieht man das Fenster im Kupplungsgehäuse. Den Motor so weit drehen, bis auf dem Schwungrad die OT-Markierung erscheint.

Arbeitsschritte

① Ziehen Sie die Handbremse an und legen Sie den Leerlauf ein.

② Zahnriemenabdeckung abbauen (eine beim Vierzylinder, zwei beim Sechszylinder), beim Diesel ist das nicht nötig.

③ Motor mit einer Knarre an der Riemenscheibe der Kurbelwelle in Laufrichtung durchdrehen, bis die Markierungen in der gezeigten Weise übereinstimmen. Dabei wird der Zahnriemen allerdings stark belastet (auf keinen Fall am Nockenwellenrad durchdrehen). Außerdem ist die betreffende Schraube aus Platzgründen sehr schwer zu bewegen – unter Umständen müssen Sie dafür den Stoßfänger abbauen und den Schloßträger in Service-Stellung bringen. Sie können den Motor auch durchdrehen, indem Sie den vierten Gang einlegen und das Auto verschieben. Dabei dreht sich auch der Motor. Eine andere Möglichkeit: Handbremse anziehen, den A6 vorn aufbocken, den fünften Gang einlegen und das angehobene Vorderrad von Hand durchdrehen. Ohne Hilfe ist es allerdings schwierig, gleichzeitig den OT-Markierungen zu beobachten.

Grundbegriffe zur Motortechnik

Technik-lexikon

Viertaktprinzip. Die vier Arbeitstakte des Kolbens. **Ansaugen** (1. Takt): Kolben geht nach unten zum unteren Totpunkt (UT). Einlassventil öffnet, das Kraftstoff/Luft-Gemisch strömt in den Zylinder. **Verdichten** (2. Takt): Kolben bewegt sich von UT zum Oberen Totpunkt (OT). Einlassventil schließt. Der Kolben verdichtet das eingeströmte Gemisch. **Verbrennen** (3. Takt): Kurz vor OT springt an der Zündkerze der Funke über. Das Gemisch verbrennt und drückt den Kolben nach UT. Über das Pleuel wird die Kurbelwelle in Umdrehung versetzt. **Ausstoßen** (4. Takt): Kolben bewegt sich wieder nach oben. Auslassventil öffnet, die verbrannten Gase werden ins Auspuffsystem geschoben.

Hubraum. Der Raum, den die Kolben bei ihrer Bewegung von UT nach OT durchmessen. Wenn der Kolben seinen höchsten Punkt erreicht hat, bleibt noch der Brennraum, in dem sich das Kraftstoff/Luftgemisch befindet. Hubraum und Brennraum bilden zusammen den Zylinderraum.

Verdichtungsverhältnis. Das Verhältnis des Zylinderraums zum Brennraum. Es gibt an, auf den wievielten Teil des Zylinderraums das Kraftstoff-/Luft-Gemisch verdichtet wird. Bei Benzinern liegt es in der Regel bei etwa 10:1, bei Dieseln bei rund 20:1.

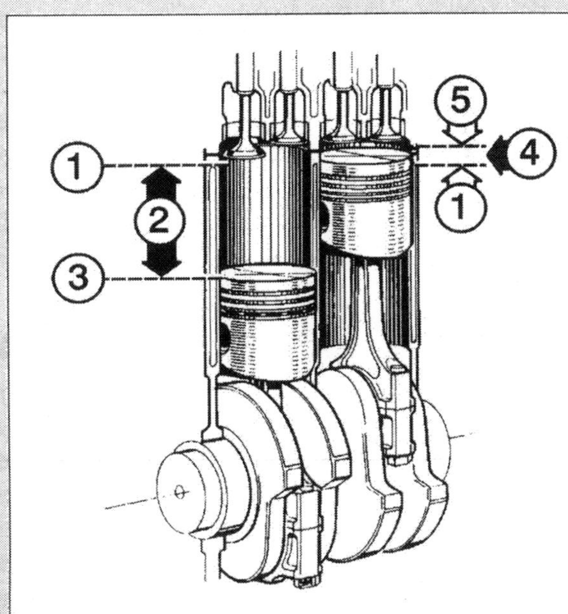

Der Hubraum ❷ erstreckt sich vom oberen Totpunkt ❶ bis zum unteren Totpunkt ❸. Der Brennraum ❹ befindet sich zwischen dem oberen Totpunkt und der oberen Wölbung des Zylinderkopfes ❺.

Überdrehzahlen und Motorlebensdauer

Praxistipp

Überdrehzahlen verkürzen die Lebensdauer Ihres Motors. Drehen Sie das Triebwerk zu hoch, gibt es ein unüberhörbares Brummen von sich, das durch Schwingungen der Kurbelwelle oder flatternde Teile des Ventiltriebs verursacht wird. Werden die Schwingungen zu stark, kann ein Ventilstößel brechen. Das Ventil fällt aus, der Zylinder gibt keine Leistung mehr ab. Sie merken das an der nachlassenden Motorleistung. Im schlimmsten Fall brechen die Ventilfedern – das Ventil kann auf den auf- und abrasenden Kolben fallen. In der Regel bedeutet dies den Totalschaden des Motors.

Kompressionsdruck messen

Wenn Sie wissen wollen, ob sich der Motor Ihres A6 noch in einem guten mechanischen Zustand befindet, sollten sie den Kompressionsdruck in den einzelnen Zylindern prüfen. Bei der Verbrennung des Kraftstoff-Luft-Gemischs entstehen in den Brennräumen der Zylinder enorme Drücke: bei Benzinern bis zu 60 bar. Für Kolben und Kolbenringe, Zylinderwände sowie Ventilsitze und Ventilschaftdichtungen bedeutet das hohe Belastungen. Schadhafte Brennraumdichtungen führen zu erhöhtem Öl- und Kraftstoffverbrauch, schlechteren Abgaswerten, schwächerer Leistung und mangelhaftem Kaltstartverhalten des Motors. Wenn diese Symptome bereits auftreten, hilft Ihnen die Messung des Kompressionsdrucks bei der Ursachenforschung.

Richtwerte für den Kompressionsdruck

Die Werte für den Kompressionsdruck (Verdichtungsdruck) unterscheiden sich vor allem zwischen Benzinern und Diesel. Die Richtwerte in der Tabelle gelten für einen Motor in einwandfreiem Zustand. Allerdings kommt es bei der Beurteilung des Motorzustands nicht allein auf die absolute Höhe des Kompressionsdrucks an. Die Werte sollten vielmehr in allen Zylindern gleich sein und nicht mehr als zwei bar voneinander abweichen. Bei einem älteren Motor sinkt der Kompressionsdruck. Gleichmäßig niedriger Druck in allen Zylindern ist dann normal. Erst wenn die Werte die Verschleißgrenze erreichen, sollten Sie sich auf Überholung oder Austausch Ihres Motors einstellen. Wenn zwischen den vier Messwerten für die Zylinder Unterschiede von mehr als drei bar (Diesel: fünf bar) bestehen, deutet das in der Regel auf eine dieser Ursachen hin:

- Verschleiß von Kolben oder Kolbenringen.
- Festsitzende Kolbenringe durch Verbrennungsrückstände im Zylinder.
- Unrunde Zylinder. Sind oft die Folge von Kolbenklemmern.
- Verbrennungs- oder Schmierölrückstände an Ventilschäften oder Ventilsitzen.
- Eingeschlagene Ventile.
- Verbrannte Ventile (bei zu kleinem Ventilspiel).

Sie können den Kompressionsdruck in Eigenregie messen, wenn Sie ein Kompressionsdruckgerät besitzen. Sie brauchen jedoch einen Helfer, der den Anlasser betätigt, während Sie den Prüfer bedienen. Zur exakten Ermittlung des Kompressionsdrucks sollten

Diesel mit sehr hoher Verdichtung

Technik-lexikon

Wenn Sie in der Tabelle die sehr hohen Werte für den Kompressionsdruck sehen, werden Sie sich vielleicht wundern. Die Erklärung: Ein Dieselmotor hat eine wesentlich höhere Verdichtung als ein Benzinmotor. Im Falle des 1.9 TDI sind es 19,5:1 im Gegensatz zu 10,3:1 beim Benziner. Der Diesel benötigt die hohe Verdichtung für die Zündung des Gemisches. Wenn der Kolben beim Verdichtungstakt den oberen Totpunkt erreicht hat, wird die Luft allein aufgrund der starken Kompression auf rund 900° C erhitzt. Diese Temperatur reicht aus, um den kurz vor dem oberen Totpunkt eingespritzten Kraftstoff zur Selbstentzündung zu bringen. Diese innere Gemischbildung ist übrigens ein grundsätzlicher Unterschied zwischen Diesel und Benziner, bei dem ja eine *äußere* Gemischbildung erfolgt: Das heißt, Kraftstoff und Luft vermischen sich außerhalb des Zylinders im Bereich des Saugrohrs. Beim Diesel vermischen sich Kraftstoff und Luft erst im Brennraum. Eine Spezialität, die Audi-Diesel berühmt gemacht hat, ist die Direkteinspritzung. Der Kraftstoff wird direkt in den Brennraum gespritzt. Zuvor war es bei PKW-Motoren üblich, den Diesel in eine Vor- oder Wirbelkammer einzuspritzen. Das machte die Verbrennung zwar langsamer und damit weicher und leiser, aber auch weniger effizient. Weitere Details zur Direkteinspritzung finden Sie im Kapitel „Dieseleinspritzung".

Richtwerte für Kompressionsdruck

Motor	Motorkennbuchstabe	Normaler Verdichtungsdruck	Verschleißgrenze
Vierzylinder	AJP	9,0–14,0	7,5
Vierzylinder-Turbo	AEB	10,3–13,0	7,0
Sechszylinder	ALF, ALW	9,0–12,0	7,0
Sechszylinder	ACK, ALG, AGA, AJG	9,0–14,0	7,5
Diesel*	AFN	25,0–31,0	19,0

* Der angegebene Kompressionsdruck beim Diesel gilt nur, wenn V.A.G.-Werkzeuge zur Messung verwendet werden. Mit anderen Geräten kann nur die Abweichung der einzelnen Zylinder untereinander geprüft werden.

Sie sicherstellen, dass die Hydrostößel einwandfrei funktionieren. Auch der Anlasser Ihres Fahrzeugs muss in Ordnung sein. In der Mietwerkstatt gibt's neben einem Kompressionsdruckgerät oft auch einen Druckverlusttester, mit dem auch die Werkstatt arbeitet. Damit kann das für den Druckabfall verantwortliche Bauteil ausfindig gemacht werden.

So kommen Sie Fehlern auf die Spur

- Wenn der Kompressionsdruck zu niedrig ist: Träufeln Sie mit einer Spritzkanne etwas Motoröl ins Zündkerzenloch. Das dichtet den Raum zwischen Kolben und Zylinderwand besser ab. Messen Sie dann wieder den Kompressionsdruck.
- Bleibt der Wert zu niedrig, können Ventile, Ventilsitze, Ventilführungen, Zylinderkopf oder Zylinderkopfdichtung beschädigt sein.
- Erhalten Sie höhere Druckwerte, deutet dies auf Verschleiß an Kolbenringen oder Zylinderwand hin.

Arbeitsschritte

① Fahren Sie den Motor vor Arbeitsbeginn warm, die Öltemperatur soll mindestens 30° C betragen. Die Kolbenringe dichten bei warmem Öl besser ab.

Benziner:

② Zündung abklemmen, Zündspulen und alle Zündkerzen ausbauen. Sechszylinder: Fünfpoligen Stecker an der Leistungsendstufe der Zündspulen abziehen.

③ Ziehen Sie die Stecker von allen Einspritzventilen ab.

Diesel:

① Stecker für Kraftstoffabschaltventil an der Einspritzpumpe abziehen und Steckverbindung zum Mengenstellwerk der Einspritzpumpe trennen.

② Alle Glühkerzen ausbauen.

③ Gummikonus des Druckprüfers auf das Kerzenloch des Zylinders pressen oder passende Adapterleitung ins Loch schrauben. Beim Diesel benötigen Sie den Kompressionsdruckprüfer 1763 mit Adapter 1381/12 von VW.

Alle Motoren:

④ Handbremse anziehen, Schalthebel in Leerlauf-Stellung drücken.

⑤ Ein Helfer muss den Motor mit Anlasser etwa fünf Sekunden oder acht Umdrehungen durchdrehen, bis der Zeiger des Druckprüfers nicht mehr ansteigt. Den Anlasser bei voll getretenem Gaspedal betätigen. So erhalten die Zylinder ihre größte Füllung. Achtung: Beugen Sie sich beim Durchdrehen nicht über den Motor. Es besteht Gefahr durch herausschleudernde Rußpartikel.

⑥ Messwert ablesen und notieren. Bei einem Druckschreiber mit Messkärtchen weiterschalten für den nächsten Zylinder.

⑦ Entlüften Sie das Prüfgerät nach jeder Messung.

⑧ Stecken Sie bei den Benzinern die Stecker der Einspritzventile wieder auf und drehen Sie die Zündkerzen herein. Beim Sechszylinder muss auch der Stecker an der Leistungsendstufe aufgesteckt werden.

⑨ Beim Diesel Glühkerzen mit 15 Nm festziehen, Leitungen anschließen und Stecker am Kraftstoffabschaltventil und an der Einspritzpumpe wieder aufstecken.

⑩ Alle Motoren: Durch das Trennen von Steckverbindungen an der Einspritzanlage werden im Motor-Steuergerät Fehler abgespeichert. Sie sollten die Fehler in einer Audi-Werkstatt löschen lassen.

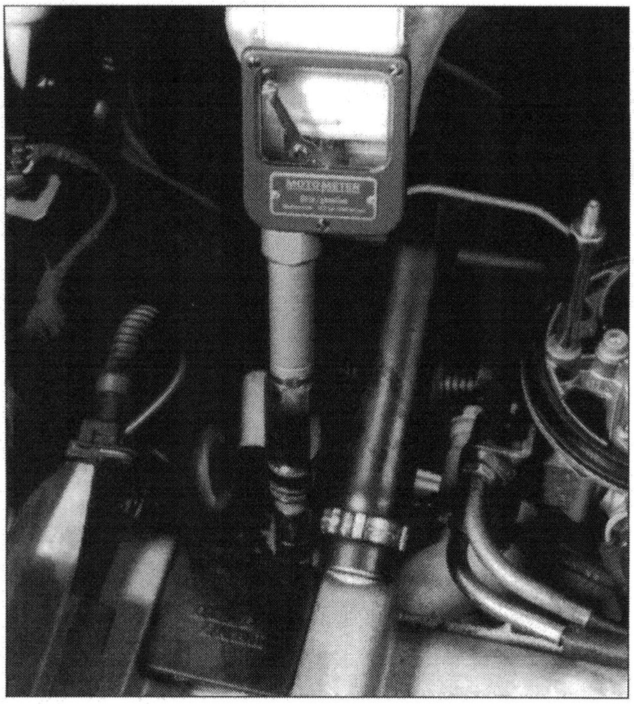

Der Gummikonus des Kompressionsdruck-Prüfers muss das Kerzenloch (Diesel: Glühkerzenloch) luftdicht verschließen. Ein Helfer betätigt nach Ihrem Kommando den Anlasser. Der Anlasser muss solange drehen, bis der Mess-Schreiber des Prüfgeräts zum Stillstand kommt.

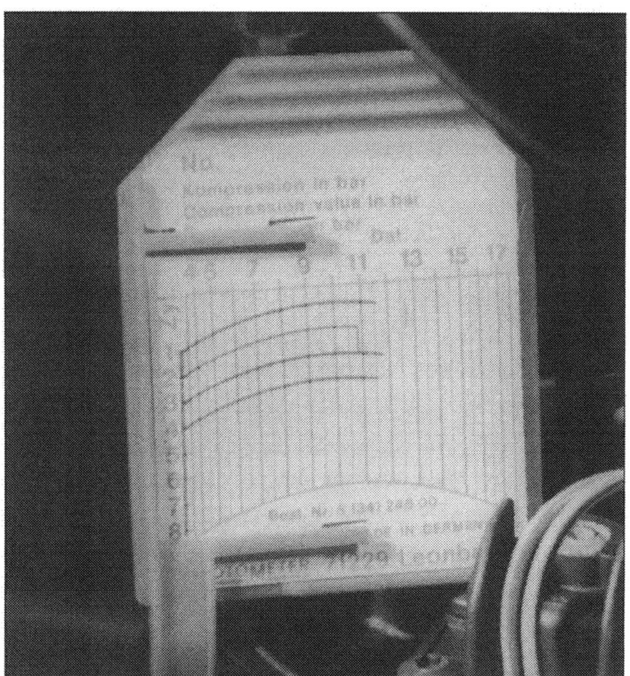

Wiederholen Sie den Messvorgang bei allen vier beziehungsweise sechs Zylindern der Reihe nach. Wichtiger als der absolute Druck sind gleiche Werte in allen Zylindern.

Praxistipp

Kompressionsdruckluft strömt aus

Wenn Kompressionsdruckluft an einer der folgenden Stellen ausströmt, hat dies meist diese Ursachen:

- Ansaugkrümmer oder -geräuschdämpfer: defektes Einlassventil.
- geöffneter Kühler oder Kühlmittel-Ausgleichsbehälter: defekte Zylinderkopfdichtung oder Riss im Zylinderkopf.
- geöffneter Öleinfüllstutzen oder Rohr für den Ölpeilstab: verschlissene Zylinderwände, Kolbenlaufbahnen oder Kolbenringe.
- Blasgeräusche am Auspuff: undichtes Auslassventil.

Die Hydrostößel

Durch die Erwärmung des Motors dehnen und längen sich die einzelnen Teile des Ventiltriebes. Deshalb muss Spiel zwischen Nockenwelle und Tassenstößeln vorhanden sein. Andernfalls würden die Ventile wegen der etwas länger gewordenen Schäfte bei heißem Motor nicht mehr korrekt abdichten. Dieses Ventilspiel muss bei älteren Motor-Konstruktionen regelmäßig justiert werden, bei den Motoren des A6 übernimmt den Ventilspielausgleich der Hydrostößel. Sie sind wartungsfrei.

Ein defekter Stößel macht sich durch Klappergeräusche bemerkbar. Auch intakte Hydrostößel können klappern, wenn...

- sich kurz nach dem Start noch nicht genügend Öl im System befindet. Das kann vor allem nach längerer Standzeit geschehen.
- oder der Wagen zuvor bei hohen Außentemperaturen voll belastet wurde,
- oder bei extrem niedrigem Ölstand die Ölpumpe manchmal Luft ansaugt.

Wenn die Ventilgeräusche nach längerer Fahrt verschwinden und im Kurzstreckenverkehr immer wieder auftreten, müssen die Ölrückhalteventile ersetzt werden.

Um einen defekten Stößel auszutauschen, muss die Nockenwelle ausgebaut werden. Das ist Werkstatt-Arbeit. Die Prüfung eines Hydrostößels können Sie dagegen ohne weiteres selber machen:

Hydrostößel prüfen

Arbeitsschritte

① Starten Sie den Motor und lassen Sie ihn so lange laufen, bis die Kühlmitteltemperatur 80° C erreicht hat.

② Erhöhen Sie die Drehzahl für zwei Minuten auf 2500 U/min. Machen die Stößel jetzt immer noch ungewöhnliche Geräusche, gehen Sie wie folgt vor:

③ Bauen Sie die Zylinderkopfhaube ab. Dazu entfernen Sie zunächst die Motorabdeckung, das ist bei allen Motoren gleich. Beim Vierzylinder müssen dann die Zündspulen ausgebaut werden (Massekabel nicht vergessen). Dann sind die Luftführung zum Luftfiltergehäuse und der Zahnriemenschutz oben an der Reihe. Anschließend ziehen Sie den Schlauch der Kurbelgehäuse-Entlüftung ab und lösen die Halteschrauben des Deckels, nehmen ihn ab. Beim V6 clipsen Sie die Zylinderkopf-Abdeckungen ab, lösen die Schrauben der beiden Deckel und nehmen sie ab. Auch beim Diesel Schrauben lösen und Deckel abnehmen.

④ Drehen Sie den Motor durch, bis die Nocken der zu prüfenden Tassenstößel nach oben stehen. Den Motor können Sie durchdrehen, indem sie das Auto bei eingelegtem vierten Gang verschieben oder auf die Riemenscheibe der Kurbelwelle eine Knarre aufsetzen.

⑤ Drücken Sie den Tassenstößel mit einem Holz- oder Kunststoffkeil nach unten. Lässt sich jetzt eine Fühlerlehre mit 0,20 mm (TDI: größer als 0,10 mm) zwischen Nocke und Stößel schieben, ist der Hydrostößel aller Wahrscheinlichkeit nach defekt.

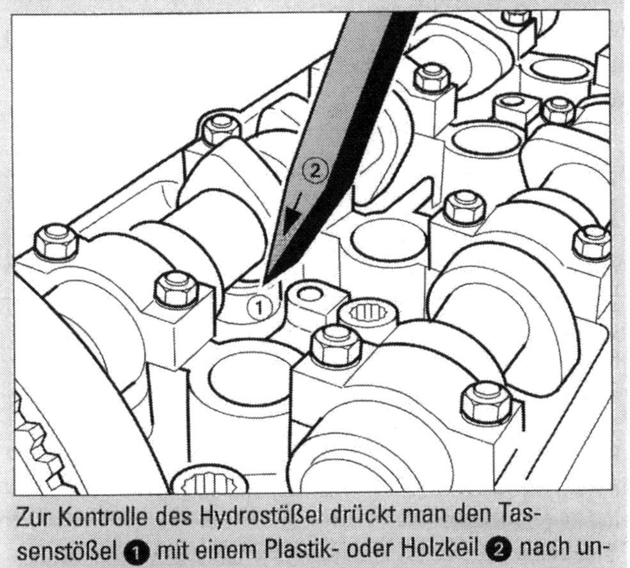

Zur Kontrolle des Hydrostößel drückt man den Tassenstößel ❶ mit einem Plastik- oder Holzkeil ❷ nach unten. Kein Metallwerkzeug benutzen, es könnte die Oberfläche zerkratzen.

⑥ Beim Einbauen der Zylinderkopfhaube prüfen Sie die Dichtung. Bei Beschädigung nehmen Sie eine neue. Beim Sechszylinder muss die Dichtung auf beiden Seiten mit Silikongleitmittel D 007 000 04 (Audi-Teil) eingestrichen werden. Beim Vierzylinder brauchen folgende Punkte etwas Dichtmittel: die beiden Kanten an den Dichtflächen Doppellager/Zylinderkopf und die beiden Kanten an den Dichtflächen Nockenwellenversteller/Zylinderkopf. Dichtmittel mit einem kleinen Schraubenzieher vorsichtig auftragen.

⑦ Die Muttern der Zylinderkopfhaube müssen bei allen Motoren vorsichtig über Kreuz festgezogen werden.

So funktioniert der Hydrostößel

Technik-lexikon

Der Hydrostößel ist an den Ölkreislauf des Motors angeschlossen. Die Ölmenge in der unteren Ölkammer, auf der sich der Kolben abstützt, ist variabel. Dadurch kann unterschiedliches Ventilspiel ausgeglichen werden. Die Funktionsweise im Einzelnen: Bei geschlossenem Ventil ist der Druck zwischen beiden Ölkammern ausgeglichen. Die Kolbenfeder drückt den Kolben nach oben, zwischen Nocken und Schlepphebel ist kein Spiel. Wenn der Nocken auf den Schlepphebel aufläuft, drückt er den Kolben nach unten. Dadurch entsteht in der unteren Ölkammer ein hoher Öldruck. Durch diesen hohen Druck und die Kraft der Kugelfeder wird die Kugel nach oben gepresst, sie verschließt den Weg zwischen der oberen und unteren Ölkammer. Der Kolben stützt sich also auf dem entstandenen Hydraulikpolster der unteren Ölkammer ab, das Ventilspielausgleichselement wirkt so wie ein starres Bauteil, auf dem sich der Schlepphebel abstützt. Die Kraft des Nocken kann nun auf das Ventil übertragen werden, es öffnet sich. Wenn der Nocken vom Schlepphebel abläuft, öffnet die Kugel den Weg zwischen beiden Ölkammern wieder, der Druck ist ausgeglichen.

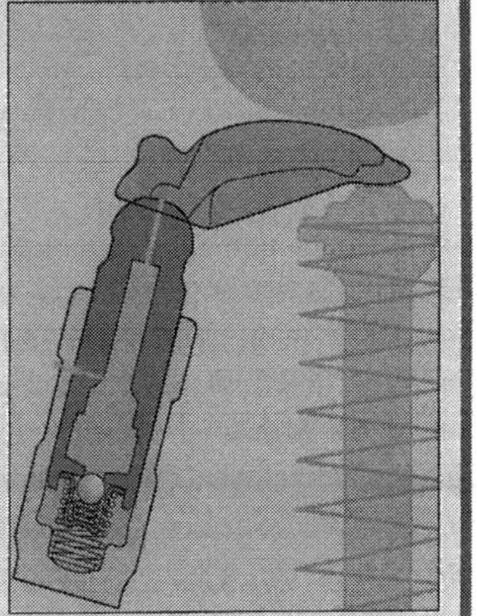

Der Hydrostößel macht die regelmäßige Ventilspiel-Kontrolle überflüssig. Das hier gezeigte Element stammt aus dem V6 TDI, bei allen anderen Motoren kommen Tassenstößel zum Einsatz. Die Funktionsweise des Hydrostößels ist im Prinzip immer gleich.

Zustand des Keilriemens prüfen

Aus dem ehemals simplem Bauteil Keilriemen ist ein meterlanger Keilrippenriemen geworden, der alle wichtigen Nebenaggregate antreibt und der auf den ersten Blick unentwirrbar mit dem Motor verwoben ist. Je nach Motorversion Ihres Audi finden sich unterschiedliche Riemenvarianten. Beim V6 und beim TDI ist jeweils ein Keilrippenriemen für den Antrieb von Klimakompressor, Servopumpe, Wasserpumpe, Lichtmaschine und Visolüfter zuständig. Es wäre ein Super-Gau für den Motor, wenn der Riemen reißen würde. Deshalb ist er außerordentlich stabil. Er muss regelmäßig alle 120 000 Kilometer getauscht werden .
Auch der Vierzylinder-Benziner hat einen Keilrippenriemen, die Wasserpumpe und der Klimakompressor werden jedoch beide durch einen Extra-Riemen angetrieben. Der Keilriemen für die Wasserpumpe muss ebenfalls alle 120 000 Kilometer ausgetauscht werden. Audi schreibt die Prüfung des Riemens nicht mehr vor. Es kann jedoch nicht schaden, ab und zu einen Blick auf ihn zu werfen:

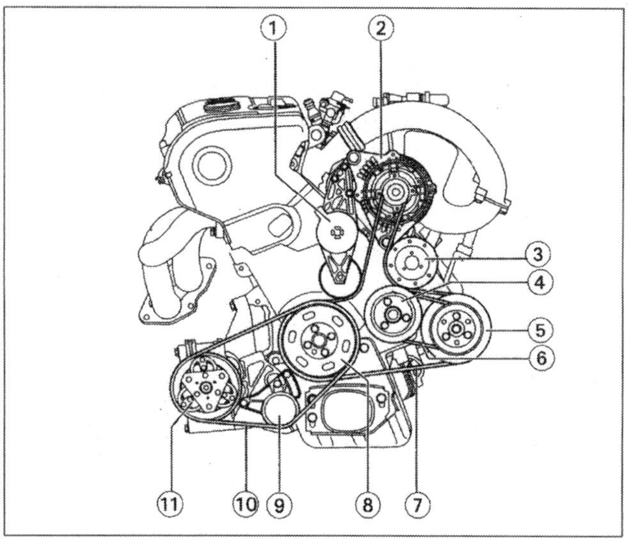

Der Keilrippenriemen wickelt sich um den halben Motor. Beim Vierzylinder-Benziner kommen zusätzlich ein kurzer Keilrippenriemen für den Antrieb des Klimakompressors und ein Keilriemen für die Wasserpumpe zum Einsatz. Die Teile im Einzelnen: ❶ Spannvorrichtung, ❷ Generator, ❸ Viscokupplung für Lüfter, ❹ Kühlmittelpumpe, ❺ Flügelpumpe, ❻ Keilriemen, ❼ Keilrippenriemen, ❽ Schwingungsdämpfer, ❾ Spannvorrichtung, ❿ Keilrippenriemen, ⓫ Klimakompressor.

Arbeitsschritte

① Kontrollieren Sie die Oberfläche des Riemens.
② Drehen Sie den Motor einige Male ganz durch. Nur so können Sie wirklich alle Flächen des Keilriemens sehen. Oft hat der Riemen nur einen einzigen, aber tiefen Riss, der bei der Kontrolle möglicherweise genau auf der Riemenscheibe liegt.
③ Wenn Sie bei der Kontrolle des Keilriemens folgende Schäden feststellen, muss er gegen ein neues oder neuwertiges Teil ausgetauscht werden:

- Unregelmäßige Schleifspuren an den Riemenflanken.
- Poröse oder fransige Oberfläche.
- Risse im Riemen.

Keilriemenspannung prüfen

Wenn der Keilrippenriemen nicht ausreichend gespannt ist, kann er durchrutschen und wenig oder gar keine Kraft mehr übertragen. Die Funktion der vielen Nebenaggregate wäre damit beeinträchtigt. Aber auch eine zu starke Spannung ist schädlich: Dann werden die Lager der verschiedenen Aggregate zu sehr beansprucht.
Die gute Nachricht: Beim Audi muss man sich um die Keilriemenspannung nicht mehr kümmern. Das erledigt eine automatische Spannvorrichtung. Die Spannung der beiden kurzen Extra-Riemen beim Vierzylinder-Benziner kann beziehungsweise braucht nicht eingestellt zu werden.
Wenn Sie auf Nummer sicher gehen wollen, prüfen Sie die Spannung der verschiedenen Riemen folgendermaßen:

Arbeitsschritte

Alle Motoren: Beim Keilrippenriemen können Sie die Funktionsweise der automatischen Spannungsvorrichtung prüfen. Dazu drücken Sie sehr kräftig auf den gespannten Riemen. Er muss unter Widerstand nachgeben und die Spannrolle muss zur Seite auslenken. Beim Loslassen schwenkt die Rolle zurück und strafft den Riemen. Hängt der Riemen lose über den Rädern, ist die Spannrolle defekt. Oder es wurde vergessen, den Blockierstift aus der Spannvorrichtung zu ziehen.
1.8-Liter: Der kurze Keilriemen für die Wasserpumpe soll sich unter idealen Bedingungen zwischen den beiden Riemenscheiben fünf Millimeter durchdrücken lassen. Stimmt die

Spannung nicht, muss der Riemen ausgetauscht werden. Das ist kein Problem: Es muss nur die Riemenscheibe der Wasserpumpe abgebaut werden. Eine Einstellung ist nicht möglich. Der kurze Keilrippenriemen für den Klimakompressor wird beim Einbau fest eingestellt und behält die Spannung während der Lebensdauer bei.

Keilrippenriemen wechseln

Der Wechsel des Keilrippenriemens ist eine relativ aufwendige Angelegenheit. Besonders beim V6, weil hier unter anderem der vordere Stossfänger abgebaut und der Schlossträger in Servicestellung gebracht werden muss. Beim Turbo-Benziner ist der Wechsel alle 120 000 Kilometer vorgeschrieben. Wir empfehlen, die Arbeit der Werkstatt zu überlassen.

Arbeitsschritte

① Beim TDI muss der Schlossträger in Service-Stellung gebracht werden. Siehe dazu entsprechendes Kapitel »Die Karosserie«.

② Vor dem Ausbau des Keilrippenriemens ist die Laufrichtung mit Kreide oder Filzstift zu kennzeichnen. Umgekehrte Laufrichtung bei einem bereits gelaufenen Riemen kann zur Zerstörung führen. Beim Einbau des Riemens auf korrekten Sitz der Riemenscheiben achten. Der Motor dreht im Uhrzeigersinn.

③ Bei Fahrzeugen mit Klimaanlage muss zuerst der Riemen für den Antrieb des Klimakompressors abgebaut werden. Dazu Geräuschdämmung unten abbauen. Dann Befestigungsschrauben der Spannrolle des entsprechenden Riemens lösen, Riemen entspannen und abnehmen. Einbau: Drehmomentschlüssel am Sechskant der Spannrolle ansetzen und mit 25 Nm vorspannen. Gleichzeitig die beiden Innensechskant-Schrauben festziehen.

④ Luftführung zum Luftfilter am Schlossträger abschrauben und abnehmen. (nur 1.8 Sauger)

⑤ Spannvorrichtung für Keilrippenriemen zum Entspannen des Riemens mit einem Maulschlüssel schwenken. Dann können Sie den Riemen abnehmen und die Spannvorrichtung wieder entlasten. Ist der Schlossträger in Service-Stellung, kann die Spannvorrichtung durch Einstecken eines passenden Winkel-Innensechskantschlüssels oder eines Dornes in die Fixierbohrung arretiert werden.

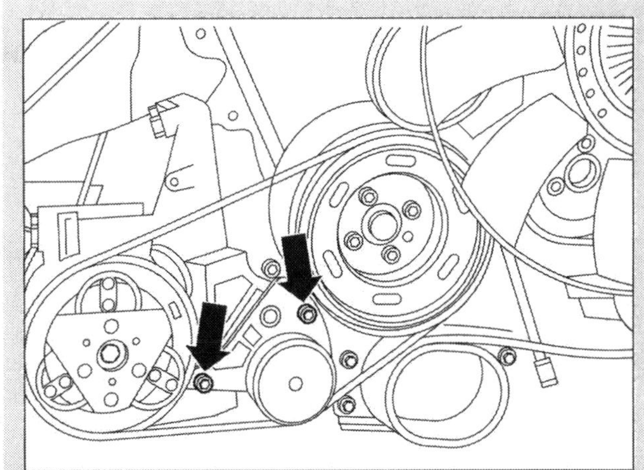

So bauen Sie den Keilrippenriemen für den Klimakompressor ab: Befestigungsschrauben (Pfeile) der Spannrolle lösen, Riemen entspannen und abnehmen. Beim Einbau muss auf den Sechskant der Spannrolle ein Drehmomentschlüssel angesetzt und sie mit 25 Nm vorgespannt werden.

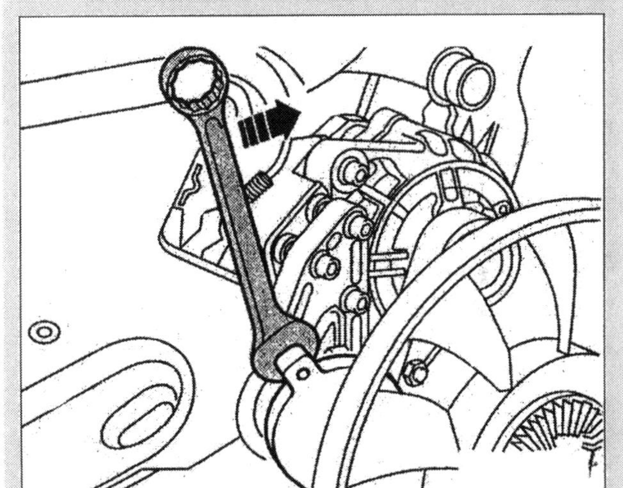

Vierzylinder-Benziner: Mit einem Maulschlüssel schwenken (Pfeil) Sie die Spannvorrichtung. So entspannen Sie den Keilrippenriemen.

⑥ Zum Einbauen den Riemen auf die Riemenscheiben von Kurbelwelle, Viskolüfter und Flügelpumpe auflegen. Gegebenenfalls mit einem Hilfswerkzeug nach oben ziehen.

⑦ Spannvorrichtung wie oben beschrieben schwenken und den Riemen zuletzt an der Riemenscheibe des Generators auflegen. Spannvorrichtung entlasten.

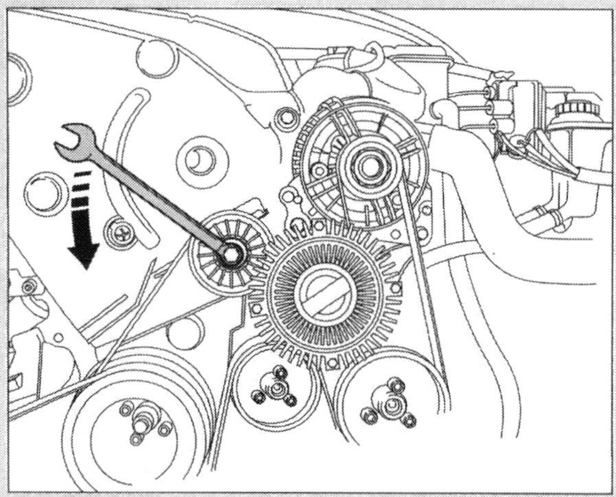

Vierzylinder-Diesel: Drehen Sie die Spannrolle an der Schraube mit einem Ringschlüssel nach links. Die Schraube hat ein Linksgewinde, lockert sich also nicht dabei. Nehmen Sie den Riemen ab. Zum Einbau die Spannrolle rechtsherum drehen, Keilriemen auflegen. Lassen Sie die Spannrolle langsam los und achten auf den korrekten Sitz der Keilriemenrippen auf den Riemenscheiben. Die Spannung stellt sich automatisch ein.

⑧ Kleilrippenriemen auf richtige Lage prüfen.
⑨ Bauen Sie den Riemen für den Antrieb des Klimakompressors wie unter 2 beschrieben ein.
⑩ Motor starten und Riemenlauf kontrollieren.

Sechszylinder

Für unerschrockene V6-Besitzer, die sich selbst an die Arbeit wagen wollen, hier kurz die Abweichungen zu den oben beschriebenen Schritten:

① Obere Motorabdeckung abbauen.
② Schlossträger in Servicestellung bringen (Siehe Kapitel »Die Karosserie«).
③ Riemenscheibe für den Visco-Kühlerlüfter mit einem Zweilochmutterndreher gegenhalten und den Lüfter am Sechskant mit einem Gabelschlüssel rechtsherum abschrauben (Linksgewinde).
④ Spannvorrichtung mit einem Ringschlüssel rechtsherum drehen bis beide Bohrungen übereinander stehen. Spannvorrichtung arretieren. Riemen abnehmen.
⑤ Riemen gegen den Uhrzeigersinn auflegen, zuerst auf die Kurbelwellen-Riemenscheibe und zuletzt auf die Spannrolle.
⑥ Spannvorrichtung mit Ringschlüssel etwas nach links drehen und Arretierdorn herausziehen. Keilrippenriemen spannen, indem Sie den Schlüssel langsam loslassen.
⑦ Viscolüfter mit 70 Nm festziehen (mit Audi-Spezialschlüssel 3312 nur 40 Nm).

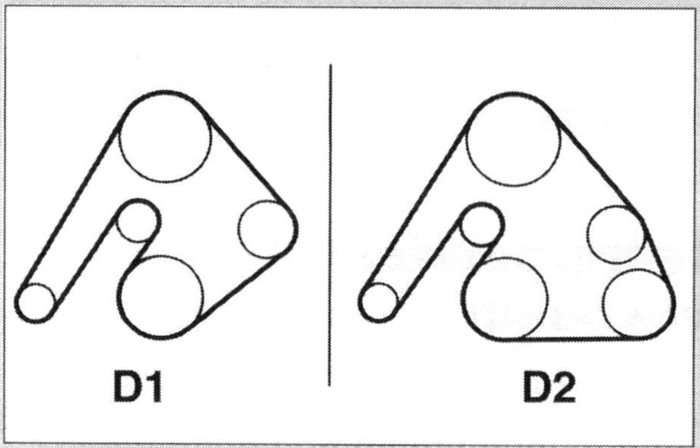

Laufschema des Keilrippenriemens beim V6: Beim Einbau des Riemens achten Sie bitte auf die Laufrichtung und einen korrekten Sitz. D1: ohne Klimaanlage. D2: mit Klimaanlage.

Zahnriemen und Nockenwelle

Technik-lexikon

Der Zahnriemen ist ein wichtiges Übertragungsteil der Ventilsteuerung. Seine Aufgabe ist der Antrieb der Nockenwelle. Der Zahnriemen sitzt außerhalb des Kurbelgehäuses auf Zahnrädern an Nockenwelle und Kurbelwelle, die im Verhältnis 2:1 übersetzt sind. Die Nockenwelle läuft also mit der halben Drehzahl der Kurbelwelle. Der Zahnriemen besteht aus Kunststoff, der mit Stahldrahteinlagen verstärkt ist. Er muss nicht geschmiert und nicht nachgespannt werden. Audi schreibt den turnusmäßigen Wechsel nur beim TDI (alle 90 000 Kilometer) und beim Sechszylinder (alle 120 000 Kilometer) vor. Generell ist der Wechsel der Zahnriemens nicht nur eine aufwendige Angelegenheit. Sie ist auch sehr diffizil, weil die Steuerzeiten bei der Montage neu eingestellt werden müssen. Beim V6 geht das nicht ohne Spezialwerkzeug. Macht man beim Justieren einen Fehler, riskiert man schwerste Motorschäden. Beim Diesel muss überdies der Spritzbeginn der Einspritzpumpe eingestellt werden, weil der Zahnriemen hier auch sie antreibt. Wir raten also, den Wechsel des Zahnriemens in der Werkstatt erledigen zu lassen.

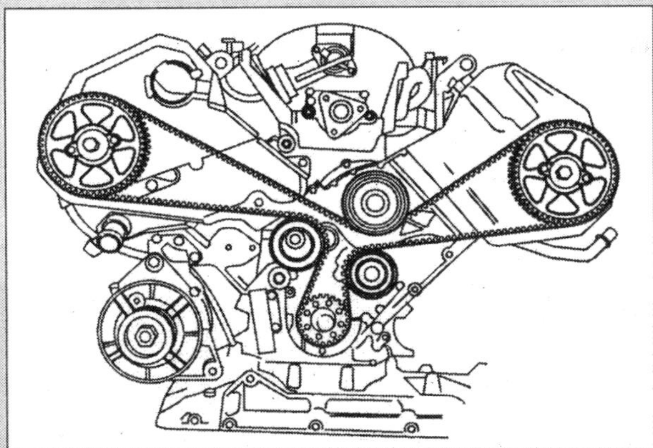

Das mit dem Zahnriemen ist eine verwickelte Angelegenheit. Sein Zustand ist für die Lebensdauer des Motors von entscheidender Bedeutung. Wird er falsch montiert oder reißt er, sind schwere Motorschäden fast unausweichlich.

Klopfgeräusche aus dem Motorraum

Klopfgeräusche aus dem Motorraum sind bei einem kalten Motor kein Grund zur Sorge. Bei einem betriebswarmen Motor dagegen deuten sie fast immer auf einen Lagerschaden hin. Die häufigsten Defekte treten an den Gleitlagern der Pleuel auf. Die Hauptlager der Kurbelwelle sind viel seltener betroffen. Ein Lagerschaden macht in der Regel eine umfangreiche Motorreparatur notwendig. Wenn Sie ein defektes Pleuellager schon früh erkennen, genügt oft der Austausch der Lagerschalen.

So erkennen Sie einen Lagerschaden

- Motor im Stand auf mittlere Drehzahlen bringen, Gas zurücknehmen. Taucht mit abfallender Drehzahl ein leichtes Klopfgeräusch auf, etwa »nack-nack-nack-nack«? Hören Sie dieses leichte Klopfen auch bei zügigem Beschleunigen?
- Dann möglichst nicht mehr weiterfahren. Der Schaden kann sich verschlimmern und ist dann mit einfachen Mitteln nicht mehr zu reparieren.
- Hartes »klack-klack-klack-klack« beim Hochdrehen des Motors, das bei zurückgenommenem Gaspedal leiser oder unhörbar wird, weist auf einen kapitalen Lagerschaden hin.

Zylinderkopfdichtung

Störungsbeistand

Erkennungsmerkmal	Ursache/Besonderheiten
A Kühlflüssigkeitsstand nimmt laufend ab	Kühlmittel gelangt in sehr geringer Menge in die Brennräume. Die Erscheinung kann sich ohne Merkmale über längere Zeit hinziehen
B Beträchtlicher Kühlmittelverlust. Der Wagen zieht bei warmgefahrenem Motor einen weißen Abgasschleier hinter sich her	Kühlmittel dringt in erheblicher Menge in einen Verbrennungsraum, verdampft dort und entweicht als weiße Schwaden zum Auspuff hinaus
C Aus dem geöffneten Ausgleichsbehälter steigen Luftblasen auf oder beim Öffnen des Verschlussdeckels sprudelt eine größere Menge Kühlmittel heraus	Verbrennungsgase werden ins Kühlsystem gedrückt. Aus der Einfüllöffnung riecht es nach Abgasen
D Buntschillernde Verfärbung an der Oberfläche des Kühlmittels	Öl aus dem Schmierkreislauf gelangt ins Kühlsystem
E Gräulich aussehende Emulsion am herausgezogenen Ölpeilstab oder Öl von Wasserbläschen durchsetzt	Kühlflüssigkeit ist ins Schmieröl geraten. Achtung: Wasser im Motoröl kann einen Lagerschaden verursachen. Zylinderkopfdichtung sofort wechseln lassen. Wagen zur Reparatur abschleppen

DAS SCHMIER-SYSTEM

Öl ist das Lebenselixier des Motors. Ohne das Schmiermittel würden innerhalb kürzester Zeit Lager und Kolben festfressen - der Exitus wäre unausweichlich. Die regelmäßige Ölstandskontrolle ist also ebenso wichtig wie der Ölwechsel. Beim Audi-Händler ist der ziemlich kostspielig, preiswerter geht es an der Tankstelle oder bei freien Werkstätten.

Wartung

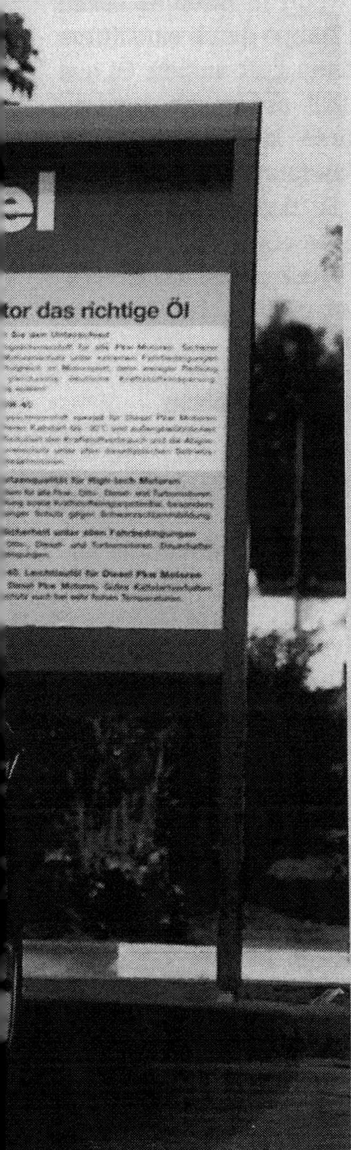

Alle Stellen im Motor, an denen Metalle aufeinandergleiten, müssen ständig mit Öl versorgt werden. Das sind zum Beispiel Kolben, Zylinderlaufbahnen sowie die Lager von Kurbelwelle und Nockenwelle. Ohne Schmierung wäre das Triebwerk schon nach wenigen Minuten ruiniert. Damit das Öl diese Aufgabe erfüllen kann, strömt es im Motorblock durch ein System von Leitungen und feinen Bohrungen an die richtige Adresse. Ein wichtige Rolle im Ölkreislauf spielt die Ölpumpe. Sie saugt über das Ölsaugrohr das Motoröl aus der Wanne und drückt es in die Leitungen. Zuvor muss das Öl den im Hauptstrom des Schmiersystems sitzenden Ölfilter passieren. Dort werden Verunreinigungen wie Ruß, Metallabrieb und Staub herausgefiltert. Dieser Filter verrichtet seine Aufgabe aber nur so lange, bis er vom Schmutz zugesetzt ist.

Ölfilter rechtzeitig wechseln

Deshalb sollte er bei jedem Ölwechsel ausgetauscht werden. Wenn der Filter nicht rechtzeitig gewechselt wurde, tritt ein Überdruckventil in Aktion. Es öffnet und das Motoröl umgeht den Filter. Damit ist zwar die Ölversorgung sichergestellt, doch ungefiltertes Motoröl bewirkt einen höheren Verschleiß an den Lagerstellen. Vom Filter aus gelangt das Motoröl über Bohrungen im Zylinderblock zu den Schmierstellen der Kurbelwelle und den Pleueln. Von den Gleitlagern der Kurbelwelle wird das Öl in den Zylinderkopf und zu den Lagerstellen der Nockenwelle sowie zur Kipphebelbrücke gedrückt. Von dort fließt das Öl durch Rücklaufkanäle zurück in die Ölwanne, wo es wieder von der Ölpumpe angesaugt wird.

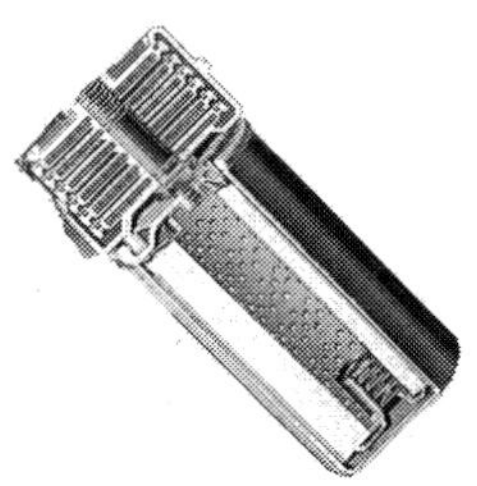

Der Ölfilter des 1.9 TDI. Im oberen Teil des Gehäuses ist er von Kühlwasser durchflossen, er fungiert also auch also Ölkühler.

Der Öldruck

Damit die Schmierung bei jeder Belastung des Motors sichergestellt ist, muss der Öldruck stimmen. Bei zu kaltem und sehr zähflüssigem Öl kann ein zu hoher Druck entstehen. Dann öffnet ein Überdruckventil eine Umgehungsleitung (Bypass) und leitet das Öl direkt auf die Saugseite der Ölpumpe zurück. Der Ölkreislauf bleibt in diesem Fall erhalten. Bei den A6-Motoren beträgt der korrekte Öldruck bei einer Drehzahl von 2000 bis 3000/min etwa 2,5 bis 5 bar (Öltemperatur ca. 80°C). Im Leerlauf werden nur etwa 1 bis 2,5 bar erreicht. Den Öldruck für Ihren Motor finden Sie in den technischen Daten am Ende dieses Buches. Informationen über den aktuellen Öldruck erhalten Sie freilich nur, wenn Sie einen Öldruckmesser als Zusatzinstrument eingebaut haben. Ansonsten müssen Sie sich auf die Öldruck-Kontrollleuchte verlassen.

Kontrollleuchte brennt?

Die Kontrollleuchte leuchtet allerdings nur bei zu geringem Öldruck auf. In diesem Fall werden unter Umständen die Motorteile nicht mehr richtig geschmiert. Das kommt zum Beispiel vor, wenn Sie Ihren A6 bei zu geringem Ölstand mit hohem Tempo durch eine Kurve fahren. Die Ölpumpe saugt dann Luft anstatt Öl aus der Ölwanne. Der Öldruck fällt abrupt ab, was zu schweren Lagerschäden führen kann. Wenn nach schnellen Autobahn- oder Passfahrten die Öldruckleuchte im Leerlauf flackert, ist das ein Indiz dafür, dass der Öldruck durch zu heißes und damit dünnflüssiges Öl unter den normalen Druck gesunken ist. Das ist jedoch unproblematisch, wenn die Kontrollleuchte beim Gasgeben wieder verlöscht.

Wenn die Öldruck-Kontrollleuchte ständig aufleuchtet:

- Halten Sie sofort an, stellen Sie den Motor ab.
- Kontrollieren Sie zuerst den Ölstand.
- Fehlt Öl, langsam eine Tankstelle in der Nähe anfahren und auffüllen. Prüfen Sie, ob danach die Leuchte wirklich ausgeht.
- In allen anderen Fällen: Wagen in die nächste Werkstatt schleppen und Ursache feststellen lassen. So riskieren Sie keinen schweren Motorschaden.

Das Motoröl

Öl ist das Lebenselexier des Motors. Es vermindert die Reibung und den Verschleiß bei Kolben und Zylindern, Lagern und Ventiltrieb. Es dichtet die engen Räume zwischen Kolben, Kolbenringen und Zylinderwand so fein ab, dass der hohe Druck, der bei der Verbrennung entsteht, fast ohne Verluste auf die Kurbelwelle übertragen wird. Öl kühlt auch den Motor – zum Beispiel die Kolben in den Zylindern und die Lager von Kurbelwelle und Nockenwelle. Außerdem schützt es vor Rost, bindet Schmutzpartikel und einen Teil der Verbrennungsrückstände.

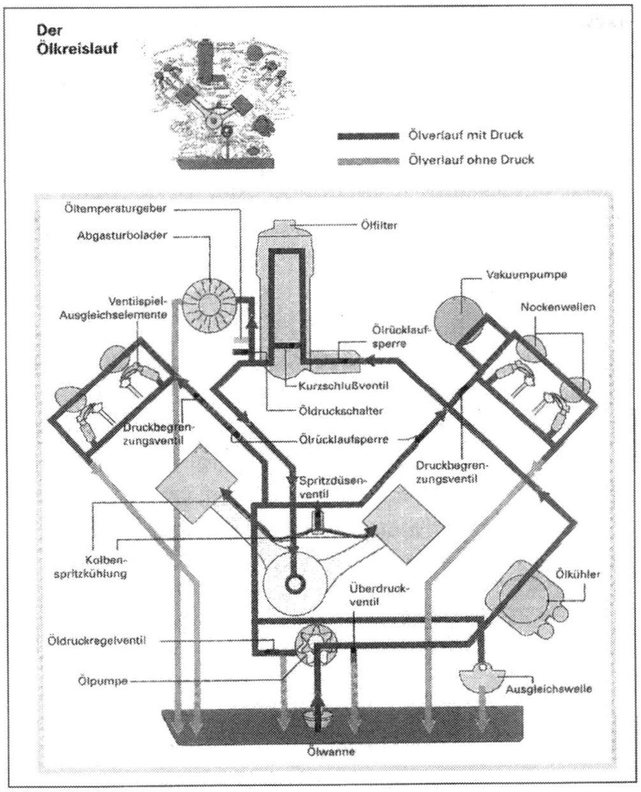

Am Beispiel des Ölkreislaufs des V6-TDI sieht man besonders deutlich, dass das Öl weitaus mehr Teile schmieren muss als nur die Kurbelwellenlager.

Multitalent Mehrbereichsöl

Die meisten Motoröle sind heute Mehrbereichsöle, die aus Rohöl hergestellt werden. Damit ein Mineralöl als Motoröl Karriere machen kann, braucht es Additive, spezielle Zusätze, die bis zu 20 Prozent seiner Chemie ausmachen. Sie schützen das Öl auch vor Oxidation und verhindern das Aufschäumen bei hohen Drehzahlen. Eines der wichtigsten Additive sind die VI-Verbesserer (VI = Viskositätsindex) – lange Molekülketten, die beim Erhitzen quellen und beim Abkühlen wieder schrumpfen. Sie bewirken, dass sich das Öl den Temperaturen im Motor anpasst und mehrere Viskositätsklassen überspannt. Diese VI-Verbesserer verschleißen jedoch bei hohen Temperaturen und verlieren ihre Wirkung. Außerdem setzen Wasser, Kraftstoff und Verbrennungsrückstände der Lebensdauer des Motoröls Grenzen. Ein dünnes Mineralöl hält die Drücke und Temperaturen im Triebwerk nicht gut aus. Ein rechtzeitiger Ölwechsel ist daher kein Luxus, sondern reine Notwendigkeit, wenn Ihr Motor reibungslos funktionieren soll.

Leichtlauföle

Auch Leichtlauföl (Synthetiköl) kommt nicht ohne Erdöl aus. Allerdings wird der Molekülaufbau des Rohöls in einem aufwendigen Verfahren (Cracken) aufgelöst und nach neuer Rezeptur mit speziellen Additiven neu zusammengesetzt. Synthetiköl ist im Prinzip nicht künstlicher als Mineralöl, aber durchweg teurer. Dafür versprechen die Hersteller einen geringeren Öl- und Kraftstoffverbrauch, eine größere Beständigkeit und langsamere Alterung. Das bedeutet theoretisch auch längere Ölwechselintervalle. Allerdings sieht Audi für Leichtlauföle keine längeren Ölwechselintervalle vor. Wenn Sie sich den Luxus dieses Spitzenöls leisten, sollten Sie sich trotzdem an die vorgesehenen Intervalle halten.

Begriffe und Normen rund ums Öl

Technik-lexikon

Viskosität. Das Maß für die Fließfähigkeit des Schmieröls. Im Winter muss ein Motoröl so dünnflüssig sein, dass es nach dem Kaltstart sofort alle Schmierstellen versorgt. Im Sommer dagegen ist dickflüssiges Öl gefragt, das auch bei hohen Temperaturen den Schmierfilm nicht abreißen lässt.

SAE-Klasse (Society of Automotive Engineers). Bezeichnet die Klasse der Viskosität, zum Beispiel SAE 15 W-40. Je kleiner die erste Zahl, um so dünner fließt das Öl bei Kälte (W = Winter). Ein Öl mit 0 W schmiert noch bei minus 30 Grad, bei 5 W steigt dieser Wert auf minus 25 Grad, bei 15 W auf minus 15 Grad. Je höher die zweite Zahl, um so besser widersteht das Öl hohen Temperaturen.

ACEA (Association des Constructeurs Européen d'Automobiles). 1996 eingeführte europäische Ölnorm. Löst die CCMC-Norm ab. Für Benziner gibt's die Gruppen A1 (spritsparendes Öl), A2 (gering belastetes Öl), A3 (Hochleistungs-Öl). Für Diesel gilt die Einteilung B1, B2 und B3.

CCMC (Comittée des Constructeurs d'Automobiles du Marché Commun). Die Spezifikation besteht aus den Buchstaben G (Benziner) und PD (Diesel) sowie einer Zahl. Je höher diese ist, um so besser ist die Qualität des Öls.

API (American Petroleum Institute). Die Spezifikation besteht aus den Buchstaben S (Benziner) und C (Diesel) sowie einem weiteren Buchstaben. Je höher dieser im Alphabet steht, um so besser ist die Qualität des Öls.

Welches Öl für den A6?

Für den Motor Ihres A6 genügt ein Mehrbereichsöl. Über die Eignung eines Öles entscheiden die Ölspezifikation und richtige Viskositäts-Klasse. Wenn Sie Öl nachfüllen, können Sie übrigens ohne Probleme die Sorten verschiedener Hersteller mischen. Sie müssen dann jedoch damit rechnen, dass die Eigenschaften des Motoröls leicht beeinträchtigt werden. Jede Marke hat nämlich eine spezielle Kombination von Additiven, die ihre Wirksamkeit beim Mix mit einem anderen Öl verlieren können. Aus diesem Grund macht die Kombination von Mineralöl und Synthetiköl keinen Sinn. Vorsicht: Dieselöle, die ausschließlich für Dieselmotoren zugelassen sind, sollten Sie mit Ölen für Benzinmotoren nicht mischen. Sie riskieren sonst einen Motorschaden.

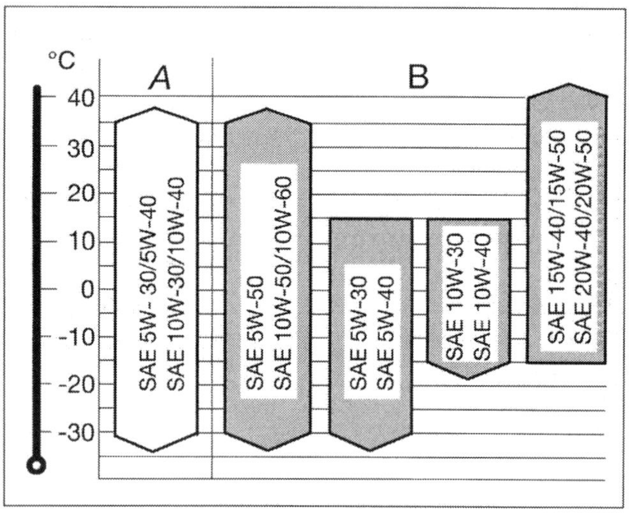

Die Ölviskositätsempfehlungen von Audi. In mitteleuropäischen Breitengraden genügt das ganze Jahr über ein Öl der Viskositätsklasse 15W-40. Die Ölspezifikationen: Bei Leichtlauf-Mehrbereichsöl für Benziner gilt die Spezifikation VW 500 00, bei Mehrbereichsölen VW 501 01 und, wenn nichts anderes erhältlich: API-SF oder API-SG. Diesel: VW 500 00 in Verbindung mit 505 00 bei Leichtlaufölen, 505 00, Mehrbereichsöle VW 50101 oder, im Notfall, API-CD. Hinter den VW-Normen muß ein Datum nicht älter als 10.91 stehen.

Ölverbrauch

Wenn Ihr A6-Motor technisch in Ordnung ist, verbraucht er so wenig Öl, dass zwischen den einzelnen Ölwechselintervallen kein Öl oder nur eine geringe Menge nachgefüllt werden muss. Das gilt jedoch nur, wenn Sie regelmäßig das Öl wechseln und den Motor nicht durch zu scharfe Fahrweise übermäßig belasten. Ihr Motor verbraucht Öl, weil es teilweise in den Verbrennungsraum gelangt und dort verbrennt. Ein undichter Motor, defekte Ventilschaftabdichtungen, falsch eingebaute Kolbenringe oder zuviel Spiel zwischen Ventilführung und Ventilschaft treiben den Verbrauch jedoch in die Höhe. Wenn der Ölstand zwischen den Messungen nicht abnimmt, ist dies freilich kein Grund zur Freude. Dann ist das Motoröl durch Kraftstoff und Kondenswasser verdünnt, was seine Schmiereigenschaft verschlechtert. Das kann vor allem im Winter vorkommen, wenn Sie das Fahrzeug nur auf kurzen Strecken bewegen. In diesem Fall sollten Sie das Öl vor den üblichen Intervallen wechseln; etwa schon nach 3000 Kilometern oder vier Monaten.

Motorölstand prüfen

Zum Ölpeilstab sollten Sie nach jedem zweiten Tanken greifen. In der Einfahrzeit oder bei einem älteren Motor mit erhöhtem Ölverbrauch ist es sinnvoll, das Öl bei jedem Volltanken zu kontrollieren. Der Peilstab fällt mit seinem Kunststoffgriff in Orange bei allen Motoren sofort ins Auge.

Arbeitsschritte | W | **ständige Kontrolle**

① Audi schreibt die Ölstandskontrolle bei einer Öltemperatur von 60°C vor. Das entspricht einer Fahrt von etwa 10 Minuten nach dem Kaltstart. Nach dem Abstellen des Motors fünf Minuten warten, damit alles Öl in die Ölwanne abtropfen kann.

② Peilstab ziehen. Vorsicht bei betriebswarmem Motor: die umliegenden Motorteile sind sehr heiß. Ölstab mit sauberem, flusenfreiem Lappen oder Papiertuch abwischen, bis zum Anschlag wieder in das Führungsrohr oder die Öffnung im Motorblock stecken, kurz warten und wieder herausziehen.

③ Lesen Sie den Ölstand ab. Liegt er im Bereich der Maximum-Markierung, darf kein Öl nachgefüllt werden. Dunkles Öl bedeutet übrigens nicht unbedingt, dass das Öl gewechselt werden müßte. Diese Färbung entsteht bei Marken-Motoröl schon nach kurzer Laufzeit durch angesammelte Schmutzpartikel. Die Audi-Vorschriften für den Ölstand im Einzelnen:

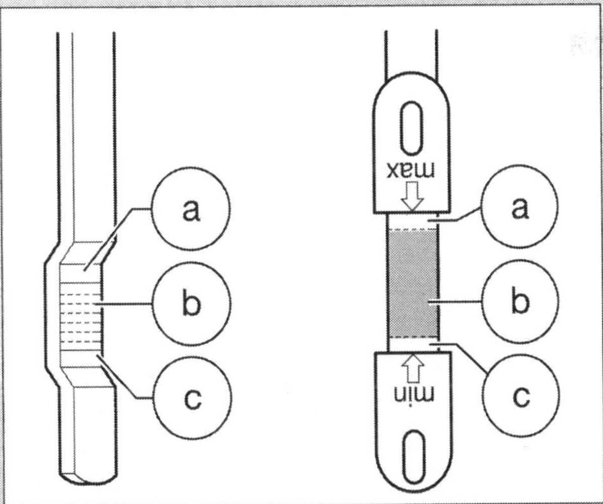

a = Öl darf nicht nachgefüllt werden
b = Öl kann nachgefüllt werden
c = Öl muss nachgefüllt werden. Es genügt, wenn danach der Ölstand im Bereich b steht.

④ Die Nachfüllmenge zwischen der unteren und oberen Markierung beträgt 1,0 Liter. Ein halber Liter genügt, wenn der Ölstand die MIN-Marke (untere Markierung) nicht unterschreitet. Füllen Sie nur viel Öl nach, dass sich der Pegel innerhalb der MAX-Marke (obere Markierung) bewegt. Überschüssiges Motoröl wird unter Umständen über die Kurbelgehäuseentlüftung angesaugt und verschmutzt den Luftfilter. Wenn Öl über den Brennraum in den Auspuff gelangt, kann sogar der Katalysator beschädigt werden.

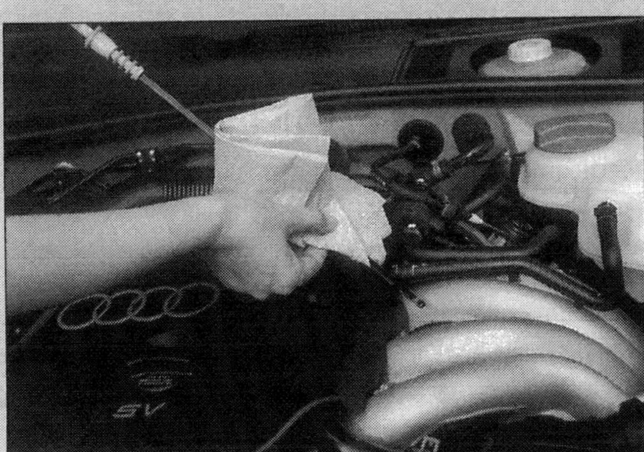

Ölstab zur Kontrolle des Ölstands mit sauberem und flusenfreiem Lappen oder Papiertuch abwischen. Bei der Ölstandskontrolle unterwegs: Vorsicht, der Motor ist heiß.

⑤ Benutzen Sie zum Nachfüllen einen sauberen Trichter.

Motoröl und Ölfilter wechseln

Bei allen Motoren ist der Ölwechsel alle 15000 Kilometer oder alle 12 Monate fällig. Wenn Sie mit Ihrem Audi oft lange Strecken fahren, brauchen Sie das Intervall nicht auf den Kilometer genau einzuhalten. Sind Sie dagegen ausschließlich in der Stadt unterwegs, macht ein früherer Wechsel Sinn. Im Winter sind dann bereits vier Monate genug für das Motoröl.

Ölwechsel in Eigenregie?

Das Do it yourself lohnt sich nur, wenn Sie ein preiswertes Öl aus Zubehörhandel, Warenhaus oder Tankstelle verwenden. Ein konventioneller Ölwechsel, bei dem Sie das Öl ablassen und den Filter wechseln, erfordert Zeit, weil Sie das Fahrzeug dazu aufbocken müssen. Schneller und sauberer geht's bei einem SB-Ölwechsel mit einem Absauggerät an der Tankstelle. Diese Methode hat jedoch Nachteile: Der Schlamm bleibt in der Ölwanne, und ohne einen Filtertausch ist der Ölwechsel nur eine halbe Sache. In der Werkstatt kostet der Ölwechsel am meisten, weil man dort in der Regel nur teure Ölsorten verwendet. Lassen Sie die Arbeit von der Tankstelle erledigen, müssen Sie das Öl zwar dort kaufen, können sich jedoch die Marke selbst aussuchen.

Soviel Öl brauchen Sie für den Ölwechsel

Motor	Ölmenge (Wechselmenge mit Filterwechsel)
Vierzylinder 125 PS	4,0 Liter
Vierzylinder 150 PS	3,5 Liter
Sechszylinder 165 PS	6,0 Liter
Sechszylinder 193 PS	6,0 Liter
Vierzylinder-Diesel	3,5 Liter

Der Ölfilter ist auf den jeweiligen Motortyp abgestimmt. Fragen Sie beim Kauf nach dem richtigen Ersatzteil für Ihr Fahrzeug.

Arbeitsschritte — 15000 km / 12 Monate

① Fahrzeug warmfahren. Nur dann werden die Schmutzpartikel beim Auslaufen ausgeschwemmt.

② Den A6 waagrecht stellen oder rüttelsicher aufbocken.

③ Bauen Sie die Geräuschdämmung ab, siehe Kapitel „Der Motor".

④ Flache Wanne, Schüssel oder einen aufgeschnittenen Plastik-Ölkanister mit entsprechendem Fassungsvermögen unterstellen.

⑤ Ölablassschraube mit Ringschlüssel öffnen, Öl ins Gefäß laufen lassen. Vorsicht, es ist heiß.

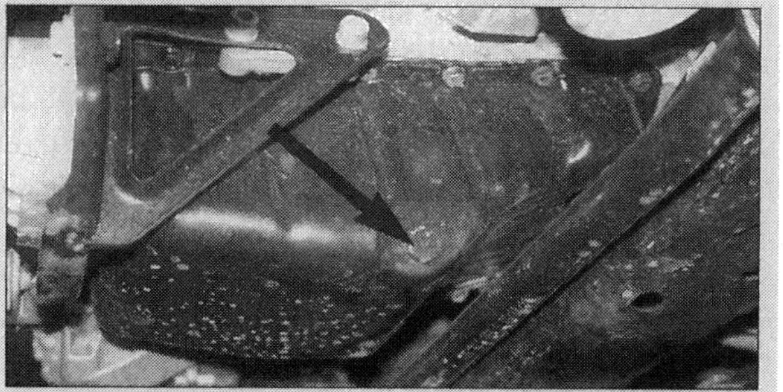

Die Motorölablassschraube (Pfeil, hier beim 1,8-Liter-Motor) schraubt man am besten mit einem Ringschlüssel ab. Sie ist nur zugänglich, wenn zuvor die Geräuschdämmung abgebaut wurde.

⑥ Haben Sie den Wagen nur vorn aufgebockt: Fahrzeug ablassen, damit das Altöl ganz ausläuft. Achten Sie darauf, dass das Auffanggefäß nicht umkippt.

⑦ Ölfilter mit dem Ölfilterschlüssel lösen. Wenn er sich nicht löst: Treiben Sie einen Schraubendreher durchs Blechgehäuse (Vorsicht: heißes Öl läuft aus) und drehen ihn damit los. Filter über Ölauffanggefäß entleeren, als Sondermüll entsorgen.

Lösen des Ölfilters mit dem Spannbandschlüssel (eine preiswerte Variante des Ölfilterschlüssels). Bei Problemen Ölfilter den Filter mit einem Schraubendreher durchstoßen und abdrehen.

⑧ Dichtring am neuen Ölfilter mit Fett einreiben, Filter von Hand festdrehen.

⑨ Ölablassschraube säubern und mit neuem Dichtring eindrehen. Nicht anknallen, sonst wird das abdichtende Gewinde in der Ölwanne beschädigt.

⑩ Öl einfüllen. Dann Motor kurz laufen lassen. Bis die Ölpumpe den Ölfilter gefüllt hat, brennt die Öldruckkontrolle, da sich der Öldruck erst aufbauen muss. Achtung bei Turbomotoren: Solange die Ölkontrolle leuchtet, darf der Motor nur im Leerlauf laufen. Bei Gasstößen kann der Lader beschädigt werden oder sogar total ausfallen.

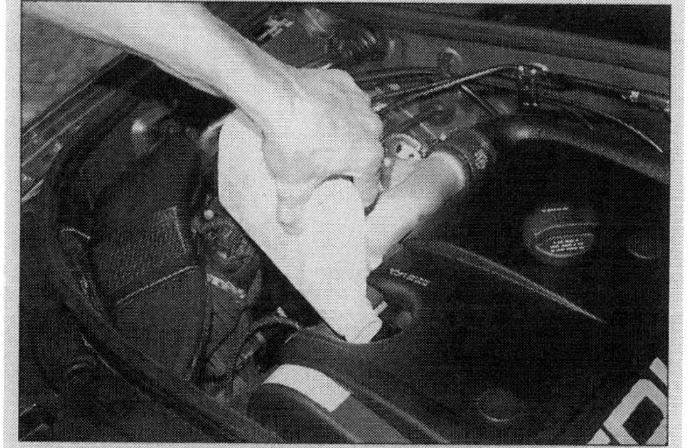

So geht es auch. Das Öl-Nachfüllen wird aber zu einer ganz sauberen Sache, wenn Sie einen Trichter verwenden.

⑪ Öldichtheit an Ölfilter und Ablassschraube kontrollieren.

Praxistipp

Altöl richtig entsorgen

Sie können die Altölentsorgung dem Händler überlassen, bei dem Sie das Motoröl gekauft haben. Er muss das Altöl kostenlos zurücknehmen. Zum Nachweis die Quittung im Handschuhfach aufbewahren. Sie können das Altöl auch zusammen mit Ölfilter und ölverschmutzten Lappen bei der Altölsammelstelle abgeben. Adressen erfahren Sie bei der Gemeindeverwaltung oder Automobilclubs.

Öldichtigkeit prüfen

Ölschwitzflecken am Motor sind kein Grund zur Sorge. Motoröl kann sich bei starken Temperaturschwankungen durch die Poren von Dichtungen und Gehäusen arbeiten. Diese Form der Transpiration ist normal. Anders sieht die Sache aus, wenn Sie im Motorraum starke Ölspuren oder unter dem geparkten Wagen Ölflecken feststellen. Solchen Symptomen sollten Sie rasch nachgehen: Ein undichter Motor ist ein Indiz für einen technischen Mangel, der sich schnell verschlimmern kann. Am besten nehmen Sie Ihren Motor nach einer Motorwäsche und einer anschließenden Probefahrt in Augenschein.

Arbeitsschritte | 15000 km | 12 Monate

① Bauen Sie die obere Motorabdeckung ab (siehe Kapitel »Der Motor«).

② Bauen Sie die Geräuschdämmung unter dem Motor aus (siehe Kapitel »Der Motor«).

③ Kontrollieren Sie folgende Punkte: Dichtung des Öleinfülldeckels, Belüftungsschlauch der Kurbelgehäuse-Entlüftung (vom Ventildeckel zum Luftansaugschlauch), Ventildeckel-Dichtung, Zylinderkopfdichtung, Ölablassschraube, Ölfilter, Ölwannendichtung und Simmeringe an Nockenwelle und Kurbelwelle.

Ölfeuchte Stellen im Bereich der Zylinderkopfhauben-Dichtung (Pfeile) sind in der Regel kein Grund zur Besorgnis.

Schmiersystem

Störungsbeistand

Störung	Ursache	Abhilfe
A Bei Einschalten der Zündung bleibt Öldruck-Kontrollleuchte dunkel	**1** Kontrollleuchte defekt	Auswechseln
	2 Steckverbindung korrodiert bzw. Kabelverbindung unterbrochen	Überprüfen und reinigen, ggf. Kabel reparieren
	3 Öldruckschalter defekt	Kontrollieren, ggf. auswechseln
B Öldruck-Kontrollleuchte brennt nach Anspringen des warmen Motors im Leerlauf weiter, geht aber beim Gasgeben aus	Heißes und damit dünnflüssiges Öl	
C Öldruck-Kontrollleuchte geht erst bei höheren Drehzahlen aus	Bypassventil in der Ölfilterhauptstromleitung klemmt	Öldruck überprüfen lassen, Ventil ggf. auswechseln lassen
D Öldruck-Kontrollleuchte brennt nach Anspringen des Motors und geht auch beim Gasgeben nicht aus	**1** Zu wenig Öl im Motor	Ölstand prüfen, ggf. Öl nachfüllen
	2 Ölansaugsieb in der Ölwanne zugesetzt bzw. Ölpumpe verschlissen	Überprüfen bzw. ersetzen lassen
	3 Siehe A2 und 3	Nur weiterfahren, wenn Ursache klar ist

DAS KÜHL-SYSTEM

Ohne Wasser geht dem Motor schnell die Luft aus, er stirbt den Hitzetod. Gehen Sie also regelmäßig an die Box, um den Kühlwasserstand zu kontrollieren.

Wartung

Reparatur

Das Kühlsystem sorgt für die richtige Betriebstemperatur des Motors. Es besteht aus einer Reihe von Aggregaten wie Kühler und Thermostat, Wasserleitungen und einem Netz aus kleinen, genau bemessenen Kanälen in Motorblock und Zylinder, in denen die Kühlflüssigkeit zirkuliert. So entsteht ein Wassermantel, der die Verbrennungswärme über die Schläuche des Kühlsystems an den Kühler abführt. Welche Wege das Kühlmittel im Kühlsystem nimmt, hängt von der Temperatur des Motors ab.

Der Kurzschlusskreislauf

Nach dem Kaltstart zirkuliert das Kühlmittel zunächst im kleinen Kühlkreislauf, der sich auf Motor und Heizung beschränkt. In diesem sogenannten Kurzschlusskreislauf hält der Thermostat den Durchfluss zum Kühler geschlossen. Das Kühlmittel gelangt auf direktem Weg zurück in den Motor. So erhitzt sich die Kühlflüssigkeit schneller und der Motor wird schneller warm. Der Kühler tritt erst in Aktion, wenn die Kühlflüssigkeit eine bestimmte Temperatur erreicht hat. Der Thermostat öffnet, dabei wird kaltes Wasser aus dem Kühler mit bereits erwärmtem Wasser aus dem kleinen Kühlkreislauf vorgemischt. Diese allmähliche Kaltwasserbeimischung verhindert den so genannten Kälteschock für den Motor.

Kühlung bei Betriebstemperatur

Solange die Wassertemperatur steigt, öffnet der Thermostat den Kaltwasserzufluss aus dem Kühler immer weiter und schließt gleichzeitig den Kurzschlusskreislauf. Bei Betriebstemperatur zirkuliert die Kühlflüssigkeit vom unteren Kühlwasserschlauch zur Wasserpumpe, die sie in Motorblock und Zylinderkopf drückt. Der größte Teil der Flüssigkeit läuft dann über den geöffneten Thermostat zum Kühler, während der Rest zum Wärmetauscher der Heizung fließt. Das im Kühler unten abfließende kalte Wasser zieht heißes Kühlmittel oben in den Kühler nach. Dort wird es beim Zug durch die Kühlerlamellen abgekühlt. Sinkt während der Fahrt die Wassertemperatur unter die vorgeschriebene Betriebstemperatur, sperrt der Thermostat den Kühlerdurchfluss erneut, bis sich das Kühlmittel wieder genügend erwärmt hat.

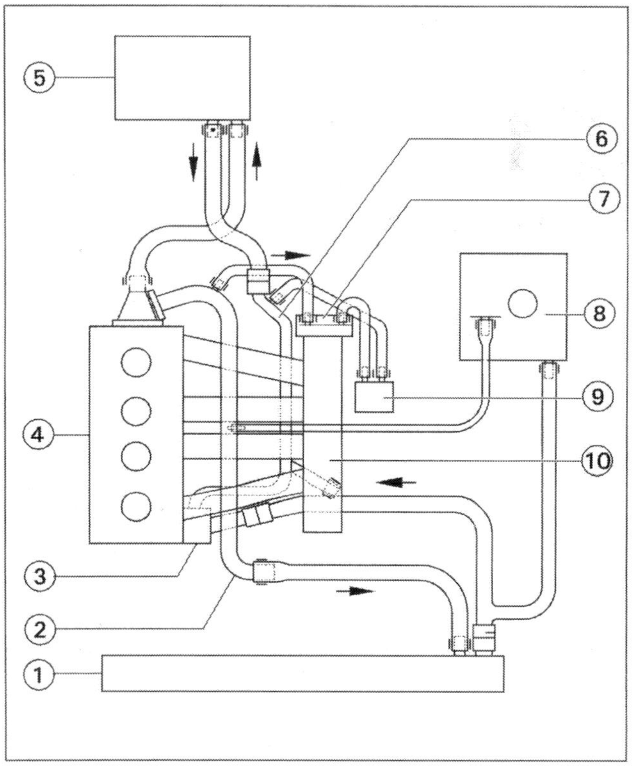

Das Kühlsystem des 1.8:
❶ Kühler. ❷ Kühlmittelrohr oben. ❸ Kühlmittelpumpe mit Thermostat. ❹ Zylinderkopf. ❺ Wärmetauscher der Heizung. ❻ Kühlmittelrohr unten. ❼ Beheizung für Drosselklappenstutzen. ❽ Ausgleichsbehälter. ❾ Ölkühler. ❿ Registersaugrohr.

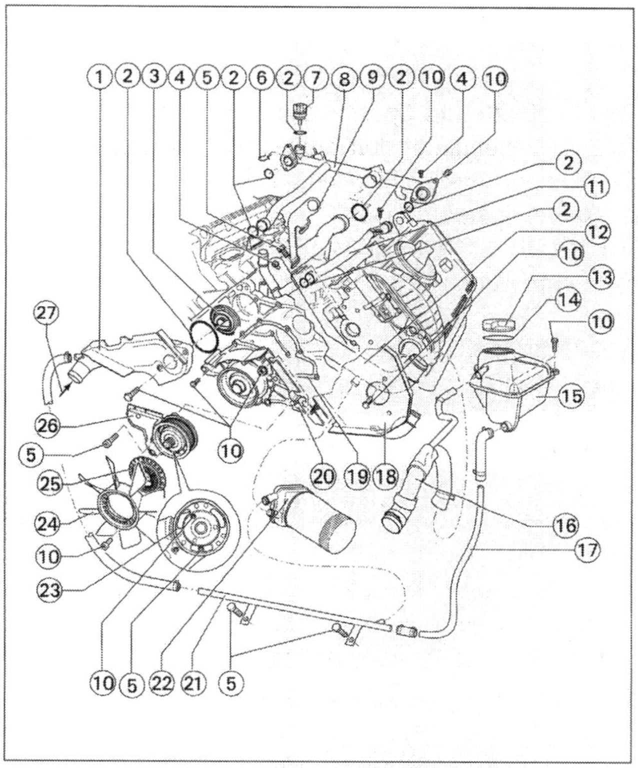

Teile des motorseitigen Kühlsystems beim V6:
❶ Anschlussstutzen. ❷ O-Ring. ❸ Kühlmittelregler. ❹ Entlüftungsschraube. ❺ Schraube, Anzugsmoment 25 Nm. ❻ Halteklammer. ❼ Geber für Kühlmitteltemperatur. ❽ Kühlmittelrohr hinten. ❾ Aufhängeöse. ❿ Schraube, Anzugsmoment 10 Nm. ⓫ Kühlmittelrohr. ⓬ Kühlmittelrohr vorn. ⓭ Verschlussdeckel. ⓮ O-Ring. ⓯ Ausgleichsbehälter. ⓰ Kühlmittelschlauch oben. ⓱ Kühlmittelrohr. ⓲ Zahnriemenschutz hinten. ⓳ Dichtung. ⓴ Kühlmittelpumpe. ㉑ Kühlmittelrohr unten. ㉒ Ölkühler. ㉓ Riemenscheibe. ㉔ Viscolüfterrad. ㉕Visco-Lüfterkupplung. ㉖ Halter. ㉗ Zufluss vom Kühler unten.

Überdruck und Kühlerventilator

Das Kühlsystem steht unter einem Überdruck von etwa 1,2 bis 1,5 bar. Dadurch und durch den Einsatz von Kühlmittelzusätzen erhöht sich der Siedepunkt der Kühlflüssigkeit von 100°C auf rund 120°C. Die höhere Temperatur ermöglicht einen wirtschaftlicheren und damit kraftstoffsparenden Motorbetrieb. Wenn bei einem heißen Motor der Kühlmittel-Druck 1,5 bar übersteigt, tritt das Überdruckventil am Ausgleichsbehälter in Aktion. Es öffnet und lässt zum Druckausgleich etwas Wasserdampf entweichen. Trotzdem kann es zum Beispiel bei Fahrten in der Stadt vorkommen, dass das Kühlmittel im System überhitzt wird. Dann muss der Kühlerventilator den Kühler zusätzlich kühlen. Die A6-Motoren besitzen alle einen Viscolüfter. Steigt die Wassertemperatur so weit, dass in der Umgebung des Kühlers mehr als 81° C herrschen, schaltet die Viscokupplung auf starren Durchtrieb, und der Lüfter dreht mit. Im Detail funktioniert das folgendermaßen: In der Viscokupplung sitzt ein Bimetallband, das über ein Ventil zähes Silikonöl in den Arbeitsraum der Kupplung einfließen lässt. Das Öl schafft den Kraftschluss zwischen Riemenscheibe und Lüfter – der Ventilator dreht sich. Unterhalb 60°C fließt das Silikonöl vom Arbeitsraum in den Vorratsraum zurück – der Ventilator läuft mit langsamer Drehzahl mit, ohne Kraft zu verbrauchen. Zusätzlich zum Viscolüfter kommt ein elektrischer Ventilator zum Einsatz, der direkt an den Kühler geschraubt ist. Er wird aktiviert, wenn der Kühlmittelsensor mehr als 92°C registriert.

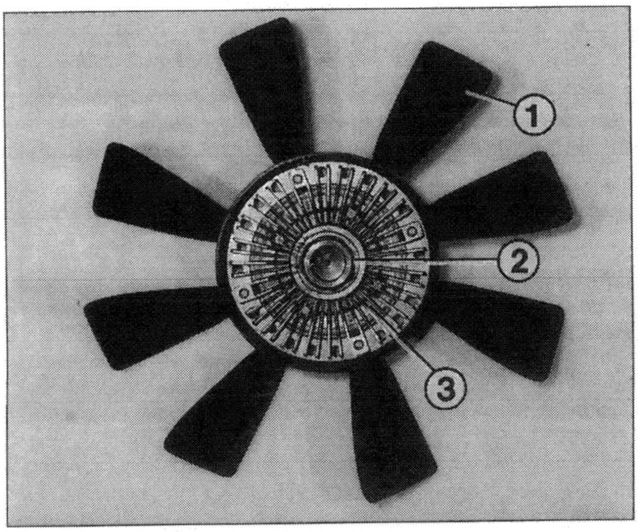

Hier sehen Sie den Viscolüfter eines Sechszylindermotors. Seine Einzelteile: ❶ Lüfterflügel. ❷ Viscokupplung. ❸ Achse der Viscokupplung.

Die Teile des Kühlsystems

Technik-lexikon

Wasserpumpe. Eine sogenannte Schleuderpumpe, die für den stetigen Kreislauf des Kühlmittels sorgt. Sie wird je nach Motorversion vom Zahnriemen oder Keilrippenriemen angetrieben.

Bei diesem Schnittmodell Wasserpumpe eines Vierzylinders sind die Innereien der Wasserpumpe ❶ gut zu erkennen. Daneben sitzt der Thermostat ❷.

Kühler. Besteht auf der linken und rechten Seite jeweils aus einem Kunststoff-Wasserkasten. Dazwischen befinden sich eine Vielzahl dünnwandiger Röhrchen, die durch ein Gerüst von Lamellen miteinander verbunden sind. Dadurch ist die vom Luftstrom bestrichene Fläche viele Quadratmeter groß. Der Kühler ist an zwei Befestigungspunkten oben und unten am Querträger der Karosserie montiert.
Thermostat. Hält die Wassertemperatur konstant. Er öffnet bei etwa 87 Grad Celsius und lässt das Wasser zum Kühler oder zurück in den Motor strömen. Im Inneren des Thermostats befinden sich eine mit Spezialwachs gefüllte Büchse und ein Ventilteller. Je mehr sich das Kühlmittel erwärmt, desto mehr verflüssigt sich das Wachs. Es dehnt sich zunehmend aus und öffnet so immer weiter das Ventil, das den Kaltwasserzufluss aus dem Kühler kontrolliert. Bei Betriebstemperatur ist das Ventil ganz geöffnet, der Kurzschlusskreislauf komplett geschlossen. Kühlt das Wasser ab, drückt eine Feder auf den Ventilteller und sperrt den Kühlerdurchfluss solange, bis sich das Kühlmittel wieder genügend erwärmt hat. Der Thermostat sitzt beim Vierzylinder weit unten am Motor, direkt an der Wasserpumpe, beim Sechszylinder vorn im Motorblock zwischen den Zylinderbänken.
Ausgleichsbehälter. Lässt bei zu hohem Druck durch ein Überdruckventil im Deckel Wasserdampf entweichen. Er sitzt im Motorraum links (in Fahrtrichtung gesehen).

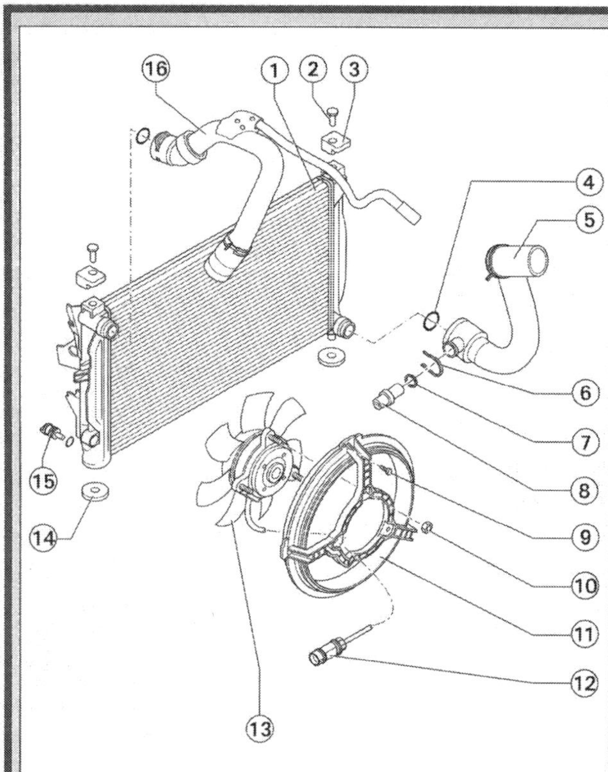

Teile des Kühlsystems des V6: ❶ Kühler. ❷ Sicherungs-Clip. ❸ Gummi. ❹ O-Ring. ❺ Kühlmittelschlauch. ❻ Clip. ❼ O-Ring. ❽ Thermoschalter für Lüfter. ❾ Sicherungsschraube. ❿ Mutter. ⓫ Lüfterring. ⓬ Steckverbindung. ⓭ Lüfter. ⓮ Gummischeibe. ⓯ Ablassschraube. ⓰ Kühlmittelschlauch.

Das Kühlmittel

Kühlflüssigkeit (Kühlmittel) besteht aus einer Mischung von Frost- und Korrosionsschutzmittel und Wasser. Der Korrosionsschutz im Kühlmittel verhindert, dass sich im Kühlsystem Kesselstein, Rost und andere aggressive Korrosionsstoffe bilden. Er verliert seine Wirksamkeit nach etwa vier Jahren und sollte dann erneuert werden. Audi schreibt einen turnusmäßigen Wechsel jedoch nicht mehr vor. Der Wasseranteil des Kühlmittels beträgt je nach gewähltem Frostschutz bis zu 60 Prozent. Weniger als 40 Prozent dürfen es auch im Sommer nicht sein.

Alle Motoren sind mit dem neuen Mittel G 012 A8 nach TL VW 774 D befüllt, das eine rote Färbung hat. Dieses Mittel darf auf keinen Fall mit dem früher eingesetzten Kühlmittelzusatz G 011 A8 C gemischt werden. Andernfalls kann es zu schwerwiegenden Motorschäden kommen. Eine braune Färbung des Kühlmittels deutet auf eine Vermischung der beiden Sorten hin. Dann muss das Kühlmittel abgelassen, der Motor mit Wasser durchgespült (Motor zwei Minuten laufen lassen) und mit neuem Kühlmittel befüllt werden.

Kühlsystem auf Dichtheit prüfen

Arbeitsschritte | 15.000 km 12 Monate

① Sind die Wasserschläuche am Kühler, Motor und zur Heizanlage dicht?
② Den Zustand der Schläuche stellen Sie durch Kneten fest. Harte, spröde oder rissige Teile sollten Sie sofort austauschen.
③ Sitzen die Schlauch-Enden satt auf ihren Stutzen?
④ Sind die Spannschrauben der Schlauchschellen festgezogen? Sie können während der Fahrt und bei vollem Betriebsdruck im Kühlsystem nachgeben. Verrostete Schlauchschellen auswechseln.

Bei Betriebstemperatur des Motors entdecken Sie Verschleißspuren oder Marderschäden an den Kühlwasserschläuchen durch kräftiges Kneten der Schläuche.

Kühlflüssigkeit prüfen und nachfüllen

Arbeitsschritte | ständige Kontrolle

① Stand des Kühlmittels am besten nur bei kaltem Motor kontrollieren – das Kühlsystem ist dann praktisch drucklos.
② Bei kaltem Motor soll der Pegel zwischen den MIN.- und MAX-Markierungen am Ausgleichsbehälter stehen.

Vorsicht: Bei warmem Motor steht das Kühlmittel immer höher. Lassen Sie sich nicht durch einen zu hohen Stand täuschen.

③ Zum Nachfüllen den Verschlussdeckel öffnen. Legen Sie bei heißem Motor einen dicken Lappen über den Deckel und drehen Sie ihn langsam auf. Das baut den Druck im System allmählich ab. Wenn Sie den Deckel zu schnell öffnen, steht das Wasser nicht mehr unter Druck und sprudelt brühend heiß aus dem Behälter.

④ Ausgleichsbehälter nicht über die obere Markierung nachfüllen. Das Kühlmittel dehnt sich bei Erwärmung aus, der Überschuss entweicht aus dem System.

⑤ Kleinere Mengen können Sie bei warmem ebenso wie bei kaltem Motor einfüllen.

Der Kühlmittelstand soll sich zwischen den Marken MIN. und MAX. bewegen. Extremes Über- oder Unterschreiten bedeutet in jedem Fall einen Defekt, nach dessen Ursache geforscht werden muss. Bei heißem Motor darf der Schraubdeckel erst vorsichtig um eine Umdrehung geöffnet werden, sonst besteht Verbrühungsgefahr. Zur Sicherheit ist es besser, zum Öffnen einen Lappen zu benutzen.

Kühlflüssigkeit wechseln

Arbeitsschritte

① Am Verschlussdeckel des Ausgleichsbehälters den Druck aus dem Kühlsystem entweichen lassen und Deckel abnehmen. Vorsicht bei heißem Motor: Verbrühungsgefahr.

② Geräuschdämmung an der Motor-Unterseite abbauen.

③ Die Ablassschraube am Kühler ist nur bei abgebautem Stoßfänger erreichbar. Bei montiertem Stoßfänger kann das Kühlmittel auch abgelassen werden, indem man den Schlauch unten rechts abzieht. Bevor Sie den Schlauch lösen, stellen Sie ein sauberes Auffanggefäß unter. Zur vollständigen Entleerung des Systems müssen Sie beim Sechszylinder die Ablassschraube öffnen, die im Motorblock sitzt. Beim Vierzylinder ist der Schlauch unten am Ölkühler abzubauen. Beim Diesel Anschlussstutzen des Thermostates abbauen.

④ Unteren Kühlerschlauch (ggf. mit neuer Schlauchschelle) montieren. Hatten Sie die Ablassschraube geöffnet, diese festziehen.

⑤ Entlüftungsschraube öffnen. **Vierzylinder,** auch Diesel: Wasserkastenabdeckung (nach vorn) abnehmen, Schutzabdeckung für Kühlmittelschlauch am Anschluss des Heizung-Wärmetauschers zurückstreifen, den Schlauch lösen und zurückziehen, bis die Entlüftungsbohrung frei ist. **Sechsyzlinder:** Lösen Sie die Entlüfterschraube am Kühlmittelrohr vorn zwischen Servopumpe und Zylinderkopf links.

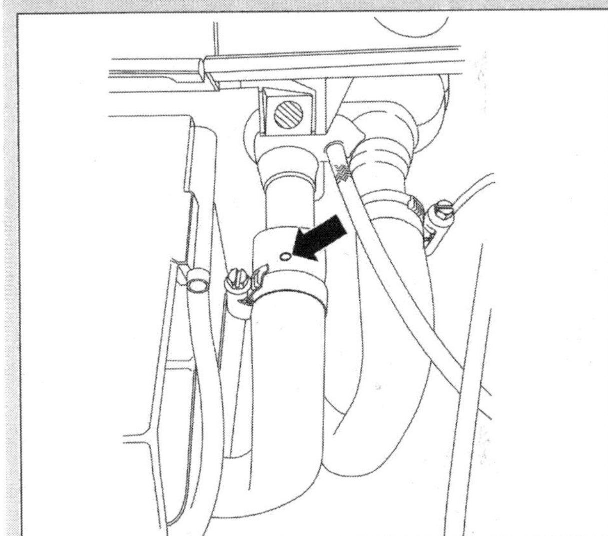

Zum Entlüften bei den Vierzylinder-Motoren (auch Diesel) muss der Schlauch am Heizungswärmetauscher gelockert und zurückgezogen werden, bis die Entlüftungsbohrung im Schlauchstutzen zum Vorschein kommt. Man erreicht die Schelle, wenn man die Wasserkastenabdeckung entfernt. Nach Abnehmen der Gummidichtung kann man sie einfach nach vorn abziehen.

⑥ Zum Auffüllen des Kühlmittels ohne Spezialwerkzeug den Ausgleichsbehälter lösen und um ca. zehn Zentimeter anheben. Dann Kühlmittel auffüllen, bis keine Luftblasen mehr hochsteigen und aus dem Entlüftungsventil ein gleichmäßiger Kühlmittelstrahl austritt.

⑦ Entlüftungsschraube und Ausgleichsbehälter schließen.

⑧ Heizung auf volle Heizleistung stellen.

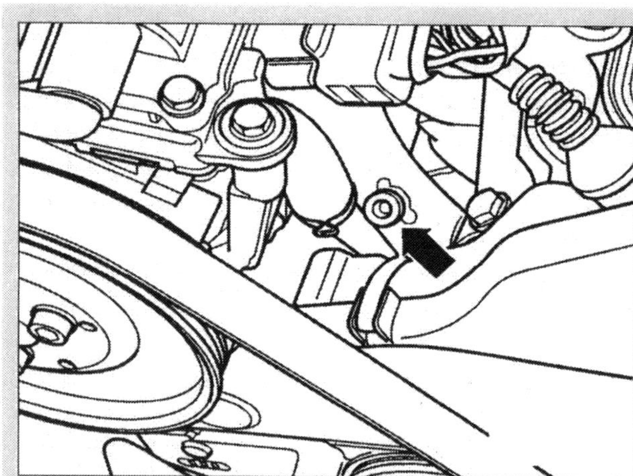

Beim V6 sitzt die Entlüfterschraube am Kühlmittelrohr vorn zwischen der Servopumpe und dem linken Zylinderkopf.

⑨ Motor starten und zehn Minuten im Leerlauf laufen lassen. Danach für etwa fünf Minuten die Drehzahl bei ca. 2000 U/min stehen lassen. Anschließend lassen Sie den Motor so lange laufen, bis der untere Schlauch zum Kühler heiß wird.

⑩ Prüfen Sie den Kühlmittelstand. Bei betriebswarmem Motor muss der Stand an der MAX.-Markierung liegen, bei kaltem Motor an der MIN.-Markierung.

Beim Sechszylinder sitzt die Kühlwasserablassschraube unten am Motorblock. Sie muss neben dem Schlauch am Kühler zusätzlich gelöst werden, wenn das gesamte Kühlmittel abgelassen werden soll.

Frostschutz auffüllen

Auf Nummer Sicher gehen Sie beim Frostschutz, wenn Sie auch im Sommer mindestens eine 40%ige Mischung verwenden. Haben Sie jedoch öfters nur Wasser nachgefüllt, reicht die Konzentration des Frostschutzmittels für kältere Temperaturen nicht mehr aus. Außerdem sinkt der Siedepunkt des Kühlmittels.

In diesem Fall muss der Kühlmittelzusatz G 012 nachgefüllt werden. Dazu ist zunächst Kühlmittel abzulassen, wieviel hängt vom vorhandenen und gewünschten Frostschutz ab. Die Mengen entnehmen Sie bitte der Tabelle:

Frostschutz bis °C		**Differenzmenge in Liter**	
Istwert	Sollwert	4-Zyl.-Motor	6-Zyl.-Motor
0	-25	3,5	5,0
	-35	4,0	6,0
-5	-25	3,0	4,5
	-35	3,5	5,5
-10	-25	2,0	3,5
	-35	3,0	4,5
-15	-25	1,5	2,5
	-35	2,0	3,5
-20	-25	1,0	1,5
	-35	1,5	2,5
-25	-35	1,0	1,5
-30	-35	0,5	1,0
-35	-40	0,5	0,5

Arbeitsschritte

① Geräuschdämmung an der Motor-Unterseite abbauen und sauberes Auffanggefäß unter den Kühler bzw. Motor stellen.

② Erforderliche Menge Kühlmittel ablassen (siehe Tabelle und Wartungsschritte »Kühlmittel wechseln«).

③ Kühlerschlauch wieder montieren.

④ Die benötigte Menge Frostschutzmittel in den Ausgleichsbehälter gießen. Bei Bedarf die aufgefangene Kühlflüssigkeit nachfüllen.

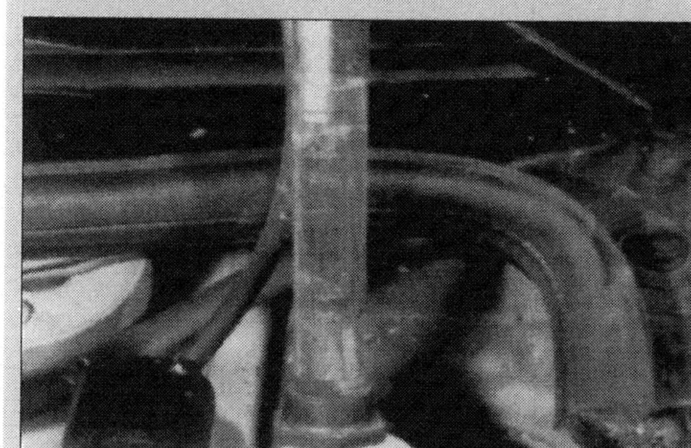

Zum Nachprüfen der Kühlmittel-Frostfestigkeit brauchen Sie einen sogenannten Hebemesser. Sie können einen kaufen oder bei den meisten Tankstellen ausleihen.

Praxistipp

Motor verliert Kühlmittel

Wenn Ihr Motor während der Fahrt viel Kühlmittel verliert, dürfen Sie auf keinen Fall kaltes Wasser nachfüllen. Der heiße Motor erhält dann einen Kälteschock, bei dem sich der Zylinderkopf verziehen kann. Die Zylinderkopfdichtung schließt nicht mehr richtig und Kühlmittel kann in den Schmierkreislauf des Motors gelangen. Im schlimmsten Fall reißt durch einen Kälteschock der Motorblock. Warten Sie, bis der Motor abgekühlt ist, füllen Sie Wasser nach und lassen Sie in der nächsten Werkstatt die Ursache für den Kühlmittelverlust feststellen.

Thermostat ausbauen und prüfen

Ausbau und Montage des Thermostats ist beim Sechszylinder ziemlich aufwendig. Um an dieses Teil heranzukommen, müssen bei diesem Modell nicht nur der Stoßfänger, sondern auch der Keilrippenriemen und, größtes Problem, der Zahnriemen demontiert werden. Von dieser Arbeit in Eigenregie ist abzuraten. Beim Vierzylinder-Sauger (auch Diesel) hält sich der Aufwand dagegen in Grenzen. Am einfachsten ist der Ausbau beim 1.8 T und 1.9 TDI.
Besorgen Sie sich vor Arbeitsbeginn neben einem Ersatzteil auch einen neuen Dichtring, auf dem der Thermostat im Gehäuse sitzt. Die Dichtung des Thermostatgehäuses sollten Sie ebenfalls erneuern. Außerdem brauchen Sie ein Gefäß zum Auffangen des Kühlmittels. Den Thermostat sollten Sie nur bei kaltem Motor ausbauen. Sie können übrigens mit einem Einmachthermometer prüfen, ob das ausgebaute Bauteil wirklich defekt ist.

Vorsicht: Ein klemmender Thermostat kann schwere Hitzeschäden am Motor Ihres A6 verursachen. Das Kühlmittel fängt an zu kochen, die Kühlwirkung lässt rapide nach. Tritt der Defekt während der Fahrt auf, dürfen Sie auf keinen Fall weiterfahren. Lassen Sie den Wagen zur Reparatur abschleppen.

Bei diesen Temperaturen öffnet der Thermostat

Motortyp	Öffnung (bei °C)	Ganz geöffnet	Ventilhub (mm)
Benzin	ca. 87	ca. 102	min 8
Diesel	ca. 85	ca. 105	min 7

Kontrollieren Sie mit dem Einmachthermometer, ob das Ventil bei den in der Tabelle aufgeführten Temperaturen mit dem entsprechenden Hub von seinem Sitz abhebt. Bei gebrauchten Thermostaten ist eine Toleranz von ±3°C zulässig.

Arbeitsschritte

Alle Motoren

① Geräuschdämmung an der Motor-Unterseite abbauen.

② Verschluss des Ausgleichsbehälters öffnen, um Druck im Kühlsystem abzubauen. Vorsicht bei warmem Motor: Verbrühungsgefahr. Kühlflüssigkeit ablassen (siehe »Kühlmittel wechseln«).

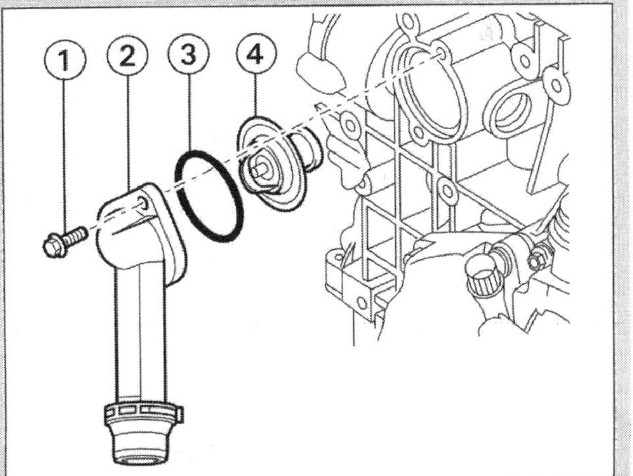

Kühlmittelschlauch vom Anschlussstutzen ❷ abziehen, dazu Halteklammer ausrasten. Den Anschlussstutzen mit dem Thermostatgehäuse abschrauben ❶, ist es festgebacken, helfen Schläge mit dem Handballen oder Holzhammer. O-Ring ❸ und Thermostat ❹ abnehmen.

Vierzylinder 1.8

③ Um an das Thermostatgehäuse heranzukommen, müssen Sie zuerst die Lichtmaschine ausbauen. Siehe dazu Kapitel »Die Fahrzeugelektrik«.

④ Bauen Sie den Thermostat aus wie im Bild gezeigt.

⑤ Bitte beachten Sie beim Einbau Folgendes: Verwenden Sie neue Dichtungen, die Dichtflächen müssen gereinigt bzw. geglättet werden. Benetzen Sie den O-Ring mit Kühlmittel G 012 A8 D Wenn Sie den Thermostat einsetzen, muss sein Bügel senkrecht stehen.

Vierzylinder 1.8 Turbo und Vierzylinder Diesel

③ Der Thermostat sitzt bei beiden Motoren unten am Motor hinter der Wasserpumpe. Das Gehäuse ist ohne weitere Demontage-Arbeiten erreichbar.

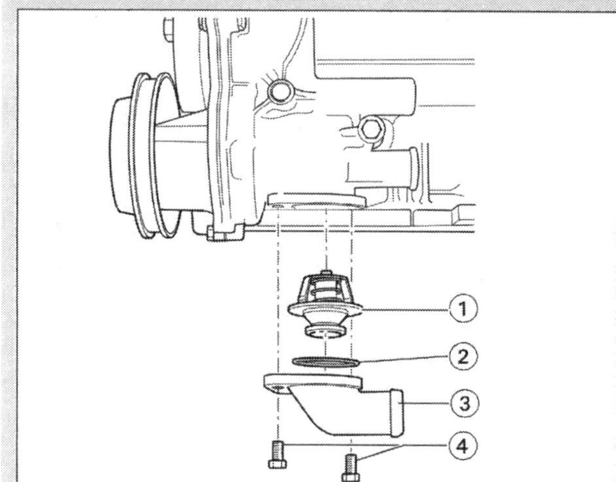

Beim 1.8 Turbo ist der Ausbau des Thermostats am einfachsten. Schrauben ❹ lösen, Anschlussstutzen ❸, Dichtring ❷ und Thermostat ❶ abnehmen.

④ Nach Lösen der Schrauben ❹ können Sie den Anschlussstutzen ❸ abziehen und Dichtring ❷ und Thermostat ❶ abnehmen.

⑤ Beim Zusammenbau neuen Dichtring verwenden und Dichtflächen reinigen bzw. glätten.

Alle Motoren

⑥ Wenn Sie das ausgebaute oder neue Bauteil prüfen wollen: Thermostat in einen Topf mit Wasser hängen und erhitzen. Das Ventil muss bei den vorgeschriebenen Temperaturen öffnen.

⑦ Kühlmittel auffüllen.

⑧ Geräuschdämmung einbauen.

Kühlerventilator defekt?

Die Kühlerventilatoren werden nur bei hoher Belastung zugeschaltet. Wenn einer defekt ist , müssen Sie Ihre Fahrt deshalb nicht zwangsläufig beenden. Lassen Sie den Motor abkühlen und fahren Sie mit zügigem Tempo in die nächste Werkstatt. Leerlauf und Schleichfahrt sollten Sie vermeiden, weil dabei kaum kühlende Luft durch die Lamellen des Kühlers strömt. Behalten Sie die Temperaturanzeige und die Warnleuchte im Auge.

Vorsicht: Bei gerade abgestelltem und heißgefahrenem Motor niemals mit den Händen in die Nähe des Lüfters kommen! Der Ventilator kann auch bei ausgeschalteter Zündung unvermittelt loslaufen.

Der Viscolüfter

Wenn der Viscolüfter sich nicht oder mit zu geringer Geschwindigkeit dreht, muss die Viscokupplung ausgetauscht werden. Das gilt auch, wenn er sich nicht mehr ausschaltet. Die Kupplung muss ersetzt werden, wenn

- der Ventilator sich bei stehendem Motor nicht mehr leicht durchdrehen lässt,
- der Ventilator starkes Axial- und Radialspiel hat (leichtes Spiel ist zulässig),
- Silikonöl aus der Viscokupplung austritt.

Bei den Vierzylinder-Motoren ist der Ausbau des Viscolüfters relativ aufwendig. Der Stoßfänger muss ausgebaut und der gesamte Schlossträger, also ein Teil des Vorbaus, in Servicestellung gebracht werden. Dazu ist Spezialwerkzeug notwendig.
Beim Sechszylinder sind keine Arbeiten an der Karosserie erforderlich, dafür braucht man zum Ausbau des Lüfters Spezialwerkzeug. Deshalb empfehlen wir den Tausch in der Werkstatt.

Elektrischen Kühlerventilator prüfen

Arbeitsschritte

① Kontrollieren Sie zur Sicherheit zuerst die Sicherung.

② Ziehen Sie den vierpoligen Stecker am Thermoschalter ab. Er sitzt beim Vierzylinder unten links, beim Sechszylinder unten rechts am Kühlerschlauch.

③ Schalten Sie die Zündung ein.

④ Überbrücken Sie Kontakt ❶ und ❷ mit einem Stück Draht. Stufe eins des Lüfters muss jetzt anlaufen. Die zweite Stufe testen Sie, indem Sie Kontakt ❸ und ❹ überbrücken. Schaltet der Ventilator ein, ist der Thermoschalter defekt. Als Notbehelf unterwegs klemmen Sie zur Weiterfahrt die Kabelbrücke gut fest. Damit das locker hängende Kabel kein Unheil anrichten kann, mit Klebeband fixieren. Den Doppelstecker zusätzlich kurzschlusssicher abkleben.

Falls der Ventilator nicht einschaltet, ist entweder das Zuführungskabel unterbrochen, das Lüfter-Relais oder der Ventilator selbst defekt.

⑤ Half die Überbrückung des Thermoschalters nicht weiter, kontrollieren Sie die Lüfter-Relais in der Zentralelektrik (siehe Kapitel »Die Fahrzeugelektrik«). Wenn die beiden Anschlusskabel des Thermoschalters überbrückt werden , müssen die Schaltkontakte im Relais bei eingeschalteter Zündung hörbar schließen.

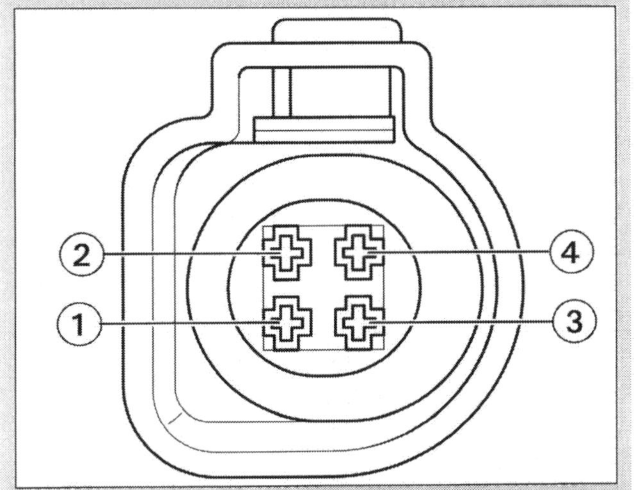

⑥ Ist das nicht der Fall, kann man das Relais behelfsmäßig überbrücken. Dazu die Relaissteckerzungen der Klemmen 30 und 87 mit einem Drahtstück verbinden und das Relais einstecken. Der Kühlerventilator sollte nun auch bei ausgeschalteter Zündung loslaufen. Tut er das, ist das Relais defekt. Wenn nicht, könnte der Lüftermotor kaputt sein.

⑦ Den Lüftermotor prüfen Sie, indem Sie den Kabelstecker am Lüftermotor abziehen und stattdessen am Kontakt der rot/schwarzen Leitung ein Hilfskabel zum Batterie-Pluspol verlegen. Die Steckverbindung für das braune Kabel wird direkt mit dem Minuspol verbunden. Läuft der Ventilator jetzt, müssen das Relais, die Kabelstecker und sämtliche Kabelverbindungen von Thermoschalter und Lüfter überprüft werden. Dreht sich der Ventilator nicht, ist er defekt. Er muss ausgetauscht werden.

Kühler ausbauen

Arbeitsschritte

Hinweis: Wenn Sie einen A6 mit Automatikgetriebe fahren, sollten Sie den Ausbau des Kühlers der Werkstatt überlassen. In den Kühler ist der ATF-Ölkühler integriert, dessen Zuleitungen getrennt werden müssen. Das Wiederbefüllen des Getriebes mit ATF-Öl ist problematisch.

① Stoßfänger vorn ausbauen. Schlagen Sie hierzu bitte im Kapitel »Die Karosserie« nach.

② Kühlmittel ablassen, indem Sie die Ablassschraube am Kühler unten links drehen.

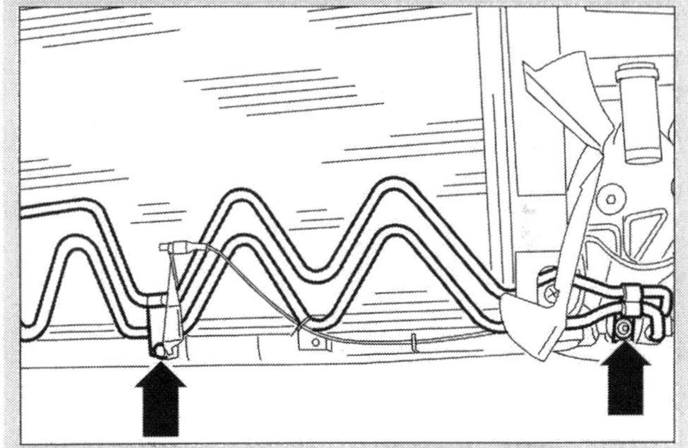

Die Schrauben für die Kühlschlange der Servolenkung müssen gelöst werden.

③ Kühlerschläuche am Kühler abbauen. Dann Kabel vom Thermoschalter und Lüftermotor am Kühler abziehen.

④ Schrauben Sie die Kühlschlange für das Hydrauliköl der Servolenkung ab. Die Leitungen nicht trennen, sonst läuft Hydrauliköl aus.

⑤ Luftführungen links und rechts am Kühler abschrauben.

⑥ Befestigungsschrauben des Klimaanlagen-Kondensators lösen.

ACHTUNG! DER KÄLTEMITTELKREISLAUF DER KLIMAANLAGE DARF NICHT GEÖFFNET WERDEN!

⑦ Ziehen Sie die Steckverbindung am Druckschalter für die Klimaanlage ab.

⑧ Ziehen Sie den Kondensator nach oben aus dem Halter, schwenken Sie ihn zur Seite und hängen ihm mit einer Drahtschlaufe am rechten Vorderrad auf. **Wichtig:** Um Beschädigungen am Kondensator sowie an den Kältemittelleitungen und -schläuchen zu vermeiden, ist darauf zu achten, die Leitungen und Schläuche nicht überdehnt, geknickt oder verbogen werden.

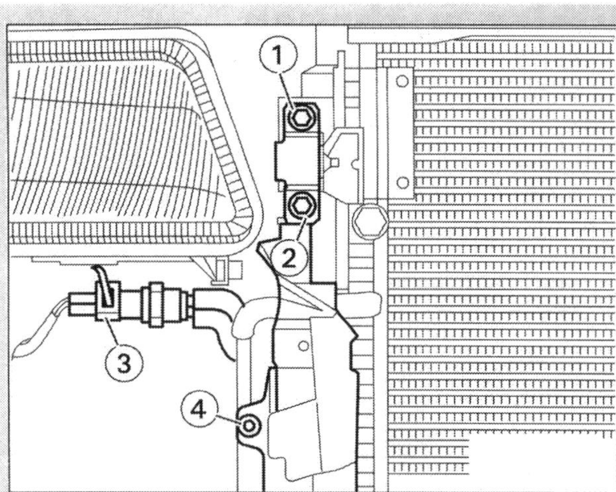

Die Befestigungsschrauben ❶ und ❷ des Klimaanlagen-Kondensators müssen herausgedreht und die Steckverbindung ❸ abgezogen werden. Die Luftführungen ❹ links und rechts am Kühler abschrauben. Achten Sie darauf, dass die Schläuche nicht geknickt, überdehnt oder verbogen werden.

⑨ Beide Haltebolzen für den Kühler entriegeln und nach oben abziehen.

⑩ Kühler nach vorn schwenken und nach oben abnehmen.

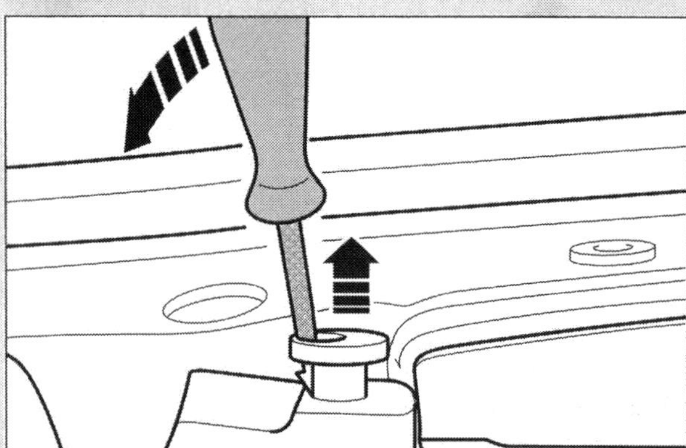

Mit einem Schraubendreher können Sie die Haltebolzen des Kühlers entriegeln.

Diesel

① Beim Diesel ist der Arbeitsablauf ähnlich, folgende Unterschiede sind zu beachten:

② Schrauben Sie die Halteschellen der Kältemittelleitungen ab.

③ Kondensator vom Kühler abschrauben und so weit wie möglich nach vorn ziehen. Kühler zwischen Kondensator und Schlossträger herausziehen.

④ Kondensator so befestigen, dass Schläuche und Leitungen entlastet sind.

Schläuche des Kühlsystems auswechseln

Reißt während der Fahrt der Kühlwasserschlauch, können Sie die Leckstelle provisorisch mit Klebeband abdichten. Lösen Sie zur Sicherheit den Verschlussdeckel des Ausgleichsbehälters eine Umdrehung. Dann baut sich nicht der volle Betriebsdruck auf und das Klebeband platzt nicht ab. Achten Sie während der Fahrt stets auf die Kühlmitteltemperatur-Warnlampe. Den schadhaften Schlauch sollten Sie schnell ersetzen. Kaufen Sie nur Originalschläuche in der richtigen Bogenform und dazu neue Schlauchschellen.

Arbeitsschritte

① Kühlmittel ablassen und in Gefäß auffangen.

② Schlauchschellen lösen, Schläuche abziehen.

③ Festsitzende Schlauch-Enden mit einem Schraubendreher lockern. Das Werkzeug zwischen Schlauch und Stutzen schieben und vorsichtig ringsum vom jeweiligen Anschlussstutzen hebeln.

④ Neue Schläuche weit genug auf die Stutzen schieben, damit sie nicht wieder abrutschen können.

⑤ Schraubschellen nicht mit Gewalt anziehen. Das Gewinde wird sonst überdreht und die nächste Undichtigkeit ist programmiert.

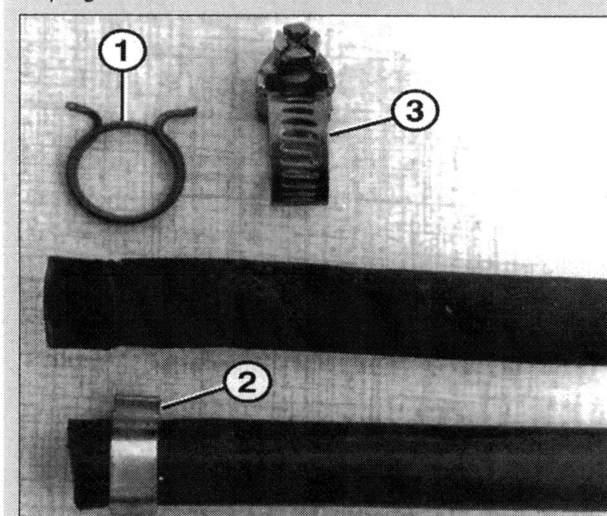

Nach der Demontage von Kühler- oder Kraftstoffschläuchen sollten Sie Klemmschlauchschellen ❶ und ❷ gegen Schraubschlauchschellen ❸ austauschen. Die schneiden nicht so tief in Schlauch und sind ihn ihrer Klemmwirkung wesentlich besser zu dosieren.

Kühlsystem

Störungs-beistand

Störung	Ursache	Abhilfe
A Temperatur-Warnleuchte brennt	**1** Keilriemen bzw. Keilrippenriemen zu schwach gespannt oder gerissen (nur Vierzylinder)	Riemenspannung kontrollieren oder Riemen ersetzen
	2 Zu wenig Flüssigkeit im Kühlsystem	Auffüllen, notfalls aus der Scheibenwaschanlage
	3 Kabel zur Warnlampe hat Masseschluss	Kabel am Temperaturgeber abziehen, Warnlampe muss verlöschen, sonst Masseschluss; Kabelverlauf kontrollieren
	4 Thermostat öffnet den Kaltwasserzufluss aus dem Kühler nicht (Kühler kalt)	Thermostat ausbauen und ohne ihnn weiterfahren oder Wagen abschleppen lassen
	5 Elektrischer Kühlerventilator schaltet nicht ein	Stecker am Thermoschalter und am Lüftermotor prüfen. Thermoschalter prüfen, Lüftermotor püfen (lassen)
	6 Überdruckventil im Verschlussdeckel des Ausgleichsbehälters defekt	Ventil prüfen (lassen), Deckeldichtung kontrollieren, ggf. Verschlussdeckel ersetzen
	7 Geber der Temperaturanzeige hat Kurzschluss	Austauschen
	8 Kühler verstopft oder Lamellen zugesetzt	Kühler reinigen
B Schwache Heizleistung	**1** Thermostat schließt nicht völlig, aufgeheizte Kühlflüssigkeit strömt zu früh durch den Kühler	Thermostat säubern, ggf. ersetzen

Thermostat

Störungs-beistand

Erkennungsmerkmal	Ursache/Auswirkungen
A Motorbetriebstemperatur wird nur langsam erreicht, Heizwirkung ungenügend	Thermostat-Ventilteller ist in »Offen«-Stellung blockiert (etwa durch Ablagerungen); der Zufluss zum Kühler bleibt ständig offen. Motor bleibt zu lange im Kaltlaufbetrieb. Es kommt jedoch kurzfristig zu keinen Schäden. Trotzdem Thermostat so bald wie möglich wechseln
B Temperatur-Warnlampe brennt trotz richtigem Kühlmittelstand. Kühler und unterer Schlauch zum Kühler sind kalt	Thermostat-Ventilteller ist in »Geschlossen«-Stellung blockiert (etwa durch eine defekte oder undichte Thermostatbüchse). Auf keinen Fall weiterfahren, sonst entstehen schwere Hitzeschäden am Motor

DAS MOTORMANAG
DIE BENZINEINSPRIT

Das Ansaugrohr beim V6-Motor. Ansonsten besteht die Einspritz-/Ansauganlage aus sehr viel Elektronik.

…EMENT …ZUNG

Reparatur

Die Überschrift deutet schon darauf hin, dass die Kraftstoffzerstäubung und -dosierung beim Audi nicht mehr die Aufgabe von Vergasern ist. Zuständig ist ein computergeregeltes System namens Motronic. Es kommt von Bosch und hat mit einer Vergaseranlage soviel zu tun wie ein Ochsenkarren mit einem Formel 1-Auto. Es ist vollgepackt mit Elektronik und errechnet aus einer Unmenge von Informationen Einspritzmenge und -zeitpunkt – für jede einzelne Verbrennung neu. Und nicht nur das: Weil zahlreiche Informationen für die Einspritzanlage auch für die Berechnung des Zündzeitpunktes von großem Wert sind, übernimmt das Steuergerät die Zündzeitpunkt-Regelung gleich mit. Eine Trennung von Einspritz- und Zündanlage ist bei der Motronic also nicht mehr möglich. Aus Gründen der Übersichtlichkeit stellen wir die Zünd-Komponenten trotzdem in einem gesonderten Kapitel vor.
Mit dem komplexen System Motronic lassen sich niedrige Verbräuche und die Einhaltung strenger Abgasgrenzwerte optimal realisieren. Dafür muss das Steuergerät genau über den jeweiligen Motorzustand informiert sein. Beim Vergaser gab es keine andere Regelgröße als den Unterdruck im Saugrohr, bei der Motronic informieren Sensoren unter anderem über Motortemperatur, Ansauglufttemperatur, Luftdichte,

Abgaszusammensetzung und Drehzahl. Weil der Motronic-Computer so gut Bescheid weiß, werden ihm gleich noch weitere Aufgaben aufgebürdet: Er ist auch zuständig für

- die Leerlaufdrehzahlregelung,
- die Lambda-Regelung,
- die Steuerung des Kraftstoffrückhaltesystems,
- die Klopfregelung,
- Abgasrückführung,
- Steuerung des Turboladers,
- Steuerung der Saugrohrumschaltung und
- die Regelung der Nockenwellenverstellung.

Darüber hinaus arbeitet die Motronic mit anderen Fahrzeugsystemen zusammen. In Kooperation mit dem Steuergerät des Automatikgetriebes ermöglicht die Motronic sanftere Schaltvorgänge, indem sie beim Schalten das Drehmoment etwas zurücknimmt. Die Motronic steht auch in Verbindung mit dem ABS und der Antriebsschlupfregelung.

Die wichtigsten Komponenten

Die wichtigsten Motordaten erhält das Steuergerät von folgenden Gebern: Im Mittelpunkt steht dabei der **Luftmassen-Messer.** Er sitzt zwischen Luftfilter und

In dem Luftmassenmesser (Pfeil) informiert ein 70 Mikrometer dünner Platindraht das Steuergerät über die in den Motor strömende Luftmenge und -masse. Das Bauelement sitzt direkt am Luftfilter-Gehäuse.

Drosselklappe und registriert nicht nur, wieviel Luft in den Motor strömt, sondern auch deren Dichte. Von der Luftdichte hängt ja der Anteil der für die Verbrennung entscheidenden Sauerstoffteilchen ab. Beim A6 kommt ein Hitzdraht-Luftmassenmesser zum Einsatz. Seine Funktionsweise: Im Ansaugluftstrom sitzt ein elektrisch beheizter Platindraht, der durch die strö-

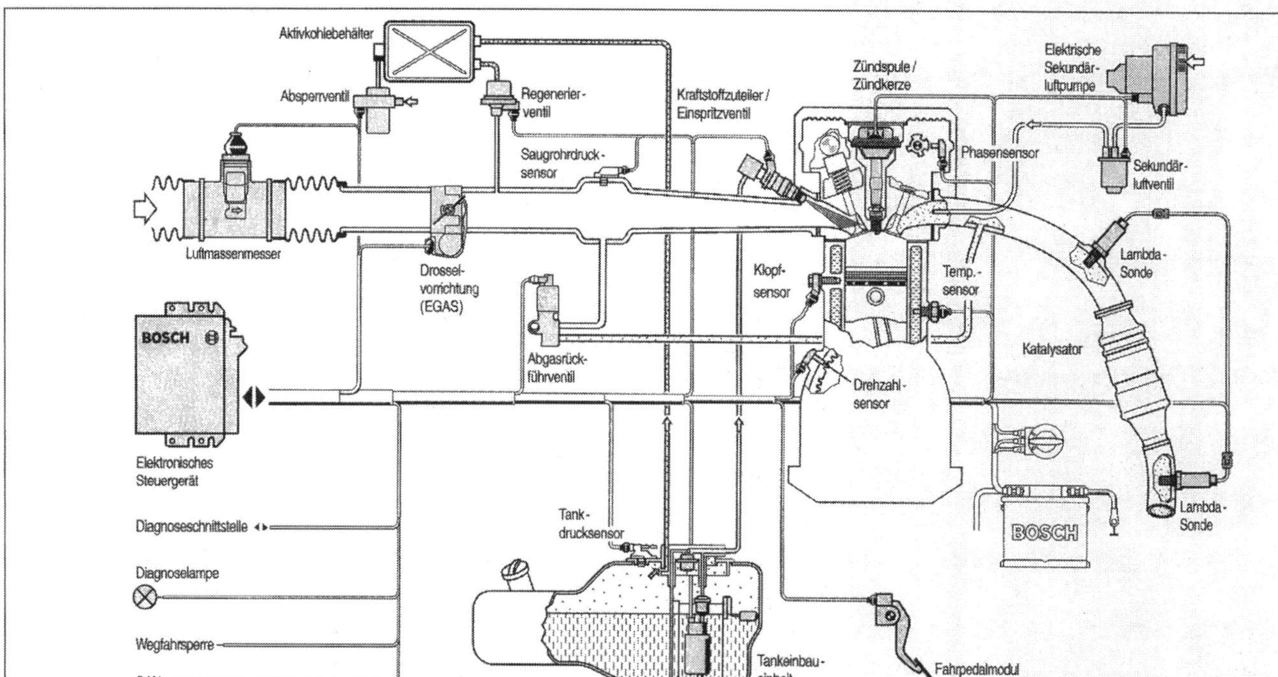

Das Funktionsschema der Motronic von Bosch. Das Steuergerät muss eine Vielzahl von Signalen berücksichtigen, um Einspritz- und Zündzeitpunkt sowie die Einspritzmenge stets optimal berechnen zu können. Fällt ein Sensor aus, kommen in manchen Fällen Notlaufprogramme zum Einsatz. Andere Sensoren, wie der Drehzahlgeber, sind so wichtig, dass bei Defekten der Motor nicht mehr läuft.

mende Luft abgekühlt wird. Eine Regelschaltung führt den Heizstrom so nach, dass dieser Hitzdraht eine konstante Übertemperatur gegenüber der Ansauglufttemperatur annimmt. Der Heizstrom ist für das Steuergerät dann ein Maß für den Luftmassenstrom.
Weitere wichtige Sensoren sind der Saugrohrdruck-Sensor und der **Drosselklappen-Geber.** Der erfasst den Winkel der Drosselklappe, sagt also, wieviel Gas der Fahrer gibt. Wenn der Luftmassen-Messer ausfällt, greift das Steuergerät zur Ermittlung der Motorlast auf Signale dieses Gebers zurück. Der **Drehzahlsensor** informiert nicht nur, wie der Name sagt, über die Motordrehzahl. Seine Position an der Kurbelwelle gibt dem Steuergerät Anhaltspunkte über die Stellung der Kurbelwelle und damit über die Stellung jedes einzelnen Zylinders. Wichtig ist auch die Stellung der Nockenwelle, über die der **Hall-Sensor** Auskunft gibt. Das Steuergerät kann durch ihn erkennen, welche Zylinder sich gerade im Verdichtungstakt befinden und so jeder einzelnen Zündspule das Zündsignal geben.

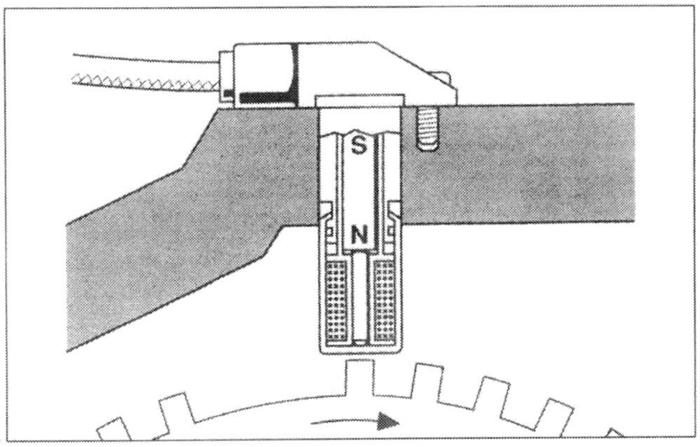

Der Drehzahlsensor sitzt über einem ferromagnetischen Zahnkranz auf der Kurbelwelle. Dreht sie sich, ändert sich der magnetische Fluss im Dauermagneten des Sensors. An einer Stelle des Geberrades fehlen zwei Zähne, die Zahnlücke ist einer definierten Kurbelwellenstellung des Zylinders 1 zugeordnet.

Wichtig ist auch der **Saugrohr-Drucksensor.** Er ist pneumatisch, also über eine Schlauchleitung, mit dem Saugrohr verbunden und informiert das Steuergerät über die Druckverhältnisse in der Ansauganlage. Es gibt beim Audi je nach Motorversion noch weitere Drucksensoren: Zum Beispiel den Umgebungsdruck-sensor, der auch als **Höhenmesser** fungiert. Er sitzt direkt im Steuergerät. Der Sensor erlaubt eine exakte Bestimmung der Dichte der Umgebungsluft, einer Information, die in zahlreichen Diagnosefunktionen Anwendung findet.
Beim Turbomotor kommt noch ein **Ladedrucksensor** zum Einsatz.
Relativ bekannt ist die **Lambda-Sonde,** die im Auspuff-Krümmer sitzt. Sie misst anhand der Abgaszusammensetzung das Luftverhältnis Lambda. Lambda ist die Maßzahl für das Luft-Kraftstoff-Verhältnis des Frisch-Gemisches. Die vollständige Verbrennung von einem Kilogramm Benzin erfordert etwa 14,5 Kilogramm Luft, das entspricht einem Lambda-Wert von 1. Ein Wert größer als 1 bedeutet ein mageres Gemisch mit mehr Luft, ein Wert kleiner als 1 ein fettes Gemisch. Nur bei Lambda = 1 arbeitet der Katalysator optimal. Stimmt das Verhältnis nicht, muss die Motronic das Gemischverhältnis über die Einspritzmenge entsprechend ändern. Die Lambda-Sonde funktioniert erst ab Temperaturen über 350°C, deshalb findet kurz nach dem Kaltstart noch keine Regelung statt. Um diese Phase zu verkürzen, wird beim Audi A6 eine beheizte Lambda-Sonde eingesetzt. Diese arbeitet schon bei Abgastemperaturen von 200°C.
Weitere wichtige Sensoren sind der **Klopfsensor,** der unregelmäßige Verbrennung registriert und zwei Temperatur-Sensoren: Der **Motortemperatur-Sensor** sitzt im Kühlmittel-Kreislauf und gibt dessen Temperatur an das Steuergerät weiter. Die **Ansauglufttemperatur** erfasst ein Fühler im Ansaugkanal.

Die Gemischaufbereitung

Grundsätzlich gibt es zwei Versionen von Einspritzanlagen: die Zentraleinspritzung mit einer Einspritzdüse für alle Zylinder, und die **Einzeleinspritzung.** Dieses System kommt beim A6 zum Einsatz. Dabei sitzt vor jedem Zylinder jeweils eine Düse. Der Vorteil: Die Düse kann näher am Zylinder platziert werden, direkt vor dem Einlassventil. Das Kraftstoff-Luftgemisch muss also keinen langen Weg im Saugrohr mehr zurücklegen, die Gefahr, dass sich besonders bei kaltem Motor Benzin an der Saugrohrwand niederschlägt, ist verringert.
Grundsätzlich müssen die Einspritzventile unter allen Bedingungen die korrekte Kraftstoffmenge ins Saugrohr des Motors spritzen. Einspritzmenge und -zeitpunkt bestimmt das Steuergerät, das einen Elektromagneten im Ventil betätigt. Der A6 verfügt über eine **sequentielle Einspritzung,** das heißt, die einzelnen Einspritzungen erfolgen für jeden Zylinder unabhängig voneinander. Weitere Teile des Kraftstoffsystems: Die elektrische **Kraftstoffpumpe** pumpt den Kraftstoff

über das Verteilrohr zu den Ventilen, der **Druckregler** hält den Druck im System konstant und schickt nicht verbrauchtes Benzin zurück in den Tank.

E-Gas

Technik-lexikon

Die Vierzylinder ab Modelljahr 9/98 und die Sechszylinder ab 1/99 haben ein elektronisches Gaspedal. Das heißt: Die Drosselklappe wird nicht mehr durch einen Seilzug betätigt, zwischen den beiden Teilen besteht keine mechanische Verbindung mehr. Am Gaspedal sitzen stattdessen zwei Geber, die das Steuergerät über die Gaspedalstellung informieren. Entsprechend dieser Eingangsgröße betätigt das Steuergerät einen Elektromotor an der Drosselklappe. Es ist aber nicht so, dass das Steuergerät die Drosselklappe stets so weit öffnet, wie der Fahrer es will. Die Elektronik passt die Drosselklappenstellung an den jeweiligen Betriebszustand an. So kann zum Beispiel beim Beschleunigen die Drosselklappe schon ganz geöffnet sein, obwohl das Gaspedal erst halb durchgetreten ist. Dies hat den Vorteil, dass Drosselverluste an der Drosselklappe vermieden werden. Das E-Gas greift auch bei der Antriebsschlupfregelung ein: Wenn der Fahrer zuviel Gas gibt, kann das Steuergerät das Gas so weit zurücknehmen, bis kein Rad mehr durchdreht. Bei dem E-Gas-System ist auch keine zusätzliche Leerlauf-Stabilisierung nötig. Die Leerlauf-Drehzahl wird automatisch über die Drosselklappe geregelt. Selbst reparieren, das haben Sie wahrscheinlich schon vermutet, kann man am elektronischen Gaspedal ohne spezielle Diagnosegeräte nichts.

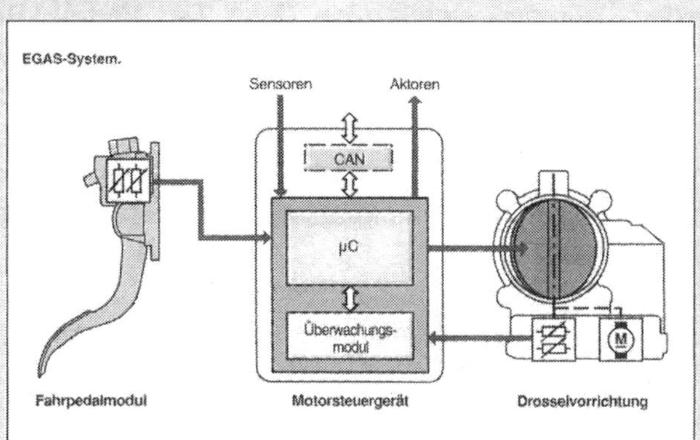

Beim E-Gas-System teilt der Fahrer dem Steuergerät über das Gaspedal mit, wie weit es die Drosselklappe öffnen soll. Der Gaszug entfällt.

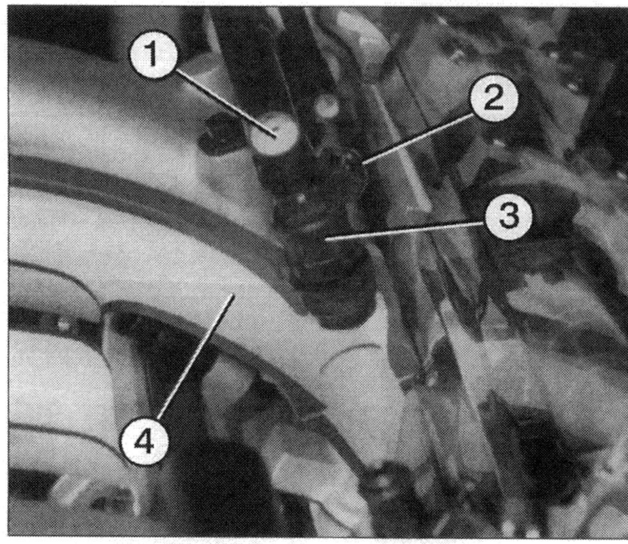

An diesem Schnittmodell ist zu sehen, dass jedes Einspritzventil ❸ direkt in das Saugrohr ❹ einspritzt. Kraftstoff erhält es vom Verteilerrohr ❶, die Befehle zum Anspritzen über den Kabelanschluss ❷ zum Steuergerät.

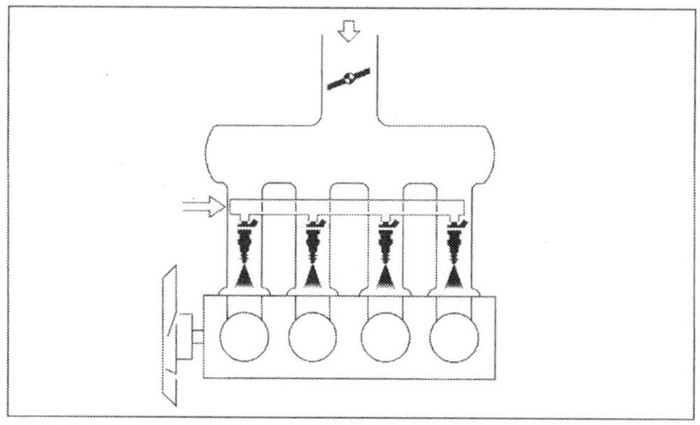

Bei der Einzeleinspritzung ist jedem Zylinder eine Einspritzdüse zugeordnet. Sie sitzt direkt vor dem Einlassventil und ermöglicht die optimale Anpassung der Gemischzusammensetzung an die jeweilige Motor-Situation.

Der Kraftstoff-Druckregler (Pfeil) reguliert den Druck im System durch vermehrten oder verringerten Benzinrücklauf zum Tank.

Ein weiteres wichtiges Element ist die **Drosselklappen-Steuereinheit.** Wie der Name schon vermuten lässt, sitzt in ihr die Drosselklappe, die über einen Gaszug mit dem Gaspedal verbunden ist. Je stärker das Gaspedal getreten wird, desto weiter öffnet sich die Drosselklappe. Bei Vollgas ist sie ganz geöffnet. Der bereits erwähnte Drosselklappengeber ist hier montiert, ebenso das Ventil für **Leerlaufstabilisierung.** Bei hoher Motorbelastung im Leerlauf, also etwa bei laufender Klimaanlage oder voll eingeschlagener Servolenkung, lässt dieses Ventil zusätzlich Luft einströmen. Das Steuergerät erkennt über den Luftmassenmesser den erhöhten Luftstrom und lässt etwas mehr Kraftstoff einspritzen – der Leerlauf ist stabilisiert. Wie es beim E-Gas-System mit elektronischem Gaspedal funktioniert, lesen Sie bitte im gleichnamigen Technik-Lexikon.

So arbeitet die Motronic

Technik-lexikon

Beim Kaltstart lässt die Drosselklappen-Steuereinheit zusätzlich zur Ansaugluft weitere Luft einströmen. Über den Kühlmitteltemperatur-Sensor erkennt das Steuergerät die niedrige Temperatur des Motors und errechnet eine längere Öffnungsdauer für die Einspritzventile. Meldet der Temperatur-Sensor zunehmende Erwärmung des Kühlmittels, wird die Leerlaufstabilisierung geschlossen und die Einspritzdauer der Einspritzventile Richtung Normalwert zurückgenommen. Die Einspritzdauer im Normalbetrieb hängt dann in erster Linie von der Drosselklappenstellung und von den Informationen des Luftmassenmessers ab. Im Leerlauf verändert das Steuergerät den Zündzeitpunkt, wenn die Drehzahl unter den erlaubten Wert absinkt. Zusätzlich kann die Drosselklappen-Steuereinheit den Luftdurchsatz und damit die Einspritzmenge erhöhen.

Gibt der Fahrer kräftig Gas, weil er zum Beispiel überholen will, erkennt dies das Steuergerät an der ruckartigen Bewegung am Drosselklappen-Geber. Die Einspritzzeit wird kurzfristig verlängert. Für volle Leistung bei ganz durchgetretenem Gaspedal braucht der Motor noch mehr Kraftstoff. Entsprechend den Signalen vom Drosselklappen-Geber und dem Luftmassenmesser regelt das Steuergerät die Volllast-Einspritzdauer. Wird die erlaubte Maximal-Drehzahl überschritten, schaltet das Steuergerät die Einspritzventile ab.

Beim gegenteiligen Fall, beim Gaswegnehmen, bleiben die Ventile ganz geschlossen. Das Steuergerät aktiviert die so genannte Schubabschaltung aber nur, wenn der Motor betriebswarm ist und der Hall-Geber eine Motordrehzahl von über 1500 U/min meldet. Die Schubabschaltung spart Kraftstoff.

Damit der Audi nicht gleich stehen bleibt, wenn ein Sensor ausfällt beziehungsweise unwahrscheinliche Werte liefert, sind Notlauffunktionen programmiert. Je nach Defekt bemerkt der Fahrer das nicht einmal, Leistungsmangel oder schlechte Starteigenschaften sind aber auch möglich.

Die Drosselklappen-Steuereinheit beim 1,8-Liter-Turbomotor.
❶ Drosselklappenhebel. ❷ Elektrischer Anschluss des Leerlauf-Stellmotors. ❸ Drosselklappen-Steuereinheit. ❹ Drosselkappe (hier geschlossen).

Selbsthilfe bei der Einspritzanlage

Die Motronic bietet nur wenig Spielraum fürs Do it yourself. Nicht einmal die Leerlaufdrehzahl kann man einstellen, sie wird über die Leerlaufstabilisierung geregelt. Das Steuergerät kann zwar über 40 Fehler an elektrischen Teilen der Zünd- und Einspritzanlage erkennen und diese in einem Datenspeicher ablegen. Dabei wird auch eine Entscheidung getroffen, ob es sich um permanente Fehler oder um sporadische Mängel handelt. Das Steuergerät verrät diese Erkenntnisse aber nur jenen, die mit speziellen Motor-Diagnose-Geräten den Fehlerspeicher auslesen können. Bei Fehlern im elektronischen Motormanagement müssen zudem eine Reihe von Tests in bestimmter Reihenfolge durchgeführt werden, um einen Defekt einwandfrei zu bestimmen. Bei falscher Vorgehensweise sind Schäden an elektronischen Bauteilen nicht ausgeschlossen, die teure Reparaturen nach sich ziehen. Besonders das Steuergerät kann mit Heimwerkermitteln nicht kontrolliert werden. In der Praxis ist hier auch nur sehr selten mit Störungen zu rechnen. Geber, Schalter und Kabelverbindungen geben jedoch gelegentlich Anlass zu Beanstandung, und nach den Ursachen kann man selbst suchen.

Sicherheitsmaßnahmen bei Arbeiten am Motormanagement

Das Kraftstoffsystem steht unter Druck! Vor dem Lösen von Schlauchverbindungen oder Öffnen des Prüfanschlusses Putzlappen um die Verbindungsstelle legen. Dann durch vorsichtiges Abziehen des Schlauches beziehungsweise der Verschlusskappe Druck abbauen.
Um Verletzungen zu vermeiden und/oder eine Zerstörung der Einspritz- und Zündanlage zu vermeiden, ist folgendes zu beachten:

- Zündleitungen bei laufendem Motor nicht berühren oder abziehen
- Leitungen der Einspritz- und Zündanlage, auch Messgeräteleitungen, nur bei ausgeschalteter Zündung an- und abklemmen.
- Wenn der Motor mit Anlassdrehzahl betrieben werden soll, ohne dass der Motor anspringt (z.B. Kompressionsprüfung), Stecker von den Leistungsendstufen für Zündspulen und Stecker von den Einspritzventilen abziehen. Nach Durchführung der Arbeit Fehlerspeicher abfragen lassen.
- Das Ab- und Anklemmen der Batterie darf nur bei ausgeschalteter Zündung erfolgen, um Beschädigungen am Steuergerät zu vermeiden.
- Achten Sie bei allen Arbeiten an der Kraftversorgung und Einspritzung auf Sauberkeit.

Programmierung der Einspritzanlage

Wenn Sie die Batterie abklemmen oder die Stecker am Steuergerät abziehen, werden im Steuergerät alle so genannten Lernwerte gelöscht. Dazu gehören die Werte für Leerlauf, Teillast, Volllast sowie Verzögerung. Beim Wiederanklemmen der Batterie kann es daher zu Stottern, Aussetzern beim Beschleunigen und zu unrundem Leerlauf kommen. Vor dem Motorstart zehn Sekunden die Zündung einschalten. Spätestens bei einer kurzen Probefahrt »lernt« das Steuergerät die Anpassung an die Motorgegebenheiten wieder. Der Lernvorgang kann allerdings gesperrt sein, wenn ein permanenter Fehler im Fehlerspeicher eingetragen ist. Dann muss erst der Speicher ausgelesen und gelöscht werden.

Sichtprüfung Einspritzanlage

Arbeitsschritte

Wenn Sie Probleme mit dem Motorlauf und das Motormanagement in Verdacht haben, überprüfen Sie zunächst folgende Teile auf Risse und Dichtigkeit:

- Unterdruckschlauch des Bremskraftverstärkers
- Kraftstoffleitungen
- Druckregler
- Kraftstoffrücklaufleitung vom Druckregler

Der nächste Check:

Wurden die Kabelstecker öfter auseinandergezogen und wieder zusammengesteckt, kann das mangelnden Kontakt zur Folge haben. Kontakte mit Kontaktspray behandeln. Nur im Notfall die Kontaktzungen mit viel Gefühl ein wenig nachbiegen.

Wenn Sie kontrollieren wollen, ob der Motor Nebenluft zieht (bei Leerlaufproblemen oft der Fall) gehen Sie wie folgt vor:
① Unterdruckschläuche auf Risse und festen Sitz prüfen. Alle Schläuche, die am Ansaugkrümmer angeschlossen sind, kontrollieren. Dazu zählen Schläuche zum Bremskraftverstärker, Kraftstoffdruckregler und Magnetventil der Kraftstoffverdunstungs-Anlage.
② Fahren Sie den Motor warm und lassen ihn im Leerlauf laufen, Motorhaube öffnen.
③ Mit einer Startkraftstoff-Spraydose (z.B. Startpilot) Drosselklappenstutzen, die Flanschdichtungen der Ansaugkanäle und Leitungen zu den unterdruckgesteuerten Aggregaten einsprühen. Dazu die Steckverbindung zur Lambda-Sonde trennen.
④ Verändert sich beim Besprühen einer bestimmten Stelle die Motor-Drehzahl, haben Sie die Undichtigkeit gefunden.

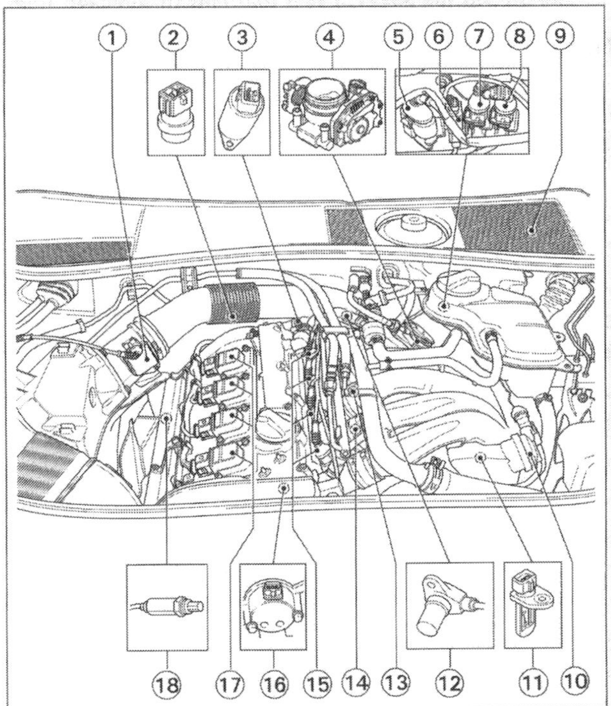

Die Elemente der Motronic beim A6 1.8 ohne E-Gas:
1 Luftmassenmesser, **2** Geber für Kühlmitteltemperatur, **3** Ventil für Nockenwellenverstellung, **4** Drosselklappensteuereinheit, **5** Steckverbindung für Lambda-Sonde, **6** Steckverbindung für Drehzahlgeber, **7** Steckverbindung für Klopfsensor 2, **8** Steckverbindung für Klopfsensor 1, **9** Elektronikbox mit Motorsteuergerät und Höhengeber, **10** Ventil für Registersaugrohrumschaltung, **11** Geber für Ansauglufttemperatur, **12** Geber für Motordrehzahl, **13** Klopfsensor 2, **14** Klopfsensor 1, **15** Einspritzventile, **16** Hallsensor, **17** Zündspulen mit Leistungsendstufen, **18** Lambda-Sonde.

Elektrische Prüfung der Einspritzung

Arbeitsschritte

① Motorabdeckung abbauen (siehe Kapitel »Der Motor«).
② Stecker an den Einspritzventilen abziehen. Dazu die Drahtsicherungen an der Rückseite derselben niederdrücken.
③ Leuchtdioden-Spannungsprüfer an den Kontakten des abgezogenen Steckers anschließen.
④ Motor von einem Helfer mit dem Anlasser durchdrehen lassen.
⑤ Die Leuchtdiode des Spannungsprüfers muss flackern, sonst ist die Leitungszuführung zu den Einspritzventilen oder das Steuergerät selbst defekt.

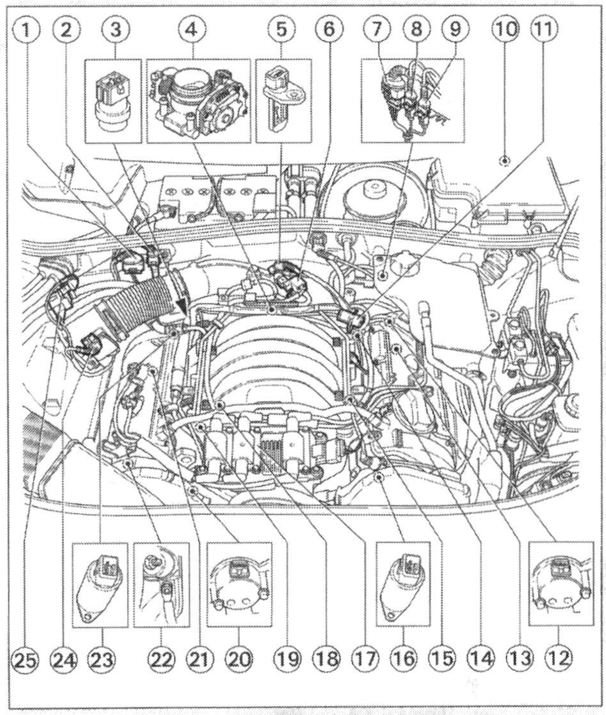

Die Komponenten der Motronic beim A6 2.4:
1 Steckverbindung 1 für Lambda-Sonde und -heizung, **2** Steckverbindung für Klopfsensor, **3** Geber für Kühlmitteltemperatur, **4** Drosselklappen-Steuereinheit, **5** Geber für Ansauglufttemperatur, **6** Ventil für Registersaugrohrumschaltung, **7** Steckverbindung 2 für Lambda-Sonde und -heizung, **8** Steckverbindung für Geber Motordrehzahl, **9** Steckverbindung für Klopfsensor 2, **10** Motorsteuergerät, **11** Kraftstoff-Druckregler, **12** Hallsensor Zylinderbank 2, **13** Lambda-Sonde 2, **14** Geber für Motordrehzahl, **15** Klopfsensor, **16** Ventil 2 für Nockenwellenverstellung, **17** Zündspulen mit Leistungsendstufen, **18** Klopfsensor, **19** Einspritzventil, **20** Hallsensor Zylinderbank 1, **21** Lambda-Sonde 1, **22** Massepunkt an der Motorstütze rechts, **23** Ventil 1 für Nockenwellenverstellung, **24** Luftmassenmesser, **25** Magnetventil 1 für Aktivkohlebehälter.

Einspritzventile prüfen

Arbeitsschritte

① Alle Stecker an den Einspritzventilen abziehen.
② An den beiden Steckkontakten des zu prüfenden Ventils Ohmmeter anschließen. Die Sollwerte: 1.8: 11 bis 13 W, 2.4 und 2.8: 13,5 bis 15,5 W.

③ Stimmen die Ohm-Werte nicht, muss das betreffende Einspritzventil erneuert werden.

Hier ist der Anschlussstecker ❶ vom Einspritzventil ❷ abgezogen. Mit dem Leuchtdioden-Spannungsprüfer wird kontrolliert, ob die Spannungsversorgung der Einspritzventile in Ordnung ist.

Einspritzventile ausbauen (nur 1.8)

Arbeits-schritte

Achtung! Kraftstoffsystem steht unter Druck. Beachten Sie die Sicherheitshinweise auf Seite 130.

① Bauen Sie die Motorabdeckung ab.

② Öffnen Sie kurzzeitig den Tankverschluss, um Druck abzubauen.

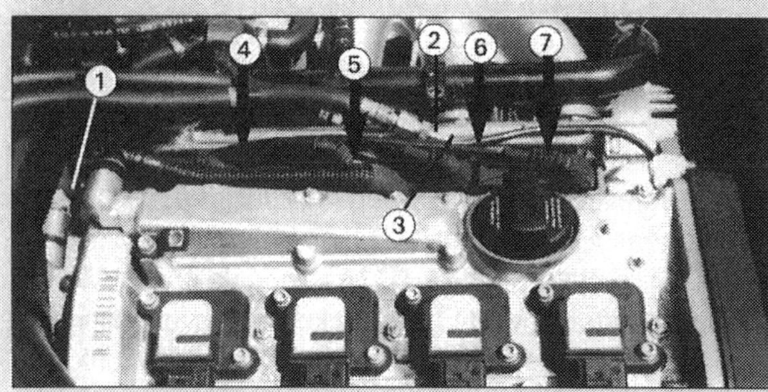

Die Einspritzventile ❹ bis ❼ sitzen an der in Fahrtrichtung linken Seite des Zylinderkopfes im Saugrohr. Beim Lösen der Verschraubung der Kraftstoffzuleitung ❷ ist Vorsicht geboten. Die Leitung steht unter Druck. ❶ ist der Kraftstoff-Druckregler, ❸ das Kraftstoff-Verteilerrohr.

③ Decken Sie die unter Kraftstoffdruck stehende Verschraubung mit einem Putzlappen ab.

④ Öffnen Sie die Verschraubung und fangen den ausfließenden Kraftstoff mit einem Lappen auf.

⑤ Ziehen Sie den Unterdruckschlauch vom Kraftstoff-Druckregler ab.

⑥ Ziehen Sie die Stecker von den Einspritzventilen und vom Hallsensor ab.

⑦ Schrauben Sie den Kraftstoffverteiler vom Saugrohr ab und ziehen ihn mit den Einspritzventilen nach oben vom Saugrohr.

⑧ Halteklammer an der Verbindung Einspritzventil/Kraftstoffverteiler abziehen und Einspritzventil aus dem Verteiler ziehen.

⑨ Beim Einbau müssen Sie die O-Ringe ersetzen. Beim Ersetzen des vorderen O-Ringes darf auf keinen Fall die Kunststoffkappe vom Ventilkopf abgezogen werden. Heben Sie den O-Ring über die Kunststoffkappe.

⑩ Prüfen Sie den einwandfreien Sitz der Halteklammern.

⑪ Benetzen Sie die O-Ringe mit Öl.

⑫ Einspritzventile bis zum Anschlag senkrecht in den Kraftstoffverteiler schieben und mit Halteklammern sichern.

⑬ Kraftstoffverteiler mit den gesicherten Ventilen am Saugrohr einsetzen und gleichmäßig bis zum Anschlag eindrücken.

⑭ Schrauben ansetzen, Verteiler von Hand leicht in Richtung Saugrohr drücken und Schrauben anziehen.

⑮ Der weitere Einbau erfolgt sinngemäß in umgekehrter Reihenfolge des Ausbaus.

Temperaturgeber prüfen

Arbeits-schritte

Der Kühlmittel-Temperaturgeber ist ein doppelter Geber, der mit einem Kontaktpaar die Motronic und mit dem anderen Kontaktpaar das Kombi-Instrument versorgt. Wir prüfen hier den für die Motronic:

① Stecker am Geber im Kühlmittelrohr hinter dem Zylinderkopf (1.8) abziehen. Beim V6 sitzt der Geber im Kühlmittelrohr hinter der rechten (in Fahrtrichtung gesehen) Zylinderbank.

② An zwei zusammengehörigen Steckkontakten des Gebers einen Ohmmeter anschließen.

③ Der Widerstandswert bei abgekühltem Motor und Raumtemperatur (20°C) soll 1,5 bis 3,0 kW betragen.

Temperaturgeber Ansaugluft (1.8 Turbo)

① Stecker am Geber abziehen.

② An den Steckkontakten des Gebers Ohmmeter anschließen.

③ Der Widerstandswert bei abgekühltem Motor und Raumtemperatur (20 °C) soll 1,6 bis 2,8 kW betragen.

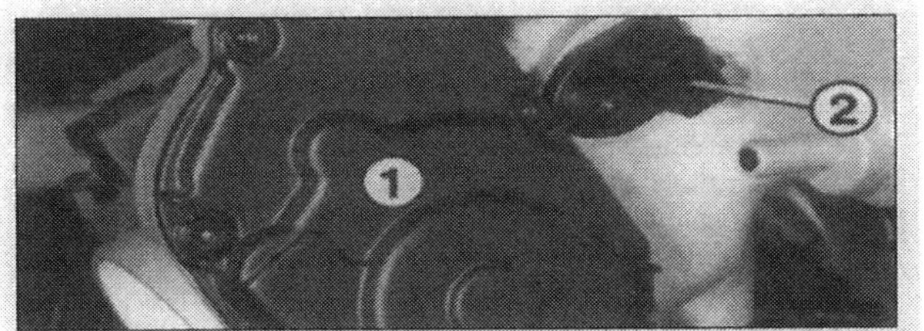

Beim Turbomotor sitzt der Temperaturgeber für die Ansaugluft ❷ im Ansaugkrümmer hinter dem Drosselklappen-Steuerteil ❶.

Gaszug austauschen

Arbeitsschritte

Bei Arbeiten im Motorraum sollten Sie darauf achten, dass der abgeklemmte Zug nicht in einem ungünstigen Winkel verlegt wird. Dadurch könnte er Schaden nehmen. Der Gaszug darf auch nicht geknickt werden.

① Im Motorraum am Seilzugende die Halteklammer und am Befestigungspunkt der Seilzughülle die Stecksicherung abnehmen.

② Im Innenraum die Abdeckung unter dem Armaturenbrett abbauen.

③ Haltenippel des Gaszuges aus der Öse oben am Gaspedal herausziehen.

④ Gummitülle aus der hinteren Motorraumwand durchdrücken. Tülle an der Trennwand zum Innenraum um 90° Grad entgegen dem Uhrzeigersinn drehen und abziehen.

⑤ Gaszug herausziehen.

⑥ Neuen Gaszug beim Einsetzen der Gummitüllen in die Trennwand nicht knicken. Achten Sie darauf, dass der Gaszug zwischen seinen Widerlagern und den Zugbefestigungspunkten fluchtet.

⑦ Gaszug am Gaspedal und an der Kurvenscheibe der Drosselklappen-Steuereinheit einhängen.

⑧ Sicherung für Gaszug an der Steckraste abziehen.

⑨ Nach dem Einbau muss der Gaszug neu eingestellt werden. Dazu lassen Sie einen Helfer das Gaspedal voll durchtreten.

⑩ **Fahrzeuge mit Schaltgetriebe:** Gaszug durch Umstecken der Steckraste so einstellen, dass am Drosselklappenhebel die Vollgasstellung erreicht wird.

Fahrzeuge mit Automatik: Gaszug durch Umstecken der Steckraste so einstellen, dass die Drosselklappe voll geöffnet hat und der Kick-Down-Schalter hörbar klickt.

⑪ Nach der Einstellung Leerlauf- und Vollgasanschlag der Drosselklappe prüfen.

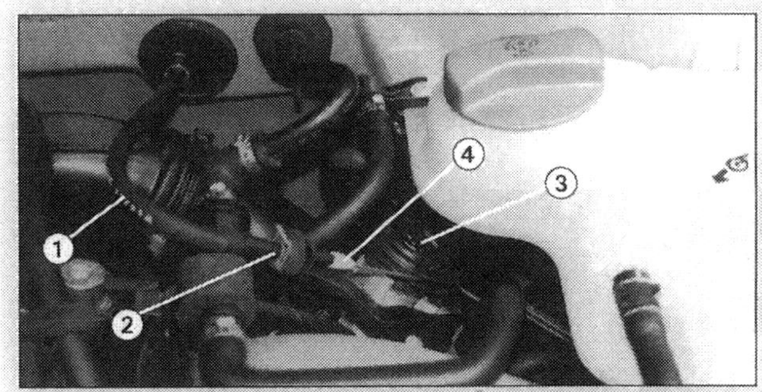

Die Gasbetätigung beim 1,8-Liter-Motor: ❶ Gaszughülle. ❷ Stecksicherung. ❸ Drosselklappenhebel. ❹ Gaszug.

Der Luftfilter

Der Motor braucht saubere Luft zur Verbrennung. Schmutzpartikel und Staubteilchen auf den Zylinderlaufbahnen würden nach kurzer Zeit Motorschäden verursachen. Die angesaugte Luft muss deshalb erst den Luftfilter im sogenannten Ansauggeräuschdämpfer passieren. Auch dieses Bauteil spielt eine wichtige Rolle im Ansaugsystem, weil es Ansauggeräusche unterdrückt und den wirbelnden Luftstrom beruhigt. Der Luftfilter besteht aus einem Filtergehäuse und einem Filtereinsatz, der wie eine Ziehharmonika gefaltet ist.

Luftfilter braucht regelmäßige Wartung

Eine Gummdichtung dichtet ihn zum Gehäuse hin ab. Auf ihrem Weg durch den Filter lagern sich die unerwünschten Schmutzpartikel im feinporigen Filterpapier ab, größere Staubteilchen fallen ins Filtergehäuse. Der Filter kann seine Aufgabe freilich nur erfüllen, wenn er regelmäßig gewartet wird. Ein verschmutzter Filtereinsatz lässt nämlich nicht mehr genügend Ansaugluft in den Motor. Das Gemisch wird fetter, die Leistung sinkt und der Kraftstoffverbrauch steigt.

Luftfiltereinsatz reinigen und auswechseln

Das Filterelement sollten Sie mindestens einmal im Jahr reinigen, nach zwei Jahren wechseln. Filtereinsätze für Ihren Audi erhalten Sie beim Vertragshändler oder im Zubehörhandel. Sie brauchen übrigens nicht unbedingt ein Original-Ersatzteil – auch andere Hersteller bieten geeignete Einsätze an.

Arbeitsschritte 60.000 km 12 Monate

① Die Abdeckung über dem Luftfiltergehäuse nach oben abziehen.

Um das Luftfiltergehäuse ❶ ganz freizulegen, müssen Sie den Luftansaugschlauch ❷ nach oben abziehen.

② Den Luftansaugschlauch abziehen.

③ Beim 1.8 Turbo müssen Sie noch die Schlauchanschlüsse abziehen wie im Bild gezeigt.

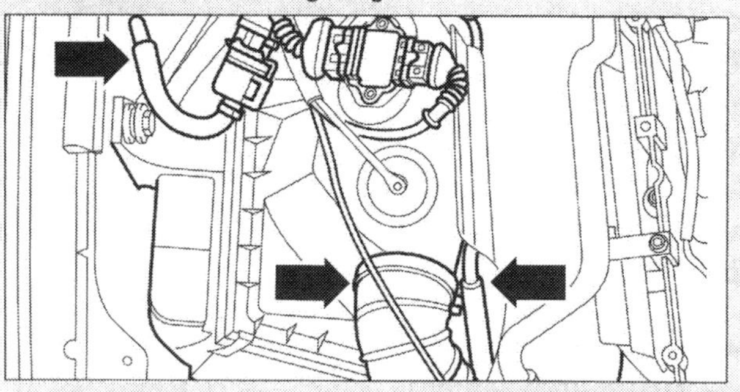

Wenn Sie das Luftfilter-Gehäuse öffnen, ziehen Sie zuvor die Schläuche (Pfeile) ab.

④ Lösen Sie die Spannverschlüsse und schwenken das Oberteil des Gehäuses nach oben. Gibt es dabei Schwierigkeiten, lösen Sie noch die Schlauchschelle am Luftansaugschlauch.

⑤ Filtergehäuse reinigen und neuen Filter einsetzen.

Reinigung des Luftfilters

① Papierfilter auf harter Unterlage ausklopfen. So entfernen Sie die gröberen Staubteilchen.

② Den feinen Staub mit Druckluft ausblasen. Luftstrahl seitlich an den Filterlamellen vorbeistreichen lassen.

- Nicht von außen nach innen blasen, sonst wird der Staub noch fester in die Filterporen gedrückt.
- Nie den Papierfilter in Flüssigkeiten reinigen. Das verstopft die Filterporen hoffnungslos, die Leistung des Motors lässt nach und die Abgaswerte verschlechtern sich dramatisch.

③ Wenn Sie den Filter tauschen: Achten Sie beim Einsetzen des neuen Filterelements darauf, dass die Dichtung sauber im Gehäuse-Unterteil sitzt.

Nach wenigen Handgriffen ist der Luftfilter zugänglich. Bevor Sie ihn erneuern, sollten Sie das Gehäuse reinigen.

Einspritzanlage

Störungsbeistand

Störung	Ursache	Abhilfe
A Kalter Motor springt nicht oder schlecht an	**1** Spannungsversorgungs-Relais defekt	Überprüfen lassen
	2 Kraftstoffpumpe fördert nicht oder ungenügend	Benzin im Tank? Pumpe kontrollieren, Fördermenge messen lassen
	3 Druckregler defekt	Systemdruck messen lassen
	4 Unterdrucksystem undicht	Sämtliche Schlauchleitungen überprüfen
	5 Kühlmittel-Temperatursensor defekt	Prüfen (lassen)
	6 Drosselklappen-Steuerteil defekt	Prüfen lassen

Einspritzanlage

Störungs-beistand

Störung	Ursache	Abhilfe
	7 Zündanlage defekt	Siehe Kapitel »Die Zündanlage«
	8 Drehzahlgeber defekt, oder Kabelverbindung unterbrochen	Überprüfen, ggf. auswechseln lassen
	9 Steuergerät defekt	Kontrollieren lassen
	10 Ansaugsystem undicht (Nebenluft)	Sämtliche Schlauchleitungen überprüfen
	11 Sicherung defekt	auswechseln
	12 Kabelstrang zwischen Hallgeber und Steuergerät defekt	Kabelverlauf kontrollieren
B Warmer Motor springt nicht oder schlecht an	**1** Siehe A 1 – 10	
	2 Unterdruckleitung zum Kraftstoff-Druckregler defekt	Prüfen lassen Ventil(e) überprüfen lassen
	3 Einspritzventil(e) undicht	Ventil(e) überprüfen (lassen)
C Motor springt an, stirbt aber wieder ab	**1** Drosselklappen-Steuerteil nicht abgeglichen (nur nach Tausch bzw. Ausbau)	Grundeinstellung überprüfen (lassen)
	2 Siehe A 6	
	3 Lambda-Sonde defekt	Funktion prüfen, ggf. ersetzen lassen
	4 Siehe B2	
D Kalter Motor schüttelt im Leerlauf	**1** Siehe A 1 und 5	
	2 Siehe C 1	
E Warmer Motor schüttelt im Leerlauf	**1** Siehe C 1	
	2 Siehe A 6	
F Leerlauf fällt beim Einschalten starker Stromverbraucher bzw. beim Einschlag der Servolenkung ab	**1** Siehe A 6	
	2 Siehe C 1	
G Motor hat Aussetzer	**1** Kraftstofffilter verstopft	Filter auswechseln
	2 Siehe A 2	
	3 Siehe B 3	
H Schwankende Drehzahlen bei 2000 – 4000/min	Siehe A 9	
I Motor stottert, setzt aus	Siehe A 2	
J Motorleistung ungenügend	**1** Siehe A 2, 4 und 10	
	2 Drosselklappe geht nicht in Vollgasstellung	Gaszug einstellen
K Motor patscht ins Saugrohr	**1** Siehe A 3	

DIE ZÜND-ANLAGE

Der Aufkleber auf dem Schlossträger warnt eindringlich davor, bei laufendem Motor Teile der Zündung zu berühren. Zu Recht: Dort herrscht gefährliche Hochspannung.

Wartung

Reparatur

Die Zündanlage hat beim Benzinmotor die Aufgabe, das Kraftstoff-Luft-Gemisch in den Brennräumen der Zylinder zu entflammen. Das Gemisch kann seine optimale Wirkung jedoch nur entwickeln, wenn es exakt zum richtigen Zeitpunkt gezündet wird. Läuft der Motor Ihres A6 zum Beispiel mit 6000 Umdrehungen, müssen rund 100 Zündfunken in der Sekunde punktgenau an die einzelnen Zylinder verteilt werden.

Steuerung der Zündung

Für den genauen Zündzeitpunkt ist das Steuergerät zuständig, das auch das Einspritzsystem kontrolliert. Der Prozessor ist mit den Zündzeitpunkten für die verschiedenen Lastzustände des Motors programmiert. Um aus dem Speicher den richtigen Zündzeitpunkt auszuwählen, erhält das Steuergerät Informationen über den jeweiligen Belastungszustand des Motors. Dazu wertet es die von den einzelnen Sensoren übermittelten Daten wie Temperatur und Drehzahl des Motors sowie Stellung der Drosselklappe und Stellung der Nockenwelle aus (Siehe auch Kapitel »Das Motormanagement«).

Der optimale Zündzeitpunkt

Wenn Sie das Gaspedal zum Beispiel nur gering treten (Teillast), verbrennt das Gemisch in den Brennräumen langsamer. Um die Energie des Kraftstoffs trotzdem vollständig zu nutzen, löst das Steuergerät in diesem Fall die Zündung früher aus. Die besten Werte stellen sich ein, wenn das Kraftstoff-Luft-Gemisch im Moment der höchsten Verdichtung gezündet wird. Das ist beim Viertaktmotor der Augenblick, in dem der Kolben von der Aufwärtsbewegung des Kompressionshubs in die Abwärtsbewegung des Arbeitstakts übergehen will.

Zündung und Verbrennung

Allerdings liegt der Zündzeitpunkt nicht exakt auf dem oberen Totpunkt (OT). Denn die Kraftstoffteilchen brauchen rund eine dreitausendstel Sekunde, bis sie sich entzünden. Der Startschuss für den Funken erfolgt deshalb noch während der Aufwärtsbewegung des Kolbens, der Verbrennungsdruck dagegen setzt ein, wenn der Kolben den OT gerade überschritten hat. Da das Kraftstoff-Luft-Gemisch stets die gleiche Zeit zum Entflammen benötigt, wird es mit steigender Motordrehzahl früher gezündet.

Klopfende Verbrennung

Technik-lexikon

In Ottomotoren können unter bestimmten Bedingungen anomale Verbrennungsvorgänge auftreten, die eine Steigerung von Leistung und Wirkungsgrad begrenzen. Dieser unerwünschte Verbrennungsvorgang wird mit Klopfen bezeichnet und ist die Folge einer Selbstentzündung des noch nicht von der Flammenfront erfassten Frischgemisches. Dabei können Flammgeschwindigkeiten von 2000 Meter pro Sekunde auftreten – bei normalen Verbrennungen treten nur Geschwindigkeiten von 30 Meter pro Sekunde auf. Dauert diese schlagartig ablaufende Verbrennung mit zu starkem Druckanstieg länger an, können Zylinderkopfdichtung, Kolben und Zylinderkopf beschädigt werden. Die Klopfsensoren nehmen die Schwingungen der unregelmäßigen Verbrennung auf und veranlassen das Steuergerät, die Zündung etwas zurückzunehmen. Dank der Klopfregelung ist es beispielsweise auch möglich, einen für Superbenzin ausgelegten Motor vorübergehend mit Normalbenzin zu fahren.

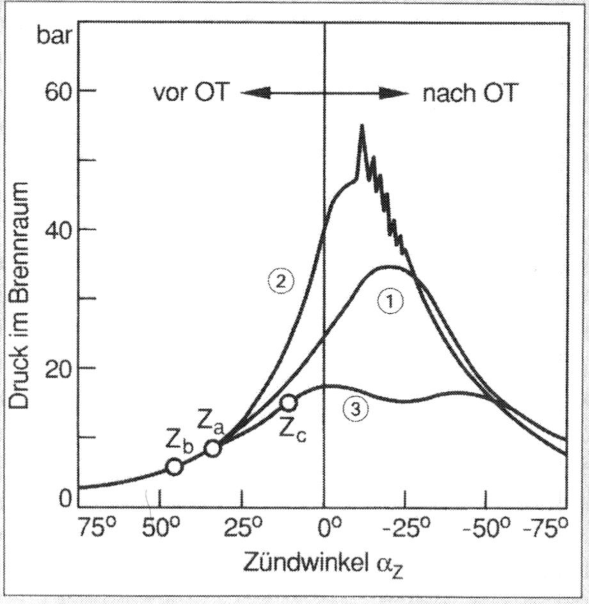

Auf diesem Diagramm erkennt man den starken Druckanstieg bei klopfender Verbrennung. ❶ Zündung Za im richtigen Zeitpunkt. ❷ Zündung Zb zu früh (klopfende Verbrennung). ❸ Zündung Zc zu spät.

Die Zündspule

Damit an der Zündkerze ein Funke überspringt, muss an den Zündkerzenelektroden eine Hochspannung anliegen. Sie beträgt je nach Zündanlage bis zu 30 000 Volt. Um diesen Wert zu erreichen, muss die bescheidene Bordspannung von 12 Volt erst einmal transformiert werden. Diese Aufgabe übernimmt die Zündspule – besser gesagt die Zündspulen. Bei den Audi-Motoren gibt es nämlich mehrere. Bei den Vierzylindern sitzen sie auf jeder einzelnen Zündkerze. Bei den Sechszylindern sitzt das Zündspulen-Paket vor den Ansaugrohren zwischen den Zylinderbänken, eine Zündspule ist also für zwei Zylinder zuständig. Beim Vierzylinder haben wir es also mit sogenannten Einzelfunken-Zündspulen zu tun, beim Sechszylinder mit Doppelfunken-Zündspulen. Der Vorteil dieser Konstruktionen: Man braucht keinen verschleißanfälligen Verteiler mehr, die Zündspulen werden direkt vom Steuergerät der Motronic angesteuert. Außerdem können die Zündspulen besonders klein ausfallen, weil die Verluste durch die Verteilung entfallen. Dieses System nennt man auch Ruhende Spannungsverteilung (RUV), weil es keinen sich drehenden Verteilerfinger mehr gibt. Um jedem Zylinder zum richtigen Zeitpunkt einen Zündfunken verordnen zu können, benötigt das Steuergerät unter anderem Informationen von einem Nockenwellensensor.

Der »verlorene Zündfunke«

Bei den Doppelfunken-Zündspulen des V6 werden bei jedem Zündimpuls zwei Zündfunken produziert, für den im Arbeitstakt befindlichen Zylinder und für den Auspufftakt des gegenüberliegenden Zylinders. Den Funken im Auslasstakt bezeichnet man auch als Stützfunken – er spielt beim Zündvorgang keine Rolle (»verlorener« Zündfunken). Bei der nächsten Umdrehung der Kurbelwelle tauschen die Funken ihre Rollen. Wo vorher der Stützfunke war, ist jetzt der Zündfunke (und umgekehrt). Vorteil auch dieses Systems: Es spart den aufwendigen mechanischen Zündverteiler und vermeidet damit eine Reihe von Störungsmöglichkeiten wie Schwitzwasser, Korrosion der Kontakte, Kriechströme und Spannungsüberschläge.

So funktioniert die Zündspule

Sie besteht aus einer Primärwicklung mit wenigen Windungen aus dickem Kupferdraht und der Sekundärwicklung dagegen mit einigen Tausend Windungen aus dünnem Draht. Beide Windungen liegen über-

Auf diesem Bild gut zu sehen: die Einzelfunken-Zündspulen ❶ bis ❹. Sie müssen demontiert werden, wenn man die Zündkerzen austauschen will.

Beim Sechszylinder sitzen die Zündspulen ❶ bis ❸ zusammen auf einem Halter vor dem Saugrohr. Eine Zündspule ist für zwei Zylinder zuständig.

einander und umschließen einen lamellierten Eisenkern. Vom Steuergerät über die Zündungsendstufe gesteuert, erhält die Primärwicklung Strom von der Batterie (Niederspannung). Dadurch baut sich ein Magnetfeld auf, das durch den Eisenkern verstärkt wird. Unterbricht das Steuergerät diesen Stromkreis, bricht das Magnetfeld für Bruchteile von Sekunden schlagartig zusammen. Dabei entsteht eine Spannung von bis zu 400 Volt. Diese erzeugt in der Sekundärwicklung einen Hochspannungs-Stromstoß (Induktion), der zu den Zündkerzen geleitet wird.

Die Zündkerzen

Die Zündkerzen haben die Aufgabe, das Kraftstoff-Luft-Gemisch im Brennraum zu entzünden. Dabei entstehen Temperaturen von rund 2500 Grad und Drücke von bis zur 60 bar. Damit der Funke trotzdem zuverlässig zwischen den Elektroden überspringt, ist der Anschlussbolzen der Kerze von einem keramischen Isolator umgeben. Mittelelektrode und Anschlussbolzen stecken außerdem in einer elektrisch leitenden Glasschmelze, die für die Verankerung dieser Teile und die Abdichtung gegenüber dem Brennraum sorgt. Ist die erforderliche Zündspannung erreicht, springt der Strom als Funke von der Mittelelektrode zur Masseelektrode über und entzündet dabei die Kraftstoffteilchen im Brennraum.

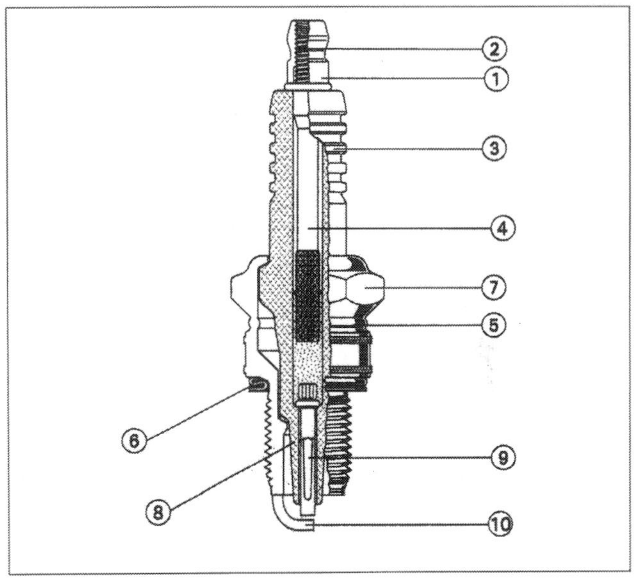

Die wichtigsten Teile der Zündkerze.
Für eine einwandfreie Verbrennung muss die Zündkerze in Ordnung sein. Sie muss beim A6 nur noch alle 60 000 Kilometer getauscht werden. ❶ und ❷ Zündkabel-Anschlussmutter mit Gewinde . ❸ Keramikisolator mit Kriechstrombarriere. ❹ Anschlussbolzen. ❺ Stauch- und Warmschrumpfzone. ❻ Dichtring. ❼ Zündkerzenkörper. ❽ Isolatorfuß. ❾ Mittelelektrode. ❿ Masseelektrode. Die Zündkerzen im A6 haben drei Masseelektroden.

Der Wärmewert

Damit eine Zündkerze exakt arbeitet, muss sie nach dem Motorstart schnell ihre Selbstreinigungstemperatur von etwa 400 Grad erreichen. Sonst setzen sich Verbrennungsrückstände am Isolatorfuß fest. Bei Volllast darf die Temperatur etwa 800 Grad nicht überschreiten. Allerdings sind die Arbeitsbedingungen für die Zündkerzen nicht in allen Motoren gleich. Erst der sogenannte Wärmewert entscheidet, ob Zündkerze und Triebwerk zueinander passen. Verwenden Sie zum Beispiel eine Zündkerze mit zu hohem Wärmewert, kann sich der Isolatorfuß stark erhitzen. Das hätte unkontrollierte Glühzündungen zur Folge, die den Motor sogar zerstören können. Wählen Sie dagegen eine Zündkerze mit zu niedrigem Wärmewert, erreicht diese nicht die nötige Temperatur zur Selbstreinigung – der Isolatorfuß verschmutzt.

Elektrodenabstand

Technik-lexikon

Neben dem richtigen Wärmewert müssen die Zündkerzen für den A6 auch einen speziellen Abstand zwischen den Elektroden aufweisen. Er beträgt bei allen Motoren 0,9 bis 1,1 Millimeter. Dieser Abstand kann sich jedoch mit zunehmender Laufzeit der Zündkerzen verändern. Durch die hohe Spannung beim Funkenüberschlag werden nämlich immer wieder kleine Metallpartikel von den Elektroden abgesprengt. Dadurch vergrößert sich der Funkenspalt, was eine höhere Zündspannung erforderlich macht. Wird der Abstand zu groß, kann es zu Zündaussetzern kommen, eventuell springt dann der Motor überhaupt nicht mehr an. Die Zündkerzen des Audi haben übrigens gleich drei Masseelektroden.

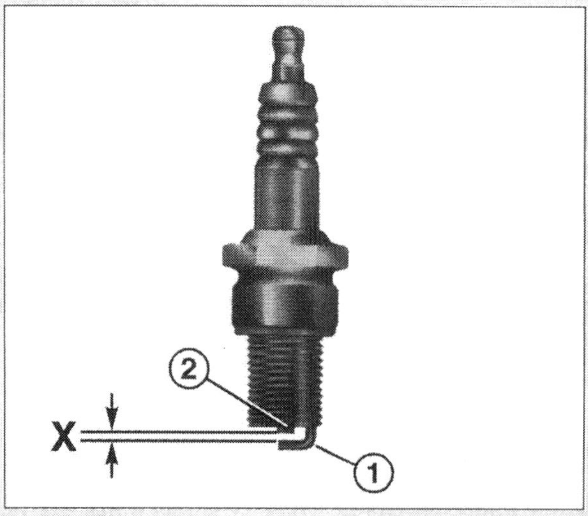

Um den Abstand zwischen Masseelektrode ❶ und Mittelelektrode ❷ zu messen, benötigen Sie eine Fühlerlehre. Der Abstand soll 1,0 Millimeter betragen, eine Toleranz von ± 0,1 Millimeter ist zulässig. Bei den Drei-Elektroden-Zündkerzen des Audi ist die Korrektur des Abstandes nicht mehr möglich. Liegt der gemessene Wert jenseits der Toleranz, müssen die Zündkerzen ausgetauscht werden.

Was sagt das Kerzengesicht

Technik-lexikon

Am Zustand der Kerzenelektroden (»Kerzengesicht«) können Sie erkennen, ob der Motor optimal arbeitet. Die Zündkerzen sind gewissermaßen Zeugen der Verbrennung im Zylinder. Achten Sie bei der Kontrolle der ausgebauten Zündkerzen auf diese Punkte:

Isolatorspitze hellgrau bis grau gefärbt. Gute Einstellung der Einspritzanlage, der Motor läuft wirtschaftlich.
Isolatorspitze weißlich gefärbt. Zündzeitpunkt stimmt nicht, automatische Zündzeitpunktverstellung im Steuergerät defekt.
Schwarze rußartige Ablagerungen. Zündkerze erreicht ihre Selbstreinigungs-Temperatur nicht (häufiger Kurzstreckenverkehr), falscher Wärmewert, CO-Gehalt zu hoch.
Ölschicht über Elektroden. Kolbenringe, Ventilführungen oder Abdichtungen der Ventilschäfte schadhaft. Möglicherweise haben Sie auch Motoröl oder Kraftstoff mit Zusätzen verwendet. Tauschen Sie die Zündkerzen aus, wechseln Sie Öl und Kraftstoffmarke und prüfen Sie erneut den Zustand der Kerzen.

Arbeiten an der Zündanlage

Gefahren-hinweis

Die Zündanlage gilt nach gesetzlichen Richtlinien als gefährliche Anlage. Für alle Arbeiten an diesem System sind besondere Sicherheitsmaßnahmen zu beachten. Überlassen Sie die Arbeit an der elektronischen Zündanlage daher der Werkstatt. Aber auch bei Wartungsarbeiten ist besondere Vorsicht angesagt.

- Berühren Sie bei eingeschalteter Zündung auf keinen Fall die spannungsführenden Teile von Primär- und Sekundärstromkreis – das bedeutet Lebensgefahr.
- Schalten Sie bei allen Wartungsarbeiten und Reparaturen stets die Zündung aus. Das gilt zum Beispiel für den Wechsel der Zündkerzen ebenso wie für das An- bzw. Abklemmen elektrischer Leitungen und den Anschluss von Prüfgeräten.
- Bei eingeschalteter Zündung genügt eine Erschütterung des Fahrzeugs, um an einer Zündkerze einen Hochspannungsimpuls auszulösen. Bei Arbeiten im Motorraum bedeutet dies Lebensgefahr. Außerdem können Bauteile der Zündanlage zerstört werden.

Die Zündkerzen für den A6

Motor	Motorkenn-buchstabe	Zündkerze von		
		Beru	Bosch	NGK
1.8 125 PS	AJP	14GH-7DTURX	F7LTCR	BKUR 6 ET-10
1.8 150 PS	AEB		F7LTCR	
2.4 164 PS	AGA/ALF			BKR 6 EKUB
2.8 193 PS	ACK		F7LTCR	BKR 6 EKUB
2.8 193 PS	ALG			BKR 6 EKUB

Hinweis: Der Elektrodenabstand beträgt bei allen Zündkerzen 1,0 Millimeter ± 0,1.
Das Anzugsdrehmoment beträgt 30 Newtonmeter.

Arbeiten an der Zündanlage

Gefahrenhinweis

- Wenn Sie elektrische Schweißarbeiten am Fahrzeug durchführen, müssen Sie beide Kabel an der Batterie abklemmen.
- Wenn der Motor mit Anlassdrehzahl betrieben werden soll, ohne dass er anspringen soll, beispielsweise bei der Kompressions-Prüfung, Stecker von der Leistungsendstufe für Zündspulen und Stecker von den Einspritzventilen abziehen.
- Zum Schutz des Steuergerätes müssen sie die Zündung ausschalten, wenn die Batterie an- oder abgeklemmt werden soll.

Zündkerzen ausbauen, prüfen und wechseln

Audi schreibt im Wartungsplan einen Wechsel erst nach 60.000 Kilometern vor. In der Regel stehen die Kerzen dieses Intervall ohne Probleme durch. Springt der Motor nur unwillig an oder ruckelt er nach dem Start, kann dies freilich auch an den Zündkerzen liegen – unsichtbare Risse im Keramikisolator füllen sich beim Kaltstart mit kondensierendem Kraftstoff, wodurch der Zündfunke abgeleitet wird. Wenn Sie glauben, dass die Kerzen nicht richtig arbeiten, sollten Sie diese Teile zur Sicherheit austauschen. Die Kerzen sollen bei kaltem Motor gewechselt werden. Dazu benötigen Sie einen Zündkerzen-Steckschlüssel 16 mm.

Arbeitsschritte | W | 60.000 km 36 Monate

① Bei allen Motoren müssen Sie zunächst die Motorabdeckung abbauen (siehe Kapitel »Der Motor«).

Fahrzeuge mit Vierzylinder-Motor

② Ziehen Sie die Sicherungsspangen für die Anschlussstecker der Zündspulen nach oben und ziehen Sie die Stecker ab.

③ Schrauben Sie die Zündspulen ab.

Fahrzeuge mit Sechszylinder-Motor

② Um an die Zündkerze hinten links heranzukommen, müssen Sie den Kühlmittelausgleichsbehälter mit angeschlossenen Schläuchen ausbauen.

③ Ziehen Sie die Zündkerzenstecker ab.

Alle Motoren:

④ Schrauben Sie die Zündkerzen heraus und legen Sie sie in der Reihenfolge der Zylinder ab. Wenden Sie bei einer festsitzenden Zündkerze keine Gewalt an. Sonst kann das Kerzengewinde im Zylinderkopf aus Leichtmetall ausreißen. Bringen Sie in dem Fall ausnahmsweise den Motor auf Betriebstemperatur und versuchen dann, die Kerze auszubauen. Vorsicht: Sie können sich am heißen Motor die Hände verbrennen. Warten Sie mit dem Einbauen neuer Kerzen, bis der Motor abgekühlt ist. Dreht man eine kalte Kerze ins warme Triebwerk, sitzt sie später fest wie eingeschweißt.

⑤ Zum Einbau die neuen Zündkerzen handfest eindrehen (nicht verkanten), dann mit dem Zündkerzenschlüssel noch eine Viertelumdrehung (90 Grad) anziehen. Dies entspricht etwa dem vorgeschriebenen Anzugsmoment von 30 Newtonmeter. Gebrauchte Zündkerzen brauchen Sie nur 15 Grad zu drehen, weil der Dichtring schon gepresst ist.

Praxistipp: Zündkerze sitzt fest

Wenden Sie bei einer festsitzenden Zündkerze keine Gewalt an. Sonst kann das Kerzengewinde im Zylinderkopf (Leichtmetall) ausreißen. Bringen Sie in diesem Fall den Motor ausnahmsweise auf Betriebstemperatur und versuchen Sie dann, die Kerze auszubauen. Vorsicht: Sie können sich am heißen Motor die Hände verbrennen. Warten Sie mit dem Einbau neuer Kerzen, bis der Motor abgekühlt ist – dreht man eine kalte Kerze ins warme Triebwerk ein, sitzt sie später fest wie eingeschweißt. Die Zündkerze lässt sich beim nächsten Wechsel besser herausdrehen, wenn Sie hochtemperaturfestes Kupferfett sparsam auf die Gewindegänge streichen.

Praxistipp: Zündung lahmlegen

Das Steuergerät erleidet unweigerlich Schaden, wenn der Motor bei abgezogenem Hauptzündkabel vom Anlasser durchgedreht wird. Deshalb muss zu bestimmten Arbeiten die Zündung lahmgelegt werden: Dafür montieren Sie zunächst die Motor-Abdeckung ab. Bei abgeschalteter Zündung ziehen Sie die Stecker der Leistungsendstufen ab.

Sichtprüfung: Zündspulen und Kabel

Arbeitsschritte

① Sitzen die Kabelanschlüsse und Mehrfachstecker an Zündspule(n) und Steuergerät fest? Die Zündkabel müssen fest in den Buchsen stecken. Sie können durch Erwärmung der eingeschlossenen Luft in den Buchsen etwas abheben und dadurch Stottern des Motors verursachen. Wenn die Kabel an den Kerzen nicht fest sitzen, kann es aufgrund der hohen Spannungen zu Kriechströmen und Funkenüberschlägen kommen.

② Kontrollieren Sie das Gehäuse der Zündspulen. Es darf keine Risse oder Brandspuren aufweisen (von überschlagenden Funken).

③ Haben die Klemmen guten Kontakt zu den Kerzensteckern (Sechszylinder)? Sie dürfen nicht oxidiert sein.

④ Prüfen Sie den Zustand der Zündkabel. Sie dürfen an keiner Stelle durchgescheuert sein. Kabel mit Scheuer- oder Schmorstellen sollten Sie umgehend ersetzen. Bei einem defekten Kabel kann der Zündfunke schon vor der Zündkerze zur Masse überspringen – Sie hören das an Knack- oder Knattergeräuschen im Motorraum.

⑤ Streusalzschichten auf dem Zündkabel sollten Sie entfernen.

Zündstrom prüfen

Arbeitsschritte

① Einen Kerzenstecker abziehen, Zündkerze herausschrauben. Beim Vierzylinder vorher Zündspule abschrauben.

② Stecker wieder auf die Zündkerze stecken. Dann die Kerze so auf dem Motorblock ablegen, dass sie einwandfrei Massekontakt hat und nicht vom Motor abgeschüttelt werden kann.

③ Ziehen Sie von allen Einspritzventilen die Stecker ab. Tun Sie das nicht, kann unverbrannter Kraftstoff in den Auspuff gelangen und den Katalysator beschädigen.

Hier wird geprüft, ob die Zündanlage überhaupt einen Zündfunken zustande bringt. Sicherheitshalber sollte die Zündkerze mit einem Starthilfekabel leitend mit dem Motor verbunden werden.

Motor und Zündanlage

Störungs-beistand

Störung	Ursache	Abhilfe
A Motor springt schlecht oder gar nicht an	**1** Zündspule oder Zündkerzen feucht bzw. verschmutzt, daher kein Zündfunke	Trocknen bzw. reinigen, ggf. mit Zündspray behandeln
	2 Steckverbindungen locker bzw. oxidiert	Kontrollieren, ggf. erneuern (lassen)
	3 Zündkerzen nass (nach häufigen Startversuchen)	Ausbauen und trocknen
	4 Drehzahl-/Positionssensor lose	Festziehen
	5 Drehzahl-/Positionssensor defekt; Kabel hat Masse oder ist unterbrochen	Erneuern lassen; Kabel kontrollieren bzw. erneuern
	6 Zündspule(n) defekt	Austauschen
	7 Leistungsmodul bzw. Steuergerät defekt	Kontrollieren lassen und ggf. austauschen
B Motor läuft unrund, hat Zündaussetzer	**1** Zündkerze defekt	Austauschen
	2 Zündkabel unterbrochen	Leitung ersetzen
	3 Siehe A 1 – 7	
C Motor hat keine Leistung	**1** Ansaugsystem zieht Nebenluft	Kontrollieren (lassen)
	2 Kühlmittel, Ansaugluft-Temperatursensor defekt oder Stecker sitzt nicht korrekt	Steckverbindungen kontrollieren, Sensor ggf. ersetzen lassen
	3 Siehe A 4– 7	

*Dieser Störungsbeistand setzt voraus, dass der Motor mechanisch in Ordnung ist und die Kraftstoffversorgung sowie Benzineinspritzung einwandfrei arbeiten.

④ Motor von einem Helfer starten lassen.

⑤ Springen kräftige Funken am Kabelende bzw. an der Kerzenelektrode über, ist Zündstrom vorhanden.

⑥ Springen keine Funken über, sollten Sie zunächst eine Sichtprüfung der Zündanlage vornehmen. Wenn Sie keine Unregelmäßigkeit feststellen, sollten Sie die Stromversorgung der Zündanlage prüfen.

Drehzahlgeber prüfen

Die Funktion des Drehzahlgebers prüfen Sie durch eine Widerstandsmessung mit dem Multimeter (siehe auch Kapitel »Die Fahrzeugelektrik«). Kontrollieren Sie vor der Messung, ob der Drehzahlsensor richtig eingebaut ist und fest sitzt.

Arbeits-schritte

① Zur elektrischen Kontrolle den Stecker am Drehzahlsensor abziehen. Die Steckverbindung finden Sie in der Nähe des Kühlmittel-Ausgleichsbehälters. Die genaue Position sehen Sie im Kapitel »Das Motormanagement« in der Baulageübersicht der Motronic.

② Schließen Sie das Handmultimeter an und kontrollieren Sie den Widerstand. Der Sollwert beträgt 450 bis 1000 Ohm, beim V6 1000 Ohm.

③ Wird der Sollwert nicht erreicht, müssen Sie den Drehzahlgeber austauschen. Wird er erreicht, gehen Sie folgendermaßen vor:

④ Schließen Sie das Multimeter zwischen Kontakt ❷ und ❸ sowie an Kontakt ❶ und ❸ an. Der Widerstand muss hier unendlich sein (kein Durchgang). Messen sie geringeren Widerstand, muss der Geber ebenfalls ausgetauscht werden. Achtung: Bei manchen Versionen ist der Geber mit einer Distanzscheibe unterlegt. Diese darf beim Einbau auf keinen Fall vergessen werden, weil der Geber andernfalls zu nah an das Geberrad gerät und von ihm zerstört wird.

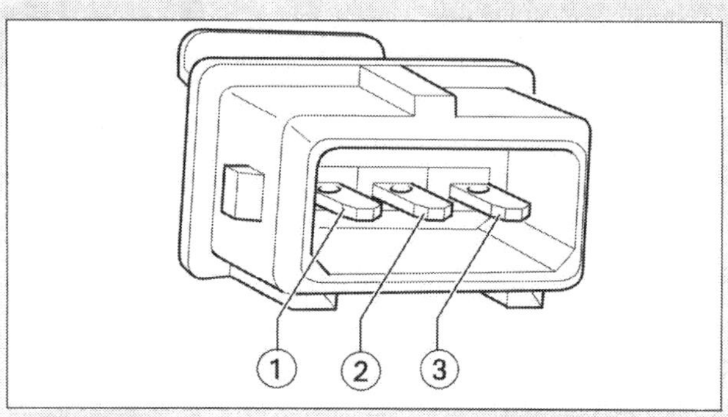

Zur Kontrolle des Drehzahlgebers schließen Sie das Ohmmeter an die Kontakte ❶ und ❷ an.

Zündspulen prüfen (Vierzylinder)

Arbeitsschritte

① Ziehen Sie bei laufendem Motor nacheinander die Stecker von den Einspritzventilen ab. Beobachten Sie den Motorlauf. Wenn sich in einem Fall der Motorlauf nicht ändert, obwohl Sie einen Stecker abgezogen haben, haben Sie den Defekt fast lokalisiert. Sie können auch alle Zündkerzen ausbauen und miteinander vergleichen. Verrußte Elektroden deuten auf Probleme mit der Zündung hin.

② Wenn Sie den defekten Zylinder ermittelt haben, vertauschen Sie die Zündkerze dieses Zylinders mit der eines anderen.

③ Prüfen Sie erneut den Motorlauf. Wandert der Fehler mit der Zündkerze mit, ist die Zündkerze defekt und muss getauscht werden. Bleibt der Fehler bei dem Zylinder, vertauschen Sie die Zündspule des defekten Zylinders mit der eines anderen. Wandert der Fehler mit der Zündspule mit, muss die Zündspule ersetzt werden.

Zündspulen prüfen (Sechszylinder)

Arbeitsschritte

① Ziehen Sie den fünfpoligen Stecker an den Zündspulen ab.

② Ziehen Sie die Zündleitungen von den Zündkerzen ab.

③ Schalten Sie das Multimeter zwischen die beiden Zündkerzenstecker des jeweils zu prüfenden Zündkreises. Der Sollwert beträgt 16 bis 27 Kilo-Ohm

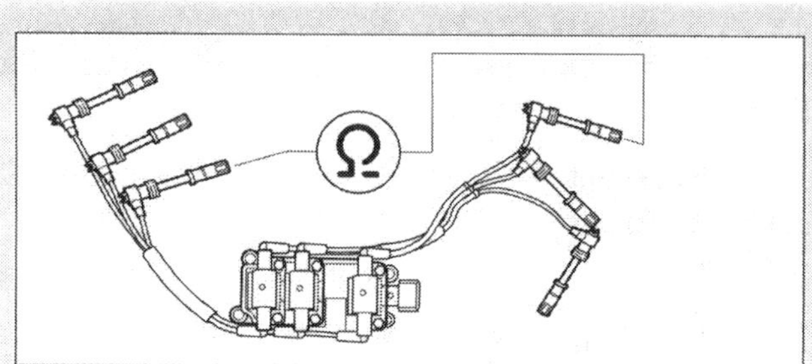

Der Widerstand zwischen den beiden Kerzensteckern eines Zündkreises soll 16 bis 27 Kilo-Ohm betragen.

④ Werden die Sollwerte nicht erreicht, ziehen Sie die Zündleitungen von den Zündspulen ab und messen sie getrennt voneinander durch.

⑤ Schalten Sie das Mulitmeter zwischen die beiden Zündleitungsanschlüsse der jeweils zu prüfenden Zündspule. Der Sollwert beträgt 8 bis 14 Kilo-Ohm.

⑥ Schalten Sie das Multimeter zwischen die beiden Zündleitungsanschlüsse eines Kabels. Der Widerstand soll drei bis sieben Kilo-Ohm betragen.

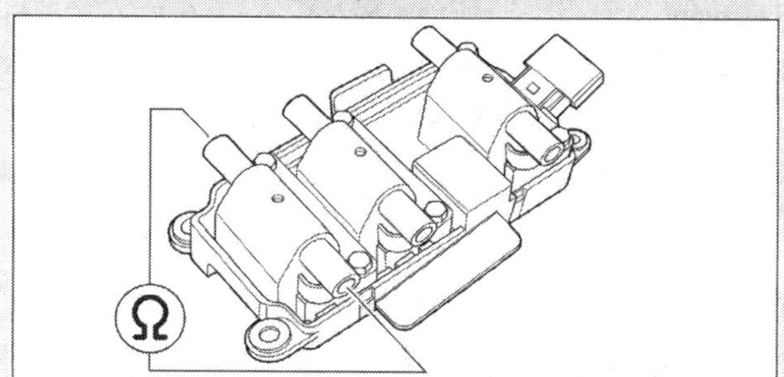

So schließen Sie das Multimeter an die zu prüfende Zündspule an. Der Widerstand soll 8 bis 14 Kilo-Ohm betragen.

Der Hallgeber

Der Hallgeber liefert dem Steuergerät Informationen über die Zündposition des ersten Zylinders. Obwohl der Geber für die Zündung von elementarer Bedeutung ist, kann sogar der Vierzylinder mit Einzelfunken-Zündung bei defektem Hallgeber mit einem Notlaufprogramm weiterlaufen. Bei einem Ausfall wird die Klopfregelung ausgeschaltet und der Zündwinkel etwas zurückgenommen, weil eine Zylinderzuordnung nicht mehr möglich ist. Es wird nun bei jeder Kurbelwellen-Umdrehung gezündet. Die Einspritzung stellt sich auf die geänderte Situation ein, indem sie statt bei geöffnetem Einlassventil schon bei noch geschlossenem Ventil einspritzt. Die Güte der Gemischaufbereitung wird kaum beeinträchtigt.

Der Hallgeber (Pfeil) sitzt beim Vierzylinder vorn am Zylinderkopf unter der Zahnriemen-Abdeckung. Beim Sechsyzlinder sitzt einer am linken Zylinderkopf hinten und einer am rechten Zylinderkopf vorn.

Hallgeber prüfen

Arbeitsschritte

① Schieben Sie die Gummitülle am Stecker vom Hallgeber zurück.

② Schließen Sie eine Diodenprüflampe von hinten an Kontakt ❶ und ❷ am Stecker des Hallgebers an. Die Steckerkammern sind entsprechend nummeriert. Der Stecker bleibt am Hallgeber aufgesteckt.

③ Lassen Sie von einem Helfer den Anlasser einige Sekunden durchdrehen.

④ Die Diodenprüflampe muss bei jeder zweiten Kurbelwellenumdrehung kurz blinken. Tut sie das nicht, prüfen Sie die Spannungsversorgung für den Hallgeber.

⑤ Ziehen Sie dazu den Stecker vom Hallgeber ab.

⑥ Schalten Sie die Zündung ein.

⑦ Schließen Sie das Multimeter zur Spannungsmessung an den Kontakt ❶ des Steckers und an Motormasse an. Der Kontakt ❶ ist links, wenn Sie den Stecker mit dem Klemmbügel nach oben halten. Das Multimeter sollte 4,5 bis 5,5 Volt anzeigen.

⑧ Die Signalleitung überprüfen Sie, indem Sie das Multimeter zwischen Kontakt ❷ des Steckers (in der Mitte) und Motormasse anschließen. Bei eingeschalteter Zündung soll etwa Batteriespannung anliegen.

⑨ An Klemme ❸ des Steckers (rechts) kontrollieren Sie die Masseleitung für den Hallgeber. Zwischen der Klemme und Motormasse darf der Widerstand nicht größer sein als 1,5 Ohm.

⑩ Werden alle Sollwerte erreicht und die Diodenprüflampe blinkt nicht, ersetzen Sie den Hallgeber. Werden die Sollwerte nicht erreicht, prüfen Sie die Leitungsverbindungen.

Ansteuerung der Leistungsendstufen prüfen

Arbeitsschritte

① Ziehen Sie von allen Einspritzventilen die Stecker ab.

② Ziehen Sie den vierpoligen Stecker von der Zündspule ab. Beim Sechszylinder sitzt der (fünfpolige) Stecker am Zündspulenpaket.

Vierzylinder

③ Schließen Sie die Diodenprüflampe an die Kontakte ❷ und ❸ an.

Sechszylinder

③ Diodenprüflampe zwischen Motormasse und nacheinander an Kontakt ❸, ❹ und ❺ schalten.

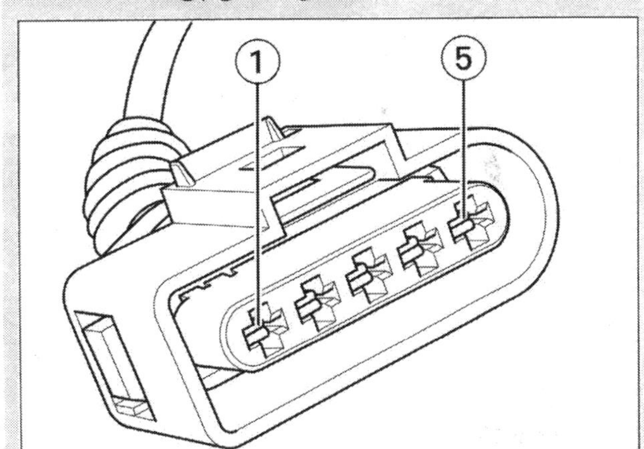

Beim Sechszylinder muss die Prüflampe angeschlossen an den Kontakten ❸, ❹ und ❺ blinken.

④ Ein Helfer soll den Anlasser betätigen. Die Prüflampe muss dabei blinken.

⑤ Blinkt die Prüflampe nicht, prüfen Sie die Leitung zum Motorsteuergerät auf Durchgang und Kurzschluss. Wenn die Leitungen in Ordnung sind wird es teuer: Dann muss wahrscheinlich das Motorsteuergerät ausgetauscht werden.

DIE DIESEL-EINSPRITZUNG

Der Motor, mit dem Audi für Furore sorgte: Der Diesel-Direkteinspritzer TDI. Er verbraucht so wenig, wie es zuvor kaum für möglich gehalten wurde. Und das bei sehr lebhaften Fahrleistungen.

Wartung

Reparatur

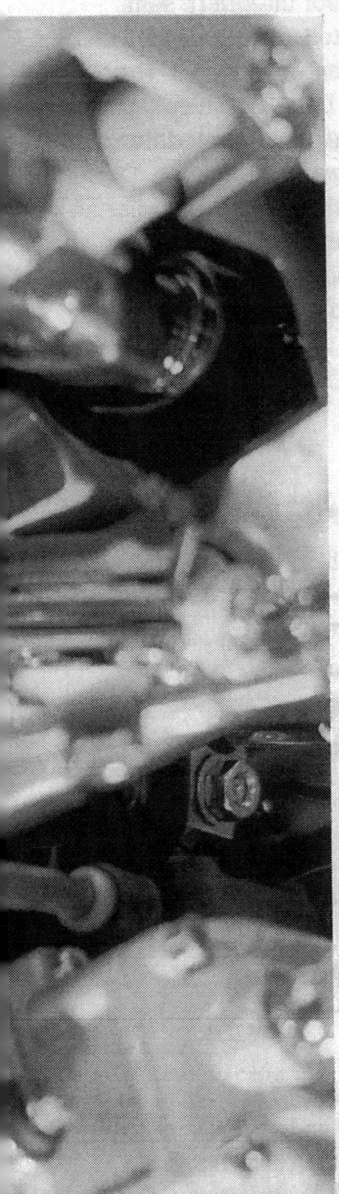

Die Zeiten, in denen Dieselmotoren rußende Nagler mit grobschlächtiger Technik waren, sind endgültig vorbei. PKW-Diesel sind heute mindestens so aufwendig und kompliziert gebaut wie die modernsten Benzinmotoren. An elektronischen Komponenten mangelt es nicht – selbst die Einspritzpumpe, vor nicht allzu langer Zeit ein Wunderwerk ausschließlich der Mechanik, verspritzt heute ohne Bits und Bytes keinen Tropfen Diesel. Wie bei der Motronic steht der Dieseleinspritzung eine Armee von Sensoren zur Verfügung, die das Steuergerät mit verschiedensten Informationen speisen. Von diesen Daten hängt es ab, wie das Steuergerät Einspritzmenge- und -zeitpunkt regelt.

Wie viele moderne Konstruktionen schmückt sich auch diese mit einem prägnanten Kürzel: Sie nennt sich EDC, **E**lectronic **D**iesel **C**ontrol. Die Steuerung gliedert sich in drei wesentliche Systemblöcke: Die schon erwähnten Sensoren, das Steuergerät und die Stellglieder (Aktoren), die die Befehle des Steuergerätes in die Tat umsetzen. Dazu kommen als wesentliche Elemente natürlich noch die Einspritzventile und die Einspritzpumpe. Die Komponenten im Einzelnen:

Die Sensoren

Besonders wichtig für die präzise Regelung sind Informationen über Temperaturen. Entsprechende Sensoren sitzen denn auch im Kühlmittelkreislauf, im Ansaugkanal, im Motoröl und in der Einspritzpumpe. Der Sensor in der Einspritzpumpe registriert die Temperatur des Kraftstoffes.

Entscheidend für die Regelung des richtigen Einspritzzeitpunktes ist der **Kurbelwellen-Drehzahlsensor.** Er funktioniert so ähnlich wie der Drehzahlsensor der Motronic. Auf der Kurbelwelle sitzt ein ferromagnetisches Geberrad, das allerdings nur einen Zahn pro Zylinder hat. Der Drehzahlsensor tastet die Zahnfolge des Geberrades ab und sagt dem Steuergerät, in welcher Stellung sich die Kurbelwelle befindet. Daraus kann das Steuergerät dann auch schließen, wo gerade jeder einzelne Kolben steht.

Sollte an dem Drehzahlsensor ein Defekt vorliegen, übernimmt seine Aufgabe der **Drehwinkelsensor** an der Antriebswelle der Einspritzpumpe. Hauptaufgabe dieses Sensors ist es zu bestimmen, in welcher Position sich gerade der Spritzversteller befindet und wie schnell sich die vom Zahnriemen angetriebene Einspritzpumpe dreht.

Wie bei der Motronic kommt auch beim EDC ein **Luftmassenmesser** zum Einsatz. Er misst nicht nur die Menge der angesaugten Luft, sondern auch deren Dichte. Zur Bestimmung der Ansaugluft-Temperatur kann auch der Temperatursensor integriert. sein.

Zu den mechanischen Elementen, die mit diesem elektronischen Regelsystem in Rente geschickt wurden, gehört auch der Gaszug. Den Beschleunigungswunsch des Fahrers registriert der **Fahrpedalsensor,** der das Signal an das Steuergerät weitergibt. Dieses System ist auch als elektronisches Gaspedal bekannt.

Da alle Audi-Diesel einen Turbolader haben, darf auch der Ladedrucksensor nicht fehlen. Er sitzt im Saugrohr, wo Drücke von 0,5 bis 3 bar herrschen.

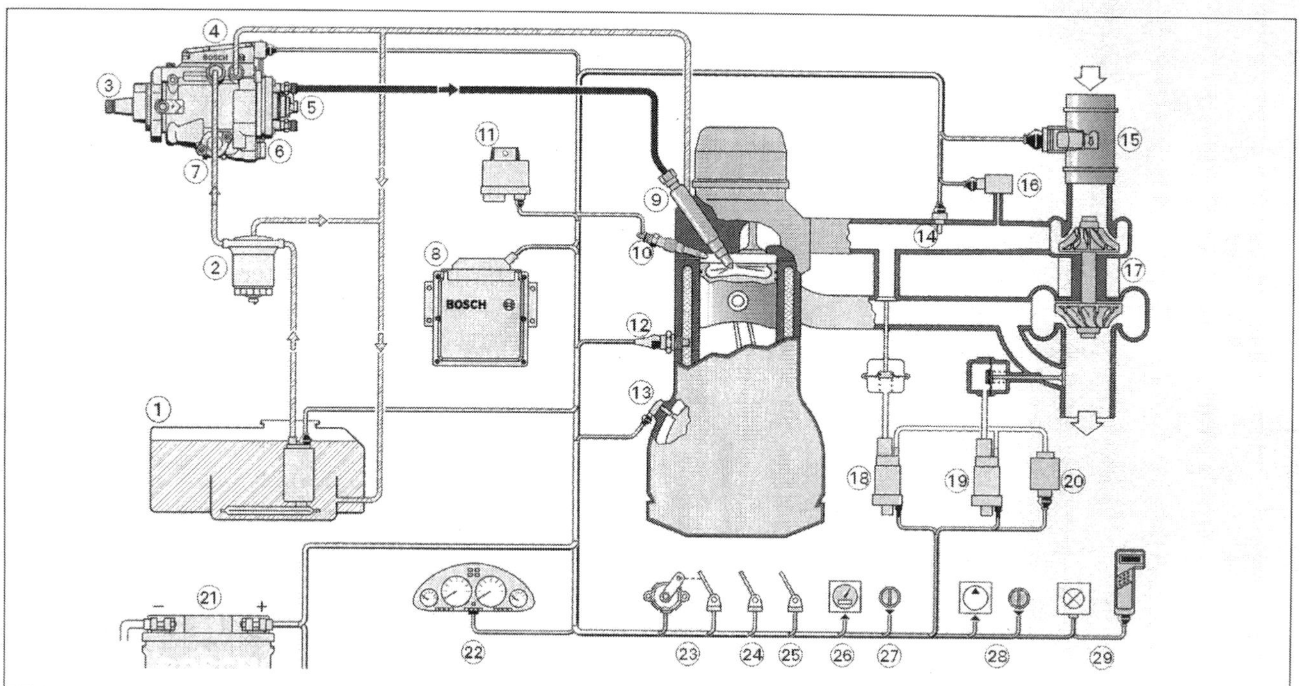

Die elektronisch geregelte Diesel-Einspritzung ist nicht weniger aufwendig als die Motronic der Benzinmotoren. Auch hier kann man ohne spezielle Diagnose-Geräte nicht mehr viel selber reparieren. Weil der Audi-Motor einen Turbolader mit variabler Turbinengeometrie hat, entfällt der hier gezeigt Bypass zur Ladedruck-Regelung. ❶ Tank. ❷ Kraftstofffilter. ❸ Einspritzpumpe. ❹ Pumpensteuergerät. ❺ Hochdruckmagnetventil. ❻ Spritzversteller-Magnetventil. ❼ Spritzversteller. ❽ Motorsteuergerät. ❾ Düsenhalterkombination mit Nadelbewegungssensor. ❿ Glühstiftkerze. ⓫ Glühzeitsteuergerät. ⓬ Kühlmittel-Temperatursensor. ⓭ Kurbelwellen-Drehzahlsensor. ⓮ Ansaugluft-Temperatursensor. ⓯ Luftmassensensor. ⓰ Ladedrucksensor. ⓱ Turbolader. ⓲ Abgasrückführrücksteller. ⓳ Ladedrucksteller. ⓴ Unterdruckpumpe. ㉑ Batterie. ㉒ Instrumentenfeld. ㉓ Fahrpedalsensor. ㉔ Kupplungsschalter. ㉕ Bremskontakte. ㉖ Fahrgeschwindigkeits-Sensor. ㉗ Temporegler. ㉘ Klimakompressor. ㉙ Diagnoseanzeige mit Anschluss Diagnosegerät.

Die Steuergeräte

Die EDC hat zwei elektronische Steuergeräte: Ein Motorsteuergerät und ein Pumpensteuergerät, das direkt auf der Einspritzpumpe sitzt. Diese Aufteilung ist notwendig, um eine Überhitzung bestimmter elektronischer Bauelemente und den Einfluss von Störsignalen zu vermeiden. Die teilweise sehr hohen Ströme in der Einspritzpumpe könnten die Elektronik durcheinander bringen.

Das **Pumpensteuergerät** erfasst pumpeninterne Signale wie die Kraftstofftemperatur und regelt zusammen mit dem Motorsteuergerät Einspritzmenge und -zeitpunkt. Die Ingenieure bezeichnen es als »intelligentes« Mengenstellwerk. Es steuert direkt den Spritzversteller an. Mehr noch als das Motorsteuergerät muss es starken Temperaturschwankungen und mechanischen Beanspruchungen widerstehen. Verschiedene Betriebsstoffe wie Öl oder Diesel und auch Feuchtigkeit dürfen dem elektronischen Bauteil ebenfalls nichts anhaben.

Das **Motorsteuergerät** sitzt relativ geschützt im Wasserkasten auf der Fahrerseite. Es wertet die Signale der externen Sensoren aus und berechnet daraus die Ansteuersignale für die Stellglieder. Es übermittelt an das Pumpensteuergerät folgende Daten: die aktuelle Kurbelwellen-Drehzahl, den Förderbeginn und die Nockenwellenstellung. Das Steuergerät überwacht die gesamte Einspritzanlage und legt Defekte und Unregelmäßigkeiten in einem Fehlerspeicher ab. Der kann nur in der Werkstatt ausgelesen werden.

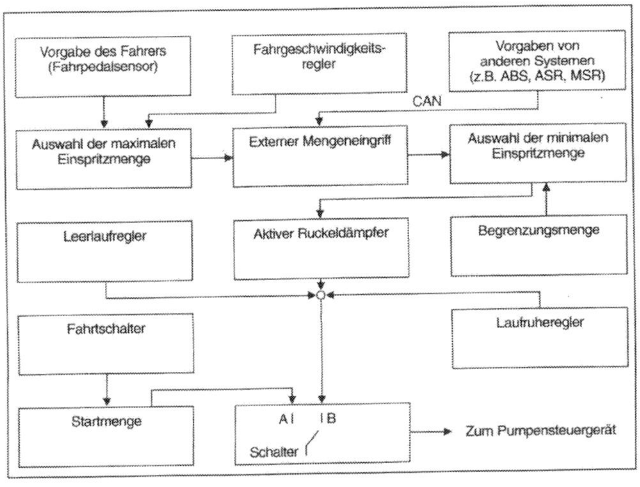

Das Steuergerät der **E**lectronic **D**iesel **C**ontrol muss bei der Berechnung von Einspritzmenge und -zeitpunkt eine Vielzahl von Faktoren berücksichtigen. Schalterstellung **A**: Start; **B**: Fahrbetrieb.

Die Stellglieder

Für die Mengenzumessung ist in den Hochdruckteil der Einspritzpumpe ein **Hochdruckmagnetventil** integriert. Zu Beginn eines Einspritzvorganges fließt Strom durch die Spule des Magneten, und der Magnetanker wird mitsamt der Ventilnadel in Richtung Ventilsitz gedrückt. Wenn der Ventilsitz von der Nadel vollständig verschlossen ist, kann kein Kraftstoff mehr abfließen. Dadurch steigt der Druck im Hochdruckteil stark an und öffnet die jeweils angesteuerte Einspritzdüse. Ist die gewünschte Einspritzmenge erreicht, wird die Stromzufuhr zum Magneten unterbrochen, das Magnetventil öffnet und der Druck im Hochdruckteil bricht zusammen. Die Einspritzdüse schließt wieder, der Einspritzvorgang ist beendet.

Weitere Stellglieder sind das Magnetventil im Spritzversteller, das **Glühzeitsteuergerät** und die so genannten **elektropneumatischen Wandler.** Die **Drosselklappenregelung** hat beim Diesel eine ganz andere Aufgabe als beim Ottomotor. Die Drosselklappe dient hier nur zur Erhöhung der Abgasrückführrate, sie reduziert den Überdruck im Ansaugrohr. Die Drosselklappenregelung arbeitet nur im unteren Drehzahlbereich.

Die Einspritzpumpe

Die Einspritzpumpe besteht aus dem Niederdruck- und dem Hochdruckteil. Das Niederdrucksystem fördert den Kraftstoff vom Tank in den Hochdruckteil der Pumpe, das Drücke von über 1000 bar zur Einspritzung zur Verfügung stellen muss. Zum nicht in die Pumpe integrierten Teil des Niederdrucksystems gehört der **Kraftstofffilter.** Wichtig für Do it yourselfer: Der Filter reinigt den Kraftstoff vor der Einspritzpumpe und verhindert den vorzeitigen Verschleiß der empfindlichen Bauteile. Der Filter muss alle zwölf Monate entwässert und alle 30 000 Kilometer ersetzt werden.

Die **Flügelzellen-Förderpumpe** sitzt in der Einspritzpumpe und saugt den Kraftstoff aus dem Tank. Für konstanten Druck sorgt das **Druckregelventil.** Es öffnet, wenn der Kraftstoffdruck zu stark ansteigt, und schließt, wenn er zu stark sinkt. Das **Überstromdrosselventil** lässt beim Erreichen eines voreingestellten Öffnungsdruckes eine definierte Kraftstoffmenge zum Tank zurückfließen und erleichtert eine selbsttätige Entlüftung der Pumpe.

Wirklich hoch her geht es dann im Hochdruckteil der Einspritzpumpe. Dorthin gelangt der Kraftstoff bei geöffnetem **Hochdruckmagnetventil.** Es ist ein kleines Wunderwerk an Präzisionsarbeit, weil der Rundlauf der Nadel und der Planschlag des Ventilsitzes kleiner als 1/1000 Millimeter sein müssen. Das ist produktionstechnisch eine große Herausforderung. Das Magnetventil wird vom Pumpensteuergerät geregelt und reguliert den Zulauf zur **Radialkolben-Hochdruckpumpe,** die den Diesel zu den jeweiligen Einspritzdüsen presst. Damit bestimmt das Ventil auch Einspritzmenge und -zeitpunkt. Damit kein Zylinder zu kurz kommt, verteilt die **Verteilerwelle** den Diesel so, dass pro Umdrehung jede Einspritzdüse einmal über den Druckrohranschluss mit Kraftstoff versorgt wird. Beim Schließen der Düsen würden rücklaufende Druckwellen entstehen, wenn **Rückstromdrosselventile** das nicht verhindert würden.

Ein wesentliches Element der Einspritzpumpe ist der **Spritzversteller,** der an der Pumpenunterseite sitzt. Der Spritzversteller, der hydraulisch funktioniert, verdreht den Nockenring der Hochdruckpumpe. Der Kolben der Pumpe hebt dann früher oder später ab, es wird entsprechend früher oder später eingespritzt. Wichtigste Regelgröße für den Spritzversteller ist die Motordrehzahl. Je höher die Drehzahl, desto früher muss eingespritzt werden. Weitere Größen sind die Last und die Motortemperatur. Kein Wunder, dass hier das Steuergerät das entscheidende Wörtchen mitredet und das Spritzversteller-Magnetventil entsprechend regelt.

Zu guter Letzt darf man natürlich die **Einspritzdüse** nicht vergessen. Audi setzt sogenannte Zweifeder-Düsenhalter ein, die wesentlich zum kultivierten Geräuschverhalten beitragen. Wenn sich in der Düse Druck aufbaut, öffnet die Düsennadel zunächst nur eine erste Hubstufe. Dadurch ergibt sich eine gezielte, angelagerte Voreinspritzung. Bei weiterem Druckanstieg im Düsenhalter wird dann die Hauptmenge eingespritzt. Dieser zweistufige Einspritzverlauf führt zu einer weicheren Verbrennung. Der relativ sanfte Verbrennungs-Druckanstieg ergibt ein reduziertes Verbrennungs-Geräusch, ein stabiles Leerlaufverhalten und eine Absenkung der NOx-Emissionen.

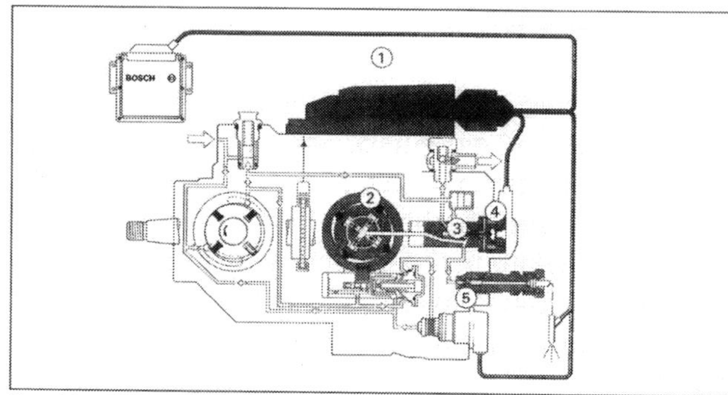

Der Hochdruckteil der Einspritzpumpe muss Drücke von über 1000 bar zur Verfügung stellen. Je höher der Druck, desto besser funktioniert die Gemischbildung bei der Einspritzung. Zur besseren Darstellung sind verschiedene Komponenten in ihrer Lage gedreht worden. ❶ Steuergerät. ❷ Radialkolben-Hochdruckpumpe (90° gedreht). ❸ Verteilerkörper. ❹ Hochdruckmagnetventil. ❺ Druckrohranschluss.

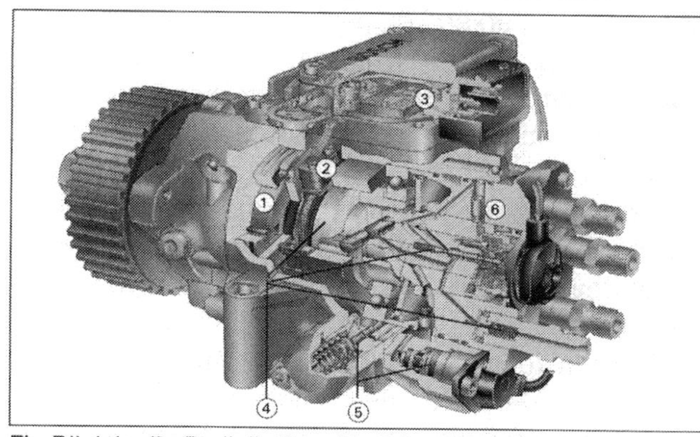

Ein Blick in die Radialkolben-Verteiler-Einspritzpumpe von Bosch. ❶ Flügelzellen-Förderpumpe mit Druckregelventil. ❷ Drehwinkelsensor. ❸ Pumpensteuergerät. ❹ Radialkolben-Hochdruckpumpe mit Verteilerwelle und Auslassventil. ❺ Spritzversteller und Spritzversteller-Magnetventil. ❻ Hochdruckmagnetventil.

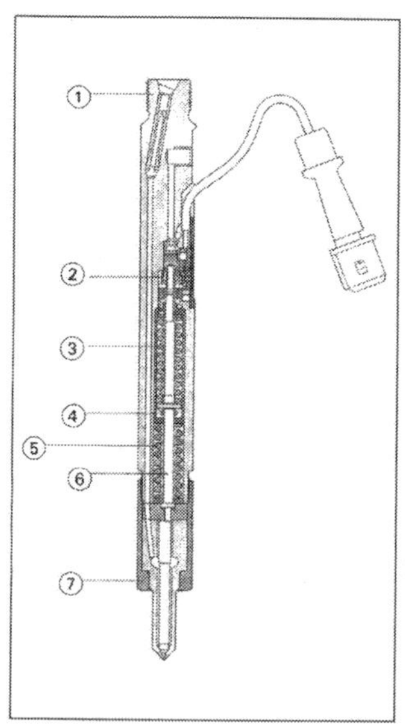

Audi setzt Zweifeder-Düsenhalter ein. Bei ihnen wird vor der eigentlichen Einspritzung eine kleine Menge Diesel vorgespritzt. Dadurch läuft die Verbrennung weicher ab, der Leerlauf ist stabiler und die NOx-Emissionen sind geringer. Die Düse ist außerdem mit einem Nadelbewegungssensor ausgerüstet.

❶ Haltekörper. ❷ Nadelbewegungssensor. ❸ Druckfeder 1. ❹ Führungsscheibe. ❺ Druckfeder 2. ❻ Druckstift. ❼ Düsenspannmutter.

Pumpedüse

Technik-lexikon

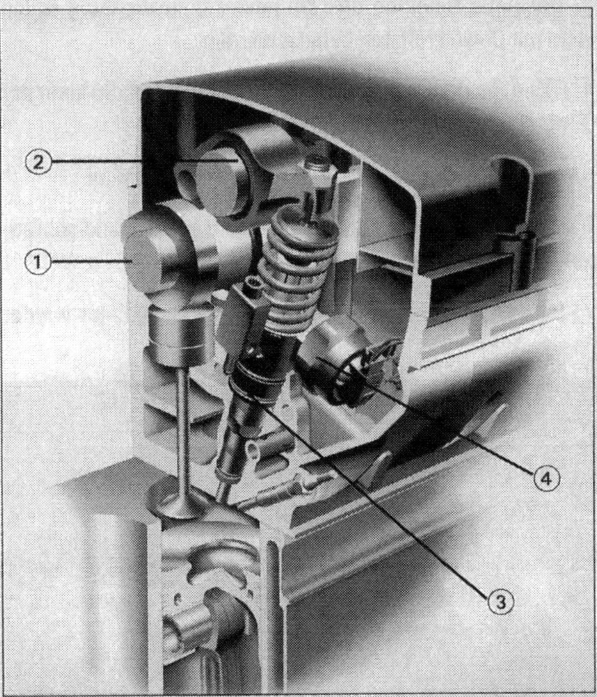

Zur Produktionszeit dieses Buches stand die Pumpedüse-Technik kurz vor der Einführung. Dieses System verzichtet auf eine herkömmliche Einspritzanlage mit Einspritzpumpe. Der für die Diesel-Einspritzung benötigte hohe Druck von über 2000 bar wird direkt am Zylinder erzeugt. Die Nockenwelle ❶ betätigt über einen Kipphebel ❷ die Pumpedüse ❸. Die Steuerung erfolgt durch das Magnetventil ❹. Der Vierzylinder TDI mit 1,9 Liter Hubraum kommt mit dieser Technik auf 115 PS und ein Drehmoment von 285 Nm.

So funktioniert die EDC

Damit der Motor in jedem Betriebszustand mit einer optimalen Verbrennung arbeitet, wird die jeweils passende Einspritzmenge im Steuergerät berechnet. Beim Starten hängt die Einspritzmenge von der Temperatur und der Drehzahl ab. Um sicher starten zu können, benötigt der Motor bei Kälte eine sehr viel größere Einspritzmenge als in warmem Zustand. Bei niedrigen Temperaturen schlägt sich ein Teil des Kraftstoffs an den Zylinderwänden nieder und wird nicht verbrannt. Der Fahrer hat auf die Startmenge keinen Einfluss.

Im normalen Fahrbetrieb regelt das Steuergerät die Einspritzmenge nach der Drehzahl und der Stellung des Gaspedals. Dafür ist ein Kennfeld programmiert. Das Steuergerät ist dem Fahrer aber nicht immer ein williger Diener. Es gibt nämlich eine »Regelung der Begrenzungsmenge«. Der liegt die Erkenntnis zu Grunde, dass nicht immer die physikalisch mögliche oder vom Fahrer gewünschte Kraftstoffmenge eingespritzt werden darf. Andernfalls könnten die Schadstoffemissionen zu hoch werden, könnte der Motor zum Rußen neigen oder mechanisch überlastet werden. Auch eine thermische Überbeanspruchung von Turbolader, Kühlmittel oder Öl kann das Steuergerät verhindern.

Das Steuergerät regelt auch den Leerlauf, indem es den einprogrammierten Sollwert mit dem Istwert vergleicht. Die Einspritzmenge wird so geregelt, dass die beiden Werte übereinstimmen. Das funktioniert auch, wenn etwa die Klimaanlage eingeschaltet oder ein Gang eingelegt ist. Damit der Leerlauf über die gesamte Motorlebensdauer gleich bleibt, ermittelt ein Laufruheregler die Drehzahländerungen nach jeder Verbrennung und vergleicht sie miteinander. Die Einspritzmenge wird dann für jeden Zylinder so eingestellt, dass alle Zylinder einen gleichen Anteil zur Drehmoment-Erzeugung liefern.

Die Sauberkeitsregeln

An der elektronisch geregelten Einspritzanlage können Sie nicht mehr viel selbst machen. Für Prüf- und Einstellarbeiten sind teure Diagnosegeräte nötig, die nur der Werkstatt zur Verfügung stehen. An regelmäßigen Wartungsarbeiten fällt nur der Austausch und das Entwässern des Kraftstofffilters und der Wechsel des Luftfilters an. Auch bei Wartungsarbeiten an der Einspritzanlage beachten Sie bitte folgende **Sauberkeitsregeln:**

- Verbindungsstellen und deren Umgebung vor dem Lösen gründlich reinigen.
- Ausgebaute Teile auf einer sauberen Unterlage ablegen und abdecken. Verwenden Sie keine fasernden Lappen.
- Geöffnete Teile sorgfältig abdecken, wenn die Reparatur nicht sofort ausgeführt wird.
- Bauen Sie nur saubere Teile ein. Nehmen Sie die Teile erst unmittelbar vor dem Einbau aus der Verpackung.
- Vermeiden Sie bei geöffneter Anlage das Arbeiten mit Druckluft.
- Die Kühlmittelschläuche dürfen nicht mit Diesel in Berührung kommen. Geschieht es doch, reinigen Sie die Schläuche sofort. Angegriffene Schläuche sind zu ersetzen.

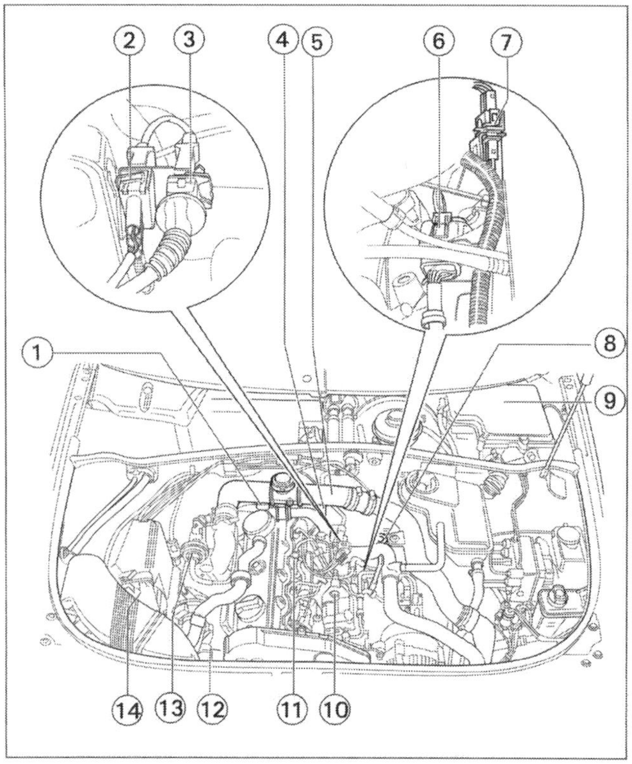

Hier finden Sie die verschiedenen **Teile der Diesel-Einspritzanlage:** ❶ Geber für Saugrohrdruck und Geber für Saugrohrtemperatur, ❷ Steckverbindung für Motordrehzahl-Geber, ❸ Steckverbindung für Nadelhub-Geber, ❹ Ventil für Abgasrückführung, ❺ Geber für Kühlmitteltemperatur, ❻ Steckverbindung Einspritzpumpe für Kraftstofftemperatur-Geber, Mengensteller und Geber für Regelschieberweg, ❼ Steckverbindung für Kraftstoffabschaltventil und das Ventil für Einspritzbeginn, ❽ Geber für Motordrehzahl, ❾ E-Box mit Steuergerät, Relais für die Direkteinspritzung und Sicherung für Glühkerzen, ❿ Einspritzpumpe, ⓫ Einspritzdüse mit Geber für Nadelhub, ⓬ Magnetventil Ladedruckbegrenzung, ⓭ mechanisches Abgasrückführungsventil, ⓮ Luftmassenmesser.

Kraftstofffilter ersetzen

Arbeitsschritte | **30.000 km**

① Um an den ziemlich versteckt eingebauten Filter heranzukommen, müssen Sie zuerst das Druckrohr vom Ladeluftkühler demontieren. Wenn Sie die Schlauchschellen an beiden Enden des Rohres und die eine Halteschraube lösen, haben Sie es schon in der Hand.

② Lösen Sie die Klemmschelle am Halter des Filters. Dann können Sie den Filter aus dem Halter herausnehmen.

③ Der neue Dichtring und die neue Gummidichtung sollen leicht mit Dieselkraftstoff benetzt werden.

④ Füllen Sie den neuen Filter mit Dieselkraftstoff. So kann der Motor schneller gestartet werden.

⑤ Ziehen Sie den Filter am Filteroberteil handfest an.

⑥ Setzen Sie den Kraftstofffilter in den Halter ein und schrauben Sie die Klemmschraube fest.

⑦ Bauen Sie das Druckrohr für den Ladeluftkühler wieder ein.

Der Kraftstofffilter (Pfeil) muss alle 30000 Kilometer gewechselt werden. Befüllen Sie den neuen Filter vor dem Einbau mit Diesel. Dann lässt sich der Motor nach dem Filtertausch schneller starten. Achten Sie darauf, dass kein Dieselkraftstoff auf die Kühlmittelschläuche gelangt. Gegebenenfalls müssen Sie die Schläuche sofort reinigen.

Kraftstofffilter entwässern

Arbeitsschritte | **jährlich**

① Lösen Sie die Belüftungsschraube.

② Stecken Sie einen Schlauch auf die Entwässerungsschraube.

③ Öffnen Sie die Entwässerungsschraube und lassen Sie etwa 0,1 Liter Flüssigkeit ablaufen.

④ Schließen Sie die Schrauben für Belüftung und Entwässerung.

⑤ Starten Sie den Motor und überprüfen Sie, ob die Filteranlage dicht ist.

Ventil für Einspritzbeginn prüfen

Arbeits-schritte

① Bei einem Defekt an diesem Ventil kann es zu lautem Nageln und Leistungsmangel kommen. Zum Prüfen trennen Sie die Steckverbindung für das Ventil für Einspritzbeginn. Wo Sie den Stecker finden, sehen Sie in der Abbildung »Teile der Diesel-Einspritzanlage«.

② Schließen Sie ein Multimeter zur Widerstandsmessung an die Kontakte ❷ und ❸ an.

③ Der Sollwert beträgt 12 bis 20 Ohm. Wird dieser Wert nicht erreicht, muss das Ventil ersetzt werden.

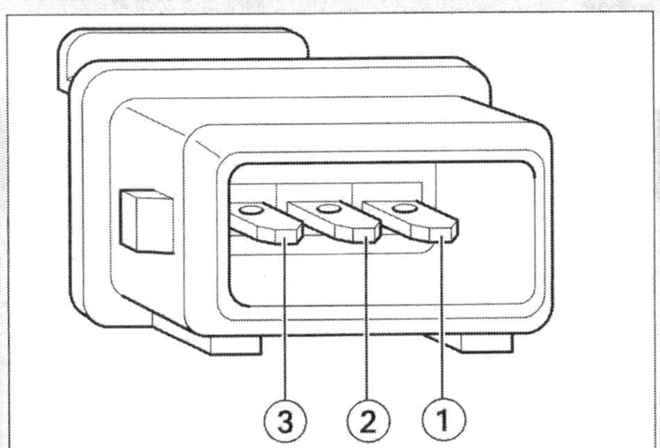

An den Kontakten ❷ und ❸ können Sie den Widerstand des Ventils für Einspritzbeginn prüfen. Es sollte ein Widerstand von 12 bis 20 Ohm herrschen.

Geber für Motordrehzahl prüfen

Arbeits-schritte

① Der Geber für Motordrehzahl ist eine elementare Komponente der Einspritzanlage. Fällt er aus, bleibt der Motor stehen. Zur Prüfung schalten Sie zuerst die Zündung aus.

②Trennen Sie die Steckverbindung zum Geber. Wo sie diese finden, sehen Sie in der obigen Abbildung »Teile der Diesel-Einspritzanlage«.

③ Schließen Sie ein Multimeter zur Widerstandsmessung an den Kontakten 1 und 2 des Steckers zum Geber an. Der Stecker sieht genauso aus wie der für das Ventil für Einspritzbeginn. Die Kennzeichnungen entnehmen Sie bitte dieser Zeichnung.

④ Der Sollwert muss etwa 1 Kilo-Ohm betragen. Tut er das nicht, muss der Geber ersetzt werden.

Der Geber für Nadelhub

Das Signal des Nadelhubgebers benötigt das Steuergerät zur Ermittlung des optimalen Einspritzbeginns. Wenn er funktioniert, wird der Einspritzbeginn in Abhängigkeit von Drehzahl, Last und Temperatur geregelt. Bei einem Ausfall geht es nur nach Drehzahl und Last. Ein Defekt kann zahlreiche Auswirkungen haben: Der Motorlauf kann rauher werden und die Leistung kann vermindert sein. Aussetzer und Ruckeln sind ebenfalls möglich, sogar ein Motorstillstand. Der Geber lässt sich leicht prüfen:

Geber für Nadelhub prüfen

Arbeits-schritte

① Schalten Sie die Zündung aus.

②Trennen Sie die Steckverbindung zum Geber. Wo sie diese finden, sehen Sie in der Abbildung »Teile der Diesel-Einspritzanlage«.

③ Schließen Sie ein Multimeter zur Widerstandsmessung an den Kontakten zum Geber an. Der Sollwert bei kaltem Motor beträgt 90 bis 120 Ohm. Bei heißem Motor sind 20 Ohm mehr zulässig.

④ Wird der Wert nicht erreicht, muss die Einspritzdüse von Zylinder 3 mit dem Geber für Nadelhub ausgetauscht werden. Stimmt der Wert, überprüfen Sie alle Zuleitungen. Die Werkstatt kann das mit einem Prüfgerät im Handumdrehen erledigen.

Die Einspritzdüsen

Die Einspritzdüsen sind ein elementarer Bestandteil der gesamten Einspritzanlage. Sie sind den extremen Drücken und Temperaturen im Brennraum ausgesetzt und müssen immer auf den Sekundenbruchteil genau arbeiten. Ein Schaden an einer Einspritzdüse hat meist gravierende Folgen:

- Leistungsabfall,
- schwarzer Auspuffqualm,
- verstärkter Blaurauch beim Kaltstart,
- zu hoher Kraftstoffverbrauch,
- Motor wird zu heiß,
- Klopfen in einem oder mehreren Zylindern und
- Fehlzündungen.

Wenn der Motor klopft, lässt sich die defekte Einspritzdüse folgendermaßen lokalisieren: Lassen Sie den Motor im Leerlauf laufen und lösen Sie nacheinander die Überwurfmuttern der Einspritzleitungen. Verschwindet das Klopfen nach dem Lösen einer Überwurfmutter, haben Sie die defekte Düse gefunden. Ausbauen können Sie diese selbst, prüfen jedoch nicht. Dazu braucht man spezielle Geräte, die zumeist nur die Werkstatt hat.

Einspritzdüse ausbauen

Arbeitsschritte

① Wenn später beim Zusammenbau Schmutz in die Düse gelangt, kann dies die Düse zerstören. Deshalb müssen die Einspritzleitungen und Anschlüsse zu den Düsen sorgfältig gereinigt werden.

② Die Einspritzleitungen dürfen nur komplett ausgebaut und nicht verbogen werden. Zum Lösen der Überwurfmutter verwenden Sie am besten einen offenen Ringschlüssel.

③ Lösen Sie die Befestigungsmuttern. Wenn Sie den Spannbügel entfernt haben, können Sie die Einspritzdüse herausnehmen. Sollte die Düse festsitzen, werden Sie wohl oder übel alles wieder zusammenbauen und in die Werkstatt fahren müssen. Nur versierte Handwerker können sich ein Werkzeug zum Herausziehen selber bauen. Lesen Sie dazu den entsprechenden Praxistipp.

④ Beim Einbau brauchen Sie immer neue Kupferdichtungen zwischen Zylinderkopf und Einspritzdüse. Achten Sie auf korrekten Sitz der Lagerböcke im Zylinderkopf. Die Einspritzleitungen müssen mit 25 Nm, die Muttern der Spannbügel mit 20 Nm festgezogen werden.

Die Einspritzdüsen lassen sich relativ leicht ausbauen – wenn sie nicht festklemmen. Ist das der Fall, brauchen Sie einen speziellen Schlagauszieher. Eine der Düsen (Pfeil) ist größer, weil sie den Nadelbewegungssensor enthält.

Praxistipp

Schlagauszieher selbermachen

Als Basis für das Werkzeug benötigen Sie einen Schlagauszieher, etwa das Hazet Nr. 1966. Um dieses Werkzeug an der Düse ansetzen zu können, müssen Sie folgenden Adapter bauen: Sägen Sie von einer alten Einspritzleitung den Teil mit der Düsenüberwurfmutter ab. Etwa fünf Zentimeter von der Leitung sollten stehen bleiben. An das abgesägte Leitungsstück löten Sie eine Mutter der Größe M6 fest. Wenn Sie fertig sind, reinigen Sie das Werkzeug gründlich, damit kein Schmutz in die Düse gerät. Zum Herausschlagen der Düse schrauben Sie das selbst gebaute Hilfswerkzeug auf die Düse und setzen an der angelöteten Mutter das »Schlaginstrument« an.

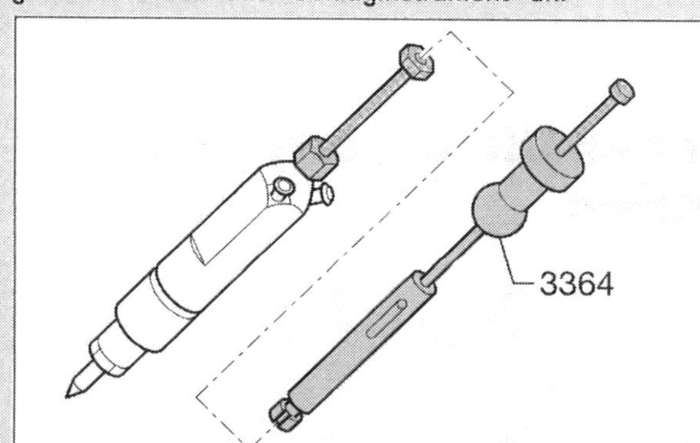

Festgeklemmte Düsen können Sie mit diesem Werkzeug ausbauen. Es besteht aus einem Schlagauszieher und einem selbstgebauten Adapter, den Sie auf die Düse schrauben.

Diesel-Einspritzung

Störungs-beistand

Störung	Ursache	Abhilfe
A Motor springt nicht an	**1** Geber für Motordrehzahl defekt oder Leitung unterbrochen	Leitung und Geber prüfen lassen
	2 Steuergerät defekt oder bei eingeschalteter Zündung aufgesteckt	Steuergerät prüfen lassen
	3 Versorgungsspannung der Einspritzung unterbrochen	Spannungsversorgung prüfen
	4 Kraftstoffleitungen undicht, verstopft oder geknickt	Prüfen, ob Kraftstoff gefördert wird. Leitungen prüfen und reinigen
	5 Kraftstofffilter verstopft	Filter ersetzen
	6 Eis oder Wachs in Filter und Leitungen, Filterheizung defekt	Fahrzeug in beheizte Garage schieben, Filterheizung prüfen
	7 Tankbelüftung zu, Kraftstoffsieb im Tank verstopft	Belüftung reinigen
	8 Einspritzdüsen defekt	Düsen prüfen lassen
B Leistungsmangel	**1** Geber für Saugrohrdruck oder Zuleitung undicht	Geber und Leitung prüfen lassen
	2 Geber für Kraftstofftemperatur oder Zuleitung defekt	Geber und Leitung prüfen lassen
	3 Einspritzdüsen defekt	Einspritzdüsen prüfen lassen
	4 Luftfilter verstopft	Luftfilter reinigen/ersetzen
	5 Kraftstoffleitung oder -filter verstopft	Teile reinigen
	6 Magnetventil für Ladedruckbegrenzung oder Zuleitung defekt	Geber und Leitung prüfen lassen
C Schwarzrauch (nach dem Start)	**1** Geber für Kühlmitteltemperatur oder Zuleitung defekt	Geber und Leitung prüfen lassen
	2 Einspritzdüsen defekt	Einspritzdüsen prüfen lassen
	3 Luftmassenmesseer defekt	Luftmassenmesser prüfen lassen
D Kraftstoffverbrauch zu hoch	**1** Luftfilter verschmutzt	Filtereinsatz ersetzen
	2 Kraftstoffanlage undicht	Sichtprüfung durchführen
	3 Rücklaufleitung verstopft	Leitung von der Einspritzpumpe bis zum Tank durchblasen
	4 Leerlauf- oder Höchstdrehzahl zu hoch	Prüfen lassen
	5 Motor ist defekt	Kompression prüfen
	6 Einspritzdüsen defekt	Düsen prüfen lassen

DIE KRAFTSTO VERSORG

Wie oft und wieviel Sie tanken müssen, hängt stark von der Motorisierung Ihres A6 ab. Während der 1.9 TDI mit sechs Liter Diesel auf 100 Kilometer auskommen kann, sind es bei den Sechsyzlinder-Benzinern im Extremfall schon mal bis zu 15 Liter Super bleifrei pro 100 Kilometer.

Wartung

Reparatur

Der Kraftstofftank Ihres A6 besteht aus Kunststoff und befindet sich vor der Hinterachse unter dem Bodenblech. Er fasst bei allen Modellen 70 Liter. An der Oberseite des Kraftstofftanks ist der Geber für die Kraftstoff-Vorratsanzeige zusammen mit der Kraftstoffvor- und -rücklaufleitung angebracht. Diese Leitungen müssen einem hohen Betriebsdruck von bis zu 3 bar widerstehen. Sie sind daher aus besonders druckfestem Material gefertigt und werksseitig mit Federband- oder Klemmschellen gesichert. Aus Sicherheitsgründen sollten bei einem Tausch immer Originalschellen benutzt werden.
Beim Quattro ist der Tank ein kunstvoll geformtes Stück, weil er sich um das Diffferential herumwinden muss. Der Tank hat nicht weniger als drei Geber für die Tankanzeige.

Ausgeklügeltes Belüftungssystem

Eine Pumpe befördert den Kraftstoff über das Leitungssystem vom Tank zum Motor. In die Vorlaufleitung ist ein Kraftstofffilter zwischengeschaltet. In den Einfüllstutzen aus Gummi münden auch die Tank-Be- und -Entlüftung. Durch dieses ausgeklügelte Belüftungssystem entweicht die Luft, wenn der Tank mit Kraftstoff gefüllt wird. Während der Fahrt strömt durch diese Leitung entsprechend der verbrauchten Kraftstoffmenge von außen Luft in den Tank hinein, so dass sich kein Unterdruck bilden kann. Die Entlüftungsleitung des Kraftstofftanks führt freilich nicht einfach ins Freie. Sie ist vielmehr mit dem Aktivkohlebehälter verbunden, der die austretenden Kraftstoffdämpfe bindet.

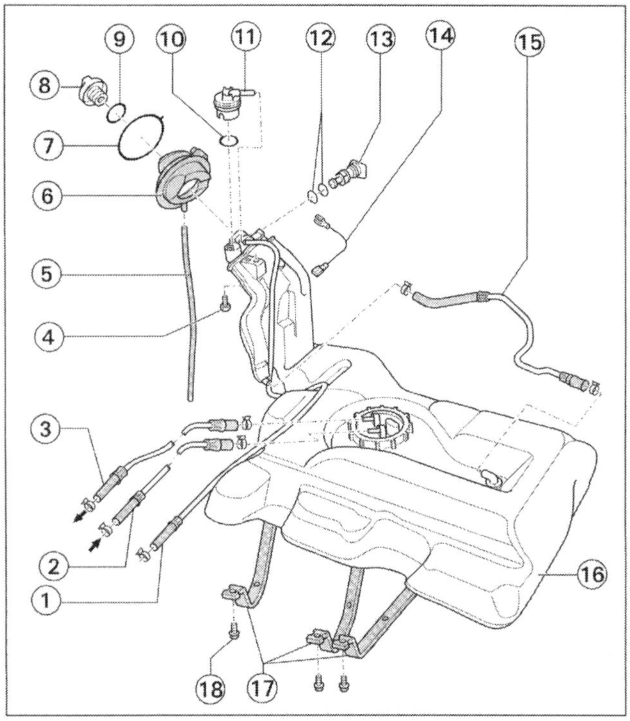

Der Tank des A6 mit Frontantrieb: ❶ Entlüftungsleitung. ❷ Rücklaufleitung vom Motor, vor dem Abziehen kennzeichnen. ❸ Vorlaufleitung zum Kraftstofffilter, vor dem Abziehen kennzeichnen. ❹ Schraube. ❺ Überlaufschlauch. ❻ Gummitopf. ❼ Spannring. ❽ Verschlussdeckel. ❾ Dichtring. ❿ O-Ring. ⓫ Schwerkraftventil. ⓬ O-Ringe. ⓭ Entlüftungsventil. ⓮ Masseverbindung. ⓯ Entlüftungsleitung. ⓰ Tank. ⓱ Spannband, beachten Sie unterschiedliche Längen. ⓲ Schraube.

Die wichtigsten Bauteile der Kraftstoffversorgung

Kraftstoffpumpe. Eine elastisch aufgehängte Tauchpumpe, direkt im Tank eingebaut (Intank-Kraftstoffpumpe). Umgeben von einem Behälter mit Sieb, der auch bei stark schwappendem Kraftstoff (z.B. in Kurven) die Versorgung ermöglicht. Die Pumpe wird elektrisch betrieben und ist mit dem Geber der Kraftstoffanzeige in einem Bauteil zusammengefasst. Ein Überdruckventil lässt zuviel geförderten Kraftstoff und Gase direkt in den Kraftstofftank entweichen und hält den Systemdruck auch bei ausgeschalteter Zündung aufrecht.
Beim Diesel sieht die Sache anders aus: Hier wird der Kraftstoff von der Einspritzpumpe im Motorraum angesaugt. Im Tank sitzt also nur der Geber für die Tankanzeige.

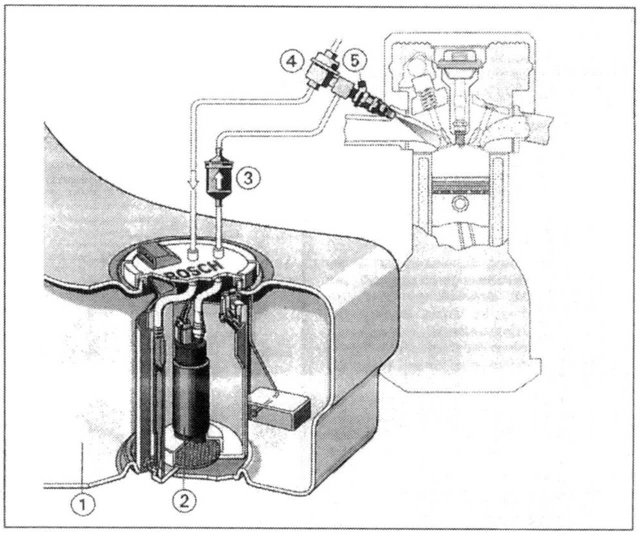

Kraftstoffversorgungssystem mit Rücklauf (Schema): ❶ Kraftstoffbehälter. ❷ Elektrokraftstoffpumpe. ❸ Kraftstofffilter. ❹ Kraftstoffdruckregler. ❺ Einspritzventil.

Kraftstofffilter. Filtert flüssige und feste Fremdstoffe aus dem Kraftstoff. Beim Tank in die Kraftstoffvorlaufleitung eingebaut. Enthält zwei Filterelemente, an denen Verunreinigungen abgeschieden werden.
Aktivkohlebehälter. Sitzt unter der Radhausschale vorn rechts. Bindet die Kraftstoffdämpfe in der Entlüftungsleitung. Je nach Lastzustand des Motors öffnet das Steuergerät über ein Magnetventil (Regenerierventil) einen Unterdruckschlauch zum Ansaugkrümmer – die Kraftstoffdämpfe werden aus dem Aktivkohlebehälter abgesaugt und der Verbrennung zugeführt.

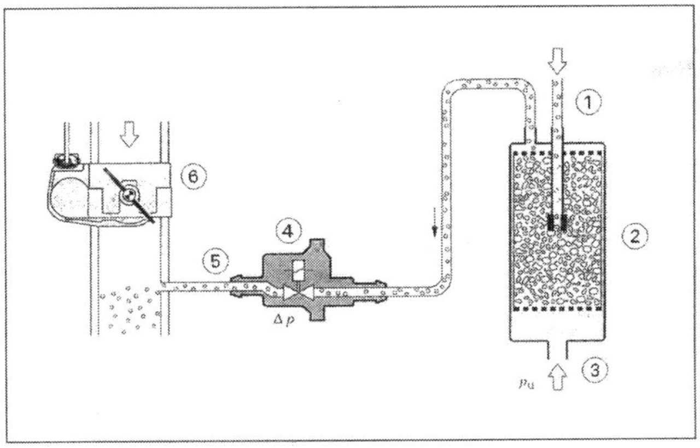

Der Aktivkohlebehälter verhindert, dass Kraftstoffdämpfe aus dem Tank ins Freie gelangen. In regelmäßigen Abständen öffnet das Steuergerät das Regenerierventil, und der Motor saugt den im Aktivkohlebehälter niedergeschlagenen Kraftstoff ab. ❶ Leitung vom Tank zum Aktivkohlebehälter. ❷ Aktivkohlebehälter. ❸ Frischluft. ❹ Regenerierventil. ❺ Leitung zum Saugrohr. ❻ Drosselvorrichtung mit Drosselklappe.

Der Kraftstoff

Die Benzinmotoren des Audi A6 benötigen alle den Kraftstoff Euro Super (ROZ 95). Sie können aber auch den umweltfreundlicheren Kraftstoff Super Plus tanken (ROZ 98). Das ist zum Beispiel sinnvoll, wenn Ihr A6 im Urlaub bei voller Belastung und hohen Außentemperaturen längere Strecken zurücklegen muss. Sie werden sehen: Mit Super Plus im Tank verbraucht der A6 weniger Sprit. Im übrigen haben Sie es auch selbst in der Hand, wieviel Sprit Ihr Fahrzeug verbraucht.

So sparen Sie Kraftstoff

Beschleunigen Sie stets zügig, schalten Sie jedoch möglichst früh in den nächst höheren Gang. Ist die gewünschte Geschwindigkeit erreicht, wählen Sie den höchstmöglichen Gang und lassen den Wagen mit wenig Gas rollen. Der Motor soll nur beim Überholen oder beim Einspuren in den fließenden Verkehr hochdrehen. Außerdem sollten Sie auch beim kurzen Halt vor einer Eisenbahnschranke, Baustellenampel oder im Stau den Motor abstellen – bereits bei fünf bis sieben Sekunden Wartezeit sparen Sie Kraftstoff.

Kraftstoff – Begriffe und Normen

Technik-lexikon

Normalbenzin/Superbenzin. Fast identisch bei Reinheitsgrad, Verhalten bei Verdampfung (wichtig für Entzündbarkeit) und Energiebilanz (Heizwert je Kilogramm Kraftstoff). Entscheidender Unterschied: die Klopffestigkeit. Sie ist bei Super höher als bei Normalbenzin.

Klopffestigkeit. Je höher das Kompressionsverhältnis ist, um so leichter kommt es zu Selbstentzündungen im Zylinder, wenn der Kraftstoff nicht klopffest genug ist. Superkraftstoff hält höhere Drücke aus als Normalbenzin, entzündet sich daher schwerer. Haben Sie Ihren A6 aus Versehen mit Normalbenzin betankt, ist das nicht schlimm: Der Klopfsensor des Motormanagements regelt die Zündung entsprechend. Es ist allerdings mit geringerer Motorleistung zur rechnen. Tanken Sie also baldmöglichst Superbenzin nach.

Oktanzahl. Steht für die Klopffestigkeit eines Kraftstoffs. An der Zapfsäule findet man in der Regel die Bezeichnung »ROZ« (Research-Oktanzahl), seltener die Spezifikation »MOZ« (Motor-Oktanzahl). Die Oktanwerte für die Mindestanforderungen an bleifreien Kraftstoff wurden in Deutschland früher vom Deutschen Institut für Normung (DIN) nach DIN 51 607 festgeschrieben. Heute gilt die Euro-Norm EN 228.

Dieselkraftstoff. Ist perfekt auf den Dieselmotor zugeschnitten. Durch seine hohe Zündwilligkeit läuft die Selbstzündung kontrolliert im Bruchteil einer Sekunde ab. Für den Benzinmotor ist Dieselkraftstoff Gift. Er würde nicht auf den Funken der Zündkerze warten, sondern sich bereits während der Aufwärtsbewegung des Kolbens entzünden. Folgen: hoher Druckanstieg im Zylinder, der Kolben erhält einen Schlag auf den Boden und leitet ihn über den Pleuel auf die Lager der Kurbelwelle weiter. Außerdem entsteht eine enorme Hitze, bei der die Kolbenböden schmelzen können.

Cetanzahl. Steht für die Zündwilligkeit eines Kraftstoffes. Eine reine Verhältniszahl, die im Labor ermittelt wird. Dem sehr zündwilligen Kraftstoff Cetan wird die Zahl 100 zugeordnet, dem extrem zündträgen Vergleichskraftstoff (Methylnaphtalin) die Ziffer 0. Die Cetanzahl gibt an, wieviel Volumenprozent Cetan sich in einem Gemisch mit diesem Vergleichskraftstoff befinden müssen, das die gleiche Zündwilligkeit besitzt wie der zu messende Kraftstoff. Beim Diesel soll sie 45 betragen.

Der Umgang mit Kraftstoff

Gefahrenhinweis

Der Umgang mit Kraftstoff ist gefährlich. Nehmen Sie daher Wartungsarbeiten und Reparaturen an Teilen der Kraftstoffanlage nicht auf die leichte Schulter. Vor allem beim Entleeren des Kraftstoffbehälters müssen Sie mit äußerster Vorsicht vorgehen. Grundsätzlich müssen Sie beim Umgang mit Kraftstoff folgende Vorsichtsmaßnahmen beachten:

- Zuerst die Batterie abklemmen, Kabel gegen Berühren mit den Polen der Batterie sichern.
- Kraftstoffbehälter nur im Freien entleeren. Dazu brauchen Sie ein entsprechendes Abpumpgerät (z. B. kraftstofffeste Balgen-Schlauchpumpe). Auf keinen Fall den Kraftstoff durch die Öffnung des Gebers der Kraftstoff-Vorratsanzeige auskippen oder durch Ansaugen an einem Schlauch mit dem Mund entleeren – Vergiftungsgefahr durch die hochgiftigen Kraftstoffzusätze!
- CO_2-Pulver- oder Schaumlöscher der Brandklasse B muss in greifbarer Nähe sein.
- Den Kraftstoffbehälter nie über einer Grube entleeren. Die entweichenden Gase sind schwerer als Luft, würden für mehrere Stunden in der Grube bleiben. Folge: Gesundheitsschädigung durch Einatmen, akute Explosionsgefahr.
- Stellen Sie sicher, dass sich während der Arbeit mit Kraftstoff keine eingeschalteten elektrischen Geräte, offenen Flammen, Wärme- und Funkenquellen im Raum befinden.
- Kraftstoff darf nur in einen verschließbaren, klar beschrifteten Behälter umgefüllt werden. Dazu gibt's spezielle Behälter mit Flammschutz und Druckausgleichsverschluss.
- Im entleerten Kraftstofftank befinden sich Restgase. Auch die sind gefährlich. Alle Arbeiten deshalb mit besonderer Vorsicht ausführen.

Kontrolle der Tankdurchlüftung

Arbeitsschritte

① Motor warmfahren (Betriebstemperatur), dann im Leerlauf drehen lassen.

② Am Magnetventil den vom Aktivkohlebehälter kommenden Schlauch abziehen. Das Ventil sitzt am Luftfilter. Den genauen Einbauort finden Sie in der Übersicht im Kapitel »Das Motormanagement«.

③ Am Ventilanschluss prüfen, ob Unterdruck anliegt. Ist dies nicht der Fall, sollten Sie das Magnetventil prüfen. Beachten Sie dabei, dass das Ventil immer 220 bis 900 Sekunden geöffnet und dann für 70 Sekunden geschlossen ist. Während dieser Zeit lernt das Steuergerät die Betriebsverhältnisse ohne Benzindämpfe aus dem Aktivkohlebehälter. Sollte das Ventil geschlossen sein, also 70 Sekunden warten und die Prüfung erneut versuchen.

④ Dazu Massekabel der Batterie abklemmen und Stecker vom Magnetventil abziehen.

⑤ Schläuche vom Magnetventil abziehen und Ventil abnehmen. Merken Sie sich den Sitz der Anschlüsse für den Wiedereinbau.

⑥ Versuchen Sie, an einem Schlauchanschluss durchzublasen. Das darf nicht möglich sein.

⑦ Sie können das Ventil auch elektrisch prüfen. Ziehen Sie dazu den Stecker ab und schließen zur Widerstandsmessung ein Multimeter an die Kontakte des Ventils.

⑧ Der Sollwert beträgt 20 bis 28 Ohm. Wird der Wert nicht erreicht, muss das Ventil ersetzt werden.

Kraftstofffilter ersetzen

Der Kraftstofffilter ist beim Audi so dimensioniert, dass er nicht gewechselt werden muss. Trotzdem kann es bei Falschbetankung oder ähnlichen ungewöhnlichen Vorkommnissen erforderlich sein, ihn auszubauen. Wegen seines Einbauortes am Unterboden in der Nähe des Tanks ist die Erneuerung des Kraftstofffilters Sache der Werkstatt. Wer eine Hebebühne zur Verfügung hat oder bei sicher aufgebocktem Wagen unter das Auto kriechen möchte, kann das auch selber machen. Wie Sie den Filter bei Benziner-Modellen tauschen, lesen Sie hier. Wie der regelmäßige Filterwechsel beim Diesel zu machen ist, lesen Sie im Kapitel „Die Diesel-Einspritzung".

Arbeitsschritte

① Massekabel der Batterie abklemmen. Beachten Sie dabei die Hinweise unter »Batterie ausbauen« im Kapitel »Die Fahrzeugelektrik«. Den Radiocode bereithalten.

② Fahrzeug hinten aufbocken.

③ Unterverkleidung vor der Hinterachse abbauen.

④ Auffangbehälter unter den Kraftstofffilter auf den Boden stellen.

⑤ Achtung, die Leitungen stehen unter Druck. Lappen um die Leitungen legen.

⑥ Klemmen Sie die Schläuche am besten ab.

⑦ Die Schlauchklemmen schneiden Sie mit einem Seitenschneider durch. Dann können Sie die Schläuche vorsichtig abziehen. Legen Sie einen dicken Lappen um den Anschluss und ziehen Sie ihn vorsichtig ab, falls noch Druck vorhanden ist.

⑧ Lösen Sie die Schraube am Filter, nehmen ihn ab und leeren ihn aus.

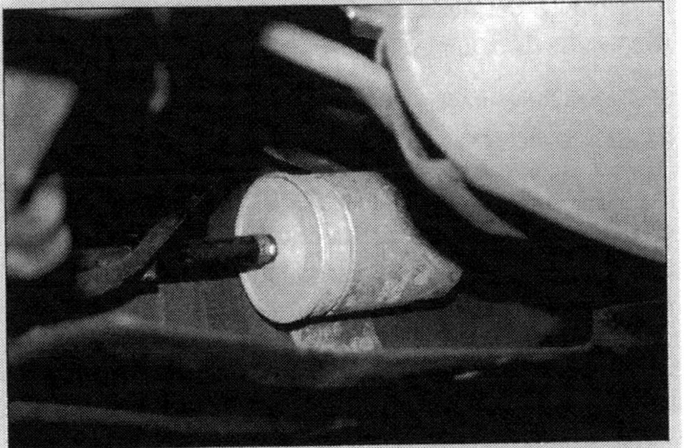

Der Kraftstofffilter sitzt am Unterboden rechts vor der Hinterachse. Um an ihn heranzukommen, muss zuerst die cw-Verkleidung an der Hinterachse abgebaut werden.

⑨ Beim Einbau auf richtige Einbaurichtung achten (Pfeile zeigen die Durchflussrichtung an).

⑩ Schieben Sie die Schläuche auf und befestigen sie mit Federbandschellen. Achten Sie darauf, nur Original-Schellen von Audi zu benutzen.

⑪ Batterie anschließen und Zündung einige Male ein- und ausschalten, damit sich Druck im System aufbaut. Beachten Sie die Hinweise unter „Batterie ausbauen" im Kapitel „Fahrzeugelektrik".

⑫ Leitungsanschlüsse auf Undichtigkeiten überprüfen.

Kraftstoff ablassen

Der Tank besitzt keine Ablassschraube. Da die Kraftstoffsaugleitung und der Rücklauf an der Tankoberseite sitzen, kann man nicht einfach eine Leitung abziehen und den Kraftstoff auslaufen lassen.

Arbeitsschritte

① Ist der Tank noch gut gefüllt, durch den Einfüllstutzen einen Schlauch so tief wie möglich in den Tank schieben.

② Obere Schlauchöffnung mit dem Finger dicht verschließen. Das Auffanggefäß muss unterhalb des Tankbodenniveaus stehen. Schlauch wieder ein Stück herausziehen und ins Gefäß halten. Reicht der Schlauch weit genug in den Kraftstoff, fließt er jetzt durch das Gefälle heraus. Ansaugen von Kraftstoff mit dem Mund gefährdet die Gesundheit.

③ Befindet sich zu wenig Kraftstoff im Tank, hilft diese Methode meist nicht mehr. Dann müssen Sie den Kraftstoff mit einer kraftstofffesten Handpumpe (Schlauch-Balgenpumpe) abpumpen.

Leitungen und Schläuche ausbauen

Vorsicht: Das Kraftstoffsystem steht auch längere Zeit nach dem Abschalten des Motors noch unter Druck. Deshalb beim Losschrauben einer Kraftstoffleitung einen Lappen bereithalten, damit kein Kraftstoff herausspritzen kann.

Arbeitsschritte

① Bei Quetschklemmen mit einem feinen Schraubendreher unter die Schelle fahren und diese durch seitliches Hebeln lockern.

② Schlauch unter Drehbewegungen abziehen. Ist dies nicht möglich, kleinen Gabelschlüssel hinter dem Schlauchende ansetzen und Schlauch damit abdrücken.

③ Zum Anschluss der Schläuche am besten Schraubschellen verwenden.

④ Dazu bauen Sie die Zuleitung oder Rücklaufleitung der Einspritzung ab. Achtung, es kann sein, dass die Leitungen unter Druck stehen. Halten Sie die Leitung in ein Gefäß.

Wenn Sie prüfen wollen, ob die Kraftstoffpumpe fördert, bauen Sie die Rücklaufleitung ab und führen das Ende in das Gefäß. Die Mindestfördermenge der Pumpe muss einen Kubikzentimeter pro 15 Sekunden betragen.

Fehlersuche an der Kraftstoffpumpe

Die elektrische Kraftstoffpumpe wird über ein Relais mit Spannung versorgt. Es sitzt in der Zentralelektrik auf der Fahrerseite hinter dem Ablagefach. Die Kraftstoffpumpe ist nur in Betrieb, wenn der Motor läuft oder wenn Sie den Zündschlüssel zum Anlassen des Motors drehen. Ein zweites Relais tritt in Aktion, wenn der Motor bei eingeschalteter Zündung stillsteht (Steuergerät empfängt keine Drehzahlimpulse mehr). Das Relais unterbricht über eine Sicherheitsschaltung im Motor-Steuergerät die Stromzufuhr. So kann zum Beispiel nach einem Unfall kein Benzin auslaufen. Die Prüfung und vor allem der Ausbau der Kraftstoffpumpe ist wegen des benötigten Spezialwerkzeugs eine Arbeit für die Werkstatt. Wenn Sie einen Defekt an diesem Bauteil vermuten, sollten Sie sich auf folgende Fehlersuche beschränken. Beachten Sie, dass die Pumpe auch dann nicht oder nicht richtig fördert, wenn der Kraftstofffilter verstopft oder das Relais Nummer 4 in der Zentralelektrik defekt ist.

Arbeitsschritte

① Kontrollieren Sie als erstes die Sicherung Nr. 28 für die Kraftstoffpumpe.

② Wenn Sie genau hinhören, müssten Sie die Laufgeräusche der Pumpe vernehmen. Lauschen Sie hinten in Höhe des Tanks, während ein Helfer die Zündung einschaltet.

③ Wenn Sie etwas hören, ist die Pumpe wahrscheinlich in Ordnung. Wenn nicht, ist zu prüfen, ob Kraftstoff gefördert wird.

⑤ Schon bei nicht laufendem Motor muss etwas Benzin austreten, da im Kraftstoffsystem etwas Restdruck vorhanden ist.

⑥ Kommt kein Benzin, lassen Sie einen Helfer den Anlasser betätigen. Die Pumpe muss jetzt fördern.

⑦ Kommt nichts, muss am Tank-Anschlussflansch geprüft werden, ob die Pumpe mit Strom versorgt wird.

⑧ Schrauben Sie dazu die Abdeckung für den Verschlussflansch unter der Auskleidung im Kofferraumboden ab. Beim Avant muss zuvor der Laderaumboden ausgebaut werden.

⑨ Ziehen Sie den Vierfachstecker ab. Er muss vorsichtig mit dem Schraubendreher entriegelt werden.

⑩ Schließen Sie zur Spannungsmessung ein Multimeter an die beiden äußersten Kontakte an. Ein Helfer soll den Anlasser betätigen. Während der Anlasser läuft, muss etwa die Batteriespannung anliegen.

⑪ Wird der Sollwert nicht erreicht, könnte das zuständige Relais defekt sein. Siehe hierzu Kapitel »Die Fahrzeugelektrik«.

⑫ Wird der Sollwert erreicht und kein Laufgeräusch vernommen, muss man einen genauen Blick auf die Kraftstoffpumpe werfen. Dazu muss der Verschlussflansch zur Pumpe abgebaut werden. Bevor Sie die Vorlauf- und Rücklaufleitungen abziehen, kennzeichnen Sie diese.

⑬ Drehen Sie den Verschlussflansch mit dem Spezialwerkzeug oder der Holzstange (leichte Hammerschläge) und nehmen ihn ab.

⑭ Prüfen Sie, ob die elektrischen Leitungen zwischen Flansch und Kraftstoffpumpe angeschlossen sind und Durchgang haben. Ist kein Defekt feststellbar, muss die Pumpe erneuert werden.

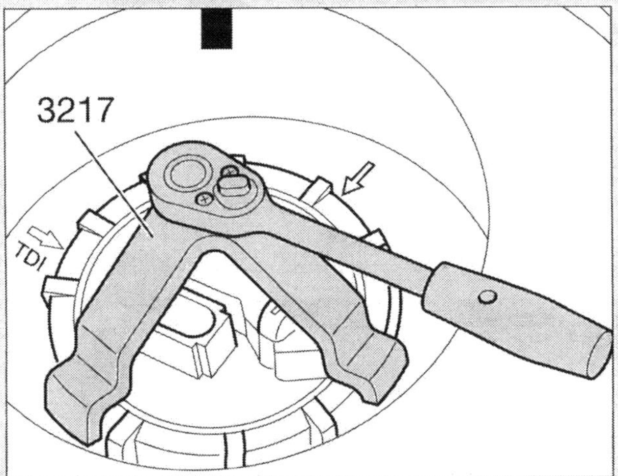

Um an Tankgeber und Kraftstoffpumpe heranzukommen, benötigt man eigentlich das abgebildete Spezialwerkzeug. Man kann den Verschlussflansch auch abdrehen, indem man mit einer Holzstange und leichten Hammerschlägen den Verschluss abdreht.

Kraftstoffördereinheit ausbauen

Die Kraftstoffpumpe sitzt in der Kraftstoffördereinheit. Dieses Bauteil können Sie nur mit Spezialwerkzeug ausbauen. Falls Sie in der Lage sind, es sich auszuleihen, gehen Sie folgendermaßen vor.

Arbeitsschritte

① Beachten Sie, dass der Tank maximal zu einem Drittel gefüllt ist.

② Klemmen Sie das Batteriemassekabel ab. Beachten Sie dabei die Hinweise unter »Batterie ausbauen« im Kapitel »Die Fahrzeugelektrik«.

③ Öffnen Sie kurz den Verschlussdeckel für den Tank, um Druck auszugleichen.

④ Nehmen Sie die Abdeckung für den Verschlussflansch unter der Kofferraum-Auskleidung ab. Beim Avant müssen Sie den Laderaumboden ausbauen.

⑤ Kennzeichnen Sie die Kraftstoffleitungen und ziehen Sie diese ab.

⑥ Entriegeln Sie die Steckverbindung vorsichtig und ziehen sie ab.

⑦ Lösen Sie die Überwurfmutter mit einer Holzstange und leichten Hammerschlägen und nehmen sie zusammen mit der Dichtung ab.

⑧ Ziehen Sie die Steckverbindung für die Tankanzeige an der Innenseite des Flansches ab.

⑨ Ziehen Sie die innere Rücklaufleitung am Verschlussflansch ab. Dazu müssen Sie die Entriegelungstasten der Schlauchkupplung drücken.

⑩ Setzen Sie das Spezialwerkzeug an und drehen das Staugehäuse-Innenteil um 15 Grad nach links. Dann können Sie das Teil herausnehmen.

⑪ Beim Einbau muss das Gehäuse so gedreht werden, dass die Kerbe am Staugehäuse-Innenteil mit der Markierung am Außenteil übereinstimmt. Das Innenteil lässt sich deutlich spürbar nach unten drücken.

⑫ Verwenden Sie grundsätzlich neue Dichtungen. O-Ringe benetzen Sie vor dem Einbau mit Kraftstoff oder Gleitmittel. Die Dichtung für den Verschlussflansch muss trocken eingebaut werden.

⑬ Die Markierungen auf dem Verschlussflansch und dem Tank müssen übereinstimmen.

⑭ Verwenden Sie Schlauchschellen, die dem Serienstand entsprechen.

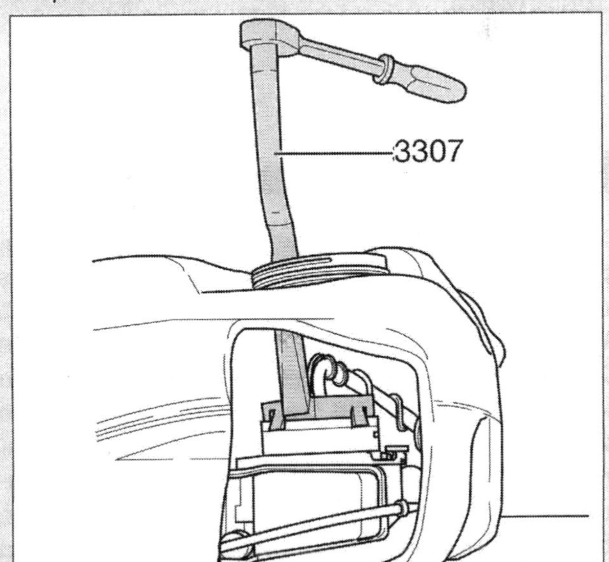

Für den Ausbau der so genannten Kraftstoff-Fördereinheit braucht man Spezialwerkzeug. In der Einheit sitzen die Kraftstoffpumpe und der Geber für die Tankanzeige.

Kraftstoffpumpen-Relais prüfen

Arbeitsschritte

① Nehmen Sie die Abdeckung des Sicherungskasten links am Armaturenbrett ab.

② Ziehen Sie die Sicherung Nr. 28 für die Kraftstoffpumpe heraus.

③ Schließen Sie eine Diodenprüflampe zwischen Masse und einem der beiden Kontakte der Sicherung an.

④ Bauen Sie das Ablagefach im Fahrerfußraum aus, um an die Zentralelektrik heranzukommen.

⑤ Betätigen Sie den Anlasser. Das Kraftstoffpumpen-Relais muss hörbar und fühlbar anziehen. Außerdem muss die Diodenprüflampe aufleuchten.

⑥ Leuchtet die Prüflampe nicht, obwohl das Relais anzieht, wiederholen Sie die Prüfung mit dem anderen Kontakt der Sicherung.

⑦ Leuchtet die Lampe wieder nicht, müssen die Leitungen zwischen Kontakt 23 am Relaisplatz 4 und der Sicherung überprüft werden.

⑧ Sind die Leitungen und auch die Ansteuerung und die Spannungsversorgung in Ordnung, muss das Relais ausgetauscht werden.

Die Auspuffanlage

Die Auspuffanlage hat die Aufgabe, Verbrennungsabgase abzuleiten und dabei die Schadstoffe im Abgas möglichst gering zu halten (Katalysatorbetrieb). Außerdem werden durch das Auspuffsystem die Geräusche, die bei der Verbrennung entstehen, auf ein Minimum reduziert. Der Aufbau der Auspuffanlage des A6 hängt von der Motorversion ab. Bei den Turbomodellen 1.9 TDI und 1.8 Turbo sitzt im Abgaskrümmer ein Turbolader. In allen Fällen folgen nach dem Krümmer der Katalysator, das vordere Abgasrohr und der Mittel- und Nachschalldämpfer. Die Rohre der beiden Schalldämpfer sind miteinander verschweißt. Um sie einzeln austauschen zu können, ist eine Trennstelle vorgesehen, an der das Rohr durchgesägt oder -geflext werden kann. Nach dem Einbau werden die beiden Teile mit einer Klemmhülse verbunden. Grundsätzlich haben Fahrzeuge mit Allradantrieb eine anders aufgebaute Abgasanlage.
Hitzeschutzbleche im Rohrverlauf verhindern zu starke Hitze-Abstrahlung auf die Bodengruppe.

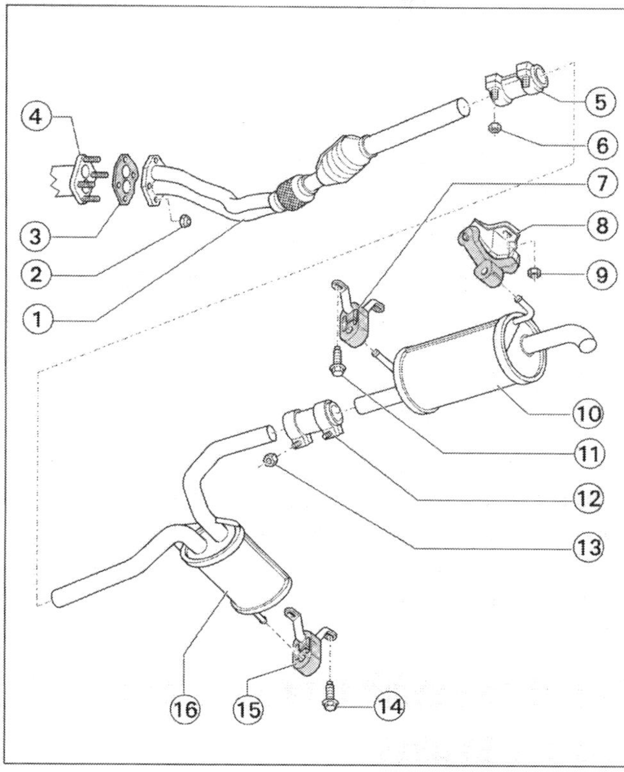

Die Auspuffanlage des A6 1.8 mit Frontantrieb:
❶ Abgasvorrohr mit Katalysator. ❷ Mutter, immer ersetzen. ❸ Dichtung, immer ersetzen. ❹ Abgaskrümmer. ❺ Klemmhülse vorn. ❻ Mutter. ❼ Aufhängung. ❽ Aufhängung. ❾ Mutter. ❿ Nachschalldämpfer. ⓫ Mutter. ⓬ Klemmhülse hinten, nicht in der Erstausrüstung. ⓭ Mutter. ⓮ Mutter. ⓯ Aufhängung. ⓰ Mittelschalldämpfer.

Lebensdauer des Auspuffs

Der Auspuff Ihres Audi A6 ist für etwa 60000 Kilometer gut. Die Lebensdauer hängt natürlich auch von den Einsatzbedingungen Ihres Fahrzeugs ab. Sind Sie überwiegend auf kurzen Strecken unterwegs, fallen wesentlich mehr Kondensat, Ruß und aggressive Säuren im Innern der Anlage an als beim Langstreckenbetrieb mit voll durchgewärmtem Motor.

- Das Auspuffrohr mit angebautem Kat ist seltener als die anderen Teile vom Rost bedroht, weil dort die Verbrennungsgase noch mit Temperaturen zwischen 800 und 1000°C einströmen.

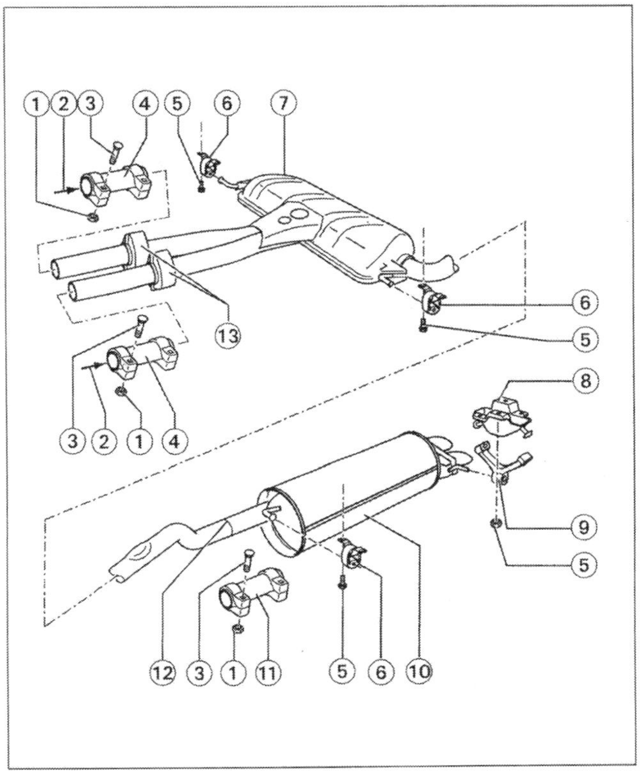

Die Schalldämpfer des A6 mit Sechszylinder-Motor und Frontantrieb: ❶ Mutter. ❷ Anschluss für Verbindungsrohr zum Katalysator. ❸ Flachrundschraube. ❹ Doppelschelle. ❺ Mutter. ❻ Aufhängung. ❼ Mittelschalldämpfer. ❽ Halter. ❾ Aufhängung. ❿ Nachschalldämpfer. ⓫ Reparatur-Doppelschelle. ⓬ Trennstelle. ⓭ Vorschalldämpfer.

- Im Auspuffrohr und dem Nachschalldämpfer kühlen die Abgase zunehmend ab; am Endrohr sind sie nur noch 150–300°C heiß. Im letzten Nachschalldämpfer tritt daher das meiste Kondenswasser aus. Es vermischt sich mit Verbrennungsrückständen zu aggressiven Säuren und lässt das Auspuffblech von innen nach außen durchrosten.
- Die vorderen Teile der Auspuffanlage können bei Langstreckenfahrten unter Temperaturspannungen leiden, wenn bei Regen das heiße Blech ständig kalten Duschen ausgesetzt ist. Dann kann das Material reißen oder brechen.
- Spritz- und Salzwasser fördern den Rostfraß von außen. Steinschlag oder Aufsetzen auf hartem Untergrund wirken ebenso lebensverkürzend wie Schwingungen, die bei defekten oder fehlenden Aufhängegummis entstehen.

Die Abgasentgiftung

Kraftstoff besteht im wesentlichen aus den Elementen Kohlenstoff und Wasserstoff. Bei der Verbrennung im Motor verbindet sich der Kohlenstoff mit dem Sauerstoff der Luft zu Kohlendioxid (CO_2), der Wasserstoff (H) vereinigt sich mit Sauerstoff (O_2) zu Wasser (H_2O). Aus einem Liter Kraftstoff entsteht rund 0,9 Liter Wasser, das durch die Verbrennungswärme unsichtbar aus dem Auspuff entweicht. Im Winter können Sie nach dem Kaltstart eines Fahrzeugs oft weiße Auspuffwolken beobachten – ein Hinweis auf kondensierendes Wasser.

A6 mit geregeltem Dreiwege-Kat

Die in Deutschland angebotenen A6-Benziner-Modelle sind alle mit einem geregelten Dreiwege-Katalysator ausgerüstet. Die Diesel haben einen Oxidations-Katalysator. Der Benziner-Katalysator verringert in seinem Arbeitsleben den Anteil des Kohlenmonoxids durchschnittlich um etwa 85 Prozent, der Kohlenwasserstoffe um 80 und der Stickoxide um 70 Prozent. Mit zunehmender Laufleistung des Fahrzeugs verliert er jedoch einen Teil seiner Wirkung. Die Bezeichnung »geregelt« weist darauf hin, dass die Verminderung der Schadstoffe durch die Zusammensetzung des Kraftstoff-Luft-Gemisches beeinflusst (geregelt) wird.

Lambda-Sonde misst Sauerstoff

Dazu sitzt am Einlassrohr des Katalysators die Lambda-Sonde, die den Sauerstoffanteil im Abgas ständig misst. Nach diesen Messwerten gibt das Steuergerät den Befehl zum Anreichern oder Abmagern des Kraftstoff-Luft-Gemisches. Das geschieht in rasch wechselnder Folge: Luftüberschuss zur Verbrennung der Kohlenwasserstoffe, Luftmangel zur Verringerung der Stickoxide. Die aus dieser Mischung entstehenden Abgase gelangen in den Katalysator, der sie nahezu vollständig in Stoffe wie Kohlendioxid, Wasserdampf und Stickstoff umwandelt. Damit die Lambda-Sonde nach dem Kaltstart schneller ihre Arbeitstemperatur erreicht, ist sie bei allen A6 mit einer elektrischen Heizung ausgestattet.

Arbeitstemperaturen des Katalysators

Damit Katalysator und Lambda-Sonde ihre Arbeit aufnehmen können, müssen sie erst einmal kräftig angeheizt werden (Katalysator: ca. 300°C.). Das dauert in der Regel 25–80 Sekunden. Beide Bauteile reagieren

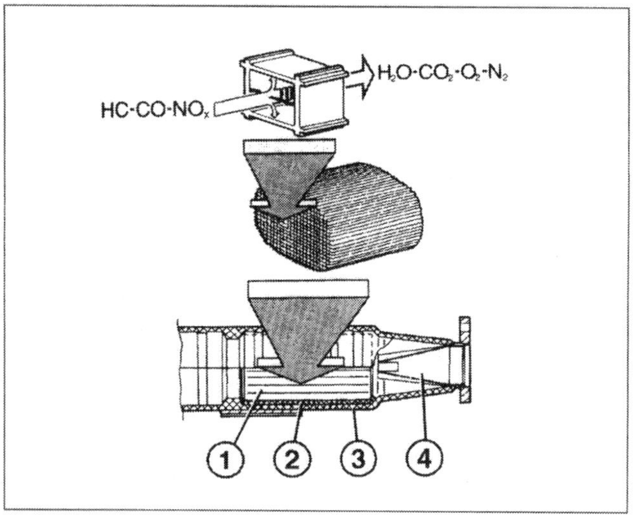

Oxidationsvorgang im Katalysator (Schema):
Der Kat besteht aus der Wabenstruktur des Keramikträgers ❶, der in einem elastischen, schwingungsdämpfenden Metallgewebe ❷ eingebettet ist. Dieses Paket ist von einem hochtemperaturfesten Edelstahlgehäuse ❸ umgeben. Damit die einströmenden Auspuffgase die Katalysatorwaben gleichmäßig durchströmen, ist davor ein Trichtersieb ❹ angeordnet.

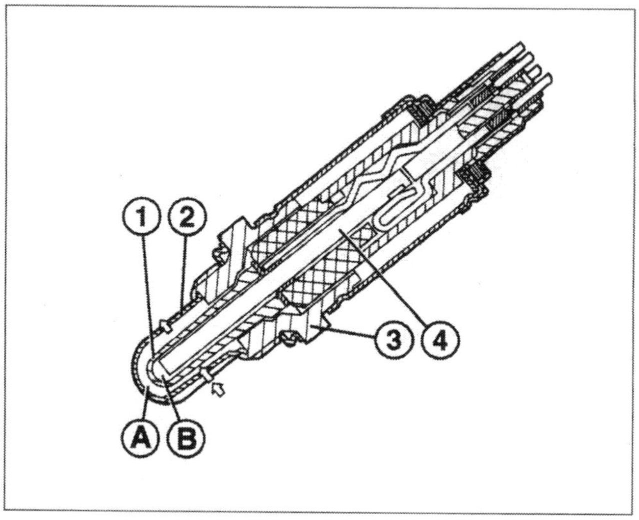

Die Lambda-Sonde (Schnitt)
Die Außenseite Ⓑ der Sonde steht mit der Außenluft in Verbindung, die Innenseite Ⓐ ragt in den Abgasstrom. Durch den unterschiedlichen Sauerstoffanteil entsteht eine unterschiedliche elektrische Spannung. Diese Werte werden an das Steuergerät gemeldet, das die Einspritzmenge entsprechend verändert. ❶ Keramisches Stützrohr. ❷ Schutzmantel. ❸ Sondengehäuse. ❹ elektrischer Widerstand.

jedoch auf zu große Hitze sehr empfindlich. Wenn sich zum Beispiel unverbranntes Gemisch im heißen Katalysator entzündet, lässt dies die Temperaturen in gefährliche Höhen ansteigen. Steigen die Temperaturen im Katalysator über 900°C, altert er rapide, ab 1200°C wird er zerstört. Bei Temperaturen ab 1400°C schmilzt der Keramikkörper der Lambda-Sonde. Das Auspuffsystem verstopft und der Motor verliert Leistung.

Der Diesel-Kat

Auch beim Diesel sorgt ein Katalysator für sauberere Abgase. Es handelt sich hierbei allerdings um einen ungeregelten Oxidationskatalysator. Dieser Kat wandelt Kohlenmonoxide und Kohlenwasserstoffe in CO_2 und Wasser um.
Für die Reduzierung der Stickoxide sorgt ein Abgasrückführungssystem: Dazu gehört ein Abgasrückführungsventil, dass am Ansaugkrümmer sitzt und über Unterdruck angesteuert wird. Das Ventil führt bei heißem Motor einen Teil der Abgase zurück in den Brennraum. Das reduziert die Verbrennungstemperatur und damit den Schadstoffanteil im Abgas.

Praxistipp

Umgang mit dem Benziner-Kat

- Auch wenn der Motor nur wegen einer leeren Batterie nicht startet: Verzichten Sie aufs Anrollenlassen, Anschieben oder Anschleppen. Dabei kann unverbrannter Kraftstoff in den Katalysator gelangen, was ihn auf Dauer schädigt.
- Zündaussetzer oder Fehlzündungen deuten auf einen Defekt an der Zündanlage hin. Lassen Sie dies sofort überprüfen.
- Wenn Sie Unterbodenschutz auftragen: Das Mittel darf nicht an den Katalysator kommen.
- Kontrollieren Sie gelegentlich bei aufgebocktem Fahrzeug, ob der Hitzeschutz über dem Katalysator nicht beschädigt ist.
- Durch einen Riss im Auspuffrohr vor der Lambda-Sonde ermittelt die Sonde einen erhöhten Sauerstoffanteil im Abgas – das Gemisch wird angefettet, der Kraftstoffverbrauch steigt.

Begriffe rund ums Abgas

Technik-lexikon

Kohlenmonoxid (CO): Wird bei der Abgasuntersuchung gemessen. Exakte Steuerung der Einspritzmenge und der Zündverstellwerte sowie gleichmäßige Gemischverwirbelung im Verbrennungsraum sind Voraussetzung für einen niedrigen CO-Anteil. In geschlossenen Räumen giftig, verbindet sich in der Luft mit Sauerstoff zum ungefährlichen Kohlendioxid, das indes wesentlich am Treibhauseffekt beteiligt ist.

Kohlenwasserstoffe (HC). Werden an kalten Stellen und engen Winkeln im Brennraum teilweise nicht verbrannt. Ihr Anteil hängt ab von der Konstruktion des Motors (unveränderliche Größe); zu fettes oder zu mageres Gemisch erhöhen jedoch den Ausstoß. Zusammen mit Stickoxiden für Smog (schwer auflösbare Abgasnebelwolken) verantwortlich.

Stickoxide (NO_x). Ihr Anteil steigt bei hohen Verbrennungstemperaturen. Das ist z.B. bei Motoren der Fall, die für geringem CO- und HC-Ausstoß ausgelegt sind (reduziert Kraftstoffverbrauch). Können bei starker Konzentration Atmungsorgane reizen. In Verbindung mit Wasser bildet sich Salpetersäure (saurer Regen).

Schwefeldioxid (SO_2). Bildet sich in geringen Mengen nur bei Dieselmotoren. Ursache sind die im Dieselkraftstoff enthaltenen Schwefelanteile. Unter Einwirkung von Licht entsteht Schwefelsäure oder schwefelige Säure, die beide zum sauren Regen beitragen. Der Verkehr ist jedoch nur zu 3% für das Entstehen von schwefeligen Säuren verantwortlich.

Abgassonderuntersuchung (ASU). Für Fahrzeuge mit geregeltem Kat seit Dezember 1993 Pflicht. Am Neuwagen ist die ASU-Plakette drei Jahre gültig, dann sind Kontrollen im Zweijahres-Rhythmus fällig. ASU führen markengebundene und freie Werkstätten, Tankstellen, DEKRA und TÜV durch. Die Auspuffanlage muss intakt sein, ins Ansaugsystem darf keine Nebenluft eintreten. Lassen Sie den A6 stets in der Werkstatt warten, gehört die ASU zum Service dazu.

Tipps für die Arbeit an der Auspuffanlage

Auf rostigem Blech können Sie nicht mehr richtig schweißen. Der Erfolg von Reparaturen an einer durchgerosteten Auspuffanlage ist daher meist nur von kurzer Dauer. Auspuffkitt und Bandagen halten zwar einigermaßen, aber das Blech bricht dann bald neben der Reparaturstelle aus. Bei Auspuffanlagen mit mehr als einem Schalldämpfer kommt es häufig vor, dass nach dem Austausch des ersten wenige Monate später auch der zweite den Geist aufgibt. Werkstätten wechseln deshalb die Auspuffanlage in der Regel komplett aus. Das muss jedoch nicht immer sein. Prüfen Sie den Zustand der Anlage genau und entscheiden Sie erst dann, ob Sie einzelne Teile oder das ganze System austauschen.

Arbeitsschritte

① Der Wagen muss absolut rüttelsicher aufgebockt sein. Er soll schließlich nicht kippen, wenn Sie heftig an den Rohren drehen oder zerren.

② Wenn sich beim Demontieren eine Verschraubung nicht lösen lässt, sollten Sie sie durch Überdrehen abreißen. Beim Einbau grundsätzlich neue Schrauben und Muttern verwenden.

③ Haltegummis zur Sicherheit ebenfalls gleich austauschen.

④ Ist schon einmal ein Teil der Auspuffanlage ersetzt worden, lassen sich die Steckverbindungen der Rohrenden am besten in erhitztem Zustand trennen. Die Werkstatt nimmt dafür einen Schweißbrenner. Sie können aber auch einen Propangasbrenner für Heimwerker verwenden. Halten Sie bei dieser Arbeit unbedingt einen Feuerlöscher bereit. Wenn Sie das Gerät nicht haben: Versuchen Sie es mit Rostlösemitteln.

⑤ Die Rohre werden durch kräftige Drehbewegungen oder Hammerschläge getrennt.

⑥ Hilft das nicht, sägen Sie die Rohrverbindung des defekten Schalldämpfers knapp 10 Zentimeter hinter der Verbindungsstelle ab. Den Rest des Rohres mit der Metallsäge in Längsrichtung aufsägen und mit einem kräftigen Schraubendreher aufhebeln.

⑦ Die Verschraubungen der Auspuffanlage lassen sich beim nächsten Mal leichter lösen, wenn Sie die Gewinde beim Einbau mit hochhitzefestem Kupferfett bestreichen. Das gilt auch für die Rohrverbindungen.

Zustand der Auspuffanlage kontrollieren

Die Auspuffanlage ist mit dem Auspuffkrümmer durch Bolzen und Muttern fest verbunden. Am Fahrzeugboden hängt sie freischwingend in Gummistegschlaufen.

Arbeitsschritte | 15.000 km 12 Monate

① Gummistegschlaufen auf Brüchigkeit, Einrisse oder sonstige Schäden überprüfen, bei Bedarf ersetzen. Zur Kontrolle den Auspuff an den Gummischlaufen etwas nach unten ziehen.

② Verschraubungen am Auspuffkrümmerflansch auf festen Sitz überprüfen.

③ Halten Sie mit einem Lappen in der Hand das Auspuffendrohr zu. Der Motor muss nach kurzer Zeit ausgehen. Hören Sie zischelnde Geräusche und läuft der Motor ungestört weiter, ist die Anlage an der Geräuschstelle undicht.

④ Ein sehr dumpfer Auspuffton und Knallen im Schiebebetrieb weisen auf einen durchgerosteten Auspuff hin.

⑤ Klopfen Sie den Schalldämpfer mit einem Hammer rundum gründlich ab, auch an den Stirnseiten. Dabei nicht zu zaghaft hämmern. Klingt es bei jedem Schlag hell, ist das Blech noch gesund. Wird das Klopfgeräusch an manchen Stellen dumpfer, ist die Außenhaut bereits geschwächt und wird bald durchbrechen.

Auspuffanlage wechseln und einrichten

Wie bereits erwähnt, haben die A6er je nach Motorvariante unterschiedlich aufgebaute Abgasanlagen. Aus Platzgründen im hinteren Unterbodenbereich gibt es auch erhebliche Differenzen zwischen Front- und Allradantrieb. Wegen der geringen Verbreitung der Quattro-Modelle beschränken wir uns hier auf den 1,8 Liter-Motor und die Sechszylinder. Unsere Anleitung beschreibt den Ausbau der kompletten Auspuffanlage (ohne Krümmer). Wenn Sie nur einzelne Teile auswechseln wollen, brauchen Sie natürlich nur den für Ihre Reparatur zutreffenden Abschnitt zu berücksichtigen. Beachten Sie bei allen Motoren, dass das Abkoppelelement im Vorrohr am Katalysator nicht mehr als 10 Grad geknickt werden darf.
Denken Sie grundsätzlich daran, beim Ersatzteilkauf neue selbstsichernde Muttern mitzunehmen. Auch Dichtungen und altersschwache Haltegummis sollten Sie ersetzen.

Arbeitsschritte

1.8-Liter (Sauger)

① Fahrzeug rüttelsicher aufbocken.

② Um das **Abgasvorrohr mit Katalysator** auszubauen, muss zunächst der Querträger am Fahrzeugboden demontiert werden. Dann lösen Sie die Muttern am Krümmer und die Klemmhülse am Verbindungsrohr zum Schalldämpfer.

③ Beim Einbau der Klemmhülse vorn muss zuvor die Auspuffanlage spannungsfrei eingerichtet werden. Die Verschraubung der Hülse soll nach links zeigen, das Schraubenende darf nicht über die Unterkante der Klemmhülse hinausragen. Ziehen Sie die Verschraubungen gleichmäßig an. An der Krümmerseite sollten Sie eine neue Dichtung verwenden.

④ Die **Nachschalldämpfer** sind in der Erstausrüstung fest miteinander verbunden. Soll nur ein Dämpfer ersetzt werden, müssen Sie das Verbindungsrohr an der durch eine Eindrückung markierten Stelle rechtwinklig durchsägen oder -flexen.

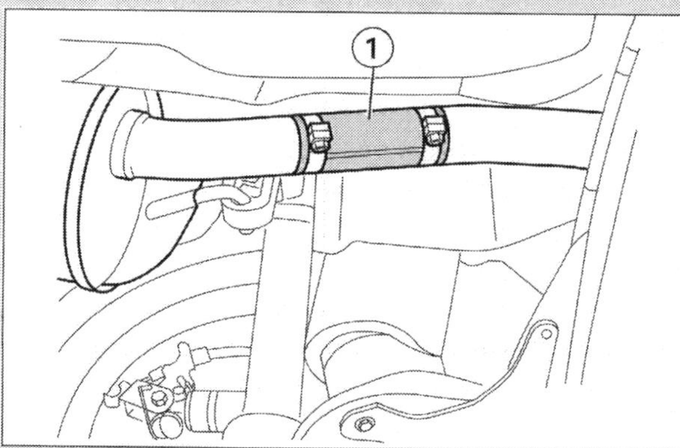

Die Reparatur-Hülse ❶ kommt zum Einsatz, wenn nur ein Schalldämpfer getauscht werden soll. Sie muss mittig zum Sägeschnitt positioniert werden. Die Schraubenköpfe sollen laut Audi-Vorschrift zum Tank zeigen.

⑤ Bevor Sie die neue Reparaturhülse ❶ festziehen, müssen Sie die Abgasanlage spannungsfrei ausrichten. Die Hülse muss mittig zum Sägeschnitt positioniert werden. Die Schraubenköpfe sollen laut Audi-Vorschrift zum Tank zeigen.

⑥ Soll der **Mittelschalldämpfer** ersetzt werden, müssen Sie zuvor den hinteren Querträger am Fahrzeugboden ausbauen. Beim Einbau ist er neu abzudichten.

⑦ Beim Einbau alle Teile der Auspuffanlage am Fahrzeug erst einmal lose montieren, die Schraubverbindungen an Flanschen und Schellen handfest beidrehen. Die Verbindungsschelle so montieren, dass die Öffnung nicht auf einem Rohrschlitz sitzt.

⑧ Auspuffanlage in ihren Gummistegschlaufen ausrichten. Die Gummistegschlaufen sollen unter gleichmäßigem Zug stehen und dürfen nicht verformt sein.

⑨ Die Auspuffanlage muss auch genügend Abstand zur Karosserie bzw. zu den einzelnen Hitzeschilden haben. Das Mindestmaß beträgt 25 Millimeter. Durch Drehen bzw. Verschieben in Längsrichtung die Anlage ausrichten. Um die Auspuffanlage spannungsfrei einzurichten (nur bei kalter Anlage), gehen Sie vor wie im Folgenden beschrieben. Hinweis: Nur bei Fahrzeugen mit Klemmhülse zwischen Mittel- und Nachschalldämpfer muss zusätzlich der Mittelschalldämpfer eingerichtet werden.

⑩ Schieben Sie den vorderen Teil der Abgasanlage so weit nach vorn, bis die Vorspannung an der Halteschlaufe rechts am Mittelschalldämpfer sieben bis neun Millimeter beträgt.

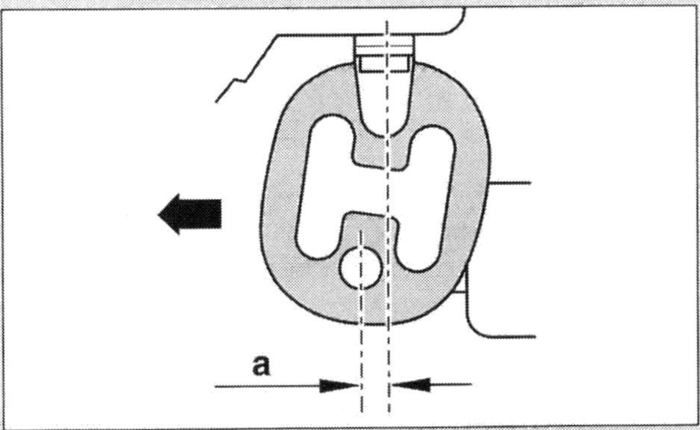

Beim Einrichten der Auspuffanlage muss der vordere Teil so weit nach vorn geschoben werden, bis die Vorspannung an der Halteschlaufe rechts am Mittelschalldämpfer a = 7 bis 9 Millimeter beträgt.

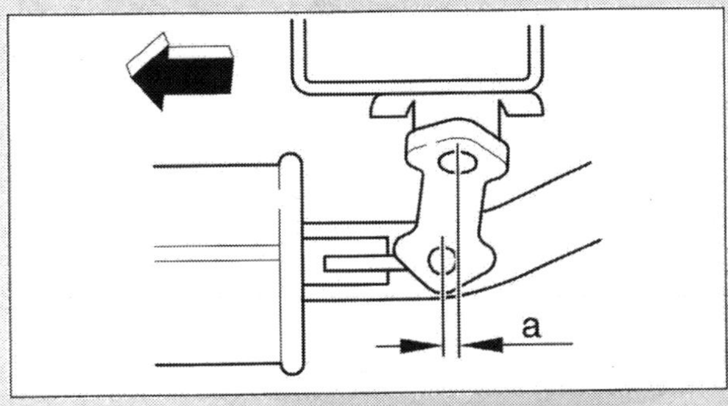

Schieben Sie den hinteren Teil der Abgasanlage so weit nach vorn, bis die Vorspannung an den Halteschlaufen hinten am Nachschalldämpfer a = 12 bis 14 Millimeter beträgt.

⑪ Ziehen Sie die Verschraubungen gleichmäßig fest.

⑫ Schieben Sie den hinteren Teil der Abgasanlage so weit nach vorn, bis die Vorspannung an den Halteschlaufen hinten am Nachschalldämpfer 12 bis 14 Millimeter beträgt.

⑬ Ziehen Sie die Schrauben an der Klemmhülse gleichmäßig fest.

⑭ Prüfen Sie den Abstand zwischen Endrohr und Stoßfänger. Er soll mindestens 40 Millimeter betragen.

Die Sechszylinder

① Beim Ausbau der Abgasrohre mit den **Katalysatoren** ziehen Sie zuerst die Steckverbindungen für die Lambda-Sonden (eine auf jeder Seite) ab. Die Stecker sind an der Spritzwand befestigt. Beachten Sie, dass die Abkoppelelemente nicht mehr als zehn Grad abgeknickt werden dürfen.

② Zum einzelnen Ersetzen des Vor- oder Nachschalldämpfers ist wie bei den anderen Modellen eine Trennstelle vorgesehen. An dieser Stelle muss das Verbindungsrohr durchgesägt werden.

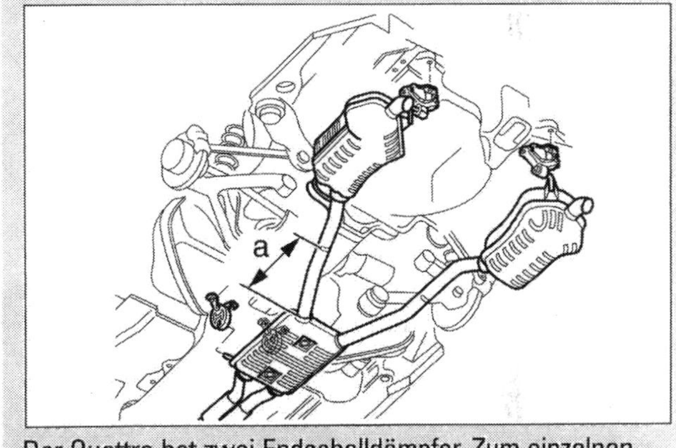

Der Quattro hat zwei Endschalldämpfer. Zum einzelnen Ersetzen sägen Sie das Verbindungsrohr durch. Die Trennstelle sehen Sie auf der Zeichnung. Das Maß **a** beträgt ca. 244 Millimeter.

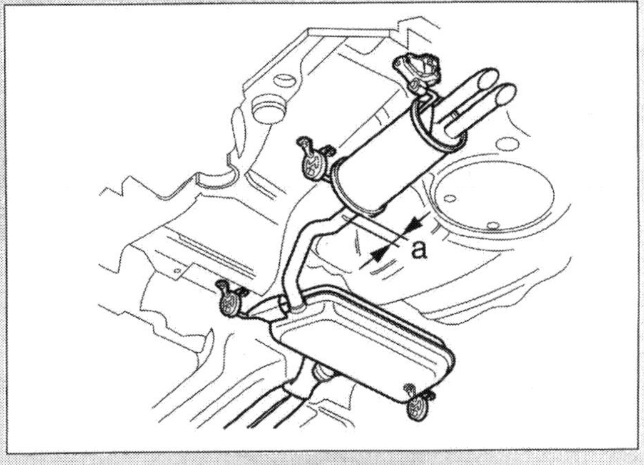

Die Dämpfer beim V6-Fronttriebler. Das Maß **a** zur Trennstelle beträgt ca. 182 Millimeter.

DIE KRAFT-ÜBERTRAGU

Hier sehen Sie ein Getriebe mit angeflanschtem Verteilergetriebe für den Allradantrieb. Es handelt sich um ein so genanntes Kurzbaugetriebe mit zwei Antriebswellen, auf denen die Gänge verteilt sind. Diese Bauweise spart Baulänge.

NG

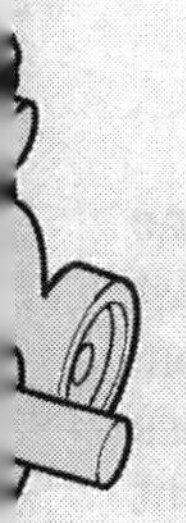

Wartung

Reparatur

Das System der Kraftübertragung besteht aus Getriebe, Kupplung und Achsantrieb. Damit alle Akteure perfekt zusammenarbeiten, sind sie durch ein ausgeklügeltes System aus Gelenken, Wellen und Zahnrädern miteinander verbunden. Welche Kraft tatsächlich an den Rädern benötigt wird, hängt natürlich davon ab, was Sie Ihrem Fahrzeug während der Fahrt gerade abverlangen. Dazu kommt, dass der Motor nur in einem begrenzten Drehzahlband eine verwertbare Leistung anbietet. Damit Ihr A6 beim Beschleunigen und Bergfahren trotzdem genügend Zugkraft entwickelt, ist das Getriebe mit verschiedenen Gängen (Übersetzungen) versehen.

Übersetzungen für die Zugkraft

Beim Anfahren zum Beispiel wird an den Antriebsrädern ein großes Drehmoment benötigt, während der niedrig drehende Motor nur ein geringes Drehmoment zur Verfügung stellt. Legen Sie den ersten Gang ein, wird die Motordrehzahl durch die Übersetzung ins Langsamere vergrößert. Auf der schnellen Autobahnfahrt im fünften Gang verhält es sich genau umgekehrt. Dann ist eine Übersetzung ins Schnellere wirksam, die Motordrehzahl wird im Vergleich zur Drehzahl der Antriebsräder verkleinert. Das Getriebe passt also die Umdrehungen des Motors der gewünschten Geschwindigkeit an den Rädern an.

Kupplung unterbricht den Kraftfluss

Allerdings muss der direkte Kraftfluss vom Motor zum Getriebe auch unterbrochen werden können. Das ist dann erforderlich, wenn Sie das Fahrzeug starten, mit laufendem Motor an einer roten Ampel stehen oder die Gänge wechseln wollen. Bei Fahrzeugen mit Schaltgetriebe übernimmt die Kupplung diese Aufgabe. Sie ermöglicht auch ruckfreies Anfahren, indem sie die unterschiedlichen Drehzahlen von Kurbelwelle und Antriebswelle des Getriebes ausgleicht. Komplizierter wird die Angelegenheit bei den Automatikgetrieben. Beim 1.8 und 1.9 TDI kommt eine Vierstufen-Automatik zum Einsatz, bei den stärker motorisierten Varianten das Tiptronic-Getriebe mit fünf Stufen. Bei der Tiptronic lassen sich die Gänge wahlweise auch manuell schalten. Einen mechanischen Eingriff gibt es dabei nicht. Der Fahrer gibt durch Antippen des Wählhebels ein Signal an das Steuergerät, das daraufhin den Schaltbefehl an das Getriebe weiterleitet.

Aufgabe des Achsantriebs

Der Achsantrieb schließlich ist die letzte Zwischenstation, die das vom Motor produzierte Drehmoment auf dem Weg zu den Antriebsrädern erreicht. Seine Aufgabe besteht darin, die vom Getriebe kommenden Drehzahlen ins Langsamere zu übersetzen, das Drehmoment zu vergrößern und gleichmäßig an die Antriebsräder zu übertragen.

Die Kupplung

In allen A6-Modellen mit Schaltgetriebe arbeitet eine sogenannte Einscheiben-Trockenkupplung. Das ist eine ebenso einfache wie zweckmäßige Konstruktion. Fürs Do it yourself hat sie freilich den Nachteil, dass ein Verschleißteil wie die Mitnehmerscheibe nicht

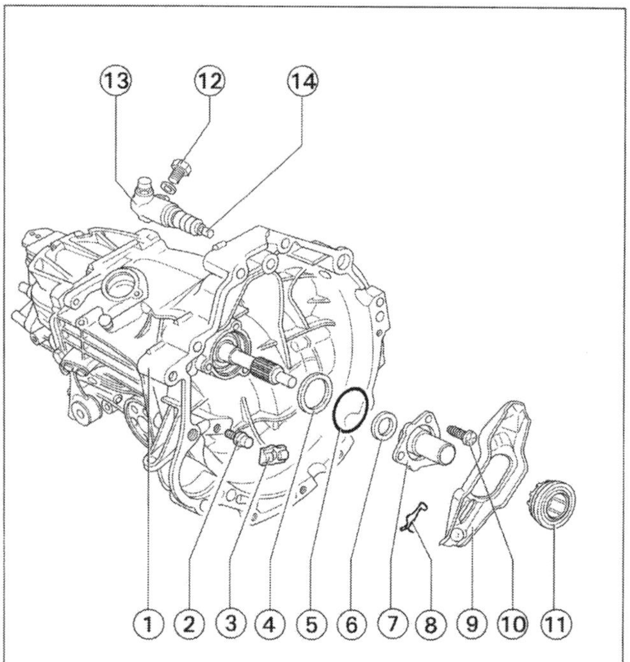

Die Teile der Kupplungsausrückung:
❶ Getriebe. ❷ Zwischenstück. ❸ Zwischenstück. ❹ Tellerfeder. ❺ Rundschnurring. ❻ Dichtring. ❼ Führungshülse. ❽ Haltefeder. ❾ Kupplungsausrückhebel. ❿ Innentorxschraube. ⓫ Ausrücklager. ⓬ Innensechskantschraube. ⓭ Nehmerzylinder. ⓮ Stößel.

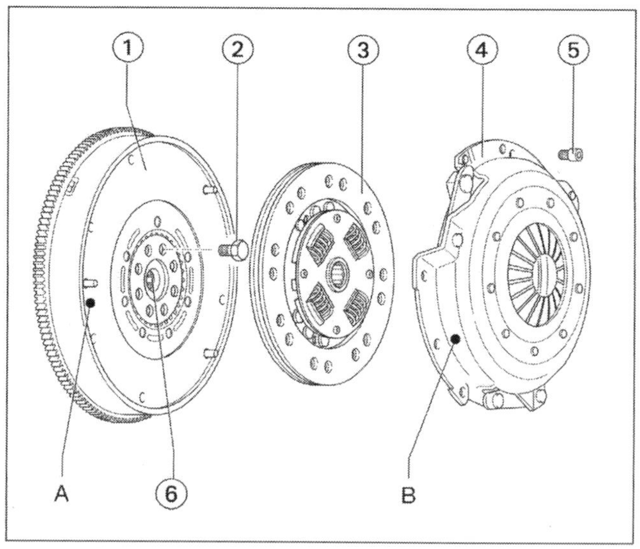

Die Elemente der Kupplung:
A und B Markierungen, nur bei Zweimassenschwungrad.
❶ Schwungrad. ❷ Schraube. ❸ Kupplungsscheibe. ❹ Druckplatte. ❺ Schraube. ❻ Nadellager zur Getriebewellen-Führung.

ohne weiteres zugänglich ist. Dafür muß zum Beispiel das Getriebe vom Motor getrennt und nach unten ausgebaut werden. Das ist jedoch eine Arbeit, die viel Know-how und Spezialwerkzeuge erfordert. Den Austausch von Kupplungsteilen sollten Sie der Werkstatt überlassen.

Die wichtigsten Teile der Kupplung

Kupplungsbetätigung. Beim A6 wird der Ausrückhebel über ein hydraulisches System betätigt. Das System gleicht Kupplungsverschleiß selbsttätig aus. Der Geberzylinder sitzt am Kupplungspedal, der Nehmerzylinder am Getriebe, beide Zylinder sind über eine hydraulische Leitung verbunden. In der Leitung fließt dieselbe Flüssigkeit wie im Bremssystem. Sinkender Pegel im Bremsflüssigkeitsbehälter kann also auch durch einen Defekt in der Kupplungsbetätigung verursacht werden. Für die Bremse besteht aber keine Gefahr: Der Entnahmestutzen zur Kupplungshydraulik ist relativ hoch am Bremsflüssigkeits-Behälter angebracht, so dass immer ein ausreichender Flüssigkeitsrest für die Bremse zurückbleibt.

Motorschwungscheibe. Ist fest mit der Kurbelwelle verbunden. Beim 2.8 kommt ein Zweimassen-Schwungrad zum Einsatz, das die Weitergabe von Schwingungen vom Motor auf das Getriebe vermindert.

Kupplungsscheibe (Mitnehmerscheibe). Sitzt auf der Eingangswelle des Getriebes. Auf beiden Seiten sind Beläge aufgenietet. Die Scheibe des A6 hat einen Außendurchmesser von 228 Millimetern.

Kupplungsdruckplatte. Preßt die Kupplungsscheibe mittels Tellerfeder gegen die Schwungscheibe. Ist mit der Schwungscheibe fest verschraubt.

Ausrücklager. Beim Tritt aufs Kupplungspedal wird über die Kupplungshydraulik der Ausrückhebel mit der Ausrückgabel betätigt. Die Ausrückgabel drückt das Ausrücklager auf der Ausrückwelle gegen die tortenförmig eingeschnittene Tellerfeder der Kupplungsdruckplatte.

So funktioniert die Kupplung

Technik-lexikon

Kupplungsspiel. Solange das Kupplungspedal nicht gedrückt wird, sorgt das Kupplungsspiel dafür, daß das Ausrücklager nicht ständig unter Druck steht. Das Kupplungsspiel wird kleiner bei abnutzenden Belägen (Pedalspiel wird größer). Die Druckplatte nähert sich dem Ausrücklager. Liegt das Lager ohne Spiel an der Ausrückgabel an, stützt sich die Tellerfeder der Druckplatte gegen das Ausrücklager ab. Statt die Mitnehmerscheibe gegen die Anlageflächen von Schwungscheibe und Druckplatte zu pressen, wird die Feder entlastet und die Reibungskraft geringer – die Kupplung rutscht durch.
Auskuppeln. Wenn Sie das Kupplungspedal treten, überwindet das Ausrücklager die Federkraft der Tellerfeder. Die Druckplatte wird entlastet und bei völlig durchgetretenem Pedal zurückgezogen. Die Mitnehmerscheibe kann nun im Raum dazwischen frei umlaufen.
Einkuppeln. Die Tellerfeder der Druckplatte drückt die Mitnehmerscheibe langsam gegen das Motorschwungrad, bis sie sich mit der gleichen Drehzahl dreht. So werden die Kräfte sanft übertragen. Dabei schleifen die Anlageflächen eine kurze Zeit aufeinander, ehe die Reibung wieder so groß ist, daß die Motorleistung vollständig auf das Getriebe übertragen wird.

Die Kupplungsmörder

Praxistipp

Anfahren mit hoher Motordrehzahl (Kavalierstart) oder im 2. Gang bewirkt einen starken Verschleiß der Kupplungsbeläge. Wenn Sie während der Fahrt den Fuß nicht neben dem Kupplungspedal abstellen, sondern ihn darauf ausruhen lassen, schleift die Kupplung ständig leicht. Das halten die besten Beläge nicht lange aus. Ebensowenig die Unsitte, das Fahrzeug an einer Steigung mit Kupplungs- und Gaspedal in der Waage zu halten. Wenn Sie stets mit eingelegtem 1. Gang und durchgetretenem Kupplungspedal an der roten Ampel warten, ist dies ebenfalls ein Verschleißfaktor. In diesem Fall wird das Ausrücklager stark beansprucht. Kuppeln Sie lieber aus, solange die Ampel rot zeigt, und legen Sie den 1. Gang erst ein, wenn die Ampel auf Gelb schaltet.

Kupplung prüfen

Eine schleifende Kupplung macht sich zuerst bemerkbar, wenn Sie Ihr Fahrzeug im höchsten Gang beschleunigen. Der Motor dreht hoch, ohne daß die Fahrgeschwindigkeit zunimmt. Die folgende Prüfmethode zeigt Ihnen, ob die Kupplung noch gut funktioniert. Diesen Test sollten Sie jedoch nur gelegentlich durchführen. Außerdem muß dafür die Handbremse in Ordnung sein.

Arbeitsschritte

① Handbremse anziehen und Motor starten.

② Legen Sie den 3. Gang ein; dann langsam einkuppeln und Gas geben.

③ Bei einwandfreier Kupplung wird der Motor abgewürgt.

④ Dreht der Motor weiter, ist ein Kupplungstausch fällig.

Trennt die Kupplung richtig?

Wenn kratzende oder krachende Geräusche den Schaltvorgang untermalen, trennt meistens die Kupplung nicht mehr richtig. Machen Sie folgende Probe mit dem nicht synchronisierten Rückwärtsgang – so schließen Sie eine mögliche Ursache dieser Geräusche durch ein defektes Getriebe aus.

Arbeitsschritte

① Motor im Leerlauf drehen lassen.

② Kupplungspedal voll durchtreten, etwa drei Sekunden warten, dann Rückwärtsgang einlegen. Wenn Sie jetzt das kratzende Geräusch hören, läuft die Mitnehmerscheibe nicht ganz frei – die Kupplung trennt nicht sauber.

③ Kontrollieren Sie in diesem Fall die Funktion der hydraulischen Übertragungselemente. Eventuell muß die Kupplungsbetätigung entlüftet werden. Untersuchen Sie die Teile der Kupplungsbetätigung auf Undichtigkeiten.

Praxistipp

Fahren mit defekter Kupplungsbetätigung

Wenn unterwegs die Kupplungsbetätigung den Geist aufgibt, bedeutet dies nicht das Ende der Fahrt. Ein nahes Ziel oder die nächste Werkstatt erreichen Sie auch ohne Betätigung der Kupplung. Bei feinfühligem Umgang mit Gaspedal und Schalthebel können Sie sogar hoch- und herunterschalten.

Anfahren. 1. Gang einlegen und Anlasser betätigen. Der A6 ruckelt los und setzt sich mit anspringendem Motor in Bewegung. Wer während der Fahrt nicht schalten will, fährt auf diese Weise in der Ebene im 2. Gang an.

Hochschalten. 1. Gang nur knapp über Leerlaufdrehzahl hinausdrehen (ca. 1000/min). Gas etwas zurücknehmen, Schalthebel in Leerlauf-Stellung ziehen. Wenn der Gang klemmt, ein wenig Gas geben. Dann Gaspedal loslassen und den Schalthebel sachte in Richtung des 2. Gangs drücken. Bei richtiger Drehzahl von Motor und Getriebe rutscht der Gang fast von selbst hinein.

- Wenn Sie zu lange gewartet haben, müssen Sie ein wenig Gas geben, damit sich die Fahrstufe ohne knirschende Zahnräder einlegen läßt.
- Hat es nicht geklappt, halten Sie nochmals an und versuchen das Ganze von neuem.
- In die weiteren Gänge schalten Sie auf die gleiche Weise hoch. Am leichtesten geht dies in niedrigen Geschwindigkeiten: In den 3. Gang bei 30 km/h, in den 4. bei 40 km/h und in den 5. bei 50 km/h.

Herunterschalten. Geht am besten bei niedrigen Drehzahlen und Geschwindigkeiten.

- Zuerst mit dem Fuß vom Gas gehen und Gang herausnehmen.
- Dann behutsam Gas geben um die Motordrehzahl anzuheben. Gleichzeitig den Schalthebel in Richtung des niedrigeren Gangs drücken. Bei richtiger Motordrehzahl rutscht der Gang fast ohne Nachdruck hinein.

Kupplungs-Geberzylinder ersetzen

Bei den nachfolgenden Arbeiten müssen Sie darauf achten, dass keine Bremsflüssigkeit in den Wasserkasten und auf das darunterliegende Getriebe gelangt. Bremsflüssigkeit ist aggressiv und greift Lacke und Metalle an.

Arbeits-schritte

① Klemmen Sie den Nachlaufschlauch zum Vorratsbehälter (Bremsflüssigkeits-Behälter) beispielsweise mit einer Klemmzange ab.

② Ziehen Sie den Schlauch ab.

③ Schrauben Sie die Rohrleitung vom Geberzylinder ab. Es gibt auch eine Kunststoff-Version. Bei ihr hebeln Sie die Sicherungsklammer ab und ziehen die Rohrleitung etwas heraus.

④ Bauen Sie das Ablagefach an der Fahrerseite aus. Schauen Sie dazu bitte in das Kapitel »Der Innenraum«.

⑤ Falls ein Schalter über dem Kupplungspedal eingebaut ist, müssen Sie diesen herausziehen..

⑥ Trennen Sie das Kupplungspedal vom Geberzylinder. Dazu müssen Sie die Sicherungsklammer mit einem Schraubendreher aushebeln und den Bolzen herausziehen.

⑦ Den Geberzylinder können Sie vom Fahrgastraum aus abschrauben.

⑧ Beim Einbau verbinden Sie den Geberzylinder mit dem Kupplungspedal. Rasten Sie die Bolzensicherung im Kupplungspedal ein.

⑨ Drücken Sie die Sicherungsklammer bis zum Anschlag ein.

⑩ Stecken Sie die Rohrleitung in den Nehmerzylinder. Sie muß hörbar einrasten.

⑪ Schieben Sie den Nachlaufschlauch vom Bremsflüssigkeitsbehälter bis zum Anschlag auf.

⑫ Zum Schluss müssen Sie die Anlage entlüften.

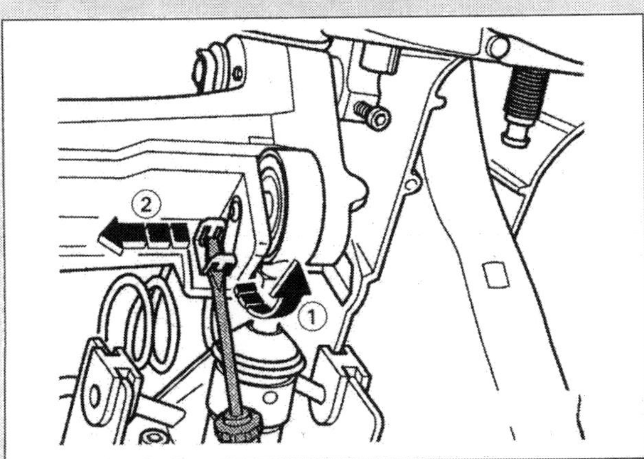

Den Geberzylinder können Sie vom Kupplungspedal trennen, indem Sie die Sicherungsklammer mit einem Schraubendreher aushebeln ❶ und den Bolzen herausziehen ❷.

Kupplungs-Nehmerzylinder ersetzen

Arbeits-schritte

① Fahrzeug vorn aufbocken und untere Motorraumabdeckung abbauen.

② Schrauben Sie die Hydraulik-Druckleitung am Nehmerzylinder ab. Vorsicht, dabei läuft Bremsflüssigkeit aus. Diese darf nicht auf das Getriebe gelangen. Denken Sie auch daran, dass nach dem Lösen das Kupplungspedal nicht betätigt werden darf.

③ Halteschraube lösen und den Zylinder nach hinten aus dem Getriebegehäuse herausziehen.

④ Beim Einbau sollten Sie bei Nehmerzylinder mit Kunststoffstützring die Ringaußenfläche leicht einfetten.

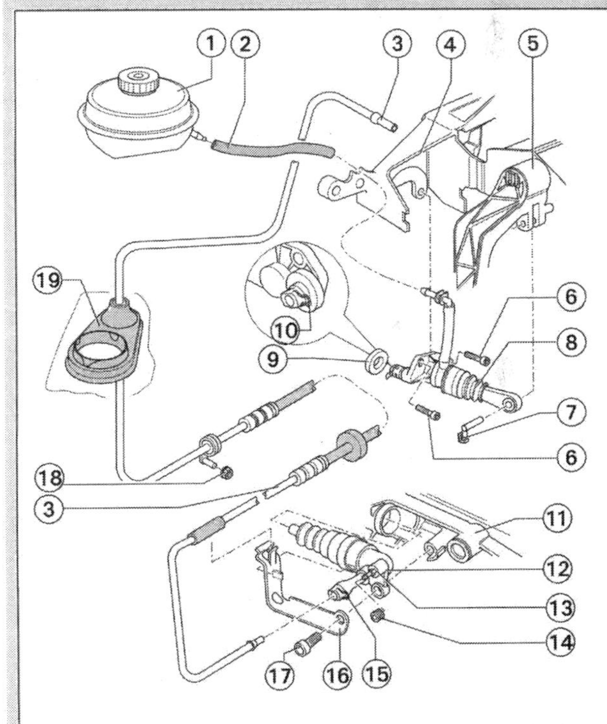

Die Teile der Kupplungshydraulik mit Nehmerzylinder: Die Zeichnung gilt für Vier- und Sechszylinder-Benziner. Beim Diesel gibt es zum Teil kleine Differenzen:
❶ Bremsflüssigkeitsbehälter. ❷ Nachlaufschlauch. ❸ Rohrschlauchleitung. ❹ Lagerbock. ❺ Kupplungspedal. ❻ Innensechskantschraube. ❼ Bolzen. ❽ Geberzylinder. ❾ Dichtung. ❿ Sicherungsklammer. ⓫ Getriebe. ⓬ Nehmerzylinder. ⓭ Entlüfterventil. ⓮ Sicherungsklammer. ⓯ Halter. ⓰ Innensechskantschraube. ⓱ Sechskantschraube. ⓲ Dichtung. ⓳ Dichtung.

⑤ Beim Einsetzen drücken Sie den Nehmerzylinder so weit nach hinten, bis sich die Befestigungsschraube montieren lässt.
⑥ Zum Schluss muss die Hydraulik entlüftet werden.

Kupplungshydraulik entlüften

In der Werkstatt wird die Kupplung mit einem Spezialgerät entlüftet. Mit einem Trick können Sie das Entlüften ohne großen Aufwand selbst machen. Beachten Sie auch hier auf jeden Fall die Sicherheitshinweise für

Arbeits-schritte

① Fahrzeug vorn aufbocken und untere Motorraumabdeckung abbauen.
② Nehmen Sie die Schutzkappe von dem Entlüftungsnippel einer Vorderradbremse ab und drehen den Nippel um etwa 1,5 Umdrehungen los. Bei dem Entlüftungsnippel des Kupplungs-Nehmerzylinders tun Sie das gleiche.
③ Verbinden Sie beide Nippel mit einem Schlauch.
④ Lassen Sie das Bremspedal von einem Helfer durchtreten, wenn das Pedal ganz durchgetreten ist, drehen Sie die Entlüfterschraube an der Bremse zu. Der Helfer kann das Pedal loslassen. Auf diese Weise pumpen Sie Bremsflüssigkeit von der Vorderradbremse durch die Kupplungshydraulik. Treten Sie nicht zu fest, andernfalls könnte der Schlauch abrutschen.
⑤ Behalten Sie den Flüssigkeitsstand im Bremsflüssigkeits-Behälter im Auge. Der Pegel darf nicht unter die MIN-Marke absinken.
⑥ Wenn keine Luftbläschen mehr aus der Kupplungshydraulik im Bremsflüssigkeits-Behälter aufsteigen, können Sie beide Nippel zudrehen und den Schlauch abnehmen. Die Kupplungshydraulik ist entlüftet.
⑦ Kontrollieren Sie zum Schluss noch einmal den Pegel im Bremsflüssigkeits-Behälter.

Das Schaltgetriebe

Die A6-Modelle mit Schaltgetriebe sind serienmäßig mit einem Fünfganggetriebe ausgestattet. Die Vorwärtsgänge beim A6 sind alle vollsynchronisiert, die Übersetzungsverhältnisse der einzelnen Gänge genau auf die jeweilige Motorleistung abgestimmt. Die Zahnradsätze im A6 haben eine sehr hohe Lebenserwartung. Wenn das Getriebe trotzdem einmal defekt ist, müssen Sie die Reparatur der Werkstatt überlassen. Das Zerlegen der Wellen und Zahnräder erfordert Spezialwerkzeuge und viel Know-how. Selbst Fachwerkstätten schicken reparaturbedürftige Getriebe in der Regel zu einem Spezialbetrieb.

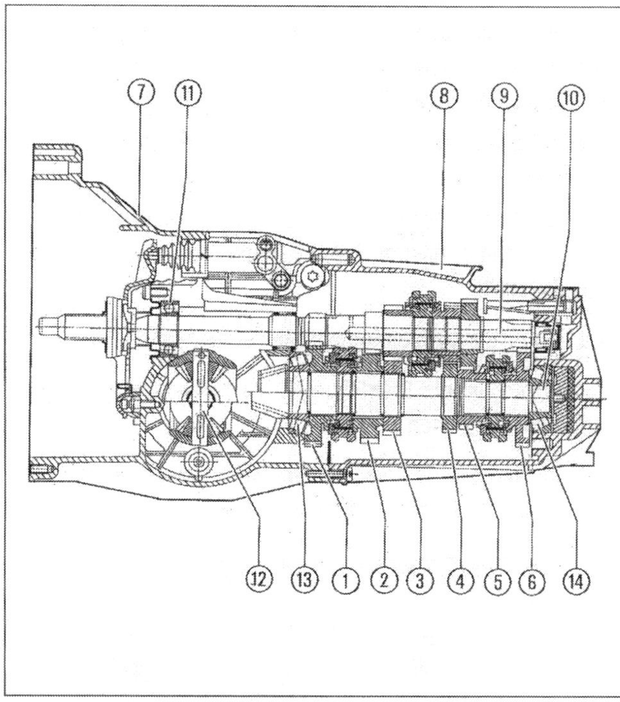

Das Fünfganggetriebe: ❶ 1. Gang. ❷ 2. Gang. ❸ 3. Gang. ❹ 4. Gang. ❺ 5. Gang. ❻ Rückwärtsgang. ❼ Getriebegehäuse. ❽ Getriebedeckel. ❾ Antriebswelle. ❿ Triebling. ⓫ Kugellager. ⓬ Ausgleichsgetriebe. ⓭ + ⓮ Kegelrollenlager.

Kupplung

Störungs-beistand

Störung	Ursache	Abhilfe
A Kupplung rutscht	**1** Kupplungsbeläge abgenutzt	Mitnehmerscheibe ersetzen lassen
	2 Anpressdruck der Kupplung zu gering	Kupplungsdruckplatte ersetzen lassen
	3 Kupplungsbelag verölt	Mitnehmerscheibe und defekte Getriebe- oder Kurbelwellendichtung ersetzen lassen
	4 Kupplung wurde überhitzt	Defekte Teile ersetzen lassen
B Kupplung trennt nicht	**1** Luft in der Kupplungshydraulik	Entlüften, defektes Teil ersetzen
	2 Mitnehmerscheibe klemmt auf Getriebewelle	Kerbverzahnung muß gereinigt und geschmiert werden
	3 Mitnehmerscheibe hat Schlag	Mitnehmerscheibe ersetzen lassen
	4 Mitnehmerscheibe verzogen oder Belag gebrochen	Mitnehmerscheibe ersetzen lassen
	5 Belag nach sehr langer Standzeit an Schwungrad festgerostet	Brutal anfahren: Kupplungspedal dauernd durchgetreten halten, Gaspedal ruckartig durchtreten und loslassen, um die Kupplung loszubrechen. Andernfalls wechseln lassen.
C Kupplung trennt nicht und rutscht gleichzeitig durch	**1** Kupplungsdruckplatte defekt	Auswechseln lassen
D Kupplung rupft	**1** Siehe A3	
	2 Motor- oder Getriebeaufhängung locker oder defekt	Motor- oder Getriebeaufhängung festziehen oder ersetzen
	3 Unebenheiten auf der Anlagefläche von Schwungscheibe oder Druckplatte	Defektes Teil ersetzen lassen
	4 Falsche Beläge	Mitnehmerscheibe ersetzen lassen
E Kupplungsgeräusche	**1** Unwucht der Kupplungsdruckplatte	Defektes Teil ersetzen lassen
	2 Torsions-Dämpferpaar defekt	Mitnehmerscheibe ersetzen lassen
	3 Ausrücklager defekt	Ausrücklager ersetzen lassen
	4 Nietverbindungen in der Kupplung locker	Kupplungsdruckplatte ersetzen lassen

So funktioniert das Schaltgetriebe

Technik-lexikon

Die Motorleistung wird über die Kupplung auf die Antriebswelle (Eingangswelle) des Schaltgetriebes geleitet. Auf dieser Welle sitzen fünf Zahnräder (plus eines für den Rückwärtsgang). Diese Zahnräder stehen mit den dazu passenden Zahnrädern auf der Abtriebswelle ständig im Eingriff. Die Zahnräder auf beiden Wellen sind auf stiftartigen Rollen (Nadeln) gelagert – es besteht keine starre Verbindung zwischen Welle und Rad.

Zahnräder und Wellen

Die Zahnräder laufen frei um, bis eines von ihnen durchs Schalten in einen Gang mit seinem Gegenpart auf der anderen Welle gekuppelt wird. Dazu wird zunächst auf jeder Welle über einen Synchronring eine starre Verbindung zwischen Zahnrad und Welle hergestellt – das Zahnrad sitzt jetzt fest auf der Welle und kann eine kraftübertragende Verbindung mit dem Gegenrad eingehen. Damit die Zahnräder ineinandergreifen können, müssen zuerst die Drehzahlen der Wellen übereinstimmen. Zu diesem Zweck schleift ein Teil einer Welle über Reibelemente gegen ein Teil der anderen Welle. Durch die Reibung wird die schnellere Welle abgebremst, bis beide Wellen gleich (synchron) drehen.

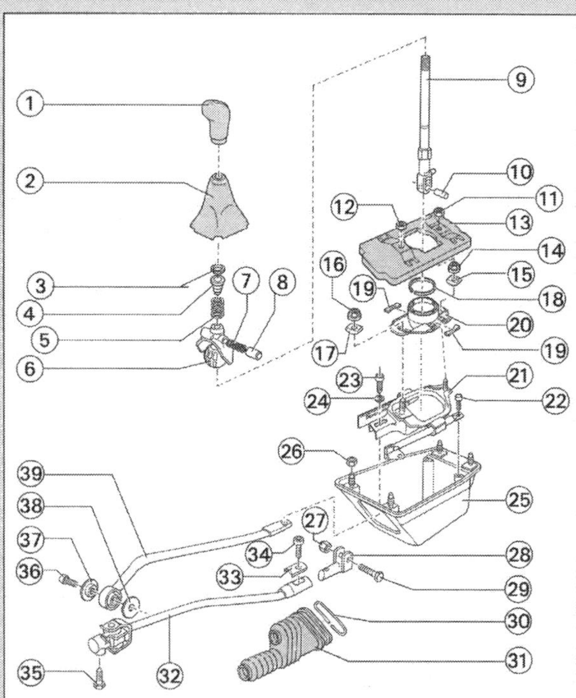

Schaltgänge Fünfganggetriebe:
(1) Schaltknopf. (2) Abdeckung. (3) Sicherungsring. (4) Distanzbuchse. (5) Druckfeder. (6) Kugelanschlag. (7) Druckfeder. (8) Buchse. (9) Schalthebel. (10) Distanzrohr. (11) Mutter. (12) Mutter. (13) Abdeckung. (14) Mutter. (15) Verbindungsstück. (16) Mutter. (17) Verbindungsstück. (18) Sicherungsring. (19) Puffer. (20) Kugelgehäuse. (21) Schubstange. (22) + (23) Schraube. (24) Scheibe. (25) Schaltgehäuse. (26) + (27) Mutter. (28) Schaltgabel. (29) Schraube. (30) Spannring. (31) Faltenbalg. (32) Schaltstange. (33) Klemmstück. (34) + (35) + (36) Schraube. (37) Scheibe. (38) Scheibe. (39) Schubstange.

Vorwärtsgänge und Rückwärtsgang

Die ersten drei Gänge übersetzen die Drehzahl ins Langsamere. Der vierte Gang ist der sogenannte direkte Gang, der die Motordrehzahl etwa im Verhältnis 1:1 überträgt. Im fünften Gang ist die Drehzahl der Abtriebswelle größer als die Motordrehzahl. Ein Auto muss natürlich auch rückwärts fahren können. Dazu sitzt auf jeder Antriebswelle ein zusätzliches Zahnrad, das den Drehsinn der Antriebsräder umkehrt. Mit dem Schalthebel wählen Sie den gewünschten Gang – eine Schaltstange überträgt die Bewegung des Schalthebels auf ein Schaltsegment am Getriebe.

An diesem Schnittmodell ist die Schaltung gut zu sehen: (1) und (3) Haltemuttern für das Schaltkugelgehäuse (2), (4) starre Reaktionsstange, (5) Schaltstange.

Praxistipp

Magnesiumgetriebe

Im Audi A6 werden neben den bisherigen Schaltgetrieben mit Aluminiumgehäusen auch Schaltgetriebe verbaut, bei denen das Getriebegehäuse aus Magnesium besteht. Um eine Kontaktkorrosion zu vermeiden, dürfen Sie nur Schrauben und Anbauteile verwenden, die für dieses Getriebe bestimmt sind. So erkennen Sie ein Magnesiumgetriebe: Suchen Sie auf der linken Getriebegehäuse-Seite vorn an der Kupplungsglocke und hinter der Antriebswelle unten nach dem Schriftzug »Mg Al Zn 1«. Das ist die Kennzeichnung für das Magnesiumgehäuse. Der Kennbuchstabe für Magnesiumgetriebe lautet DDU.

Schaltung einstellen

Wenn die Schaltung Probleme bereitet, kann sie mit Hilfe eines Helfers ohne großen Aufwand eingestellt werden. Kontrollieren Sie vor Arbeitsbeginn, ob die Teile der Schaltbetätigung nicht verbogen und die Lagerbuchsen nicht verschlissen sind. Außerdem muß die Schaltbetätigung leichtgängig und Getriebe, Kupplung und Kupplungsbetätigung in einwandfreiem Zustand sein. Wenn nur der 5. Gang und der Rückwärtsgang nicht eingelegt werden können, ist die Sperreinheit für diese Gänge zu prüfen und gegebenenfalls zu ersetzen.

Arbeitsschritte

① Schalten Sie den Leerlauf ein.
② Drehen Sie den Schaltknopf vom Schalthebel ab.
③ Die Schaltabdeckung wird zusammen mit der Abdeckung für die Mittelkonsole abgebaut. Heben Sie dazu die Abdeckung hinten und in der Mitte etwas nach oben und ziehen Sie nach hinten. Dann können Sie die komplette Abdeckung nach oben abnehmen.
④ Schrauben Sie die Gummiabdeckung für das Schaltgehäuse ab.
⑤ Messen Sie den Abstand zwischen Aufbau und Schaltbetätigung. Der Abstand muss 37 Millimeter betragen. Ist das nicht der Fall, stellen Sie so das richtige Maß ein.
⑥ Lösen Sie die Schraube für die Schubstange. Die Verbindung zwischen Schubstange und Schaltbetätigung muß leichtgängig sein. Um den korrekten Wert einzustellen, verschieben Sie die Schaltbetätigung. Ziehen Sie die Schraube wieder fest.

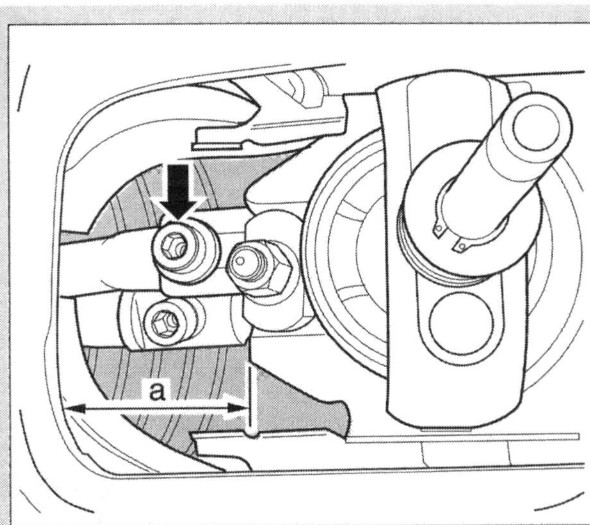

Der Abstand **a** muß 37 Millimeter betragen. Ist das nicht der Fall, müssen Sie die Schaltung einstellen. Dazu lösen Sie die Schraube (Pfeil) für die Schubstange.

Die Schaltabdeckung wird zusammen mit der Abdeckung für die Mittelkonsole abgebaut. Heben Sie dazu die Abdeckung hinten und in der Mitte etwas nach oben und ziehen Sie nach hinten.

⑦ Dann muss das Kugelgehäuse waagerecht ausgerichtet werden. Dazu lösen Sie die Muttern für das Kugelgehäuse, dann können Sie das Gehäuse einstellen. Ziehen Sie die Muttern wieder fest.
⑧ Dann lösen Sie die Schraube an der Schaltstange. Sie ist auf der Zeichnung unten links zu sehen. Richten Sie den Schalthebel nun so aus, daß er geringfügig nach hinten steht. Der Abstand für die beiden Nasen des Kugelanschlages zum Kugelgehäuse muß dabei auf beiden Seiten gleich sein.

⑨ Nun prüfen Sie, ob die Einstellung korrekt ist: Steht der Schalthebel im Leerlauf in der Gasse für den 3. und 4. Gang? Lassen sich bei getretenem Kupplungspedal alle Gänge sauber durchschalten? Achten Sie dabei besonders auf die Funktion der Rückwärtsgang-Sperre. Der Schalthebel muß sich auch selbsttätig von der Gasse des 5. Ganges in die Gasse des 3. und 4. Ganges zurückstellen. Tritt beim wiederholten Einlegen eines Ganges noch ein Haken auf, versuchen Sie noch Folgendes:

⑩ Lösen Sie die Muttern für das Kugelgehäuse.

⑪ Drücken Sie den Schalthebel bis zum Getriebeanschlag nach rechts, gleichzeitig drücken Sie das Kugelgehäuse links gegen den Schalthebel.

⑫ Halten Sie so alles fest und ziehen die Muttern an.

⑬ Montieren Sie die Abdeckung und den Schaltknopf.

Getriebeölstand kontrollieren

Das Schaltgetriebe des Audi A6 ist mit einer Dauerfüllung versehen. Denn im Getriebe wird – anders als im Motor – das Schmiermittel nicht verbraucht. Getriebeöl kann jedoch durch undichte Stellen ins Freie gelangen. Zeigt das Getriebegehäuse von außen keine öldurchtränkte Schmutzkruste, dürfte kaum Öl fehlen. Andernfalls muss der Ölstand geprüft werden.

Spezifikation des Herstellers

Wenn Sie Öl nachfüllen, muss das Schmiermittel den Anforderungen des Herstellers entsprechen. Audi schreibt das Synthetik-Getriebeöl G 052 911 A SAE 75 W 90 vor. Ein kompletter Ölwechsel ist nur nach Getriebereparaturen fällig. In diesem Fall brauchen Sie 2,25 Liter neues Getriebeöl.

Arbeitsschritte | **30 000 km 12 Monate**

① Die Öleinfüllschraube befindet sich links am Getriebe unterhalb des Gebers für den Tacho und kann vom Wärmeschutzblech für die Gelenkwelle verdeckt werden.

② Zur Ölstandsprüfung muss das Fahrzeug absolut waagerecht stehen. Am besten eignet sich hierzu eine Montagegrube oder Viersäulen-Hebebühne.

③ Öleinfüllschraube aus dem Getriebegehäuse herausdrehen. Läuft bereits etwas Getriebeöl heraus, stimmt der Ölstand. Wollen Sie bei der Kontrolle ganz sicher gehen, biegen Sie ein Stück Draht rechtwinklig ab und prüfen Sie damit den Ölstand von der Unterkante der Einfüllöffnung aus. Er muss bis zum unteren Rand der Einfüllöffnung reichen – aber nur bei den Getrieben 01E und 01A (Allradantrieb) sowie Magnesiumgetrieben. Bei den meisten Getrieben (Nr. 012) muss der Ölstand sieben Millimeter unterhalb der Einfüllöffnung sein.

④ Stimmt der Ölstand, Einfüllschraube einschrauben und festziehen.

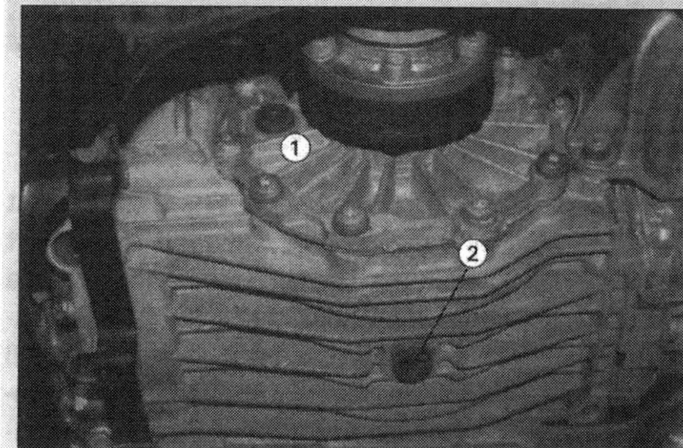

Die Ölkontrollschraube ❶ für den Getriebeölstand sitzt auf der linken Seite auf halber Höhe des Getriebegehäuses. Unten die Ölablassschraube ❷. Das Getriebeöl muss normalerweise nie gewechselt werden.

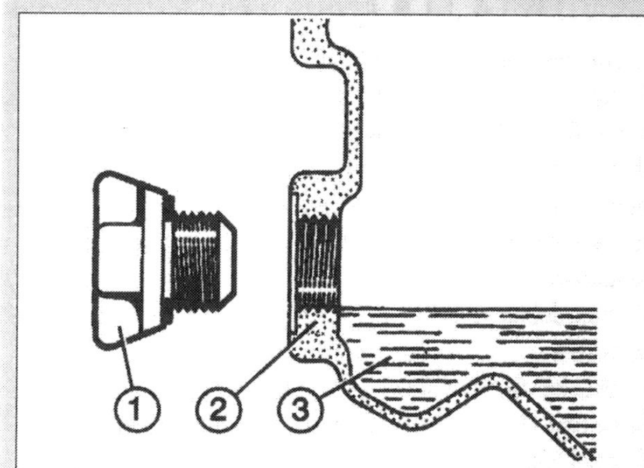

So muss bei einigen Getrieben ❷ nach Herausdrehen des Einfüllstopfens ❶ das Getriebeöl ❸ stehen. Bei den meisten Versionen muss der Ölstand niedriger sein, der Abstand zur Kante sieben Millimeter betragen.

Getriebeöl wechseln

Arbeitsschritte

① Wenn Sie das Getriebeöl wechseln, gehen Sie zunächst wie bei der Kontrolle vor; stellen Sie dann eine Auffangwanne unter das Fahrzeug.
② Ölablassschraube unten am Getriebe herausschrauben, Öl auslaufen und ganz abtropfen lassen.
③ Ölablassschraube einschrauben und festziehen.

Getriebeöl einfüllen

Arbeitsschritte

① Bei größerem Ölmangel (mehr als fünf mm unterhalb des vorgeschriebenen Ölstands) oder für einem Ölwechsel das vorgeschriebene Getriebeöl mit Hilfe von Trichter und Schlauch oder einer Ölspritzkanne einfüllen, bis es aus der Einfüllbohrung läuft. Das Einfüllen des sehr zähflüssigen Getriebeöls durch die seitliche Getriebeöffnung ist allerdings eine Geduldsprobe. Am besten lassen Sie diese Arbeit von Tankstelle oder Werkstatt erledigen.
② Einfüllschraube einschrauben und festziehen.

Praxistipp

Getriebegeräusche

Geräusche aus dem Getriebe bedeuten fast immer einen Verschleiß von Zahnrädern oder Wellenlagern. Solche Geräusche treten meist nur bei Fahrzeugen auf, die schon eine hohe Laufleistung auf dem Buckel haben. Kontrollieren Sie in diesem Fall zunächst einmal den Ölstand im Getriebe.

- Ein heulendes Geräusch nur in einem Gang bedeutet, dass die Verzahnung des betreffenden Gangradpaares vermutlich verschlissen ist.
- Bei Geräuschen in allen Gängen liegt die Ursache am Achsantrieb oder an den Wellenlagern des Getriebes.
- Rauhe, mahlende Geräusche, die erst bei warmem Getriebe hörbar werden, deuten auf schlagende Synchronringe hin.

Das Automatikgetriebe

Das Automatikgetriebe im Schnitt. Bei den leistungsschwächeren A6 1.8 und 1.9 TDI kommt eine Version mit vier Gängen zum Einsatz, bei allen stärkeren das Tiptronic-Getriebe mit fünf Gängen. Beide Getriebe sind so kompliziert, dass selbst Werkstätten nur selten größere Reparaturen durchführen. Nicht einmal den Ölstand kann man selbst kontrollieren.

Der A6 kann gegen Aufpreis mit einem Viergang- oder Fünfgang-Automaten ausgestattet werden. Die Viergang-Version gibt es für die leistungsschwächeren Modelle 1.8 und 1.9 TDI, die Fünfgang- oder Tiptronic-Getriebe für alle anderen Modelle.

Ein Automatikgetriebe ist ohne den Großeinsatz von Elektronik heute nicht mehr denkbar. Es verfügt über ein eigenes Steuergerät, das in ständigem Austausch mit dem Motorsteuergerät steht. Dieses liefert Informationen über Motordrehzahl, Kraftstoffverbrauch und Drosselklappenstellung. Andere wichtige Größen für die Automatik-Regelung kommen vom ABS-Steuergerät (für die Antischlupfregelung), dem Wählhebel und verschiedenen Sensoren im Getriebe.

So funktioniert das Automatikgetriebe

Kernstück der Getriebeautomatik sind die so genannten Planetenradsätze. Sie bestehen aus einem Zahnrad, um das drei weitere Zahnräder umlaufen. Über diese Anordnung ist ein Ringrad (Sonnenrad) mit Innenverzahnung gestülpt. Das Geniale an diesen Getrieben ist die Art, diese Radsätze zu schalten. Die Übersetzungsänderung erfolgt lediglich durch Festhalten oder Loslassen von Teilen des Planetenradsatzes. Geschaltet wird also ohne Unterbrechung des Kraftflusses vom Motor zu den Rädern. Das Halten und

Lösen besorgen hydraulisch gesteuerte Lamellenkupplungen und -bremsen. Das Viergang-Getriebe hat einen sogenannten Ravigneux-Planetenradsatz, das Fünfgang-Getriebe zusätzlichen einen nachgeschalteten Planetenradsatz.

Der Drehmomentwandler

Bei der Getriebeautomatik befindet sich zwischen dem Dreigang-Planetengetriebe und dem Motor ein hydraulischer Drehmomentwandler, der mittels einer Wandlerflüssigkeit das eingeleitete Motor-Drehmoment ans Getriebe weitergibt. Dazu treibt der Motor im Drehmomentwandler ein Pumpenrad an – die ATF-Flüssigkeit wird über ein sogenanntes Leitrad gegen das mit dem Getriebe verbundene Turbinenrad gedrückt, das sich dann in Bewegung setzt. Zwischen dem Pumpenrad und dem Turbinenrad besteht immer eine gewisse Drehzahldifferenz. Sie ist beim Anfahren am größten und nimmt mit zunehmender Geschwindigkeit immer mehr ab. Es herrscht also immer ein gewisser Schlupf. Bei hohen Drehzahlen werden nur noch 85 Prozent des Motordrehmoments weitergeleitet – ein Grund für den gegenüber handgeschalteten Getrieben höheren Verbrauch.

Um diesen Nachteil zu vermeiden, werden die Audi-Automatikgetriebe mit einer Wandlerüberbrückungskupplung ausgestattet. Sie ist einer Kupplungsscheibe nicht unähnlich: Bei geschlossener Überbrückungskupplung drückt ein Reibbelag auf den Wandlerdeckel, auf der anderen Seite ist die Kupplung über eine Verzahnung mit der Getriebeeingangswelle formschlüssig verbunden. Das Drehmoment fließt unter Umgehung des hydraulischen Wandlers direkt zur Getriebewelle, der Schlupf ist ausgeschaltet. Das System wird vom Steuergerät geschlossen und geöffnet.

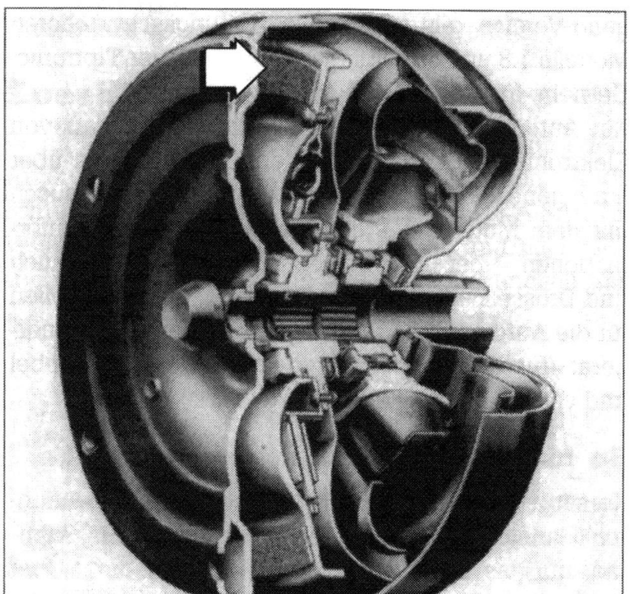

Das Schnittbild des Drehmomentwandlers zeigt deutlich die Schaufeln des Pumpenrades und des Leitrades. Der Pfeil deutet auf den Reibbelag der Wandlerkupplung, die – außer bei kalter ATF – ab höheren Geschwindigkeiten zur Vermeidung von Schlupf auf starren Durchtrieb schaltet.

Die Sensoren

- Getriebeingangsdrehzahl. Dieses Signal benötigt das Steuergerät, um die Schaltübergänge möglichst sanft regeln zu können. Fällt dieser Sensor aus, läuft das Getriebe im Notlaufprogramm.
- Getriebedrehzahl. Dieser Sensor informiert über die gefahrene Geschwindigkeit. Von ihr hängt ab, welcher Gang geschaltet wird und wie der Schaltdruck bei den Schaltübergängen eingestellt wird. Fällt der Sensor aus, kommt der Notlauf zum Einsatz.
- Kick-down-Schalter. Tritt der Fahrer das Gaspedal bis zum Anschlag, schaltet das Getriebe bis zu zwei Stufen direkt herunter, danach eine weitere. Nagelt der Fahrer das Gaspedal länger am Bodenblech fest, wird die Klimaanlage abgeschaltet, um mehr Motorleistung zur Verfügung zu stellen. Fällt dieser Schalter aus, holt sich das Steuergerät entsprechende Informationen vom Drosselklappen-Geber.
- Bremslichtschalter. Das Steuergerät löst die Wählhebelsperre bei stehendem Fahrzeug, wenn das Bremspedal getreten wird. Bei rollendem Fahrzeug und getretener Bremse nimmt der Computer Bergabfahrt an und schaltet herunter.
- Getriebeöltemperatur. Steigt die ATF-Öltemperatur auf über 120 Grad, wird die Wandlerüberbrückung früher geschlossen.
- Signal vom ABS/ASR-Steuergerät. Wenn die Antriebsschlupfregelung aktiviert wird, schaltet die Automatik weniger und verschiebt die Schaltzeitpunkte.
- Signale vom Motorsteuergerät über Motordrehzahl, Verbrauch und Drosselklappenstellung. All diese Informationen werden zur Berechnung des optimalen Schaltzeitpunktes gebraucht. Wird die Verbindung unterbrochen, arbeitet das Getriebe im Notlauf.

Das Dynamische Schaltprogramm (DSP)

Bei älteren Automatikgetrieben gab es bestenfalls nur die Wahl zwischen den Schaltprogrammen »Eco« und

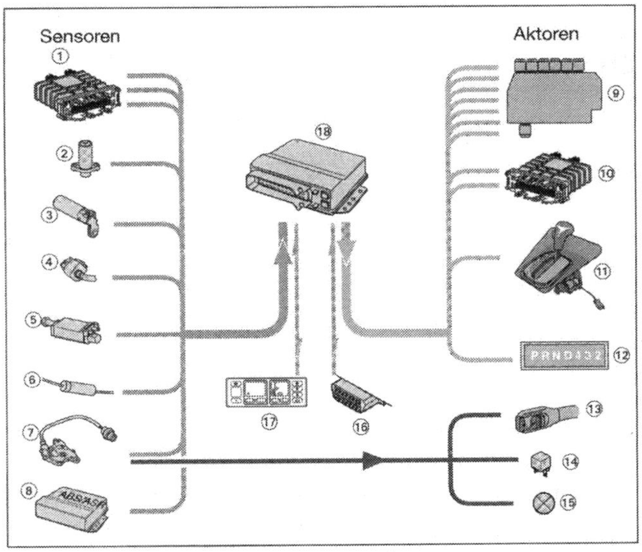

Systemübersicht Sensoren- und Aktoren-Netzwerk: ❶ Motorsteuergerät. ❷ Geber für Getriebeeingangsdrehzahl. ❸ Geber für Getriebedrehzahl. ❹ Kickdownschalter. ❺ Bremslichtschalter. ❻ Getriebeöltemperatur. ❼ Multifunktionsschalter. ❽ ABS/ASR-Steuergerät. ❾ Magnetventile. ❿ Motorsteuergerät. ⓫ Magnet für Wählhebelsperre. ⓬ Wählhebelanzeige. ⓭ Tempomat. ⓮ Relais. ⓯ Rückfahrlicht. ⓰ Anschluss für Eigendiagnose. ⓱ Klimaanlage. ⓲ Steuergerät für Automatikgetriebe.

»Sport«. Im ersten Fall wird früh hoch- und spät zurückgeschaltet. Das reduziert den Kraftstoffverbrauch. Im zweiten Fall hält das Steuergerät generell ein höheres Drehzahlniveau, um bessere Fahrleistungen zu ermöglichen.

Die modernen Automatikgetriebe dagegen verfügen über ein Schaltprogramm, daß sich auf verschiedene Fahrer einstellt. Im Steuergerät sind nicht weniger als 240 verschiedene Schaltkennlinien gespeichert. Welche Kennlinie nach Ansicht des Steuergeräts am besten zum individuellen Fahrstil des Fahrers paßt, entscheidet es anhand der Geschwindigkeit, mit der der Fahrer das Gaspedal heruntertritt. Bei beherztem Tritt beispielsweise stellt der Computer automatisch auf eine sportliche Schaltkennlinie. Aber das DSP kann noch mehr: Damit sich der Motor im kalten Zustand schneller erwärmt, wird zunächst erst bei höheren Drehzahlen geschaltet. So heizt sich auch der Kat schneller auf.

Das Notlaufprogramm

Fallen wichtige Sensoren aus, schaltet das Steuergerät auf ein Notlaufprogramm. Der A6 bleibt weiterhin fahrtüchtig, muss aber natürlich so schnell wie möglich in die Werkstatt. In diesem Programm sind alle Magnetventile im Getriebe stromlos und werden von Federn in ihre Ruheposition gedrückt. Vorwärts fährt das Auto nur noch im vierten Gang. Der Rückwärtsgang funktioniert noch, die Wandlerüberbrückungskupplung wird jedoch nicht mehr geschlossen. Beachten Sie in solchen Situationen die Ganganzeige im Tacho: Wenn alle Segmente aufleuchten, ist das Steuergerät noch aktiv. Ist alles dunkel, funktioniert auch das Steuergerät nicht mehr. In diesem Fall ist die Wählhebelsperre nicht aktiviert.

Technik-lexikon

Stellungen des Wählhebels

Bei der Tiptronic-Version hat der Wählhebel eine zweite Wahlgasse. Tippt der Fahrer dort den Wählhebel nach vorn, schaltet das Getriebe einen Gang höher. Der Druck nach hinten schaltet einen niedrigeren Gang.

P (Parken). In dieser Position wird das Antriebsrad im Ausgleichsgetriebe des Getriebes blockiert. Dazu greift eine Klaue in ein mit Nocken versehenes Rad am Antriebsrad des Ausgleichsgetriebes. Die Räder lassen sich in dieser Stellung nicht drehen und bleiben blockiert. Wenn Sie Ihren A6 parken, sollten Sie den Wählhebel auf »P« stellen – allerdings nur bei stehendem Fahrzeug. Zum Herausnehmen des Wählhebels aus dieser Stellung muss das Bremspedal getreten werden.

R (Rückwärtsgang). Um diesen Gang einzulegen, muss der Wagen stehen und der Motor im Leerlauf drehen. Wird während der Vorwärtsfahrt irrtümlich der Rückwärtsgang eingelegt, verhindert oberhalb einer bestimmten Geschwindigkeit ein Sicherheits-Steuerventil das Einrücken der Rückwärtsgang-Kupplung.

N (Neutral). In dieser Position besteht zwischen Motor und Antriebsrädern keine Verbindung. Im Gegensatz zur »P«-Stellung sind die Antriebsräder nicht blockiert, da alle Kupplungen gelöst sind und kein Radsatz festgehalten wird. Zum Herausnehmen des Wählhebels aus dieser Stellung muß das Bremspedal getreten werden.

D (Drive). In dieser Stellung wird auf die Vorwärtskupplung ein hydraulischer Druck ausgeübt. Dadurch wird das Drehmoment des Motors auf die Antriebsräder gebracht. Der A6 bewegt sich dabei mit »Kriech«-Geschwindigkeit vorwärts. Dies kann durch leichtes Bremsen verhindert werden. Beim Beschleunigen besteht normaler Fahrbetrieb mit allen Fahrstufen.

4 (4. Gang, nur Tiptronic). Diese Stellung sollten Sie wählen, wenn es zu einem häufigen Wechsel zwischen den Gängen 4 und 5 kommt.

3 (3. Gang). Diese Stellung wird empfohlen, wenn es unter bestimmten Bedingungen zu einem häufigen Wechsel zwischen dem 3. und 4. Gang kommt. Das kann bei hügeligen Fahrstrecken der Fall sein. Bei der Tiptronic ist dies die Stellung für Bergstrecken.

2 (2. Gang). Diese Stellung ist für Gefälle und Steigungen oder Anfahren bei Schnee und Eis vorbehalten. Das Getriebe bleibt beim Beschleunigen im 2.Gang. Nehmen Sie Gas weg, setzt der Motorbremseffekt ein. Bei der Tiptronic ist dies die Position für sehr steile Bergstrecken. Hier werden der erste und zweite Gang geschaltet. Der erste Gang lässt sich manuell nicht einlegen. Das macht das Steuergerät nur unter extremen Bedingungen.

1 (1. Gang, nur Viergang). Braucht nur bei extremem Gefälle oder Steigung eingelegt werden. Das Getriebe bleibt auch beim Beschleunigen im 1. Gang. Beim Gaswegnehmen setzt der volle Motorbremseffekt ein.

Wählhebelsperre: Zum Einlegen von »R«, »2« (außer von Stellung »1« in »2«) und »P« sowie zum Verlassen von »P« muss erst der seitliche Sperrknopf am Wählhebel gedrückt werden. Der Motor kann nur in Wählhebelstellung »P« oder »N« angelassen werden. Bei eingelegter »R«-, »D«-, »1«- oder »2«-Position verhindert ein Sicherheitsschalter am Getriebe den Startvorgang.

Zündschlüsselabzugssperre. Der Zündschlüssel lässt sich nur abziehen, wenn die Parkstellung P geschaltet ist.

Die glänzend polierte Schaltkulisse des Tiptronic-Automatikgetriebes. Rückt man den Hebel in die rechte kurze Gasse, kann man die Gänge manuell schalten. In der Praxis tut man das selten – die Automatik gibt keinen Anlass für Handgreiflichkeiten.

Praxistipp

Vorsicht beim Abschleppen

Springt Ihr A6 mit Automatikgetriebe einmal nicht an, hilft Anschieben oder Anschleppen nicht weiter. Der hydraulische Drehmomentwandler kann bei stehendem Motor keine Verbindung zum Motor herstellen. Versuchen Sie es daher zunächst mit Starthilfekabeln. Wollen Sie Ihren A6 abschleppen lassen, dann nur in Vorwärtsrichtung bei Wählhebelstellung »N«. Dabei nicht schneller als 30 km/h fahren und höchstens 50 km weit schleppen – sonst reicht die Getriebeschmierung wegen Überhitzung nicht aus. Lassen Sie im Zweifelsfall das Auto lieber verladen.

Automatikgetriebe prüfen

Achten Sie während der Fahrt gelegentlich darauf, ob das Automatikgetriebe noch richtig funktioniert. Die Art, wie die Schaltvorgänge erfolgen, gibt Aufschluss über den Zustand des Automatikgetriebes.

Arbeitsschritte

Hochschalten. Bei teilweise durchgetretenem Gaspedal ist der Gangwechsel kaum wahrnehmbar; bei Vollgas oder Kickdown werden die Übergänge zwar etwas deutlicher, doch muss der höhere Gang stets geschmeidig fassen. Kurzes Hochdrehen des Motors beim Gangwechsel deutet auf Fehler hin, die genauer untersucht werden müssen.

Herunterschalten. Das Herunterschalten darf bei niederen Geschwindigkeiten (Fuß vom Gas) kaum spürbar sein. Ein Stoß ist beim Zurückschalten mit Teil- oder Vollgas normal. Das Zurückschalten ohne Gas mit dem Wählhebel dauert eine bis zwei Sekunden. Wird bei zwangsweisen Zurückschalten mit dem Wählhebel zugleich Gas gegeben, erfolgt der Gangwechsel ohne Verzögerung.

Ölstand im Automatikgetriebe

Das Automatikgetriebe des Audi A6 ist mit einem speziellen Getriebeöl, dem VW ATF befüllt. Falsches Getriebeöl kann einen Totalschaden des Getriebes verursachen. Auch ein ungenauer Ölstand kann zu Problemen führen. Leider ist die Kontrolle des Ölstandes in Eigenregie nicht möglich, einen Ölmessstab gibt es beim Automatik-A6 nicht mehr. Auch einen Ölwechsel können Sie nicht selbst machen. Die Werkstatt misst bei der Ölstandskontrolle die Getriebeöltemperatur, um einen exakten Wert zu erhalten. Dafür benutzt sie Spezialwerkzeug. Sollten Sie Undichtigkeiten bemerken, schnellstens die Werkstatt aufsuchen. Folgende Auswirkungen kann falscher Ölstand haben:

- **Bei zu niedrigem Ölstand** werden die Kupplungen nicht kraftschlüssig und rutschen durch, weil die Ölpumpe Luft ansaugt. Die dadurch entstehende Schaumbildung verursacht vorzeitigen Verschleiß der Getriebeteile. Außerdem zersetzt sich das Öl, verharzt und bildet Ölschlamm.
- **Bei zu hohem Ölstand** wird das Öl durch die sich drehenden Teile zu stark aufgewirbelt und dadurch stark erhitzt. Dies hat die gleiche Wirkung, wie wenn bei zu niedrigem Ölstand Luft angesaugt wird.

Die Füllmengen

	Planetengetriebe Neufüllung	Planetengetriebe Wechsel	Achsantrieb
Viergang	5,5 l	ca. 3,5 l	0,75 l
Fünfgang	9,0 l	ca. 2,6 l	0,8 l

Für das Planetengetriebe darf nur das Öl VW ATF verwendet werden. Das Öl im Achsgetriebe (SAE 75W90) muss nicht gewechselt werden.

Praxistipp

ATF-Flüssigkeit wechseln

Bei normalem Fahrbetrieb sieht der Audi-Wartungsplan einen Wechsel der ATF-Flüssigkeit im automatischen Getriebe alle 60 000 km vor (Viergang). Bei häufigem Hängerbetrieb oder zahlreichen Fahrten im Gebirge ist ein Ölwechsel schon nach 30 000 Kilometern sinnvoll. Das ist jedoch eine Arbeit für die Audi-Werkstatt, die nicht nur die alte Ölfüllung absaugt, sondern auch das Ölsieb erneuert.

Ölstand im Achsantrieb des Automatikgetriebes prüfen

Arbeitsschritte 60 000 km 24 Monate

① Die Öleinfüllschraube befindet sich links am Getriebe (in Fahrtrichtung gesehen) hinter dem Flansch für die Antriebswelle.

② Zur Ölstandsprüfung muss das Fahrzeug absolut waagerecht stehen. Am besten eignet sich hierzu eine Montagegrube oder Viersäulen-Hebebühne.

③ Drehen Sie die Öleinfüllschraube heraus und prüfen Sie den Ölstand. Er muss bis zur Unterkante der Einfüllbohrung stehen. Ist das nicht der Fall, prüfen Sie den Achsantrieb auf Undichtigkeit.

④ Ist der Achsantrieb dicht, füllen Sie Synthetik-Achsöl der Spezifikation SAE 75W90 nach. Die Audi-Teilenummer lautet G 052 145.

⑤ Schrauben Sie die Schraube (gegebenenfalls mit einer neuen Dichtung) hinein. Anzugsmoment Getriebe 01N 25 Nm, Getriebe 01V 30 Nm.

Wählhebelseilzug prüfen und einstellen

Ein falsch eingestellter Seilzug führt oft zu Problemen beim Automatikgetriebe. Es kann zum Beispiel vorkommen, dass die Wählhebelposition nicht exakt mit der entsprechenden Position am Schaltsegment des Getriebes übereinstimmt.

Arbeitsschritte

① Wählhebel in Stellung »P« schalten.

② Bocken Sie das Fahrzeug auf.

③ Beim Fünfgang-Getriebe müssen Sie das Abschirmblech am Seilzug abbauen.

④ Ziehen Sie den Seilzug vom Hebel der Schaltwelle nach oben ab. Beim Fünfgang-Getriebe muss er abgehebelt werden.

⑤ Schalten Sie den Wählhebel von »P« nach 1 (2 beim Fünfgang-Getriebe).

⑥ Schaltbetätigung und Wählhebelseilzug müssen dabei leichtgängig sein. Ist das nicht der Fall, muss eventuell der Seilzug ersetzt oder die Schaltbetätigung repariert werden.

⑦ Schalten Sie den Wählhebel in Stellung »P«.

⑧ Schalten Sie den Hebel der Schaltwelle nach »P«. Die Parksperre muss einrasten. Beide Vorderräder dürfen sich gleichzeitig nicht mehr in eine Richtung drehen lassen.

⑨ Der Wählhebelseilzug muss sich nun auf den Hebel der Schaltwelle aufdrücken lassen. Geht das nicht, müssen Sie den Seilzug einstellen.

⑩ Lösen Sie dazu die Schraube am Widerlager des Seilzuges. Beim Fünfgang-Getriebe sind es zwei Schrauben.

⑪ Drücken Sie nun den Seilzug auf den Hebel der Schaltwelle. Prüfen Sie, ob der Seilzug spannungsfrei sitzt.

⑫ Ziehen Sie die Schrauben am Widerlager fest.

Automatikgetriebe

Störungs-beistand

Störung	Ursache	Abhilfe
A Verzögerter Einschaltstoß bei manueller Gangvorwahl	**1** ATF-Stand stimmt nicht	Prüfen lassen
	2 Mehrfachstecker sitzen nicht korrekt oder sind oxidiert	Alle Steckverbindungen kontrollieren
	3 ATF verunreinigt	ATF wechseln lassen
	4 Gestörte Kupplungs- oder Bremsband-Funktion bzw. falscher Steuerdruck	Druckprüfung durchführen lassen
	5 Schaltzug beschädigt, klemmt oder falsch eingestellt	Einstellen (lassen)
B Harter Einschaltstoß bei Vorwärts- oder Rückwärtsgang-Vorwahl	**1** Siehe A 1 – 4	
	2 Leerlaufdrehzahl zu hoch	Leerlaufdrehzahl einstellen (lassen)
	3 Unterdrucksystem undicht	»Falschluft«-Prüfung durchführen
	4 Achswellengelenke oder Motorlager ausgeschlagen	Kontrollieren und ggf. erneuern (lassen)
C Schaltzeitpunkte unkorrekt	**1** Siehe A 1, 3 und 4	
	2 Steuergerät hat Defekt	Überprüfen und ggf. austauschen lassen
D Fahrzeug fährt in der 2. oder 3. Fahrstufe an	**1** Siehe A 1, 4 und 5	
	2 Siehe C 2	
	3 Druckprobleme durch innere Undichtigkeiten	Druckprüfung durchführen und Getriebe überholen lassen
E Getriebe schaltet direkt von der 1. in die 3. Fahrstufe	**1** Siehe A 1 und 4	
	2 Bremsband verschlissen	Erneuern lassen
F Kein Zurückschalten bei Kick-down	**1** Siehe A 1, 4 und 5	
	2 Siehe C 2	
G Motor dreht beim Zurückschalten zwischen den Fahrstufen hoch	**1** Siehe A 1, 4 und 5	
	2 Siehe C 2	
	3 Siehe E 2	
H Keine Motorbremswirkung	**1** Siehe A 1 – 5	
	2 Siehe C 2	
	3 Siehe E 2	
I Parksperre hält nicht in Wählhebelposition »P«	**1** Siehe A 5	
J Motor kann in »N« oder »P« nicht gestartet werden	**1** Siehe A 2 und 5	
	2 Magnetschalter defekt	Kontrollieren und ggf. auswechseln lassen
	3 Bremsfunktionsschalter defekt	Kontrollieren und ggf. auswechseln

Automatikgetriebe

Störungs-beistand

Störung	Ursache	Abhilfe
K Motor kann in allen Wählhebelpositionen gestartet werden	1 Siehe A5	
	2 Schalter der Startsperre defekt oder Kabel hat Masseschluss	Überprüfen und ggf. austauschen lassen
L Kein Antrieb in allen Wählhebelpositionen	1 Siehe A 1 und 5	
	2 Innere Undichtigkeiten	Druckprüfung durchführen und Getriebe überholen lassen
	3 Kupplungen oder Bremsband verschlissen	Getriebe überholen lassen
	4 Drehmomentwandler defekt	Austauschen lassen
M Kein Antrieb im Rückwärtsgang bzw. Schlupf und Rattern (Vorwärtsgänge in Ordnung)	1 Siehe A1, 4 und 5	
	2 Rückwärtsgang-Kupplung verschlissen	Überholen lassen
N Kein Antrieb in Wählhebelposition »D«, »1« und »2« (Rückwärtsgang in Ordnung)	1 Siehe A1, 4 und 5	
	2 Siehe L 3	
O Kein Hochschalten in Wählhebelstellung »D«	1 Siehe A1, und 3–5	
	2 Siehe C2	
P Schlürfgeräusche und plötzliche Kraftschlußunterbrechung beim Anfahren	1 Siehe A1, 4 und 5	
Q Getriebe wird zu heiß	1 Siehe A1, 3 und 4	
	2 Siehe B2	
	3 Zuglast (bei Hängerbetrieb) zu hoch	Siehe Kfz-Schein
	4 Ölkühler oder/und Ölleitungen verengt oder verstopft	Reinigen oder auswechseln lassen

Der Achsantrieb

Das Getriebe gibt das gewandelte Drehmoment über ein kleines und ein großes Zahnrad (Achsantriebsrad) an den Achsantrieb weiter. An das große Zahnrad ist das Gehäuse des Achsantriebs angeschraubt. Die Antriebswellen stellen die kraftschlüssige Verbindung zwischen Achsantrieb und Radnabe her.

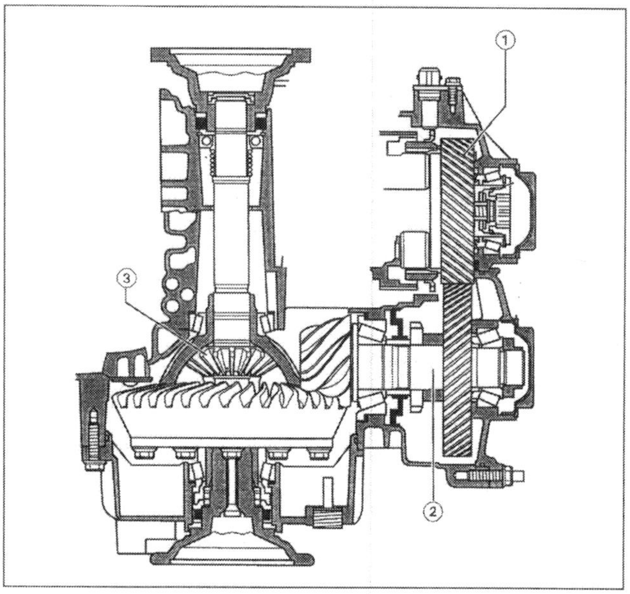

Hier sehen Sie einen Achsantrieb aus einem Automatikgetriebe im Schnitt. Die Kraft verläuft über das Antriebsrad ❶ über den Triebling ❷ zum Ausgleichsgetriebe ❸, das auch Differenzial genannt wird.

Achsantrieb und Antriebswellen

Achsantrieb. Sitzt mit dem Ausgleichsgetriebe (Differenzial) und dem Schaltgetriebe beziehungsweise Automatikgetriebe in einem Gehäuse. Darin befinden sich auch vier ineinandergreifende Kegelräder, von denen zwei mit den Antriebswellen verbunden sind.

Geradeausfahrt. Beide Vorderräder rollen mit der Drehzahl des Achsantriebsrades. Das Ausgleichsgetriebe dreht im gleichen Tempo, die Kegelräder stehen still.

Kurvenfahrt. Das kurvenäußere Rad muss einen längeren Weg zurücklegen als das innere. Die unterschiedlichen Radumdrehungen müssen also ausgeglichen werden, da sonst der Wagen ruckartig mit durchdrehenden Vorderrädern durch die Kurven fahren würde. Jetzt treten die Kegelräder in Aktion: Die schnellere Drehung des äußeren Kegelrades wirkt über die beiden Übertragungskegelräder auf das Kegelrad auf der Kurveninnenseite ein. Dieses dreht sich dann langsamer.

Kraftübertragung auf Räder (vom Ausgleichsgetriebe). Erfolgt über zwei Antriebswellen auf die Vorderräder. Es kommen dabei zwei verschiedene Antriebswellen-Typen zum Einsatz: Eine Version hat so genannte homokinetische Gelenke oder Gleichlaufgelenke. Bei ihr laufen beim Knicken des Gelenks sechs Kugeln in speziell geschliffenen Laufbahnen. So kann bei jedem Beugewinkel der Antriebswelle eine gleichmäßige Kraftübertragung gewährleistet werden.

Bei Fahrzeugen mit Automatikgetriebe und allen Sechszylindern entschieden sich die Ingenieure für Antriebswellen mit Tripodegelenk. Statt der sechs Kugeln besitzt dieses Gelenk drei Rollen auf Nadellagern. Diese Technik überträgt weniger Schwingungen vom Antrieb zur Karosserie.

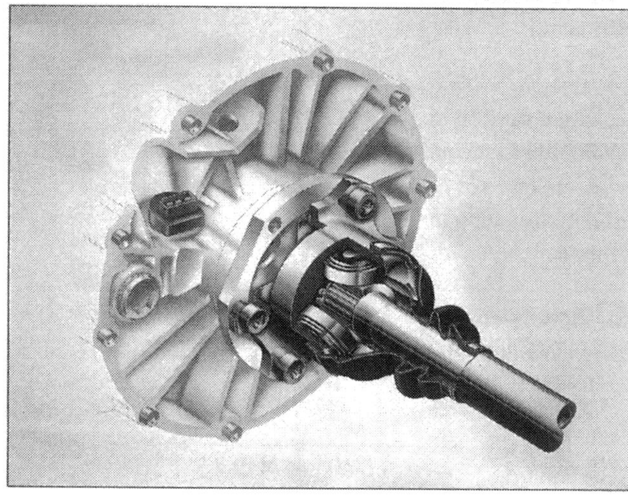

Bei Sechszylindern und Automatik-Versionen setzt Audi Antriebswellen mit so genannten Tripodegelenken ein. Sie übertragen weniger Schwingungen vom Antrieb zur Karosserie.

Beim **Quattro** verläuft die Antriebskraft vom Motor in das Parallel-Axis-Torsen-Mittendifferenzial (PAT) und von da aus zur Vorder- und Hinterachse. Für den Hinterachsantrieb braucht der Quattro zusätzlich wie ein Hecktriebler Kardanwelle, Hinterachsdifferenzial und Antriebswellen zu den Hinterrädern. Das PAT-Mittendifferenzial reguliert selbständig und auf rein mechanischem Wege die Kraftverteilung zwischen den beiden Achsen. Bei Drehzahldifferenzen zwischen den Achsen geht es selbsttätig in eine Sperrfunktion. Für das PAT-Differenzial ist keine Wartung vorgesehen, seine Lebensdauer entspricht der des ganzen Autos.

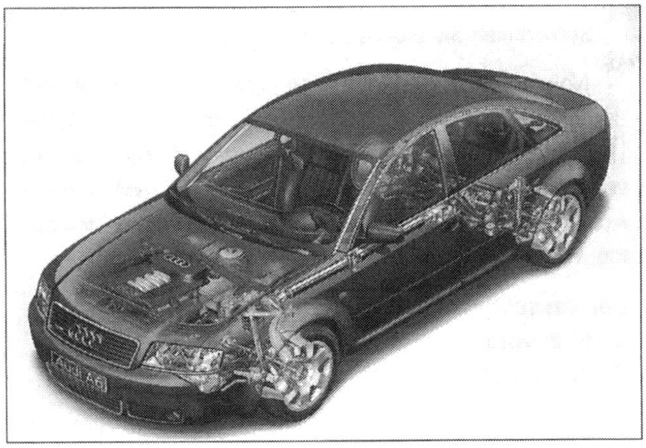

Den Allradantrieb gibt es für alle Benziner-Versionen gegen Aufpreis. Nur beim Topmodell 4.2 mit Achtzylinder-Motor ist die Quattro-Technik serienmäßig. Wegen des zusätzlichen Heckantriebs ist der Aufbau der Hinterachse ungleich aufwendiger als beim Fronttriebler.

Stümpfe der Antriebswellen. Laufen auf der Radseite in zwei Kugellagern des Lenk-Schwenklagers. Im Gegensatz zur Kerbverzahnung der Radnabenseite hat die Kerbverzahnung der Getriebeseite einen leichten Drall, was Klackgeräusche beim Anfahren vermeidet.

Praxistipp

Wenn die Antriebswelle knackt

Die Lebensdauer der Antriebswellen hängt auch von Ihrer Fahrweise ab. Vermeiden Sie Vollgasstarts mit eingeschlagenen Vorderrädern und Anfahren mit durchdrehenden Antriebsrädern. Geräusche, die auf einen Defekt hinweisen, können plötzlich auftreten, dann aber wieder für mehrere Tage aufhören.

- Rhythmische Schlag- oder Knack-knack-knack-Geräusche beim Gasgeben und im Schiebebetrieb (können sich beim Lenkeinschlag verändern) deuten auf einen Defekt am radseitigen Gelenk hin.
- Wenn bei eingeschlagenen Rädern das Lenkrad vibriert und zittert, ist vermutlich ebenfalls das äußere Gelenk beschädigt.
- Ein Knackgeräusch beim Anfahren mit eingeschlagenen Rädern kann einen Defekt an der Antriebswelle bedeuten. Achtung: Ein Schaden am Radlager äußert sich mit dem gleichen Symptom.

Manschetten der Antriebswellen prüfen

Arbeitsschritte — 20000 km / 12 Monate

① Wagen vorn mit frei hängenden Rädern aufbocken.
② Am Rad drehen und beide Gummimanschetten der Welle auf feine Risse und spröde Stellen kontrollieren. Dringen Schmutz und Feuchtigkeit ein, dauert es nur kurze Zeit, bis das Gelenk hinüber ist.
③ Sitz der Haltebänder prüfen.
④ Fettspuren an der Manschette sind ein Alarmsignal – fehlt Schmiermittel, kann dies das Gelenk zerstören. Die Gelenke sind mit Schmierfett gefüllt. Die Audi-Nummer für das Fett in den Antriebswellen mit homokinetischen Gelenken lautet G 000 603. Bei Tripodegelenken mit einem Außengelenk-Durchmesser von 98 Millimetern kommt G 000 633 zum Einsatz.
⑤ Beschädigte Manschetten sofort ersetzen. Dazu müssen Sie die Antriebswelle aus dem jeweiligen Antriebsgelenk ausbauen.

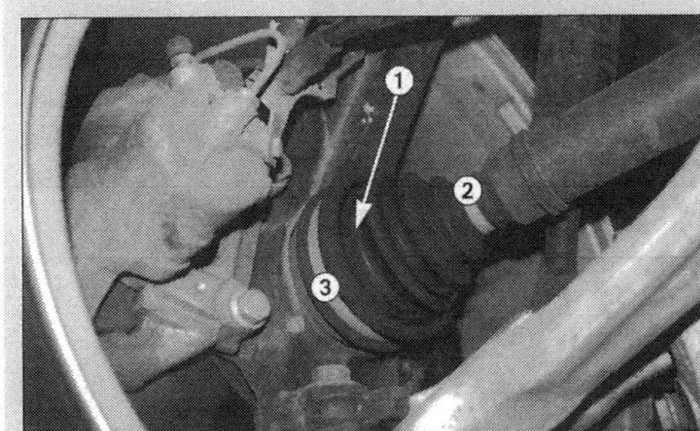

Bei der Kontrolle der Gelenkmanschetten ❶ sollten Sie auch den festen Sitz des inneren ❷ und äußeren ❸ Spannbandes überprüfen.

Antriebswelle ausbauen

Arbeitsschritte

① Radnabenmutter bei noch am Boden stehenden Fahrzeug lösen. Nehmen Sie dazu die Radkappe beziehungsweise Abdeckkappe bei Leichtmetallrädern ab. Lassen Sie einen Helfer die Bremse treten und lösen die Sechskantschraube.
② Wagen vorn mit frei hängenden Rädern aufbocken, Vorderrad abbauen.

③ Schrauben Sie die Gelenkwelle von der Flanschwelle am Getriebe ab. Es sind Innenvielzahnschrauben.

Das Innengelenk lässt sich nach Lösen von sechs Innenvielzahnschrauben (Pfeile) vom Getriebe abbauen. Hier ein Tripodegelenk an einem automatischen Getriebe.

④ Ziehen Sie die Leitung des ABS-Drehzahlfühlers aus der Halterung am Bremssattel.
⑤ Dann ziehen Sie den Drehzahlfühler ein kleines Stück heraus.
⑥ Um die Gelenkwelle herausnehmen zu können, müssen Sie zwei obere Lenker des Fahrwerks lösen. Lösen Sie die Mutter und ziehen beide Lenker nach oben heraus. Die Schlitze im Radlagergehäuse dürfen nicht mit einem Meißel oder ähnlichem aufgeweitet werden.

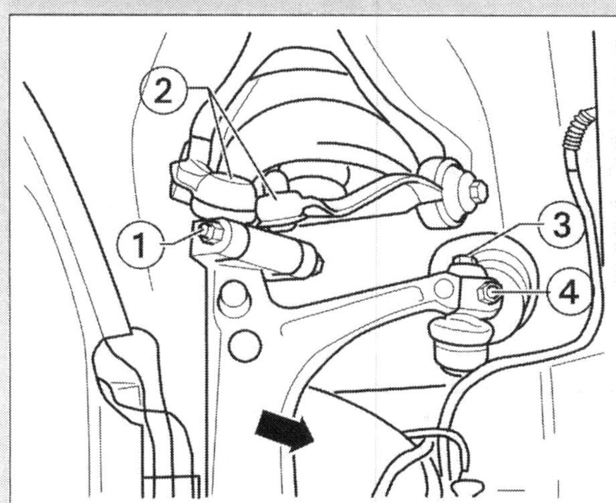

Um die Antriebswelle herausnehmen zu können, müssen Sie zwei Fahrwerks-Lenker lösen. Lockern Sie dazu die Schraube ❶ und ziehen die beiden Lenker ❷ heraus. Lösen Sie auf keinen Fall die Schrauben ❸ und ❹, sie verändern sonst die Einstellung der Vorderachse. Schwenken Sie das Radlagergehäuse in Pfeilrichtung weg.

⑦ Schwenken Sie das Radlagergehäuse seitlich weg.

⑧ Nehmen Sie die Gelenkwelle heraus. Beim Abnehmen der Welle eine unnötige Belastung der Gelenke durch Überdehnung vermeiden. Der Beugungswinkel der inneren wie der äußeren Gelenke darf nicht überdehnt werden. Außerdem dürfen die Gelenkmanschetten nicht beschädigt werden.

Bei ausgebauter Antriebswelle darf das Fahrzeug nicht bewegt werden. Sie könnten andernfalls das Radlager beschädigen.

⑨ Zum Einbau schieben Sie die Antriebswelle zuerst in das Radlagergehäuse und setzen die Schrauben an der Getriebewelle an.

⑩ Setzen Sie beide Achslenker oben ein und ziehen die Mutter mit 40 Nm fest. Beim Festziehen drücken Sie die Achslenker so weit wie möglich in Richtung Radlagergehäuse.

⑪ Ziehen Sie nun die Schrauben am Getriebe fest, M8 mit 40 Nm und M10 mit 70 Nm.

⑫ Drücken Sie den ABS-Drehzahlfühler zum Anschlag in das Radlagergehäuse und setzen die Leitung in die Halterung.

⑬ Jetzt können Sie das Rad montieren.

⑭ Zum Schluss ziehen Sie die neue Sechskantschraube für die Gelenkwelle fest. Das Auto muß dabei auf den Rädern stehen. Die Schraube M14 ziehen Sie mit 115 Nm fest, die Schraube M16 mit 190 Nm. Beide müssen anschließend noch 180 Grad weitergedreht werden.

Außengelenk ersetzen

Arbeitsschritte

① Bauen Sie die Antriebswelle aus. Das Außengelenk ist bei beiden Antriebswellen-Versionen gleich. Diese Anleitung gilt also für die Welle mit Tripode- und mit Gleichlaufgelenk.
② An einer intakten Manschette den großen Schlauchbinder aufbiegen, Schutzhülle zurückstreifen.
③ Zum Abdrücken des äußeren Gelenkes verwendet die Werkstatt ein Spezialwerkzeug. Sie können es ohne dieses

Werkzeug folgendermaßen versuchen: Spannen Sie die Welle mit Schutzbacken in einen Schraubstock und schlagen mit einem Aluminium- oder Kunststoffhammer kräftig von innen auf den Gelenkkörper. So treiben Sie das Gelenk von der Welle.

④ Vor Einbau des neuen Gelenks schieben Sie die Tellerfeder und den Anlaufring auf die Welle. Dabei auf die Einbaulage achten. Der große Durchmesser der Tellerfeder stützt sich am Anlaufring ab, dessen kleiner Durchmesser nach außen zeigt. Setzen Sie danach einen **neuen** Sicherungsring in die Nut der Gelenkwelle ein.

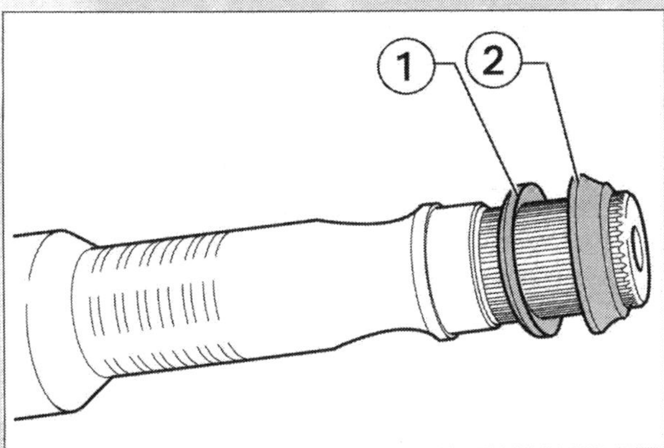

Die Tellerfeder ❶ und den Distanzring ❷ müssen Sie so auf die radseitige Antriebswelle schieben, wie hier im Bild gezeigt.

⑤ Treiben Sie die Welle mit leichten Schlägen eines Plastikhammers auf die Welle, bis der Sicherungsring in die Ringnut des Gleichlaufgelenks einrastet.

⑥ Folgende Fettmengen benötigen Sie für das Außengelenk: Bei der Version mit 88 Millimeter Außendurchmesser kommen 40 g ins Gelenk und 50 g in die Schutzkappe. Das Gelenk mit 98 Millimeter Durchmesser braucht 80 g im Gelenk und 40 g im Faltenbalg.

⑦ Wenn Sie nur die Manschette wechseln oder ein gebrauchtes Gelenk einbauen, brauchen Sie das Gelenk nur nachzufetten. Achten Sie dabei auf Schmutz. Der muss sorgfältig entfernt werden.

⑧ Bevor Sie die Klemmschellen der Manschette zusammenpressen, heben Sie diese kurz an und lüften die Innenseite kurz an. Diese Maßnahme ist nur nötig, wenn es sich um eine Manschette aus Gummi handelt. Diese wird beim Aufsetzen nämlich häufig eingedrückt, wodurch in der Manschette ein Unterdruck entsteht. Im Fahrbetrieb zieht der eine Falte nach innen.

⑨ Antriebswelle montieren.

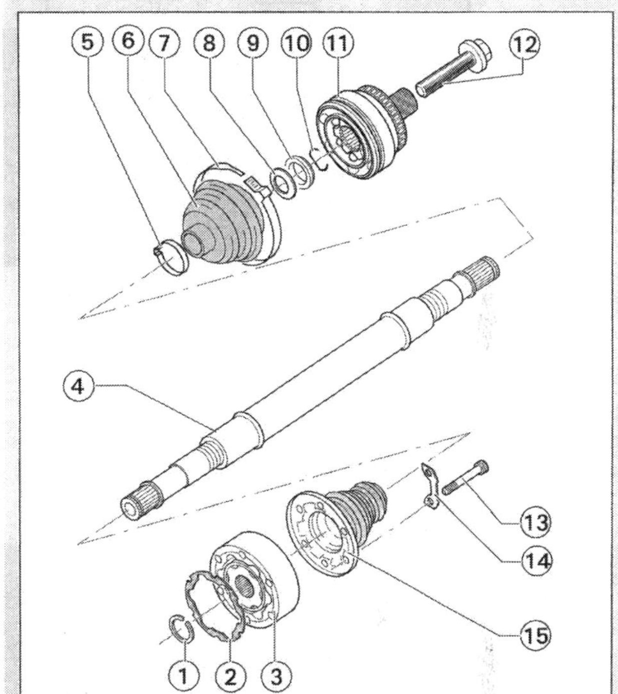

Gelenkwelle mit Gleichlaufgelenk im Detail:
❶ Sicherungsring, er muss immer ersetzt werden.
❷ Dichtung, immer ersetzen und Schutzfolie in das Gelenk kleben. ❸ Gleichlaufgelenk innen, es kann nur komplett ersetzt werden. ❹ Gelenkwelle. ❺ Klemmschelle, immer ersetzen. ❻ Gelenkschutzhülle. ❼ Klemmschelle, immer ersetzen. ❽ Tellerfeder. ❾ Anlaufring. ❿ Sicherungsring, immer ersetzen. ⓫ Gleichlaufgelenk außen. ⓬ Sechskantschraube, immer ersetzen. ⓭ Innenvielzahnschraube. ⓮ Unterlegplatte. ⓯ Schutzhülle.

DAS FAHR-WERK

Das Fahrwerk sorgt unter allen Bedingungen für ein Optimum an Fahrsicherheit. Vorn ist eine Vierlenker-Achse mit Rohrhilfsrahmen eingebaut. Die Lagerböcke der Federbeine sind aus gewichtsparendem Aluminium. Hinten kommt beim Frontriebler eine Verbundlenkerachse zum Einsatz. Schraubenfedern und Stoßdämpfer sind voneinander getrennt eingebaut. Der Quattro hat eine ungleich aufwendigere Doppel-Querlenker-Hinterachse.

Wartung

Reparatur

Das Fahrwerk ist zuständig für Fahreigenschaften und Fahrkomfort Ihres Audi A6. Es hat vor allem die Aufgabe, die Räder bei ihrer Bewegung präzise zu führen. Nur dann bleibt das Auto sicher beherrschbar. Dieser Job ist freilich nicht einfach. Denn die Räder müssen sich bei der Fahrt nicht nur drehen, sondern auch Auf- und Abwärtsbewegungen durchführen – schließlich ist keine Fahrbahn völlig eben. Auch beim Bremsen, Beschleunigen und bei der Fahrt durch eine Kurve entstehen erhebliche Kräfte, mit denen das Fahrwerk fertig werden muß. Das geht jedoch nur, wenn seine Komponenten optimal aufeinander abgestimmt sind. Zum Fahrwerk gehören die Federung und Dämpfung, die Radaufhängung an Vorder- und Hinterachse, die Lenkung sowie die Räder und Reifen. Die Bremsen, ebenfalls Teil des Fahrwerks, stellen wir Ihnen in einem eigenen Kapitel vor.

Auslegung des Fahrwerks

Die richtige Radaufhängung ist eine Wissenschaft für sich. Fahren Sie mit Ihrem A6 zum Beispiel über eine Bodenwelle oder mit hohem Tempo durch eine Kurve, verändert sich jedesmal die Geometrie der Räder, die in genau definierten Winkeln zur Fahrzeugachse stehen. Die Reifen dürfen nie den Kontakt zur Fahrbahn verlieren, weil sie dann keine Brems- und Lenkkräfte mehr übertragen können. Damit die Räder auf dem Boden bleiben, tritt die Federung in Aktion. Sie nimmt Stöße auf und folgt den Unebenheiten der Straße. Unerwünschtes Nachschwingen des Aufbaus verhindern die Stoßdämpfer. Sie müssten eigentlich Schwingungsdämpfer heißen, da sie keine Stöße dämpfen, sondern durch Federn verursachte Schwingungen abschwächen.

Lenkung und Fahrsicherheit

Die Lenkung soll möglichst feinfühlig sein und zielgenaues Lenken ermöglichen. Sie ist genau auf die Achsen und die Lenkgeometrie abgestimmt. Wie bei fast allen Autos heutzutage kommt beim A6 eine Zahnstangenlenkung zum Einsatz. Die serienmäßige Servounterstützung erleichtert die Lenkarbeit und sorgt für ein noch direkteres und feinfühligeres Ansprechen der Lenkung. Das Servolenkgetriebe ist übrigens mit dem des Audi A4 identisch. Die 42 Millimeter größere Spurweite des A6 wird durch eine längere Zahnstange und ein modifiziertes Servolenkgehäuse kompensiert. Gegen Aufpreis bietet Audi eine Servounterstützung an, die geschwindigkeitsabhängig arbeitet. Die Lenkung ist ein Bauteil, von dem die gesamte Fahrsicherheit in besonderem Maße abhängt. Defekte, falsche Einstellungen und fehlerhafte Reparaturarbeiten können fatale Auswirkungen haben.

Die Zahnstangenlenkung, wie sie im A6 eingebaut wird, hat sich heute im Automobilbau durchgesetzt. Sie hat Vorteile wie kompakte Bauweise und feinfühliges Ansprechen. Eine Servounterstützung ist serienmäßig.

Grundbegriffe der Lenkgeometrie

Technik-lexikon

Vorspur. Die Vorderräder stehen vorn enger zusammen als hinten (rollen aufeinander zu). Das gleicht die Reibung zwischen Rad und Straße aus, die das linke Rad nach links und das rechte nach rechts drücken will. Die Vorspur verhindert Flattern der Räder und Radieren der Reifen. Bei der Fahrt durch eine Kurve schwenkt das kurveninnere Rad zur Unterstützung der Lenkbewegung und der Lenkkräfte stärker ein als das kurvenäußere – die Vorspur geht in Nachspur über (Räder stehen hinten enger zusammen als vorn).

Sturz. Die Neigung des Rades zu einer Senkrechten. Vermindert Fahrbahnstöße auf die Teile der Lenkung, reduziert Lenkkräfte und Reibung der Räder auf der Fahrbahn. Die Vorderräder des A6 haben positiven Sturz – sie stehen oben im Radkasten geringfügig weiter auseinander als unten am Boden.

Spreizung. Die Neigung der Lenkungsdrehachse zu einer Senkrechten. Denkt man sich eine Linie dieser Achse zum Boden und misst den Abstand zur Mittellinie durch das Rad (Mittelpunkt der Reifenaufstandsfläche), erhält man den Lenkrollradius. Dieser soll möglichst klein sein, um die Störkräfte in der Lenkung zu verringern. Die Spreizung bewirkt außerdem zusammen mit dem Nachlauf, dass sich bei eingeschlagenen Rädern das Fahrzeug etwas anhebt. Lässt man das Lenkrad los, stellen sich die Räder selbst in die Mittelstellung zurück (Rückstellmoment).

Nachlauf. Abstand (in Fahrtrichtung) zwischen der gedachten Verlängerungslinie der Lenkdrehachse zum Boden und dem Mittelpunkt der Reifenaufstandsfläche. Durch den Nachlauf werden die Räder gezogen (und nicht geschoben). Sie neigen deshalb dazu, sich von selbst geradeaus zu stellen und diese Stellung beizubehalten. Der Nachlauf kann zwar gemessen, aber nicht eingestellt werden.

Spurdifferenzwinkel. Wird in der Werkstatt gemessen. Beide Räder kommen dabei auf Drehscheiben eines optischen Prüfinstruments. Ein Rad wird auf genau 20 Grad Einschlag eingestellt. Der Einschlag des anderen Rades wird dann an der Gradscheibe abgelesen. Beim Entwurf der Vorderradaufhängung wird der Wert für den Spurdifferenzwinkel festgelegt. Stellt die Werkstatt fest, dass die Winkelwerte nicht den Sollwerten entsprechen, bedeutet dies fast immer einen Defekt an Bauteilen, die zur korrekten Lenkgeometrie beitragen.

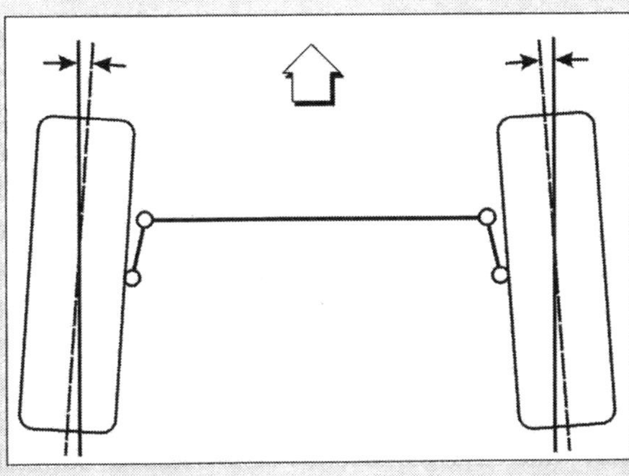

Das Schema der Vorspur.

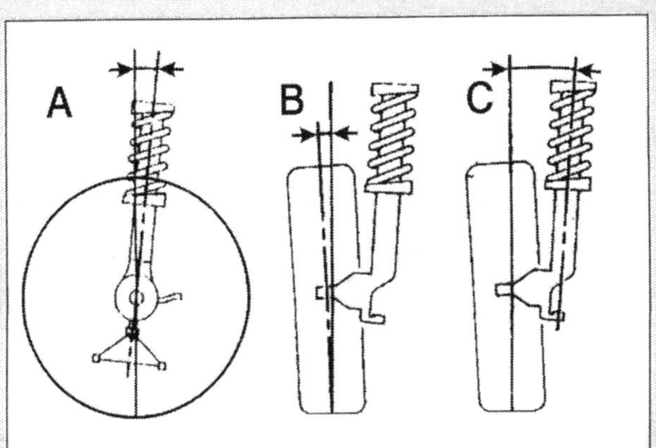

Die Radeinstellungen:
A: Nachlauf. **B**: Radsturz. **C**: Spreizung.

Die Vorderachse des A6

Vierlenker-Achse. Bei der Vorderachse des A6 handelt es sich um eine Konstruktion, die Audi zuerst im A8 und später im A4 eingeführt hat. Das relativ simple McPherson-Konzept, bei dem ein Bauteil für Federung, Stoßdämpfung und Radführung zuständig ist, wurde damit aus dem A6 verbannt. Eine Bauweise mit vier Lenkern erlaubt eine wesentlich präzisere Radführung unter den verschiedensten Bedingungen. Trotzdem ist die Achse zehn Kilogramm leichter als die des Vorgängermodells. Ein Grund: Alle Lenker und die Lagerböcke sind aus Aluminium. Der Rohrhilfsrahmen, an dem die unteren Lenker befestigt sind, wird in moderner Stahl-Leichtbautechnik hergestellt. Bei anspruchsvollen Fahrzeugen wie dem A6 gehört ein Hilfsrahmen heute zum guten Ton, weil er Abroll- und Fahrwerksgeräusche vom Aufbau und somit vom Fahrerohr fernhält.
Der vordere untere Querlenker stützt sich am Federbein ab, ein Bauteil, bei dem Federung und Stoßdämpfung zusammengefaßt sind.
Weil der A6 im Gegensatz zu seinen wichtigsten Konkurrenten von Mercedes und BMW Frontantrieb hat, waren besondere Maßnahmen zur Reduzierung von Antriebseinflüssen nötig: Durch den fast vertikalen Verlauf der virtuellen Drehachse nahe des Radmittelpunktes ergibt sich ein sehr kleiner Störkrafthebelarm. Antriebseinflüsse sind in der Tat kaum noch in der Lenkung zu spüren – nicht einmal bei den stärker motorisierten Versionen.
Lenkgetriebe. Sitzt hinter dem Motor. An die Zahnstange montiert ist rechts und links jeweils eine Spurstange – dreht man das Lenkrad, das über eine zweiteilige Lenkspindel mit dem Lenkgetriebe verbunden ist, wird diese Bewegung auf die Lenkhebel des Lenk-Schwenklagers und damit auf die Räder übertragen.

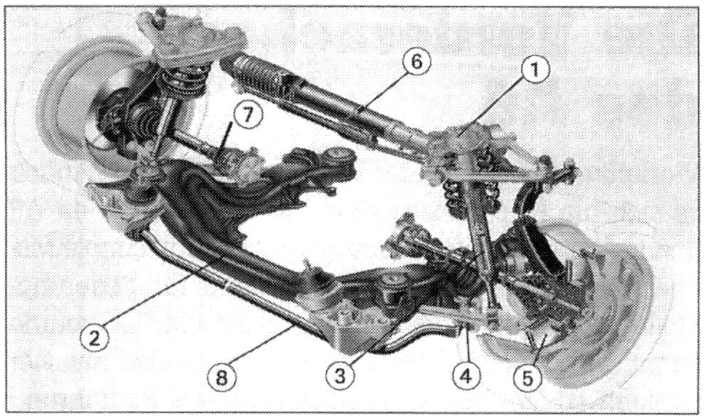

Die Vierlenker-Vorderachse des Audi A6: ❶ Lagerbock. ❷ Hilfsrahmen. ❸ Federbein. ❹ Querlenker. ❺ Bremsscheibe. ❻ Zahnstangenlenkung ❼ Antriebswelle. ❽ Stabilisator.

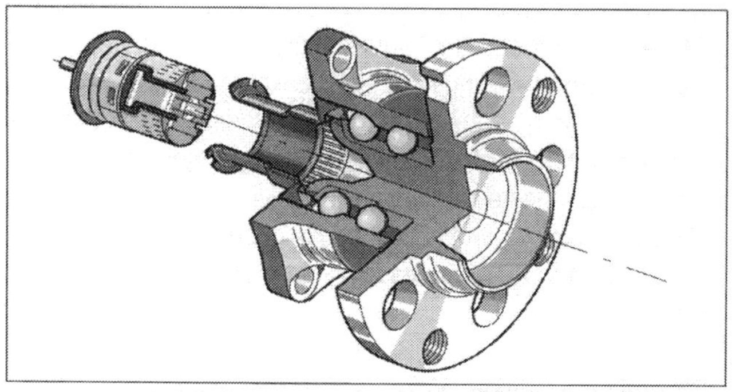

Audi nennt diese Radlager »Radlagereinheit der dritten Generation«. Radnabe und Lager bilden eine Einheit. Sie ist mit dem Achskörper verschraubt und braucht nicht mehr eingestellt werden. In der Mitte der Nabe steckt der Drehzahlfühler für das ABS.

Die Hinterachse des A6

Verbundlenkerachse. Sie besteht aus Achskörper und den mit ihm verschweißten Längslenkern. Die Längslenker sind links und rechts in je einem Lagerblock beweglich gelagert. Die Verbindung zwischen den beiden Längslenkern bildet ein nach unten geöffnetes Torsions-V-Profil, das sich leicht verdrehen lässt. Das ist nötig, wenn nur an einer Seite ein Rad einfedert. Die Konstruktion ist nicht sehr aufwendig und kommt auch bei Kompaktwagen zum Einsatz. Die Vorteile: eine hohe Quersteifigkeit und hohe Spurkonstanz, aber auch geringer Raumbedarf. Durch die getrennte Anordnung von Schraubenfedern und Stoßdämpfern konnte der Ladeboden des Koffferraums sehr tief gelegt werden. Bemerkenswert ist auch die Durchladebreite von 1050 Millimetern.

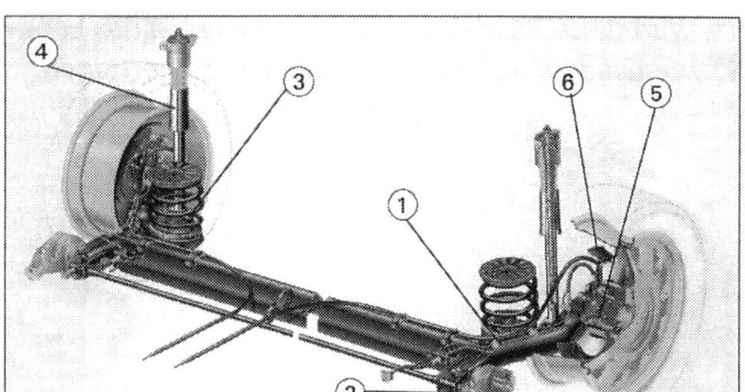

Die Verbundlenker-Hinterachse: ❶ Längslenker. ❷ Hinterachslager. ❸ Schraubenfeder. ❹ Stoßdämpfer. ❺ Radlager. ❻ Bremsscheibe.

Die Quattro-Hinterachse

Doppel-Querlenkerachse. Der A6 mit Allradantrieb braucht aus verschiedenen Gründen eine wesentlich aufwendigere Hinterachse als der Fronttriebler. Zum einen geht es schlicht um Platz – schließlich müssen noch Differenzial und Antriebswellen untergebracht werden. Zum anderen müssen Räder, die Antriebskraft übertragen, grundsätzlich besser geführt werden als Räder, die einfach nur mitrollen. So hat der Quattro auch hinten Einzelradführung. Auf jeder Seite sorgen zwei Querlenker für sichere Radführung. Die Lenker sind an einen Hilfsrahmen angeschraubt, der Stabilität verleiht und Störgeräusche vom Aufbau fernhält. Schraubenfedern und Stoßdämpfer sind hier zu einem Federbein zusammengefaßt.

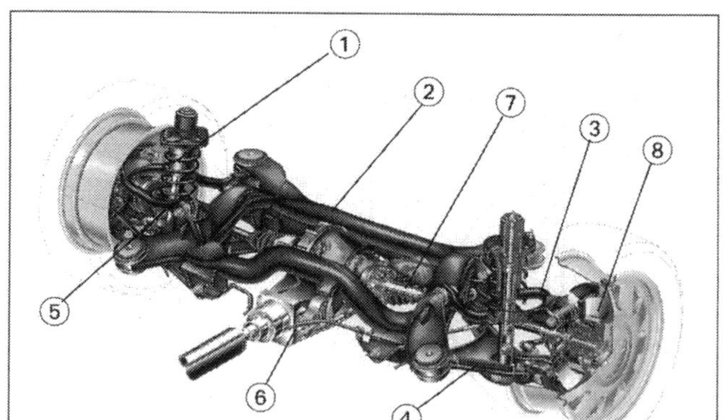

Die Doppel-Querlenker-Hinterachse des A6 quattro: ❶ Federbein. ❷ Hilfsrahmen. ❸ oberer Querlenker. ❹ unterer Querlenker. ❺ Gummimetallager. ❻ Differenzial. ❼ Antriebswelle. ❽ Bremsscheibe.

Radeinstellung prüfen

Die richtige Stellung der Vorderräder entscheidet darüber, ob Ihr A6 auf ebener Strecke und in Kurven ruhig und sicher auf der Straße liegt. Eine harte Berührung des Bordsteins kann die Geometrie der Vorderradaufhängung jedoch empfindlich stören. Auch verschlissene Gelenke und Gummilager oder unsachgemäße Reparaturen können sich negativ auf das Fahrverhalten auswirken. Die Vermessung der Radstellung ist freilich eine Sache der Werkstatt, die dazu einen speziellen Achsmessstand verwendet. Einer fehlerhaften Lenkgeometrie können Sie beim Fahren aber selbst auf die Schliche kommen. Dazu müssen beide Vorderreifen dieselbe Reifensorte, Profiltiefe und den vorgeschriebenen Luftdruck aufweisen.

Arbeitsschritte

① Stehen die Lenkradspeichen bei Geradeausfahrt symmetrisch? Ein schräg stehendes Lenkrad ist ein Zeichen für falsche Einstellung der Spur.

② Stehen die Vorderräder in Geradeausstellung symmetrisch zueinander?

③ Läuft der A6 auf ebener Fahrbahn und losgelassenem Lenkrad geradeaus? Oder zieht er zur Seite?

④ Stellt sich die Lenkung nach Kurven von selbst geradeaus?

⑤ Ist das Reifenprofil gleichmäßig abgenutzt? Oder zeigen die Außenkanten stärkere Verschleißspuren als innen?

Zustand der Stoßdämpfer prüfen

Nach zwei verschlissenen Reifensätzen besitzen die Stoßdämpfer in der Regel nur noch die Hälfte ihrer ursprünglichen Wirkung. Sie sind dann reif für den Austausch. Die nachlassende Wirkung der Dämpfer gleichen die meisten Fahrer unbewusst durch verändertes Fahrverhalten aus. Lassen Sie das Bauteil zur exakten Diagnose einmal im Jahr auf dem Prüfstand eines Automobilclubs oder von TÜV und Dekra kontrollieren. Die Schaukelmethode, bei der man den Wagen am betreffenden Kotflügel aufschaukelt und plötzlich loslässt, ersetzt keine Prüfung. Damit können Sie nur einen total ausgefallenen Stoßdämpfer feststellen. Es gibt jedoch einige Anzeichen, die auf eine nachlassende Wirkung der Stoßdämpfer hinweisen. Achten Sie auf die folgenden Punkte.

Arbeitsschritte

① Flattert die Lenkung? In diesem Fall haben die Räder keinen ständigen Kontakt zum Boden.

② Schwingt die Karosserie bei der Fahrt über Fahrbahnunebenheiten nach?

③ Wirkt das Fahrzeug in Kurven schwammig? Dann werden die kurveninneren Räder nicht genügend auf den Boden gedrückt, die äußeren nicht stark genug entlastet.

④ Nutzen die Reifen ungleichmäßig ab?

⑤ Haben Sie am Stoßdämpfer starke Ölspuren bis unter den Federteller des Federbeins festgestellt? Geringe Leckverluste sind normal.

Gefahrenhinweis

Do it yourself an Fahrwerk und Lenkung

Arbeiten an Fahrwerk und Lenkung setzen Erfahrung und oft auch spezielle Werkstattgeräte voraus. Wenn Sie sich nicht sicher sind, ob Sie die betreffende Reparatur selbst ausführen können oder wenn Sie diese Werkzeuge nicht besitzen – überlassen Sie die Arbeit der Werkstatt. Mit fehlerhaften Reparaturen gefährden Sie sich und andere. Beschädigte Teile der Radaufhängung dürfen Sie nicht richten oder schweißen – sie müssen grundsätzlich erneuert werden.

So arbeitet der Stoßdämpfer

Technik-lexikon

Im A6 sind Zweirohrstoßdämpfer eingebaut. Sie bestehen aus zwei unterschiedlich großen Zylindern: dem Arbeitsraum, in dem ein Kolben auf- und abgleitet, und dem größeren Vorratsraum für das Hydrauliköl.

Druckstufe: Der Kolben bewegt sich nach unten, über das Kolbenventil strömt Öl in den Raum über dem Kolben. Gleichzeitig fließt das verdrängte Öl über das Bodenventil in den Vorratsraum. Das Bodenventil bestimmt den Widerstand (Dämpfung).

Zugstufe: Der Kolben bewegt sich nach oben, über das Bodenventil strömt Öl in den Arbeitsraum. Gleichzeitig fließt das verdrängte Öl aus dem Raum über dem Kolben über das Kolbenventil in den Arbeitsraum. Das Kolbenventil bestimmt den Widerstand.

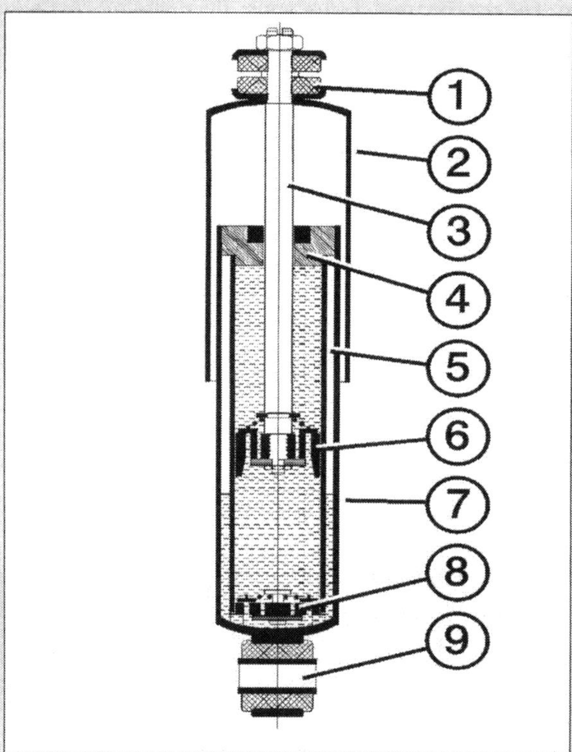

Querschnitt eines Zweirohr-Stoßdämpfers:
❶ Obere Befestigung mit elastischem Gummilager. ❷ Schutzrohr. ❸ Kolbenstange. ❹ Kolbenstangen-Führung mit Dichtung. ❺ Arbeitszylinder. ❻ Ventilkolben. ❼ Außenrohr. ❽ Bodenventil mit Rückschlagventil und Ventilfederscheiben. ❾ Untere Befestigung.

Lenkungsspiel prüfen

Das Spiel der Lenkung kann nachgestellt werden, wenn es nicht durch einen Defekt verursacht wird. Die Einstellung sollten Sie jedoch der Werkstatt überlassen.

Arbeitsschritte

① Die Räder geradeaus stellen.

② Greifen Sie durchs geöffnete Fenster und drehen Sie das Lenkrad kurz hin und her.

③ Das Vorderrad muss sich sofort mitbewegen. Achten Sie auf die Felge, denn der elastische Reifen kann einen Teil des Einschlags schlucken, ehe er sich bewegt.

④ Hat die Lenkung um die Geradeausstellung kein Spiel, klemmt aber bei stärkerem Einschlag, ist die Zahnstange der Lenkung verschlissen. Das Lenkgetriebe muss dann ausgetauscht werden.

Manschetten der Lenkzahnstange kontrollieren

Die aus dem Zahnstangengehäuse austretende Zahnstange wird links und rechts durch eine Gummimanschette geschützt. Dringen durch einen rissigen oder beschädigten Faltenbalg Schmutz und Feuchtigkeit ein, verbinden sie sich mit dem Fett des Lenkgetriebes zu einer Schleifpaste, die ständig am Lenkritzel nagt. Eine verschlissene Manschette sollten Sie daher sofort ersetzen.

Arbeitsschritte

① Leuchten Sie mit einer Taschenlampe jeden Faltenbalg ab.

② Schlagen Sie die Lenkung voll nach rechts und links ein; ziehen Sie dann den Faltenbalg Stück um Stück auseinander, um Risse in den Falten zu erkennen.

③ Die Spannbänder müssen fest auf der Manschette sitzen.

Um die Lenkungsmanschetten zu prüfen, müssen Sie weit in die vorderen Radkästen hineingreifen. Um möglichst viel von der Manschette erkennen zu können, schlagen Sie die Lenkung ganz in die jeweils andere Richtung ein. Durch Auseinanderziehen der Falten (Pfeil) lassen sich Undichtigkeiten am besten erkennen.

Spurstangenköpfe und Manschetten prüfen

Das Spurstangengelenk sitzt rechts und links zwischen Spurstange und Spurstangenhebel des Lenk-Schwenklagers. Selbstschmierender Kunststoff umhüllt den stählernen Kugelkopf, eine Manschette schützt ihn vor Schmutz und Feuchtigkeit. Spurstangenköpfe mit defekter Manschette oder Spiel müssen Sie umgehend ersetzen.

Der Spurstangenkopf ist mit einer selbstsichernden Mutter gesichert. Die Manschette (Pfeil) muss regelmäßig auf Schäden kontrolliert werden. Ist sie defekt, muss der komplette Spurstangenkopf gewechselt werden, die Manschette ist nicht einzeln erhältlich.

Arbeitsschritte | 15000 km 12 Monate

① Kontrollieren Sie die Manschetten der Spurstangengelenke auf Risse.

② Prüfen Sie, ob das Gelenk Spiel hat. Fahren Sie den A6 dazu am besten über eine Grube.

③ Lassen Sie einen Helfer das Lenkrad mehrmals kurz nach links und rechts drehen. Sie können mit der Hand fühlen, ob die Spurstangengelenke Luft haben.

Staubkappen der Achsgelenke kontrollieren

Die Kugelgelenke der Achsgelenke (rechts und links zwischen Querlenker und Lenk-Schwenklager) sitzen in einer Fett-Dauerfüllung in Kunststoffschalen. Staubkappen aus Kunststoff schützen sie vor Nässe und Schmutz. Die Gelenke sind wartungsfrei. Eine beschädigte Staubkappe bedeutet allerdings das vorzeitige Aus fürs Gelenk – eindringender Schmutz wirkt wie Schmirgelsand, Feuchtigkeit lässt es mit der Zeit festrosten.

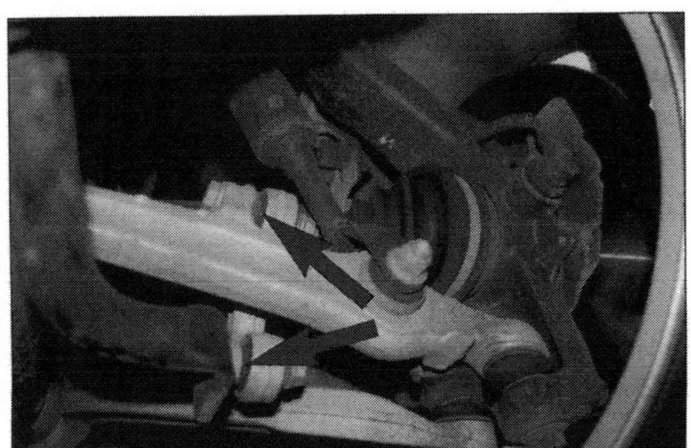

Hier sehen Sie die Staubkappen der Achsgelenke (Pfeile rechts). Wenn Sie diese kontrollieren, werfen Sie auch gleich einen Blick auf die Staubkappen der Koppelstangen (Pfeile links) für den Stabilisator.

Arbeitsschritte | 15000 km 12 Monate

① Lenkung nach einer Seite voll einschlagen.

② Kappen der Achsgelenke rechts und links auf Beschädigungen kontrollieren. Dabei die Kappen zusammendrücken – so entdecken Sie auch versteckte Risse.

③ Eine schadhafte Staubkappe kann nicht einzeln ersetzt werden, der Querlenker muss komplett ausgetauscht werden.

Radlagerspiel prüfen

Die Räder des A6 laufen vorne auf wartungsfreien Doppelkugellagern und hinten auf wartungsfreien Doppelrillen-Schrägkugellagern. Die Radlager an der Hinterachse sind für mehr als 150 000 Kilometer gut. Die vorderen Radlager halten oft nicht so lange. Ein Defekt macht sich meist durch laute Laufgeräusche bemerkbar. Treten sie zum Beispiel in Rechtskurven auf, ist das linke Radlager defekt. Die Radlager können nicht eingestellt werden und müssen bei einem Schaden ausgetauscht werden. Das ist freilich Sache der Werkstatt – Lager, Laufringe, Nabe und Lenk-Schwenklager sind in sehr engen Toleranzen gefertigt, die bei der Montage Spezialwerkzeuge erforderlich machen. Anders ist die Situation an der Hinterachse: Die Radlagereinheit dort lässt sich relativ leicht wechseln.

Arbeitsschritte

① Wagen auf festem Boden abstellen. Packen Sie das Rad im oberen Bereich und versuchen Sie, es quer zum Wagen zu bewegen. Bei einwandfreien Lagern darf kein Spiel vorhanden sein.

② Wenn Sie Spiel an den vorderen Radlagern feststellen: Helfer Bremse treten lassen und Kontrolle wiederholen. Ist dann immer noch Spiel vorhanden, ist das Achsgelenk defekt.

Federbein ausbauen

Arbeitsschritte

① Radzierblende beziehungsweise bei Leichtmetallrädern Abdeckkappe abziehen.

② Das Rad der betreffenden Seite abbauen.

③ Sichern Sie das Schwenklager, damit es nicht zu weit herunterklappt, wenn Sie das Federbein herausnehmen. Dabei könnten Achsgelenke beschädigt werden.

④ Nehmen Sie die Abdeckung des Wasserkastens ab. Gummitüllen (zwei Stück) im Wasserkasten herausnehmen.

⑤ Schrauben Sie das Federbein oben vom Aufbau ab.

⑥ Ziehen Sie die Leitung des ABS-Drehzahlfühlers aus dem Halter am Bremssattel. Achten Sie bei allen Arbeiten darauf, dass die Oberfläche der Bremsleitungen nicht beschädigt wird.

⑦ Schrauben Sie die Mutter der Klemme für die oberen Achslenker ab. Die Schlitze dürfen nicht mit einem Meißel oder ähnlichen Werkzeugen aufgeweitet werden.

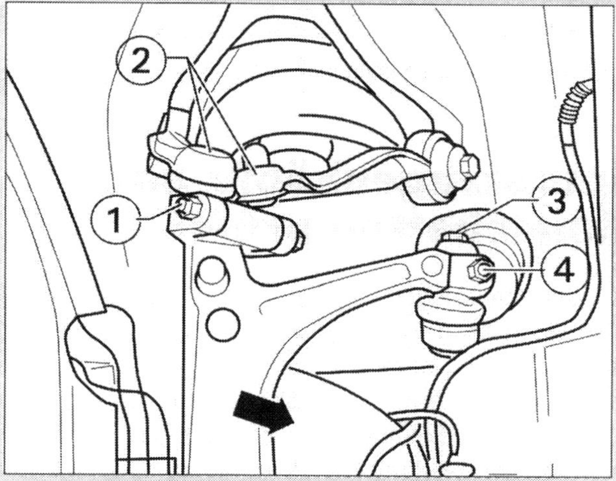

Schrauben Sie die Mutter ❶ ab und ziehen den Achslenker ❷ nach oben ab. Die Schrauben ❸ und ❹ dürfen nicht gelöst werden. Andernfalls ist eine Neujustierung der Achsgeometrie fällig.

⑧ Um die Sechskantschraube vom Federbein am Traglenker herausschrauben zu können, müssen Sie zuvor den Führungslenker vom Radlagergehäuse abmontieren. Schrauben Sie dazu die Mutter vom Gelenkzapfen ab und drücken den Zapfen ab. Dazu brauchen Sie einen speziellen Abdrücker. Vermeiden Sie Hammerschläge, die Lenker bestehen aus Aluminium. Achten Sie auch auf die Gelenkschutzhüllen.

⑨ Jetzt können Sie die Schraube unten am Federbein abschrauben.

⑩ Wenn Sie das Federbein herausnehmen, achten Sie darauf, die Gelenkschutzhülle nicht beschädigen.

⑪ Wenn Sie das Federbein wieder einsetzen, achten Sie darauf, dass die Bohrung im unteren Federteller zur Fahrzeugmitte zeigt.

⑫ Verschrauben Sie das Federbein mit dem Traglenker. Entfernen Sie eventuelle Klebereste auf dem Gewinde des Gelenkzapfens. Die Schraubverbindung darf erst dann vollständig festgezogen werden, wenn das Auto wieder auf dem Boden steht. Das Gummimetallager wird sonst überdreht.

⑬ Eine **neue** Mutter verwenden und mit 90 Nm festziehen.

⑭ Obere Achslenker im Radlagergehäuse einsetzen und **neue** Mutter mit 40 Nm festziehen. Während des Festziehens drücken Sie die oberen Achslenker soweit wie möglich nach unten.

⑮ Die Mutter am Gelenkzapfen wird mit 100 Nm festgezogen. Den Gelenkzapfen gegebenenfalls mit einen Innensechskantschlüssel gegenhalten.

⑯ ABS-Leitung in den Halter am Bremssattel einsetzen.

⑰ **Neue** Muttern für Federbein aufschrauben und mit 20 Nm festziehen. Achten Sie darauf, dass die Oberfläche von Bremsleitungen nicht beschädigt wird.

⑱ Gummitüllen im Wasserkasten einsetzen und Rad anbauen (120 Nm).

Stoßdämpfer/Feder vorne ausbauen

Die Schraubenfeder steht unter einem enormen Druck (etwa vierfache Vorspannung). Für diese Arbeit brauchen Sie unbedingt eine Spannvorrichtung (Audi-Werkzeug) oder mindestens zwei handelsübliche Federspanner. Andernfalls kann es passieren, daß die Teile der Feder nach dem Lösen der zentralen Halteschraube explosionsartig auseinanderfliegen. Das bedeutet für Sie größte Verletzungsgefahr. Wenn Sie eine neue Feder einbauen, sollten Sie beim Ersatzteilkauf auf die richtige Federkennung für Ihr A6-Modell achten. Welche Federn und Dämpfer in ihrem Fahrzeug eingebaut sind, sehen Sie auf dem Fahrzeugdatenträger in der Reserveradmulde oder im Service-Scheckheft.

Arbeitsschritte

① Federbein ausbauen.

② Federbein in einen Schraubstock spannen (Schutzbacken nicht vergessen). Spannen Sie das Federbein nur unten am Gabelkopf ein. Tun Sie das am zylindrischen Teil, quetschen Sie das Federbein womöglich kaputt. Dann Feder mit Federspannern langsam zusammendrücken, bis der obere Federteller entlastet ist.

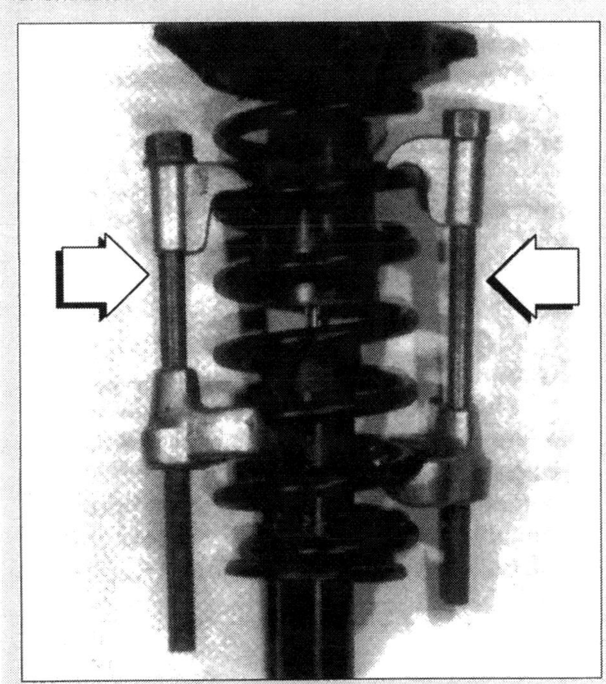

Um das Federbein auseinander bauen zu können, benötigen Sie Federspanner (Pfeile). Bei dieser Arbeit ist große Vorsicht geboten. Die Federn stehen unter hohem Druck. Bei unsachgemäßer Vorgehensweise kann man sich schwer verletzen, wenn die Teile explosionsartig auseinanderfliegen.

③ Schrauben Sie die Mutter von der Kolbenstange ab. Dabei mit einem Innensechskantschlüssel gegenhalten.

④ Nehmen Sie die Einzelteile und die Feder zusammen mit dem Federspanner ab.

⑤ Wenn Sie den Stoßdämpfer ausbauen wollen, nehmen Sie die Schutzkappe und die Federunterlager ab.

⑥ Den Federteller lösen Sie mit leichten Schlägen eines Kunststoffhammers und nehmen ihn ab.

⑦ Wenn Sie alles wieder zusammenbauen, müssen Sie die Einbaulage des Federtellers beachten: Die Bohrung im Federteller muss um 90 Grad versetzt zur Schraubachse des Dämpfers stehen.

⑧ Bevor Sie die Schraubenfeder mit Federspanner einsetzen, fixieren Sie die Federunterlage in der Aussparung im Federteller. Setzen Sie die Schutzkappe und den Anschlagpuffer auf. Das Ende der Federwindung muss am Anschlag anliegen.

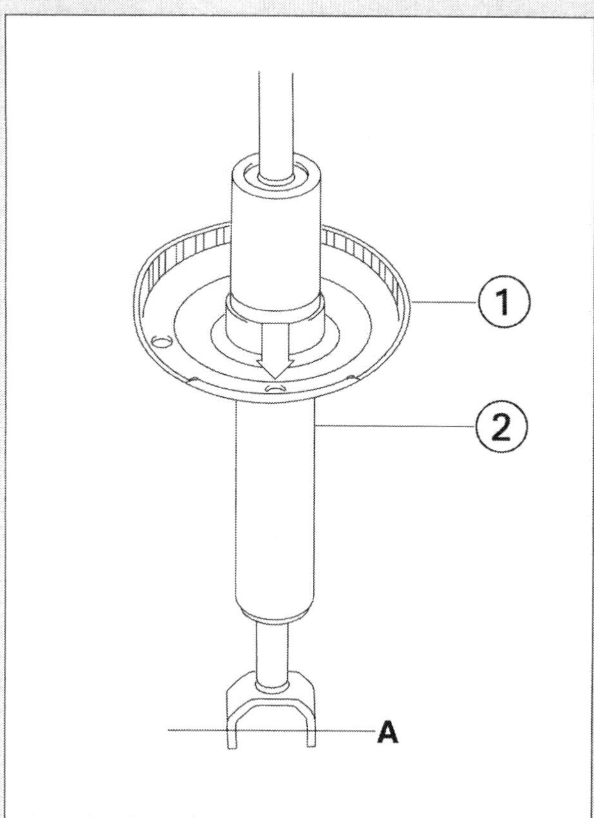

Beim Zusammenbauen muss die Bohrung (Pfeil) im Federteller ❶ um 90 Grad versetzt zur Schraubachse **A** des Dämpfers ❷ stehen.

⑨ Setzen Sie den Federteller oben und die Unterlegscheibe und das Dämpferlager auf.

⑩ Beachten Sie die Einbaulage des oberen Federtellers (siehe Zeichnung). Er muss elf Grad zur Schraubachse unten am Federbein verdreht werden. Für links und rechts gelten unterschiedliche Richtungen.

⑪ Das Federende muss am Anschlag der Federunterlage anliegen.

⑫ Ziehen Sie die Mutter mit 60 Nm fest.

⑬ Entspannen Sie die Federn. Bei einer fehlerfreien Montage stehen oberer und unterer Federteller parallel zueinander.

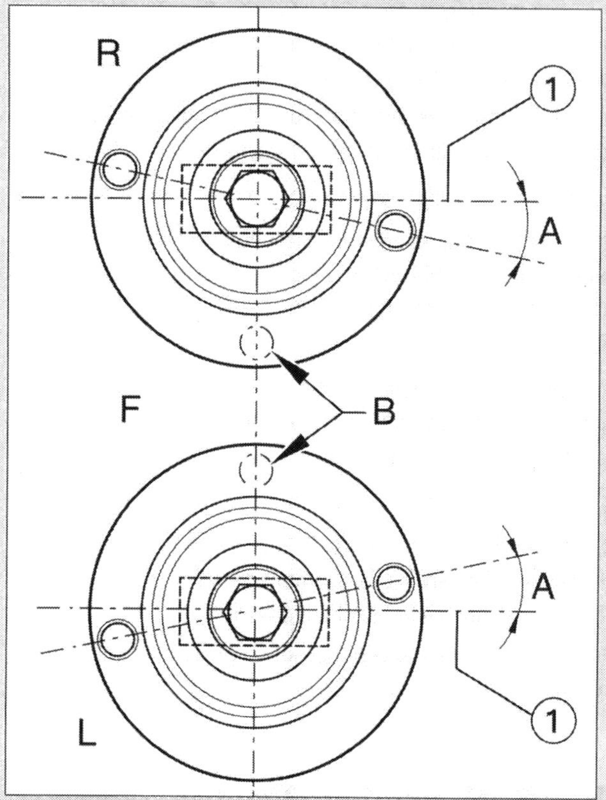

Die Winkelstellung **A** des oberen Federtellers zur Schraubachse ❶ unten am Gabelkopf ist rechts **R** und links **L** spiegelbildlich. Der Winkel beträgt elf Grad, es ist eine Toleranz von nur zwei Grad zulässig. **F** bezeichnet die Fahrtrichtung, **B** die Bohrungen in den unteren Federtellern, die zur Fahrzeugmitte hin stehen müssen.

Radlagergehäuse ausbauen

Für den Tausch des Radlagers muss das Radlagergehäuse ausgebaut werden. Dafür benötigen Sie Spezialwerkzeug, etwa einen Abdrücker für Gelenkzapfen. Das ist noch das geringere Problem: Nach getaner Arbeit muss die Vorderachse neu vermessen und eingestellt werden. Das geht nur in der Werkstatt. Wir empfehlen also, diese Arbeit den Profis zu überlassen. Das gleiche gilt für den Ausbau des Radlagers aus dem Gehäuse. Hierfür ist neben verschiedenem Spezialwerkzeug eine Presse nötig, mit der das Lager aus dem Gehäuse gedrückt werden muß. Wenn Sie bei der Reparatur Geld sparen wollen, bauen Sie das Radlagergehäuse selbst aus und bringen es in die Werkstatt.

Arbeitsschritte

(Gilt nicht für Lagergehäuse in Aluminium)

① Nehmen Sie die Radzierblende beziehungsweise bei Leichtmetallrädern die Abdeckkappe ab.

② Lösen Sie die Sechskantschraube für die Gelenkwelle. Tun Sie das nur bei auf Rädern stehendem Fahrzeug. Es besteht Unfallgefahr.

③ Bocken Sie das Auto auf und montieren das Rad ab.

④ Damit die Bremsscheibe nicht herumwackelt, sichern Sie diese mit einem Radbolzen.

⑤ Ziehen Sie die Leitung des ABS-Drehzahlfühlers aus dem Halter am Bremssattel.

⑥ Schrauben Sie die beiden Bolzen des Bremssattels ab. Dann können Sie den Bremssattel abnehmen und mit Draht am Aufbau befestigen. Lassen Sie ihn nicht am Bremsschlauch hängen!

Zum Abnehmen des Bremssattels brauchen Sie nur die beiden Schrauben (Pfeile) heraus zu drehen. Lassen Sie das Bremsteil nicht einfach am Bremsschlauch hängen, sondern befestigen es mit Draht an der Karosserie.

⑦ Nehmen Sie die Bremsscheibe ab.

⑧ Schrauben Sie die drei Schrauben für das Abdeckblech ab.

⑨ Ziehen Sie den ABS-Drehzahlfühler aus dem Radlagergehäuse.

⑩ Lösen Sie die beiden Flanschmuttern, mit denen die Achsgelenke am Radlagergehäuse befestigt sind. Noch nicht ganz abschrauben.

⑪ Ziehen Sie die Gummitülle der ABS-Drehzahlfühlerleitung aus dem Aufbau und nehmen die Leitung aus den Halterungen. Führen Sie die Leitung durch die Öffnungen im Radlagergehäuse und nehmen Sie heraus. Beschädigen Sie dabei die Gummitülle nicht.

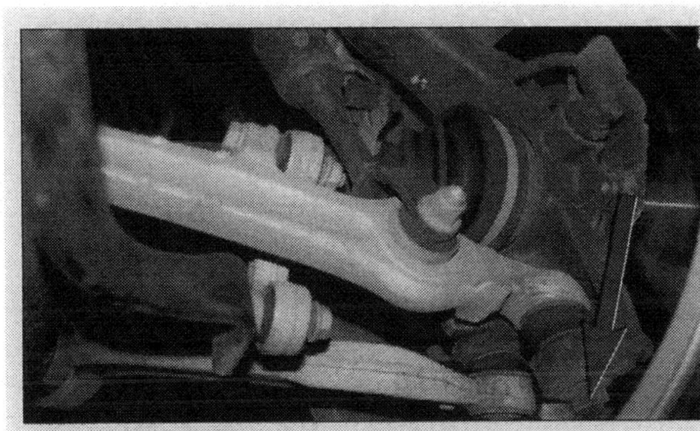

Die beiden Schrauben für die Befestigung der Achsgelenke müssen gelöst werden. Eine ist auf diesem Bild zu sehen (Pfeil). Halten Sie gegebenenfalls den Gelenkzapfen mit einem Innensechskantschlüssel fest. Zum Herausdrücken des Zapfens aus dem Radlagergehäuse benötigen Sie einen speziellen Abdrücker, z. B. das VW-Werkzeug Nr. 3287A.

⑫ Schrauben Sie die Schraube und Mutter am Spurstangenkopf ab und ziehen den Kopf ab.

⑬ Bei Fahrzeugen mit Leuchtweitenregulierung müssen Sie den Hebel ausbauen.

⑭ Schrauben Sie nun die Mutter vom hinteren Gelenkzapfen des Führungslenkers unten ab und drücken mit einem Abdrücker den Zapfen heraus. Beschädigen Sie dabei nicht die Gelenkschutzhülle. Schützen Sie die Hülle beispielsweise mit einem Lederlappen. Aus Sicherheitsgründen sollten Sie die Bundmutter am Gelenkzapfen des Traglenkers mit etwa vier Umdrehungen wieder aufschrauben.

⑮ Bauen Sie den Gelenkzapfen des Traglenkers aus.

⑯ Lösen Sie die Mutter der Klemme für die beiden oberen Querlenker und nehmen Sie die Lenker nach oben heraus.

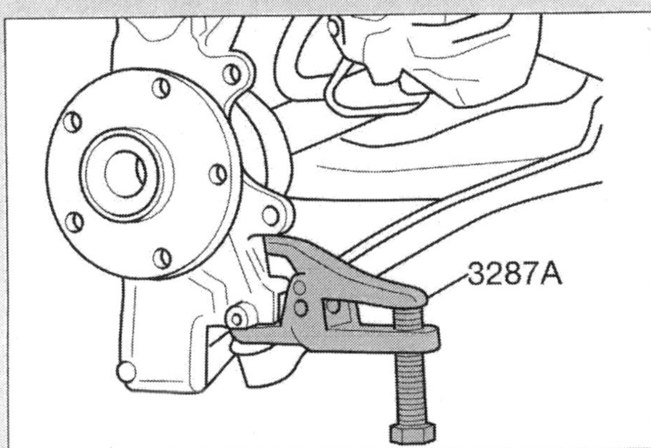

Für das Abdrücken von Gelenkzapfen vom Fahrwerkslenker benötigen Sie einen Abdrücker wie das VW-Werkzeug 3287A.

Die Schlitze im Radlagergehäuse dürfen nicht mit einem Meißel oder ähnlichem geweitet werden.

⑰ Schwenken Sie das Radlagergehäuse seitlich weg, ziehen Sie dabei den Gelenkwellenzapfen aus der Radnabe.

⑱ Schrauben Sie die Mutter vom Gelenkzapfen des Traglenkers ab, das Radlagergehäuse können Sie jetzt herausnehmen.

⑲ Beim Einbau schieben Sie zuerst das Außengelenk der Antriebswelle in die Radnabe. Die neue Sechskantschraube ziehen Sie zunächst handfest an. Eventuelle Klebereste auf dem Gewinde des Gelenkzapfens sind zu entfernen.

⑳ Gelenkzapfen des Traglenkers und Führungslenkers in das Radlagergehäuse einsetzen. Neue selbstsichernde Muttern aufschrauben und mit 100 Nm festziehen. Eventuell müssen Sie dabei den Zapfen mit einem Innensechskantschlüssel gegenhalten.

㉑ Beide Gelenkzapfen der oberen Achslenker in das Radlagergehäuse einsetzen. Neue selbstsichernde Muttern mit 40 Nm festziehen. Während des Festschraubens müssen Sie die Lenker so weit wie möglich nach unten drücken.

㉒ Spurstange einsetzen und neue selbstsichernde Mutter für die Klemme am Radlagergehäuse mit 50 Nm festziehen. Die Sechskantschraube zur Einstellung der Vorspurkurve nur mit fünf Nm festziehen.

㉓ Bauen Sie den ABS-Drehzahlfühler ein. Wenn vorhanden montieren Sie nun auch das Gestänge der Leuchtweitenregulierung.

㉔ Schrauben Sie das Abdeckblech an.

㉕ Jetzt setzen Sie die Bremsscheibe an und schrauben den Bremssattel mit 120 Nm fest.

㉖ Das Rad wird ebenfalls mit 120 Nm festgeschraubt.

㉗ Ganz zum Schluss ist die Sechskantschraube für die Gelenkwelle an der Reihe. Sie dürfen Sie nur bei auf dem Boden stehenden Auto festziehen. Die Anzugsmomente: Bei M14 115 Nm und bei M16 190 Nm. In beiden Fällen anschließend 180 Grad weiterdrehen.

㉘ Vergessen Sie nicht, bei einem autorisierten Betrieb die Achseinstellung prüfen oder einstellen zu lassen.

Spurstangenköpfe auswechseln

Die Spurstangenköpfe sind jeweils links und rechts an die Spurstange angeschraubt. Das hat den Vorteil, dass Sie bei einem Defekt an diesen Teilen nicht die komplette Spurstange austauschen müssen. Nach dem Tausch muss die Vorderachse von einem autorisierten Betrieb eingestellt werden.

Arbeitsschritte

① Wagen vorne aufbocken und Rad abmontieren.

② Selbstsichernde Mutter an der Spurstangen-Klemmschraube losdrehen und die Schraube herausziehen.

③ Einstellschraube für die Vorspurkurve herausdrehen.

④ Spurstangenkopf nach unten aus dem Lenkhebel am Radlagergehäuse herausdrücken.

⑤ Kontermutter am Spurstangenkopf losdrehen, dabei den Sechskant der Spurstange gegenhalten.

⑥ Zeichnen Sie die Lage der Spurstangenkopf-Verschraubung an. Dann stimmt die Spur nach dem Zusammenbau wieder einigermaßen. Eine Kontrolle in der Werkstatt kann das jedoch nicht ersetzen.

⑦ Schrauben Sie den Spurstangenkopf ab und über tragen die Markierung auf den neuen Kopf.

⑧ Beim Einbau drücken Sie den Bolzen des Spurstangenkopfes in den Lenkhebel hinein. Eventuell vorsichtig hineinklopfen.

⑨ Schrauben Sie eine neue selbstsichernde Mutter auf und ziehen Sie mit 50 Nm fest. Die Schraube für die Vorspurkurve wird nur mit 5 Nm festgezogen.

⑩ Ziehen Sie die Kontermutter fest und schrauben das Rad an.

⑪ Lassen Sie die Spur in einer autorisierten Werkstatt kontrollieren.

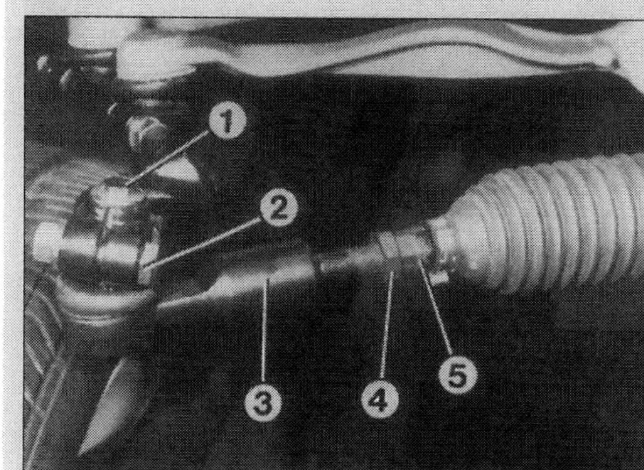

Die Details an der Spurstange: ❶ Einstellschraube für Vorspurkurve, nur fünf Nm Anzugsmoment. ❷ Spurstangen-Klemmschraube, bei Montage neue Mutter verwenden und mit 50 Nm festziehen. ❸ Spurstangenkopf. ❹ Kontermutter. ❺ Sechskant der Spurstange.

Spurstangen ausbauen

Der Ausbau der Spurstangen ist nicht außergewöhnlich aufwendig. Einziges Problem ist die Verschraubung der Spurstange am Lenkgetriebe. Die Werkstatt benutzt dazu einen abgewinkelten Maulschlüssel-Aufsatz, mit dem man die Schraube auch mit dem korrekten Drehmoment von 100 Nm anziehen kann.
Die Spurstangen können bei eingebautem Lenkgetriebe demontiert werden. Die Spurstangen sind auf beiden Seiten identisch.

Arbeitsschritte

① Wagen aufbocken und Vorderrad abschrauben.

② Lösen Sie die Mutter der Klemmschraube für den Spurstangenkopf und die Einstellschraube für die Vorspurkurve. Ziehen Sie die Spurstange nach unten heraus.

③ Dann muss die Abdeckung im Radkasten, durch die die Spurstange hindurchgreift, ausgebaut werden. Schrauben Sie dazu die Kunststoffmutter ab und hebeln die Clipse aus.

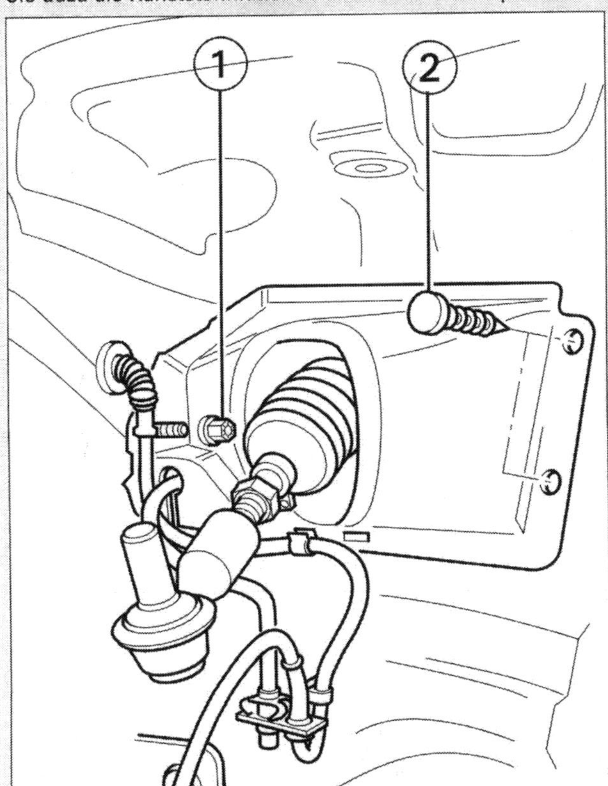

Die Abdeckung im Radkasten können Sie lösen, indem Sie die Kunststoffschraube ❶ abschrauben und die Clipse ❷aushebeln. Wegen der besseren Darstellung fehlen auf dem Bild Radlagergehäuse und Federbein.

④ Öffnen Sie die Schellen am Faltenbalg. Ziehen Sie ihn soweit wie möglich nach außen.

⑤ Schrauben Sie die Spurstange ab.

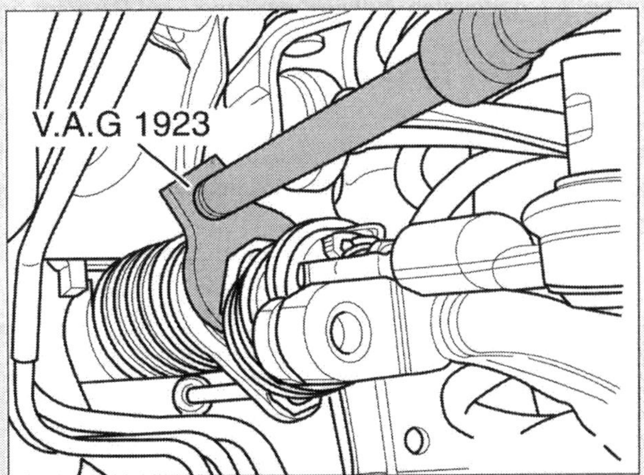

Schrauben Sie die Spurstange ab. Mit dem gezeigten Spezialwerkzeug geht das am besten.

⑥ Beim Einbau muss die Spurstange mit 100 Nm festgezogen werden. Achten Sie beim Einbauen des Faltenbalges darauf, dass der kleine Durchmesser des Balges in die Nut an der Spurstange einschnappt. Außerdem darf sich der Faltenbalg nicht verdrillen.

⑦ Ersetzen Sie die innere (große) Klemmschelle.

⑧ Schieben Sie den Spurstangenkopf in den Lenkhebel des Radlagergehäuses. Gehen Sie vor wie in der vorstehenden Reparatur beschrieben.

⑨ Bauen Sie das Rad an und lassen die Fahrwerksgeometrie prüfen.

Praxistipp

Airbag-Lenkrad – ein Fall für die Werkstatt

Schon bei Transport und Lagerung des Airbags sind strenge Vorschriften zu beachten, ebenso für den Arbeitsplatz, an dem Ein- und Ausbau der Einheit vorgenommen werden. Überdies unterliegt der Gasgenerator, der mit seiner Festbrennstoff-Füllung im Fall eines Crashs für das blitzschnelle Aufblasen des Prallsacks sorgt, den Bestimmungen des Sprengstoffgesetzes. Der Hersteller lässt daher schon beim serienmäßigen Einbau nur speziell geschulte Fachkräfte ans Werk; in den Werkstätten werden Mechaniker für Airbag-Arbeiten extra qualifiziert. Wir raten Ihnen daher dringend von Arbeiten an einem Lenkrad mit Airbag und am Beifahrer-Airbag ab. Das gilt auch für Schönheitsreparaturen, bei denen Sie zum Beispiel ein Lenkrad mit Holz- oder Lederbezug nachrüsten. Der Umgang mit dem Airbag ist in jedem Fall ein Job für die Werkstatt.

Federn und Dämpfer hinten ausbauen

Wegen des getrennten Aufbaus von Feder und Dämpfer an der Hinterachse ist der Wechsel der beiden Teile relativ leicht zu bewerkstelligen. Für den Ausbau müssen Sie allerdings das Auto auf beiden Seiten gleichzeitig aufbocken. Welche Federn und Dämpfer in ihrem Fahrzeug eingebaut sind, sehen Sie auf dem Fahrzeugdatenträger in der Reserveradmulde oder im Service-Scheckheft.

Arbeitsschritte

① Lösen Sie die Radmuttern.

② Bocken Sie das Auto auf beiden Seiten auf und sichern es mit Unterstellböcken

③ Nehmen Sie die Räder ab.

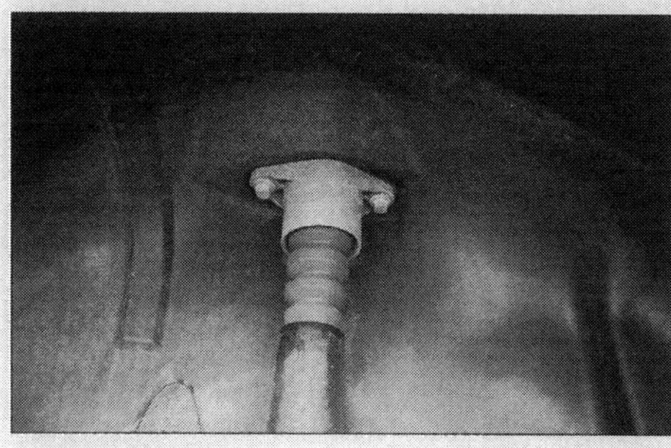

Feder und Stoßdämpfer bilden an der Hinterachse keine Einheit. Der Ausbau der Teile ist deshalb relativ unkompliziert. Im Bild sehen Sie die beiden oberen Befestigungen des Stoßdämpfers.

④ Lösen Sie links und rechts die unteren Schrauben der Stoßdämpfer. Vor dem Herausziehen der letzten Schraube sichern Sie die Hinterachse mit einem Wagenheber. Hierfür eignet sich ein Scherenwagenheber oder ein kleiner Rangierwagenheber. Mit dem Heber können Sie die Achse vorsichtig ablassen. Es kann aber auch sein, dass ein Helfer sie herunterdrücken muss.

⑤ Nehmen Sie die Schraubenfedern heraus.

⑥ Lösen Sie die oberen Schrauben der Stoßdämpfer im Radkasten und nehmen den Dämpfer heraus.

⑦ Wenn Sie einen Stoßdämpfer (er ist einzeln austauschbar) ersetzen wollen, müssen Sie noch Schutzkappe, Schutzrohr, Anschlagpuffer und Dämpferlager abbauen. Beim Lösen der Befestigungsmutter für das Dämpferlager müssen Sie die Kolbenstange gegenhalten. Die Werkstatt verwendet dafür einen Gegenhalter Audi 3079 oder Hazet 2594.

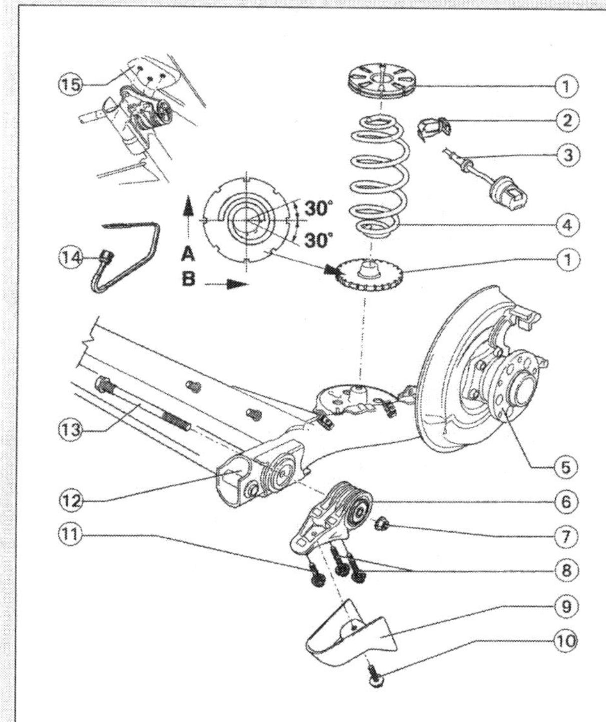

Die Einzelteile der Hinterachse des Frontantrieb-A6: Beachten Sie grundsätzlich, dass Schweiß-und Richtarbeiten am Achskörper nicht zulässig sind. Selbstsichernde Muttern sind immer zu ersetzen. Mit einem Luft- oder Elektroschrauber dürfen Schraubverbindungen nur handfest angezogen werden. ❶ Federauflage. ❷ Halter für Drehzahlfühler. ❸ Drehzahlfühler. ❹ Schraubenfeder, die Oberfläche der Feder darf nicht beschädigt werden. Die unteren Enden der Federn links und rechts sollen nach dem Einbau im markierten Bereich wie abgebildet liegen. Der Pfeil A zeigt in Fahrtrichtung, Pfeil B nach rechts. Wenn Ihre Feder Markierungen hat, müssen diese nach hinten zeigen. ❺ Radlagerung. ❻ Lagerbock. ❼ Mutter, nach jeder Demontage ersetzen. ❽ Schraube, nach jeder Demontage ersetzen. Anzugsmoment: 110 Nm plus 90 Grad weiterdrehen. ❾ Steinschlagschutz. ❿ Schraube. ⓫ Schraube, beachte wie unter »8«. ⓬ Achskörper. ⓭ Schraube, nach jeder Demontage ersetzen, Anzugsmoment 120 Nm plus 90 Grad weiterdrehen. ⓮ Halteband für Stabilisator. ⓯ Gewinde.

⑧ Beim Einbau denken Sie daran, Schrauben und Muttern zu erneuern. Zuerst wird der Dämpfer oben im Radkasten festgeschraubt (mit 45 Nm).

⑨ Setzen Sie die Federn ein. Eventuell muss ein Helfer die Achse nach unten drücken. Beachten Sie dabei die Einbaulage der Feder.

⑩ Setzen Sie die untere Schraube am Stoßdämpfer an. Noch nicht festziehen.

⑪ Montieren Sie die Räder und lassen das Fahrzeug ab. Jetzt ziehen Sie die unteren Dämpferschrauben mit 50 Nm plus 90 Grad fest.

Radlager hinten austauschen

Anders als vorn ist hinten der Austausch des Radlagers kein Problem. Das Lager sitzt fest in einem Gehäuse, das komplett abgeschraubt und getauscht wird. Ein Einstellen des Lagers ist nicht mehr möglich. Bedenken Sie beim Ersatzteilkauf, dass bei einem Tausch des Lagers auch ein neuer Drehzahlfühler für das ABS fällig wird.

Arbeitsschritte

① Lösen Sie die Radmuttern und heben danach das Fahrzeug an. Bauen Sie nun das Rad ab.

② Schrauben Sie die beiden Befestigungsschrauben des Bremssattel-Gehäuses ab.

③ Nehmen Sie die Bremsbeläge heraus.

④ Hängen Sie den Bremssattel an den Aufbau. Lassen Sie ihn nicht am Bremsschlauch baumeln.

⑤ Nehmen Sie die Bremsscheibe ab.

⑥ Bauen Sie den Halter für den Drehzahlfühler aus und ziehen den Drehzahlfühler heraus.

⑦ Drehen Sie jetzt die Schrauben für die Radlagereinheit heraus. Sie brauchen dazu einen langen Imbusschlüssel, den Sie durch die Bohrungen der Nabe hindurchführen.

⑧ Nehmen Sie die Radlagereinheit mit Abdeckblech ab.

⑨ Beachten Sie beim Einbau, dass die Anlageflächen für die Radlagereinheit und die Gewindelöcher frei von Lack und Verschmutzung sein müssen.

⑩ Ziehen Sie die Schrauben mit 60 Nm fest.

⑪ Setzen Sie einen neuen ABS-Drehzahlfühler bis zum Anschlag ein. Die Positionsnase zeigt auf der linken Seite nach vorn und auf der rechten Seite nach hinten. Montieren Sie jetzt den Halter. Erneuern Sie auch den Runddichtring und beschmieren ihn mit Feststoffschmierpaste VW G 000 650.

⑫ Montieren Sie die Bremsscheibe und die Bremsbeläge. Der Bremssattel wird mit 35 Nm festgezogen.

⑬ Montieren Sie das Rad mit 120 Nm.

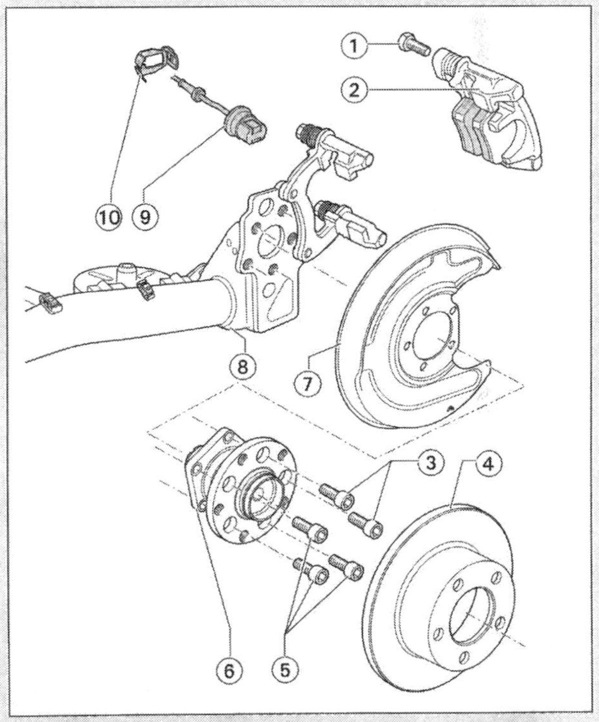

Die Radlagerung: ❶ selbstsichernde Schraube, beim Lösen und Festziehen am Führungsbolzen gegenhalten, immer ersetzen. ❷ Bremssattel. ❸ Innensechskantschraube. ❹ Bremsscheibe. ❺ Innensechskantschraube. ❻ Radlagereinheit. ❼ Abdeckblech. ❽ Achskörper. ❾ Drehzahlfühler. ❿ Halter für Drehzahlfühler.

Die Servolenkung

Der Audi A6 ist serienmäßig mit einer Servolenkung ausgerüstet, die die Lenkarbeit erheblich erleichtert. Im Behördendeutsch heißt so eine Lenkung auch Hilfskraftlenkung. Gegen Aufpreis gibt es die Servotronic, die, elektronisch gesteuert, bei niedriger Geschwindigkeit eine starke und bei hoher Geschwindigkeit eine geringe Servounterstützung bereitstellt. Das sorgt für größtmöglichen Komfort beim Rangieren und für präzises Lenkgefühl bei schnellen Autobahnfahrten.

Die Kraft für die Servounterstützung stellt ein hydraulisches System zur Verfügung. Es besteht aus der Servopumpe, die vom Keilrippenriemen des Motors angetrieben wird, dem Vorratsbehälter und den Hydraulikleitungen.

Die Funktionsweise: Die Pumpe saugt das Öl aus dem Vorratsbehälter und presst es unter hohem Druck zum Ventilkörper im Lenkgetriebe. Je nach Lenkeinschlag wird das Öl zur linken oder zur rechten Seite des Arbeitszylinders geleitet. Dort drückt das Öl gegen den Zahnstangenkolben und unterstützt so die Lenkbewegung. Bei der Servotronic gibt es zusätzlich einen elektrohydraulischen Wandler, der am Ventilkörper sitzt. Über diesen Wandler kann das Steuergerät den Öldruck je nach gefahrener Geschwindigkeit regulieren. Abgesehen von einigen Einstell- und Wartungsarbeiten lässt sich an der Servolenkung nicht viel selbst reparieren. Häufigste Arbeit ist die regelmäßige Kontrolle des Ölstandes im Vorratsbehälter.

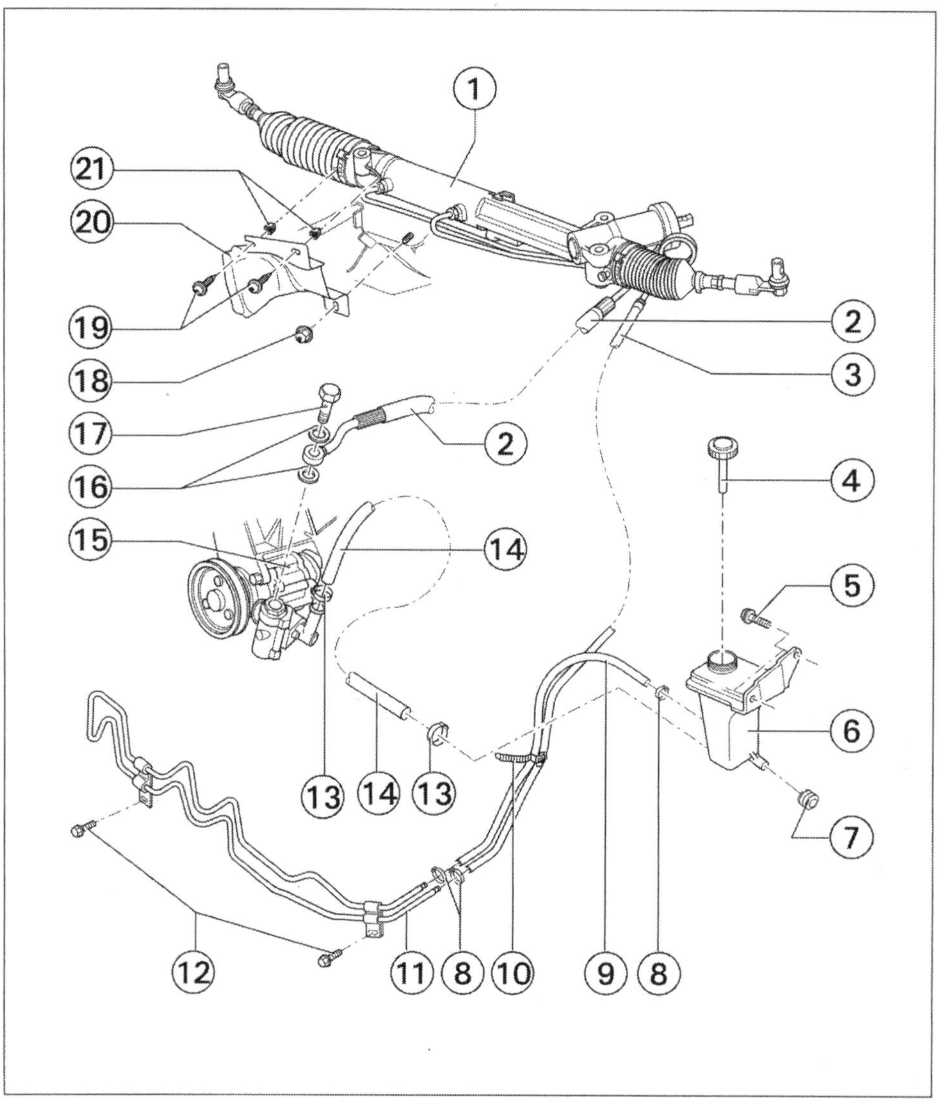

Die Teile der Servolenkung beim Vierzylinder-Ottomotor und Diesel:
❶ Lenkgetriebe. ❷ Dehnschlauch. ❸ Rücklaufschlauch. ❹ Verschlussdeckel mit Peilstab. ❺ Schraube. ❻ Servoölbehälter, Füllmenge etwa 0,85 l. ❼ Gummilager. ❽ Klemmschelle. ❾ Rücklaufschlauch. ❿ Kabelbinder. ⓫ Kühlleitung. ⓬ Torxschrauben. ⓭ Klemmschelle. ⓮ Saugschlauch. ⓯ Flügelpumpe. ⓰ Dichtring. ⓱ Schraube. ⓲ Federmutter. ⓳ Kombischraube. ⓴ Abschirmblech. ㉑ Spreizmutter.

Praxistipp

Servolenkung und Selbsthilfe

Reparaturen an der Servolenkung sind eine Sache der Werkstatt. Sie verfügt über spezielle typgebundene Prüfgeräte mit genauen Codeabfragen für das Steuergerät und das entsprechende Know-how. Nur so lassen sich Schäden an den elektronischen Bauteilen und Folgeschäden mit teueren Reparaturen verhindern. Reparaturen an der Servolenkung müssen Sie deshalb unbedingt der Werkstatt überlassen. Bei fehlerhafter Instandsetzung kann die Servounterstützung beim Lenken ausfallen.

Ölstand der Servolenkung prüfen

Arbeits-schritte | 60 000 km 12 Monate

① Wenn das Hydraulik-Öl kalt ist, lassen Sie den Motor nicht laufen und bringen die Räder in Geradeausstellung. Bei warmem Öl (ab 50 Grad) lassen Sie den Motor laufen, die Räder müssen ebenfalls in Geradeausstellung stehen.

② Schrauben Sie den Verschlussdeckel mit dem Ölmessstab vom Vorratsbehälter ab. Er sitzt, in Fahrtrichtung gesehen, links am Radhaus.

③ Wischen Sie den Messstab mit einem sauberen Lappen ab und schrauben den Deckel wieder handfest ein. Es gilt nur der Ölstand bei vorher eingeschraubtem Verschlussdeckel.

④ Der Ölstand muss folgendermaßen sein: Bei kaltem Motor im Bereich der MIN-Markierung. Die Toleranz ist zwei Millimeter darunter oder darüber. Bei warmem Motor muss sich der Ölstand zwischen der MIN- und der MAX-Markierung befinden.

⑤ Ist der Ölstand zu hoch, muss Öl abgesaugt werden. Ist er zu niedrig, kontrollieren Sie das System auf Dichtheit. Nur wenn sich keine Undichtigkeiten finden, füllen Sie Öl nach. Die Audi/VW-Spezifikation: G 002 000.

⑥ Schrauben Sie den Verschlussdeckel handfest ein.

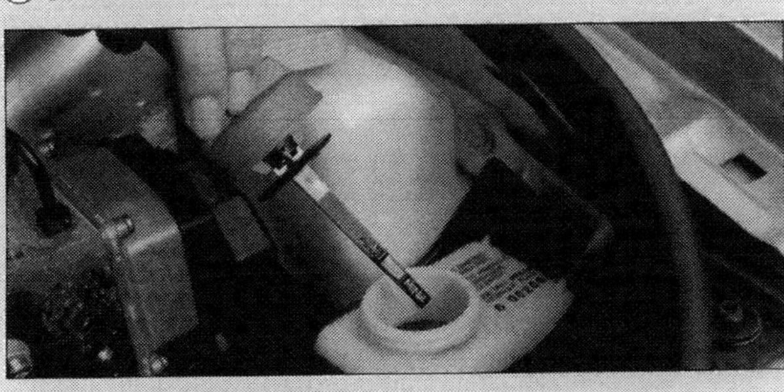

Den Ölstand der Servolenkung sollten Sie regelmäßig kontrollieren. Bei kaltem Öl soll der Ölstand im Bereich der MIN-Markierung liegen. Bei warmem Öl irgendwo zwischen der MIN- und MAX-Markierung.

Servolenkung auf Dichtheit prüfen

Arbeits-schritte | 60 000 km 12 Monate

① Drehen Sie die Lenkung bei laufendem Motor einmal ganz nach rechts und ganz nach links. So baut sich im System der höchste Druck auf, Undichtigkeiten werden am ehesten sichtbar. Um Schäden an der Pumpe zu vermeiden, darf der Motor bei dieser Prüfung nicht länger als zehn Sekunden laufen.

② Lassen Sie das Lenkrad von einem Helfer an einem Anschlag festhalten und suchen Sie nach den Undichtigkeiten:

③ Zunächst am Drehkolbenventil. Es sitzt etwa dort, wo die Lenksäule ins Lenkgetriebe mündet. Öl tritt dann im Fahrzeuginnenraum unter dem Armaturenbrett an der Stirnwand aus.

④ An der Zahnstangenabdichtung. Öl tritt dann an einem der Faltenbälge an der Stirnwand aus. Zur Prüfung lösen Sie die Schlauchbinder des Faltenbalges und schieben den Balg zur Seite.

⑤ An der Hydraulikpumpe. Zum Feststellen der Undichtigkeit muss eventuell eine Motorwäsche durchgeführt werde.

⑥ An den Leitungsanschlüssen. Prüfen Sie diese und ziehen Sie diese gegebenenfalls nach.

Servolenkung befüllen und entlüften

Arbeits-schritte

① Das System muss entlüftet werden, wenn Teile der Hydraulik demontiert wurden. Prüfen Sie zuerst den Hydraulikölstand, gegebenenfalls nachfüllen.

② Heben Sie das Fahrzeug soweit an, dass beide Vorderräder frei sind.

③ Drehen Sie bei abgeschaltetem Motor das Lenkrad zehn Mal von Anschlag zu Anschlag.

④ Prüfen Sie den Ölstand und füllen gegebenenfalls nach.

⑤ Senken Sie das Fahrzeug ab, starten den Motor und drehen das Lenkrad wieder zehn Mal von Anschlag zu Anschlag. Läuft die Flügelpumpe nicht geräuschfrei, wiederholen Sie den gesamten Vorgang bei stehendem Fahrzeug.

⑥ Ölstand prüfen und gegebenenfalls nachfüllen. Eventuell im System verbliebene Restluft entweicht im Fahrbetrieb nach zehn bis 20 Kilometer von selbst.

Servolenkgetriebe einstellen

Wenn die Lenkung zuviel Spiel hat, versuchen Sie zunächst, diese einzustellen. Das ist durchaus möglich, wenn die Zahnstange noch keinen zu großen Verschleiß aufweist. Sie müssen dazu aber das Auto so aufbocken, dass beide Vorderräder angehoben sind. Außerdem brauchen Sie einen Helfer.

Arbeitsschritte

① Fahrzeug vorn auf beiden Seiten aufbocken und mit Unterstellböcken sichern.

② Die Räder müssen in Geradeausstellung stehen.

③ Lassen Sie vom Helfer das Lenkrad hin und her drehen. Wenn die Lenkung zuviel Spiel hat, sind jetzt Knack- und Klappergeräusche zu hören.

④ Drehen Sie die Einstellschraube vorsichtig soweit hinein, bis sich das Klappergeräusch im Fahrzeuginneren verliert.

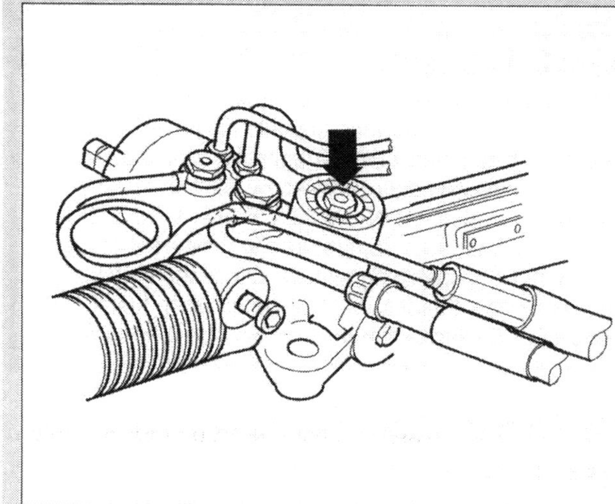

An der Einstellschraube (Pfeil) am Lenkgetriebe können Sie zu großes Spiel kompensieren.

⑤ Machen Sie jetzt eine Probefahrt. Stellt sich die Lenkung nach dem Rangieren oder nach einer Kurvenfahrt selbsttätig- und ohne zu haken zurück? Wenn nicht, korrigieren Sie die Einstellung.

Servolenkung

Störungsbeistand

Störung	Ursache	Abhilfe
A Hydraulikölstand im Behälter zu niedrig	**1** Eingeschlossene Luft im Hydrauliksystem hat sich selbst ausgeschieden	Hydrauliköl bis »MAX« auffüllen
	2 Undichtigkeiten im Hydrauliksystem	Leitungsanschlüsse nachziehen, neue Dichtung einsetzen, Hydraulikpumpe prüfen (lassen)
B Lenkung ist schwergängig	**1** Förderdruck der Pumpe ist zu gering	Druck prüfen lassen
	2 Lenkgetriebe defekt	ersetzen lassen
C Lenkgeräusche	**1** Ölstand zu niedrig, Flüssigkeit mit Luftbläschen durchsetzt	Lenkung entlüften, Öl auffüllen
	2 Saugseitige Verschraubung der Pumpe undicht	Dichtungen ersetzen, Verschraubungen nachziehen
	3 Keilriemen lose	Nachspannen
D Die Lenkung ist nur in eine Richtung schwergänig	Hydraulischer Defekt am Servolenkgetriebe	Lenkgetriebe ersetzen
E Zu hohe Lenkkräfte beim Rangieren oder zu niedrige bei hoher Geschwindigkeit (Servotronic)	**1** Spannungsversorgung unterbrochen	Spannungsversorgung prüfen
	2 Kein Geschwindigkeitssignal	Geschwindigkeitssignal prüfen (lassen)
	3 Servotronic-Ventil defekt	Servotronic-Ventil prüfen lassen

Reifen und Felgen

Reifenunterbau, Gummimischung und das ausgefeilte Reifenprofil machen moderne Reifen zu echten High-Tech-Produkten, die einen wichtigen Beitrag zur passiven Sicherheit Ihres Autos leisten. Sie tragen das Gewicht eines Fahrzeugs, fangen kleinere Stöße der Fahrbahn ab und übertragen die Kräfte, die bei Antrieb, Bremsen und Kurvenfahrt entstehen. Die Reifen an den Vorderrädern bringen es durchschnittlich auf eine Laufleistung von 15000 – 35000 Kilometer, die Pneus der Hinterräder auf 30000 – 50000 Kilometer. Aber auch wenn Sie Ihr Fahrzeug nur selten bewegen – spätestens nach sieben, acht Jahren sind die Reifen am Ende, weil sich die Mischung des Gummis mit der Zeit auflöst.

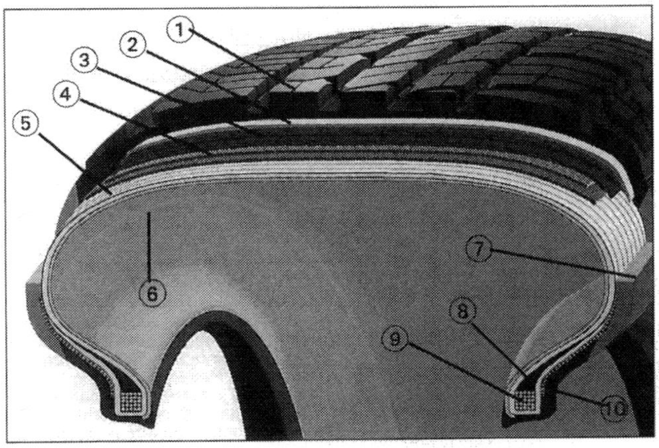

Das vielschichtige Innenleben eines PKW-Reifens:
❶ Laufstreifen: Profil und Mischung beeinflussen die Eigenschaften. ❷ Base: Senkt den Rollwiderstand. ❸ Nylon-Spulbandagen. ❹ Stahlcord-Gürtellagen: Steigern die Fahrstabilität. ❺ Karkasse: Form- und Festigkeitsträger des Reifens. ❻ Innenseele: Gasdichte Innenschicht ersetzt den Schlauch. ❼ Seitenteil: Schützt Karkasse vor Beschädigungen. ❽ Kernprofil: Unterstützt Lenk- und Fahrpräzision. ❾ Kern: Sorgt für festen Sitz auf der Felge. ❿ Wulstverstärker: Für präzises Lenkverhalten und hohe Fahrstabilität.

Ultra-Leicht-Reifen

Technik-lexikon

Besonders interessant ist der ULW-, der Ultraleichtreifen, der beim 2.4 mit der Reifengröße 195/65 R 15 serienmäßig aufgezogen wird. Bei diesem Reifen sind die Stahleinlagen durch Aramidfasern ersetzt. Aramid ist ein Kunststoff, der gegenüber Stahl sechsmal leichter und etwa zehnmal zugfester ist. Außerdem ist die Außenwandstärke des Reifens zehn Prozent geringer. Der ULW-Reifen ist so etwa drei Kilogramm leichter als ein herkömmlicher Reifen. Das spart nicht nur Kraftstoff. Wegen der geringeren rotierenden Radmassen sind auch höhere Regelfrequenzen beim ABS möglich. Auf rutschigem Untergrund kann so ein kürzerer Bremsweg erreicht werden. Und noch ein Vorteil des Aramid-Reifens: Er lässt sich besser runderneuern, weil der Kunststoff nicht rostet.

Die Felgen für den A6

Bei den in diesem Buch beschriebenen Modellen kommen serienmäßig Leichtmetallfelgen der Größe 6 J x 15 zum Einsatz. Gegen Aufpreis gibt es Felgen der Größe 7 J x 15 und 7 J x 16. Die Tabelle listet die Größen auf, die Audi für die verschiedenen Modelle ab Werk oder als Sonderausstattung vorsieht. Welche Reifengrößen und Felgen für Ihren A6 zugelassen sind, steht in den Kfz-Papieren. Wenn Sie andere als diese Reifen oder Felgen (nur als Originalteil von Audi oder mit ABE) montieren wollen, müssen Sie die Papiere von der Zulassungsstelle berichtigen lassen. Dazu ist allerdings ein so genanntes Teilgutachten von TÜV/DEKRA erforderlich.
Wenn Sie das Reifenformat wechseln wollen und Ihr Auto ein Navigationssystem hat, muss es in der Werkstatt neu kalibriert werden.

Reifen und Felgen am Beispiel des 1.9 TDI

Modell	Reifengröße	Einpresstiefe
195/65 R 15 91 V	6 J x 15 H2	45 mm
205/60 R 15 91 V	7 J x 15 H2	45 mm
205/55 R 16 91 V	7 J x 16 H2	45 mm
215/55 R 16 93 W	7 J x 16 H2	45 mm

Die wichtigsten Reifendaten

Auf der Flanke eines Reifens befinden sich eine Reihe von Ziffern und Buchstaben, mit denen die Hersteller die vorgeschriebenen Reifendaten verschlüsseln. Den Autofahrer interessiert freilich vor allem das Format des Reifens. 195/65 R 15 bedeutet zum Beispiel, dass der Reifenquerschnitt eine Breite von 195 Millimetern aufweist. Die zweite Zahl bestimmt das Verhältnis von Höhe und Breite des Reifens. Im Beispiel beträgt es 65 Prozent. Je kleiner dieses Verhältnis, um so flacher und breiter ist der Reifen. »R« steht für die Radialbauart von Gürtelreifen, die Zahl hinter diesem Buchstaben bestimmt den Durchmesser der Felge in Zoll.

Höchstgeschwindigkeit

Ein anderer Buchstabe steht für die zulässige Höchstgeschwindigkeit des Reifens. Ein Reifen mit dem Kennbuchstaben »S« ist für eine Top-Speed bis 180 km/h, mit »T« bis 190 km/h zugelassen. Eine Höchstgeschwindigkeit bis 210 km/h gilt für Reifen mit dem Kennbuchstaben »H«. Wenn Sie mit einem herkömmlichen M+S-Reifen durch den Winter fahren, müssen Sie früher vom Gas gehen: Die Pneus mit dem Kürzel »Q« sind nur für 160 km/h zugelassen.

Reifenalter und ECE-Prüfnummer

Das Datum der Herstellung verrät die dreistellige »DOT«-Nummer. Ab dem Produktionsjahr 1990 steht hinter dieser Zahl ein kleines Dreieck. Die Nummer 187 besagt zum Beispiel, daß der Reifen in der 18. Woche des Jahres 1997 produziert wurde. Neureifen, die nach dem 1. Oktober 1998 hergestellt wurden, müssen eine ECE-Prüfnummer auf der Reifenflanke ragen. Diese Nummer besagt, dass der Pneu ein typgeprüftes Bauteil entsprechend dem Qualitäts-Standard der Economic Commission of Europe (ECE) ist. Sind nach dem 1. Oktober 1998 produzierte Neureifen ohne Prüfnummer an Ihrem Fahrzeug montiert, erlischt die Allgemeine Betriebserlaubnis.

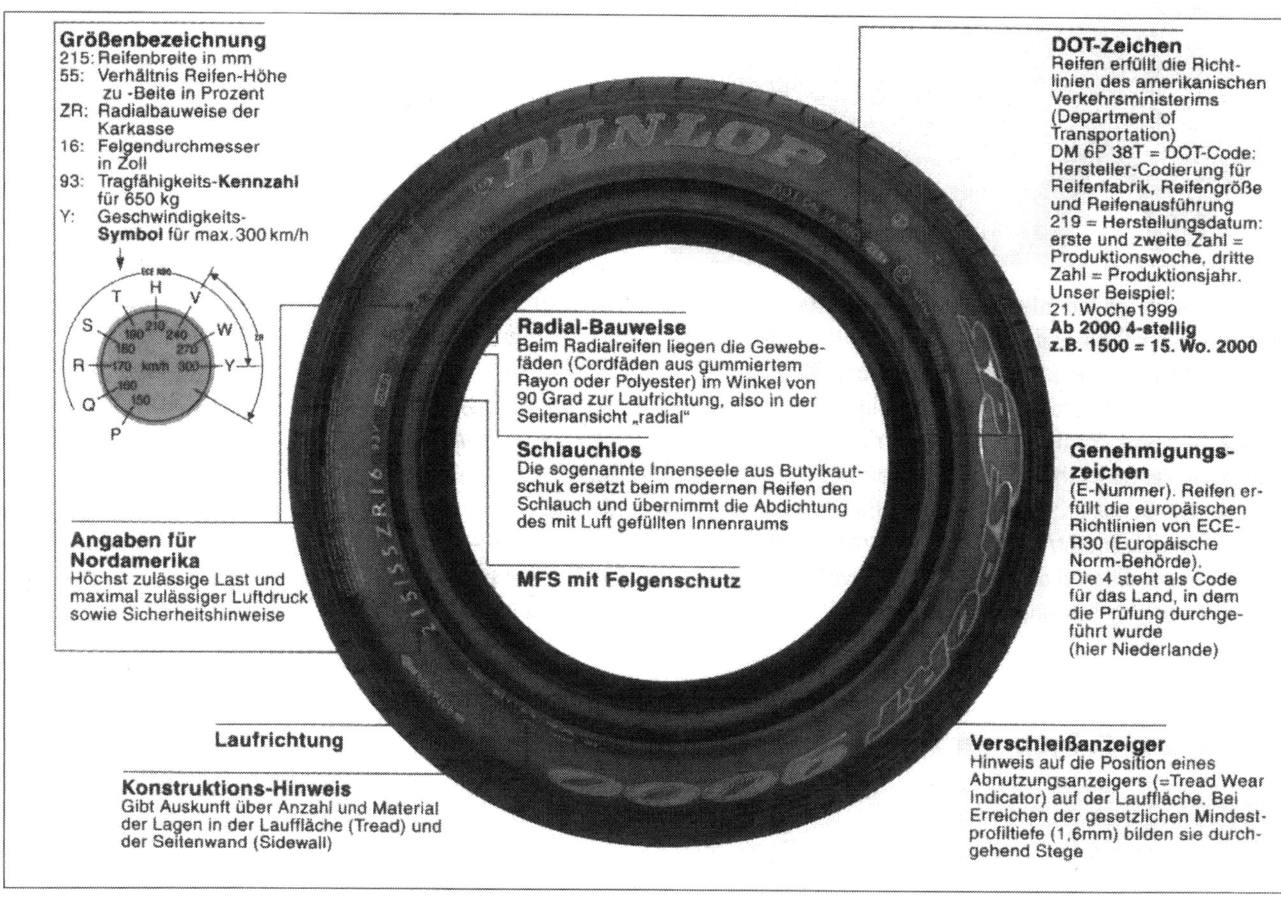

Die Daten des Reifens auf seiner Flanke.
Achten Sie beim Kauf auf die Spezifikationen, damit der neue Reifen wirklich auf die Felge passt.

Die Felgen

Technik-lexikon

Die Größe einer Felge gibt man nach Normvorschrift stets in Zoll an. Die Bezeichnung 6 J x 15 zum Beispiel bezeichnet eine Tiefbettfelge (x) mit einer Breite von sechs Zoll und einem Durchmesser von 15 Zoll. Der Buchstabe »J« steht für die Form des Felgenhorns. Das Besondere der Tiefbettfelge: Damit die Reifen besser sitzen, befindet sich an einer Schulter der Felge eine rundumlaufende Erhöhung (Hump). Sie verhindert, daß bei schneller Fahrt durch eine Kurve der Reifenwulst durch die Seitenkräfte von der Schulter der Felge ins Tiefbett gedrückt wird.

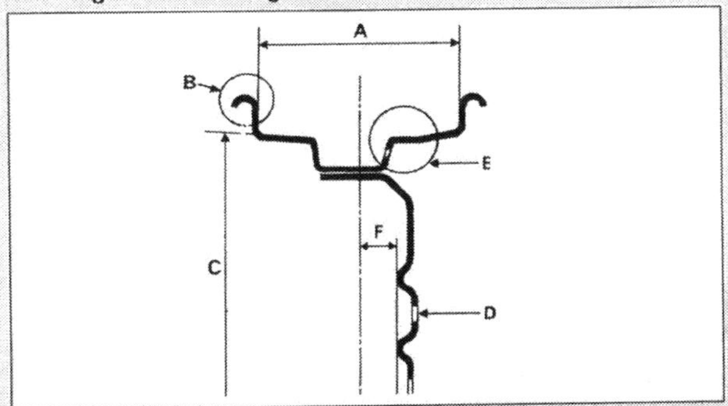

Bemaßung an einer Felge: A Maulweite in Zoll. **B** Profil des Felgenhorns. **C** Felgendurchmesser in Zoll. **D** Lochzahl. **E** Kombinationshump. **F** Einpresstiefe in mm.

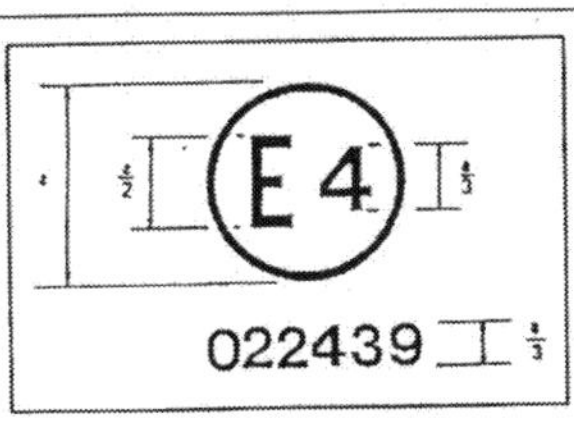

Die Prüfnummer ist erkennbar an einem großen "E" und der Nummer des Herkunftslandes, zum Beispiel 1 für Deutschland, 4 für Niederlande.

Winterreifen – Spezialisten für Schnee und Eis

Winterreifen rollen auf Schnee und Eis sicherer als Sommerreifen. Sie werden aus einer speziellen Gummimischung mit einem hohen Anteil Naturkautschuk hergestellt, die bei Temperaturen unter sieben Grad auf trockener und nasser Straße besser haftet. Voraussetzung für die gute Übertragung der Motor- und Bremskräfte auf die Straße ist jedoch ein Profil von mindestens vier Millimetern – weniger Profil ist nicht erlaubt und disqualifiziert den Reifen für den Wintereinsatz. Bestücken Sie in jedem Fall alle vier Räder mit Winterreifen – eine Kombination von Sommer- und Winterreifen kann gefährlich werden.

Winterreifen auf Felgen montieren

Für einen Winterreifen genügt durchaus eine schmale Ausführung. Investieren Sie das gesparte Geld für breitere Pneus lieber in einen zweiten Satz passender Felgen – das Ummontieren der Reifen im Frühjahr und Herbst kommt auf die Dauer viel teurer. Manche Händler und Werkstätten lagern Ihre Winterreifen gegen eine geringe Gebühr bis zum nächsten Tausch. Die Räder müssen übrigens nach jeder Montage neu ausgewuchtet werden. Erhöhen Sie den Luftdruck um 0,2 bar (das gilt nicht, wenn ihr A6 laut Werksangabe schneller als 210 km/h läuft). Wenn die Höchstgeschwindigkeit der Winterreifen unter der Ihres Fahrzeugs liegt, sollten Sie sich zur Erinnerung einen entsprechenden Aufkleber ins Blickfeld (nicht an die Windschutzscheibe!) kleben.

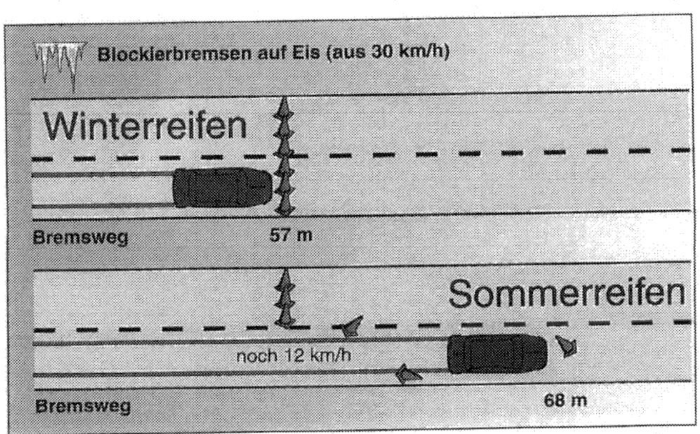

Bremsvergleich Sommer- und Winterreifen eines Autos ohne ABS.

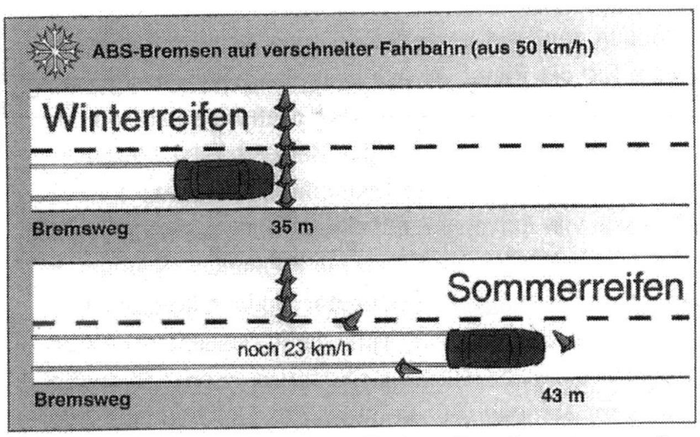

Bremsvergleich Sommer- und Winterreifen eines Autos mit ABS.

Praxistipp

So halten die Reifen länger

- Fahren Sie höchstens mit der Geschwindigkeit, für die Ihre Reifen zugelassen sind. Das gilt vor allem für M+S-Reifen der Kategorie »Q« (160 km/h). Zu hohes Tempo bewirkt mehr Abrieb, im schlimmsten Fall den Reifenkollaps.
- Vermeiden Sie Höchstgeschwindigkeit, wenn Ihr Auto schwer beladen ist. Machen Sie die Wärmeprobe: Ist der Reifen handwarm, steht es gut mit ihm. Ein heißer Gummi ist ein Alarmzeichen, das auf zu niedrigen Luftdruck oder einen beschädigten Unterbau hinweist. In diesem Fall: Reifen abmontieren, beim Fachmann prüfen lassen.
- Wenn Sie häufiger auf der Autobahn mit hohem Tempo unterwegs sind: Montieren Sie Reifen, deren Geschwindigkeitsindex eine Klasse höher ist als im Fahrzeugschein verlangt (zum Beispiel »T« statt »S«).
- Achten Sie darauf, dass Sie beim Einparken mit der Reifenflanke nicht am Bordstein schrammen. Über Bordsteine und Schwellen nur langsam und immer im rechten Winkel rollen.

Praxistipp

Räder richtig tauschen

Wenn sich unter der Kofferraumabdeckung das neue Ersatzrad befindet, können Sie Geld sparen. Voraussetzung ist, dass das gleiche Fabrikat mit demselben Profil noch lieferbar ist. Dann kaufen Sie einen entsprechenden Reifen dazu und haben bereits eine Achse neu bereift. Sie können den Kauf neuer Reifen auch hinausschieben, indem Sie die Räder jeweils einer Fahrzeugseite (gleiche Laufrichtung! – also nicht über Kreuz!) gegeneinander austauschen. Der Abrieb der Reifen erfolgt so gleichmäßiger. Nachteil dieser Methode: Beim Ersatz der Reifen sind vier Exemplare auf einmal fällig. Außerdem können Sie beim Wechsel in kurzen Kilometerabständen im Reifenprofil mögliche Fehler der Radaufhängung, Lenkung und Stoßdämpfer nicht mehr deutlich erkennen. Achten Sie beim Tausch der Reifen in jedem Fall darauf, dass sie auf jeder Achse Reifen des gleichen Fabrikats, mit gleichem Profil und Alter montieren.

Reifendruck prüfen

Den Luftdruck sollten Sie stets bei kalten Reifen messen. Denn während der Fahrt erwärmt sich der Reifen, der Reifendruck steigt. Sie erhalten daher falsche Werte, wenn Sie direkt nach einer Autobahnfahrt zum Luftdruckprüfer greifen. Prüfen Sie den Reifendruck regelmäßig alle drei bis vier Wochen. Bei einem Markenreifen ist ein Druckverlust von 1,5 Prozent im Monat normal. Verliert der Reifen mehr Luft, sollten Sie sich ihn genauer ansehen.

Schutzkappen für Ventile nicht vergessen

Die Reifenventile sollten Sie stets mit den Schutzkappen verschließen – gelangt Schmutz ins Ventil, kann die Ventilnadel klemmen und es schließt nicht mehr dicht. Der Reifendruck sollte keinesfalls unter die in der Tabelle aufgeführten Werte sinken. Ein um 0,2 – 0,3 bar höherer Luftdruck hat dagegen Vorteile: Die Lenkung arbeitet feinfühliger, die Reifen halten länger und sogar der Kraftstoffverbrauch sinkt ein wenig. Nachteil: Das Fahrzeug federt nicht mehr so komfortabel wie beim normalen Luftdruck.

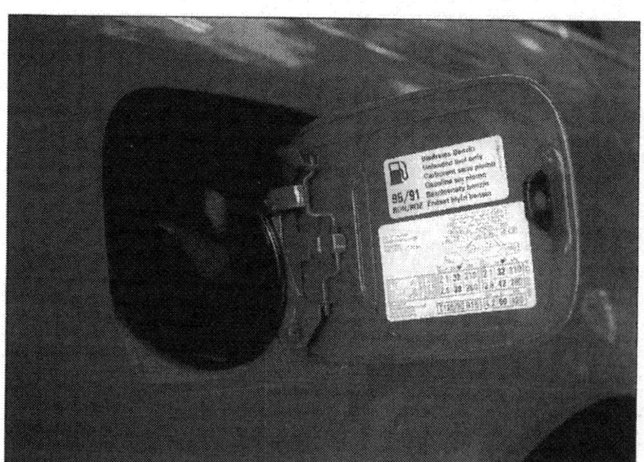

Den richtigen Luftdruck-Wert für Ihren A6 finden Sie in der Tankklappe.

Rad wechseln

Arbeitsschritte

① Handbremse anziehen und 1. Gang oder Rückwärtsgang einlegen. Unterwegs ggf. Warnblinker einschalten.

② Räder der anderen Wagenseite gegen Wegrollen sichern (Keile, Steine).

③ Ziehen Sie die Abdeckkappe ab. Den Abziehhaken dazu finden Sie im Bordwerkzeug. Bei einigen Leichtmetallfelgen müssen Sie Kunststoffkappen von den Radschrauben abziehen. Die dafür nötige Zange finden Sie ebenfalls im Bordwerkzeug.

④ Alle Radschrauben lockern (eine Umdrehung). Gehen Sie dabei vorsichtig mit der Felge um. Sie ist mit einer Klarlackschicht versehen, die gegen Rost schützt. Wird die Schicht beschädigt, sollten Sie diese mit Klarlack ausbessern.

⑤ Wagen anheben. Den Wagenheber nur im bezeichneten Bereich am Falz des Türschwellers ansetzen und einrasten.

Der Kopf des waagerecht angesetzten Wagenhebers muss genau in den dafür vorgesehenen Ansatzpunkt einrasten. Auf keinen Fall den Wagenheber an den Schwellerlanglöchern in der Nähe der Radkästen ansetzen. Beim Hochkurbeln kann der Schweller eingedrückt werden.

⑥ Markieren Sie das Rad, damit es in gleicher Stellung wieder montiert werden kann. Drehen Sie zunächst eine Radschraube heraus und drehen an ihrer Stelle den Montagestift aus Plastik herein. Er befindet sich im Bordwerkzeug und erleichtert das Aufstecken des neuen Rades. Drehen Sie nun auch die restlichen Radschrauben heraus. Zum Lösen des Diebstahlschutzes ist ein Adapter erforderlich, der ebenfalls im Bordwerkzeug zu finden ist. Auf dem Adapter ist eine Nummer eingeschlagen, die Sie sich notieren sollten. So kann bei Verlust leicht ein neuer beschafft werden.

⑦ Rad abnehmen. Bevor Sie das neue Rad aufsetzen, fetten Sie den Zentrierstift des Scheibenrades an der Radnabe dünn ein. So verhindern Sie ein Festrosten des Rades.

⑧ Rad auf der Nabe so drehen, dass die Radschraubenbohrungen der Felge mit dem Gewinde in der Radnabe in Deckung stehen.

⑨ Radschrauben eindrehen und so gut wie möglich mit dem Radschlüssel festdrehen. Die Schrauben dürfen nicht gefettet oder geölt werden. Beachten Sie auch, dass Bolzen und Felgen aufeinander abgestimmt sind. Radschrauben falscher Länge oder Kalottenform dürfen Sie nicht eindrehen, andernfalls kann die Funktion der Bremse oder der Festsitz des Rades beeinträchtigt werden.

⑩ Wagen ablassen und Radschrauben festziehen. Das Anzugsdrehmoment soll 120 Nm betragen – die Muttern daher nicht mit einem verlängerten Radschlüssel anknallen. Andernfalls können sich die Bremsscheiben verziehen, was ungleichmäßige Bremswirkung und Reifenverschleiß zur Folge hätte.

⑪ Stecken Sie die Abdeckkappe(n) wieder auf.

⑫ Kontrollieren Sie in jedem Fall nach einigen Kilometern Fahrt, ob die Radmuttern richtig angezogen sind.

Zustand der Reifen kontrollieren

Die Vorderräder treiben das Fahrzeug an, lenken es und müssen die Hauptbelastung beim Bremsen aushalten. Sie sind daher auch früher verschlissen als die hinteren Pneus. Den Zustand der Reifen kontrollieren Sie am besten bei aufgebocktem Wagen.

Arbeitsschritte — W 15000 km 12 Monate

① Drehen Sie jedes Rad einmal komplett durch. Entfernen Sie Steinchen und andere Fremdkörper vorsichtig mit einem kleinen Schraubendreher aus den Profillamellen. Sitzt in der Reifendecke eine Glasscherbe oder ein Nagel, kann an dieser Stelle Luft entweichen.

② Achten Sie auf Unregelmäßigkeiten wie Einstiche,

Schnitte, Risse und herausgebrochene Profilstücke. Bei einem beschädigten Gummi dringt leicht Feuchtigkeit ins Reifeninnere. Sie können jedoch von außen nicht erkennen, ob der stabilisierende Stahlgürtel schon vom Rost angefressen ist. Lassen Sie den Reifen zur Sicherheit vom Fachmann prüfen. Das gilt übrigens auch bei auffälligem Reifenabrieb.

③ Das Reifenprofil muss über die gesamte Lauffläche mindestens 1,6 Millimeter tief sein. Bei dieser Marke wird auf der Lauffläche an mehreren Stellen ein Profilstandsanzeiger sichtbar. Die Buchstaben »twi« (tread wear indicator) auf der Reifenflanke zeigen, wo sich diese Anzeiger befinden. Das Fahrverhalten wird mit abnehmendem Profil schlechter, vor allem auf nasser Fahrbahn. Tauschen Sie Sommerreifen zur Sicherheit bereits bei einer Profiltiefe von zwei Millimetern, Winterreifen bei vier Millimetern.

④ Kontrollieren Sie, ob alle Reifen gleichmäßig abgefahren sind.

⑤ Sehen Sie sich die Seitenwände (Reifenflanken) der Reifen genau an. Beulen deuten auf eine Beschädigung des Reifenunterbaus hin.

Risikofaktor geringer Luftdruck

Technik-lexikon

Ein schlecht oder gar nicht gewarteter Reifen kann sich zum Risikofaktor für Fahrer und Auto entwickeln. Fahren Sie zum Beispiel einen Reifen mit zu geringem Luftdruck unter sehr hoher Last, kann dies zu teilweisen Ablösungen der Reifenlauffläche führen. Diese Schäden bleiben jedoch oft längere Zeit verborgen. Wird der vorgeschädigte Reifen dann stark beansprucht, können durch die enormen Fliehkräfte bei hohen Geschwindigkeiten sogar einzelne Reifenteile abreißen.

Was das Reifenlaufbild zeigt

Technik-lexikon

Außenseite abgefahren (Vorderreifen). Flotte Fahrweise in Kurven. Reifen auf den Felgen drehen lassen oder gegen Hinterräder austauschen.

Außenseiten stärker abgefahren als Profilmitte. Der Reifen wurde lange Zeit mit zu niedrigem Luftdruck gefahren.

Gleichmäßige Auswaschungen. Vermutlich Stoßdämpfer defekt.

Ungleiche Abnutzung (an mehreren Stellen). Unwucht im Rad. Auswuchten lassen.

Stelle mit starker Abnutzung. Bremsung mit blockiertem Rad (Bremsplatte). Selbst das ABS kann kurzzeitiges Blockieren und damit einen gewissen Reifenverschleiß (Abflachungen) nicht verhindern.

Schräges Profil.
Deutet auf falsche Radeinstellung hin. Auch Leichtmetallräder können die Radstellung negativ beeinflussen, zum Beispiel durch die oft geringere Einpresstiefe der Felgen.

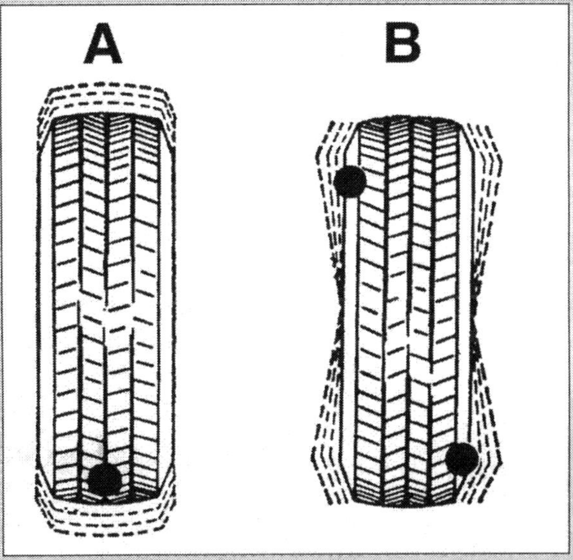

Starke Abnutzung in der Profilmitte. Entsteht durch häufiges Fahren mit Höchstgeschwindigkeit. Die Reifen bauchen durch die Fliehkraft aus, nutzen daher in der Mitte stärker ab. Dieser Effekt tritt besonders deutlich an den Hinterrädern auf. Auch bei zu hohem Reifendruck.

Eine **Unwucht** im Rad macht sich durch Vibrationen am Lenkrad oder Schütteln im Vorderwagen bemerkbar. Ursache ist eine ungleichmäßige Gewichtsverteilung am Rad, die auch für erhöhten Reifenverschleiss sorgt. Die Beseitigung einer Unwucht ist Sache der Werkstatt. Dort schraubt man das Rad auf eine Auswuchtmaschine, die Unwuchten anzeigt. Bleigewichte an den richtigen Stellen der Felgen gleichen den unrunden Lauf des Rades aus.

Statische Unwucht A zeigt sich bereits, wenn man das Rad am hochgebockten Wagen frei auspendeln lässt: Der Schwerpunkt wird sich ganz von selbst nach unten begeben. Ein Rad mit einer statischen Unwucht hüpft beim Fahren, die Stoßdämpfer verschleißen schneller.

Dynamische Unwucht B kommt erst beim schnellen Drehen des Rades zur Wirkung. Die übergewichtige Stelle sitzt nicht in der Mittelebene des Rades, sondern etwas nach außen bzw. innen versetzt. Das Rad flattert und wackelt bei schneller Fahrt.

Praxistipp

So lagern Sie Reifen richtig

Nach dem Ummontieren der Sommer- oder Winterreifen sollten Sie die alten Reifen richtig lagern. Dazu eignet sich am besten ein trockener, kühler und dunkler Raum. Halten Sie Benzin, Öl, Fett und andere Chemikalien von den Reifen fern – sie zerstören die Gummimischung meist unsichtbar fürs Auge.

- Markieren Sie zunächst Laufrichtung und Position der Reifen mit Ölkreide aus dem Verbandskasten (VR = vorne rechts, VL = vorne links, HR = hinten rechts, HL = hinten links).
- Reifen abnehmen, mit Wasser reinigen und gut trocknen. Entfernen Sie Rollsplit und andere Fremdkörper aus den Profilrillen.
- Reifen mit Felgen stapelt man liegend, am besten auf einer alten Holzpalette.
- Reifen ohne Felgen stellen Sie senkrecht nebeneinander auf. Drehen Sie die Pneus von Zeit zu Zeit.

DIE BREMS- ANLAG

Der Audi A6 hat eine leistungsfähige Bremsanlage mit Scheibenbremsen an allen vier Rädern. Vorn sind die Scheiben innenbelüftet.

Wartung

Reparatur

Die Bremsen des A6

Der A6 braucht eine leistungsfähige Bremsanlage, schließlich erreichen alle Modelle Höchstgeschwindigkeiten von rund 200 km/h, die Sechszylinder-Modelle liegen sogar deutlich darüber. Ein weiterer Stressfaktor für die Bremse ist die Masse des Fahrzeugs – beim A6 1.8 heißt das mindestens 1320 Kilogramm, beim 2.8 Avant sind es sogar mehr als 1,5 Tonnen. Um hohen konstruktiven Aufwand kommt man bei der Bremsanlage also nicht herum: Der A6 hat rundum Scheibenbremsen, vorn sind sie innenbelüftet. Gut für den Heimwerker: Diese Bremsen brauchen nicht nachgestellt zu werden, was die Wartung vereinfacht. Auch der Wechsel der Bremsbeläge ist relativ unkompliziert.

Die Bremsanlage

Und so funktioniert die Bremsanlage: Beim Tritt aufs Bremspedal presst eine mit dem Pedal verbundene Druckstange zwei hintereinanderliegende Kolben in den Hauptbremszylinder, der im Motorraum an den Bremskraftverstärker montiert ist. Die Kolben übertragen die Fußkraft auf die im Hauptbremszylinder eingeschlossene Bremsflüssigkeit. Dadurch entsteht ein hydraulischer Druck, der sich über Rohr- und Schlauchleitungen zu den Radbremszylindern fortsetzt. An den Rädern drücken Kolben die Bremsklötze gegen die Bremsscheiben.

Die Straßenverkehrs-Zulassungsordnung (StVZO) schreibt vor, dass ein Pkw stets mit zwei Bremsanlagen ausgestattet ist, die unabhängig voneinander arbeiten. Sinn dieser Vorschrift: Fällt ein System aus, kann das andere das Fahrzeug immer noch abbremsen. Die Betriebsbremsanlage (BBA) des Audi A6 erfüllt diese Bestimmung mit einer diagonal geteilten Zweikreisbremsanlage. Dabei ist ein Bremskreis jeweils für ein Vorderrad und das gegenüberliegende Hinterrad zuständig. Fällt ein Bremskreis aus, bleiben Vorderrad und Hinterrad des anderen Systems bremsfähig. In diesem Fall müssen Sie freilich stärker aufs Bremspedal treten, um die gleiche Wirkung zu erreichen wie bei einer intakten Anlage. Das Pedal lässt sich weiter durchtreten und der Anhalteweg wird wesentlich länger.

Auch bei der Bremse hilft Elektronik

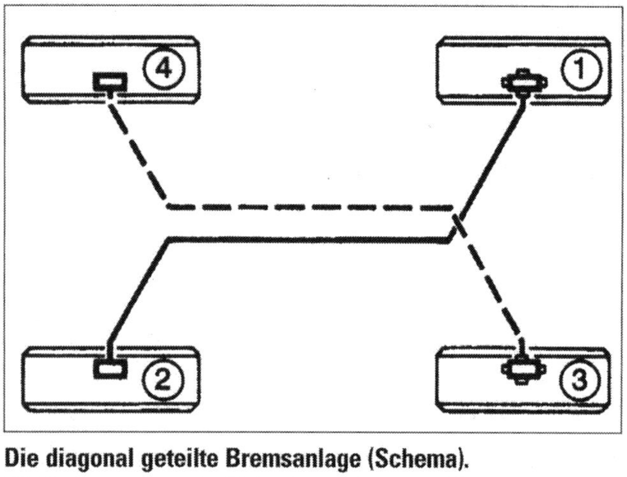

Die diagonal geteilte Bremsanlage (Schema).
❶ Linkes Vorderrad. ❷ Rechtes Hinterrad. ❸ Rechtes Vorderrad. ❹ Linkes Hinterrad.

Der Audi A6 ist serienmäßig mit einem Antiblockier-system von Bosch (Version 5.3) ausgestattet. Dass es sich dabei um ein komplexes System handelt, sehen Sie auf dem Schaubild »ABS-Systemübersicht«. Vorteil des ABS: Der Wagen lässt sich auch bei einer Vollbremsung lenken. Dazu dosiert das ABS die Brems-kraft an den einzelnen Rädern – eine reine Blockierbremsung ist nicht mehr möglich.

Das ABS-System ist Grundlage für eine Reihe weiterer Features, die rund um das Thema Bremse die Fahrsicherheit erhöhen. Zu nennen ist die elektronische Bremskraftverteilung (EBV), die elektronische Differenzialsperre (EDS) und das elektronische Stabilitätsprogramm »(ESP).« Details entnehmen Sie bitte dem Technik-Lexikon »ABS«.

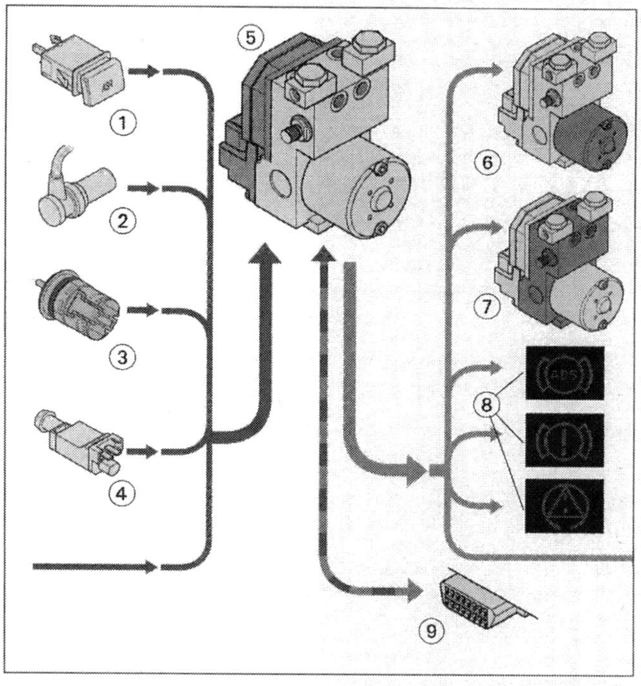

Das ABS-System ist heute nicht mehr allein dafür zuständig, das Blockieren von Rädern zu verhindern. Integriert sind je nach Ausstattung die elektronische Bremskraftverteilung (EBV), die elektronische Differenzialsperre (EDS) und das elektronische Stabilitätsprogramm (ESP).

❶ Schalter für ASR. ❷ Drehzalfühler vorn. ❸ Drehzahlfühler hinten. ❹ Bremslichtschalter. ❺ Steuergerät. ❻ Rückförderpumpe. ❼ Hydroaggregat. ❽ Kontrolllampen für ABS/EDS, Bremsanlage, ASR. ❾ Diagnoseanschluss.

Die wichtigsten Teile der Bremsanlage

Zweikreisbremsanlage. Diagonal geteilte hydraulische Anlage. Jeweils ein Bremskreis für Vorderrad und gegenüberliegendes Hinterrad.

Hauptbremszylinder. Wandelt die mechanische Kraft des Bremspedals in hydraulische Kraft um. Sorgt für schnellen Druckabbau im System beim Lösen der Bremsen.

Bremskraftverstärker. Sitzt links im Wasserkasten hinter dem Hauptbremszylinder. Bringt etwa 60 Prozent der Bremskraft auf. Er bezieht seine Kraft über einen Schlauch durch Unterdruck im Ansaugrohr. Anders beim Diesel: Hier sorgt eine spezielle Pumpe für den Unterdruck.

Beim Bremsen reagiert eine elastische Membrane auf den Druckunterschied zwischen äußerem Luftdruck und dem Unterdruck aus dem Ansaugkrümmer. Sie drückt zusätzlich auf die Kolben im Hauptbremszylinder.

Radbremszylinder Der Bremsflüssigkeitsdruck erreicht hier bis zu 120 bar. Die Kolben der Zylinder übertragen den Druck an Bremsklötze.

Bremsscheibe. Eine massive Stahlscheibe, vorn innenbelüftet. Dreht sich mit jedem Vorderrad frei im Luftstrom (führt Reibungswärme ab).

Bremssattel. Sitzt wie ein Sattel auf der Bremsscheibe. Im Bremssattel schwimmend auf Führungsbolzen gelagert ist die Bremszange (Schwimmsattelbremsen).

Das passiert beim Bremsen:

Tritt aufs Bremspedal. Ein Kolben in der Bremszange drückt den inneren Bremsklotz gegen die Bremsscheibe. Dadurch verschiebt sich die auf langen Bolzen geführte Bremszange und überträgt den gleichen Druck auf den äußeren Bremsklotz.

Lösen des Bremspedals. Die Kolbendichtung zieht den Kolben und dadurch auch den Bremssattel von den Bremsscheiben zurück. So entsteht zwischen Bremsklotz und Scheibe ein Spiel von weniger als einem Millimeter – die Bremsscheibe dreht wieder frei.

Vorn kommen grundsätzlich innenbelüftete Bremsscheiben zum Einsatz. Der Bremssattel ist als Schwimmsattel ausgeführt.

Auch hinten sind Scheibenbremsen eingebaut. Der Bremssattel ist aus Aluminium – das spart Gewicht.

Das Antiblockiersystem im Detail

Technik-lexikon

ABS-Steuergerät. Sitzt im Motorraum links. Verarbeitet ständig die Drehzahl-Informationen der Radsensoren und vergleicht sie mit den programmierten Werten. Signalisieren unterschiedliche Drehzahlfrequenzen drohende Blockiergefahr an einem oder mehreren Rädern, aktiviert das Steuergerät die Hydraulikeinheit – der Bremsdruck für das betreffende Rad wird reduziert, bis es wieder frei läuft und erneut gebremst werden kann. Je nach Fahrbahnzustand erfolgt dieses Wechselspiel während des gesamten Bremsvorgangs im Millisekundentakt.

Das Steuergerät ist auch zuständig für eine Reihe weiterer Systeme zur Erhöhung der Fahrsicherheit. Zu nennen ist die elektronische Bremskraftverteilung (EBV), die elektronische Differenzialsperre (EDS) und das elektronische Stabilitätsprogramm (ESP).

EBV. Eine spezielle Software im ABS-Steuergerät regelt den Bremsdruck so, dass die Hinterräder nicht überbremsen können. Ein lastabhängiger Bremskraftregler beziehungsweise das Druckminderventil werden überflüssig.

EDS. Die EDS ist eine Anfahrhilfe. Beim Anfahren auf glatten Fahrbahnen bremst die EDS automatisch das durchdrehende Rad ab. Dabei wird das Antriebsmoment durch das Differenzial-Getriebe auf das stillstehende Rad übertragen. Bei frontgetriebenen Fahrzeugen regelt das EDS bis 40 km/h, bei Allrad-Autos bis 80 km/h. Ergänzt wird das EDS durch die Antriebsschlupfregelung ASR. Diese greift nicht in die Bremsregelung ein, sondern in das Motormanagement. Melden die ABS-Drehzahlfühler durchdrehende Räder, wird die Motorleistung zurückgenommen. Diese Regelung funktioniert bei allen Geschwindigkeiten.

ESP. Das ESP reduziert automatisch die Schleudergefahr und erhöht damit die Fahrsicherheit in kritischen Situationen. Das System ist in der Lage, ein einzelnes Rad abzubremsen, wodurch ein zum Ausbrechen neigendes Fahrzeug stabilisiert werden kann. Beginnt beispielsweise das Heck auszubrechen, bremst das ABS das kurvenäußere Vorderrad ab. Das gegen Aufpreis lieferbare ESP benötigt eine zusätzliche Hydraulikpumpe, die bei Bedarf Bremsdruck bereitstellt.

Hydraulikeinheit. Hauptteil des ABS-Bremssystems. Im Motorraum rechts neben dem Hauptbremszylinder montiert. Umfaßt die Elektropumpe sowie den Ventilblock mit Magnetventilen. Beim Tritt aufs Bremspedal drückt der Hauptbremszylinder die Bremsflüssigkeit über den Ventilblock zu den Rädern. Tritt das ABS in Aktion, erteilt das Steuergerät den Befehl »Bremsdruck reduzieren«. Die Bremsflüssigkeit fließt direkt vom Ventilblock in den Ausgleichsbehälter zurück. Wird der Bremsdruck dann wieder verstärkt, strömt die Bremsflüssigkeit aus dem Ausgleichsbehälter durch die Hydraulikpumpe direkt in den entsprechenden Bremskreis. Wenn die Pumpe läuft, merken Sie das übrigens am Bremspedal: Es beginnt leicht zu pulsieren.

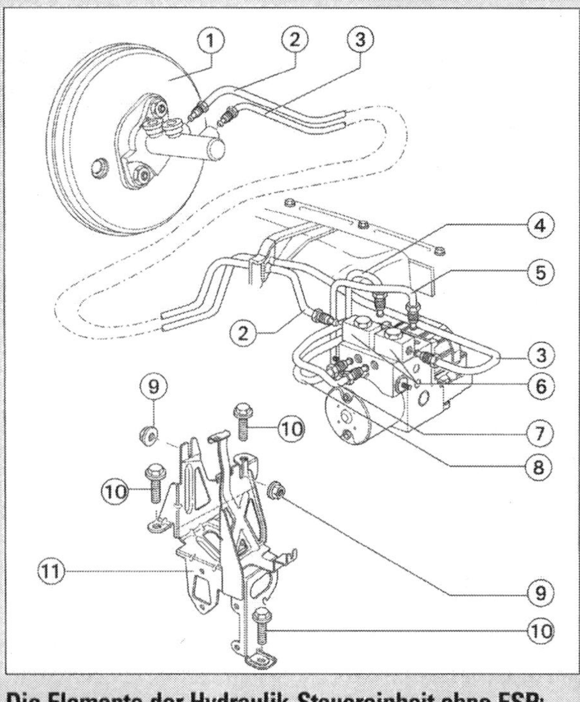

Die Elemente der Hydraulik-Steuereinheit ohne ESP:
❶ Hauptbremszylinder und Bremskraftverstärker.
❷ Bremsleitung vom Hauptbremszylinder zur Hydraulikeinheit. ❸ Bremsleitung vom Hauptbremszylinder zur Hydraulikeinheit. ❹ Bremsleitung zum Bremssattel vorn links. ❺ Bremsleitung zum Bremssattel vorn rechts.
❻ Saugdämpfer zur Verbesserung des Druckaufbaus bei EDS-Regelung, entfallen bei neueren Modellen.
❼ Bremsleitung zum Bremssattel hinten links ❽ Bremsleitung zum Bremssattel hinten rechts ❾ Mutter.
❿ Schraube ⓫ Halter.

Drehzahlfühler. Jeweils am Rad mit geringem Abstand zu einer Zahnscheibe (Rotor) montiert, die fest mit der Radnabe verbunden ist. Der Rotor dreht sich mit seinen zahnförmigen Erhebungen je nach Radumdrehung (Geschwindigkeit) schneller oder langsamer am Geber vorbei. Jeder Zahn des Impulsrades induziert so einen kurzen Spannungsanstieg. Dadurch wird im Geber eine Wechselspannung erzeugt, die entsprechend der Raddrehzahl ihre Frequenz ändert. Die Sensoren messen also die jeweilige Raddrehzahl und leiten sie als elektrische Signale an das Steuergerät.

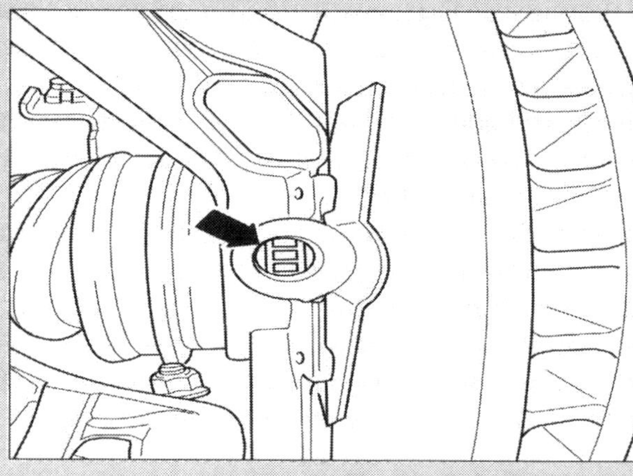

Wenn man den Drehzahlfühler herauszieht, kommt der Rotor zum Vorschein. Von ihm tastet der Fühler die Raddrehzahlen ab.

Störungen am ABS-Bremssystem. Die Kontrollleuchte des ABS-Bremssystems leuchtet mit dem Einschalten der Zündung auf und verlöscht, wenn der Motor läuft, spätestens jedoch nach 2 Sekunden oder wenn schneller als sechs Kilometer gefahren wird. Leuchtet Sie während der Fahrt, dreht entweder ein Rad länger als 20 Sekunden durch, oder es liegt eine Störung im ABS-System vor. Es kann auch sein, dass die Bordspannung unter zehn Volt gefallen ist. Sie können dann aber trotzdem weiterfahren – die Bremse funktioniert eben wie bei einem Wagen ohne ABS. Vorsicht ist allerdings angebracht, weil die elektronische Bremskraftverteilung nicht funktioniert und die Hinterräder leicht blockieren können.

Zur Beseitigung des Defekts müssen Sie freilich eine Audi-Werkstatt aufsuchen. Dort fragt man die im Steuergerät gespeicherten System-Störungen mit einem speziellen Gerät ab. Als Laie können Sie allenfalls die Steckverbindungen zum Steuergerät, zu den Relais, den Radsensoren und zur Hydraulikeinheit prüfen.

Gefahren-hinweis

Wartung der Bremsen – im Zweifel in die Werkstatt

Im Straßenverkehr entscheiden die Bremsen über Ihre Sicherheit und die anderer Verkehrsteilnehmer. Deshalb ist eine regelmäßige Kontrolle der Bremsanlage Ihre beste Lebensversicherung.
Scheuen Sie sich nicht, die Räder abzunehmen und den Zustand der Bremsbeläge zu prüfen. Die Wartungen an der Bremsanlage sind kein Hexenwerk. Auch die meisten Arbeiten an den Bremsen sind nicht anspruchsvoller als die Demontage eines Kotflügels oder Stoßfängers.
Trotzdem sollten Sie sich nur ans Schrauben machen, wenn Sie sich Ihrer Sache wirklich sicher sind. Überlassen Sie Arbeiten an der Bremse im Zweifelsfall lieber einer Fachwerkstatt.

Stand der Bremsflüsssigkeit prüfen

Arbeits-schritte – ständige Wartung

① Der Behälter für die Bremsflüssigkeit sitzt links am Wasserkasten direkt auf dem Hauptbremszylinder. Kontrollieren Sie den Stand der Bremsflüssigkeit regelmäßig.

② Auch bei einer intakten Bremsanlage kann der Pegel sinken. Ursache ist der Verschleiß an den Belägen der vorderen Scheibenbremsen. Dann wandern die Kolben der Radzylinder aus den Zylindern heraus – die Bremsflüssigkeit fließt nach. Da die Kupplungshydraulik ebenfalls dort angeschlossen ist, kann ein sinkender Pegel auch mit Defekten an diesem System zusammenhängen.

③ Ein sinkender Bremsflüssigkeits-Pegel ist kein Grund zur Sorge, solange die Bremsflüssigkeit im Behälter zwischen den Markierungen »MIN« und »MAX« steht.

④ Ob Sie Bremsflüssigkeit nachfüllen müssen, hängt vom Verschleißgrad der Bremsbeläge ab. Sind die Beläge nahezu abgefahren, kann der Pegel nahe der »MIN«-Marke verbleiben. Beim Einbau neuer Beläge werden die Bremskolben zurückgedrückt, der Stand im Bremsflüssigkeitsbehälter steigt dadurch wieder an. Bei neuen beziehungsweise neuwertigen Belägen sollten Sie gegebenenfalls nachfüllen. Tun Sie das aber nur, nachdem Sie sich vergewissert haben, dass keine Undichtigkeit am Bremssystem vorliegt.

⑤ Zum Nachfüllen verwenden Sie nur Bremsflüssigkeit nach US-Norm FMVSS 116 DOT

⑥ Achtung! Bremsflüssigkeit ist giftig und greift Lacke an. Weil Sie zudem Wasser anzieht, muss Sie immer in einem fest verschlossenen Behälter aufbewahrt wer-

Wenn der Pegel im Bremsflüssigkeitsbehälter sinkt, muss nicht unbedingt etwas kaputt sein. Mit fortschreitendem Verschleiß der Bremsbeläge sinkt der Stand immer etwas. Bevor Sie nachfüllen, sollten Sie aber immer die Bremsanlage kontrollieren und den Zustand der Bremsbeläge prüfen. Übrigens: Die Kupplungshydraulik ist an diesem Behälter angeschlossen.

Zustand der Bremsanlage prüfen

Arbeits-schritte – 15000 km 12 Monate

① Die Unterseite des Wagens muss trocken sein, damit Sie undichte Stellen erkennen.

② Prüfen Sie die Anschlüsse und Verbindungen von Schläuchen und Leitungen und die Bremssättel. Achten Sie auf dunkle und feuchte Flecken.

③ Prüfen Sie die Bremsschläuche. Sie dürfen keine Scheuerstellen aufweisen, weder feucht noch aufgequollen sein. In diesen Fällen: Schläuche auswechseln.

④ Reinigen Sie die Bremsleitungen mit einem Kaltreiniger. Die Leitungen sind zum Schutz gegen Rost mit einer Kunststoffschicht überzogen – daher zur Säuberung nie Schraubendreher, Schmirgelleinen oder

Drahtbürste verwenden. Ist die Schutzschicht beschädigt, Rostschutzgrundierung dünn aufstreichen. Stellen Sie Rostnarben oder Verformungen an den Bremsleitungen fest, müssen Sie diese umgehend ersetzen.

⑤ Befinden sich Schutzkappen auf allen Entlüftungsventilen an den Bremssätteln?

⑥ Machen Sie eine (provisorische) Bremsdruckprobe. Treten Sie eine Minute mit voller Kraft aufs Bremspedal – das Pedal darf dabei nicht nachgeben, sonst ist eine der Manschetten im Hauptbremszylinder defekt. Eine exakte Druckprüfung ist Sache der Werkstatt.

Bremskraftverstärker prüfen

Arbeitsschritte

① Motor abstellen, das Bremspedal mehrmals durchtreten und in seiner tiefsten Stellung halten.

② Motor starten. Das Pedal muss dann noch ein Stück nachgeben. Senkt sich das Pedal nicht, liegt das meist an einer der folgenden Ursachen:

Unterdruckschlauch vom Ansaugrohr zum Bremskraftverstärker undicht. In diesem Fall müssen Sie den Schlauch ersetzen.

Rückschlagventil im Unterdruckschlauch defekt. Nehmen Sie zur Kontrolle des Ventils den Unterdruckschlauch am Bremskraftverstärker ab. Durchblasen muss, Ansaugen darf nicht möglich sein.

Gummiring zwischen Hauptbremszylinder und Bremskraftverstärker verschlissen. Zum Austausch muss der Hauptbremszylinder demontiert werden.

Membran des Verstärkers defekt. Eine Reparatur ist nicht möglich. Sie müssen den Bremskraftverstärker komplett ersetzen.

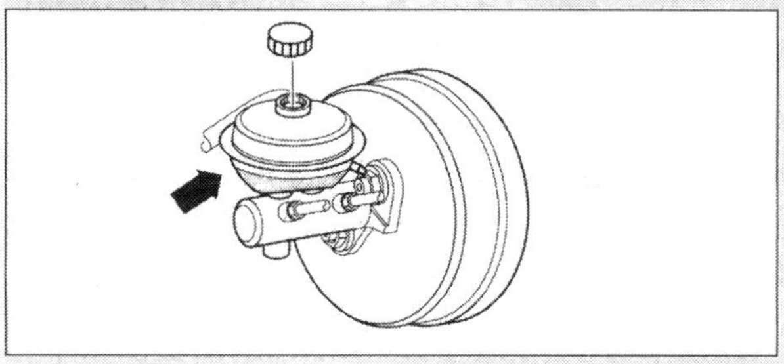

Der Bremskraftverstärker sitzt direkt am Hauptbremszylinder. Er funktioniert bei Benzinern mit dem Unterdruck aus dem Ansaugrohr. Bei Dieselmotoren sorgt eine Vakuumpumpe am Zylinderkopf für den nötigen Unterdruck. Der Bremskraftverstärker muss bei Defekten komplett ausgetauscht werden.

Bremsen prüfen

Suchen Sie sich eine ebene, möglichst abgelegene Straße. Führen Sie die Bremsprüfung nur durch, wenn Sie Ihr Fahrzeug beherrschen und andere Verkehrsteilnehmer nicht behindern oder gefährden.

Arbeitsschritte

① Fahren Sie zuerst mit Schrittempo. Mit voller Kraft bremsen, dann den Gummiabrieb auf der Straße ansehen – die Bremsen ziehen gleichmäßig, wenn die Spuren gleich lang sind. Die gleiche Übung mit der Handbremse durchführen.

② Beschleunigen Sie auf etwa 50 km/h. Lassen Sie das Lenkrad los (Hände griffbereit halten), bremsen Sie zuerst sanft und dann scharf bis zum Stillstand. Das Fahrzeug sollte die Spur halten. Zieht es zum Beispiel nach links, ist eine der rechten Bremsen nicht in Ordnung (Wagen zieht in Richtung des stärker gebremsten Rades). Bei scharfem Bremsen spüren Sie den Regeldruck des ABS im Pedal.

③ Lassen Sie den A6 nach diesem Test auf einer leicht abschüssigen Strecke aus dem Stand losrollen – so stellen Sie fest, ob die Räder frei und leichtgängig sind. Machen Sie nach einer kurzen Fahrt die Wärmeprobe an den Felgen: Sie müssen alle gleich warm sein. Ursache für zu hohe Temperatur können schleifende Bremsen oder defekte Radlage sein.

Bremsbeläge messen

Die Beläge an den vorderen Scheibenbremsen leisten mehr Arbeit beim Bremsen als ihre Partner an den Hinterrädern. Sie nutzen sich daher auch schneller ab. Kontrollieren Sie die Stärke der Beläge regelmäßig, mindestens jedoch alle 15000 Kilometer oder einmal im Jahr. Die Bremsbeläge vorn und hinten müssen mit Trägerplatte bei allen A6-Modellen mindestens sieben Millimeter stark sein.

Arbeitsschritte W 15000 km 12 Monate

① Bei manchen Felgen können Sie die Bremsbeläge bei angebautem Rad durch den Durchbruch erkennen. Den inneren Belag sehen Sie bestenfalls jedoch nur mit einem Spiegel. Nehmen Sie im Zweifelsfall jeweils das Rad ab. So kommen Sie besser an den Belag heran.

② Als Messinstrument eignet sich ein Zehnpfennigstück. Halten Sie es zwischen Bremsscheibe und Belagsträger. Ist der Belag bei der Dicke des Geldstücks angelangt, ist es höchste Zeit für einen Tausch. Audi schreibt vor, den Belag bei einer Dicke (einschließlich Rückenplatte) von sieben Millimeter zu ersetzen.

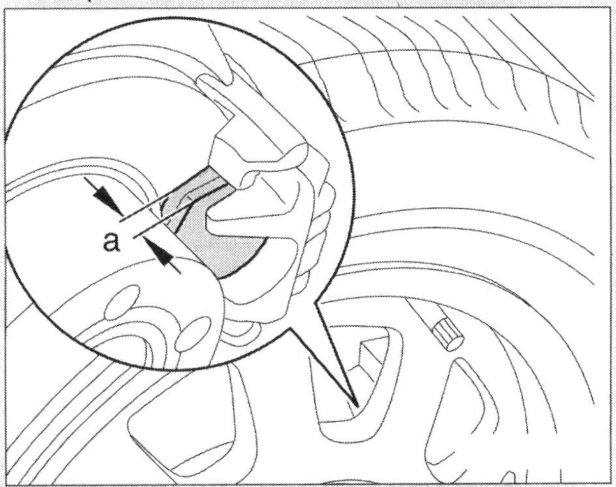

Sie können die Bremsbelagstärke bei angebautem Rad erkennen. Für den inneren Belag hinten brauchen Sie freilich einen Spiegel. Die Verschleißgrenze liegt vorn und hinten bei sieben Millimetern (**a**) inklusive Rückplatte.

Zustand der Bremsscheiben kontrollieren

Für diese Wartung müssen Sie die Vorderräder abnehmen. Kontrollieren Sie den Zustand der Bremsscheiben stets gemeinsam mit den Bremsbelägen.

Arbeitsschritte

① Ein bläuliche Verfärbung der Scheibe ist normal.
② Achten Sie auf Rillen in den Scheiben. Sie entstehen durch Schmutz oder zu stark abgefahrene Beläge. Die Rillen dürfen nicht zu tief sein.
③ Die Bremsscheiben dürfen nicht nachgearbeitet werden. Bei Riefen oder zu starken Verschleißspuren ist stets ein paarweiser Austausch fällig.

Praxistipp

Bremspedal und Bremsbelag

Der Leerweg des Bremspedals soll höchstens ein Drittel des gesamten Pedalwegs betragen. Lässt sich das Pedal weiter nach unten drücken (mit der Hand prüfen), sollten Sie sofort die Scheibenbremsen untersuchen – die Bremsbeläge können stark abgefahren oder verklemmt sein. Vielleicht ist auch die Bremszange im Bremssattel festgerostet. Die Prüfung des Pedalwegs ersetzt jedoch keine Kontrolle der Bremsbeläge: Der Bremskolben schiebt den abnutzenden Belag beim Bremsen so weit nach, dass er nach dem Loslassen des Pedals immer die gleiche Grundstellung zur Bremsscheibe hat. Der Pedalweg bleibt also fast gleich, solange die Beläge nicht auf das Mindestmaß geschrumpft sind. Wird der Pedalweg durch Pumpen geringer, ist möglicherweise Luft im System – dann muss die Anlage entlüftet und nach der Ursache geforscht werden.

④ Die Stärke der Scheiben messen Sie am besten, indem Sie zwischen Schieblehre und Bremsscheibe jeweils eine Münze legen – so erhalten Sie auch bei eingelaufenen Bremsscheiben genaue Werte. Die Dicke der Münzen müssen Sie dann natürlich vom gemessenen Wert abziehen. Messen Sie die Bremsscheibe an mehreren Punkten. Es gilt der jeweils schlechteste Wert.
⑤ Zu dünne Scheiben müssen immer paarweise ausgetauscht werden.

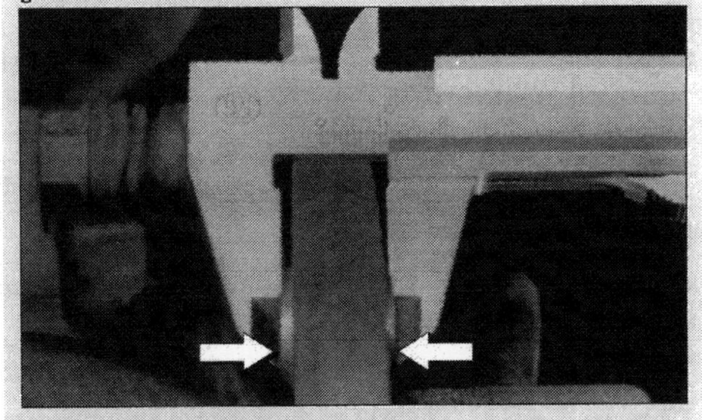

Die Stärke der Bremsscheiben messen. Damit das Ergebnis stimmt, müssen Sie natürlich die Stärke der zwischengelegten Münzen abziehen.

Scheibenbremsmaße und Bremsbelagdicke

Ausführung	Durchmesser	Scheibenstärke	Verschleissgrenze
15" Rad vorn	288 mm	25 mm	23 mm
16" Rad vorn	312 mm	25 mm	32 mm
alle hinten	245 mm	10 mm	8 mm

Bremsen

Störungsbeistand

Störung	Ursache	Abhilfe
A Bremse quietscht	**1** Resonanzgeräusche zwischen Bremsscheibe und Belägen	Beläge wechseln, Bremsbelagträger auf der Rückseite mit Anti-Quietsch-Paste einstreichen
	2 Beläge verschlissen bzw. verhärtet	Erneuern
	3 Bremsflächen der Scheiben stark verschmutzt, verschmiert oder abgenutzt	Scheiben abschleifen, ausdrehen lassen, austauschen
	4 Belagführung am Bremssattel verschmutzt oder verrostet	Säubern bzw. blank schleifen
	5 Festsitzender Kolben im Bremssattel	Gängig machen oder Bremssattel überholen lassen
	6 Neue Bremsbeläge liegen nicht plan an	Außenkanten der Beläge mit einer Feile brechen
B Bremswirkung lässt nach (Fading)	**1** Pedalweg normal: a) Beläge verölt, verbrannt oder verhärtet b) siehe A 3	Bremsbeläge ersetzen (lassen)
	2 Pedalweg kurz: Bremskraftverstärker arbeitet nicht oder kein Unterdruck am Verstärker	Bremskraftverstärker bzw. Unterdruckleitung auf Knicke prüfen; das Teil prüfen und evtl. ersetzen (lassen)
	3 Pedalweg lang: a) Siehe A5 b) Ein Bremskreis ausgefallen	Kontrollieren, schadhafte Teile auswecheln lassen
	4 Falscher Belag	Bremsbeläge tauschen (lassen)
C Bei hohem Bremspedaldruck schwache Bremsleistung	**1** Siehe A 2 bis 6	
	2 Siehe B 1 bis 4	
D Bremspedalweg schwammig	**1** Luft in der Anlage	Bremsanlage prüfen, entlüften (lassen)
	2 Bei überbeanspruchter Bremse (Gebirgsfahrt, Anhängerbetrieb) Dampfblasenbildung	Anhalten, Bremse abkühlen lassen. Verhalten fahren und bremsen, häufiger Herunterschalten (Motorbremse)
	3 Hauptbremszylinder nicht richtig befestigt	Befestigung prüfen
E Bremspedal lässt sich ganz durchtreten, keine Bremswirkung	**1** Hauptzylinder ausgefallen	Austauschen
	2 Bremsschlauch oder Leitung gerissen, Dichtung leck	Ersetzen
	3 Bremsflüssigkeit zu alt oder überhitzt	Auswechseln
F Pedalweg zu lang	**1** Lager an der Radseite lose oder verschlissen	Befestigen, evtl. ersetzen lassen
	2 Scheiben unrund, Beläge verschoben	Scheibe und Beläge prüfen und evtl. ersetzen lassen
	3 Bremsflüssigkeit läuft aus	Hydraulik auf Leck prüfen und Mangel beheben lassen

Bremsen — Störungsbeistand

Störung	Ursache	Abhilfe
G Stand der Bremsflüssigkeit zu niedrig	1 Bremsbeläge verschlissen	Bremsbeläge prüfen, ersetzen lassen
	2 Leck in der Hydraulik	Hydraulik auf Leck prüfen und Mangel beheben lassen
H Bremsen ziehen einseitig	1 Bremsscheiben defekt oder unterschiedliche Beläge	Prüfen, evtl. ersetzen lassen
	2 Siehe A 3	
	3 Siehe A 5	
	4 Falsche Reifen oder falscher Reifendruck	Prüfen, richtige Reifen aufziehen, Reifendruck kontrollieren
	5 Stoßdämpfer verschlissen	Prüfen, evtl. ersetzen lassen
I Beläge stark oder ungleichmäßig verschlissen	1 Bremsscheiben sind korrodiert oder weisen Riefen auf	Prüfen, evtl. ersetzen (lassen)
	2 Siehe A 5	

Bremsanlage entlüften

Gelangt Luft ins Bremssystem, müssen Sie die Anlage entlüften. Das gilt zum Beispiel für alle Arbeiten, bei denen Sie die Bremsschläuche abnehmen oder die Bremsleitungen öffnen. In der Regel genügt es, wenn Sie nur den Bremskreis entlüften, an dem Sie gearbeitet haben. Fürs Entlüften brauchen Sie neue Bremsflüssigkeit (Spezifikation US-Norm FMVSS 116 DOT 4) und einen durchsichtigen Schlauch. Den bekommen Sie im Baumarkt. Außerdem sollten Sie sich von einem Helfer unterstützen lassen. Das Fahrzeug muss mit allen vier Rädern auf ebenem Boden stehen. Achtung: Beobachten Sie während des Entlüftens stets den Stand der Bremsflüssigkeit im Vorratsbehälter. Füllen Sie bei Bedarf Bremsflüssigkeit nach – der Behälter darf nicht leer sein, sonst wird wieder Luft ins System angesaugt.

Sicherheitshinweis: Wenn beim Entlüften der Pegel im Bremsflüssigkeitsbehälter so weit absinkt, dass Luft angesaugt wird, muss die Bremsanlage in der Werkstatt mit einem speziellen Entlüftergerät entlüftet werden. Der Grund: Luft kann in die ABS-Hydraulikpumpe gelangt sein. Nach dem Einbau eines neuen Bremsschlauches muss ebenfalls in der Werkstatt entlüftet werden.

Arbeitsschritte

① Bei älteren Fahrzeugen empfiehlt es sich, die Entlüftungsventile einige Stunden vor der Arbeit mit Rostlöser einzusprühen. Das mindert das Risiko, dass die Ventile beim Lösen abgerissen werden.

② Arbeitsreihenfolge: 1. Bremssattel hinten rechts, 2. Bremssattel hinten links, 3. Bremssattel vorn rechts, 4. Bremssattel vorn links.

③ Gummikappe vom Entlüftungsventil abziehen, Ventilnippel säubern.

Den Entlüftungsnippel lösen Sie am besten mit einem Ringschlüssel.

④ Kunststoffschlauch auf den Nippel schieben und das freie Schlauchende in einen teilweise mit Bremsflüssigkeit gefüllten Auffangbehälter stecken.

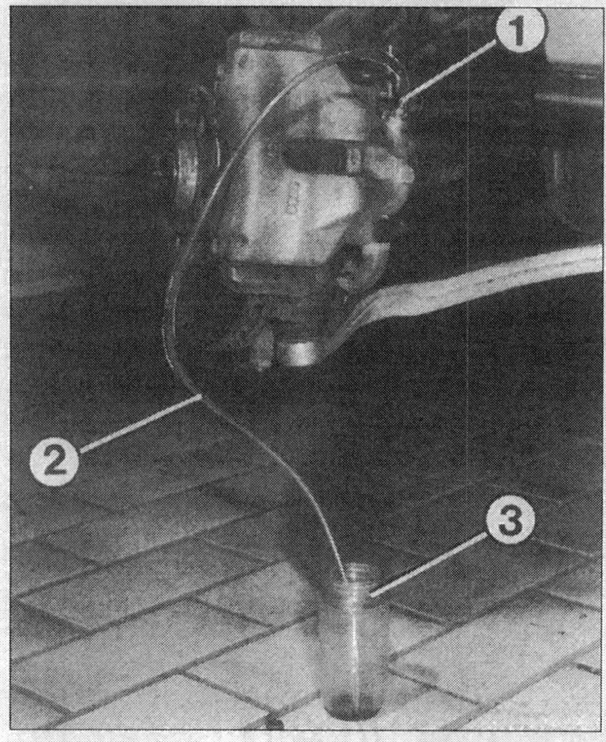

So entlüften Sie die Bremsanlage: Das Entlüftungsventil ❶ öffnen Sie mit einem Ringschlüssel SW 11. Der durchsichtige Kunststoffschlauch ❷ ist auf das Ventil gesteckt und leitet die herausgepumpte Bremsflüssigkeit in das Gefäß ❸ Achtung: Bremsflüssigkeit ist giftig und greift Lacke an.

⑤ Entlüftungsschraube mit einem Ringschlüssel maximal eine Umdrehung lösen. Der Helfer tritt das Bremspedal langsam bis zum Boden, damit die Bremsflüssigkeit und die darin eingeschlossene Luft herausgepumpt wird. Achten Sie dabei auf Schlauch und Auffangbehälter – Sie müssen die Luftbläschen sehen können. Das Bremspedal am Boden halten.

⑥ Schließen Sie die Entlüftungsschraube. Erst dann das Pedal zurücknehmen.

⑦ Wiederholen Sie diesen Vorgang so lange, bis keine Luftbläschen mehr aufsteigen – dann ist keine Luft mehr im System. Beobachten Sie ständig den Stand der Bremsflüssigkeit im Ausgleichsbehälter. Füllen Sie bei Bedarf nach – aber nur soviel, dass der vorherige Stand im Bremsflüssigkeitsbehälter nicht überschritten wird. Dadurch verhindern Sie, daß bei einem späteren Wechsel der Bremsbeläge zuviel Bremsflüssigkeit im System ist und der Behälter beim Zurückdrücken der Bremskolben überläuft. Warten Sie bis zum nächsten Pumpen jeweils etwa drei Sekunden, damit sich der Hauptbremszylinder wieder füllen kann.

⑧ Nach dem letzten Durchgang muss der Helfer das Bremspedal wieder am Boden halten, bis das Entlüftungsventil endgültig geschlossen ist (Schraube nicht anknallen).

⑨ Die Arbeit an den anderen Entlüftungsventilen wiederholen.

⑩ Lässt sich die Bremse nach vorgenannter Methode nicht vollständig entlüften, sollten Sie alle Entlüftungsventile schließen, den Motor starten und mehrfach die Bremse betätigen. Dann nochmals einen Entlüftungsdurchgang vornehmen.

⑪ Kontrollieren Sie zum Schluss noch einmal alle Bremsleitungen, Entlüftungsventile (angezogen?), den Stand im Bremsflüssigkeitsbehälter und die Funktion der Bremsen bei einer (vorsichtigen) Probefahrt. Bremsen Sie einmal so stark, dass die ABS-Regelung greift.

Bremsflüssigkeit wechseln

Der Wechsel der Bremsflüssigkeit ist alle zwei Jahre fällig. Die Werkstatt erledigt diesen Wartungspunkt mit einem speziellen Befüllgerät. Sie können sich aber auch selbst ans Werk machen – die Arbeit ist die gleiche wie beim Entlüften. Sie benötigen etwa 1,5 Liter frische Bremsflüssigkeit (auf Spezifikation achten).

Arbeitsschritte | alle 2 Jahre

① Beachten Sie bitte alle Hinweise und Arbeitsschritte unter »Bremsanlage entlüften«.

② Beachten Sie bei Fahrzeugen mit Schaltgetriebe, daß auch das Hydrauliksystem der Kupplungsbetätigung mit neuer Bremsflüssigkeit gespült werden muss. Lesen Sie dazu bitte im Kapitel »Die Kraftübertragung« die Arbeitsanweisungen zum Thema »Kupplungshydraulik entlüften« nach. Am Kupplungsnehmerzylinder müssen für eine komplette Erneuerung der Flüssigkeit

Die Bremsflüssigkeit

Technik-lexikon

Hauptbestandteile der Bremsflüssigkeit sind Glykol und Polyglykoläther. Diese Mischung ist bei –40°C noch dünnflüssig und hat einen sehr hohen Siedepunkt von etwa 270°C. Als so genannte hygroskopische Flüssigkeit nimmt Bremsflüssigkeit allerdings Wasser auf (undichte Bremsschläuche und Gummimanschetten). Dadurch sinkt der Siedepunkt – bei einem Wassergehalt von 2,5 Prozent liegt er nur noch bei 150°C. In diesem Fall können sich bei stark erhitzten Bremsen (Gebirgsfahrt, Vollbremsungen) Dampfblasen in der Bremsflüssigkeit bilden. Diese werden beim Bremsen zusammengepresst, das System kann keinen stabilen Bremsdruck aufbauen, das Bremspedal lässt sich tief durchtreten (im Extremfall bis auf den Boden). Wechseln Sie daher zu Ihrer Sicherheit die Bremsflüssigkeit regelmäßig – Audi schreibt einen Tausch alle zwei Jahre vor.

Vorsicht beim Umgang mit Bremsflüssigkeit

Bremsflüssigkeit ist giftig. Nicht mit Mund oder offenen Wunden in Berührung bringen. Sie greift Metall- und Gummiteile zwar nicht an, wirkt jedoch auf Autolack aggressiv. Bremsflüssigkeit, die Sie einmal aus dem System abgelassen haben, dürfen Sie später nicht mehr einfüllen. Verwenden Sie auch keine Bremsflüssigkeit aus einem Behälter, der längere Zeit offen gestanden hat. Gebrauchte Bremsflüssigkeit ist Sondermüll – kümmern Sie sich um eine fachgerechte Entsorgung.

mindestens 0,1 Liter Bremsflüssigkeit herausgepumpt werden.

③ Die Arbeitsschritte an den einzelnen Entlüftungsventilen sind die gleichen wie beim Entlüften. Sie müssen natürlich regelmäßig Bremsflüssigkeit in den Ausgleichsbehälter einfüllen – bei jedem Ventil soll mindestens ein Viertel Liter Bremsflüssigkeit herausgepumpt werden, damit ein kompletter Austausch erfolgt. Die ausgepumpte Bremsflüssigkeit soll auf jeden Fall klar und blasenfrei sein.

Vorratsbehälter der Bremsflüssigkeit ausbauen

Arbeitsschritte

① Nehmen Sie die Abdeckung für den Wasserkasten ab.

② Ziehen Sie die Steckverbindung vom Geber der Schwimmerwarnanzeige ab.

③ Stecken Sie einen Entlüfterschlauch mit einem Gefäß auf den Bremssattel vorn links. Öffnen Sie die Entlüfterschraube. Pumpen Sie durch Betätigen des Bremspedals soviel Bremsflüssigkeit wie nötig aus. Achten Sie darauf, dass der Hauptbremszylinder nicht leer gepumpt wird. Schließen Sie die Entlüfterschraube.

④ Ziehen Sie den Nachlaufschlauch für den Kupplungsgeberzylinder ab und verschließen ihn mit einem Blindstopfen.

⑤ Vorratsbehälter durch seitliches Kippen vom Hauptbremszylinder trennen und abheben.

⑥ Beim Einbau neue Dichtringe in die Bohrungen des Hauptbremszylinders einsetzen. Dazu die Dichtringe mit Bremsflüssigkeit einreiben.

⑦ Vorratsbehälter eindrücken, bis er einrastet. Nachlaufschlauch für die Kupplungshydraulik und Stecker für den Geber für die Schwimmerwarnanzeige anschließen.

⑧ Bremsanlage entlüften.

Hauptbremszylinder ausbauen

Arbeitsschritte

① Stecken Sie einen Entlüfterschlauch mit einem Gefäß auf den Bremssattel vorn links. Öffnen Sie die Entlüfterschraube.

② Durch Treten des Bremspedals pumpen Sie so viel Bremsflüssigkeit ab wie möglich. Dann schließen Sie die Entlüfterschraube wieder.

③ Nehmen Sie die Abdeckung für den Wasserkasten

ab und schützen Sie den Motorraum gegen auslaufende Bremsflüssigkeit. Ziehen Sie den Nachlaufschlauch für den Kupplungsgeberzylinder ab und verschließen ihn mit einem Blindstopfen. Ziehen Sie die Steckverbindung vom Geber der Schwimmerwarnanzeige ab.
④ Bauen Sie die Bremsleitungen ab. Verschließen Sie diese mit Verschlussstopfen.
⑤ Schrauben Sie die Muttern des Hauptbremszylinders ab und nehmen den Zylinder vorsichtig heraus.
⑥ Beim Einbauen des Hauptbremszylinders in den Bremskraftverstärker müssen Sie darauf achten, dass die Druckstange im Hauptbremszylinder richtig sitzt. Durch leichtes Drücken des Bremspedals bewegen Sie die Druckstange in Richtung des Hauptbremszylinders. So führen Sie die Druckstange leichter ein.
⑦ Ziehen Sie die Muttern für den Hauptbremsyzlinder und die Bremsleitungen fest. Stecken Sie den Nachlaufschlauch der Kupplungshydraulik und den Stecker für die Warnanzeige wieder auf.
⑧ Entlüften Sie die Kupplungshydraulik. Siehe dazu entsprechende Arbeitsschritte im Kapitel »Die Kraftübertragung«.
⑨ Entlüften Sie die Bremsanlage.

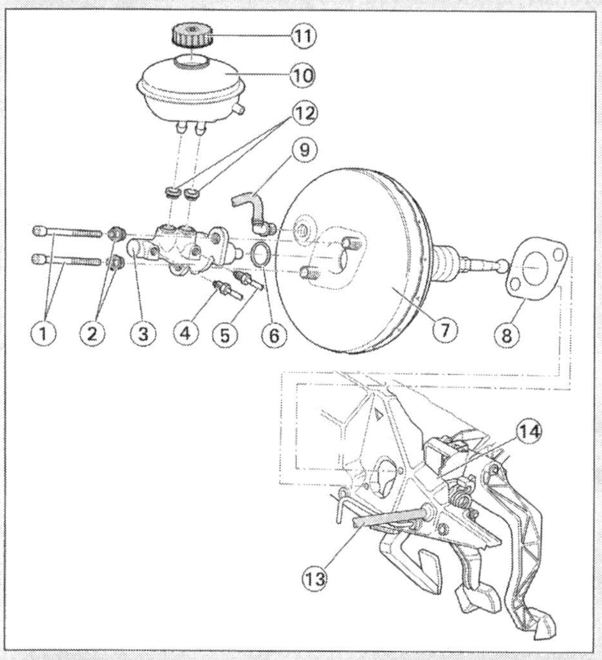

Die Bremsbetätigung: ❶ Schraube. ❷ Mutter. ❸ Hauptbremszylinder. ❹ Bremsleitung zur ABS-Hydraulikeinheit. ❺ Bremsleitung zur ABS-Hydraulikeinheit. ❻ Dichtring, immer ersetzen. ❼ Bremskraftverstärker. ❽ Dichtung. ❾ Unterdruckschlauch. ❿ Bremsflüssigkeitsbehälter. ⓫ Verschlussdeckel. ⓬ Dichtungsstopfen. ⓭ Nachlaufschlauch für Kupplungshydraulik. ⓮ Stirnwand.

Bremskraftverstärker ausbauen

Arbeitsschritte

① Bauen Sie zuerst das Ablagefach auf der Fahrerseite aus.

② Stecken Sie einen Schlauch auf den Entlüfternippel des Bremssattels vorn links. Führen Sie den Schlauch in ein Gefäß und öffnen den Nippel (wie bei »Bremsanlage entlüften«).

③ Durch Treten des Bremspedals pumpen Sie nun soviel Bremsflüssigkeit wie möglich ab.

④ Schließen Sie die Entlüfterschraube wieder.

⑤ Nehmen Sie die Abdeckung für den Wasserkasten ab und schützen Sie den Motorraum gegen auslaufende Bremsflüssigkeit. Ziehen Sie den Nachlaufschlauch für den Kupplungsgeberzylinder ab und verschließen ihn mit einem Blindstopfen. Ziehen Sie die Steckverbindung vom Geber der Schwimmerwarnanzeige ab.

⑥ Bauen Sie die Bremsleitungen ab. Verschließen Sie diese mit einem Verschlussstopfen.

⑦ Drehen Sie die Innentorxschrauben aus dem Bremskraftverstärker heraus.

⑧ Ziehen Sie den Unterdruckschlauch vom Bremskraftverstärker ab.

⑨ Jetzt müssen Sie den Stößel des Bremskraftverstärkers vom Bremspedal lösen. Die Werkstatt drückt den Kugelkopf mit einem Spezialwerkzeug ab. Wenn Sie es nicht haben, müssen Sie es mit Zange und Schraubendreher probieren. Bevor Sie das tun, bauen Sie den Bremslichtschalter aus.

⑩ Beim Einbau müssen Sie folgendes beachten: Stellen Sie den Bremslichtschalter ein. Wie, das sehen Sie in der folgenden Zeichnung. Wenn Ihr Auto eine Geschwindigkeitsregelanlage hat, muss das Belüftungsventil neu eingestellt werden.

⑪ Nach dem Einbau muss die Bremsanlage entlüftet werden. Ausserdem ist eine Entlüftung der Kupplungshydraulik notwendig.

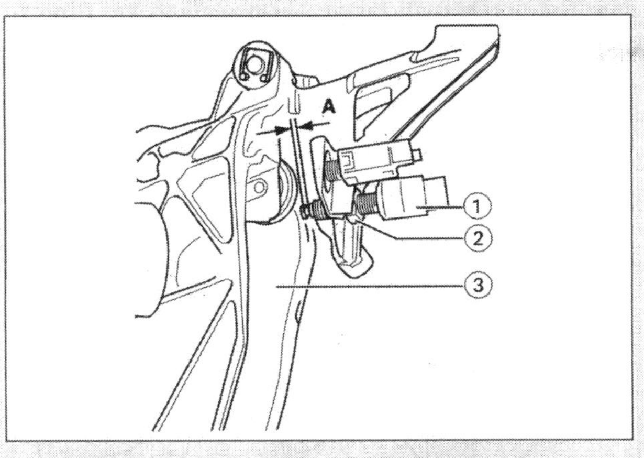

Zur Demontage des Bremskraftverstärkers muss der Bremslichtschalter ausgebaut und danach eingestellt werden. Das Maß **A** muss 0,1 bis 0,5 Millimeter betragen. Wenn Sie das eingestellt haben, kontern Sie die Mutter ❷ am Bremslichtschalter ❶ sanft mit 4,5 Nm. ❸ bezeichnet das Bremspedal.

Praxistipp

So läuft keine Bremsflüssigkeit aus

Wenn Sie eine Bremsleitung (oder einen Bremsschlauch) lösen, läuft langsam die Bremsflüssigkeit aus dem Vorratsbehälter. Das lässt sich jedoch verhindern. Lösen Sie vor dem Öffnen der Verschraubung eine Entlüftungsschraube im betreffenden Bremskreis. Stecken Sie einen Entlüftungsschlauch auf und platzieren Sie das andere Ende in ein sauberes Gefäß. Dann das Bremspedal voll durchtreten und zum Beispiel mit einer Holzlatte in dieser Stellung fixieren. Die Zulaufbohrungen im Hauptbremszylinder sind jetzt verschlossen, es kann keine Bremsflüssigkeit mehr auslaufen.

Bremsschlauch ausbauen

Arbeitsschritte

① Zuerst die Überwurfmutter der betreffenden Bremsleitung losdrehen. Dabei darauf achten, dass sich die Leitung nicht verdreht.

② Manche Bremsschläuche sind mit einem so genannten Schlauchhalter (Blechbügel) gegen Rutschen an der Karosserie gesichert. Beim Zusammenbau den Schlauchhalter nicht vergessen.

③ Beim Einbau den Schlauch immer zuerst an der Stelle festdrehen, an der das Außengewinde sitzt. Dann die andere Verschraubung anziehen.

④ Der Bremsschlauch darf nicht in sich verdreht sein. Den richtigen Sitz erkennen Sie am durchgehenden Farbstreifen, dem Gummianguss oder dem Gummiprofil entlang des Schlauches.

⑤ Bremssystem entlüften.

⑥ Kontrollieren Sie unbedingt, ob der Bremsschlauch bei Federbewegungen an einer Stelle scheuern kann. Dann müssen Sie den Abstandshalter verschieben. Wiederholen Sie diese Kontrolle nach einer längeren Fahrstrecke.

Ist ein Bremsschlauch mit einem Blechhalter an der Karosserie befestigt, dann ist er mit einem Blechbügel gesichert. Beim Zusammenbau darf er nicht vergessen werden.

Scheibenbremsbeläge vorn wechseln

Bei dieser Arbeit müssen Sie sich gleich zweimal ans Werk machen – die Beläge dürfen nämlich grundsätzlich nur auf beiden Seiten ausgetauscht werden. Achten Sie darauf, daß die Ersatzteile mit einer ABE versehen sind. Mit neuen Bremsbelägen sollten Sie auf den ersten 500 Kilometern häufige Vollbremsungen vermeiden. Der Belag verändert sonst seine Struktur – er verhärtet (»verglast«) und erreicht dadurch nicht seine beste Bremswirkung.

Arbeits-
schritte

① Wagen vorne aufbocken, Räder abbauen. Sichern Sie die Bremsscheiben, indem Sie zwei Radbolzen eindrehen.

② Lenkung einschlagen, damit die Beläge gut zugänglich sind.

③ Nehmen Sie die Abdeckkappen ab.

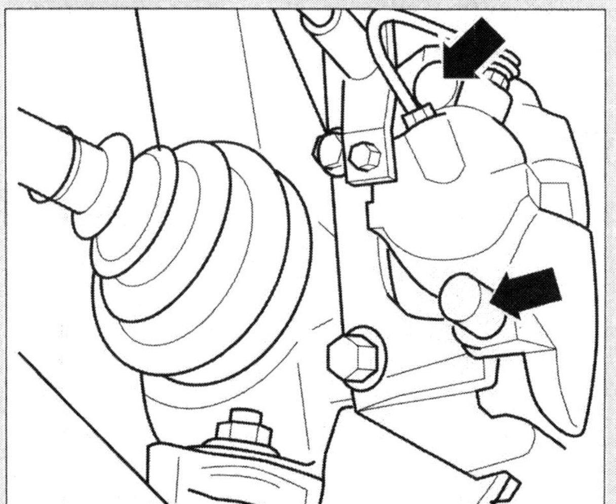

Nehmen Sie die Abdeckkappen (Pfeile) zuerst ab.

④ Hebeln Sie die Haltefedern mit einem Schraubendreher ab und nehmen Sie diese heraus.

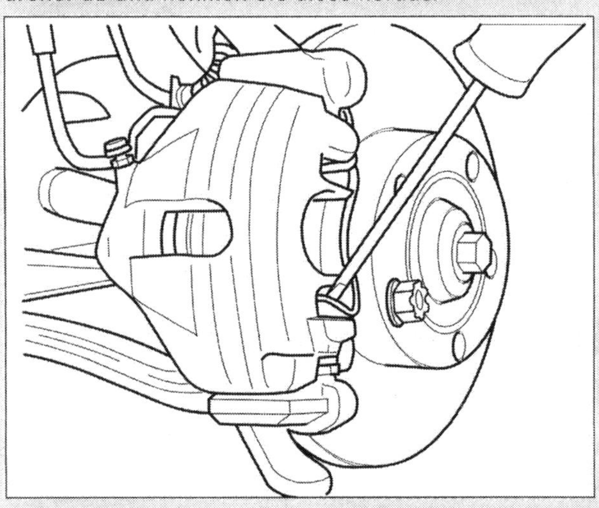

Die Haltefedern hebeln Sie mit einem Schraubendreher aus.

⑤ Schrauben Sie beide Führungsbolzen aus dem Bremssattel heraus. Nehmen Sie den Bremssattel ab und deponieren ihn so, dass sein Gewicht nicht auf dem Bremsschlauch lastet. Nicht einfach am Bremsschlauch hängen lassen.

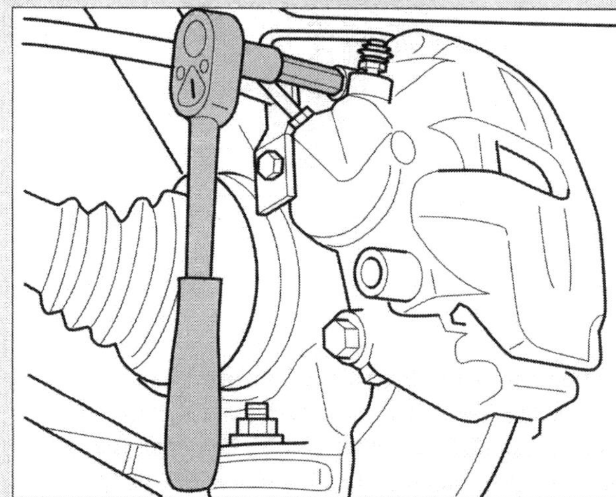

Dann schrauben Sie die Führungsbolzen heraus.

⑥ Nehmen Sie die Bremsbeläge heraus. Wenn Sie diese wieder verwenden wollen, kennzeichnen Sie sie. An falscher Stelle eingebaute alte Beläge führen zu ungleichmäßiger Bremswirkung.

⑦ Wenn Sie neue Bremsbeläge montieren, müssen Sie den Bremskolben in den Zylinder zurückdrücken. Wenn Sie dafür kein Spezialwerkzeug haben, können Sie auch eine Schraubzwinge verwenden. Schützen Sie den Kolben mit einem Stück Holz. Beschädigen Sie die Manschette nicht. Behalten Sie beim Zurückdrücken den Bremsflüssigkeitsbehälter im Auge. Er könnte jetzt überlaufen. Saugen Sie gegebenenfalls vorher etwas Bremsflüssigkeit ab.

⑧ Setzen Sie den inneren Bremsbelag mit Haltefedern in das Bremssattelgehäuse beim Bremskolben ein. Der innere Belag (mit Spreizfeder) ist mit einem Pfeil gekennzeichnet. Er muss in Drehrichtung der Bremsscheibe bei Vorwärtsfahrt zeigen. Der äußere Belag kommt auf den Bremsträger. Ziehen Sie zuvor die Schutzfolie von der Rückplatte des Belages ab.

⑨ Die Führungsbolzen des Bremssattelgehäuses werden mit 25 Nm festgezogen. Dann setzen Sie die Abdeckkappen auf und die Haltefedern in das Bremssattelgehäuse hinein.

⑩ Wenn Sie fertig sind, treten Sie mehrmals kräftig das Bremspedal durch. So nehmen die Beläge den richtigen Sitz ein. Danach kontrollieren Sie den Stand im Bremsflüssigkeitsbehälter.

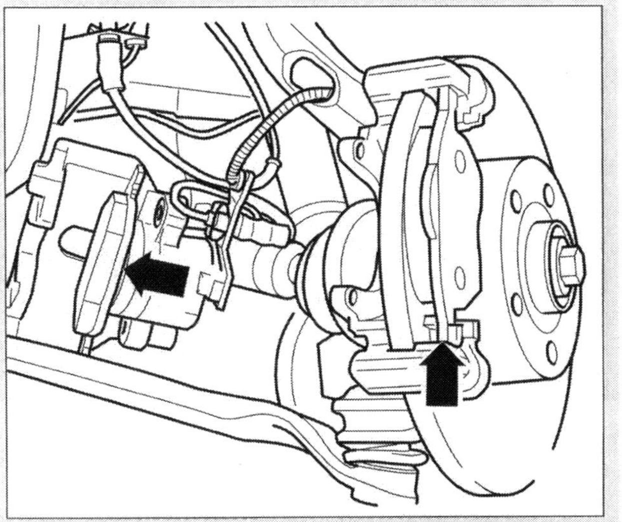

Setzen Sie wie abgebildet (Pfeile) den inneren Belag in das Bremssattelgehäuse und den äußeren auf den Bremsträger.

Bremsbeläge hinten ausbauen

Die Arbeit ist eigentlich kein Problem, jedoch ist zum Zurückdrücken des Bremskolbens ein Spezialwerkzeug nötig. Ohne das Werkzeug kann beim Zurückdrücken der Nachstellmechanismus zerstört werden.

Arbeits-schritte

① Auto aufbocken und Rad abbauen.

② Schrauben Sie die Befestigungsschrauben vom Bremssattelgehäuse ab. Der Führungsbolzen muss dabei mit einem Maulschlüssel gegengehalten werden.

③ Nehmen Sie die Bremsbeläge ab. Wenn Sie die Beläge wieder einbauen wollen, müssen Sie diese kennzeichnen und an der selben Stelle wieder einsetzen.

④ Drücken Sie den Kolben im Bremssattel mit dem Spezialwerkzeug zurück. Gehen Sie dabei vor wie im Bild beschrieben. Sie dürfen die Kolben nicht wie bei der Vorderradbremse einfach mit einem Hebel oder einer Schraubzwinge zurückdrücken, weil sonst der Nachstellmechanismus der Feststellbremse zerstört

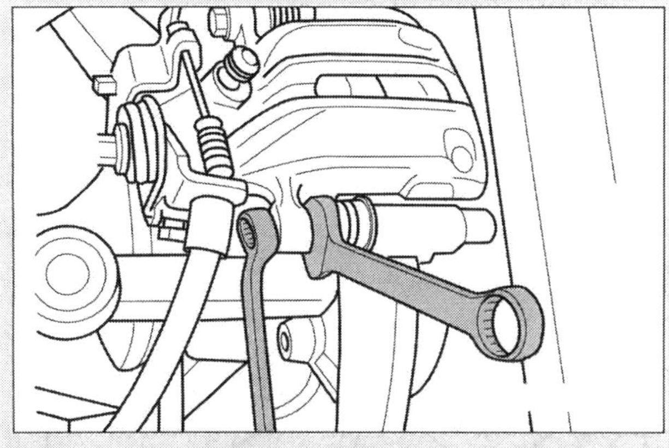

Wenn Sie die Schrauben vom Bremssattelgehäuse lösen wollen, müssen Sie die Führungsbolzen wie im Bild gezeigt gegenhalten.

wird. Behalten Sie beim Zurückdrücken den Bremsflüssigkeitsbehälter im Auge. Er kann überlaufen. Saugen Sie gegebenenfalls vorher etwas Bremsflüssigkeit ab. Schützen Sie die Karosserie vor der Bremsflüssigkeit.

⑤ Ziehen Sie die Schutzfolie von den Rückseiten der Bremsbeläge ab und setzen diese ein.

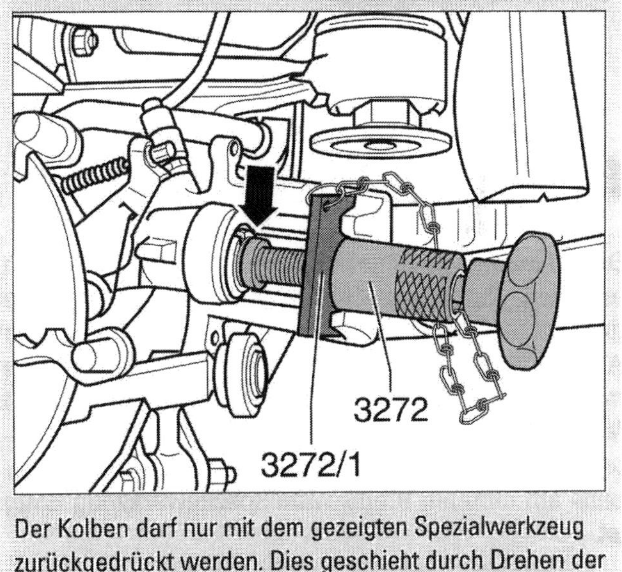

Der Kolben darf nur mit dem gezeigten Spezialwerkzeug zurückgedrückt werden. Dies geschieht durch Drehen der Gewindespindel nach rechts und des Rändelrades nach links. Schrauben Sie bis zum Anschlag. Wenn Sie den Kolben ohne Spezialwerkzeug, also ohne zu drehen und mit Gewalt zurückdrücken, wird der Nachstellmechanismus im Bremskolben zerstört.

⑥ Schrauben Sie das Bremssattelgehäuse mit neuen selbstsichernden Schrauben ein. Das Anzugsmoment beträgt 35 Nm. Wie beim Ausbau gezeigt müssen Sie

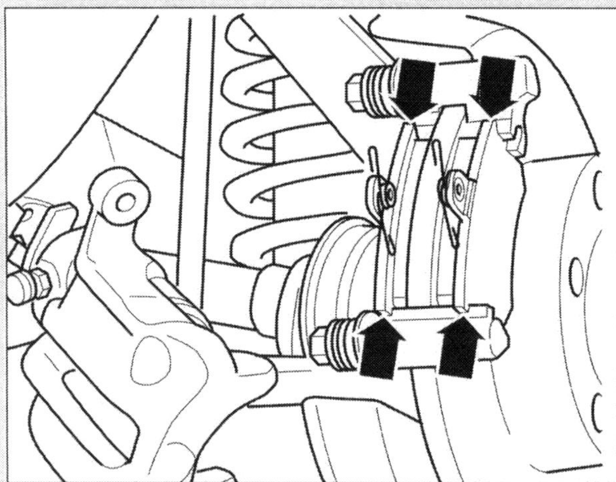

Setzen Sie die Bremsbeläge wie gezeigt (Pfeile) ein.

die Führungsbolzen mit einem Maulschlüssel gegenhalten. Montieren Sie das Rad.

⑦ Wenn Sie fertig sind, treten Sie mehrmals kräftig das Bremspedal durch. So nehmen die Beläge den richtigen Sitz ein. Danach kontrollieren Sie den Stand im Bremsflüssigkeitsbehälter.

⑧ Gegebenenfalls Handbremse einstellen.

Bremsscheiben ausbauen

Die Bremsscheiben müssen Sie stets auf beiden Seiten erneuern. Ein Wechsel nur auf einer Seite kann eine ungleiche Wirkung der Bremsen zur Folge haben. Der Ausbau ist vorn und hinten weitgehend identisch. Sie müssen im Prinzip nur den Bremssattel abbauen, dann fällt Ihnen die Bremsscheibe schon entgegen. Beachten Sie dabei, dass zum Zurückdrücken des Bremskolbens am hinteren Bremssattel Spezialwerkzeug nötig ist.

Arbeitsschritte

① Wagen aufbocken und Rad abbauen.

② **Vorn:** Lösen Sie die Befestigungsschrauben des Bremssattels. Hängen Sie den Sattel mit einem Stück Draht o.ä. an die Karosserie. Nicht am Bremsschlauch baumeln lassen.

Die Bremsscheiben werden nur durch die Radbolzen gehalten. Wenn Sie das Rad abmontiert haben, sitzt die Scheibe schon lose auf der Nabe – wenn sie nicht festgerostet ist. Um die Bremsscheibe abnehmen zu können, muss der Bremssattel demontiert werden.

Hinten: Bauen Sie den Bremssattel und die Bremsbeläge wie bereits beschrieben ab.

Der Bremsschlauch muss in keinem Fall gelöst werden. Andernfalls ist eine Entlüftung der Bremsanlage nötig.

③ Die Bremsscheibe kann nun abgezogen werden. Ist sie festgerostet, helfen Sie mit kräftigen Hammerschlägen nach – aber nur wenn Sie vorhaben, neue einzubauen.

④ Bevor Sie die neue Scheibe aufsetzen, sollten Sie die Radnabe säubern. Die neue Bremsscheibe kann mit einem Schutzlack gegen Korrosion versehen sein, den Sie mit Verdünner entfernen müssen.

⑤ Schrauben Sie den Bremssattel fest. Benutzen Sie neue selbstsichernde Schrauben oder Muttern.

⑥ Rad montieren.

Bremskolben vorn gängig machen, Staubmanschette wechseln

Korrosion an den Gleitflächen von Bremssattel und Bremszange macht den Bremssattel schwergängig. Bei einer defekten oder nachlässig montierten Staubmanschette können Schmutz und Feuchtigkeit in den Bremskolben eindringen, außerdem kann der Kolben im Bremssattel festgehen. Beides führt zu einer ungleichmäßigen Wirkung der Bremse.

Arbeitsschritte

① Bremsklötze ausbauen.

② Kontrollieren Sie, ob sich die Beläge in ihren Führungen leicht bewegen lassen. Sonst die Führungen mit einem Schraubendreher säubern. Dabei die Bremskolbenmanschette nicht beschädigen. Vor dem Einsetzen der Bremsklötze etwas Kupferfett angeben (darf nicht auf die Bremsflächen von Bremsscheiben und -klotz gelangen).

③ Auch der Bremssattel sollte sich bewegen lassen. Ist dies nicht der Fall, Führungsbolzen säubern. Damit sie gängig bleiben, an den Gleitstellen etwas hitzebeständiges Fett auftragen.

Bremskolben prüfen (nur vorn!)

① Um die Gängigkeit des Bremskolbens zu prüfen, als Anschlag im Bremssattel mit einer Schraubzwinge ein Holzstück ansetzen (verhindert, dass der Kolben aus dem Zylinder springt und die Kolbenfläche beschädigt wird).

② Ein Helfer soll das Bremspedal vorsichtig treten (der andere Bremssattel muss natürlich eingebaut sein). Bewegt sich der Kolben? Wenn nicht, so lange mit dem Bremspedal pumpen, bis er sich bewegt. Dann Kolben durch Drehen der Schraubzwinge zurückdrücken. Diese Übung so lange wiederholen, bis er sich leichtgängig bewegt.
An der Hinterradbremse dürfen Sie nicht so vorgehen, weil sonst der Nachstellmechanismus der Handbremse zerstört wird.

Manschette tauschen

Die Manschette gibt es nur zusammen mit der Bremskolben-Dichtung. Zum Einbau beider Teile muss der Kolben aus dem Bremssattel gedrückt werden. Das überlassen Sie am besten der Werkstatt. Den Bremssattel können Sie selbst ausbauen.

Die Handbremse

Mit der Handbremse sichern Sie Ihr Fahrzeug im Stand gegen eine unbeabsichtigte Fortbewegung. Sie wirkt auf die beiden Hinterräder und wird mechanisch betätigt. Damit wird auch den gesetzlichen Vorschriften genüge getan, die eine zweite unabhängige Bremsbetätigung fordern.
Beim A6 ist die Handbremsbetätigung in die Bremssättel der Hinterrad-Bremse integriert. Konstruktionsbedingt sind Scheibenbremsen immer selbstnachstellend: Der Bremskolben wandert mit dem verschleißenden Bremsbelag immer weiter aus dem Bremssattelgehäuse heraus und sorgt so dafür, dass die Beläge immer knapp vor der Bremsscheibe stehen. Die nachfließende Bremsflüssigkeit gleicht den vergrößerten Raum im Bremssattel aus.
Anders bei der mechanischen Betätigung der Handbremse: Hier würde der Druckstößel der Handbremsbetätigung den weiter nach außen gerückten Kolben irgendwann nicht mehr erreichen. Die Nachstellvorrichtung verlängert den Druckstößel je nach Verschleißgrad der Bremsbeläge. Kernstück der Nachstellung ist ein Gewinde, auf dem sich ein zweites Teil je nach Belagverschleiß immer weiter nach vorn schraubt.
Beim Belagwechsel darf der Bremskolben also nicht einfach wieder zurückgedrückt werden. Er wird stattdessen auf der Nachstellvorrichtung zurückgeschraubt.

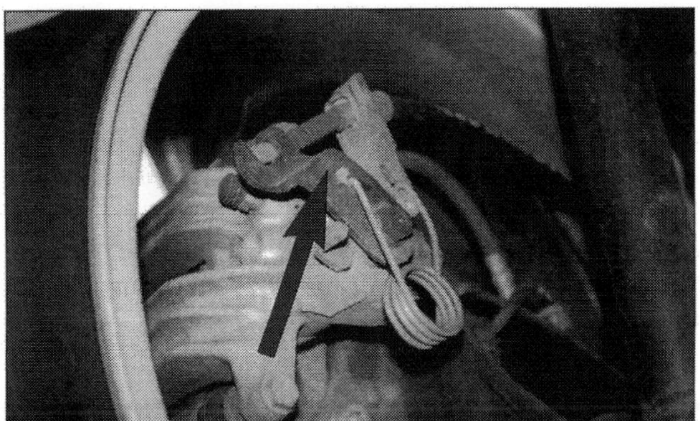

Hier ist die Mechanik für die Betätigung der Handbremse (Pfeil) deutlich zu sehen. Die Nachstellvorrichtung sitzt im Bremssattel.

Wirkung der Handbremse prüfen

Arbeits-schritte

① Lassen Sie Ihr Fahrzeug auf einer Straße mit leichtem Gefälle im Leerlauf rollen. Ziehen Sie den Handbremshebel in die erste Raste – die Bremse sollte bereits wirken (Wagen darf nicht schneller werden).

② Ziehen Sie den Hebel weiter nach oben. In der dritten, spätestens der vierten Raste sollten die Hinterräder blockieren.

③ Ein längerer Leerweg kann im Prinzip kaum durch abgefahrene Bremsbeläge entstehen. Das Spiel wird ja durch die Nachstellvorrichtung automatisch kompensiert. Trotzdem sollten Sie die hinteren Bremsbeläge prüfen. Andere Ursachen: Wenn Sie beim Parken die Handbremse regelmäßig kräftig anziehen, kann ein langer Leerweg des Hebels bedeuten, dass die Seilzüge gedehnt sind oder Spiel in den Übertragungsteilen von Handbremse und Nachstellmechanismus entstanden ist.

Handbremszüge wechseln

Arbeits-schritte

① Fahrzeug so aufbocken, dass Sie unter dem Auto arbeiten können. An die hinteren Bremssättel kommen Sie besser heran, wenn Sie die Hinterräder abbauen. Das ist aber nicht unbedingt nötig.

② Bauen Sie das Wärmeabschirmblech am Unterboden aus, indem Sie die sechs Haltemuttern lösen. Schieben Sie das Blech nach vorn.

③ Unter dem Blech kommen die Einstellelemente zum Vorschein. Entspannen Sie diese wie im Bild gezeigt.

④ Hängen Sie die Handbremsseile an den Bremssätteln aus. Achten Sie darauf, dass die Faltenbälge beim Ein- und Aushängen nicht beschädigt werden.

⑤ Schrauben Sie die Handbremsseile von den Halterungen am Hinterachskörper ab.

⑥ Jetzt muss die Wärmedämmung am Nachschalldämpfer gelöst und zur Seite geschoben werden.

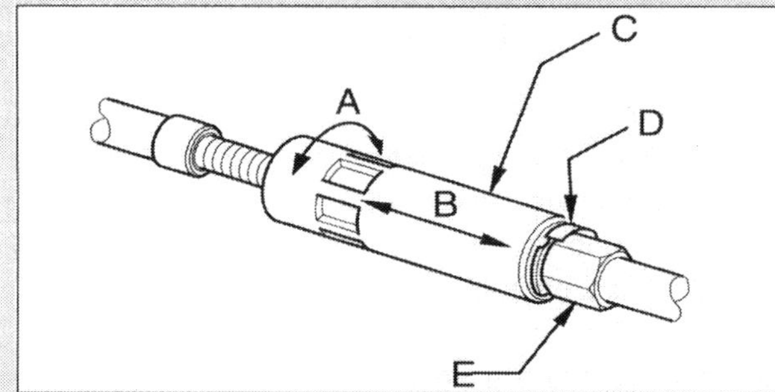

So entspannen Sie die Handbremsseile:
Nehmen Sie das Sicherungselement **D** heraus. Drehen Sie die Einstellmutter **C** bis zum Anschlag herein **A**. Dazu mit einem Maulschlüssel (SW 13) im Bereich **E** gegenhalten. Schieben Sie die Seilverstellung **B** zusammen.

⑦ Öffnen Sie die Halterung für die Handbremsseile und nehmen Sie diese heraus.

⑧ Hebeln Sie die Handbremsseile mit einem Schraubendreher vorn aus der Konsole.

⑨ Jetzt geht es im Auto weiter: Bauen Sie die Verlängerung der Mittelkonsole aus.

⑩ Drücken Sie die Handbremsseile mit einem Schraubendreher in Richtung Handbremshebel und drücken die Kugel aus der Halterung heraus.

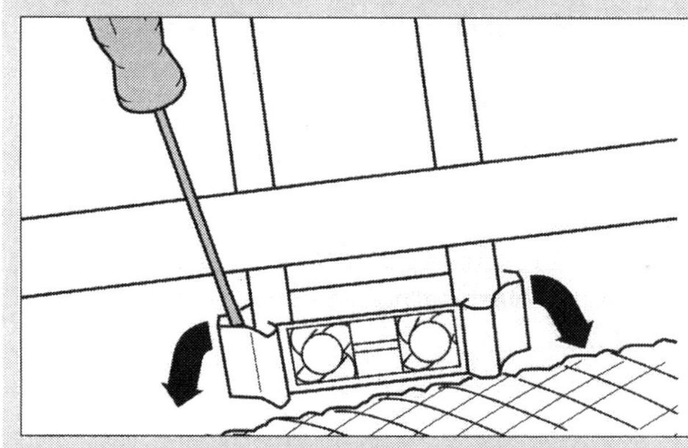

Die Halterung für die Handbremsseile öffnen Sie mit einem Schraubendreher. Dann können Sie die Seile herausnehmen.

⑪ Sollten im Ausgleichbügel Kunststoffteile sitzen, müssen diese nicht wieder eingebaut. werden.

⑫ Fixieren Sie den Ausgleichbügel mit einem Schraubendreher der Größe 2 gegen Verdrehen. Setzen Sie den Kugelkopf durch die Konsole in den Ausgleichbügel ein. Das Handbremsseil muss in die Konsole einrasten.

⑬ Hängen Sie die Seile an den Bremssätteln ein und sichern diese mit Sicherungsscheiben.

⑭ Handbremsseile am Hinterachskörper befestigen und in die Halterungen am Unterboden einsetzen.

⑮ Stellen Sie die Handbremse ein.

⑯ Wärmedämmung am Nachschalldämpfer und Wärmeabschirmbleche anschrauben.

Handbremse einstellen

Kontrollieren Sie vor dem Einstellen, ob das Handbremsseil in den Führungen richtig verlegt ist. Auch die Nachstellvorrichtung in den Hinterradbremsen sollte einwandfrei arbeiten. Durch die automatische Nachstellung ist eine Justierung der Handbremse normalerweise nicht nötig. Sie muss allerdings vorgenommen werden, wenn die Handbremsseile, Bremssättel, Bremsbeläge oder Bremsscheiben ausgetauscht wurden. Vorraussetzung für eine korrekte Einstellung ist eine entlüftete und fehlerfreie Fußbremsanlage.

Arbeitsschritte

① Handbremse vollständig lösen und mindestens einmal kräftig auf die Bremse treten.

② Bauen Sie den Luftausströmer hinten in der Mittelkonsole aus.

③ Nehmen Sie eventuell vorhandene Kunststoffteile aus dem Ausgleichbügel heraus. Sie müssen nicht wieder eingebaut werden.

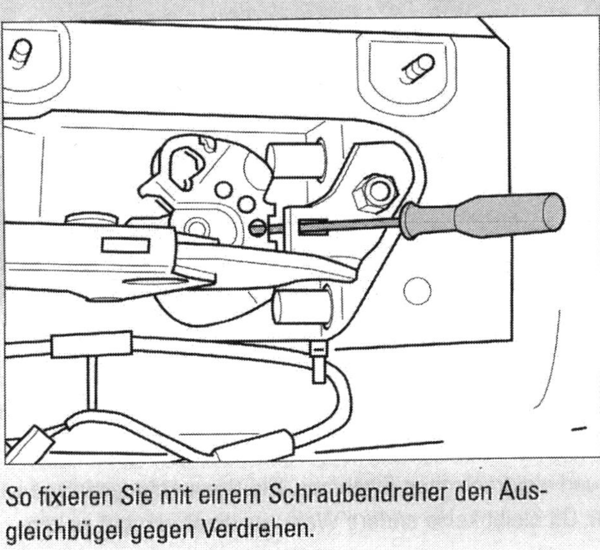

So fixieren Sie mit einem Schraubendreher den Ausgleichbügel gegen Verdrehen.

④ Fixieren Sie den Ausgleichbügel mit einem Schraubendreher der Größe 2 gegen Verdrehen.

⑤ Entspannen Sie die Handbremsseile wie im Bild unter „Handbremszüge wechseln" beschrieben.

⑥ Ziehen Sie die Grobverstellungen der beiden Seilhüllen gleichzeitig auseinander, bis die Seile vorgespannt sind. Dabei darf sich der Hebel am Bremssattel nicht abheben.

⑦ Nehmen Sie den Schraubendreher am Ausgleichbügel heraus und ziehen die Handbremse dreimal kräftig.

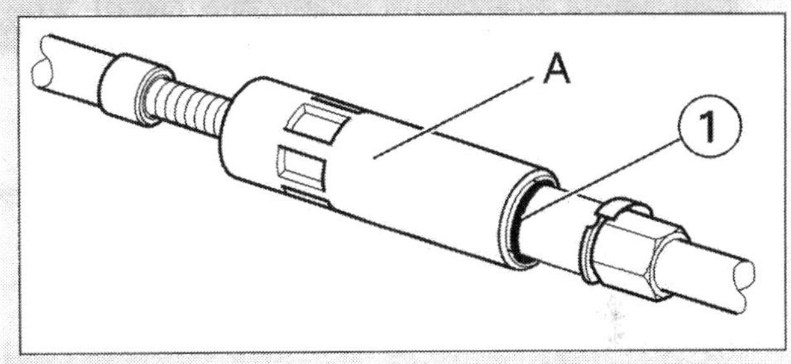

Durch Drehen der Feineinstellung **A** justieren Sie die Handbremse. Damit der Verstellmechanismus an den Einstellelementen ausreichend gegen Schmutz und Spritzwasser geschützt bleibt, darf nach erfolgter Einstellung der farbige O-Ring ❶ nicht sichtbar sein.

⑧ Überprüfen Sie die Vorspannung der Handbremsseile, nehmen sie gegebenenfalls eine Feineinstellung wie in den Bildern gezeigt vor.

⑨ Ausströmer an der Mittelkonsole einbauen.

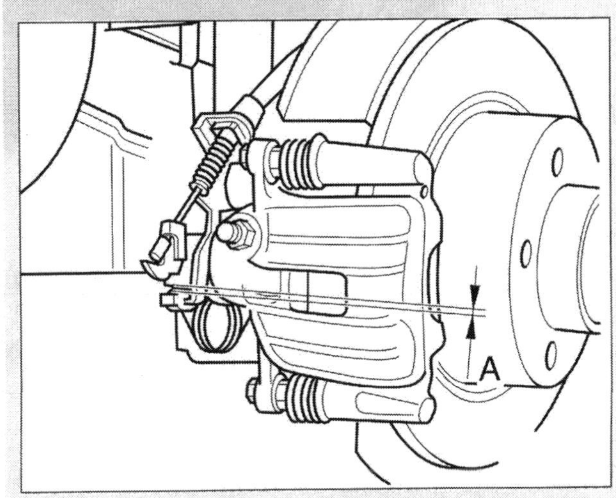

Bei der Feineinstellung soll sich der Hebel etwas vom Bremssattel abheben. Das Maß **A** darf nicht größer als 1,5 Millimeter sein.

DIE FAHRZEUG ELEKTRIK

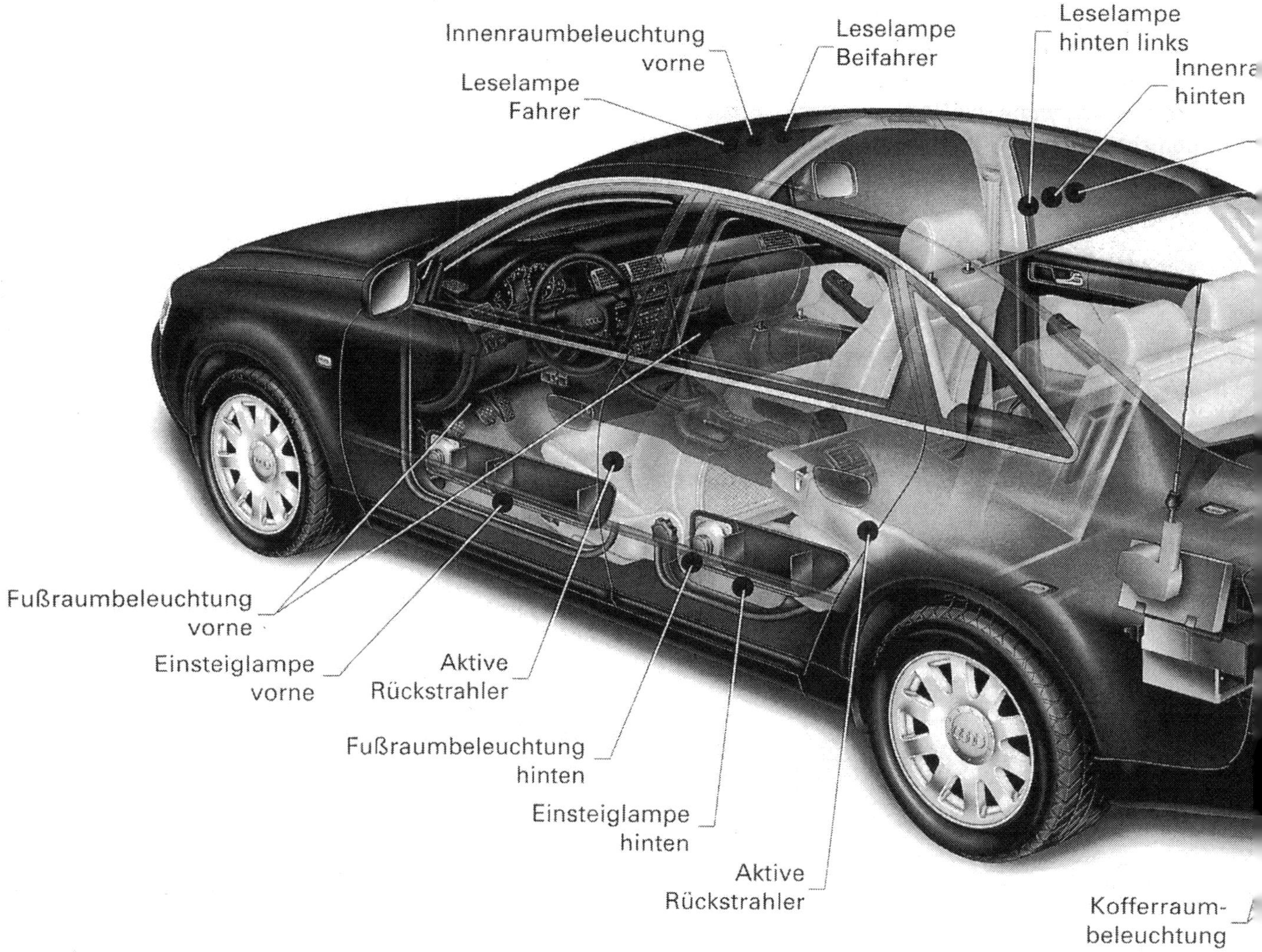

Ein modernes Auto wie der Audi A6 ist durchsetzt von elektrischen und elektronischen Systemen. Die Beleuchtungsanlage ist nur eines von vielen. Die Fehlersuche kann zum Geduldspiel werden. Oft bleibt keine andere Wahl, als die Werkstatt zu konsultieren.

euchtung

ampe
ı rechts

Wartung

Reparatur

Das elektrische System

Batterie, Generator und Anlasser sind zusammen für den Start des Motors verantwortlich. Damit jedes Bauteil seine Aufgabe erfüllen kann, ist es auf das andere angewiesen. Ohne Batterie kommt der Anlasser nicht in Schwung, ohne Anlasser bleibt der Motor stumm und die Lichtmaschine arbeitslos. Und ohne Lichtmaschine kann die Batterie verbrauchte Energien nicht erneuern.

Strom für die Fahrt

Aber auch während der Fahrt braucht Ihr A6 Strom. Systeme wie Motorsteuerung und Benzineinspritzung müssen schließlich mit Energie versorgt werden, damit sie ihre Arbeit verrichten können. Doch so wichtig die Autoelektrik auch ist – manchem Fahrer fällt zu diesem Thema eine unangenehme Geschichte ein. Die beginnt meist damit, dass der Strom im Motorraum produziert wird. Die Arbeitsbedingungen sind dort nicht gerade ideal. Mal ist es zu kalt, mal zu warm, oft ist es feucht und manchmal richtig nass. Und weil viele Stromverbraucher an exponierten Stellen sitzen, sind Störungen programmiert. Aber auch Batterie und Lichtmaschine, die Stromerzeuger, sorgen bisweilen für Ärger.

Keine Angst vor der Elektrik

Verlieren Sie jedoch nicht gleich den Mut, wenn Sie einen Schalter drücken und nichts geschieht. Oft sitzt

Grundbegriffe der Elektrik

Technik-lexikon

Elektrischer Strom kann nur in einem geschlossenen Stromkreis fließen. Der besteht aus Erzeuger (z.B. Batterie), Verbraucher (z. B. Glühlampe, Anlasser) und den Leitungen (Kabel), mit denen Erzeuger und Verbraucher verbunden sind. Die Grundbegriffe der Elektrik veranschaulicht folgendes Beispiel. Stellen Sie sich eine Wasserleitung vor, durch die unter einem bestimmten Druck eine bestimmte Menge Wasser fließt. Dieses System lässt sich mit einem Stromkreis vergleichen.

Spannung. Sie entspricht dem Druck in der Wasserleitung. Wird in Volt (V) gemessen.

Strom. Entspricht der Wassermenge, die in einer bestimmten Zeit durch die Leitung fließt. Maßeinheit ist Ampere (A).

Leistung. Das Produkt aus Spannung und Strom gibt an, welche elektrische Arbeit ein Stromerzeuger an einen Verbraucher abgibt. Wird in Watt (W) angegeben.

Widerstand. Vergleichbar mit dem Absperrhahn der Wasserleitung. Ist er ganz geöffnet, fließt das Wasser ungehindert (Widerstand 0). Dreht man den Hahn zu, erhöht sich der Widerstand, bis das Wasser nicht mehr fließen kann (Widerstand ∞). Maßeinheit ist Ohm (Ω).

Kabel. Entsprechen der Wasserleitung. Die Dicke der Leitung (Querschnitt) hängt vom Verbraucher ab. Ein Kontrolllämpchen kommt mit einer Kabelstärke von 0,5 mm^2 aus, der Anlasser braucht dagegen eine 16-mm^2-Leitung. Ein zu dünnes Kabel heizt sich auf – die Spannung fällt ab. Dann kommen zum Beispiel am Scheinwerfer nicht 12 Volt, sondern nur 10 oder 9,5 Volt an – das Licht wird trübe.

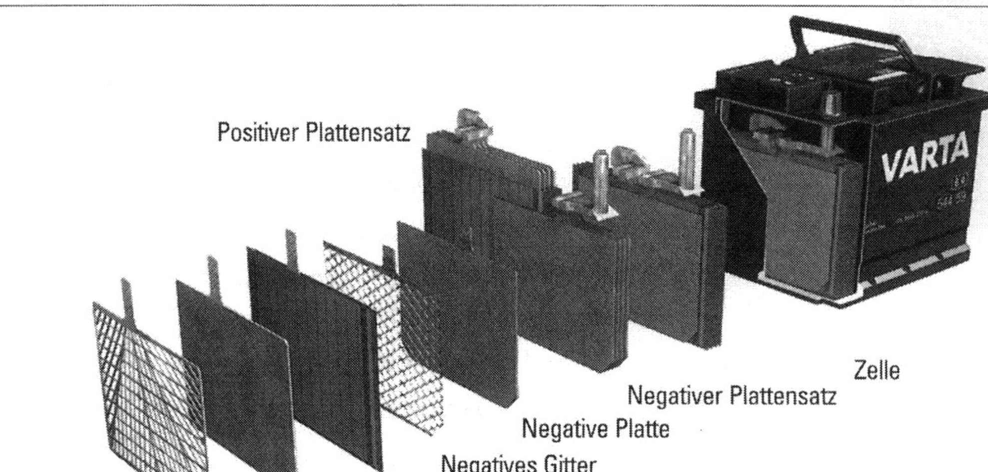

Energiespeicher: Die Innereien einer 12-Volt-Batterie.

nur ein Kabel lose oder ein Kontakt ist korrodiert. Viele Störungen an der Elektrik lassen sich mit einfachen Mitteln beheben. Auch dann, wenn man kein Elektrik-Profi ist.

Batterie und Anlasser

Sechs in Reihe geschaltete Zellen bilden das Herz einer 12-Volt-Auto-Batterie. Eine Zelle besteht aus einer Kombination positiver und negativer Platten, die in einer Art chemischem Teamwork eine Spannung von etwa zwei Volt produzieren. Die Platten setzen sich zusammen aus Hartblei-Gittern, die jeweils mit einer aktiven Masse gefüllt sind. Die positive Platte enthält Bleidioxid, die negative Platte reines Blei. Dazwischen sitzt ein Separator. Er trennt die beiden

Praxistipp

Die »Batterieverordnung«

Für Kauf und Entsorgung von Starterbatterien gelten seit dem 1. Oktober 1998 die Vorschriften der »Batterieverordnung«. Das Regelwerk richtet sich an Händler und Werkstätten ebenso wie an Endverbraucher. Sie müssen jetzt zum Beispiel eine ausgediente Batterie bei einem Händler oder einer Werkstatt abgeben; dort ist man verpflichtet, die Alt-Akkus unentgeltlich abzunehmen. Eine besondere Regel gilt für den Neukauf einer Starterbatterie. Unsere Übersicht fasst die wichtigsten Punkte zusammen.

- Kaufen Sie bei einem Händler oder einer Werkstatt eine neue Starterbatterie, wird zusätzlich zum Verkaufspreis ein Pfand in Höhe von 15 Mark fällig. Als Beleg für das Pfand erhalten Sie eine Quittung oder Pfandmarke.
- Diese Regelung enthält eine wichtige Ausnahme: Die Zahlung eines Pfandgelds entfällt, wenn Sie beim Kauf eine alte Batterie zurückgeben.
- Haben Sie dem Händler oder der Werkstatt für die alte Batterie bereits Pfand gezahlt, erhalten Sie Ihr Geld gegen Vorlage der Quittung zurück.
- Ihr Pfand können Sie jedoch grundsätzlich nur dort einlösen, wo Sie die neue Batterie gekauft haben. Dazu dem Händler oder der Werkstatt die Quittung (Pfandmarke) vorlegen und die alte Batterie.
- Die zurückgegebene Starterbatterie muss freilich nicht mit der Batterie identisch sein, für die Sie das Pfandgeld bezahlt haben. Sie können gegen Vorlage der Quittung auch jede andere Starterbatterie abgeben.
- Geben Sie beim Kauf der neuen Batterie eine alte zurück, für die Sie noch kein Pfand entrichtet haben, ist es egal, wo Sie diesen Akku gekauft haben. Ein Pfand für die neue Batterie entfällt auch in diesem Fall.

Technik-lexikon

Die Batterie – Begriffe und Normen

Kennzeichnung. Befindet sich auf dem Gehäuse der Batterie, bezeichnet ihre Eigenschaften. Beispiel: »12 V 40 Ah 200A« (12 V = Nennspannung; 40 Ah = Nennkapazität; 200 A = Kälteprüfstrom).

Nennspannung. Die allgemeine Spannungsabgabe (Maßeinheit »V«). Beträgt bei allen A6-Modellen 12 Volt. Die tatsächliche Spannung hängt vom Ladezustand der Batterie ab. Sie kann größer oder kleiner sein als die Nennspannung.

Nennkapazität. Eine Batterienorm. Steht für das Speichervermögen einer Batterie (Maßeinheit »Ah«). Die Kapazität, die eine vollgeladene Batterie bei einer Temperatur von 27 Grad in 20 Stunden abgeben kann, ohne dass dabei die Spannung unter 10,5 Volt absinkt (Entladeschlussspannung). Das Standlicht Ihres A6 nimmt zum Beispiel 25 Watt auf. Bei der Bordspannung von 12 Volt gibt die Batterie einen Strom von 2,08 Ampere ab, nach der Formel »Strom (A) = Leistung (W)/Spannung (V)«. Mit einer 40 Ah-Batterie könnten Sie Ihren A6 also theoretisch 19,2 Stunden mit eingeschaltetem Standlicht parken. In der Praxis verhält sich das jedoch anders: Nach etwa 15 Stunden ist das Licht aus und die Batterie leer.

Kapazität. Die entnehmbare Strommenge in Amperestunden (Ah). Sie hängt vor allem ab vom Entladestrom, der Temperatur, dem Ladezustand und dem Allgemeinzustand (Alter) der Batterie.

Kälteprüfstrom. Steht für die Startfähigkeit einer Batterie bei Kälte (Maßeinheit »A«). Ein definierter Entladestrom, der einer 12-Volt-Batterie bei –18 Grad entnommen werden kann, ohne dass die Spannung innerhalb von 30 Sekunden unter 9 Volt, innerhalb von 150 Sekunden unter 6 Volt absinkt.

Selbstentladung. Chemische Vorgänge im Inneren der Batterie führen zur Entladung, auch wenn kein Verbraucher angeschlossen ist. Eine geladene Starterbatterie verliert täglich etwa 0,5 Prozent ihrer Ladung. Hohe Temperaturen, Beschädigungen und Verschmutzungen des Batteriedeckels beschleunigen die Selbstentladung.

Platten voneinander, lässt den Elektrolyt jedoch durch mikroskopisch kleine Poren passieren. Der Elektrolyt ist eine leitfähige Flüssigkeit, die zu etwa 37 Prozent aus konzentrierter Schwefelsäure und 63 Prozent destilliertem Wasser besteht.

Der Schub-Schraubtrieb-Anlasser

Technik-lexikon

- Beim Drehen des Zündschlüssels in Richtung »Start« gibt das Zündschloss Spannung an den Magnetschalter frei, der oben auf dem Anlasser sitzt.
- Eine Einrückgabel schiebt das Zahnritzel des Anlassers auf einem Steilgewinde der Ankerwelle in den Zahnkranz des Motorschwungrads (Schubweg).
- Das Ritzel greift ein, dann schaltet der Magnetschalter über die Hauptkontakte den vollen Batteriestrom ein (schwarzes Kabel). Das Ritzel schraubt sich in den Zahnkranz und stellt so den Kraftschluss her (Schraubweg) – der Anlasser dreht den Motor durch.
- Ist der Motor angesprungen und wird der Zündschlüssel losgelassen, bricht das magnetische Feld in der Haltewicklung des Magnetschalters zusammen. Die Einrückgabel wird durch eine Rückzugfeder in die Ruhestellung gezogen. Das Ritzel spurt aus und die Stromzufuhr zum Anlasser wird unterbrochen.

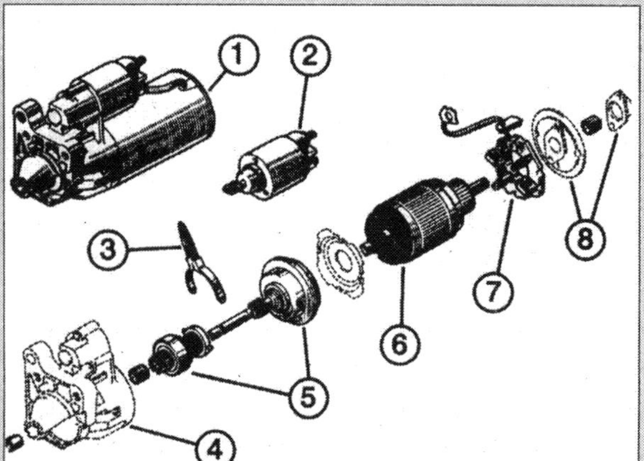

Die Teile des Anlassers. ❶ Anlasser komplett. ❷ Magnetschalter. ❸ Einrückgabel. ❹ Antriebslagerschild ❺ Ritzelantrieb mit Freilauf ❻ Anker mit Kollektor ❼ Bürstenhalter. ❽ Kollektorlagerschild mit Kleinteilen zur Lager-Axialspieleinstellung.

Batterie ist der Energiespeicher

Im Inneren der Batterie laufen also chemische Prozesse ab, durch die sie Energie aufnimmt und speichert. Bei der Stromabgabe wird diese chemische Energie in elektrische Energie umgewandelt. Die wichtigste Aufgabe der Batterie ist es, dem Anlasser die nötige Power für den Start des Motors zu liefern. Das ist freilich nicht wenig. Je nach Motor und Anlassertyp benötigt dieses Teil im Augenblick des Starts bis zu 2000 Watt. Das liegt auch an den Reibungsverlusten – zum Durchdrehen des warmen Motors braucht der Anlasser nur ein Fünftel dieser Leistung. Sein Strombedarf wächst jedoch bei niedrigen Temperaturen, weil dann die Schmierstoffe zäher werden. Der Audi A6 ist mit einem sogenannten Schub-Schraubtrieb-Anlasser ausgestattet.

Der Generator

Der Generator (Lichtmaschine) ist das Kraftwerk Ihres Fahrzeugs. Er versorgt bei laufendem Motor alle elektrischen Aggregate mit Strom und lädt die Batterie immer wieder aufs Neue. Im A6 arbeitet, je nach Modell, Motor und Ausstattung, eine Drehstrom-Lichtma-

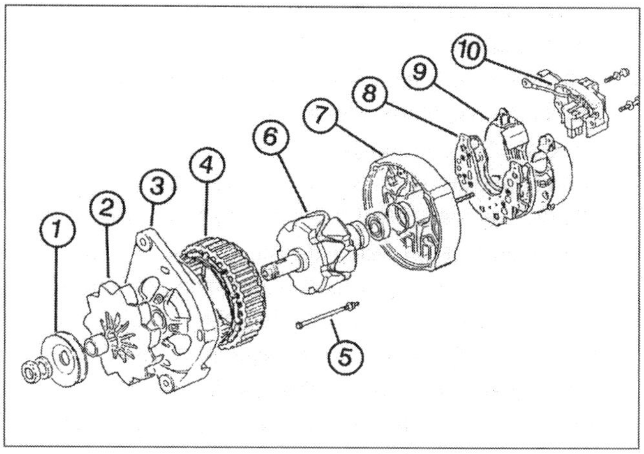

Lichtmaschine (Explosionszeichnung).
❶ Keilriemenscheibe. ❷ Lüfter. ❸ Antriebslagerschild. ❹ Ständerwicklung. ❺ Verbindungsschraube. ❻ Läufer mit Schleifringen. ❼ Schleifring-Lagerschild. ❽ Gleichrichter mit Dioden. ❾ Plastikabdeckung. ❿ Regler mit Bürstenhalter. Der Aufbau der in den verschiedenen A6-Modellen eingebauten Lichtmaschinentypen ist nicht immer identisch, im Prinzip aber ähnlich.

schine mit einer Leistung zwischen 70 und 120 Ampere. Zwei Drittel dieser Leistung werden bereits bei 2000 Generator-Umdrehungen erzeugt. Angetrieben wird die Lichtmaschine vom Keilrippenriemen. Eine Drehstrom-Lichtmaschine produziert stets Wechselstrom. Da die Batterie mit Gleichstrom geladen werden muss, besorgen Halbleiter-Dioden die Gleichrichtung des Wechselstroms. Diese Dioden sind sehr empfindlich gegen hohe Spannungen.

Der Spannungsregler

Je schneller die Lichtmaschine dreht, um so höher steigt die Spannung – wie bei einem Fahrraddynamo. Ein solches Auf und Ab ertragen die Stromverbraucher im Auto nicht lange. Ein Regler begrenzt daher die Spannung und verhindert zugleich ein Überladen der Batterie. Der Regler ist an der Lichtmaschine angeschraubt – er reguliert die Betriebsspannung je nach Temperatur von Batterie und Umgebung auf Werte zwischen 13,8 und 14,5 Volt. Der Generator ist praktisch wartungsfrei, da es nichts zu schmieren gibt. Selbst die Schleifkohlen sind ohne weiteres für 100000 Kilometer gut. Reparaturen an der Lichtmaschine müssen Sie der Werkstatt überlassen.

CAN-Datenbus

Technik-lexikon

Im Audi kommt ein modernes elektronisches System zum Einsatz, das so genannte Controller Area Network (CAN). Es verbindet einzelne Steuergeräte zu einem Gesamtsystem. Die Technik hat verschiedene Vorteile:

- Zwischen den Steuergeräten ist eine sehr schnelle Datenübertragung möglich,
- Platzgewinn durch kleinere Steuergeräte und -stecker,
- Einsparung von Signalleitungen und Sensoren, weil ein Sensorsignal mehrfach genutzt werden kann.

Den CAN-Datenbus gibt es zwischen Motorsteuergerät und ABS-Steuergerät sowie, wenn vorhanden, der Steuerung für das automatische Getriebe. Das Zentralsteuergerät des Komfortsystems ist ebenfalls über CAN mit den Türsteuergeräten verbunden.

Das Grundprinzip des CAN: Anstatt einer Leitung für jede Information – bei der Automatik summieren sich da fünf - gibt es insgesamt nur noch zwei Leitungen. Darüber werden alle Infos über Motordrehzahl, Verbrauch, Drosselklappenstellung, Motoreingriff oder Schaltvorgänge ausgetauscht.

CAN funktioniert folgendermaßen: Ein Steuergerät »spricht« seine Daten in das Leitungsnetz hinein, während die anderen Geräte »mithören«. Registriert ein Steuergerät für die eigene Arbeit wichtige Daten, werden diese berücksichtigt.

Das CAN-System besteht aus folgenden Teilen:

- Der **CAN-Controller** bekommt vom Computer im Steuergerät die Daten, die gesendet werden sollen. Er bereitet sie auf und gibt sie an den CAN-Transceiver weiter. Genauso bekommt er vom Transceiver die Daten, bereitet sie auf und gibt sie an den Computer im Steuergerät weiter.
- Der **CAN-Transceiver** ist ein Sender und Empfänger. Er wandelt die Daten vom CAN-Controller in elektrische Signale um und sendet sie auf die Datenbus-Leitungen.
- Der **Datenbus-Abschluss** ist ein Widerstand, der verhindert, dass gesendete Daten als Echo zurückkommen und sie verfälschen.
- Die **Datenbus-Leitungen** sind bidirektional und dienen zum Übertragen der Daten. Sie heißen CAN-Low und CAN-High.

Technik-lexikon

Spannung, Strom und Widerstand messen

Wenn Sie wissen wollen, ob die verschiedenen elektrischen Systeme Ihres A6 in Ordnung sind, brauchen Sie nicht gleich einen Elektriker. Im Handel gibt es eine Reihe von Prüfgeräten, mit denen Sie sich selbst über den Zustand Ihrer elektrischen Anlage informieren können.

Prüflampe (mit Nadelkontakt). Damit testen Sie, ob Spannung in einem Stromkreis anliegt. Je heller die Lampe leuchtet, desto mehr Spannung ist vorhanden. Mit der Nadel der Lampe die Isolierung des zu prüfenden Kabels durchstechen. Die Klemme am Kabel der Lampe wird am blanken Metall angeclipst (Masse). Vorsicht: Die Prüflampe nimmt viel Leistung auf und eignet sich daher nicht für Messungen an elektronischen Bauteilen (z. B. Steuergerät). Hier müssen Sie einen Spannungsprüfer mit Leuchtdioden verwenden.

Spannungsprüfer mit Leuchtdioden. Je nach Ausführung zeigt dieses Gerät Gleich- und Wechselspannungen zwischen sechs und rund 700 Volt an. Die Spannungsanzeige erfolgt optisch über die Leuchtdioden. Einfache Geräte gibt's im Handel ab etwa 10 Mark.

Multimeter. (Vielfachinstrument). Damit lassen sich Spannung, Strom (Gleich-/Wechselstrom) und Widerstand messen. Geeignete Geräte mit digitaler Anzeige gibt's bereits ab etwa 20 Mark. Die Stromversorgung des Multimeters erfolgt in der Regel durch eine Batterie (Eigenstromquelle).

Spannung messen. Um mit einem Multimeter zum Beispiel die Ruhespannung der Batterie zu messen, müssen Sie das mit » – « gekennzeichnete Kabel an den Minuspol der Batterie oder Masse anklemmen. Das » + «-Kabel des Messgeräts an den Pluspol der Batterie oder die zu messende Leitung klemmen. Zeigt das Instrument etwa nur 10,4 Volt an, deutet das auf einen Kurzschluss in einer Batteriezelle hin. Prüfen Sie einmal die Spannung der Batterie, während der Anlasser betätigt wird – ein Messergebnis von 5 Volt bedeutet, dass es um den Akku nicht mehr gut steht.

Strom messen. Dazu müssen Sie den Stromkreis auftrennen und das Messgerät dazwischen schalten. Bei einer Reihe von Messungen in Ihrem Fahrzeug genügt es, wenn Sie einen Steckkontakt abziehen und dann das Messgerät zwischen Stecker und Kontaktzunge schalten. Vorsicht: Achten Sie stets auf den Messbereich Ihres Multimeters. In Verbrauchern wie z.B. dem Anlasser fließen sehr hohe Ströme, die Ihr Gerät bei einer Messung beschädigen könnten.

Widerstand messen. Mit dem Multimeter prüfen Sie, ob eine Leitung oder ein Schalter Durchgang hat. Fließt der Strom ungehindert, zeigt das Gerät den Messwert 0. Ist der Stromweg jedoch an einer Stelle unterbrochen, erhalten Sie den Messwert unendlich (∞). Außerdem können Sie feststellen, welchen Innenwiderstand ein bestimmtes Bauteil hat.

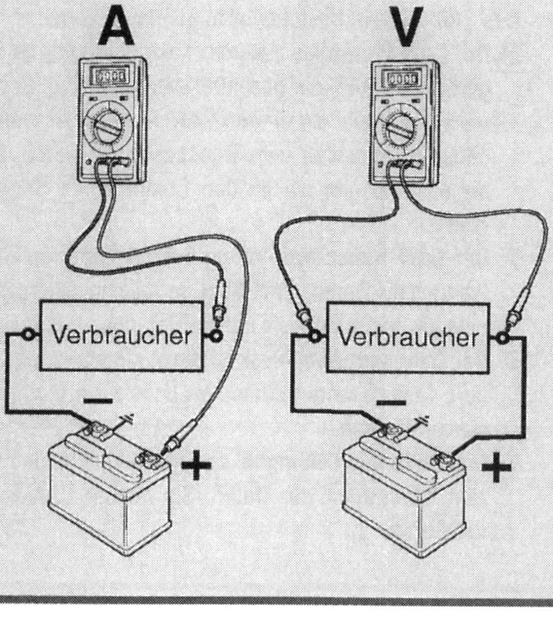

Anschluss des Multimeters zur Messung (Schema): Strom (A), Spannung (V) und Widerstand (Ω). Verbraucher sind zum Beispiel Lampen, Elektromotor oder Anlasser.

Säurestand der Batterie kontrollieren, Kontakte pflegen

Im Audi A6 ist eine weitgehend wartungsfreie Batterie eingebaut. Trotzdem sollten Sie regelmäßig den Stand der Flüssigkeit kontrollieren. Die Batterieflüssigkeit besteht aus Schwefelsäure, die mit destilliertem Wasser verdünnt ist. Sehr hohe Temperaturen oder ein defekter Lichtmaschinen-Spannungsregler können jedoch zu einem Wasserverlust in der Batterie führen. Auch eine Selbstentladung (lange Standzeiten) oder eine Tiefentladung durch einen nicht ausgeschalteten starken Stromverbraucher (z. B. Kühlbox im Zigarettenanzünder) kommen als Ursache in Frage. Füllen Sie nur destilliertes Wasser nach – Leitungswasser enthält ebenso wie abgekochtes Wasser leitfähige Salze und andere mineralische Stoffe, die der Batterie schaden.

Arbeitsschritte | 15.000 km 12 Monate

① Die Batterie befindet sich unterhalb der Windschutzscheibe im Wasserkasten. Um sie zu prüfen, müssen Sie die Wasserkastenabdeckung abbauen. Siehe dazu im Kapitel »Der Motor« den Abschnitt »Motorabdeckungen«.

② Die Batteriesäure muss mindestens bis zur MIN-Markierung am Gehäuse reichen (Oberkanten der Platten müssen gut bedeckt sein).

③ Bei zu niedrigem Säurestand Verschlussstopfen herausdrehen oder mit Schraubendreher heraushebeln.

④ Bei einer geladenen Batterie bis zum oberen Strich (15 mm über den Oberkanten der Platten) mit destilliertem Wasser auffüllen.

⑤ In eine stark entladene Batterie nur so viel Wasser füllen, dass die Platten gerade bedeckt sind – beim Aufladen steigt der Säurestand erheblich. Erst nach dem Laden bis zur oberen Marke nachfüllen.

⑥ Den Akku nicht überfüllen – die Säure tritt sonst an den Verschlussstopfen oder an der seitlichen Entlüftungsbohrung aus. Das verursacht Korrosion und Säurekristalle an der Oberfläche der Batterie und ihrem Standplatz.

Kontakte pflegen

① Oxidkristalle an den Batterieklemmen mit warmem Sodawasser abwaschen oder mit »Neutralon« von Varta behandeln.

② Audi schreibt neuerdings vor, dass die Batteriepole nicht mehr gefettet werden sollen.

Ladezustand der Batterie prüfen

Wirkt die Batterie trotz richtigem Säurestand kraftlos, sollten Sie den Ladezustand kontrollieren. Dazu verwenden Sie am besten einen Säureheber (Aräometer). Die Skala des Geräts zeigt die Dichte der Elektrolyten in der Batterie an. Sie können zur Messung aber auch ein genau anzeigendes Multimeter verwenden (Anzeigegenauigkeit ± 0,02 Volt). Die Werte der Ruhespannung geben Aufschluss über den Ladezustand der Batterie.

Arbeitsschritte | 15.000 km 12 Monate

Säuremessung

① Führen Sie die Messung erst durch, wenn die letzte Aufladung mindestens sechs Stunden zurückliegt.

② Bauen Sie die Wasserkasten-Abdeckung aus. Batterie-Verschlussstopfen herausdrehen bzw. -hebeln.

③ Halten Sie das Messgerät senkrecht. Dann soviel Batteriesäure ansaugen, bis die Messspindel frei schwimmt.

Säuregewicht (kg/l)	1,28	1,2	1,12
Zustand der Batterie	voll geladen	halb geladen	entladen

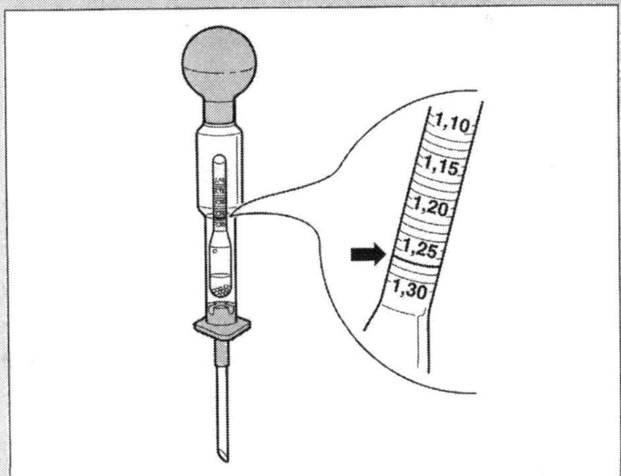

Mit einem Säuremesser wird die Säuredichte jeder einzelnen Batteriezelle gemessen. Zur Messung wird mit dem senkrecht gehaltenen Säuremesser soviel Batteriesäure angesaugt, bis der Schwimmer frei schwimmt. Ist die Batterie in Ordnung, sind die Messergebnisse in allen Zellen nahezu gleich.

Spannungsmessung

① Liegt die letzte Batterieladung weniger als sechs Stunden zurück, das Abblendlicht für etwa 30 Sekunden einschalten, damit durch die Ladung entstandene Spannungsspitzen abgebaut werden.

② Nach vier bis fünf Minuten Wartezeit die Batteriespannung zwischen den Polen prüfen. Zur Messung alle Stromverbraucher ausschalten.

Spannung (V)	12,66 (und mehr)	12,48	12,3
Zustand der Batterie	100 % geladen	75 % geladen	50 % entladen

Mit dem Multimeter lässt sich die Batteriespannung exakt messen. Bei einer Ruhespannung unter 12,5 Volt sollte die Batterie geladen werden.

Praxistipp

Kapazitätsmessung der Batterie

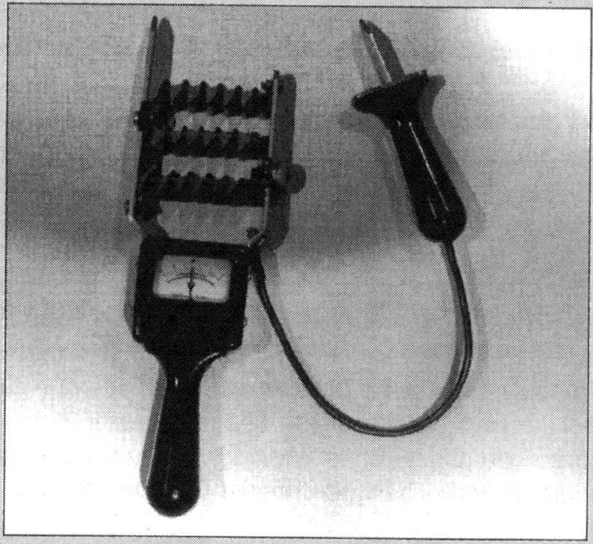

Mit einem Batterietester kann der Batteriezustand durch Messen der Batteriekapazität (A) festgestellt werden. Dabei darf die Messung allerdings nur maximal zehn Sekunden dauern, da sonst die Batterie zu sehr belastet wird.

Motor mit Starthilfekabel starten

Verwenden Sie zur Überbrückung von einer vollen zu einer leeren Batterie spezielle Elektronik-Starthilfekabel. Damit schützen Sie die elektronischen Bauteile Ihres A6 vor gefährlichen Spannungsspitzen.

Arbeitsschritte

① Hilfsfahrzeug dicht an den A6 fahren, damit die Batterien durch die Starthilfekabel verbunden werden können. Bauen Sie die Wasserkasten-Abdeckung ab.

② Schalten Sie in Ihrem Fahrzeug alle Stromverbraucher ab.

③ Die Pluspole mit dem Starthilfekabel verbinden, zuerst die leere, dann die volle Batterie anklemmen.

④ Das andere Kabel zuerst am Minuspol der Fremdbatterie und dann am Minuspol der entladenen Batterie (oder an Masse) anschließen.

⑤ Motor des Hilfswagens starten und mit erhöhter Drehzahl laufen lassen, damit die Lichtmaschine viel Spannung liefert.

⑥ Starten Sie Ihr Fahrzeug. Wenn der Motor nicht gleich anspringt, sollten Sie nach weiteren Versuchen immer wieder eine Pause einlegen, damit der Anlasser abkühlen kann. Dabei den Motor des Hilfsfahrzeugs weiterlaufen lassen – die leere Batterie im A6 wird dadurch schon nachgeladen.

⑦ Zum Abnehmen der Starthilfekabel zuerst den Minuspol der eigenen Batterie, dann den der Fremdbatterie abklemmen. Anschließend Kabel von den Pluspolen abnehmen, erst Vollbatterie, dann Leerbatterie.

⑧ Nach dem Start eine Zeitlang mit höheren Drehzahlen fahren, damit die Lichtmaschine die Batterie aufladen kann.

Wagen anschieben

Praxistipp

Das klappt am besten, wenn Motor und Anlasser in Ordnung sind. Verzichten Sie aufs Anschieben, wenn der Motor wegen einer defekten Zündanlage nicht startet – unverbrannte Gemischanteile können nachgezündet werden und die Temperatur im Katalysator auf gefährliche Höhen treiben. **Anschieben oder Anschleppen über eine Strecke von mehr als 50 Metern ruiniert den Kat.** Fahrzeuge mit Automatikgetriebe können nicht angeschoben werden.

① Zündung einschalten und zweiten oder dritten Gang einlegen. In höheren Gängen wird die Lichtmaschine für kräftige Stromlieferung zu langsam durchgedreht.

② Kupplung durchtreten, Wagen anschieben lassen, bis er in Schwung ist.

③ Kupplung schnell kommen lassen – der Motor wird abrupt durchgedreht und müsste anspringen. Dann sofort Kupplung treten und Gas geben.

Wagen anschleppen

Praxistipp

Auch diese Methode eignet sich nicht bei einer defekter Zündanlage. Arbeiten Sie nur mit einem erfahrenen Helfer zusammen. Denken Sie daran, dass Bremskraftverstärker und Servolenkung bei stehendem Motor nicht arbeiten. Fahrzeuge mit Automatikgetriebe können nicht angeschleppt werden. Auch hier gilt: **Anschieben oder Anschleppen über eine Strecke von mehr als 50 Metern ruiniert den Kat.**

① Zündung einschalten, zweiten oder dritten Gang einlegen und Kupplung treten.

② Der Zugwagen muss langsam anfahren.

③ Bei etwa 15 km/h die Kupplung langsam kommen lassen. Bleiben Sie stets bremsbereit (Hand an die Handbremse).

④ Ist der Motor angesprungen, Kupplung treten und Gas geben.

⑤ Dem Schleppfahrer ein Hupsignal geben, beide Fahrzeuge sanft abbremsen.

Batterie und Lichtmaschine

Störungsbeistand

Störung	Ursache	Abhilfe
A Rote Ladekontrolle brennt nicht beim Einschalten der Zündung	**1** Batterie leer	Mit Starthilfekabeln starten oder Wagen anschleppen
	2 Batteriekabel gebrochen, Kabelklemmen lose oder oxidiert	Batteriekabel und -klemmen kontrollieren
	3 Kontrolleuchte defekt	Ersetzen
	4 Kabelweg zwischen Zündschloss, Kontrolllampe und Lichtmaschine unterbrochen	Stromweg mit Prüflampe kontrollieren
	5 Schleifkohlen abgenutzt	Regler austauschen
	6 Spannungsregler defekt	Regler austauschen
	7 Lichtmaschine schadhaft	Lichtmaschine überholen lassen oder austauschen
	8 Feuchtigkeit bildet einen isolierenden Schmierfilm zwischen den Schleifringen und Kohlen (z.B. nach Motorwäsche)	Lichtmaschine mit Druckluft ausblasen oder Schleifringe und Kohlen sauberreiben
B Ladekontrolle brennt oder glimmt bei laufendem Motor	**1** Keilrippenriemen lose bzw. ohne Spannung	Keilriemenspannung kontrollieren
	2 Mangelnder Kontakt an Kabelanschlüssen der Lichtmaschine oder unterbrochene Kabel	Kabelanschlüsse und Kabel prüfen
	3 Siehe A5 bis 7	
C Batterieoberfläche feucht	**1** Zuviel eingefülltes destilliertes Wasser	Ausgasen lassen. Keine Säure absaugen
	2 Batterieverschlüsse verstopft	Entlüftungslöcher säubern
	3 Siehe A6	
D Batterie gast stark	Siehe A6	

Batterie laden

Eine ausgebaute Batterie sollten Sie einmal im Monat mit einem Heimwerker-Ladegerät nachladen. Völlig leere Batterien können bei Frost einfrieren und platzen – randvoll geladen, vertragen sie Kälte recht gut. Das gilt übrigens auch für einen Akku im vorübergehend stillgelegten Fahrzeug. Befindet sich die Batterie noch an Bord, brauchen Sie zum Laden die Kabel nicht abzunehmen.

Arbeitsschritte

① Pluskabel des Ladegeräts am Batterie-Pluspol, Minuskabel am Minuspol anklemmen.
② Der Ladestrom sollte zunächst etwa 10% der Batteriekapazität betragen (z.B. 4,0 A beim 40-Ah-Akku) und sich während der Ladung automatisch verringern.
③ Beim Laden der Batterie wird das destillierte Wasser teilweise zersetzt. Es bilden sich Gasblasen aus Wasserstoff und Sauerstoff – das hochexplosive Knallgas. Es entweicht durch die Entlüftungsbohrungen in der Abdeckung.
④ Stellen Sie daher sicher, dass Ihr Arbeitsplatz gut durchlüftet wird. Das gilt vor allem, wenn Sie mit hohem Strom laden. Vorsicht: Funken beim Ab- oder Anklemmen des Laders oder der Batteriekabel können das Knallgas entzünden. Beachten Sie unbedingt die Sicherheitsvorschriften.

Eine ausgebaute Batterie sollten Sie einmal im Monat mit einem Heimwerker-Ladegerät nachladen.

Batterie ausbauen

Bevor Sie die Batterie abklemmen, sollten Sie sicherstellen, dass der Diebstahlcode des Radios vorliegt. Sonst herrscht später Sendepause in Ihrem Gerät. Außerdem werden alle im Steuergerät gespeicherten Werte gelöscht und die Zeituhr auf null gestellt.

Arbeitsschritte

① Klemmen Sie die Batterie nur bei abgeschalteter Zündung ab.
② Bauen Sie die Wasserkasten-Abdeckung aus. Ziehen Sie dazu die Gummidichtung nach vorn weg. Dann lässt sich die Abdeckung ebenfalls nach vorn abnehmen.
③ Schrauben Sie zuerst das Minuskabel der Batterie ab, damit beim weiteren Hantieren kein Kurzschluss entstehen kann. Mutter an der Klemme des Minuskabels lösen, Klemme vom Batteriepol abnehmen.
④ Pluskabel-Klemme lösen und abnehmen.
⑤ Schraube der Halteleiste am Batteriefuß losdrehen und abnehmen.

Zum Ausbau der Batterie zuerst das Minuskabel und dann das Pluskabel abnehmen. Sie müssen nur die eine Schraube (Pfeil) herausdrehen und den Befestigungsbügel abnehmen. Auf der anderen Seite steckt die Batterie in einer Klemmleiste, aus der Sie diese einfach herausziehen können.

⑥ Batterie aus der Klemmleiste herausziehen und herausheben.
⑦ Achten Sie beim Einbau darauf, dass die Batterie stabil auf der Konsole sitzt (Rütteln verursacht Schäden an den Bleiplatten).
⑧ Zuerst das Pluskabel anschließen, dann das Minuskabel. Die Kabelklemmen können Sie nicht vertauschen, da die Batteriepole unterschiedlich dick sind.

⑨ Die Pole dürfen nicht gefettet werden.
⑩ Den Diebstahlcode des Radios eingeben.
⑪ Zur Aktivierung des automatischen Tief-/Hochlaufs fahren Sie alle Türscheiben mit elektrischen Fensterhebern bis zum Anschlag nach oben. Anschließend betätigen Sie alle Fensterheberschalter für mindestens eine Sekunde in Stellung »schließen«.
⑫ Zeituhr neu einstellen.
⑬ Bevor Sie den Motor starten, lassen Sie die Zündung für zehn Sekunden eingeschaltet. Dadurch aktivieren Sie das Motorsteuergerät.

Defekten Verbraucher ermitteln

Liefert die am Vortag intakte Batterie keinen Strom, hat vielleicht ein defekter Verbraucher im Bordnetz den Akku über Nacht leergesaugt. Das überprüfen Sie zunächst mit einer Strommessung. Wenn nötig, ermitteln Sie dann den betreffenden Verbraucher.

Arbeitsschritte

① Batterie-Minuskabel abnehmen, Kabel des Multimeters zwischen Minuspol und Batteriekabel anschließen. Dauerverbraucher wie die Zeituhr abklemmen, Türen schließen. Zeigt das Gerät einen Stromfluss an, ist ein Verbraucher defekt.
② Massekabel anschließen, Sicherungskasten öffnen und eine Sicherung herausnehmen. An die Kontakte das Multimeter anschließen. Fließt kein Strom, ist der betreffende Stromkreis in Ordnung. Auch ein geringer Stromfluss ist kein Alarmsignal. Geräte wie Bordcomputer, Uhren, Radios und Alarmanlagen nehmen nämlich ständig Energie von der Batterie. Der Stromfluss ist freilich viel geringer als bei einem defekten Verbraucher.
③ Wiederholen Sie die Messungen, bis das Gerät einen höheren Stromfluss anzeigt. Die Sicherungstabelle zeigt Ihnen, welche Verbraucher zu diesem Stromkreis gehören. Maßgeblich ist jedoch die Sicherungstabelle in der Bedienungsanleitung Ihres Fahrzeugs.
④ Die Verbraucher der Reihe nach ausbauen und jeweils den Strom messen. Wenn das Multimeter keinen Strom mehr anzeigt, haben Sie den Übeltäter ermittelt.

Spannungsregler prüfen

Arbeitsschritte

① Multimeter zwischen Klemme » + « (rotes Kabel) der Lichtmaschine und Masse anklemmen.
② Motor zwei Minuten mit 3000 bis 4000/min drehen lassen, damit die Lichtmaschine betriebswarm wird (ca. 80°C).
③ Schalten Sie Standlicht, Radio oder Frischluftgebläse ein. Das entspricht einer Strombelastung von drei bis sieben Ampere. Die Regulierspannung muss jetzt zwischen 13,5 und 14,8 Volt liegen.
④ Messen Sie eine höhere Spannung, ist der Regler defekt und muss ausgetauscht werden. Ist die Spannung zu niedrig, deutet das auf abgenutzte Schleifkohlen hin. In diesem Fall Lichtmaschine ausbauen und zum Überholen in die Autoelektrik-Werkstatt bringen.

Praxistipp

Fahren mit defekter Lichtmaschine

Wenn die Lichtmaschine oder der Regler streikt, können Sie trotzdem weiterfahren. Die Batterie übernimmt dann die Stromversorgung. Je nach Ladezustand und Kapazität reicht die Energie für etwa fünf Stunden – allerdings nur, wenn Sie bei der Fahrt keine überflüssigen Verbraucher einschalten.

- Mehrfachstecker an der Lichtmaschine abziehen, damit sich die Batterie nicht über den defekten Generator oder Spannungsregler entladen kann.
- Die Fahrt nicht unnötig unterbrechen. Der Anlasser braucht besonders viel Strom. Wenn möglich, den Wagen anrollen lassen.
- Heizbare Heckscheibe, Gebläse und Radio nicht einschalten.
- Scheibenwischer und Scheibenwaschanlage nur bei Bedarf in Betrieb nehmen.
- Bei Dunkelheit möglichst ohne Fernlicht und Nebelscheinwerfer fahren.

Lichtmaschine ausbauen

Die Demontage der Lichtmaschine in Eigenregie ist nur bei den Vierzylindern (inklusive TDI) empfehlenswert. Bei den V6 ist es ziemlich kompliziert, den Keilrippenriemen auszubauen. Deshalb folgt hier nur die Beschreibung für die Vierzylinder. Lesen Sie bitte dazu auch im Kapitel »Der Motor« die Reparaturschritte »Keilrippenriemen wechseln«.

Arbeitsschritte

① Massekabel an der Batterie bei ausgeschalteter Zündung abklemmen. Beachten Sie dabei die Hinweise unter »Batterie ausbauen.«

② Bauen Sie den Kühlmittelausgleichsbehälter mit angeschlossenen Schläuchen aus (nicht TDI).
③ 1.8 Turbo: Bauen Sie den Luftführungsschlauch vom Ladeluftkühler am Drosselklappenstutzen ab.
④ Bauen Sie den Keilrippenriemen aus.
⑤ Schrauben Sie Klemme 30/B+ am Generator ab. Danach ist die Klemme D+ an der Reihe
⑥ Hängen Sie den Leitungsstrang aus dem Kabelbinder aus und lösen Sie die Verschraubung oben und unten am Generator.
⑦ Schwenken Sie den Generator leicht zur Seite, ziehen Sie die Schraube unten heraus und nehmen Sie den Generator ab. TDI: Kühlwasserschlauch etwas zur Seite drücken und Generator nach oben herausnehmen. Motor AFB: Stecker für hydraulisches Motorlager vorher abziehen, Generator nach unten herausnehmen. Beim Herausnehmen der Lichtmaschine dürfen die Leitungen der Klimaanlage nur sehr vorsichtig weggedrückt werden.
⑧ Zum Einbau treiben Sie die Buchse für die untere Halteschraube etwas zurück. So lässt sich die Lichtmaschine leichter an den Halter ansetzen.
⑨ Bauen Sie den Keilrippenriemen wieder ein und schließen Sie alle Leitungen an. Beim Anklemmen der Batterie beachten Sie die Hinweise unter »Batterie ausbauen«.
⑩ Starten Sie zum Schluss den Motor und kontrollieren Sie den Riemenlauf.

Zuerst schrauben Sie Klemme 30/B+ ❷ ab, dann D+ ❶. Dann hängen Sie den Leitungsstrang (Pfeil) aus.

Anlasser ausbauen

Streikt der Anlasser, sind daran meist mehrere Teile beteiligt. Der Magnetschalter oder die Schleifkohlen zum Beispiel können klemmen oder stark abgenutzt sein. Auch ein Verschleiß der Lagerung ist möglich. Hier ist nur der Ausbau des Anlassers bei den Vierzylinder-Motoren (auch TDI) beschrieben. Bei den V6 muss zuerst die Lichtmaschine ausgebaut werden, was in Eigenregie nicht empfehlenswert ist.

Arbeitsschritte

① Massekabel der Batterie bei ausgeschalteter Zündung abklemmen. Beachten Sie dabei die Hinweise unter »Batterie ausbauen«.
② Fahrzeug vorn aufbocken und untere Motorverkleidung abbauen.
③ Gegebenenfalls Schrauben für Spannrolle am Keilrippenriemen des Klimakompressors lösen. Keilrippenriemen entspannen und abnehmen, Laufrichtung markieren. Klimakompressor abschrauben und mit angeschlossenen Leitungen aufhängen. **Achtung:** Nicht die Leitungen vom Kompressor abnehmen!
④ Leitung B+ und Steckverbindung für Klemme 50 abnehmen. Schrauben Sie die Leitungsschelle ab. Dann schrauben Sie die Innensechskantschraube des Anlasserhalters ab.
⑤ Drehen Sie die getriebeseitigen Schrauben für den Anlasser heraus und nehmen ihn nach unten heraus.
⑥ Zum Einbau legen Sie zunächst den Keilrippenriemen für den Klimakompressor auf, vorherige Laufrichtung beachten. Beachten Sie dazu die Hinweise im Kapitel Motor. Zum Spannen der Spannrolle für den Riemen benötigen Sie einen Drehmomentschlüssel.
⑦ Schließen Sie alle Leitungen an. Wenn Sie die Batteriepole anschließen, beachten Sie bitte die Hinweise unter »Batterie ausbauen«.

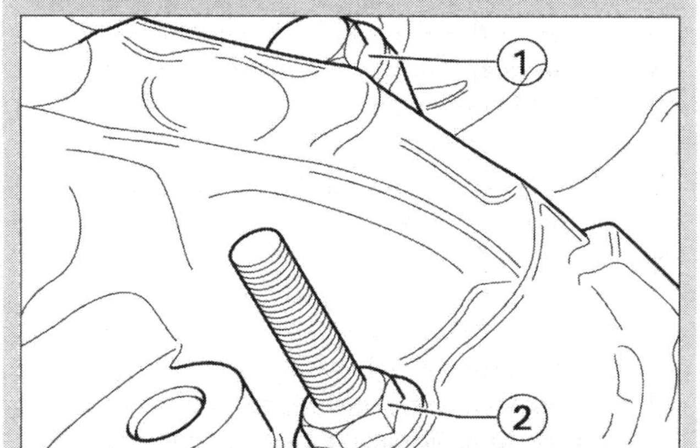

Bei Fahrzeugen mit Automatikgetrieben gehen Sie wie folgt vor: Nehmen Sie das rechte Vorderrad ab. Durch das rechte Radhaus drehen Sie die Schraube ❶ heraus. An die Schraube ❷ kommen Sie vom Motorraum aus heran.

⑧ Zum Schluss starten Sie den Motor und kontrollieren den Riemenlauf.

Der Anlasser

Störungs-beistand

Störung	Ursache	Abhilfe
A Beim Drehen des Zündschlüssels in Startstellung dreht der Anlasser zu langsam oder gar nicht	**1** Kontrolllampen brennen schwach oder verlöschen	
	a) Batterie entladen	Mit Starthilfekabeln starten, Auto anschieben/abschleppen
	b) Kabelanschlüsse lose oder oxidiert	Kabel befestigen, Anschlüsse säubern
	c) Anlasser hat Masseschluss	Anlasser überholen lassen oder austauschen
	2 Kontrollampen brennen hell, Klicken aus Richtung Anlasser – kurz auf den Magnetschalter klopfen. Dreht der Anlasser immer noch nicht:	
	a) Kohlebürsten bzw. deren Anschlüsse im Anlasser gelöst	Anlasser überholen lassen
	b) Kontakte im Magnetschalter verschmort	Anlasser überholen lassen oder austauschen
	c) Anlasserwicklung schadhaft	Anlasser überholen lassen oder austauschen
	3 Kontrolllämpchen brennen hell, keinerlei geräusche	
	a) Anschluss der Klemme 50 am Magnetschalter lose	Anschluss überprüfen
	b) Klemme-50-Leitung vom Zündschloss zum Magnetschalter unterbrochen	Leitung mit Prüflampe kontrollieren
B Anlasser läuft, ohne den Motor durchzudrehen	**1** Ritzel verschmutzt	Ritzel reinigen
	2 Einrückvorrichtung klemmt	Anlasser überholen lassen
	3 Verzahnung des Ritzels oder der Motorschwungscheibe beschädigt	Wagen bei eingelegtem Gang ein Stück vorschieben. Erneut starten. Beschädigte Teile ersetzen lassen
C Magnetschalter schaltet in schneller Folge ein und aus, Anlasser läuft nicht an	**1** Batterie stark entladen, beim Einschalten des Magnetschalters fällt die Spannung ab, und er schaltet wieder ab	Batterie laden
D Anlasser läuft weiter, obwohl der Zündschlüssel losgelassen wurde	**1** Magnetschalter hängt oder schaltet nicht ab	Zündung sofort abschalten, notfalls Batterie abklemmen. Magnetschalter reparieren oder Anlasser austauschen
	2 Zünd-/Anlassschalter defekt	Schalter ersetzen
E Ritzel spurt nach Anspringen des Motors nicht aus	**1** Rückstellfeder des Einrückhebels lahm oder gebrochen	Zündung abschalten, ggf. Anlasser austauschen
	2 Siehe B 3	

Die Beleuchtung

Die wichtigsten Teile eines Scheinwerfers sind Lichtquelle, Reflektor und Streuscheibe. Der Blinker ist fester Bestandteil des Scheinwerfers, er lässt sich nicht separat austauschen. Als Lichtquelle setzt Audi bei den Scheinwerfern Halogenlampen ein. Der Reflektor ist beim Abblendlicht als Parabolspiegel ausgeführt, dessen Innenfläche mit einer dünnen Schicht Aluminium präpariert ist. Er reflektiert und bündelt das Licht.

Fernlicht mit Freiflächenreflektor

Für das Fernlicht ist im Scheinwerfer eine Extra-Lampe zuständig. Der sogenannte Freiflächenreflektor des Fernlichts erzeugt einen genau definierten Lichtkegel auch ohne Streuscheibe. Die Form des Reflektors ist Computer berechnet. Dabei sind bestimmte Segmente im Reflektor bestimmten Bereichen auf der Straße zugeordnet. Eingesetzt wird eine H7-Lampe, die 50 Prozent mehr Licht abstrahlt als eine H4-Lampe.

Spezialglas für die Streuscheibe

Der Gesetzgeber schreibt für das Abblendlicht eine spezielle Lichtverteilung vor – mit einer asymmetrischen Hell-Dunkel-Grenze, bei der sich das Lichtmaximum auf der rechten Seite der Fahrbahn konzentriert. Damit diese Vorgaben eingehalten werden, ist die Streuscheibe auf der Innenseite mit Zylinderlinsen, Prismen und Parallelflächen ausgestattet, die das vom Reflektor kommende Licht in die gewünschte Richtung verteilen. Beim A6 besteht die Streuscheibe aus Kunststoff, der gegen Steinschlag zehnmal widerstandsfähiger ist als Glas. Eine harte Decklackschicht schützt vor Kratzern. Ein anderer Effekt des Kunststoff-Einsatzes: Der Scheinwerfer ist etwa ein halbes Kilogramm leichter als einer mit Glasscheibe.

DE-Nebelscheinwerfer serienmäßig

DE ist die Abkürzung für dreiachsiger Ellipsoid und bezeichnet die Form der Reflektorflächen. Die Technik erlaubt Scheinwerfer besonders kleiner Bauart mit hoher Lichtleistung. Sie funktionieren ähnlich wie Dia-Projektoren: Eine Blende, die wie ein Dia wirkt, begrenzt die Lichtverteilung und erzeugt die Hell-Dunkel-Grenze. Sie ist beim DE-Licht besonders scharf, weshalb es für Nebelscheinwerfer sehr gut geeignet ist. Eine Linse übernimmt die Funktion des Objektivs und projiziert die Lichtverteilung auf die Straße.

Ständige Kontrolle der Beleuchtung

Lassen Sie die Einstellung der Scheinwerfer an Ihrem A6 regelmäßig prüfen – zum Beispiel bei den im Herbst stattfindenden Aktionen von ADAC, TÜV und Dekra. Außerdem sollten Sie vor jeder Fahrt die Beleuchtung Ihres Fahrzeugs kontrollieren.

Alle Lichter müssen funktionieren

Dazu Zündung einschalten und nacheinander Standlicht, Abblendlicht, Fernlicht und Nebelscheinwerfer einschalten. Am Heck des Wagens müssen Rücklichter, Kennzeichenleuchten und Nebelschlussleuchte einwandfrei funktionieren. Legen Sie sich einen kleinen Vorrat mit den wichtigsten Lampen und Leuchten für unterwegs an.

Diese Ersatzlampen sollten Sie an Bord haben:

Glühlampe für:	Typ	Leistung
Abblendlicht (nicht Xenon)	H1	55 W
Fernlicht	H7	55 W
Nebelscheinwerfer	H3	55 W
Standlicht vorn	Glassockel	5 W
Blinklicht vorn (gelb)	PY	21 W
Seitliche Blinker (gelb)	Glassockel	5 W
Brems-/Schlusslicht	Bajonett	21/5 W
Rückfahrlicht	Bajonett	21 W
Nebelschlusslicht	Bajonett	21 W
Gepäckraum/ Handschuhfach	Soffitte	5 W
Kennzeichenleuchte	Soffitte	5 W

Die Leuchtweiten-regelung

Technik-lexikon

In Deutschland ist für Neuwagen eine Leuchtweitenregelung gesetzlich vorgeschrieben. Sie soll verhindern, daß der Gegenverkehr bei beladenem Fahrzeug geblendet wird. Beim A6 kann die Leuchtweite elektrisch verstellt werden. Dazu befindet sich an jedem Scheinwerfer ein Schrittmotor, der bei Betätigen des Drehreglers elektrisch durch eine entsprechende Frequenz angesteuert wird. Der Motor lässt sich getrennt vom Scheinwerfer ausbauen.

Xenon-Licht

Technik-lexikon

Gegen Aufpreis gibt es beim Audi A6 Scheinwerfer mit Xenon-Licht. Diese Technik bringt eine tageslichtähnliche Lichttemperatur, einen zweieinhalbfachen Lichtstrom im Vergleich zur Halogenlampe und einen um 35 Prozent niedrigeren Energieverbrauch. Die Ausleuchtung der Fahrbahn ist besser, ebenso die Reichweite des Lichtes.

Statt einer Glühlampe kommt hier eine Gasentladungslampe zum Einsatz: Durch Funkenüberschlag zwischen zwei Elektroden entsteht in der Xenongas-Atmosphäre im Lampenkolben ein ionisierter »Gasschlauch«, durch den dann elektrischer Strom fließt und das Gasgemisch zum Leuchten anregt. Gezündet wird die Lampe von einem elektronischen Vorschaltgerät.

Wegen des starken Lichts muss ein Auto mit Xenon-Technik eine automatische Leuchtweiten-Regulierung haben. Achtung: Den Lampenwechsel darf nur ein Audi-Betrieb durchführen. Durch unsachgemäßen Umgang mit dem Hochspannungsteil der Lampe besteht unter Umständen Lebensgefahr.

Wenn Ihr Auto Scheinwerfer mit Xenon-Licht hat, dürfen Sie die Lampen nicht selber austauschen. Bei unsachgemäßem Umgang mit dem Hochspannungsteil besteht unter Umständen Lebensgefahr. Glücklicherweise halten Xenon-Lampen viel länger als Halogen-Lampen.

Lampen im Scheinwerfer wechseln

Die Glühlampen in den Scheinwerfern werden vom Motorraum her ausgebaut. Der Wechsel einer Lampe fürs Standlicht verändert die Justierung des Scheinwerfers nicht. Bei allen anderen Lampen sollten Sie nach einem Tausch die Einstellung des betreffenden Scheinwerfers kontrollieren (lassen). Fassen Sie intakte Glühlampen nicht mit den Fingern am Glaskolben an – selbst geringe Spuren von Handschweiß verdampfen auf der brennenden Lampe und trüben den Reflektor. Verwenden Sie zum Einsetzen einer Lampe ein sauberes Tuch..

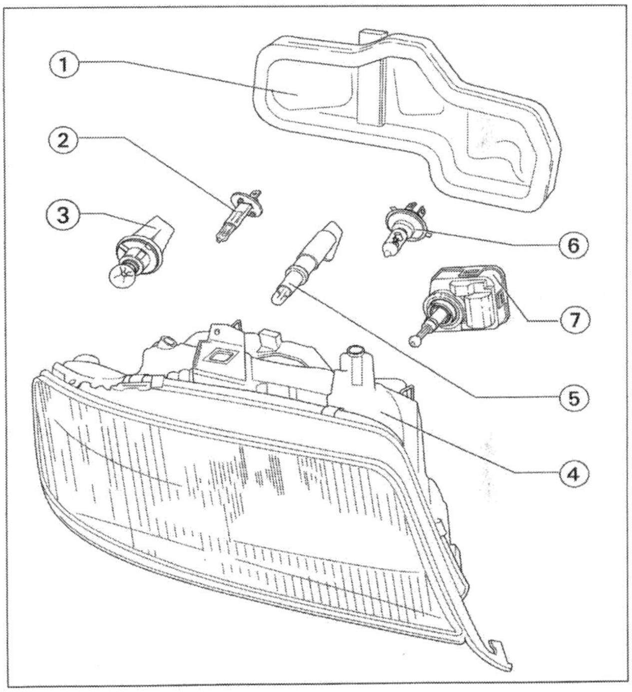

Die Teile des Scheinwerfers:
❶ Gehäusedeckel. ❷ Glühlampe für Fernlicht. ❸ Glühlampe für Blinklicht. ❹ Scheinwerfergehäuse. ❺ Lampe für Standlicht. ❻ Lampe für Abblendlicht. ❼ Stellmotor für Leuchtweitenregelung.

Arbeitsschritte

① Bei allen Scheinwerferlampen des rechten Scheinwerfers gilt: Um an sie heranzukommen, muß zuvor der Ansaugkanal zum Luftfilter abgezogen werden.

② Gehäusedeckel vom Scheinwerfergehäuse abnehmen.

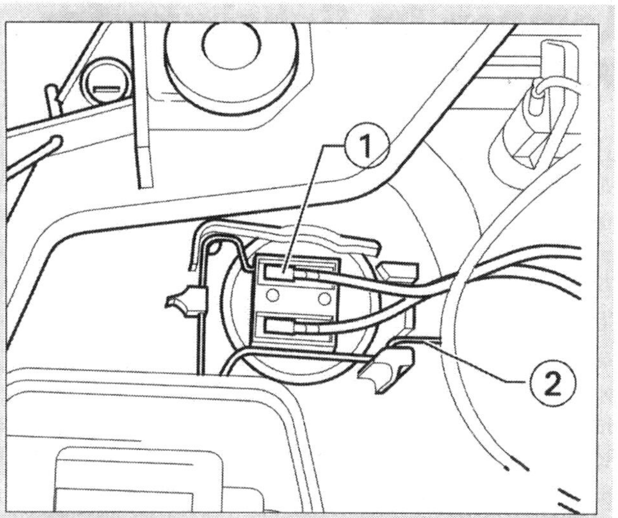

Um die Glühlampe für das **Abblendlicht** auszubauen, ziehen Sie die Steckverbindung ❶ ab. Dann den Federbügel ❷ entrasten und die Lampe herausnehmen. Fassen Sie den Glaskolben nicht mit bloßen Fingern an.

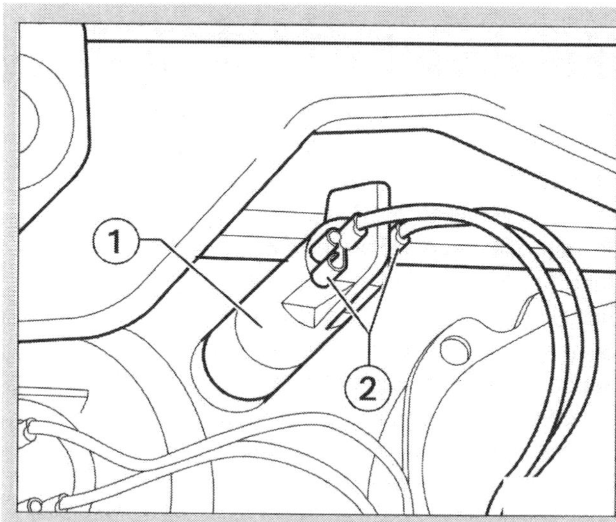

Die Glühlampe für das **Standlicht** bekommen Sie heraus, indem Sie die Fassung ❶ nach links drehen und aus dem Gehäuse herausziehen. Danach ziehen Sie den Stecker ❷ ab. Beim Einbau muss die Fassung bis zum Einrasten gedreht werden.

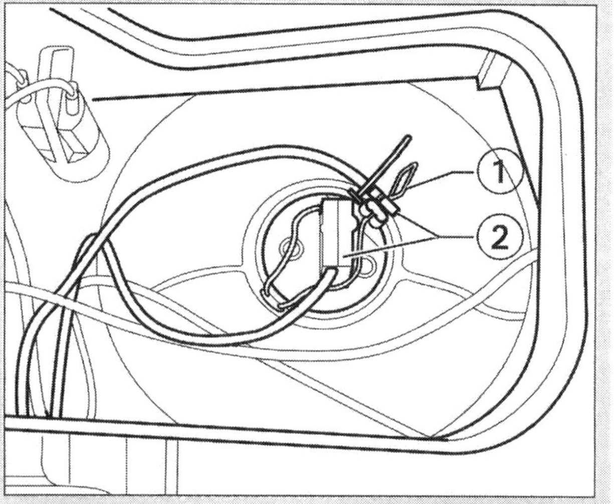

Im Bild sehen Sie die Lampe für das **Fernlicht**. Der Ausbau: Den elektrischen Stecker ❶ abziehen und den Federdrahtbügel ❷ entrasten. Nehmen Sie die Lampe heraus. Auch hier gilt: Glaskolben nicht mit der bloßen Hand anfassen.

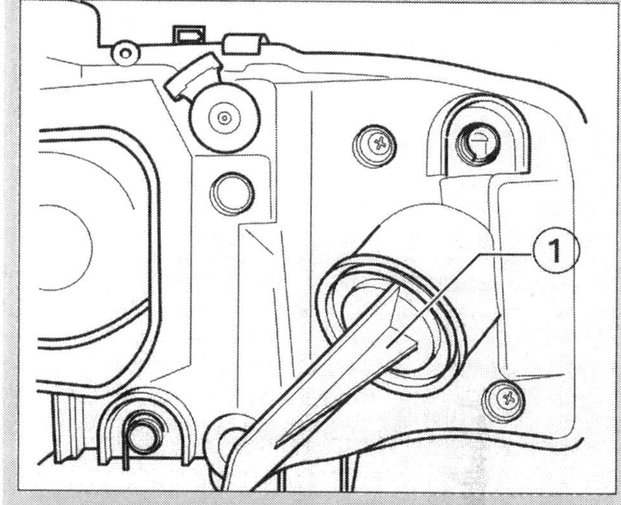

Die Lampe für das **Blinklicht** lässt sich ausbauen, indem Sie die Fassung ❶ nach links drehen und herausziehen. Beim Einbau muß die Fassung bis zum Einrasten gedreht werden.

Glühlampen rechtzeitig wechseln

Praxistipp

Eine schwach leuchtende Glühlampe deutet darauf hin, dass der Kolben zu stark geschwärzt ist. Das ist zum Beispiel öfter bei der Kennzeichenbeleuchtung der Fall.
Dann die Lampe rechtzeitig wechseln. Fällt eine Lampe nach einer längeren Betriebszeit aus, sollten Sie auch die intakte Lampe auf der anderen Seite des Fahrzeugs wechseln – sie versagt erfahrungsgemäß kurze Zeit später ebenfalls.

Hauptscheinwerfer ausbauen

Streuscheibe und Scheinwerferreflektor sind miteinander verklebt. Bei einem beschädigten Scheinwerferglas oder einem matten Reflektor ist daher stets der Austausch des kompletten Scheinwerfers fällig. Bei einem Schaden müssen Sie also das Streuglas zusammen mit dem Reflektor wechseln. Vorsicht: Nach dem Einbau eines neuen Scheinwerfers grundsätzlich die Einstellung kontrollieren (lassen). Der Blinker ist Bestandteil des Scheinwerfers und läßt sich separat nicht tauschen.

Arbeitsschritte

① Klemmen Sie das Batterie-Massekabel (Minuspol) ab. Beachten Sie dabei die Hinweise unter »Batterie ausbauen«. Unter anderem muss anschließend der Radio-Code neu eingegeben werden.

② Bauen Sie den Stoßfänger aus. Schlagen Sie dazu im Kapitel »Die Karosserie« nach.

③ Schrauben Sie die beiden Torxschrauben (T30) der oberen Scheinwerferhalter ab. Dann ist die versenkte Torxschraube an der Reihe, die über eine Bohrung im Kotflügel zugänglich ist (siehe Bild).

④ Mehrfachsteckverbindungen am Scheinwerfer abziehen.

⑤ Den Scheinwerfer zur Fahrzeugmitte hin drehen und dann nach vorn herausnehmen.

⑥ Beim Einbau hängen Sie zuerst den Scheinwerfer im Bereich der Fahrzeugmitte ein, indem Sie den Zapfen in die Führung schieben.

⑦ Die drei Befestigungsschrauben werden nur sanft mit sechs Newtonmetern angezogen.

⑧ Schieben Sie sämtliche Steckverbindungen auf, montieren Sie den Stoßfänger und klemmen Sie die Batterie wieder an. Beachten Sie dazu die Hinweise unter »Batterie ausbauen«.

⑨ Lassen Sie die Scheinwerfer einstellen.

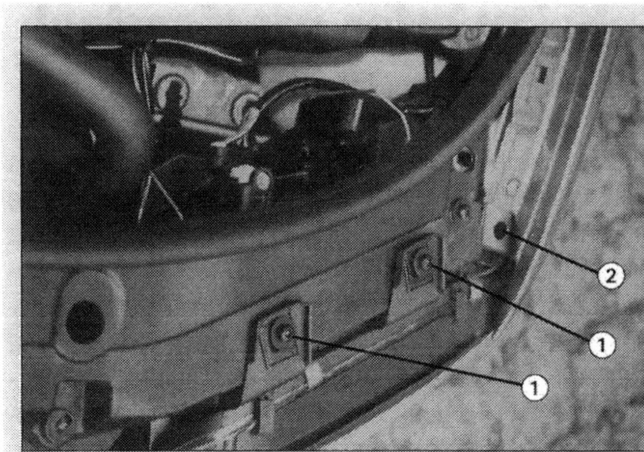

Für die beiden oberen Torxschrauben ❶ am Scheinwerfer genügt ein normaler T30-Torxschlüssel. Um an die versenkte Schraube ❷ heranzukommen, brauchen Sie einen langen Torxschlüssel, etwa Hazet Nr 2224 S Lg-T30.

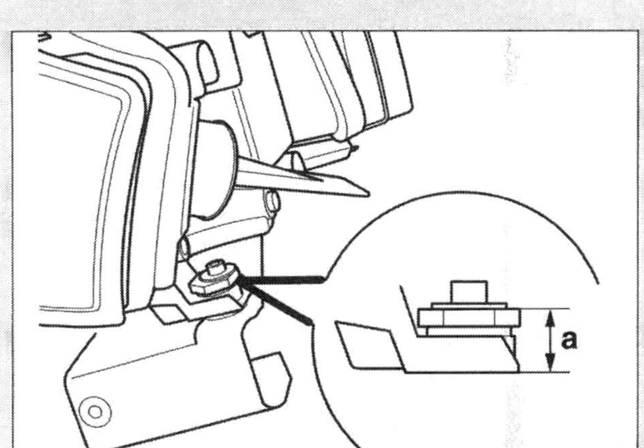

Das Maß **a** am neuen Scheinwerfer muss so eingestellt werden, wie es am alten justiert ist. Drehen Sie dazu die Kunststoffschraube (SW 24).

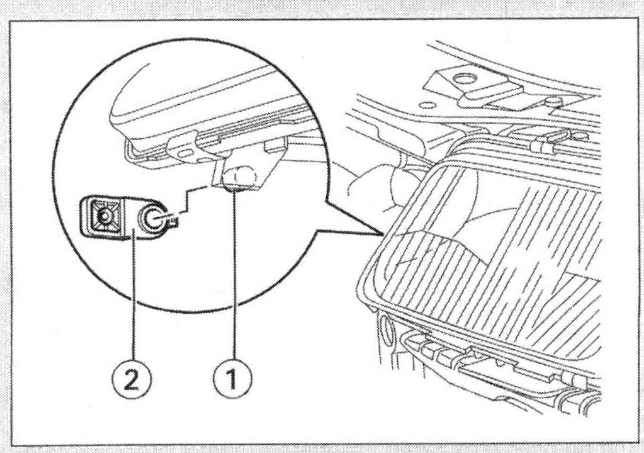

Beim Einbau muss der Scheinwerfer zuerst in den Zapfen ❶ in die Führung ❷ eingehängt werden. Achten Sie bei der Montage auf korrekte Spaltmaße zur Karosserie.

Scheinwerfer provisorisch einstellen

Für die exakte Einstellung der Scheinwerfer ist ein spezielles Messgerät erforderlich. Überlassen Sie diese Arbeit daher der Werkstatt. Manche Tankstellen bieten übrigens ebenfalls eine fachgerechte Justierung an. Sie können die Scheinwerfer jedoch auch provisorisch prüfen und einstellen, wenn Sie zum Beispiel am Wochenende eine Glühlampe oder einen kompletten Scheinwerfer ausgetauscht haben. Denken Sie jedoch daran, dass dies nur eine Notlösung sein kann. Lassen Sie den Scheinwerfer bei der nächsten Gelegenheit vom Fachmann einstellen.

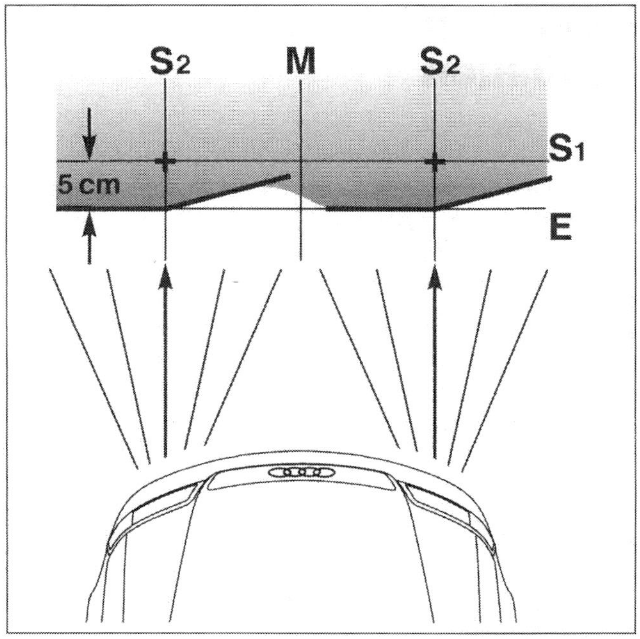

So bereiten Sie Ihr Fahrzeug auf die provisorische Einstellung vor:

- Der Tank sollte gefüllt sein. Sonst Kofferraum mit Gewicht belasten (bei zur Hälfte gefülltem Tank mit circa 30 Kilogramm).
- Ein Helfer sollte hinter dem Steuer sitzen (oder Fahrzeug zusätzlich mit 75 Kilogramm belasten).
- Der Reifendruck sollte stimmen.
- Stellen Sie Ihr Fahrzeug gegenüber der Einstellwand ab. Der Abstand zwischen Front und Wand muss exakt fünf Meter betragen.
- Drücken Sie den Vorderwagen kräftig nach unten, damit die Vorderradaufhängung in Ruhelage kommt.
- Stellen Sie die Leuchtweitenregulierung auf Null.
- Die Hauptscheinwerfer dürfen nur bei Abblendlicht eingestellt werden. Das vorgeschriebene Neigungsmaß beträgt zehn Zentimeter auf zehn Meter Entfernung. Das Neigungsverhältnis ist auf dem Scheinwerferhalter eingeprägt.

Arbeitsschritte

① Abstand zwischen Boden und Mittelpunkt der beiden Scheinwerfer ausmessen. Das Maß an der Wand markieren und durch eine Linie verbinden (»S_1«).

② Fünf Zentimeter darunter eine parallele Linie »E« an der Wand anzeichnen. Das ist die Neigung des Abblendlichts auf fünf Meter Entfernung.

③ Durch das Heckfenster nach vorn peilen und von einem Helfer genau in Fahrzeugmitte die senkrechte Linie »M« einzeichnen lassen.

④ Den Abstand zwischen Fahrzeugmitte und dem Mittelpunkt des Scheinwerfers messen (rechts und links). Diese Werte auf die Hilfslinie »S_1« (rechts und links vom Schnittpunkt der Linien »M« und »S_1«) übertragen und mit einem Einstellkreuz (S_2) markieren.

⑤ Genau fünf Zentimeter unter diesen Kreuzen müssen die Abknickpunkte des Abblendlichts auf der Einstelllinie »E« justiert werden.

⑥ Bei den Nebelscheinwerfern müssen Sie für die Einstellung nach dem gleichen Verfahren wie oben eine Hilfslinie mit Einstellkreuzen (Mitte der Nebelscheinwerfer) herstellen.

Scheinwerfer einstellen

① Der Drehknopf der Leuchtweitenregelung muss in Position »0« stehen.

② Die Einstellschrauben verstellen Sie vom Motorraum aus.

③ Zündung und Abblendlicht einschalten.

④ Zuerst an der Höhen-Einstellschraube (sitzt zur Fahrzeugaußenseite) so lange drehen, bis der Strahl des Abblendlichts mit seiner waagrechten Hell-Dunkel-Grenze mit der Einstellinie »E« übereinstimmt. Gegebenenfalls muss zur Höheneinstellung auch die Seiten-Einstellschraube gedreht werden.

⑤ Seiteneinstellung mit der Einstellschraube an der Innenseite des Scheinwerfers so ausrichten, bis der Abknickpunkt im Abblend-Lichtbild genau auf das Einstellkreuz ausgerichtet ist. Dabei darf ein Streuanteil von 15 Prozent über der Linie liegen.

⑥ Bei dieser Einstellung wird das Fernlicht automatisch richtig justiert.

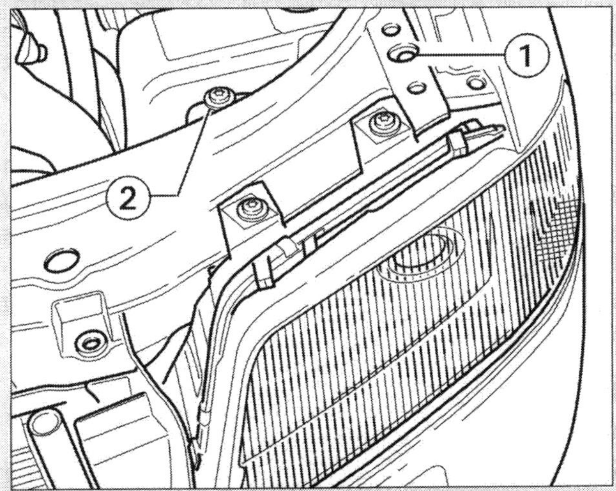

Hier sehen Sie die beiden Schrauben zur Verstellung des Scheinwerfers. ❶ Einstellschraube zur Höhenverstellung. ❷ Einstellschraube zur Seitenverstellung. Die Anordnung am anderen Scheinwerfer ist spiegelbildlich.

Nebelscheinwerfer einstellen

① Alle Scheinwerfer bis auf den einzustellenden Nebelscheinwerfer abdecken.

② Clipsen Sie das Abdeckgitter aus dem Stoßfänger aus.

③ Scheinwerfer so einstellen, dass die breit gestreuten Scheinwerferstrahlen zehn Zentimeter unterhalb der Hilfslinie (Mittelpunkte der Nebelscheinwerfer) auf der Wand auftreffen. Der Nebelscheinwerfer läßt sich nur in der Höhe verstellen.

Lampe in Heckleuchte und Heckleuchte auswechseln

Arbeitsschritte

① Öffnen Sie das Kofferraumstaufach auf der jeweiligen Seite. Auf der linken Seite muss das Bordwerkzeug herausgenommen werden. Beim Avant entfernen Sie bitte die flexible Abdeckung von der Heckleuchte.

② Ziehen Sie die elektrische Steckverbindung ab. Drücken Sie dann den Verriegelungsbügel zusammen und ziehen den Lampenträger heraus.

③ Drehen Sie die fragliche Glühlampe heraus. Dazu die Lampe leicht herunterdrücken und 90° drehen.

④ Zum **Ausbau der Heckleuchte** schrauben Sie die vier Muttern (SW 8) ab. Dann können Sie die Leuchte außen vom Heck abnehmen.

⑤ Achten Sie beim Einbau darauf, dass die Dichtung zwischen Karosserie und Heckleuchten-Gehäuse sauber abdichtet.

⑥ Bevor Sie die Muttern der Leuchte festziehen, achten Sie auf gleichmäßige Spaltmaße der Leuchte zur Karosserie.

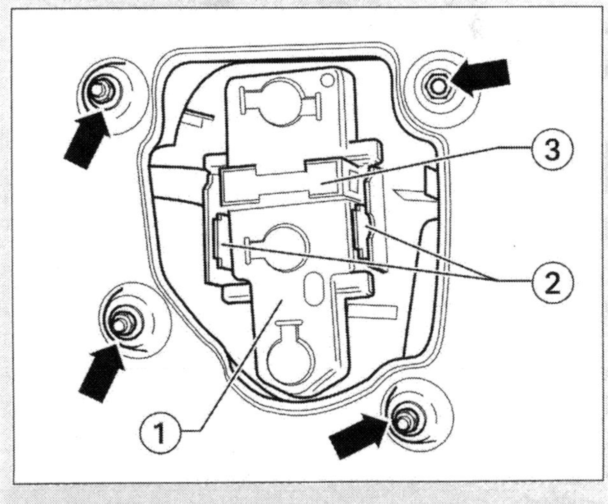

Für den Glühlampenwechsel trennen Sie die Steckverbindung ❸, drücken den Verriegelungsbügel ❷ zusammen und nehmen den Lampenträger ❶ ab. Um die Heckleuchte auszubauen. schrauben Sie die Muttern (Pfeile) ab.

Kennzeichenleuchte wechseln

Arbeitsschritte

① Kreuzschlitzschraube an der Kennzeichenleuchte herausdrehen.

② Auf der anderen Seite ist die Leuchte mit einer Plastikzunge an die Klappe geklemmt. Hebeln Sie die Leuchte vorsichtig heraus.

③ Ersetzen Sie die Soffittenlampe und biegen Sie gegebenenfalls die Kontaktzungen etwas nach.

④ Beim Einbau achten Sie bitte auf den richtigen Sitz der Dichtung. Schrauben Sie die Leuchte nur sanft fest.

Die Kennzeichenleuchte ist mit einer Kreuzschlitzschraube befestigt. Auf der gegenüberliegenden Seite ist die Leuchte mit einer Plastiknase (Pfeil) in die Heckklappe gesteckt.

Lampe in dritter Bremsleuchte wechseln

Arbeitsschritte

Limousine

① Die Zusatzbremsleuchte ist in den hinteren Teil der Hutablage an der Heckscheibe angebaut.

② Zum Ausbau öffnen Sie den Kofferraumdeckel, greifen von unten in die Aussparung der Hutablage und ziehen den Lampenträger heraus.

③ Ziehen Sie den Stecker ab und nehmen den Lampenträger heraus. Jetzt können Sie bequem die Glühlampe wechseln.

④ Beim Einbau muss der Lampenträger einrasten.

Avant

① Die Zusatzbremsleuchte sitzt oben im Heckklappenrahmen. Wenn die Lampe defekt ist, muss die komplette Leuchte ersetzt werden. Die Glühlampe lässt sich nicht wechseln.

② Hebeln Sie zum Ausbau die beiden Abdeckkappen links und rechts ab und drehen Sie die Schrauben heraus.

③ Beim Herausnehmen der Leuchte müssen Sie die Befestigungslaschen herunterdrücken.

④ Ziehen Sie den Stecker ab und setzen eine neue Leuchte ein.

Die Signaleinrichtungen

Die Signaleinrichtungen Ihres A6 sind ein wichtiges Instrument, um andere Verkehrsteilnehmer zuverlässig über Ihre Fahrabsichten zu informieren. Wenn Sie zum Beispiel die Fahrtrichtung ändern wollen, betätigen Sie den Blinker, beim Tritt aufs Bremspedal warnen die Bremslichter den Hintermann. Bevor Sie ausserhalb einer geschlossenen Ortschaft ein Fahrzeug überholen, betätigen Sie kurz die Lichthupe. Aber Ihrem A6 stehen noch mehr Warneinrichtungen zur Verfügung.

Hupe und Warnblinker sind Pflicht

Die Straßenverkehrs-Zulassungsordnung (StVZO) schreibt nämlich vor, dass jedes Kraftfahrzeug zum Abgeben von Warnzeichen mit einer Hupe ausgestattet sein muß. Außerdem muss die Warnblinkanlage funktionieren, damit im Notfall das haltende oder liegengebliebene Fahrzeug gesichert werden kann. Da die Warnblinkanlage auch bei ausgeschalteter Zündung funktioniert, wird der Schalter direkt von Batterieplus über eine Sicherung versorgt. Die Richtungsblinker erhalten dagegen nur bei eingeschalteter Zündung Strom vom Zündschloss.

Die Signaleinrichtungen sollten Sie stets vor Fahrtantritt überprüfen

Warnblinkanlage. Drücken Sie bei ausgeschalteter Zündung auf den Druckschalter der Warnblinkanlage auf der oberen Lenksäulenverkleidung. Alle vier Blinklampen und die Kontrolleuchte im Druckschalter sollten im gleichen Rhythmus aufleuchten.

Blinker. Zündung einschalten, Blinkerhebel drücken. Die beiden Blinker auf der Fahrzeugseite müssen im gleichen Rhythmus blinken, ebenso die Blinkerkontrolle im Kontrollinstrument.

Bremsleuchten. Fahrzeug mit dem Heck zur Garagenwand stellen, Bremspedal drücken. Die Wand muß dann rot aufleuchten. Sie können aber auch während der Fahrt in einer Kolonne prüfen, ob Ihr Bremslicht funktioniert. Kontrollieren Sie durch einen Blick in den Rückspiegel, ob sich Ihre Bremsleuchten in den Scheinwerfern oder in der Lackierung des folgenden Fahrzeugs spiegeln. Funktionieren beide Bremsleuchten nicht, kontrollieren Sie zuerst die Sicherung und den Bremslichtschalter.

Lichthupe. Wenn Sie bei eingeschalteter Zündung den Blinkerhebel zum Lenkrad hin ziehen, müssen das Fernlicht und die Fernlichtkontrolle stets aufleuchten. Funktioniert die Lichthupe nicht, obwohl die Scheinwerfer bei eingeschalteter Beleuchtung brennen, sollten Sie zuerst prüfen, ob an den beiden roten Klemme-30-Kabeln zum Kombischalter unter Spannung anliegt. Ist dies der Fall, dürfte der Lichtumschalter im Hebelschalter defekt sein.

Seitliche Blinkleuchten wechseln

Arbeitsschritte

① Hebeln Sie die Blinkleuchte mit geeignetem Werkzeug heraus, bis die Haltelasche entriegelt. Wenn Sie einen Schraubendreher benutzen, seien Sie vorsichtig, damit der Lack nicht zerkratzt wird. Besser ist ein Kunststoffkeil.
② Ziehen Sie den Stecker ab.
③ Tauschen Sie gegebenenfalls die Lampe aus.
④ Hängen Sie die Leuchte mit dem Kunststoffhaken in die Öffnung des Kotflügels ein und drücken Sie sie auf der anderen Seite herein bis sie einrastet.

Hupe ausbauen und prüfen

Arbeitsschritte

① Um an die Hupe heranzukommen, muss man bei einigen Modell-Versionen den Stoßfänger abbauen. Lesen Sie dazu bitte das entsprechende Kapitel »Karosserie«. Bei anderen genügt es, die Luftführungen links und rechts vom Kühler abzubauen.

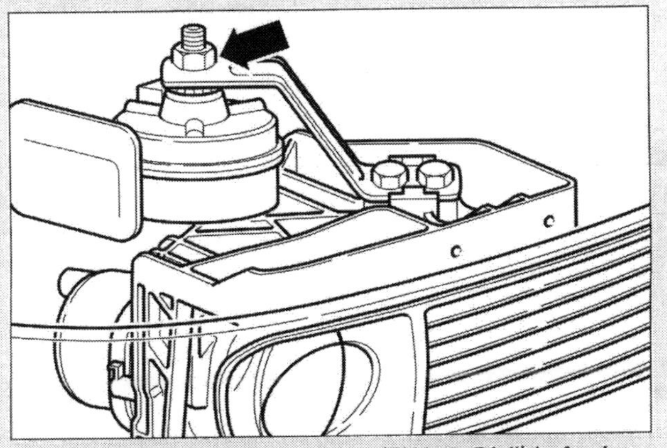

Die Hupe ist nur mit einer Mutter (SW 13, Pfeil) befestigt. Um an sie heranzukommen, muss jedoch bei einigen Modellversionen der Stoßfänger ausgebaut werden.

② Schrauben Sie die Befestigungsmutter ab.
③ Trennen Sie die Steckverbindung
④ Bevor Sie eine neue Hupe einbauen, sollten Sie diese auf Funktionstüchtigkeit prüfen. Verbinden Sie dazu die Hupe mit Hilfskabeln direkt mit der Batterie. Das schwarz/gelbe Kabel gehört an Batterie (+), das braune (Masse-) Kabel an Batterie (-). Bleibt es ruhig, ist die Hupe defekt. Gibt sie dagegen Laut, müssen Sie sich wohl oder übel auf Fehlersuche im elektrischen System begeben.
⑤ Bauen Sie die (neue) Hupe ein.
⑥ Montieren Sie den Stoßfänger oder die Luftführungen.

Behelf bei defektem Blinkrelais/Blinkrelais ausbauen

Fällt an Ihrem Fahrzeug der Blinker aus, sollten Sie nicht einfach weiterfahren. Andere Verkehrsteilnehmer müssen schließlich eindeutig erkennen können, ob Sie abbiegen wollen oder nicht. Das gilt vor allem bei dichtem Verkehr und bei Dunkelheit. Wenn der Blinker nicht mehr funktioniert, weil das Blinkrelais ausgefallen ist, können Sie sich durch einen Trick helfen:

Arbeitsschritte

① Das Blinkrelais sitzt beim A6 im Warnblinkschalter. An den Schalter kommen Sie heran, indem Sie mit einem kleinen Schraubendreher vorsichtig die Blende vor der Schalter-Batterie abhebeln. Ziehen Sie den Schalter heraus.

② Ziehen Sie den Stecker ab. Um das Relais zu umgehen, müssen Sie eine Kurzschlussbrücke zwischen den Klemmen 1 und 6 herstellen. Stecken Sie dazu ein kurzes Drahtstück – eine Büroklammer tut es auch – von hinten in die entsprechenden Steckerfelder des Mehrfachsteckers. Die Steckerzungen müssen Verbindung haben.

③ Isolieren Sie den Draht beispielsweise mit Isolierband.

④ Wenn Sie den Blinkerhebel drücken, leuchtet jetzt eine Blinkerseite dauernd. Durch Ein- und Ausschalten mit dem Blinkerhebel simulieren Sie den Blinker-Rhythmus.

Bremslichtschalter prüfen und ausbauen

Wenn beide Bremslichter ausgefallen sind, liegt das oft am Bremslichtschalter, der an einem Halter der Bremspedal-Aufhängung befestigt ist. Beim Tritt aufs Bremspedal drückt eine Feder den Betätigungsstift des Schalters in Richtung »Ein«. Damit werden die Kontakte im Schalter und der Stromkreis zu den Bremsleuchten geschlossen. Wird das Bremspedal losgelassen, drückt der Pedalhals den Betätigungsstift wieder in die Ausgangsstellung – das Bremslicht verlöscht.

Arbeitsschritte

① Ablage im Fahrerfußraum ausbauen. Siehe Kapitel »Der Innenraum«.
② Kabelstecker vom Schalter abziehen.
③ Kabelanschlüsse im Stecker mit Büroklammer oder Drahtstück überbrücken.
④ Brennen jetzt die Bremslichter, ist der Bremslichtschalter defekt.

Schalter ausbauen

① Ablage im Fahrerfußraum ausbauen.
② Stecker vom Schalter abziehen.
③ Kontermutter lösen und Bremslichtschalter am Pedalbock herausschrauben.
④ Nach dem Einsetzen eines neuen Bremslichtschalters muss dieser neu justiert werden. Schlagen Sie bitte hierzu im Kapitel »Die Bremsanlage« nach.
⑤ Bauen Sie die Ablage im Fahrerfußraum wieder ein.

Warnblink- und Blinkanlage

Störungsbeistand

Störung	Ursache	Abhilfe
A Kontrolllampe für Richtungsblinker leuchtet in ganz kurzen Intervallen auf, normaler Blinkrhythmus beim Warnblinken	Eine Glühlampe defekt oder ohne Kontakt	Auswechseln
B Blinkleuchten und Kontrollleuchte brennen bei Richtungs- und Warnblinken dauernd oder gar nicht	Blinkrelais defekt	Auswechseln
C Richtungsblinken funktioniert, aber kein Warnblinken	**1** Sicherung defekt	Auswechseln
	2 Kabel vom Steckkontakt am Warnblinkschalter zur Sicherung bzw. Blinkerrelais unterbrochen	Durchgang kontrollieren, ggf. erneuern
	3 Warnblinkschalter defekt	Auswechseln
D Warnblinken funktioniert, aber kein Richtungsblinken	**1** Kabel zwischen Blinkerschalter Blinkerrelais unterbrochen	Durchgang kontrollieren, ggf. erneuern
	2 Blinkerschalter defekt	Auswechseln (lassen)
	3 Sicherung defekt	ersetzen
E Kein Richtungs- und kein Warnblinken	**1** Siehe C1 und 3	
	2 Siehe D	

Bremslicht

Störungsbeistand

Störung	Ursache	Abhilfe
A Eine Bremsleuchte brennt nicht	1 Glühlampe durchgebrannt	Austauschen
	2 Masseverbindung unterbrochen. Brennen alle übrigen Lampen in derselben Heckleuchte? Falls nicht:	
	3 Unterbrechung in der Zuleitung	Kabel kontrollieren
B Beide bzw. alle drei Bremslichter brennen nicht	1 Sicherung defekt	Ersetzen
	2 Bremslichtschalter defekt	Überprüfen, ggf. ersetzen
	3 Siehe A1 und 3	
C Bremslicht brennt dauernd	1 Siehe B2	
	2 Kabel zum Bremslichtschalter haben direkten Kontakt	Kabel kontrollieren

Die Hupe

Störungsbeistand

Störung	Ursache	Abhilfe
A Hupe tönt nicht	1 Sicherung defekt	Ersetzen
	2 Kabel vom Lenkrad zur Hupe unterbrochen	Kabelverlauf kontrollieren, Steckkontakte der Hupe blankkratzen
	3 Hupe defekt	Prüfen, ggf. ersetzen
	4 Relais defekt	Prüfen, ggf. ersetzen
B Hupe tönt dauernd	1 Hupenkontakt im Lenkrad defekt Kabel zum Hupenkontakt zur Hupe hat Dauerstrom	Schwarz/gelbes Kabel von der Hupe abziehen. Hupt es nicht mehr, Hupenkontakt bzw. Kabel reparieren (lassen)
	2 Hupe hat inneren Masseschluss	Hupe ersetzen. Unterwegs Kabel von der Hupe abziehen

Instrumente und Geräte

Die meisten Messstellen im Inneren Ihres A6 werden durch elektronische Bauteile kontrolliert. Das spart Ihnen jede Menge Arbeit, weil Sie nur noch wenige Anzeigen und Kontrollämpchen beachten müssen. Die sollten Sie freilich stets im Blick haben und eventuelle Fehlanzeigen in jedem Fall ernst nehmen: Leuchtet während der Fahrt plötzlich eine Kontrolleuchte auf, ist dies grundsätzlich ein Alarmzeichen.

Öldruckleuchte und Airbag-Kontrolle

Das gilt für die Öldruckleuchte ebenso wie für die Airbag-Kontrolle, die nur beim Einschalten der Zündung für einige Sekunden aufleuchten darf. Dann ist das System in Ordnung – brennt oder blinkt sie dagegen während der Fahrt oder erlischt sie nicht, liegt ein Defekt im Airbag-System vor. In diesem Fall sollten Sie das Airbag-System umgehend in der Audi-Werkstatt überprüfen lassen.

Sensoren, Kabel und Schalter

Allerdings arbeiten die Kontrollsysteme selbst nicht immer ohne Störungen. Manchmal sind Sensoren oder Kabel beschädigt, bisweilen sorgt ein kaputter Schalter für eine Fehlinformation. Wenn Sie zum Beispiel feststellen, dass mehrere Anzeigeinstrumente nicht richtig anzeigen, liegt das häufig am Regler der Lichtmaschine, der bei einem Defekt die Werte für die Bordspannung zu hoch oder zu niedrig einstellt.

Kontrollen vor der Fahrt

Bevor Sie mit Ihrem A6 losfahren, sollten Sie stets einen Blick auf das Armaturenbrett werfen. Die Anzahl der Anzeigen hängt von der jeweiligen Ausstattung Ihres A6-Modells ab.

- Funktioniert die Uhr im Schalttafeleinsatz?
- Wenn Sie die Zündung einschalten, müssen Ladekontrolle und Öldruckwarnleuchte aufleuchten. Auch die Warnleuchten für Kühlflüssigkeitstemperatur, Katalysator, Airbagsystem, Bremsanlage und Handbremse (bei angezogenem Hebel) müssen jetzt leuchten. Es müssen auch die Kontrolleuchten für folgende Systeme brennen: Wegfahrsperre, ABS und Servolenkung.
- Betätigen Sie die Schalter für Warnblinker, heizbare Heckscheibe, Nebelscheinwerfer und Nebelschlussleuchte – brennen jeweils die Kontrollleuchten?
- Brennen bei eingeschaltetem Licht die Leuchten für Instrumente und Schalter sowie für Abblendlicht und Fernlicht?
- Betätigen Sie den linken Kombihebel – leuchten die Blinkerkontrolle und die Fernlichtkontrolle?
- Starten Sie den Motor. Die Lade- und Öldruckkontrollleuchte muss verlöschen.
- Prüfen Sie während der Fahrt die Funktion des Tachometers.

Praxistipp

Instrumente zeigen nicht an

Öldruck-Kontrolle leuchtet nicht (nach dem Start). Zündung einschalten, Kabel am Öldruckschalter abziehen und an blankes Metall halten. Brennt das Warnlicht jetzt, ist der Öldruckschalter defekt und muss ausgetauscht werden. Leuchtet die Kontrolle nicht, ist entweder die Zuleitung, die Leiterfolie des Kombi-Instruments oder die Warnlampe defekt.

Keine Tankanzeige. Entweder ist das Anzeigeinstrument oder der Tankgeber defekt (Schwimmer klemmt). Eventuell ist auch die Stromzufuhr unterbrochen. Im elektrischen Teil der Kraftstoff-Vorratsanzeige ist nur eine eingeschränkte Fehlersuche möglich. Abdeckung am Geber abnehmen und prüfen ob an den Zuleitungen zum Mehrfachstecker und am Geber selbst Durchgang vorhanden ist. Schlagen Sie hierzu bitte auch im Kapitel »Die Kraftstoffversorgung« nach.

Kühlmittel-Warnleuchte brennt nicht. Der Geber der Temperaturwarnleuchte ist ein doppelter Geber, der mit einem Kontaktpaar die Motronic und mit dem anderen Kontaktpaar das Kombi-Instrument versorgt. Er sitzt beim Vierzylinder im Kühlmittelrohr hinter dem Zylinderkopf und beim V6 im Kühlmittelrohr hinter der rechten Zylinderbank (in Fahrtrichtung gesehen). Schließen Sie ein Multimeter zwischen Kammer 22 und Kammer 7 (Signalmasse) und messen den Widerstand: Die Sollwerte: Kühlmitteltemperatur 60°: ca. 259 Ohm; 90°: ca. 107 Ohm; 120°: 40 Ohm.

Die meisten Schalter im Cockpit lassen sich leicht ausbauen. Die Schalter in der Mittelkonsole etwa bekommen Sie heraus, indem Sie die Blende (Pfeil) vorsichtig mit einem Schraubendreher abhebeln. Dann können Sie die Schalter herausziehen.

Funktionsprüfung der Schalter

Ein defekter Schalter ist manchmal die Ursache für eine Störung im elektrischen System. Beim A6 setzen eine Reihe von Schaltertypen die verschiedenen Stromverbraucher in Betrieb. Zur Kontrolle der elektrischen Funktionsprüfung verwenden Sie am besten eine Prüflampe mit Nadelkontakt.

Arbeitsschritte

① Suchen Sie den entsprechenden Schaltplan für Ihren A6 heraus.

② Zuerst stellen Sie fest, welche Kabel Spannung führen. Dazu mit der Nadel der Prüflampe die Isolierung der Kabel durchstechen.

③ Prüfen Sie, ob am Schalter überhaupt Spannung anliegt. Dazu müssen Sie in der Regel Zündung oder Beleuchtung einschalten.

④ Den Schalter einschalten. Dann kontrollieren, ob der Schalter die Spannung weiterleitet.

Lichtschalter ausbauen

Arbeitsschritte

① Drücken Sie den Lichtschalter und drehen Sie ihn gleichzeitig nach rechts.

② Halten Sie den Schalter in der vorgenannten Stellung fest und ziehen Sie das Schaltergehäuse nach vorne aus der Schalttafel heraus.

③ Einbau: Drücken Sie den Lichtschalter herein und drehen ihn gleichzeitig nach rechts. So versenken Sie die Verriegelung. In dieser Stellung das Gehäuse in die Aufnahme der Schalttafel eindrücken und verrasten.

Zum Ausbau des Lichtschalters müssen Sie ihn drücken und gleichzeitig nach rechts drehen. Dann können Sie das Gehäuse herausziehen.

Schalttafeleinsatz ausbauen

Der Ausbau des Schalttafeleinsatzes ist relativ leicht zu bewerkstelligen. Viel reparieren können Sie daran allerdings nicht. Immerhin lassen sich einige Lampen austauschen – aber nur jene, die nicht als Leuchtdioden ausgelegt sind. Das sind die Kontrollleuchte für das Fernlicht, für den Anhängerblinker und für die Motorelektrik.

Wie so viele Bauteile Ihres A6 verfügt auch dieses über einen Mikroprozessor, der Fehler abspeichern kann. Diese kann freilich nur die Werkstatt auslesen. Ausnahme: Ist der Festspeicher defekt, erscheint im Tageskilometerzähler die Anzeige »dEF«. In diesem Fall muß der ganze Schalttafeleinsatz ausgetauscht werden. Davon gibt es zwei Versionen: die Lowline-Ausführung mit Minicheck-System und die Highline-Ausführung mit Multifunktionsdisplay.

Vom Wechsel des Einsatzes müssen wir abraten, zuviele Einstellarbeiten sind nach dem Erneuern nötig. So muss das Instrument codiert, die Service-Intervallanzeige angepasst und der Kilometerzähler eingestellt werden. Ausserdem sitzt im Kombi-Instrument das Steuergerät für die Wegfahrsicherung. Das muss ebenfalls eingestellt werden.

Arbeitsschritte

① Batterie-Massekabel bei ausgeschalteter Zündung abklemmen. Beachten Sie hierzu die Hinweise unter »Batterie ausbauen«.

② Das Lenkrad muss nicht ausgebaut werden. Lösen Sie die Lenkradverstellung und ziehen Sie das Lenkrad ganz heraus und ganz nach unten.

③ Die Abdeckung unterhalb des Schalttafeleinsatzes drücken Sie an der Seite nach oben und nehmen Sie heraus.

④ So kommen zwei Kreuzschlitzschrauben zum Vorschein, die Sie herausdrehen müssen.

⑤ Ziehen Sie den Einsatz nach vorn heraus.

⑥ Trennen Sie die Kabelbinder auf der Rückseite des Schalttafeleinsatzes auf und entriegeln Sie die Sicherungslaschen der Stecker.

⑦ Ziehen Sie die Stecker ab.

⑧ Wenn Sie Lampen der Kontrollleuchten wechseln wollen: Die Lampen haben 1,2 Watt.

Unter der Abdeckung finden Sie zwei Kreuzschlitzschrauben (Pfeile), die sie herausdrehen müssen. Dann ziehen Sie den Schalttafeleinsatz heraus.

⑨ Zum Einbau schließen Sie die Stecker an und fixieren den Leitungsstrang an der Klemmvorrichtung auf der Rückseite des Einsatzes.

⑩ Setzen Sie das Instrument ein und schrauben es fest. Abdeckung einsetzen und Batterie anklemmen. Beachten Sie dabei die Hinweise unter »Batterie ausbauen«.

⑪ Prüfen Sie die Funktion des Schalttafeleinsatzes.

Leitungen und Sicherungen

An den meisten Stromverbrauchern im A6 sind zwei Kabel angeschlossen. Doch oft lässt sich nur eine Leitung vom Verbraucher zur Batterie oder zum Generator zurückverfolgen. Die andere ist meist schon nach wenigen Zentimetern am Blech der Karosserie, am Motor oder am Getriebe festgeschraubt oder an einer Steckerzunge eingesteckt.

Metallteile leiten Masse

Die Automobilbauer machen sich hier ein physikalisches Prinzip zunutze – Metallteile, in der Autoelektrik als Masse bezeichnet, können nämlich Strom leiten. Man spart daher die langen Kabel für die Rückleitung des Stroms zum Minuspol der Batterie ein und überlässt diese Aufgabe der Masse. Wenn ein Verbraucher nicht funktioniert, liegt dies häufig an der fehlenden Masseverbindung. Er holt sich dann den Kontakt zur Fahrzeugmasse auf Umwegen und stiftet dabei Verwirrung im elektrischen System. In manchen Fällen reicht die Masseverbindung nicht aus. Dann wird ein zusätzliches Kabel gelegt, das in der Regel braun eingefärbt ist.

Kabel und Klemmen

Trotz der rationellen Bauweise gibt es in Ihrem A6 jede Menge Kabel. Das scheinbare Gewirr ist freilich sehr gut geordnet, denn den Kabelfarben kommt eine wegweisende Bedeutung zu. Zudem sind die meisten Anschlüsse an den Mehrfachsteckern wie an den Relais numeriert. Bei der Numerierung folgt man der DIN-Norm. Auf weißen Kabeln finden Sie zur Identifizierung zusätzliche Nummern.

Technik-lexikon

Die wichtigsten Kabelfarben (ohne Farbstreifen) für die elektrischen Grundfunktionen:

- **Rot.** Erhält dauernd Strom vom Pluspol der Batterie bzw. bei laufendem Motor von der Lichtmaschine. Das kann bei unvorsichtigem Umgang mit Werkzeug zu Kurzschlüssen und Funkenregen führen, wenn das Minuskabel der Batterie nicht abgenommen wurde. Diese stets stromführenden Kabel beim A6 gibt es ggf. mit zusätzlichen Farbstreifen.
- **Schwarz.** Erhält nur bei eingeschalteter Zündung Strom ab Zündschloss, wobei ausser der Zünd- und Einspritzanlage nur jene Stromverbraucher mit Strom versorgt werden, die nur bei Betrieb des Wagens Strom erhalten sollen. Die Kabel besitzen beim A6 bisweilen auch farbige Zusatzstreifen bei bestimmten Stromverbrauchern.
- **Braun.** Ist für direkte Masse-Verbindungen reserviert. Mit einem braunen Kabel muss ein Stromverbraucher zur Fahrzeugmasse verbunden sein, damit der Stromkreis geschlossen ist.
- **Grau.** Gilt für die Stromkreise der Begrenzungs-, Schluss- und Kennzeichenleuchten und für das Standlicht. Es können zusätzliche Farbstreifen vorhanden sein.

Die wichtigsten Normklemmen-Bezeichnungen

Technik-lexikon

- **Klemme 15** erhält nur Strom bei eingeschalteter Zündung ab Zündschloss, wobei ausser der Zünd- und Einspritzanlage jene Verbraucher versorgt werden, die nur bei Betrieb des Wagens Strom erhalten sollen.
- **Klemme 30** erhält dauernd Strom vom Pluspol der Batterie beziehungsweise bei laufendem Motor von der Lichtmaschine. Das kann bei unvorsichtigem Umgang mit Werkzeug zu Kurzschlüssen und Funkenregen führen, wenn das Minuskabel der Batterie nicht abgenommen wurde.
- **Klemme 49** ist für die Blink- und Warnblinkanlage zuständig.
- **Klemme 53** versorgt die Scheibenwischeranlage.
- **Klemme 56** verläuft zum Abblendlicht (gelb und gelb/schwarze Kabel) und Fernlicht (weiße und weiß/schwarze Leitungen).

Die Sicherungen

In Ihrem A6 sorgen zahlreiche Sicherungen für den Schutz der elektrischen Systeme. Eine Sicherung ist Teil eines Stromkreises. Sie tritt in Aktion, wenn zum Beispiel bei einem Kurzschluss (defekter Verbraucher, beschädigtes Kabel) der Strom plötzlich stark ansteigt. Der dünne Schmelzdraht der Sicherung glüht dann im Bruchteil einer Sekunde durch und unterbricht den Stromfluss. Die Sicherung verhindert also eine Überlastung des Stromkreises – übrigens auch dann, wenn Sie an einen bereits voll ausgelasteten Stromkreis zusätzliche Verbraucher anschließen.

Sicherungen in mehreren Stromkreisen

Damit Ihr A6 bei einem elektrischen Defekt nicht ohne Strom dasteht, sind die Sicherungen auf verschiedene Stromkreise verteilt. Die Einspritzanlage und die meisten elektrischen Aggregate haben eine eigene Absicherung. In einem separaten Sicherungskasten mit Relaisplatte überwachen verschiedene Hauptsicherungen auch den Stromfluss zwischen Batterie und Verbrauchern wie Anlasser und Lichtmaschine und schützen so die gesamte Fahrzeugelektrik bei Störungen durch Kabelbrand oder Kurzschluss.

Der Sicherungskasten wird zugänglich, wenn Sie die Fahrertür öffnen und die seitliche Verkleidung am Armaturenbrett mit einem Schraubendreher oder notfalls mit dem Zündschlüssel aufhebeln. Die kleine Zange zum Sicherungswechsel steckt im Verkleidungsdeckel.
Zusätzliche Sicherungen befinden sich hinter dem Ablagefach auf der Fahrerseite. Die Sicherungen für die Vorglühanlage beim TDI stecken in der Relaisträger-Platine in der E-Box im Wasserkasten.

Sicherungsbelegung

Nr.	Ampere	Verbraucher
1	5	Beheizbare Scheibenwascherdüsen
2	10	Blinkleuchten
3	5	Relais für Scheinwerfer-Reinigungsanlage, Beleuchtung (Handschuhfach, Klimaanlage, Automatikgetriebe, Kombigerät)
4	5	Kennzeichenbeleuchtung
5	10	Kombigerät, Sitzheizung, Prüfstecker für Geschwindigkeits-Regelanlage, Lampenkontrolle, Katalysator, Diesel-Leuchten, Ganganzeige, Schalterbeleuchtungen, Spiegelschalter und -motoren, Airbag-Kontrollleuchte, Außentemperaturanzeige, Klimaanlage, Standheizung, Solardach, Einparkhilfe, Heizungsbetätigung, Navigationssystem
6	5	Zentralverriegelung
7	10	ABS, Bremslichtschalter, Kupplungspedalschalter
8	5	Telefon (D-Netz)
9	10	Spiegelbeheizung
10	5	Automatische Leuchtweitenregulierung
11	5	Geschwindigkeits-Regelanlage (Automatikgetriebe)
12	10	Spannungsversorgung Diagnose
13	10	Bremsleuchten
14	10	Innenleuchten, Leseleuchten, Diebstahlwarnanlage, Make-up-Spiegel, Sitzmemory
15	10	Kombigerät, Klimaanlage, Sitz- und Spiegelmemory, Vorwahluhr für Standheizung, Navigationssystem
16	5	Elektronisches Stabilitätsprogramm
17	10	Navigationssystem, Niveauregulierung
18	10	Fernlicht rechts
19	10	Fernlicht links
20	15	Abblendlicht rechts, Leuchtweitenregulierung
21	15	Abblendlicht links, Leuchtweitenregulierung
22	5	Schluss- und Standlicht rechts
23	5	Schluss- und Standlicht links

Die aktuelle Sicherungsbelegung ist abhängig vom Baujahr, der Motorisierung und der Ausstattung Ihres Fahrzeugs. Die Belegung Ihres Autos finden Sie auch im Deckel vor dem Sicherungskasten.

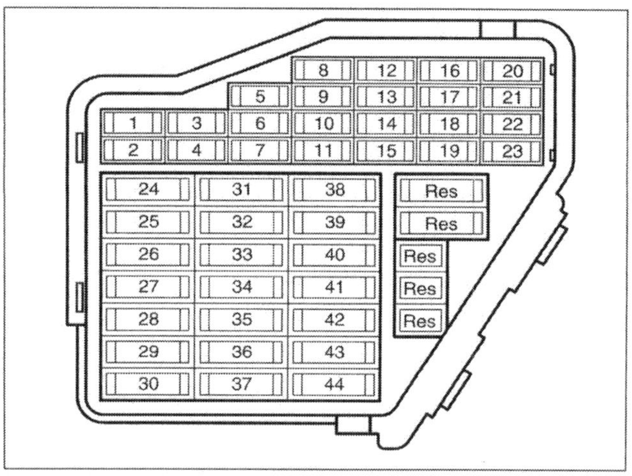

Die Sicherungen des A6

Technik-lexikon

In den Sicherungshaltern des A6 stecken so genannte Flachsteck-Sicherungen. In ein durchscheinendes Kunststoffteil sind zwei flache Stecker eingebettet, die durch einen Schmelzdraht verbunden sind. Eine durchgebrannte Sicherung erkennen Sie am unterbrochenen Schmelzdraht. Oft ist auch der Rücken der Plastikumhüllung herausgebrochen oder geschmolzen.

Die Beschriftung der Sicherung informiert ebenso wie die Farbe über ihre Stärke:

Hellbraun	5 Ampere	Gelb	20 Ampere
Rot	10 Ampere	Weiß (Natur)	25 Ampere
Blau	15 Ampere	Grün	30 Ampere

Sicherung wechseln

Den Sicherungskasten finden Sie, wenn Sie die Fahrertür öffnen und die seitliche Verkleidung am Armaturenbrett mit einem Schraubendreher oder notfalls mit dem Zündschlüssel aufhebeln. Die kleine Zange zum Sicherungswechsel steckt im Verkleidungsdeckel. Zusätzliche Sicherungen befinden sich hinter dem Ablagefach auf der Fahrerseite. Die Sicherungen für die Vorglühanlage beim TDI stecken in der Relaisträger-Platine in der E-Box im Wasserkasten.

Arbeitsschritte

① Öffnen Sie die Fahrertür und hebeln Sie mit einem Schraubendreher oder notfalls mit einem Schlüssel die Abdeckplatte ab.

② Mit dem Sicherungszieher (Kunststoffpinzette auf der Abdeckplatte) die defekte Sicherung aus dem Steckplatz ziehen.

③ Neue Sicherung mit gleicher Amperestärke in den Steckplatz eindrücken. Achten Sie dabei auf korrekten Sitz.

④ Brennt die neue Sicherung sofort wieder durch, haben Sie eventuell eine zu schwache Sicherung eingesetzt oder der Verbraucher ist defekt. In diesem Fall sollten Sie dem Problem schnellsten auf den Grund gehen. Der Verbraucher könnte beschädigt werden, im schlimmsten Fall sogar ein Kabelbrand entstehen.

Die Schaltrelais

In Ihrem A6 gibt es eine Reihe von Verbrauchern, die im Vergleich zu anderen einen hohen Strom aufnehmen. Sie werden jedoch nicht direkt durch den Schalter in Betrieb genommen. Diese Aufgabe übernimmt das Schaltrelais. Wenn Sie einen Schalter betätigen, aktivieren Sie dadurch zunächst nur einen geringen Schaltstrom.

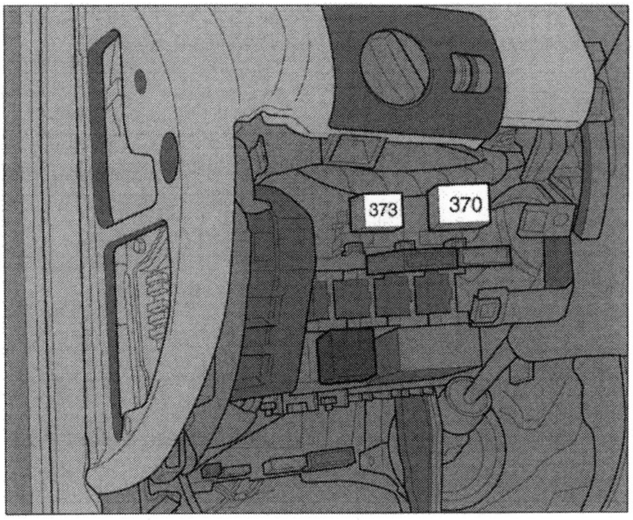

Hinter der Ablage im Fahrerfußraum finden Sie die meisten Komponenten der Bordelektrik. Weitere Relais sitzen unter anderem in der E-Box im Wasserkasten rechts neben dem Bremsflüssigkeitsbehälter.

Schaltstrom und Arbeitsstrom

Beim Einschalten des betreffenden Verbrauchers wird im Schaltrelais durch den an Klemme 86 ankommenden Schaltstrom der Schaltstromkreis zu Klemme 85 (Masse) geschlossen. Dadurch zieht eine Magnetspule einen kräftigen Kontakt gegen Federdruck an und schließt so den Stromkreis für den Arbeitsstrom. Der Arbeitsstrom wird zur Vermeidung von Spannungsabfall auf kurzem Weg direkt an Klemme 30 des Relais herangeführt und von dort – bei geschlossenen Schalterkontakten – über Klemme 87 an den Stromverbraucher weitergeleitet. Bisweilen ist noch eine Klemme 87a vorhanden, die fest mit Klemme 87 verbunden ist und dieselbe Funktion wie diese hat. Vorteil der Relais-Konstruktion: Die Schalterkontakte werden nicht durch hohen Stromfluss beansprucht. Außerdem vermeidet man Spannungsverluste, die bei langen Kabelwegen zwischen Schalter und Verbraucher entstehen würden.

Spezielle Relaistypen

Die Schaltrelais befinden sich auf der Relaisplatte beziehungsweise den Relaisträgern 1 bis 3 hinter dem Ablagefach auf der Fahrerseite. Weitere Relais finden Sie hinter der Armaturentafel auf der Fahrerseite am Zentralträger und im Motorraum in der E-Box. Daneben gibt es im A6 noch Relaistypen, die bestimmte Funktionen auslösen. Dazu gehören zum Beispiel das Blinkrelais (im Warnblinkschalter), das die Blinkimpulse steuert, und das für den Intervallbetrieb der Scheibenwischer zuständige Scheibenwischer-Relais.

Hier finden Sie die verschiedenen Relais:

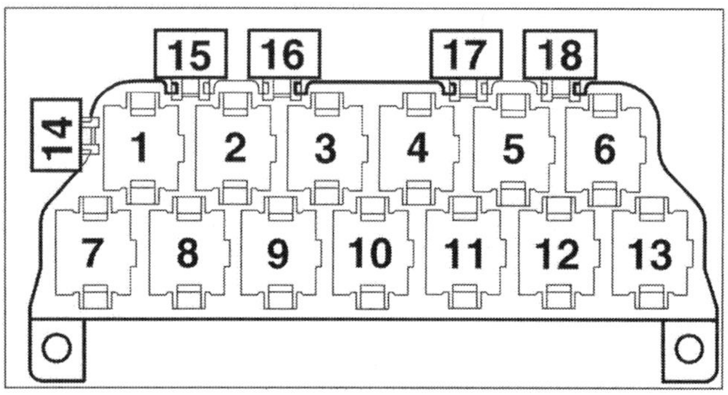

Die elektronischen Bausteine auf dem Relaisträger 1 (Abweichungen sind je nach Ausstattung und Modell möglich): ❶ Frei. ❷ Relais für Generatorzuschaltung bzw. Steuergerät für Alarmanlage (Taxi). ❸ Trennrelais für Solarzellen bzw. Steuergerät für Alarmanlage (Taxi). ❹ Relais für Anlasssperre bzw. Anlasssperre und Rückfahrlicht. ❺ Relais für Magnetkupplung bzw. Standheizung. ❻ Relais für Nebelscheinwerfer bzw. Kraftstoffpumpenrelais beim TDI. ❼ Steuergerät für Multifunktionslenkrad. ❽ Steuergerät für Multifunktionslenkrad. ❾ Lampenkontrollgerät. ❿ Lampenkontrollgerät. ⓫ Steuergerät für Spiegelanklappfunktion.⓬ Steuergerät für Spiegelanklappfunktion. ⓭ Steuergerät für Servotronic. ⓮ Sicherung für Taxameter. ⓯ Frei.⓰ Sicherung für Alarmanlage (Taxi). ⓱ Frei. ⓲ Frei.

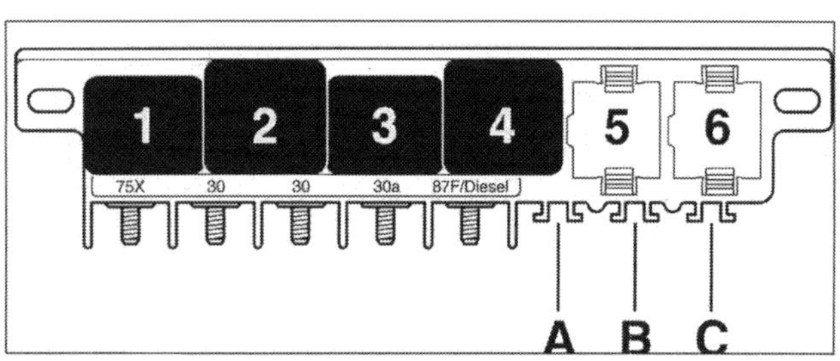

Die elektronischen Bausteine auf dem Relaisträger 2 (Abweichungen sind je nach Ausstattung und Modell möglich): ❶ Relais für Doppeltonhorn. ❷ Entlastungsrelais für X-Kontakt. ❸ Frei. ❹ Kraftstoffpumpenrelais bzw. Relais für Glühkerzen. ❺ Relais für Wisch-Wasch-Automatik. ❻ Relais für Wisch-Wasch-Automatik. **A** Sicherung für Niveauregulierung. **B** Sicherung für Heckrollo. **C** Sicherung für Alarmanlage 2 (Taxi).

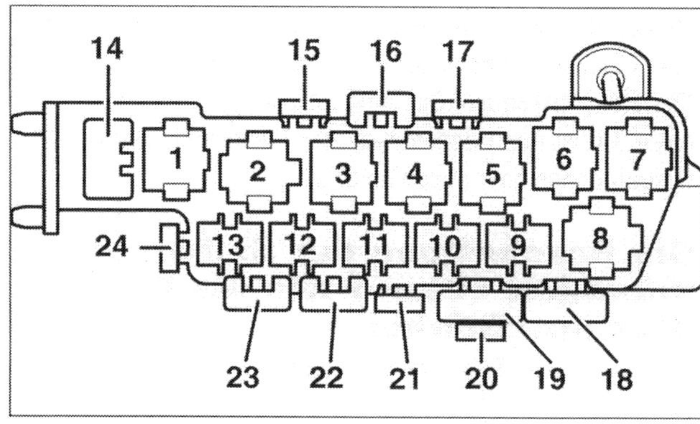

Die elektronischen Bausteine auf dem Relaisträger 3 (Abweichungen sind je nach Ausstattung und Modell möglich): ❶ Relais für Kühlernachlauf. ❷ Relais für Kühlerlüfter. ❸ Relais für Kühlerlüfter. ❹ Relais für ABS-Magnetventile mit Fahrdynamikregelung. ❺ Frei. ❻ Frei. ❼ Relais für ABS-Rückförderpumpe mit Fahrdynamikregelung. ❽ – ⓭ Frei. ⓮ Thermosicherung für Fahrersitzverstellung. ⓯ Sicherung für 12 V-Steckdose. ⓰ Thermosicherung für Fensterheber vorn. ⓱ Thermosicherung für Fensterheber hinten. ⓲ Sicherung für ABS-Steuergerät. ⓳ Frei. ⓴ Sicherung für Kühlerlüfter. ㉑ Sicherung für Steuergerät-Kühlerlüfter. ㉒ Sicherung für Zusatzausstattung. ㉓ Sicherung für Niveauregulierung. ㉔ Thermosicherung für für Sitzverstellung Beifahrerseite.

In diesem Kunststoff-Kasten (Pfeil) sitzen die Steuergeräte für das Motormanagement.

Die Schaltpläne

Die Schaltpläne in diesem Ratgeber gelten für die Motor-Elektrik der am meisten verbreiteten Ausstattungsvarianten des Audi A6. Schaltpläne für die allgemeine Elektrik im A6 konnten teilweise nicht berücksichtigt werden. Die Modellpflege am A6 bringt auch immer wieder kleine Änderungen bei den Schaltungen mit sich. Daher sind in diesen Schaltplänen auch Abweichungen zu Ihrem A6-Modell möglich.

Aufbau der Schaltpläne

Kabelfarben.

Sie sind abgekürzt angegeben. Es bedeuten:

bl	blau	ro	rot
br	braun	sw	schwarz
ge	gelb	li	lila
gn	grün	ws	weiß
gr	grau		

Finden Sie zwei Farbenkürzel, die durch einen Schrägstrich getrennt sind, nennt die erste Abkürzung die Leitungsgrundfarbe und die zweite die Zusatzfarbe.

Leitungsquerschnitte. Sie stehen zusammen im Kürzel mit den Kabelfarben.

Steckverbindungen. Eine Steckverbindung erkennen Sie an der Kennzeichnung »T«. Die anschließende Ziffer gibt Auskunft darüber, wie viele Kontakte der Stecker enthält. T 15 beispielsweise bezeichnet eine 15fache Steckverbindung.

Schaltpläne

- **Seiten 240 – 248:**
  Gesamt-Stromlaufplan für 2.4 l- und 2.8 l-Sechszylinder
- **Seiten 248 – 250:**
  Stromlaufpläne 1.8 Turbo
- **Seiten 251 – 253:**
  Stromlaufpläne 1.9 TDI

Masseverbindungen

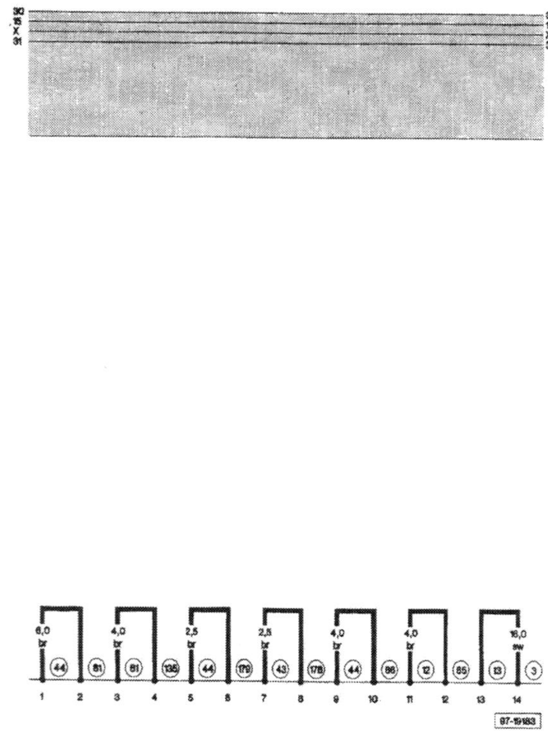

ws	= weiß
sw	= schwarz
ro	= rot
br	= braun
gn	= grün
bl	= blau
gr	= grau
li	= lila
ge	= gelb

(3) -Masseband, Motor - Aufbau
(12) -Massepunkt, im Motorraum links
(13) -Massepunkt, im Motorraum rechts
(43) -Massepunkt, Säule A - rechts, unten
(44) -Massepunkt, Säule A - links, unten
(81) -Masseverbindung -1-, im Schalttafelleitungsstrang
(85) -Masseverbindung -1-, im Leitungsstrang Motorraum
(86) -Masseverbindung -1-, im Leitungsstrang hinten
(135) -Masseverbindung -2-, im Schalttafelleitungsstrang
(178) -Masseverbindung, im Leitungsstrang Scheinwerfer rechts
(179) -Masseverbindung, im Leitungsstrang Scheinwerfer links

Batterie, Anlasser, Drehstromgenerator, Relais für Anlaßsperre

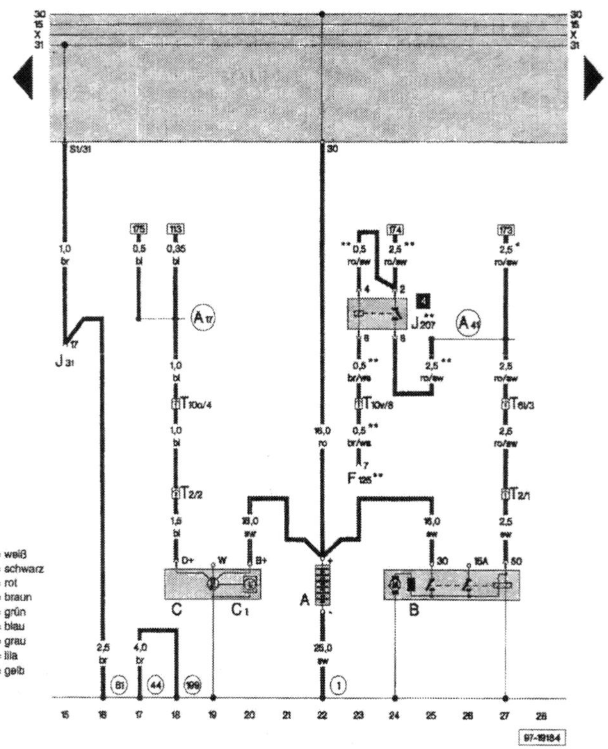

ws	= weiß
sw	= schwarz
ro	= rot
br	= braun
gn	= grün
bl	= blau
gr	= grau
li	= lila
ge	= gelb

A -Batterie
B -Anlasser
C -Drehstromgenerator
C 1 -Spannungsregler
F 125 -Multifunktionsschalter
J 31 -Relais für Wasch-Wisch-Intervallautomatik
J 207 -Relais für Anlaßsperre
T 2 -Steckverbindung, 2-fach, grau, im Motorraum rechts
T 6 l -Steckverbindung, 6-fach, rot, Kupplungsstation E-Box Wasserkasten
T 10 o -Steckverbindung, 10-fach, braun, Kupplungsstation E-Box Wasserkasten
T 10 v -Steckverbindung, 10-fach, braun, Kupplungsstation A-Säule rechts

(1) -Masseband, Batterie - Aufbau
(44) -Massepunkt, Säule A - links, unten
(81) -Masseverbindung -1-, im Schalttafelleitungsstrang
(199) -Masseverbindung -3-, im Schalttafelleitungsstrang
(A17) -Verbindung (61), im Schalttafelleitungsstrang
(A41) -Plusverbindung (50), im Schalttafelleitungsstrang

* -Fahrzeuge mit Schaltgetriebe
** -Fahrzeuge mit Automatikgetriebe

Steuergerät für Motronic, Einspritzventile, Zündspule 1-3, Geber für Ansauglufttemperatur

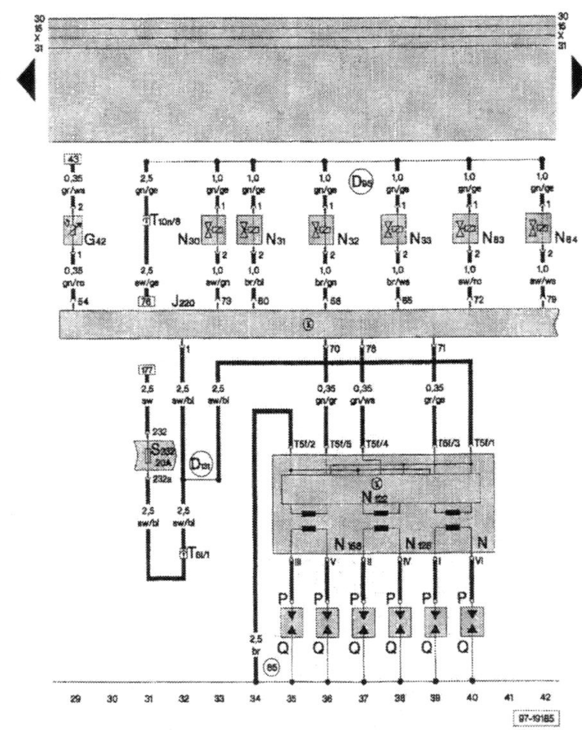

ws	= weiß
sw	= schwa
ro	= rot
br	= braun
gn	= grün
bl	= blau
gr	= grau
li	= lila
ge	= gelb

G 42 -Geber für Ansauglufttemperatur
J 220 -Steuergerät für Motronic
N -Zündspule
N 30 -Einspritzventil Zylinder 1
N 31 -Einspritzventil Zylinder 2
N 32 -Einspritzventil Zylinder 3
N 33 -Einspritzventil Zylinder 4
N 83 -Einspritzventil Zylinder 5
N 84 -Einspritzventil Zylinder 6
N 122 -Leistungsendstufe
N 128 -Zündspule 2
N 158 -Zündspule 3
P -Zündkerzenstecker
Q -Zündkerzen
S 232 -Sicherung im Sicherungshalter
T 5 f -Steckverbindung, 5-fach, an der Zündspuleneinheit
T 6 l -Steckverbindung, 6-fach, rot, Kupplungsstation E-Box Wasserkasten
T 10 n -Steckverbindung, 10-fach, gelb, Kupplungsstation E-Box Wasserkasten

(85) -Masseverbindung -1-, im Leitungsstrang Motorraum
(D95) -Verbindung (Einspritzventile), im Leitungsstrang Motorraum
(D131) -Verbindung (15) über Sicherung, im Leitungsstrang Motorraum

Steuergerät für Motronic, Klopfsensoren, Drosselklappensteuereinheit, Geber für Motordrehzahl, Geber für Kühlmitteltemperatur

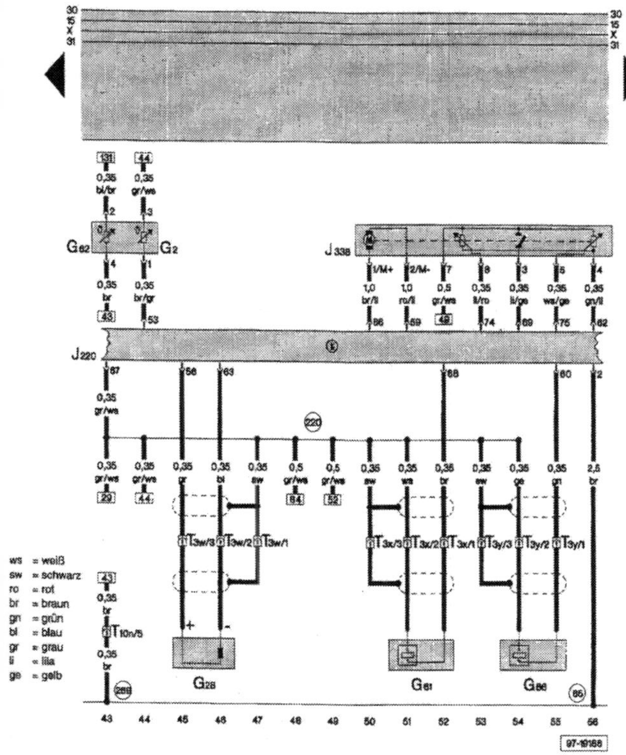

- G 2 - Geber für Kühlmitteltemperatur
- G 28 - Geber für Motordrehzahl
- G 61 - Klopfsensor 1
- G 62 - Geber für Kühlmitteltemperatur
- G 66 - Klopfsensor 2
- J 220 - Steuergerät für Motronic
- J 338 - Drosselklappensteuereinheit
- T 3 w - Steckverbindung, 3-fach, grau, am Geber für Motordrehzahl
- T 3 x - Steckverbindung, 3-fach, blau, am Klopfsensor 1
- T 3 y - Steckverbindung, 3-fach, blau, am Klopfsensor 2
- T 10 n - Steckverbindung, 10-fach, gelb, Kupplungsstation E-Box Wasserkasten

- (85) - Masseverbindung -1-, im Leitungsstrang Motorraum
- (220) - Masseverbindung (Gebermasse), im Leitungsstrang Motor
- (269) - Masseverbindung (Gebermasse) -1-, im Schalttafelleitungsstrang

Steuergerät für Motronic, Steuergerät für automatisches Getriebe, Hallgeber

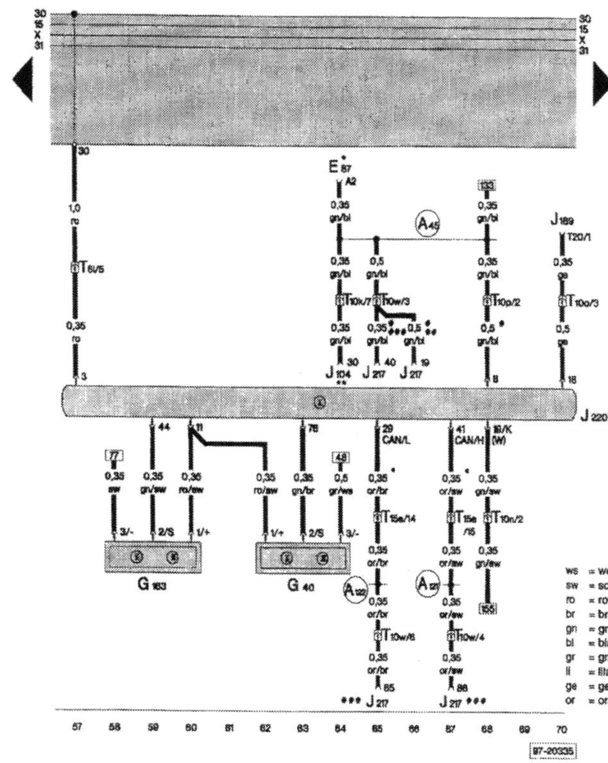

- E 87 - Bedienungs- und Anzeigeeinheit für Klimaanlage
- G 40 - Hallgeber
- G 163 - Hallgeber 2
- J 104 - Steuergerät für ABS mit EDS
- J 189 - Autochecksystem
- J 217 - Steuergerät für autom. Getriebe
- J 220 - Steuergerät für Motronic
- T 6 l - Steckverbindung, 6-fach, rot, Kupplungsstation E-Box Wasserkasten
- T 10 k - Steckverbindung, 10-fach, orange, Kupplungsstation A-Säule links
- T 10 n - Steckverbindung, 10-fach, gelb, Kupplungsstation E-Box Wasserkasten
- T 10 o - Steckverbindung, 10-fach, braun, Kupplungsstation E-Box Wasserkasten
- T 10 p - Steckverbindung, 10-fach, schwarz, Kupplungsstation E-Box Wasserkasten
- T 10 w - Steckverbindung, 10-fach, blau, Kupplungsstation A-Säule rechts
- T 15 e - Steckverbindung, 15-fach, weiß, Kupplungsstation E-Box Wasserkasten
- T 20 - Steckverbindung, 20-fach, rot/weiß, am Schalttafeleinsatz

- (A45) - Verbindung (Drehzahlsignal), im Schalttafelleitungsstrang
- (A121) - Verbindung (High-Bus), im Schalttafelleitungsstrang
- (A122) - Verbindung (Low-Bus), im Schalttafelleitungsstrang

- • - CAN-Bus
- * - Fahrzeuge mit Klimaanlage
- ** - Fahrzeuge mit Antriebsschlupfregelung
- # - nicht bei Fahrzeugen mit CAN-Bus
- ## - Fahrzeuge mit Automatikgetriebe 01N
- ### - Fahrzeuge mit Automatikgetriebe 01V

Steuergerät für Motronic, Kraftstoffpumpenrelais, Lambdasonden, Magnetventil für Aktivkohlebehälter-Anlage

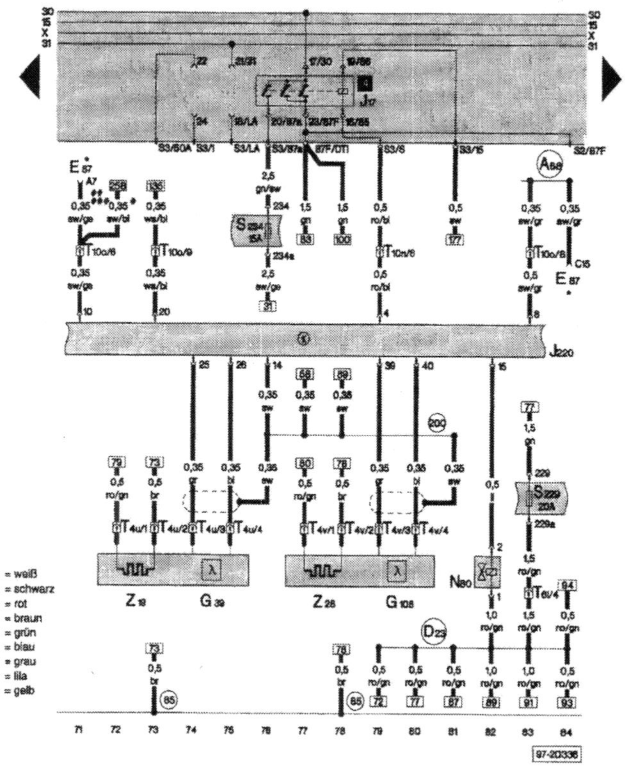

- E 87 - Bedienungs- und Anzeigeeinheit für Klimaanlage
- G 39 - Lambdasonde
- G 108 - Lambdasonde 2
- J 17 - Kraftstoffpumpenrelais
- J 220 - Steuergerät für Motronic
- N 80 - Magnetventil 1 für Aktivkohlebehälter-Anlage (getaktet)
- S 229 - Sicherung im Sicherungshalter
- S 234 - Sicherung im Sicherungshalter
- T 4 u - Steckverbindung, 4-fach, schwarz, für Lambdasonde 1
- T 4 v - Steckverbindung, 4-fach, schwarz, für Lambdasonde 2
- T 6 l - Steckverbindung, 6-fach, rot, Kupplungsstation E-Box Wasserkasten
- T 10 n - Steckverbindung, 10-fach, gelb, Kupplungsstation E-Box Wasserkasten
- T 10 o - Steckverbindung, 10-fach, braun, Kupplungsstation E-Box Wasserkasten
- Z 19 - Heizung für Lambdasonde
- Z 28 - Heizung für Lambdasonde 2

- (85) - Masseverbindung -1-, im Leitungsstrang Motorraum
- (200) - Masseverbindung (Abschirmung), im Leitungsstrang Motorraum
- (A86) - Verbindung (C15, Klimaanlage), im Schalttafelleitungsstrang
- (D23) - Verbindung (über Sicherung 229), im Leitungsstrang vorn rechts

- * - Fahrzeuge mit Klimaanlage
- # - Fahrzeuge mit 2,8 l Motor, Frontantrieb
- ## - Fahrzeuge mit 2,8 l Motor, Allradantrieb und Schaltgetriebe
- ### - Fahrzeuge mit 2,4 l Motor

Steuergerät für Motronic, Luftmassenmesser, Ventile für Nockenwellenverstellung, Saugrohrumschaltventil, Sekundärluftpumpe

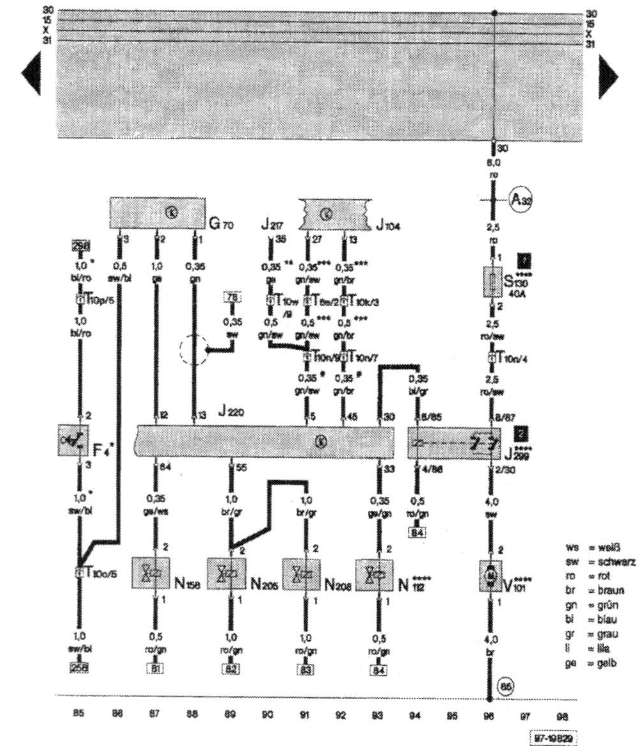

F 4 -Schalter für Rückfahrleuchten
G 70 -Luftmassenmesser
J 104 -Steuergerät für ABS mit EDS
J 217 -Steuergerät für autom. Getriebe
J 220 -Steuergerät für Motronic
J 299 -Relais für Sekundärluftpumpe
N 112 -Sekundärlufteinblasventil
N 156 -Ventil für Saugrohrumschaltung
N 205 -Ventil -1- für Nockenwellenverstellung
N 208 -Ventil -2- für Nockenwellenverstellung
S 130 -Sicherung für Sekundärluftpumpe
T 6 e-Steckverbindung, 6-fach, grau, Kupplungsstation A-Säule rechts
T 10 k-Steckverbindung, 10-fach, orange, Kupplungsstation A-Säule links
T 10 n-Steckverbindung, 10-fach, gelb, Kupplungsstation E-Box Wasserkasten
T 10 o-Steckverbindung, 10-fach, braun, Kupplungsstation E-Box Wasserkasten
T 10 p-Steckverbindung, 10-fach, schwarz, Kupplungsstation E-Box Wasserkasten
T 10 w-Steckverbindung, 10-fach, blau, Kupplungsstation A-Säule rechts
V 101 -Motor für Sekundärluftpumpe

(85) -Masseverbindung -1-, im Leitungsstrang Motorraum
(A32) -Plusverbindung (30), im Schalttafelleitungsstrang

* -Fahrzeuge mit Schaltgetriebe
** -Fahrzeuge mit Automatikgetriebe
*** -Fahrzeuge mit Antriebsschlupfregelung
**** -Fahrzeuge mit Sekundärluftpumpe
# -nicht bei Fahrzeugen mit CAN-Bus

Geber für Kraftstoffvorrat, Kraftstoffpumpe, Motorkühlung

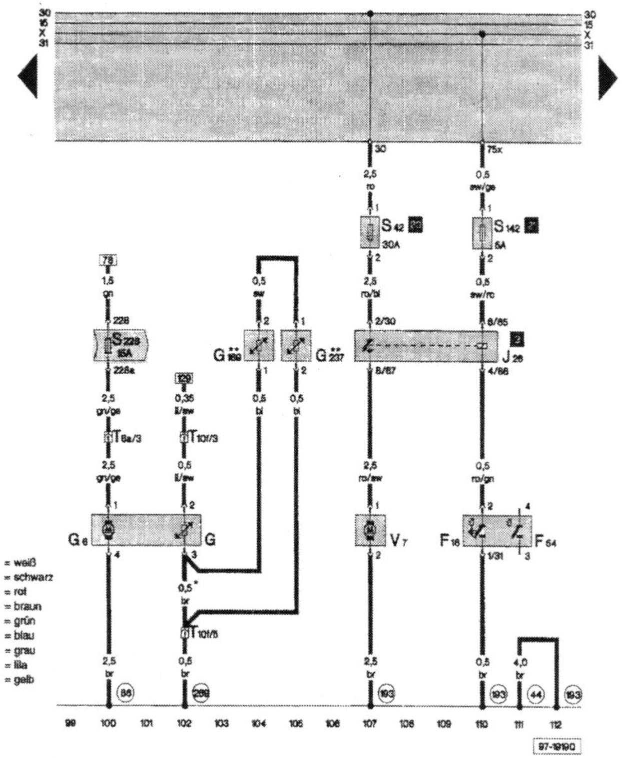

F 18 -Thermoschalter für Lüfter für Kühlmittel
F 54 -Thermoschalter für Lüfter für Kühlmittel
G -Geber für Kraftstoffvorratsanzeige
G 6 -Kraftstoffpumpe (Vorförderpumpe)
G 169 -Geber 2 für Kraftstoffvorrat
G 237 -Geber 3 für Kraftstoffvorrat
J 26 -Relais für Lüfter für Kühlmittel
S 42 -Einzelsicherung für Lüfter für Kühlmittel
S 142 -Sicherung Steuergerät für Lüfter für Kühlmittel
S 228 -Sicherung im Sicherungshalter
T 6 a-Steckverbindung, 6-fach, blau, Kupplungsstation A-Säule links
T 10 f -Steckverbindung, 10-fach, braun, Kupplungsstation A-Säule links
V 7 -Lüfter für Kühlmittel

(44) -Massepunkt, Säule A - links, unten
(86) -Masseverbindung -1-, im Leitungsstrang hinten
(193) -Masseverbindung -1-, im Leitungsstrang Lüfter für Kühlmittel
(298) -Masseverbindung (Gebermasse) -1-, im Schalttafelleitungsstrang

* -Fahrzeuge mit Frontantrieb
** -Fahrzeuge mit Allradantrieb

Schalttafeleinsatz, Kontrollampen, Kombiprozessor im Schalttafeleinsatz

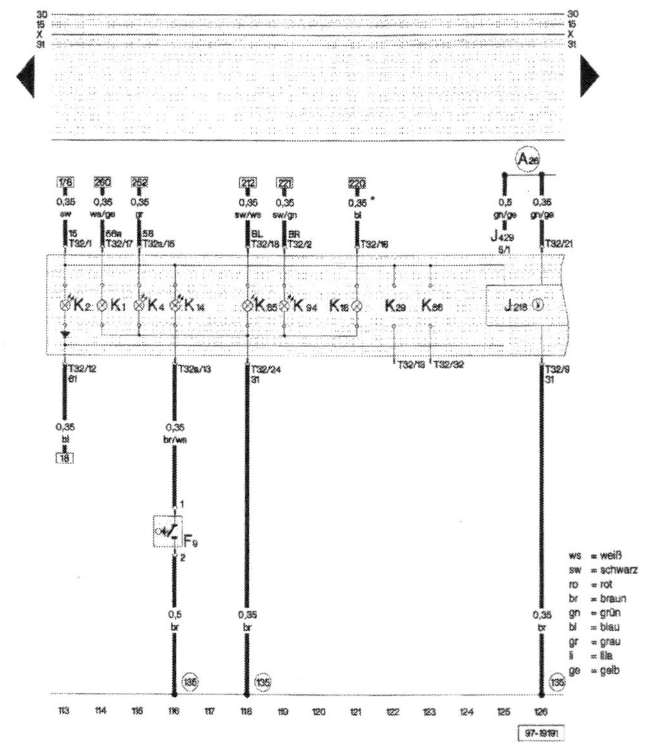

F 9 -Schalter für Handbremskontrolle
J 218 -Kombi-Prozessor im Schalttafeleinsatz
J 429 -Steuergerät für Zentralverriegelung
K 1 -Kontrollampe für Fernlicht
K 2 -Kontrollampe für Generator
K 4 -Kontrollampe für Standlicht
K 14 -Kontrollampe für Handbremse
K 18 -Kontrollampe für Anhängerbetrieb
K 29 -Kontrollampe für Vorglühzeit
K 65 -Kontrollampe für Blinker links
K 86 -Kontrollampe für Antriebsschlupfregelung
K 94 -Kontrollampe für Blinker rechts
T 32 -Steckverbindung, 32-fach, blau, am Schalttafeleinsatz
T 32 a-Steckverbindung, 32-fach, grün, am Schalttafeleinsatz

(135) -Masseverbindung -2-, im Schalttafelleitungsstrang
(A26) -Verbindung (Türkontaktschalter/Fahrerseite), im Schalttafelleitungsstrang

* -Fahrzeuge mit Anhängerkupplung

Schalttafeleinsatz, Kombiprozessor im Schalttafeleinsatz, Analoguhr, Drehzahlmesser, Geschwindigkeitsmesser, Kraftstoffvorratsanzeige, Kühlmitteltemperaturanzeige

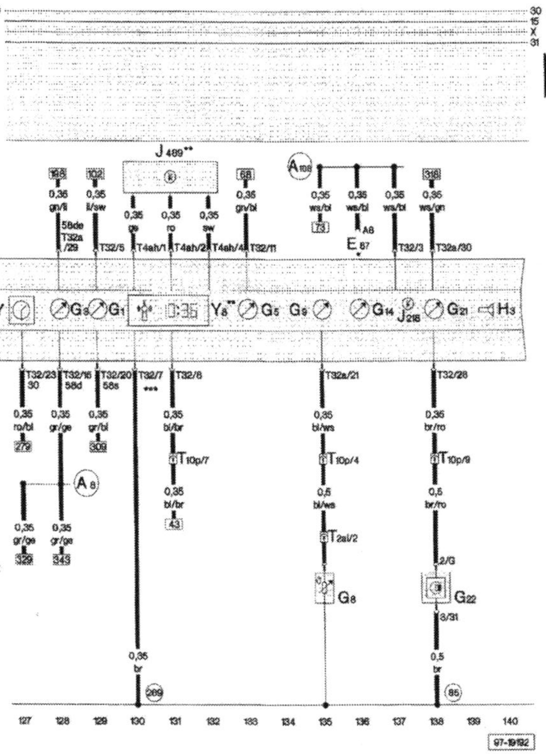

ws = weiß
sw = schwarz
ro = rot
br = braun
gn = grün
bl = blau
gr = grau
li = lila
ge = gelb

97-19192

- E 87 - Bedienungs- und Anzeigeeinheit für Klimaanlage
- G 1 - Kraftstoffvorratsanzeige
- G 3 - Kühlmitteltemperaturanzeige
- G 5 - Drehzahlmesser
- G 8 - Geber für Öltemperatur
- G 9 - Öltemperaturanzeige
- G 14 - Voltmeter
- G 21 - Geschwindigkeitsmesser
- G 22 - Geber für Geschwindigkeitsmesser (Hallgeber, am Getriebe)
- H 3 - Summer / Gong
- J 218 - Kombi-Prozessor im Schalttafeleinsatz
- J 489 - Empfänger für Funkuhr
- T 2 ai - Steckverbindung, 2-fach, schwarz, Ölsensoren
- T 4 ah - Steckverbindung, 4-fach, schwarz, am Schalttafeleinsatz
- T 10 p - Steckverbindung, 10-fach, schwarz, Kupplungsstation E-Box Wasserkasten
- T 32 - Steckverbindung, 32-fach, blau, am Schalttafeleinsatz
- T 32 a - Steckverbindung, 32-fach, grün, am Schalttafeleinsatz
- Y - Analoguhr
- Y 8 - Funkuhr
- (85) - Masseverbindung -1-, im Leitungsstrang Motorraum
- (269) - Masseverbindung (Gebermasse) -1-, im Schalttafelleitungsstrang
- (A8) - Plusverbindung (58d), im Schalttafelleitungsstrang (Displaybeleuchtung)
- (A108) - Verbindung (Geschwindigkeitssignal), im Schalttafelleitungsstrang
- * - Fahrzeuge mit Klimaanlage
- ** - Fahrzeuge mit Funkuhr
- *** - Gebermasse Ausgang

Schalttafeleinsatz, Kombiprozessor im Schalttafeleinsatz, Kontrollampen, Bremsbelagkontrolle

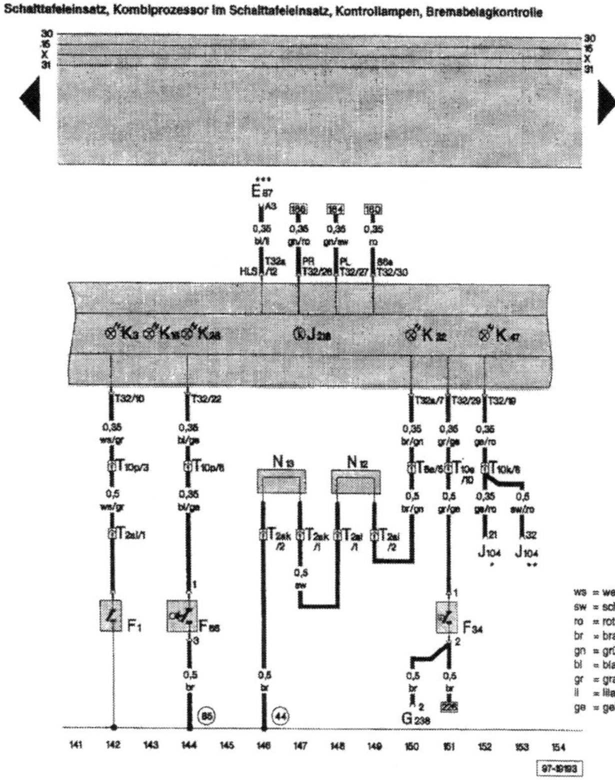

ws = weiß
sw = schwarz
ro = rot
br = braun
gn = grün
bl = blau
gr = grau
li = lila
ge = gelb

97-19193

- E 87 - Bedienungs- und Anzeigeeinheit für Klimaanlage
- F 1 - Öldruckschalter
- F 34 - Warnkontakt für Bremsflüssigkeitsstand
- F 66 - Schalter für Kühlmittelmangelanzeige
- G 238 - Sensor für Luftgüte
- J 104 - Steuergerät für ABS mit EDS
- J 218 - Kombi-Prozessor im Schalttafeleinsatz
- K 3 - Kontrollampe für Öldruck
- K 16 - Kontrollampe für Kraftstoffreserve
- K 28 - Kontrollampe für Kühlmitteltemperatur/Kühlmittelmangelanzeige
- K 32 - Kontrollampe für Bremsbelag
- K 47 - Kontrollampe für ABS
- N 12 - Bremswächter rechts (Brechelement)
- N 13 - Bremswächter links (Brechelement)
- T 2 ai - Steckverbindung, 2-fach, schwarz, Ölsensoren
- T 2 ak - Steckverbindung, 2-fach, rot, an der Spritzwand links
- T 2 al - Steckverbindung, 2-fach, rot, an der Spritzwand rechts
- T 8 e - Steckverbindung, 6-fach, grau, Kupplungsstation A-Säule rechts
- T 10 e - Steckverbindung, 10-fach, lila, Kupplungsstation A-Säule links
- T 10 k - Steckverbindung, 10-fach, orange, Kupplungsstation A-Säule links
- T 10 p - Steckverbindung, 10-fach, schwarz, Kupplungsstation E-Box Wasserkasten
- T 32 - Steckverbindung, 32-fach, blau, am Schalttafeleinsatz
- T 32a - Steckverbindung, 32-fach, grün, am Schalttafeleinsatz
- (44) - Massepunkt, Säule A - links, unten
- (85) - Masseverbindung -1-, im Leitungsstrang Motorraum
- * - Fahrzeuge mit ABS
- ** - Fahrzeuge mit ABS und ESP
- *** - Fahrzeuge mit Klimaanlage

Schalttafeleinsatz, Kombiprozessor im Schalttafeleinsatz, Lesespule für Wegfahrsicherung, Diagnosestecker

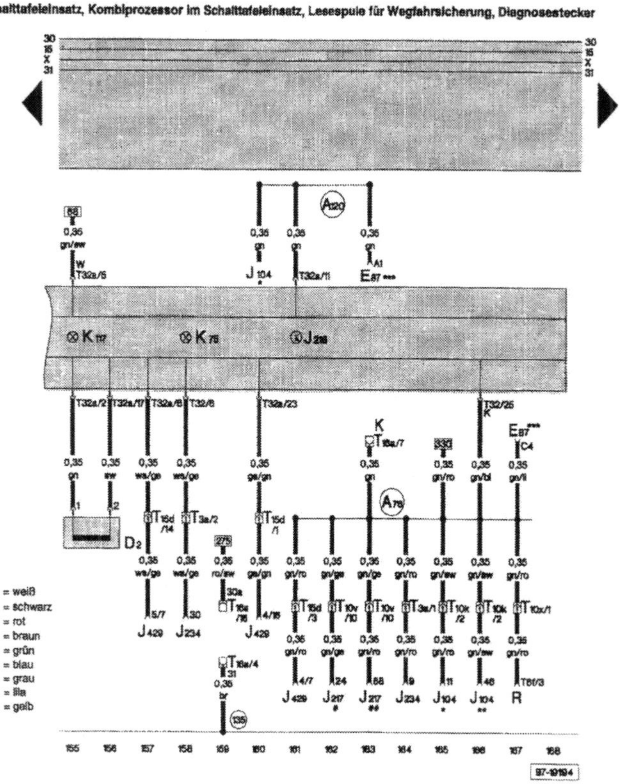

97-19194

- D 2 - Lesespule für Wegfahrsicherung
- E 87 - Bedienungs- und Anzeigeeinheit für Klimaanlage
- J 104 - Steuergerät für ABS mit EDS
- J 217 - Steuergerät für autom. Getriebe
- J 218 - Kombi-Prozessor im Schalttafeleinsatz
- J 234 - Steuergerät für Airbag
- J 429 - Steuergerät für Zentralverriegelung
- K - Diagnoseanschluß
- K 75 - Kontrollampe für Airbag
- K 117 - Kontrollampe für Wegfahrsicherung
- R - Radio
- T 3 a - Steckverbindung, 3-fach, schwarz, Kupplungsstation A-Säule rechts
- T 8 f - Steckverbindung, 8-fach, schwarz, Radiostecker III
- T 10 k - Steckverbindung, 10-fach, orange, Kupplungsstation A-Säule links
- T 10 v - Steckverbindung, 10-fach, braun, Kupplungsstation A-Säule rechts
- T 10 x - Steckverbindung, 10-fach, rosa, Kupplungsstation A-Säule rechts
- T 15 d - Steckverbindung, 15-fach, schwarz, Kupplungsstation A-Säule rechts
- T 16 a - Steckverbindung, 16-fach, Diagnosekupplung
- T 32 - Steckverbindung, 32-fach, blau, am Schalttafeleinsatz
- T 32 a - Steckverbindung, 32-fach, grün, am Schalttafeleinsatz
- (135) - Masseverbindung -2-, im Schalttafelleitungsstrang
- (A76) - Verbindung (K-Diagnoseleitung), im Schalttafelleitungsstrang
- (A120) - Verbindung (Standzeit) im Schalttafelleitungsstrang
- * - Fahrzeuge mit ABS
- ** - Fahrzeuge mit ABS und FDR
- *** - Fahrzeuge mit Klimaanlage
- # - Fahrzeuge mit Automatischem Getriebe 01N
- ## - Fahrzeuge mit Automatischem Getriebe 01V

Zündanlaßschalter, Entlastungsrelais für X-Kontakt

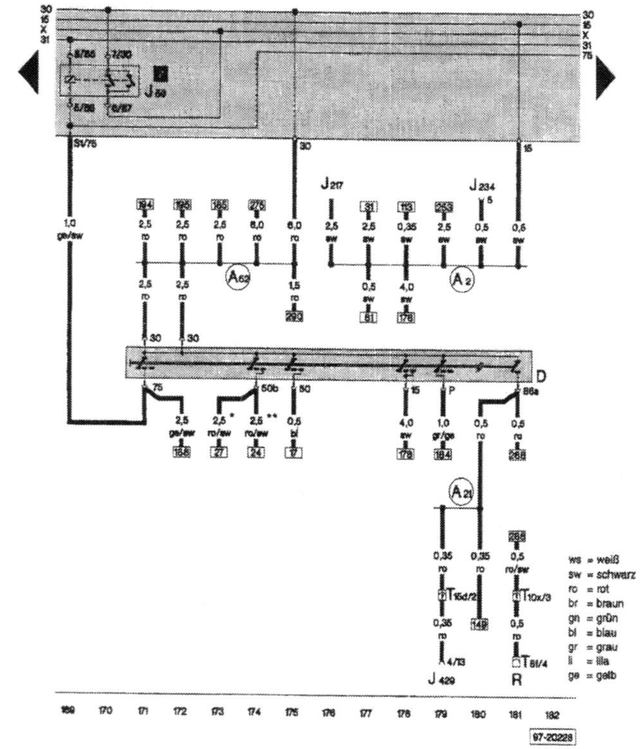

D -Zündanlaßschalter
J 59 -Entlastungsrelais für X-Kontakt
J 217 -Steuergerät für autom. Getriebe
J 234 -Steuergerät für Airbag
J 429 -Steuergerät für Zentralverriegelung
R -Radio
T 8 I -Steckverbindung, 8-fach, schwarz, Radiostecker III
T 10 x -Steckverbindung, 10-fach, rosa, Kupplungsstation A-Säule rechts
T 15 d -Steckverbindung, 15-fach, schwarz, Kupplungsstation A-Säule rechts

(A2) -Plusverbindung (15), im Schalttafelleitungsstrang
(A21) -Verbindung (86s), im Schalttafelleitungsstrang
(A52) -Plusverbindung 2 (30), im Schalttafelleitungsstrang

* -Fahrzeuge mit Schaltgetriebe
** -Fahrzeuge mit Automatikgetriebe

Lichtschalter, Lenkstockschalter links, Schalter für Nebelscheinwerfer und Nebelschlußleuchte

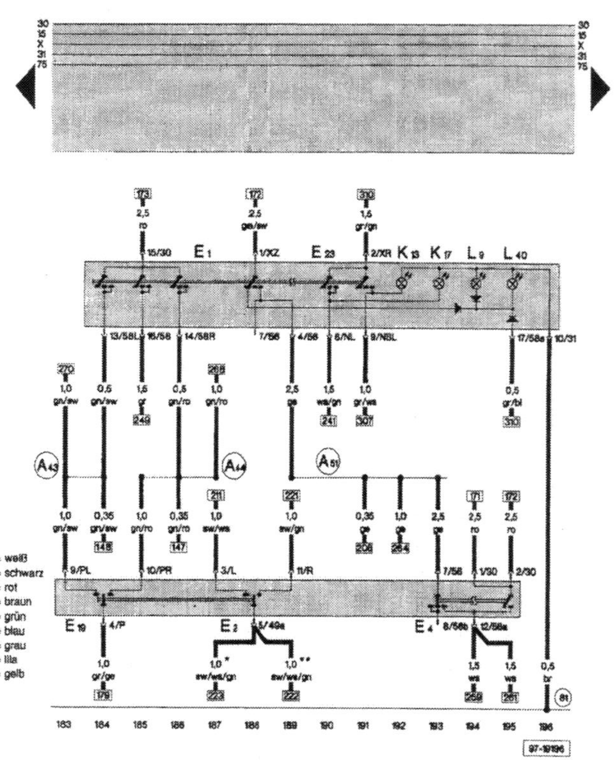

E 1 -Lichtschalter
E 2 -Blinkerschalter
E 4 -Schalter für Handabblendung und Lichthupe
E 19 -Schalter für Parklicht
E 23 -Schalter für Nebelscheinwerfer und -schlußleuchte
K 13 -Kontrollampe für Nebelschlußleuchte
K 17 -Kontrollampe für Nebelscheinwerfer
L 9 -Lampe für Beleuchtung Lichtschalter
L 40 -Lampe für Beleuchtung - Schalter für Nebelscheinwerfer- und -schlußleuchte

(81) -Masseverbindung -1-, im Schalttafelleitungsstrang
(A43) -Verbindung (57L), im Schalttafelleitungsstrang
(A44) -Verbindung (57R), im Schalttafelleitungsstrang
(A51) -Verbindung (56), im Schalttafelleitungsstrang

* -bis Fahrgestellnummer 5000
** -ab Fahrgestellnummer 5001

Regler für Beleuchtung - Schalter und Instrumente, Leuchtweitenregelung

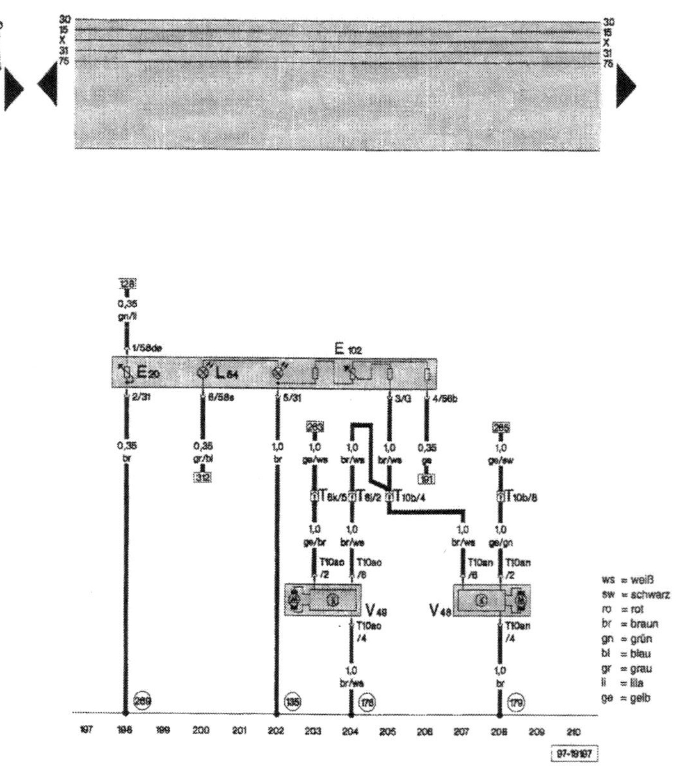

E 20 -Regler für Beleuchtung - Schalter und Instrumente
E 102 -Einsteller für Leuchtweitenregelung
L 54 -Lampe für Beleuchtung/Einsteller Leuchtweitenregelung
T 6 i -Steckverbindung, 6-fach, rot, Kupplungsstation A-Säule rechts
T 6 k -Steckverbindung, 6-fach, rosa, Kupplungsstation A-Säule rechts
T 10 b -Steckverbindung, 10-fach, rot, Kupplungsstation A-Säule links
T 10an -Steckverbindung, 10-fach, am Scheinwerfer links
T 10ao -Steckverbindung, 10-fach, am Scheinwerfer rechts
V 48 -Stellmotor links für Leuchtweitenregelung
V 49 -Stellmotor rechts für Leuchtweitenregelung

(135) -Masseverbindung -2-, im Schalttafelleitungsstrang
(176) -Masseverbindung, im Leitungsstrang Scheinwerfer rechts
(179) -Masseverbindung, im Leitungsstrang Scheinwerfer links
(269) -Masseverbindung (Gebermasse) -1-, im Schalttafelleitungsstrang

Warnlichtschalter

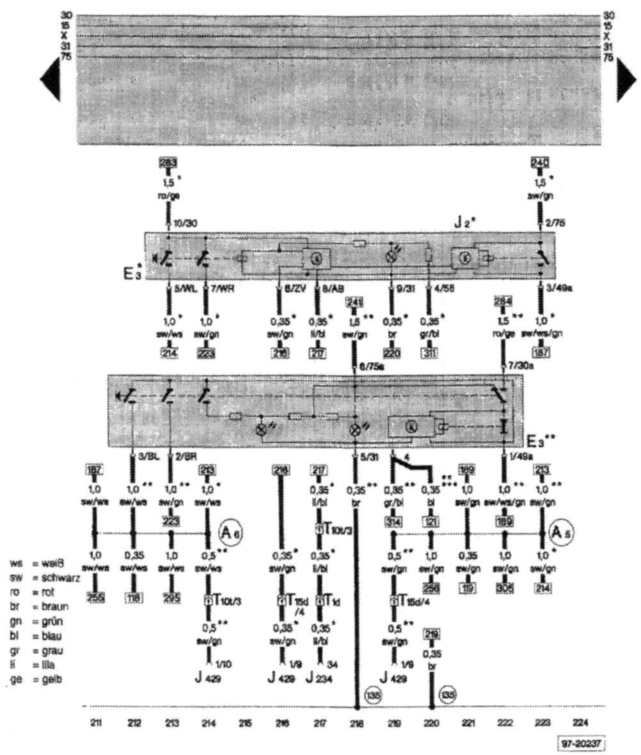

E 3 -Warnlichtschalter
J 2 -Warnblinkrelais
J 234 -Steuergerät für Airbag
J 429 -Steuergerät für Zentralverriegelung
T 1 d-Steckverbindung, 1-fach, braun, Kupplungsstation A-Säule rechts
T 10 t-Steckverbindung, 10-fach, orange, Kupplungsstation A-Säule rechts
T 15 d-Steckverbindung, 15-fach, schwarz, Kupplungsstation A-Säule rechts

(135) -Masseverbindung -2-, im Schalttafelleitungsstrang
(A5) -Plusverbindung (Blinker rechts), im Schalttafelleitungsstrang
(A6) -Plusverbindung (Blinker links), im Schalttafelleitungsstrang

* -bis Fahrgestellnummer 5000
** -ab Fahrgestellnummer 5001
*** -Fahrzeuge mit Anhängerkupplung

Scheibenwasch- und -wischanlage, heizbare Waschdüsen

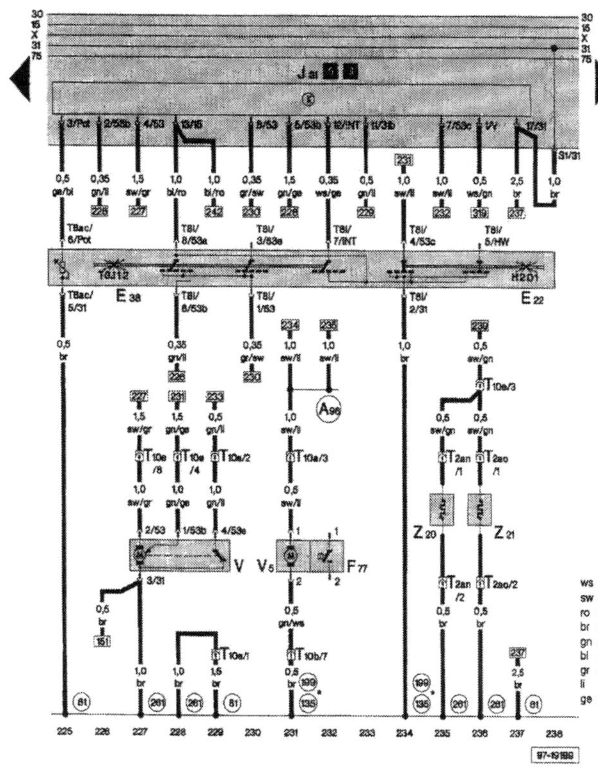

E 22 -Scheibenwischerschalter für Intervallbetrieb
E 38 -Regler für Scheibenwischer-Intervallschaltung
F 77 -Warnkontakt für Scheibenwaschwasser
J 31 -Relais für Wasch-Wisch-Intervallautomatik
T 2 an -Steckverbindung, 2-fach, Waschdüse links
T 2 ao -Steckverbindung, 2-fach, Waschdüse rechts
T 6 ac -Steckverbindung, 6-fach, braun, am Regler für Scheibenwischer-Intervallschaltung
T 8 i -Steckverbindung, 8-fach, am Scheibenwischerschalter
T 10 a -Steckverbindung, 10-fach, rosa, Kupplungsstation A-Säule links
T 10 b -Steckverbindung, 10-fach, rot, Kupplungsstation A-Säule links
T 10 e -Steckverbindung, 10-fach, lila, Kupplungsstation A-Säule links
V -Scheibenwischermotor
V 5 -Scheibenwaschpumpe
Z 20 -Heizwiderstand für Spritzdüse links
Z 21 -Heizwiderstand für Spritzdüse rechts

(81) -Masseverbindung -1-, im Schalttafelleitungsstrang
(135) -Masseverbindung -2-, im Schalttafelleitungsstrang
(199) -Masseverbindung -3-, im Schalttafelleitungsstrang
(261) -Masseverbindung, im Leitungsstrang beheizbare Spritzdüse
(A96) -Verbindung (53c), im Schalttafelleitungsstrang

* -beides ist möglich

Sicherungshalter, Kennzeichenleuchte, Handschuhfachleuchte, Nebelscheinwerfer

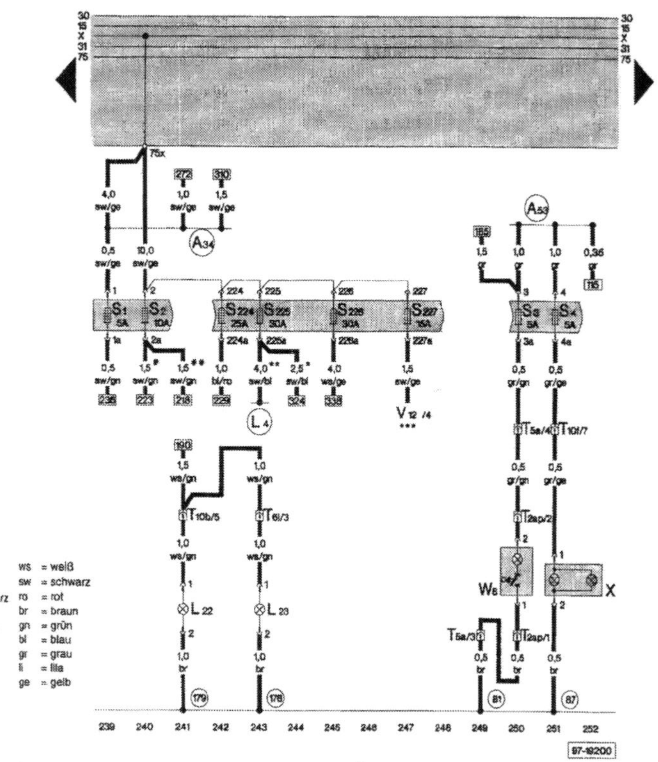

L 22 -Lampe für Nebelscheinwerfer links
L 23 -Lampe für Nebelscheinwerfer rechts
S 1 -Sicherung im Sicherungshalter
S 2 -Sicherung im Sicherungshalter
S 3 -Sicherung im Sicherungshalter
S 4 -Sicherung im Sicherungshalter
S 224 -Sicherung im Sicherungshalter
S 225 -Sicherung im Sicherungshalter
S 226 -Sicherung im Sicherungshalter
S 227 -Sicherung im Sicherungshalter
T 2 ap -Steckverbindung, 2-fach, schwarz, hinter der Schalttafel rechts
T 5 a -Steckverbindung, 5-fach, schwarz, hinter der Schalttafel rechts
T 6 i -Steckverbindung, 6-fach, rot, Kupplungsstation A-Säule rechts
T 10 b -Steckverbindung, 10-fach, rot, Kupplungsstation A-Säule links
T 10 f -Steckverbindung, 10-fach, braun, Kupplungsstation A-Säule links
V 12 -Motor für Heckscheibenwischer
W 6 -Handschuhfachleuchte
X -Kennzeichenleuchte

(81) -Masseverbindung -1-, im Schalttafelleitungsstrang
(87) -Masseverbindung -2-, im Leitungsstrang hinten
(178) -Masseverbindung, im Leitungsstrang Scheinwerfer rechts
(179) -Masseverbindung, im Leitungsstrang Scheinwerfer links
(A34) -Verbindung (75x), im Schalttafelleitungsstrang
(A53) -Plusverbindung (58), im Schalttafelleitungsstrang
(L4) -Verbindung (75 al), im Leitungsstrang Klimaanlage

* -Fahrzeuge mit Thermotronic
** -Fahrzeuge mit Klimaanlage
*** -nur Avant
# -bis Fahrgestellnummer 5000
-ab Fahrgestellnummer 5001

Sicherungshalter, Scheinwerfer

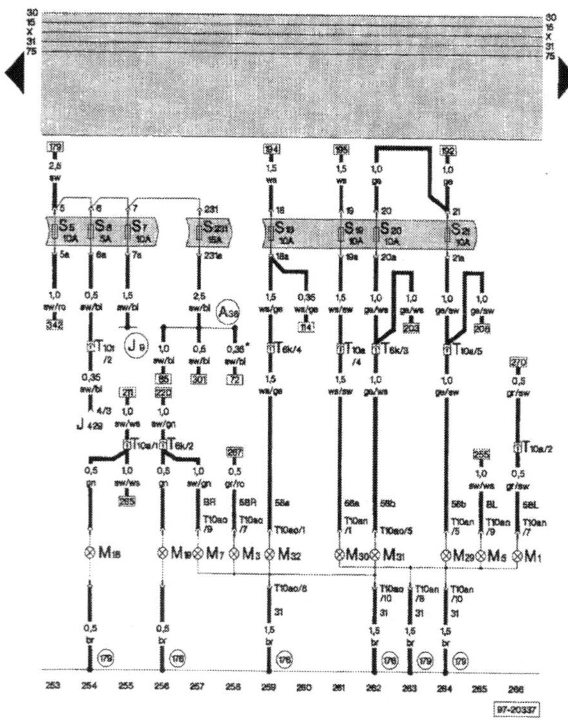

ws = weiß
sw = schwarz
ro = rot
br = braun
gn = grün
bl = blau
gr = grau
li = lila
ge = gelb

J 429 -Steuergerät für Zentralverriegelung
M 1 -Lampe für Standlicht links
M 3 -Lampe für Standlicht rechts
M 5 -Lampe für Blinklicht vorn links
M 7 -Lampe für Blinklicht vorn rechts
M 18 -Lampe für Seitenblinkleuchte links
M 19 -Lampe für Seitenblinkleuchte rechts
M 29 -Lampe für Abblendlichtscheinwerfer links
M 30 -Lampe für Fernlichtscheinwerfer links
M 31 -Lampe für Abblendlichtscheinwerfer rechts
M 32 -Lampe für Fernlichtscheinwerfer rechts
S 5 -Sicherung im Sicherungshalter
S 6 -Sicherung im Sicherungshalter
S 7 -Sicherung im Sicherungshalter
S 18 -Sicherung im Sicherungshalter
S 19 -Sicherung im Sicherungshalter
S 20 -Sicherung im Sicherungshalter
S 21 -Sicherung im Sicherungshalter
S 231 -Sicherung im Sicherungshalter
T 6 k-Steckverbindung, 6-fach, rosa, Kupplungsstation A-Säule rechts

T 10 a-Steckverbindung, 10-fach, rosa, Kupplungsstation A-Säule links
T 10 t-Steckverbindung, 10-fach, orange, Kupplungsstation A-Säule rechts
T 10an-Steckverbindung, 10-fach, am Scheinwerfer links
T 10ao-Steckverbindung, 10-fach, am Scheinwerfer rechts

(176) -Masseverbindung, im Leitungsstrang Scheinwerfer rechts
(179) -Masseverbindung, im Leitungsstrang Scheinwerfer links
(A38) -Plusverbindung -2- (15a), im Schalttafelleitungsstrang
(J6) -Verbindung -1- (15a), im Leitungsstrang ABS

* -Fahrzeuge mit Frontantrieb

Sicherungshalter, Bremslichtschalter

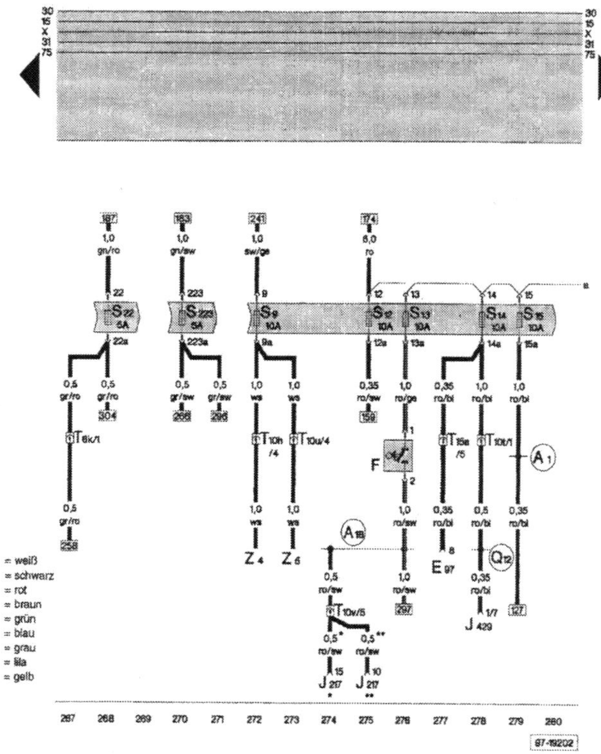

ws = weiß
sw = schwarz
ro = rot
br = braun
gn = grün
bl = blau
gr = grau
li = lila
ge = gelb

E 97 -Bedienungseinheit für Memory
F -Bremslichtschalter
J 217 -Steuergerät für autom. Getriebe
J 429 -Steuergerät für Zentralverriegelung
S 9 -Sicherung im Sicherungshalter
S 12 -Sicherung im Sicherungshalter
S 13 -Sicherung im Sicherungshalter
S 14 -Sicherung im Sicherungshalter
S 15 -Sicherung im Sicherungshalter
S 22 -Sicherung im Sicherungshalter
S 223 -Sicherung im Sicherungshalter
T 6 k-Steckverbindung, 6-fach, rosa, Kupplungsstation A-Säule rechts
T 10 h-Steckverbindung, 10-fach, schwarz, Kupplungsstation A-Säule links
T 10 t-Steckverbindung, 10-fach, orange, Kupplungsstation A-Säule rechts
T 10 u-Steckverbindung, 10-fach, schwarz, Kupplungsstation A-Säule rechts
T 10 v-Steckverbindung, 10-fach, braun, Kupplungsstation A-Säule rechts

T 15 a-Steckverbindung, 15-fach, schwarz, Kupplungsstation A-Säule links
Z 4 -beheizbarer Außenspiegel (Fahrerseite)
Z 5 -beheizbarer Außenspiegel (Beifahrerseite)

(A1) -Plusverbindung (30a), im Schalttafelleitungsstrang
(A18) -Verbindung (54), im Schalttafelleitungsstrang
(Q12) -Plusverbindung (30a), im Leitungsstrang Fensterheber/Zentralverriegelung und Türkontaktschalter

* -Fahrzeuge mit Automatikgetriebe 01N
** -Fahrzeuge mit Automatikgetriebe 01V

Sicherungshalter, Signalhorn, Zigarrenanzünder vorn und hinten

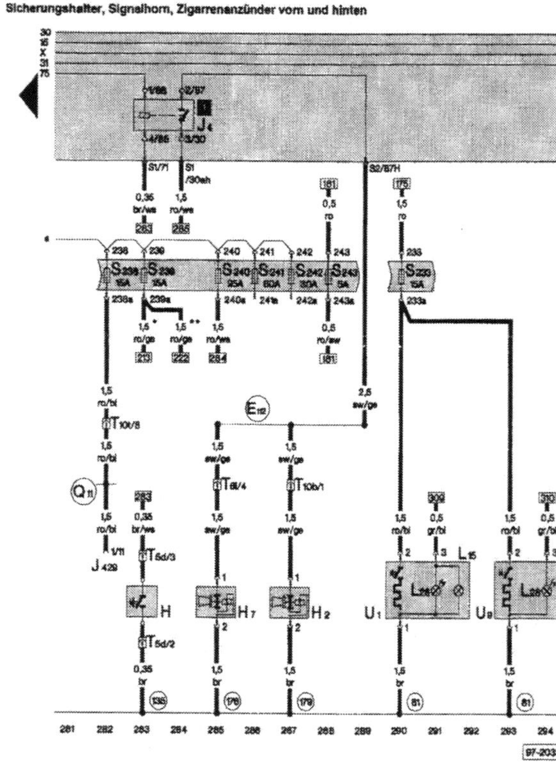

ws = weiß
sw = schwarz
ro = rot
br = braun
gn = grün
bl = blau
gr = grau
li = lila
ge = gelb

H -Signalhornbetätigung
H 2 -Hochtonhorn
H 7 -Tieftonhorn
J 4 -Relais für Doppeltonhorn
J 429 -Steuergerät für Zentralverriegelung
L 15 -Lampe für Ascherbeleuchtung
L 28 -Lampe für Beleuchtung Zigarrenanzünder
S 233 -Sicherung im Sicherungshalter
S 238 -Sicherung im Sicherungshalter
S 239 -Sicherung im Sicherungshalter
S 240 -Sicherung im Sicherungshalter
S 241 -Sicherung im Sicherungshalter
S 242 -Sicherung im Sicherungshalter
S 243 -Sicherung im Sicherungshalter
T 5 d-Steckverbindung, 5-fach, hinter der Verkleidung für Lenkstockschalter
T 6 i-Steckverbindung, 6-fach, rot, Kupplungsstation A-Säule rechts
T 10 b-Steckverbindung, 10-fach, rot, Kupplungsstation A-Säule links
T 10 t-Steckverbindung, 10-fach, orange, Kupplungsstation A-Säule rechts
U 1 -Zigarrenanzünder

U 9 -Zigarrenanzünder hinten

(81) -Masseverbindung -1-, im Schalttafelleitungsstrang
(135) -Masseverbindung -2-, im Schalttafelleitungsstrang
(176) -Masseverbindung, im Leitungsstrang Scheinwerfer rechts
(179) -Masseverbindung, im Leitungsstrang Scheinwerfer links
(E112) -Verbindung (Horn-87 h), im Schalttafelleitungsstrang
(Q11) -Plusverbindung (30 a), im Leitungsstrang Fensterheber/Zentralverriegelung und Türkontaktschalter

* -bis Fahrgestellnummer 5000
** -ab Fahrgestellnummer 5001

Schlußlicht, Bremslicht, Blinkleuchten hinten, Nebelschlußlicht, 12 V-Steckdose

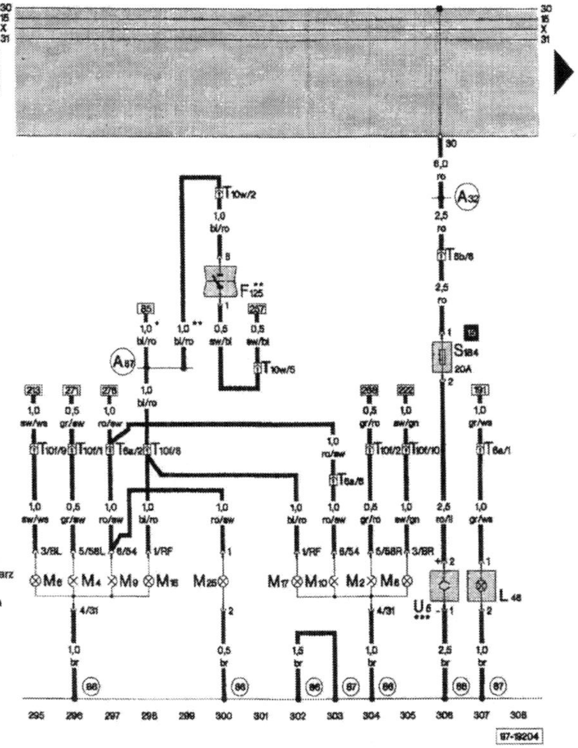

ws = weiß
sw = schwarz
ro = rot
br = braun
gn = grün
bl = blau
gr = grau
li = lila
ge = gelb

97-19204

- F 125 -Multifunktionsschalter
- L 46 -Lampe für Nebelschlußleuchte links
- M 2 -Lampe für Schlußlicht rechts
- M 4 -Lampe für Schlußlicht links
- M 6 -Lampe für Blinklicht hinten links
- M 8 -Lampe für Blinklicht hinten rechts
- M 9 -Lampe für Bremslicht links
- M 10 -Lampe für Bremslicht rechts
- M 16 -Lampe für Rückfahrlicht links
- M 17 -Lampe für Rückfahrlicht rechts
- M 25 -Lampe für hochgesetztes Bremslicht
- S 184 -Sicherung für 12 V-Steckdose
- T 6 a-Steckverbindung, 6-fach, blau, Kupplungsstation A-Säule links
- T 6 b-Steckverbindung, 6-fach, weiß, Kupplungsstation A-Säule links
- T 10 f -Steckverbindung, 10-fach, braun, Kupplungsstation A-Säule links
- T 10 w-Steckverbindung, 10-fach, blau, Kupplungsstation A-Säule rechts
- U 5 -12 V-Steckdose

- (86) -Masseverbindung -1-, im Leitungsstrang hinten
- (87) -Masseverbindung -2-, im Leitungsstrang hinten
- (A32) -Plusverbindung (30), im Schalttafelleitungsstrang
- (A87) -Verbindung (RF), im Schalttafelleitungsstrang

* -Fahrzeuge mit Schaltgetriebe
** -Fahrzeuge mit Automatikgetriebe
*** -nur Avant

Radiogrundverkabelung

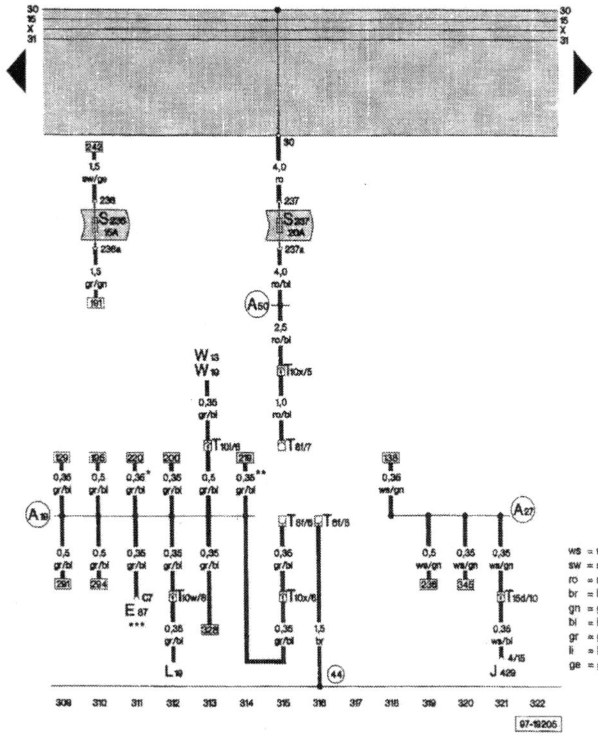

97-19205

- E 87 -Bedienungs- und Anzeigeeinheit für Klimaanlage
- J 429 -Steuergerät für Zentralverriegelung
- L 19 -Lampe für Skala für Schaltbetätigung
- S 236 -Sicherung im Sicherungshalter
- S 237 -Sicherung im Sicherungshalter
- T 8 f -Steckverbindung, 8-fach, schwarz, Radiostecker III
- T 10 i -Steckverbindung, 10-fach, dunkelbraun, Kupplungsstation A-Säule links
- T 10 w-Steckverbindung, 10-fach, blau, Kupplungsstation A-Säule rechts
- T 10 x-Steckverbindung, 10-fach, rosa, Kupplungsstation A-Säule rechts
- T 15 d-Steckverbindung, 15-fach, schwarz, Kupplungsstation A-Säule rechts
- W 13 -Leseleuchte Beifahrer
- W 19 -Leseleuchte/Fahrerseite

- (44) -Massepunkt, Säule A - links, unten
- (A19) -Verbindung (58s), im Schalttafelleitungsstrang (Schalterbeleuchtung)
- (A27) -Verbindung (Geschwindigkeitssignal), im Schalttafelleitungsstrang
- (A50) -Plusverbindung (30a), im Schalttafelleitungsstrang

* -bis Fahrgestellnummer 5000
** -ab Fahrgestellnummer 5001
*** -Fahrzeuge mit Klimaanlage

ws = weiß
sw = schwarz
ro = rot
br = braun
gn = grün
bl = blau
gr = grau
li = lila
ge = gelb

Heizung

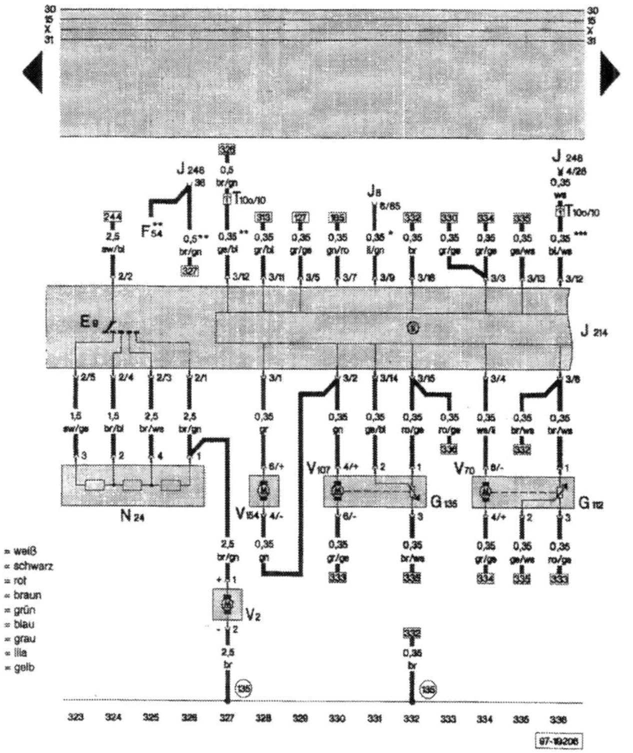

97-19206

- E 9 -Schalter für Frischluftgebläse
- F 54 -Thermoschalter für Lüfter für Kühlmittel
- G 112 -Potentiometer - Stellmotor für Zentralklappe
- G 135 -Potentiometer im Stellmotor für Defrostklappe
- J 8 -Relais für Standheizung
- J 214 -Steuergerät für Thermotronic
- J 248 -Steuergerät für Dieseldirekteinspritzanlage
- N 24 -Vorwiderstand für Frischluftgebläse mit Überhitzungssicherung
- T 10 o-Steckverbindung, 10-fach, braun, Kupplungsstation E-Box Wasserkasten
- V 2 -Frischluftgebläse
- V 70 -Stellmotor für Zentralklappe
- V 107 -Stellmotor für Defrostklappe
- V 154 -Stellmotor für Frisch-/Umluftklappe

- (135) -Masseverbindung -2-, im Schalttafelleitungsstrang

* -Fahrzeuge mit Standheizung
** -Fahrzeuge mit 1,9l TDI-Motor
*** -Fahrzeuge mit 2,5l TDI-Motor

Heizbare Heckscheibe, Außentemperaturanzeige, Wählhebelpositionsanzeige

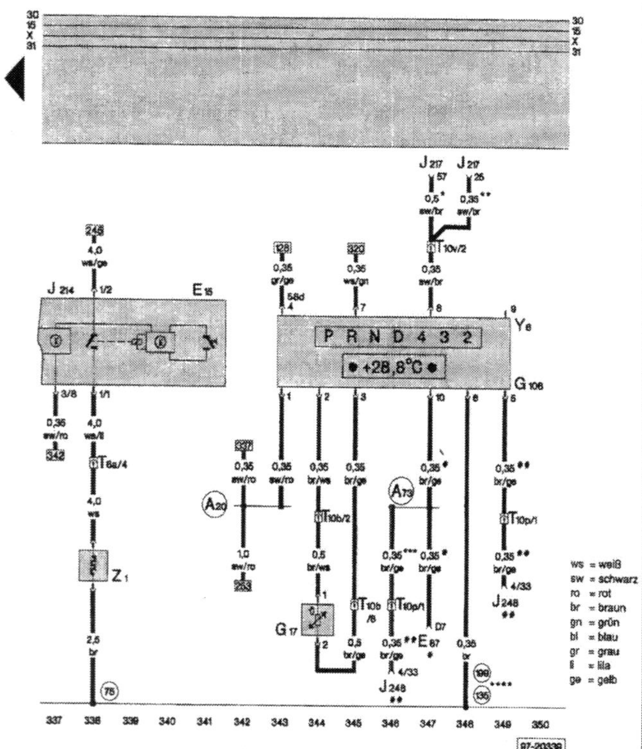

ws = weiß
sw = schwarz
ro = rot
br = braun
gn = grün
bl = blau
gr = grau
li = lila
ge = gelb

97-20339

- E 15 - Schalter für beheizbare Heckscheibe
- E 87 - Bedienungs- und Anzeigeeinheit für Klimaanlage
- G 17 - Temperaturfühler für Außentemperatur
- G 106 - Außentemperaturanzeiger
- J 214 - Steuergerät für Thermotronic
- J 217 - Steuergerät für autom. Getriebe
- J 248 - Steuergerät für Dieseldirekteinspritzanlage
- T 6 a - Steckverbindung, 6-fach, blau, Kupplungsstation A-Säule links
- T 10 b - Steckverbindung, 10-fach, rot, Kupplungsstation A-Säule links
- T 10 p - Steckverbindung, 10-fach, schwarz, Kupplungsstation E-Box Wasserkasten
- T 10 v - Steckverbindung, 10-fach, braun, Kupplungsstation A-Säule rechts
- Y 6 - Wählhebelpositionsanzeige
- Z 1 - beheizbare Heckscheibe

- (75) - Massepunkt, Säule hinten, rechts
- (135) - Masseverbindung -2-, im Schalttafelleitungsstrang
- (199) - Masseverbindung -3-, im Schalttafelleitungsstrang
- (A20) - Verbindung (15a), im Schalttafelleitungsstrang
- (A73) - Verbindung (Außentemperaturanzeige), im Schalttafelleitungsstrang

- * - Fahrzeuge mit automatischem Getriebe 01N
- ** - Fahrzeuge mit automatischem Getriebe 01V
- *** - Fahrzeuge mit Fahrerinformationssystem und Bordcomputer
- **** - beides ist möglich
- # - Fahrzeuge mit Klimaanlage
- ## - Fahrzeuge mit 6-Zylinder TDI-Motor

Batterie, Anlasser, Drehstromgenerator, Relais für Anlaßsperre

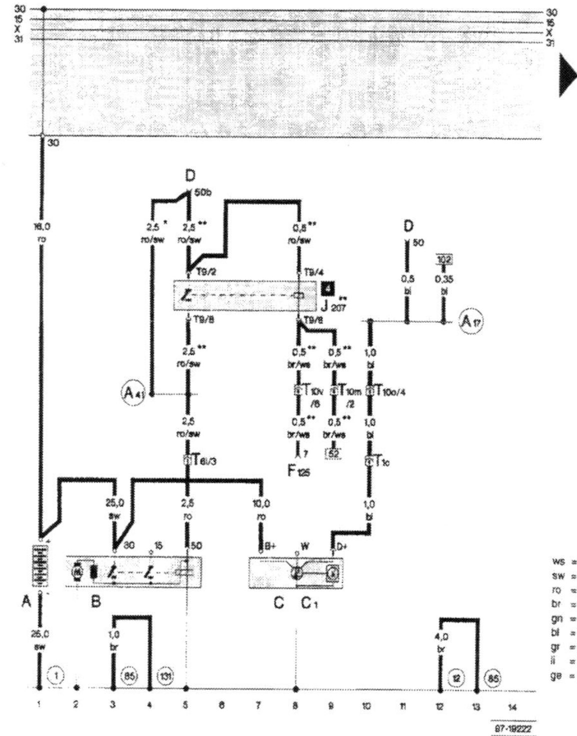

ws = weiß
sw = schwarz
ro = rot
br = braun
gn = grün
bl = blau
gr = grau
li = lila
ge = gelb

97-19222

- A - Batterie
- B - Anlasser
- C - Drehstromgenerator
- C 1 - Spannungsregler
- D - Zündanlaßschalter
- F 125 - Multifunktionsschalter
- J 207 - Relais für Anlaßsperre
- T 1 c - Steckverbindung, 1-fach, blau, im Motorraum rechts
- T 6 l - Steckverbindung, 6-fach, rot, Kupplungsstation E-Box Wasserkasten
- T 9 - Steckverbindung, 9-fach, braun, am Relais für Anlaßsperre
- T 10 m - Steckverbindung, 10-fach, blau, Kupplungsstation E-Box Wasserkasten
- T 10 o - Steckverbindung, 10-fach, braun, Kupplungsstation E-Box Wasserkasten
- T 10 v - Steckverbindung, 10-fach, braun, Kupplungsstation A-Säule rechts

- (1) - Masseband, Batterie - Aufbau
- (12) - Massepunkt, im Motorraum links
- (85) - Masseverbindung -1-, im Leitungsstrang Motorraum
- (131) - Masseverbindung -2-, im Leitungsstrang Motorraum
- (A17) - Verbindung (61), im Schalttafelleitungsstrang
- (A41) - Plusverbindung (50), im Schalttafelleitungsstrang

- * - Fahrzeuge mit Schaltgetriebe
- ** - Fahrzeuge mit Automatikgetriebe

Steuergerät für Motronic, Einspritzventile, Hallgeber, Geber für Kühlmitteltemperatur, Klopfsensor 1

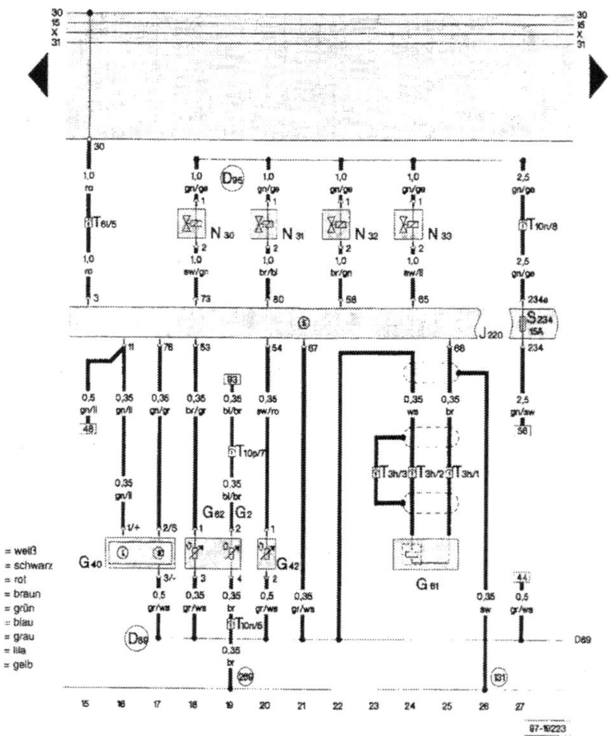

ws = weiß
sw = schwarz
ro = rot
br = braun
gn = grün
bl = blau
gr = grau
li = lila
ge = gelb

97-19223

- G 2 - Geber für Kühlmitteltemperatur
- G 40 - Hallgeber
- G 42 - Geber für Ansauglufttemperatur
- G 61 - Klopfsensor 1
- G 62 - Geber für Kühlmitteltemperatur
- J 220 - Steuergerät für Motronic
- N 30 - Einspritzventil Zylinder 1
- N 31 - Einspritzventil Zylinder 2
- N 32 - Einspritzventil Zylinder 3
- N 33 - Einspritzventil Zylinder 4
- S 234 - Sicherung im Sicherungshalter
- T 3 h - Steckverbindung, 3-fach, grün, am Klopfsensor 1
- T 6 l - Steckverbindung, 6-fach, rot, Kupplungsstation E-Box Wasserkasten
- T 10 n - Steckverbindung, 10-fach, gelb, Kupplungsstation E-Box Wasserkasten
- T 10 p - Steckverbindung, 10-fach, schwarz, Kupplungsstation E-Box Wasserkasten

- (131) - Masseverbindung -2-, im Leitungsstrang Motorraum
- (289) - Masseverbindung (Gebermasse) -1-, im Schalttafelleitungsstrang
- (D89) - Verbindung (Steuergeräte), im Leitungsstrang Motorraum
- (D95) - Verbindung (Einspritzventile), im Leitungsstrang Motorraum

Steuergerät für Motronic, Steuerventile, Luftmassenmesser, Klopfsensor 2, Höhengeber, Geber für Motordrehzahl, Lambdasonde

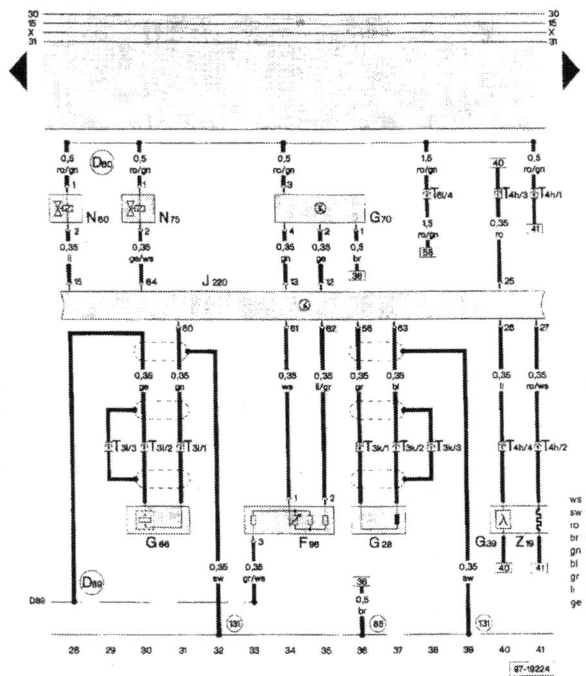

F 96 - Höhengeber
G 28 - Geber für Motordrehzahl
G 39 - Lambdasonde
G 66 - Klopfsensor 2
G 70 - Luftmassenmesser
J 220 - Steuergerät für Motronic
N 80 - Magnetventil 1 für Aktivkohlebehälter-Anlage (getaktet)
N 75 - Magnetventil für Ladedruckbegrenzung
T 3 i - Steckverbindung, 3-fach, blau, am Klopfsensor 2
T 3 k - Steckverbindung, 3-fach, grau, am Geber für Motordrehzahl
T 4 h - Steckverbindung, 4-fach, braun, für Lambdasonde
T 6 l - Steckverbindung, 6-fach, rot, Kupplungsstation E-Box Wasserkasten
Z 19 - Heizung für Lambdasonde

(85) - Masseverbindung -1-, im Leitungsstrang Motorraum
(131) - Masseverbindung -2-, im Leitungsstrang Motorraum
(D69) - Plusverbindung (87a - für Magnetventil für Aktivkohlebehälter-Anlage), im Leitungsstrang Motorraum
(D69) - Verbindung (Steuergeräte), im Leitungsstrang Motorraum

Steuergerät für Motronic, Drosselklappensteuereinheit

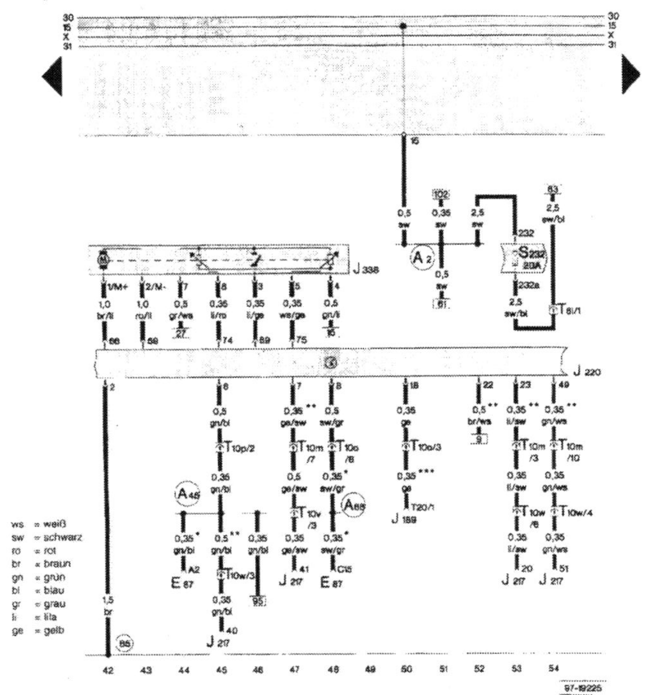

E 87 - Bedienungs- und Anzeigeeinheit für Klimaanlage
J 189 - Autochecksystem
J 217 - Steuergerät für autom. Getriebe
J 220 - Steuergerät für Motronic
J 338 - Drosselklappensteuereinheit
S 232 - Sicherung im Sicherungshalter
T 6 l - Steckverbindung, 6-fach, rot, Kupplungsstation E-Box Wasserkasten
T 10 m - Steckverbindung, 10-fach, blau, Kupplungsstation E-Box Wasserkasten
T 10 o - Steckverbindung, 10-fach, braun, Kupplungsstation E-Box Wasserkasten
T 10 p - Steckverbindung, 10-fach, schwarz, Kupplungsstation E-Box Wasserkasten
T 10 v - Steckverbindung, 10-fach, braun, Kupplungsstation A-Säule rechts
T 10 w - Steckverbindung, 10-fach, blau, Kupplungsstation A-Säule rechts
T 20 - Steckverbindung, 20-fach, rot/weiß, am Schalttafeleinsatz

(85) - Masseverbindung -1-, im Leitungsstrang Motorraum
(A2) - Plusverbindung (15), im Schalttafelleitungsstrang
(A45) - Verbindung (Drehzahlsignal), im Schalttafelleitungsstrang
(A88) - Verbindung (C15, Klimaanlage), im Schalttafelleitungsstrang

* - Fahrzeuge mit Klimaanlage
** - Fahrzeuge mit Automatikgetriebe
*** - Fahrzeuge mit Bordcomputer

Steuergerät für Motronic, Kraftstoffpumpenrelais, Kraftstoffpumpe, Geber für Kraftstoffvorrat

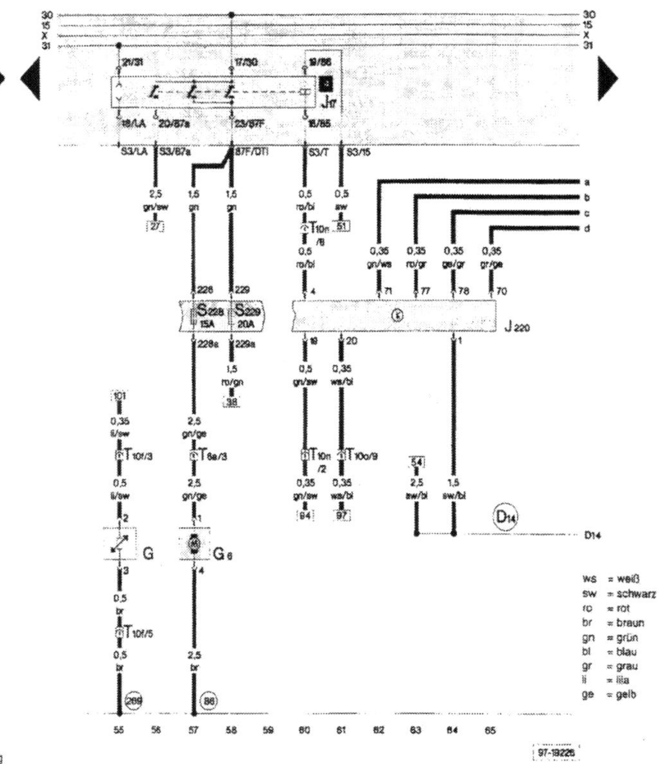

G - Geber für Kraftstoffvorratsanzeige
G 6 - Kraftstoffpumpe (Vorförderpumpe)
J 17 - Kraftstoffpumpenrelais
J 220 - Steuergerät für Motronic
S 228 - Sicherung im Sicherungshalter
S 229 - Sicherung im Sicherungshalter
T 6 a - Steckverbindung, 6-fach, blau, Kupplungsstation A-Säule links
T 10 f - Steckverbindung, 10-fach, braun, Kupplungsstation A-Säule links
T 10 n - Steckverbindung, 10-fach, gelb, Kupplungsstation E-Box Wasserkasten
T 10 o - Steckverbindung, 10-fach, braun, Kupplungsstation E-Box Wasserkasten

(86) - Masseverbindung -1-, im Leitungsstrang hinten
(269) - Masseverbindung (Gebermasse) -1-, im Schalttafelleitungsstrang
(D14) - Verbindung (Zündspule-Steuergerät), im Leitungsstrang vorn rechts

Leistungsendstufe für Zündspulen, Zündspulen, Zündkerzen

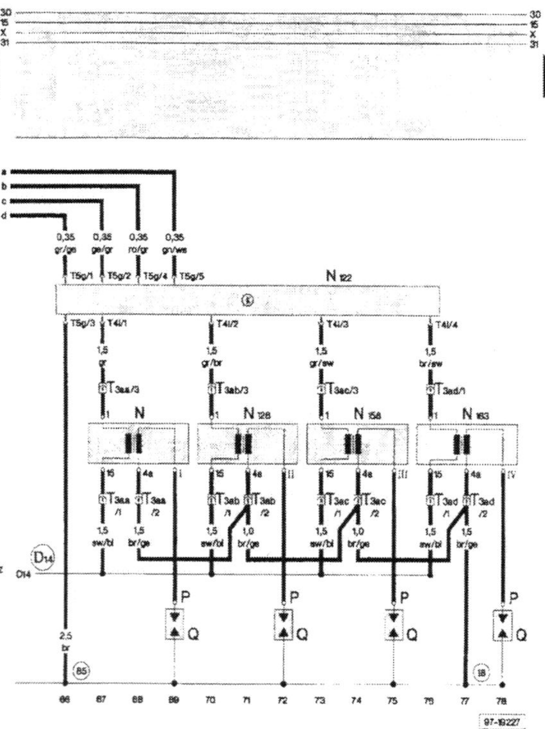

ws = weiß
sw = schwarz
ro = rot
br = braun
gn = grün
bl = blau
gr = grau
li = lila
ge = gelb

N - Zündspule
N 122 - Leistungsendstufe
N 128 - Zündspule 2
N 158 - Zündspule 3
N 163 - Zündspule 4
P - Zündkerzenstecker
Q - Zündkerzen
T 3 aa - Steckverbindung, 3-fach, schwarz, an Zündspule 1
T 3 ab - Steckverbindung, 3-fach, schwarz, an Zündspule 2
T 3 ac - Steckverbindung, 3-fach, schwarz, an Zündspule 3
T 3 ad - Steckverbindung, 3-fach, schwarz, an Zündspule 4
T 4 i - Steckverbindung, 4-fach, an der Leistungsendstufe
T 5 g - Steckverbindung, 5-fach, schwarz, an der Leistungsendstufe

(18) - Massepunkt, am Motorblock
(85) - Masseverbindung -1-, im Leitungsstrang Motorraum
(D14) - Verbindung (Zündspule-Steuergerät), im Leitungsstrang vorn rechts

Rückfahrlicht, Motorkühlung

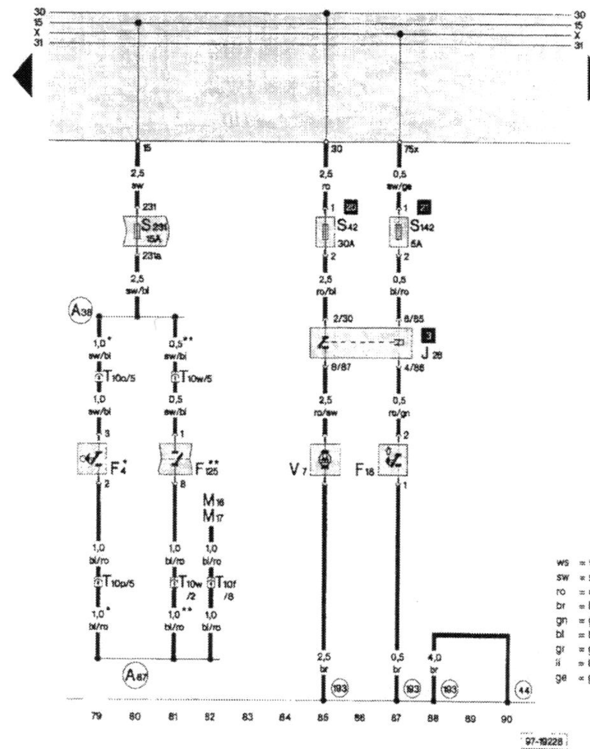

ws = weiß
sw = schwarz
ro = rot
br = braun
gn = grün
bl = blau
gr = grau
li = lila
ge = gelb

F 4 - Schalter für Rückfahrleuchten
F 18 - Thermoschalter für Lüfter für Kühlmittel
F 125 - Multifunktionsschalter
J 26 - Relais für Lüfter für Kühlmittel
M 16 - Lampe für Rückfahrlicht links
M 17 - Lampe für Rückfahrlicht rechts
S 42 - Einzelsicherung für Lüfter für Kühlmittel
S 142 - Sicherung Steuergerät für Lüfter für Kühlmittel
S 231 - Sicherung im Sicherungshalter
T 10 l - Steckverbindung, 10-fach, braun, Kupplungsstation A-Säule links
T 10 o - Steckverbindung, 10-fach, braun, Kupplungsstation E-Box Wasserkasten
T 10 p - Steckverbindung, 10-fach, schwarz, Kupplungsstation E-Box Wasserkasten
T 10 w - Steckverbindung, 10-fach, blau, Kupplungsstation A-Säule rechts
V 7 - Lüfter für Kühlmittel

(44) - Massepunkt, Säule A - links, unten
(193) - Masseverbindung -1-, im Leitungsstrang Lüfter für Kühlmittel
(A38) - Plusverbindung -2- (15a), im Schalttafelleitungsstrang
(A87) - Verbindung (RF), im Schalttafelleitungsstrang

* - Fahrzeuge mit Schaltgetriebe
** - Fahrzeuge mit Automatikgetriebe

Schalttafeleinsatz, Lesespule für Wegfahrsicherung, Kühlwasser- und Öldrucküberwachung, Geschwindigkeitsmesser mit Geber

ws = weiß
sw = schwarz
ro = rot
br = braun
gn = grün
bl = blau
gr = grau
li = lila
ge = gelb

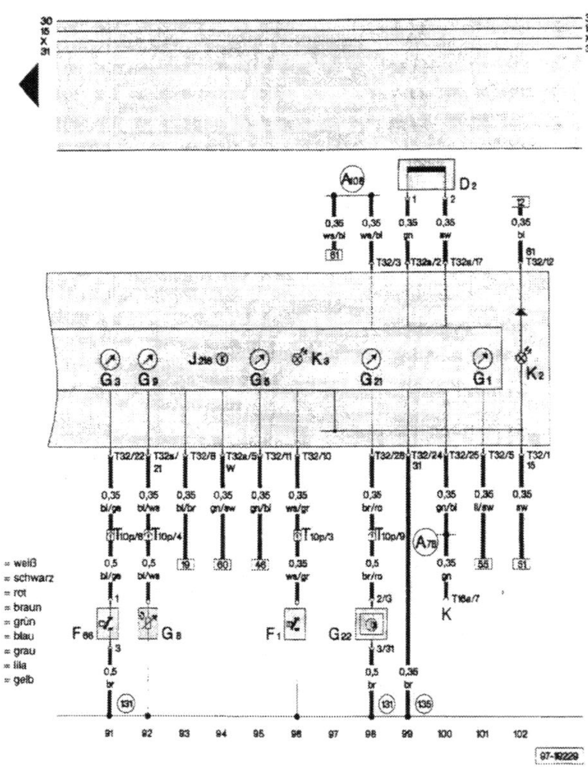

D 2 - Lesespule für Wegfahrsicherung
F 1 - Öldruckschalter
F 66 - Schalter für Kühlmittelmangelanzeige
G 1 - Kraftstoffvorratsanzeige
G 3 - Kühlmitteltemperaturanzeige
G 5 - Drehzahlmesser
G 8 - Geber für Öltemperatur
G 9 - Öltemperaturanzeige
G 21 - Geschwindigkeitsmesser
G 22 - Geber für Geschwindigkeitsmesser (Hallgeber am Getriebe)
J 218 - Kombi-Prozessor im Schalttafeleinsatz
K - Diagnoseanschluß
K 2 - Kontrollampe für Generator
K 3 - Kontrollampe für Öldruck
T 10 p - Steckverbindung, 10-fach, schwarz, Kupplungsstation E-Box Wasserkasten
T 16 a - Steckverbindung, 16-fach, Diagnosekupplung
T 32 - Steckverbindung, 32-fach, blau, am Schalttafeleinsatz
T 32 a - Steckverbindung, 32-fach, grün, am Schalttafeleinsatz

(131) - Masseverbindung -2-, im Leitungsstrang Motorraum
(135) - Masseverbindung -2-, im Schalttafelleitungsstrang
(A76) - Verbindung (K-Diagnoseleitung), im Schalttafelleitungsstrang
(A106) - Verbindung (Geschwindigkeitssignal), im Schalttafelleitungsstrang

Batterie, Anlasser, Drehstromgenerator, Relais für Anlaßsperre und Rückfahrlicht

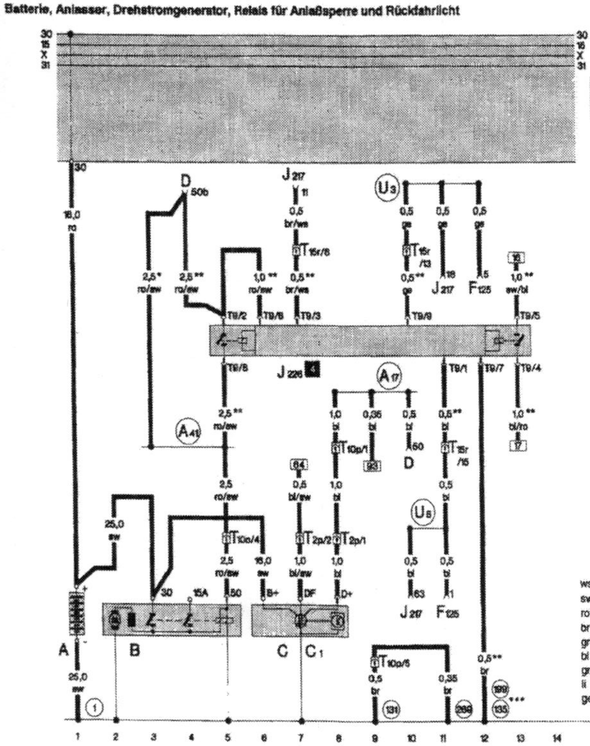

97-50329

ws = weiß
sw = schwarz
ro = rot
br = braun
gn = grün
bl = blau
gr = grau
li = lila
ge = gelb

- A -Batterie
- B -Anlasser
- C -Drehstromgenerator
- C 1 -Spannungsregler
- D -Zündanlaßschalter
- F 125 -Multifunktionsschalter
- J 217 -Steuergerät für autom. Getriebe
- J 226 -Relais für Anlaßsperre und Rückfahrlicht
- T 2 p-Steckverbindung, 2-fach, blau, im Motorraum rechts
- T 9 -Steckverbindung, 9-fach, braun, am Relais für Anlaßsperre
- T 10 o-Steckverbindung, 10-fach, braun, Kupplungsstation E-Box Wasserkasten
- T 10 p-Steckverbindung, 10-fach, schwarz, Kupplungsstation E-Box Wasserkasten
- T 15 r-Steckverbindung, 15-fach, braun, Kupplungsstation A-Säule rechts

- (1) -Masseband, Batterie - Aufbau
- (131) -Masseverbindung -2-, im Leitungsstrang Motorraum
- (135) -Masseverbindung -2-, im Schalttafelleitungsstrang
- (199) -Masseverbindung -3-, im Schalttafelleitungsstrang
- (269) -Masseverbindung (Gebermasse) -1-, im Schalttafelleitungsstrang
- (A17) -Verbindung (61), im Schalttafelleitungsstrang
- (A41) -Plusverbindung (50), im Schalttafelleitungsstrang
- (U3) -Verbindung -1-, im Leitungsstrang autom. Getriebe
- (U6) -Verbindung -2-, im Leitungsstrang autom.Getriebe

- * -Fahrzeuge mit Schaltgetriebe
- ** -Fahrzeuge mit Automatikgetriebe
- *** -beides ist möglich

Glühkerzen, Relais für Glühkerzen, Rückfahrlicht

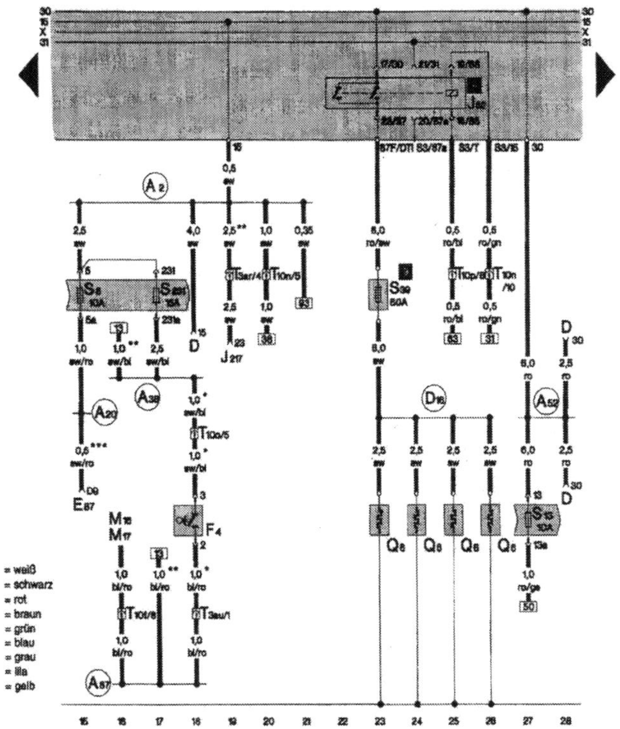

97-50330

ws = weiß
sw = schwarz
ro = rot
br = braun
gn = grün
bl = blau
gr = grau
li = lila
ge = gelb

- D -Zündanlaßschalter
- E 87 -Bedienungs- und Anzeigeeinheit für Klimaanlage
- F 4 -Schalter für Rückfahrleuchten
- J 52 -Relais für Glühkerzen
- J 217 -Steuergerät für autom. Getriebe
- M 16 -Lampe für Rückfahrlicht links
- M 17 -Lampe für Rückfahrlicht rechts
- Q 6 -Glühkerzen - Motor
- S 5 -Sicherung im Sicherungshalter
- S 13 -Sicherung im Sicherungshalter
- S 39 -Sicherung für Glühkerzen-Motor
- S 231 -Sicherung im Sicherungshalter
- T 3 ar -Steckverbindung, 3-fach, braun, Kupplungsstation A-Säule rechts
- T 3 au -Steckverbindung, 3-fach, rot, Kupplungsstation E-Box Wasserkasten
- T 10 f -Steckverbindung, 10-fach, braun, Kupplungsstation A-Säule links
- T 10 n -Steckverbindung, 10-fach, orange, Kupplungsstation E-Box Wasserkasten
- T 10 o -Steckverbindung, 10-fach, braun, Kupplungsstation E-Box Wasserkasten
- T 10 p -Steckverbindung, 10-fach, schwarz, Kupplungsstation E-Box Wasserkasten

- (A2) -Plusverbindung (15), im Schalttafelleitungsstrang
- (A20) -Verbindung (15a), im Schalttafelleitungsstrang
- (A38) -Plusverbindung -2- (15a), im Schalttafelleitungsstrang
- (A52) -Plusverbindung 2 (30), im Schalttafelleitungsstrang
- (A87) -Verbindung (RF), im Schalttafelleitungsstrang
- (D16) -Verbindung (Glühkerzen), im Leitungsstrang vom rechts

- * -Fahrzeuge mit Schaltgetriebe
- ** -Fahrzeuge mit Automatikgetriebe
- *** -Fahrzeuge mit Klimaanlage

Steuergerät für Dieseldirekteinspritzanlage, Relais für Dieseldirekteinspritzanlage, Sicherung, Ventile

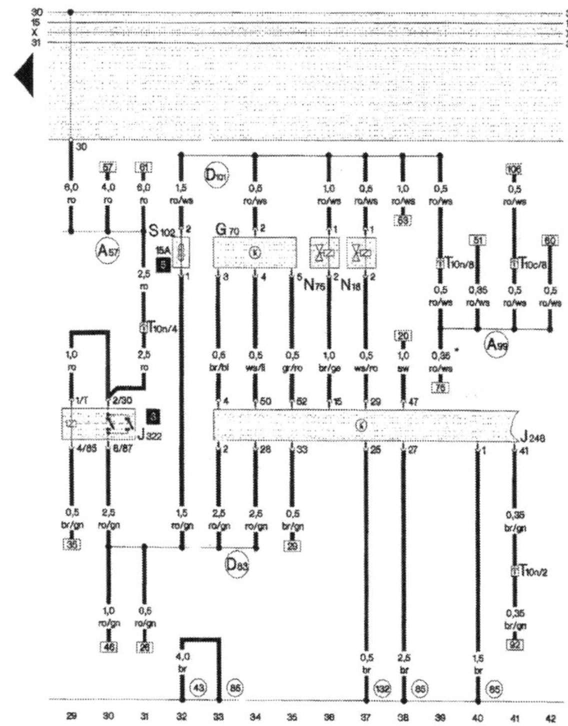

97-50331

ws = weiß
sw = schwarz
ro = rot
br = braun
gn = grün
bl = blau
gr = grau
li = lila
ge = gelb

- G 70 -Luftmassenmesser
- J 248 -Steuergerät für Dieseldirekteinspritzanlage
- J 322 -Relais für Dieseldirekteinspritzanlage
- N 18 -Ventil für Abgasrückführung
- N 75 -Magnetventil für Ladedruckbegrenzung
- S 102 -Sicherung für Motorsteuergerät
- T 10 c-Steckverbindung, 10-fach, grau, Kupplungsstation A-Säule links
- T 10 n-Steckverbindung, 10-fach, orange, Kupplungsstation E-Box Wasserkasten

- (43) -Massepunkt, Säule A - rechts, unten
- (85) -Masseverbindung -1-, im Leitungsstrang Motorraum
- (132) -Masseverbindung -3-, im Leitungsstrang Motorraum
- (A57) -Verbindung (30c), im Schalttafelleitungsstrang
- (A99) -Verbindung -1- (87), im Schalttafelleitungsstrang
- (D83) -Verbindung (87), im Leitungsstrang Motorraum
- (D101) -Verbindung -1-, im Leitungsstrang Motorraum

- * -Fahrzeuge mit Geschwindigkeitsregelanlage

Steuergerät für Dieseldirekteinspritzanlage, Geber für Gaspedalstellung, Bremslichtschalter, Kupplungspedalschalter, Einspritzpumpe

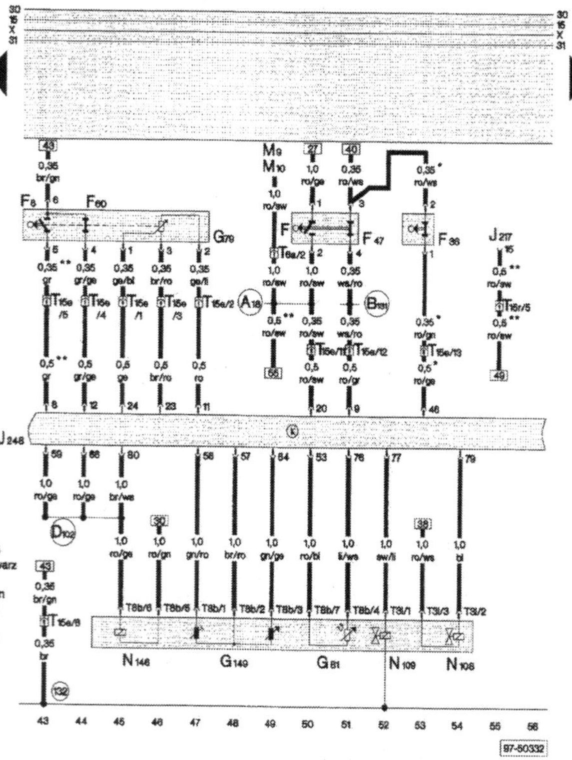

ws = weiß
sw = schwarz
ro = rot
br = braun
gn = grün
bl = blau
gr = grau
li = lila
ge = gelb

- -Bremslichtschalter
- 8 -Kick-down-Schalter
- 36 -Kupplungspedalschalter
- 47 -Bremspedalschalter für GRA/Dieseldirekteinspritzanlage
- 60 -Leerlaufschalter
- 79 -Geber für Gaspedalstellung
- 81 -Geber für Kraftstofftemperatur
- 149 -Geber für Regelschieberweg
- 217 -Steuergerät für autom. Getriebe
- 248 -Steuergerät für Dieseldirekteinspritzanlage
- 9 -Lampe für Bremslicht links
- 10 -Lampe für Bremslicht rechts
- 108 -Ventil für Einspritzbeginn
- 109 -Kraftstoffabschaltventil
- 146 -Mengensteller
- 3 l -Steckverbindung, 3-fach, schwarz, an der Einspritzpumpe
- 6 a -Steckverbindung, 6-fach, blau, Kupplungsstation A-Säule links
- 8 b -Steckverbindung, 8-fach, an der Einspritzpumpe

- T 15 e -Steckverbindung, 15-fach, weiß, Kupplungsstation E-Box Wasserkasten
- T 15 r -Steckverbindung, 15-fach, braun, Kupplungsstation A-Säule rechts

- (132) -Masseverbindung -3-, im Leitungsstrang Motorraum
- (A18) -Verbindung (54), im Schalttafelleitungsstrang
- (B131) -Verbindung (54), im Leitungsstrang Innenraum
- (D102) -Verbindung -2-, im Leitungsstrang Motorraum

- * -Fahrzeuge mit Schaltgetriebe
- ** -Fahrzeuge mit Automatikgetriebe

Steuergerät für Dieseldirekteinspritzanlage, Relais für Zusatzheizung, Sicherungen für Zusatzheizung

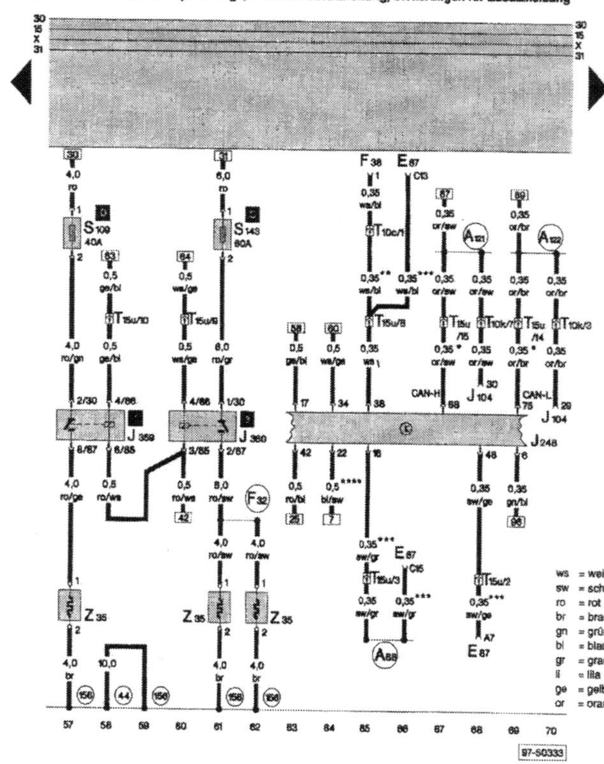

ws = weiß
sw = schwarz
ro = rot
br = braun
gn = grün
bl = blau
gr = grau
li = lila
ge = gelb
or = orange

- E 87 -Bedienungs- und Anzeigeeinheit für Klimaanlage
- F 38 -Außentemperaturschalter
- J 104 -Steuergerät für ABS mit EDS
- J 248 -Steuergerät für Dieseldirekteinspritzanlage
- J 359 -Relais für kleine Heizleistung
- J 360 -Relais für große Heizleistung
- S 109 -Sicherung für Zusatzheizung
- S 143 -Sicherung 2 für Zusatzheizung
- T 10 c -Steckverbindung, 10-fach, grau, Kupplungsstation A-Säule links
- T 10 k -Steckverbindung, 10-fach, orange, Kupplungsstation A-Säule links
- T 15 u -Steckverbindung, 15-fach, rot, Kupplungsstation E-Box Wasserkasten
- Z 35 -Heizelement für Zusatzheizung

- (44) -Massepunkt, Säule A - links, unten
- (156) -Masseverbindung, im Leitungsstrang Dieseldirekteinspritzung
- (A66) -Verbindung (C15, Klimaanlage), im Schalttafelleitungsstrang
- (A121) -Verbindung (High-Bus), im Schalttafelleitungsstrang
- (A122) -Verbindung (Low-Bus), im Schalttafelleitungsstrang
- (F32) -Verbindung (Zusatzheizung), im Leitungsstrang Dieseldirekteinspritzanlage

- • -CAN-Bus (Datenbus)
- * -Fahrzeuge mit Automatikgetriebe
- ** -Fahrzeuge mit Thermotronic
- *** -Fahrzeuge mit Klimaanlage
- **** -Fahrzeuge mit 120 A-Drehstromgenerator

Steuergerät für Dieseldirekteinspritzanlage, Geschwindigkeitsregelanlage, Geber für Motordrehzahl, Kühlmitteltemperatur, Saugrohrdruck, Saugrohrtemperatur und Nadelhub

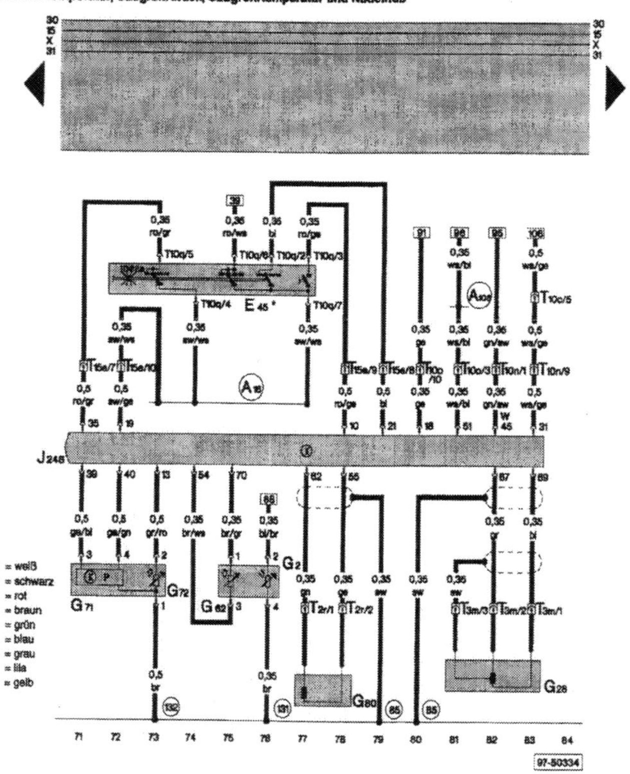

ws = weiß
sw = schwarz
ro = rot
br = braun
gn = grün
bl = blau
gr = grau
li = lila
ge = gelb

- E 45 -Schalter für GRA
- G 2 -Geber für Kühlmitteltemperatur
- G 28 -Geber für Motordrehzahl
- G 62 -Geber für Kühlmitteltemperatur
- G 71 -Geber für Saugrohrdruck
- G 72 -Geber für Saugrohrtemperatur
- G 80 -Geber für Nadelhub
- J 248 -Steuergerät für Dieseldirekteinspritzanlage
- T 2 r -Steckverbindung, 2-fach, braun, im Motorraum rechts
- T 3 m -Steckverbindung, 3-fach, schwarz, am Geber für Motordrehzahl
- T 10 c -Steckverbindung, 10-fach, grau, Kupplungsstation A-Säule links
- T 10 n -Steckverbindung, 10-fach, orange, Kupplungsstation E-Box Wasserkasten
- T 10 o -Steckverbindung, 10-fach, braun, Kupplungsstation E-Box Wasserkasten
- T 10 q -Steckverbindung, 10-fach, schwarz, am Schalter für GRA
- T 15 e -Steckverbindung, 15-fach, weiß, Kupplungsstation E-Box Wasserkasten

- (85) -Masseverbindung -1-, im Leitungsstrang Motorraum
- (131) -Masseverbindung -2-, im Leitungsstrang Motorraum
- (132) -Masseverbindung -3-, im Leitungsstrang Motorraum
- (A18) -Verbindung (GRA), im Schalttafelleitungsstrang
- (A109) -Verbindung (Geschwindigkeitssignal), im Schalttafelleitungsstrang

- * -Fahrzeuge mit Geschwindigkeitsregelanlage

Schalttafeleinsatz, Kontrollampen, Geschwindigkeitsmesser mit Geber, Kraftstoffvorratsanzeige, Öltemperaturanzeige, Drehzahlmesser

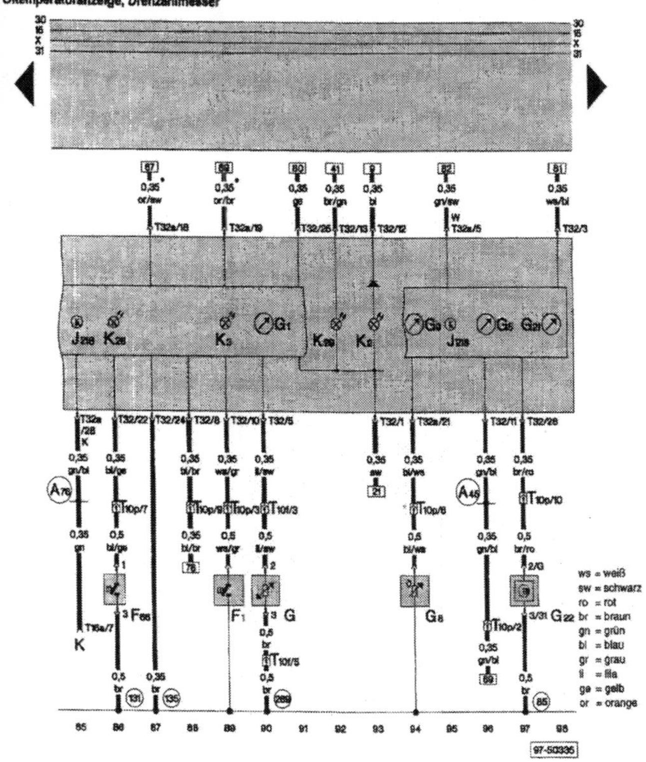

F 1 -Öldruckschalter
F 66 -Schalter für Kühlmittelmangelanzeige
G -Geber für Kraftstoffvorratsanzeige
G 1 -Kraftstoffvorratsanzeige
G 5 -Drehzahlmesser
G 8 -Geber für Öltemperatur
G 9 -Öltemperaturanzeige
G 21 -Geschwindigkeitsmesser
G 22 -Geber für Geschwindigkeitsmesser (Hallgeber, am Getriebe)
J 218 -Kombi-Prozessor im Schalttafeleinsatz
K -Diagnoseanschluß
K 2 -Kontrollampe für Generator
K 3 -Kontrollampe für Öldruck
K 28 -Kontrollampe für Kühlmitteltemperatur/Kühlmittelmangelanzeige
K 29 -Kontrollampe für Vorglühzeit
T 10 f -Steckverbindung, 10-fach, braun, Kupplungsstation A-Säule links
T 10 p -Steckverbindung, 10-fach, schwarz, Kupplungsstation E-Box Wasserkasten
T 16 a -Steckverbindung, 16-fach, Diagnosekupplung
T 32 -Steckverbindung, 32-fach, blau, am Schalttafeleinsatz
T 32 a -Steckverbindung, 32-fach, grün, am Schalttafeleinsatz

(85) -Masseverbindung -1-, im Leitungsstrang Motorraum
(131) -Masseverbindung -2-, im Leitungsstrang Motorraum
(135) -Masseverbindung -2-, im Schalttafelleitungsstrang
(269) -Masseverbindung (Gebermasse) -1-, im Schalttafelleitungsstrang
(A46) -Verbindung (Drehzahlsignal), im Schalttafelleitungsstrang
(A76) -Verbindung (K-Diagnoseleitung), im Schalttafelleitungsstrang

* -CAN-Bus (Datenbus)

Motorkühlung

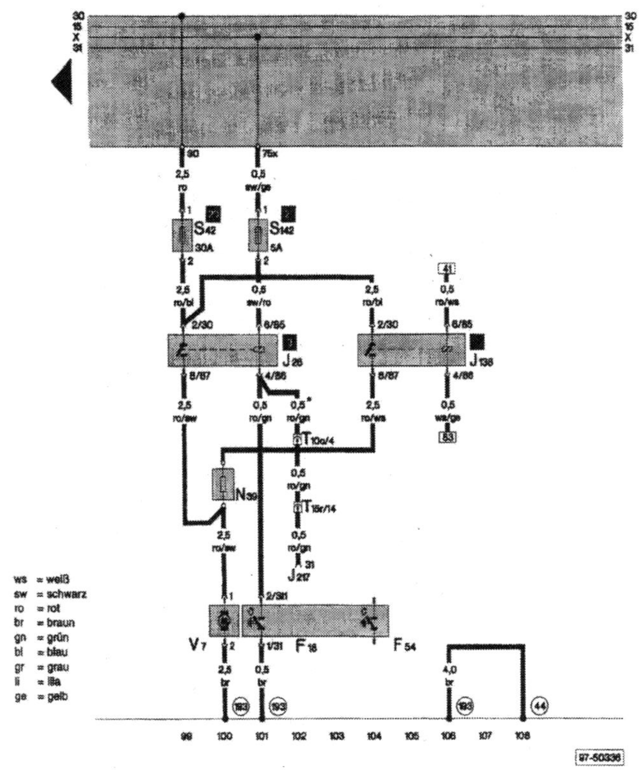

F 18 -Thermoschalter für Lüfter für Kühlmittel
F 54 -Thermoschalter für Lüfter für Kühlmittel
J 26 -Relais für Lüfter für Kühlmittel
J 138 -Relais für Kühlerlüfternachlauf
J 217 -Steuergerät für autom. Getriebe
N 39 -Vorwiderstand für Lüfter für Kühlmittel
S 42 -Einzelsicherung für Lüfter für Kühlmittel
S 142 -Sicherung Steuergerät für Lüfter für Kühlmittel
T 10 c -Steckverbindung, 10-fach, grau, Kupplungsstation A-Säule links
T 15 r -Steckverbindung, 15-fach, braun, Kupplungsstation A-Säule rechts
V 7 -Lüfter für Kühlmittel

(44) -Massepunkt, Säule A - links, unten
(193) -Masseverbindung -1-, im Leitungsstrang Lüfter für Kühlmittel

* -Fahrzeuge mit Automatikgetriebe

DER INNEN-RAUM

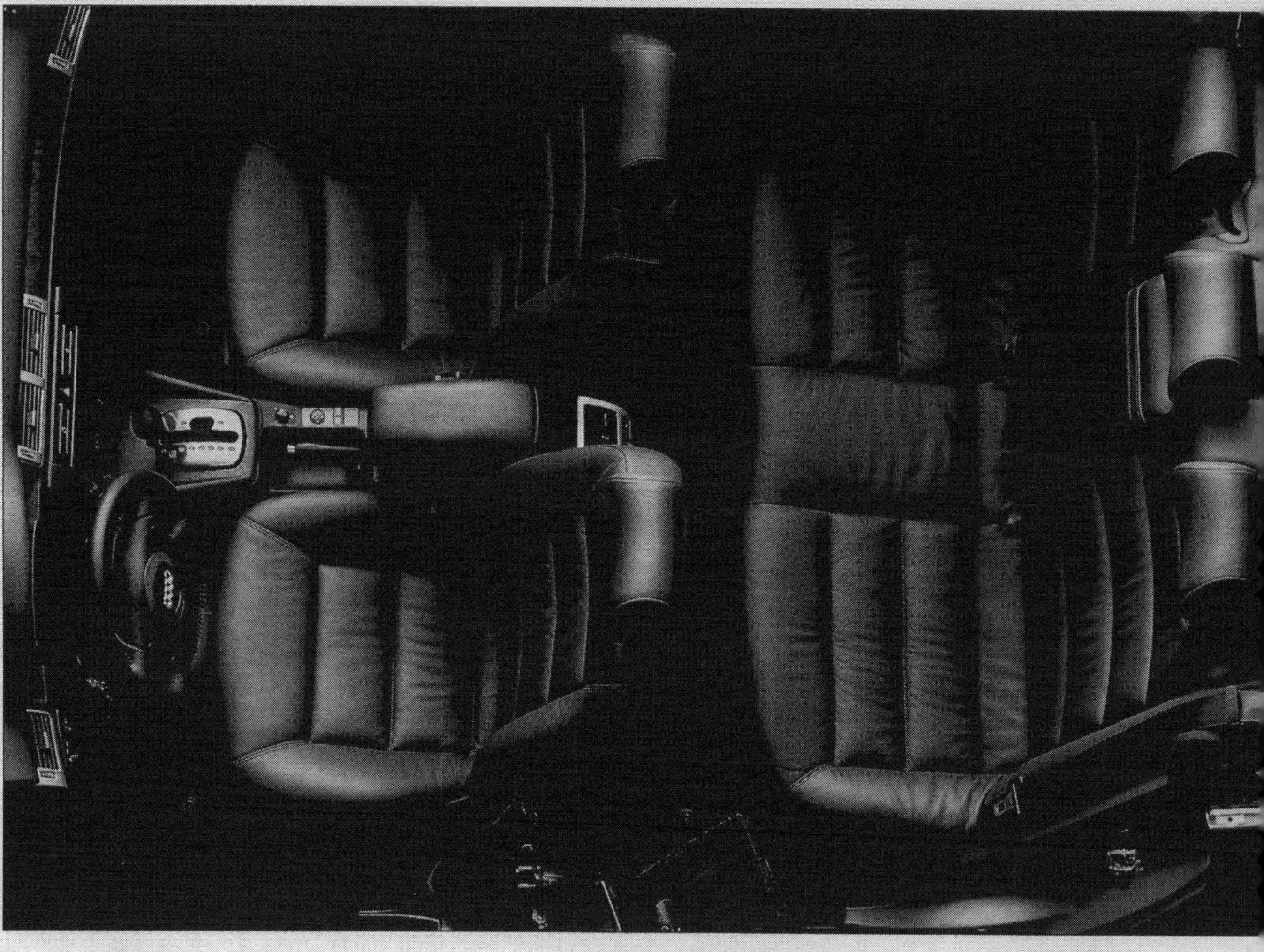

Der Innenraum des A6 bietet Platz in Hülle und Fülle und ein luxuriöses Ambiente. Überall steckt hochentwickelte Technik, die dem Heimwerker die Arbeit nicht gerade erleichtert.

Wartung

Reparatur

Dieses Kapitel zeigt Ihnen, welche Wartungen und Reparaturen Sie im Innenraum selbst erledigen können. Ein Schalter für den elektrischen Fensterheber zum Beispiel übersteht selten das ganze Autoleben unbeschadet. Und eine defekte Innenleuchte steht öfter auf der Tagesordnung. Auch können Sie hier nachlesen, wie Sie den Innenraum-Luftfilter wechseln und kontrollieren. Das sollten Sie im Übrigen häufig tun – der Filter verschmutzt schneller, als man denkt.

Im Innenraum lauern überall Gefahren

Es gibt im Innenraum allerdings auch Bereiche, die wenig Spielraum für's Do it yourself bieten. Dazu gehören beispielsweise Sitze und Sicherheitsgurte. Von beidem sollte man die Finger lassen — in der Gurtrolle lauert der pyrotechnische Gurtstraffer auf ein Signal, durch eine kleine Explosion den Gurt straff zu ziehen. Und in den Vordersitzen warten Seitenairbags auf explosive Kommandos. Nicht nur dort: Neben Fahrer- und Beifahrerairbags gibt es bei verschiedenen Modellen auch Seitenairbags in den Fondsitzen, je nach Baujahr und Ausstattung können Kopfairbags den Rundum-Luftsack-Schutz komplettieren. Von Arbeiten an Komponenten, die gefährliche Sicherheitstechnik enthalten, raten wir dringend ab. Selbst in den Werkstätten darf sich nur speziell geschultes Personal an diesen Teilen vergreifen. Die Sicherheitsvorschriften, die diese Mechaniker beachten müssen, füllen in den Audi-Reparaturleitfäden viele Seiten. Das Risiko, bei der Reparatur verletzt zu werden, ist nur die eine Seite – ein möglicherweise nicht funktionierender Airbag bei einem Unfall die andere.

Wenn man dem Innenraum mit Werkzeug zu Leibe rückt, muss man Vorsicht walten lassen. Airbags im Lenkrad, im Armaturenbrett und in den Vordersitzen sind kein Betätigungsfeld für Do-it-yourselfer. Je nach Ausstattung sitzen auch im Fond Seitenairbags. Bei bestimmten Ausstattungsversionen und Modelljahren kommen noch Kopfairbags hinzu, die im Dachhimmel oberhalb der Fensterkante auf explosive Kommandos lauern. Auch die Sicherheitsgurte bergen Risiken: In den Gurtrollen sitzen pyrotechnische Gurtstraffer. Selbst in den Werkstätten darf nur speziell geschultes Personal sich dieser Sicherheitstechnik nähern.

Die Klimaautomatik

Das Schrauben am Klimatisierungs-System scheitert weniger an Sicherheitsrisiken. Es ist vielmehr die komplizierte Technik, die dem Heimwerker das Leben schwer macht. Der A6 hat eine Klimaautomatik, die die Temperatur im Innenraum vollautomatisch regelt - für Fahrer- und Beifahrerseite getrennt. Verschiedene neuentwickelte Sensoren kommen zum Einsatz: Sie sind im Fußraum und in den seitlichen Luftausströmern untergebracht und erfassen die Temperatur nicht nur punktuell, sondern beziehen den sie umgebenden Raum in die Messung mit ein. Zusätzlich erkennt ein Solarsensor auf dem Armaturenbrett Intensität und Richtung der Sonneneinstrahlung. Die Außentemperatur wird ebenfalls berücksichtigt.

Die vielfältigen Informationen dieser Sensoren verarbeitet das Klima-Steuergerät, das die gesamte Anlage über elektrische Stellmotoren dirigiert. Sämtliche Luftklappen bewegen sich so vollautomatisch. Die Magnetkupplung am Klimakompressor hat das Steuergerät ebenfalls im Griff.

Wer in die Übersicht schaut und den Kick-down-Schalter des Automatik-Getriebes als Element der Klimaanlage sieht, wird sich vielleicht wundern. Die Erklärung: Wenn das Steuergerät einen sehr starken Beschleunigungswunsch oder eine sehr hohe Geschwindigkeit erkennt, schaltet es vorübergehend den Klimakompressor ab. Der kostet nämlich Motorleistung. Die Klimaanlage arbeitet wie ein Kühlschrank. Der Klimakompressor verdichtet das gasförmige Kältemittel, das sich bei diesem Prozess erhitzt und in den Kondensator geleitet wird. Dort kühlt sich das Kältemittel ab und verflüssigt sich. Im Verdampfer wechselt es wieder in gasförmigen Zustand, wobei es der Umgebung Wärme entzieht – die Klimaanlage kühlt.

Achtung: Der Kältemittelkreislauf der Kimaanlage darf auf keinen Fall geöffnet werden. Das Neubefüllen ist Werkstatt-Sache. Und es bestehen große gesundheitliche Risiken. Bei Berührung kann das Kältemittel Erfrierungen hervorrufen. Noch gefährlicher ist austretendes Kältemittel in geschlossenen Räumen. Es ist nicht wahrnehmbar und schwerer als Luft. Es besteht Erstickungsgefahr am Boden beziehungsweise in unteren Räumen.

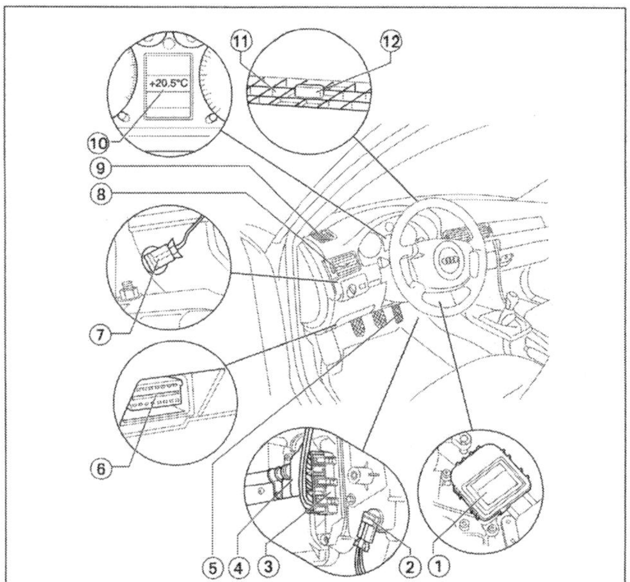

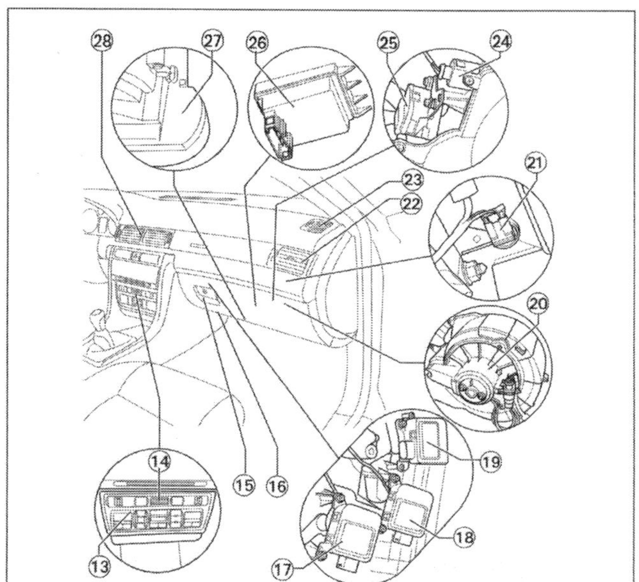

Hier eine **Übersicht über das komplexe System der Klimaautomatik.** (1) Stellmotor für Temperaturklappe links. (2) Geber für Ausströmtemperatur Fußraum. (3) Zusatzheizelement (nur bei TDI ohne Standheizung). (4) Wärmetauscher. (5) Kick-down-Schalter. (6) Anschlussstecker für Diagnose. (7) Geber für Ausströmtemperatur links. (8) Schalttafelausströmer links. (9) Entfrosterdüse Seitenscheibe links. (10) Außentemperatur-Anzeige. (11) Entfrosterdüse Frontscheibe. (12) Fotosensor für Sonneneinstrahlung. (13) Bedienungs- und Anzeigeeinheit. (14) Temperaturfühler Schalttafel. (15) Klimagerät mit Verdampfer. (16) Fußraumausströmer. (17) Stellmotor für Zentralklappe. (18) Stellmotor für Temperaturklappe rechts. (19) Stellmotor für Defrostklappe. (20) Frischluftgebläse. (21) Geber für Ausströmtemperatur rechts. (22) Schalttafelausströmer rechts. (23) Entfrosterdüse Seitenscheibe rechts. (24) Temperaturfühler Frischluftansaugkanal. (25) Stellmotor für Staudruckklappe. (26) Steuergerät für Gebläse. (27) Kondenswasserablauf. (28) Schalttafelausströmer.

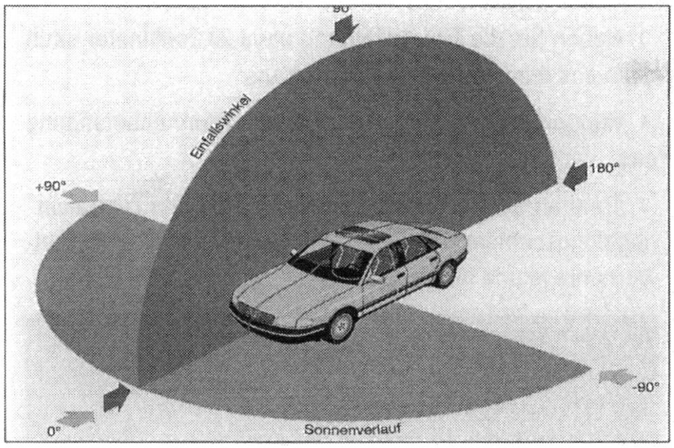

Eine Vielzahl von Sensoren füttert das Steuergerät der Klimaanlage mit Informationen. Einer davon ist der Solarsensor, der Intensität und Richtung der Sonneneinstrahlung misst. Die Klimaautomatik wird entsprechend geregelt.

Pollenfilter tauschen

Die Frischluft, die bei geschlossenen Fenstern in den Innenraum strömt, muss den Pollenfilter passieren. Ein sauberer Filter ist für gutes Klima in Ihrem A6 also von entscheidender Bedeutung. Ist er verstopft, so kann das Folgen haben: Die Scheiben beschlagen von innen schneller. Und dass das Gebläse Probleme hat, frische Luft anzusaugen, merkt man unter Umständen an höherem Laufgeräusch und geringem Luftdurchsatz an den Ausströmern. Einen neuen Luftfilter bekommt man auch im Zubehörhandel. Audi schreibt den Wechsel alle zwölf Monate oder 30 000 Kilometer vor.

Arbeitsschritte | 1 Jahr 30000 km

① Der Luftfilter befindet sich im Wasserkasten auf der Beifahrerseite unter der Windschutzscheibe. Öffnen sie zuerst die Motorhaube.

② Bauen Sie die Wasserkasten-Abdeckung ab. Ziehen Sie dazu die dicke Gummidichtung nach vorn ab, die von links nach rechts verläuft. Nehmen Sie die Abdeckung nach vorn heraus.

③ Drücken Sie den Halter zurück und nehmen den Filter heraus.

④ Der neue Filter muss seitenrichtig in den Rahmen eingebaut werden. Am Filter sind seitlich neben der Aufschrift »Air Flow« Pfeile aufgedruckt. Sie zeigen die Durchströmungsrichtung der Luft an.

⑤ Bauen Sie den Filter ein und montieren Sie die Wasserkasten-Abdeckung.

Zum Wechsel des Innenraum-Luftfilters drücken Sie den Halter (Pfeil) zurück und nehmen den Filter heraus. Beim Einbau achten Sie bitte auf die Durchströmungsrichtung der Luft. Am Filter sind an der Seite Pfeile aufgedruckt.

Ablagen, Verkleidungen und das Innenleben von Türen

Mechanik, Elektrik und Elektronik haben die Audi-Ingenieure säuberlich hinter Ablagen und Verkleidungen versteckt. Das sieht schöner aus, aber natürlich kommt man nicht so leicht an verschiedene wichtige Teile heran. Die Demontage von Abdeckungen ist aber meistens relativ unkompliziert. Schließlich soll auch in der Werkstatt eine Reparatur schnell vonstatten gehen. Eine gewisse Vorsicht ist beim Umgang mit Verkleidungen zu empfehlen – sie sind oft sehr kratzempfindlich.
Schwieriger wird es beim Ausbau des Motors für den elektrischen Scheibenheber. Dafür muss fast die ganze Tür zerlegt werden. Eine relativ komplizierte Angelegenheit, auf deren Darstellung wir hier verzichten müssen.

Ablagefach Fahrerseite ausbauen

Wenn man an die Zentralelektrik herankommen will, muss das Ablagefach ausgebaut werden. Erst dann sind die meisten wichtigen Relais erreichbar.

Arbeitsschritte

① Bauen Sie zuerst die Abdeckung unterhalb des Schalttafeleinsatzes aus. Man kann sie einfach abziehen.

② Nehmen Sie dann die Abdeckung vor den Sicherungen ab. Sie ist bei geöffneter Fahrertür links am Armaturenbrett zugänglich. Die Abdeckung kann mit einem Schraubendreher ausgeclipst werden.

③ Lösen Sie die fünf Befestigungsschrauben für das Ablagefach.

④ Legen Sie das Fach nach unten und trennen Sie die Steckverbindung von der Fußraumbeleuchtung.

⑤ Clipsen Sie den Diagnosestecker durch Zusammendrücken der drei Rasthaken aus.

⑥ Der Einbau erfolgt sinngemäß in umgekehrter Reihenfolge.

Türverkleidung ausbauen

Wenn Sie beispielsweise an die Lautsprecher herankommen wollen, müssen Sie vorher die Türverkleidung ausbauen. Anders als Sie es vielleicht von anderen Fahrzeugen her kennen, wird die Verkleidung nicht einfach mit einem Schraubendreher abgedrückt. Sie ist mit Haken eingehängt und muss beim Ausbau entsprechend angehoben werden. Bei den hinteren Türen funktioniert der Ausbau der Verkleidung genauso wie vorn. Beschrieben sind die Arbeitsschritte für die Fahrertür. Wie Sie den Schalter für die **elektrische Scheibenheberbetätigung ausbauen**, steht auch in diesem Kapitel. Ebenso der **Ausbau der Lautsprecher**.

Arbeitsschritte

① Schrauben Sie die beiden Kreuzschlitzschrauben oben an der Verkleidung heraus.

② Bauen Sie den Fensterheberschalter auf der Fahrerseite aus wie im Bild Seite 259 links gezeigt. Auf der Beifahrerseite hebeln Sie den Schalter mit seinem Rahmen vorsichtig aus der Armlehne. Schützen Sie die Stelle, wo Sie den Schraubendreher ansetzen, mit einem Stück Klebeband. Ziehen Sie die Stecker ab.

③ Heben Sie die Türverkleidung etwa 20 Zentimeter nach oben aus dem Türgrundkörper heraus.

④ Hängen Sie den Bowdenzug für die Türinnenbetätigung aus.

⑤ Trennen Sie die Steckverbindungen für den Zentralverriegelungsschalter, für die Türwarnleuchte, Diebstahlwarnanlage und die Lautsprecher.

Drehen Sie zuerst diese Kreuzschlitzschraube heraus. Am anderen Ende der Tür sitzt eine zweite Schraube, die Sie ebenfalls herausdrehen müssen.

⑥ Wenn Sie beispielsweise die Lautsprecher ausbauen wollen, nehmen Sie nun die Dämpfung ab. Sie ist empfindlich, achten Sie darauf, dass die Rasthaken oder Steckverbindungen keine Beschädigungen verursachen.

⑦ Beim Einbau beachten Sie folgendes: Die Türverkleidung muss beim Einbau in der Mitte zum Türgrundkörper gedrückt werden.

⑧ Zuerst das Pluskabel anschließen, dann das Minuskabel. Die Kabelklemmen können Sie nicht vertauschen, da die Batteriepole unterschiedlich dick sind.

⑨ Achten Sie darauf, dass die Unterlagen für die Rasthaken am unteren Türrahmen und in der Türmitte eingeclipst sind.

Türschloss ausbauen

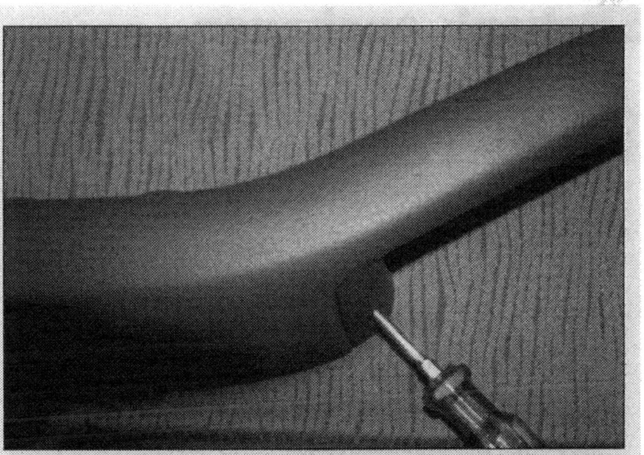

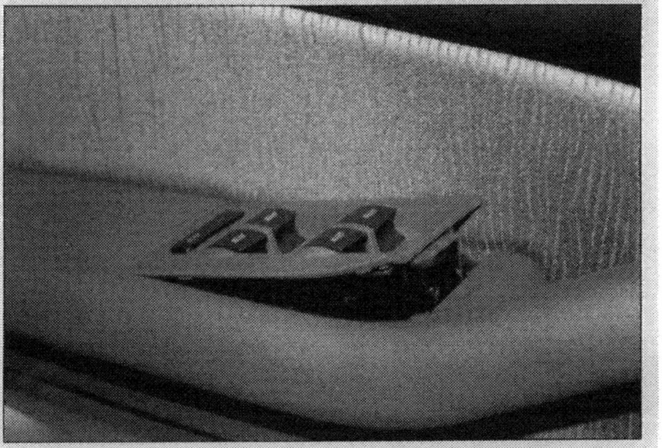

Auf der Fahrerseite befindet sich unten in der Armlehne eine Bohrung, durch die Sie den Schraubendreher führen können. Drücken Sie die Haltenase nach hinten und den Fensterheberschalter nach oben. Sie können ihn herausnehmen.

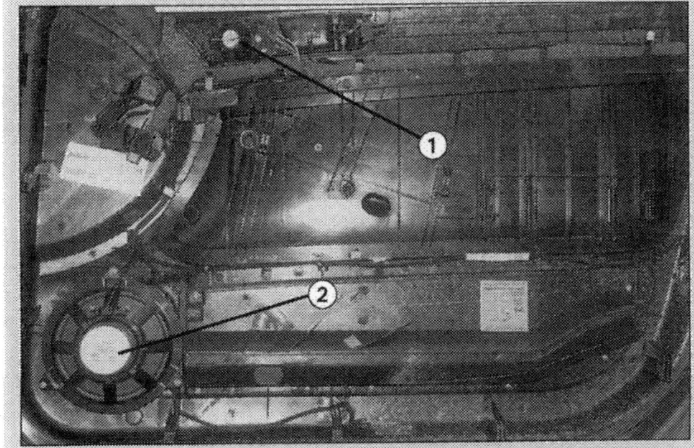

Die Türverkleidung von der anderen Seite: Wenn Sie die Verkleidung abgebaut haben, kommen Sie leicht an die Lautsprecher heran. Der Hochtöner ❶ wird nur durch einen Bügel gehalten, den Sie beiseite drücken müssen. Der Tieftöner ❷ ist mit drei Schrauben befestigt.

Arbeitsschritte

① Bauen Sie die Türverkleidung aus wie vorstehend beschrieben.

② Fahren Sie die Türscheibe nach oben. Dazu müssen Sie die Schalter für die Fensterheberbetätigung wieder aufstecken.

③ Ziehen Sie die Steckverbindung für die Zentralverriegelung am Türschloss ab.

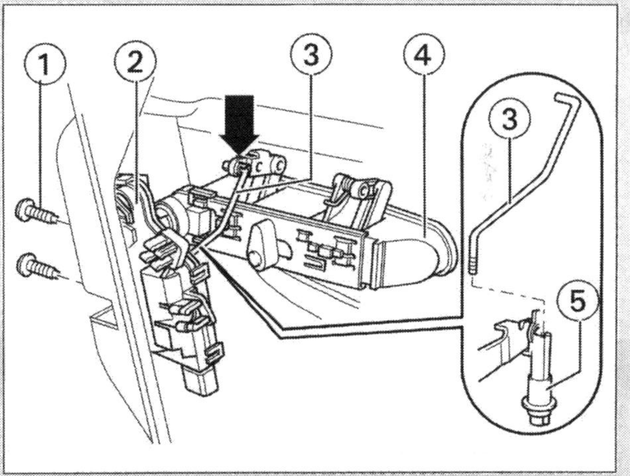

So bauen Sie das Türschloss aus: Betätigungsstange ❸ aushängen, Innenvielzahnschrauben ❶ herausdrehen und Schloss ❷ nach unten herausnehmen. Wird ein neues Schloss eingebaut, ist die Betätigungsstange an der Schiebehülse ❺ auszuhängen. Beim Wiedereinbau des alten ist die Betätigungsstange am Clip des Gelenkhebels (Pfeil) auszuhängen. ❹ Aufnahme.

④ Hängen Sie die Betätigungsstange aus.

⑤ Schrauben Sie die Innenvielzahn-Schrauben heraus.

⑥ Nehmen Sie das Schloss nach unten zwischen Tür und dem Träger für Türeinbauteile heraus.

⑦ Wenn Sie dasselbe Türschloss wieder einbauen, hängen Sie die Betätigungsstange am Clip des Gelenkhebels aus. Bei einem neuen Türschloss ist die Betätigungsstange an der Schiebehülse auszuhängen.

⑧ Der Einbau erfolgt in umgekehrter Reihenfolge.

Rückbank ausbauen

Die Rückbank besteht aus drei Teilen: der Sitzbank, der linken Lehne und der rechten Lehne. Diese Teile können auch dann gefahrlos ausgebaut werden, wenn Ihr Auto mit Seitenairbags im Fond ausgerüstet ist. Die Airbags sitzen in den Seitenteilen, die beim Ausbau des Sitzes im Auto montiert bleiben. Achten Sie auf Steckverbindungen für die Airbags. Sollten Sie versehentlich gelöst werden, müssen Sie sich selbst vor dem Wiederaufstecken elektrostatisch entladen. Fassen Sie dazu den Schließkeil der Tür oder die Karosserie kurz an. Andernfalls besteht Gefahr, dass der Airbag durch elektrostatische Entladung ausgelöst wird.

Sitzbank ausbauen

Arbeitsschritte

① Heben Sie die Sitzbank unten an der Vorderkante an und ziehen Sie diese nach vorn.

② Nehmen Sie, wenn vorhanden, den Kabelstecker für den Seitenairbag aus der Nut.

③ Trennen Sie bei Fahrzeugen mit Sitzheizung die Steckverbindung.

④ Schieben Sie beim Einbau die Sitzbank nach hinten und führen die Verankerungsösen in die Kunststoffhülsen.

Elektrische Fensterheber

Störungsbeistand

Störung	Ursache	Abhilfe
A Fensterscheibe wird nur in eine Richtung verstellt	Schalter defekt	Schalter auswechseln
B Fensterscheibe wird in keine Richtung verstellt	**1** Fensterscheibe in den Führungen schwergängig, Sicherung wegen Überlastung des Motors durchgebrannt	Fensterscheibe in den Führungen gängig machen, Sicherung erneuern
	2 Motor läuft nicht, obwohl die Sicherung in Ordnung ist	Spannung direkt an die Motoranschlüsse legen. Wenn der Motor jetzt läuft liegt der Fehler in der Zuleitung. Läuft der Motor nicht, diesen auswechseln
C Fensterscheibe wird im ganzen Verstellbereich zu langsam verstellt	**1** Fensterscheibe in den Führungen verklemmt	Spiel der Scheibe prüfen ggf. korrigieren
	2 Zu starke Reibung in der gesamten Mechanik	Mechanik ohne Scheibe auf Reibungsverluste überprüfen, ggf. erneuern (lassen)
	3 Kabelverbindungen defekt oder oxidiert	Überprüfen, reinigen, ggf. auswechseln
	4 Schalter defekt oder oxidiert	Überprüfen, ggf. auswechseln
D Fensterscheibe wird an der oberen Grenze des Verstellbereichs zu langsam verstellt	Siehe C 1	

Zentralverriegelung

Störungs-beistand

Störung	Ursache	Abhilfe
A Verriegelung funktioniert nicht	**1** Sicherung durchgebrannt	Erneuern
	2 Motor der Fahrer- oder Beifahrertür defekt	Funktion überprüfen, ggf. auswechseln
	3 Verkabelung unterbrochen	Überprüfen, ggf. erneuern (lassen)
B Schlösser werden entriegelt, aber nicht verriegelt	**1** Siehe A 2	
	2 Mehrfachstecker an Motor oder Türkasten locker oder oxidiert	Festen Sitz kontrollieren, ggf. reinigen
	3 Schalter im Servomotor defekt	Durchgangsprüfung an den entsprechenden Motorklemmen durchführen
C Schlösser werden verriegelt, aber nicht entriegelt	**1** Siehe A 2	
	2 Siehe B 2 und 3	
D Eines der Schlösser funktioniert nicht	**1** Siehe B 2	
	2 Kabel- bzw. Steckervergindung am Servomotor oder Türkasten fehlerhaft	Überprüfen, ggf. instand setzen
	3 Mechanische Übertragungsteile klemmen	Teile auf Funktion überprüfen und festen Sitz kontrollieren. Ggf. Teile etwas fetten, verschlissene Teile auswechseln

Lehne rechts ausbauen

Beide Teile der Lehne lassen sich prinzipiell auf die gleiche Weise ausbauen. Wir beschreiben den Vorgang am Beispiel der rechten Lehne.

Arbeits-schritte

① Beide Lehnen nach vorn klappen.

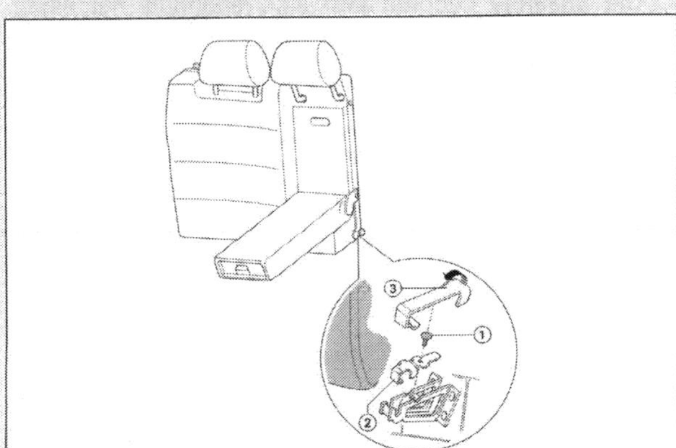

Zum Ausbau der Lehne clipsen Sie zuerst die Blende ❸ in Pfeilrichtung aus, drehen die Schraube ❶ heraus und nehmen die Schelle ❷ ab.

② Clipsen Sie von hinten die Blende an der linken Befestigung aus. Eventuell können Sie diese von hinten durch ein Loch aushebeln.

③ Drehen Sie die Schraube heraus und nehmen die Schelle ab.

④ Lehne aus dem Mittellager heben und vom Beschlag ziehen.

⑤ Wenn vorhanden trennen Sie nun die Steckverbindung für die Lehnenheizung.

⑥ Der Einbau erfolgt in umgekehrter Reihenfolge.

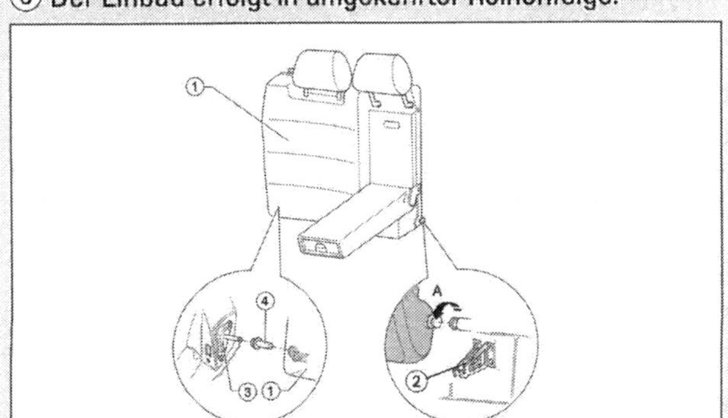

Der zweite Schritt: Heben **A** Sie die Lehne ❶ aus dem Mittellager ❷ und ziehen Sie diese vom Beschlag ❸. Sollten Sie die Tülle ❹ mit herausziehen, stecken Sie sie wieder auf.

Autoradio ausbauen

Der Ausbau des Radios geht dank der Einschubhalterung so schnell, dass sich nicht nur Do-it-yourselfer, sondern auch Diebe freuen. Allerdings benötigt man zwei spezielle Entriegelungswerkzeuge (Nr. 3344), die man zusammen mit dem Radio oder im Fachhandel bekommt. Bedenken Sie, dass Sie nach dem Ausbau den Anti-Diebstahl-Code eingeben müssen. Haben Sie den nicht, werden Sie die Hilfe der Audi-Werkstatt in Anspruch nehmen müssen.

Wenn Sie ein anderes als ein Audi-Radio einbauen, benötigen Sie unter Umständen zum Anschluss ein Audi-Adapterkabel. Beachten Sie bitte noch folgendes:

- Entstörsätze müssen eine ABE haben. Andernfalls kann die Betriebserlaubnis erlöschen.
- Manche Radios erhalten ein Geschwindigkeits-Signal für die geschwindigkeitsabhängige Lautstärkeanpassung (Gala). Das Kabel dafür darf nicht kurzgeschlossen werden. Probleme bei der Motorsteuerung sind ansonsten nicht ausgeschlossen.
- Bei Audi-Radios erfolgt die Spannungsversorgung des Antennenverstärkers durch das Radio über den Mittelleiter des Antennenkabels. Wenn Sie ein anderes Fabrikat einbauen, benötigen Sie für den Anschluss an den Antennenverstärker einen Fernspeise-Adapter. Er ist bei Audi erhältlich.

Arbeitsschritte

① Batterie-Massekabel abklemmen. Beachten Sie dabei die Hinweise unter »Batterie ausbauen« im Kapitel »Die Fahrzeugelektrik«.

② Stecken Sie die Entriegelungswerkzeuge in die entsprechenden Schlitze, bis diese einrasten. Wenn sie beschriftet sind, soll »Top L« nach links oben, und »Top R« nach rechts oben zeigen.

③ Ziehen Sie das Radio an den Grifflösen der Werkzeuge aus der Armaturentafel. Das Radio darf dabei nicht verkantet werden.

④ Ziehen Sie die Steckverbindungen ab. Nicht alle A6 sind mit Mehrfachsteckern ausgerüstet, so dass die Stecker beim Einbau vertauscht werden können. Bringen Sie also am besten Markierungen an.

⑤ Ziehen Sie zum Einbau beide Werkzeuge aus dem Radio heraus und stecken die Anschlüsse an.

⑥ Schieben Sie das Radio in die Armaturentafel, bis es einrastet.

⑦ Klemmen Sie das Massekabel der Batterie wieder an.

⑧ Geben Sie den Geheimcode ein. Schauen Sie dazu in die Bedienungsanleitung des Radiogeräts.

Zum Ausbau des Radios stecken Sie die Entriegelungswerkzeuge (Pfeile) in die entsprechenden Schlitze und ziehen das Radio an den Griffen der Werkzeuge heraus.

Innenleuchten in Stand setzen

Arbeitsschritte

① Wenn Sie die Glühlampe wechseln wollen, brauchen Sie nur die Streuscheibe vorsichtig mit einem Schraubendreher abzuhebeln.

② Die gesamte Leuchte läßt sich ebenfalls mit einen Schraubendreher heraushebeln.

③ Ziehen Sie die beiden Stecker ab.

④ Zum Einbau hängen Sie die Innenleuchte ein und clipsen sie gegenüber ein.

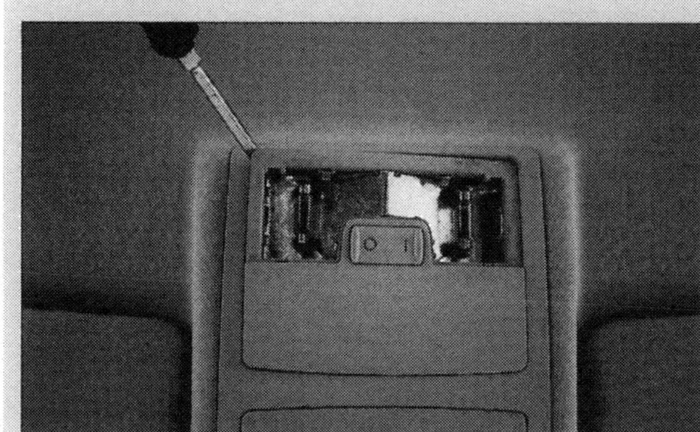

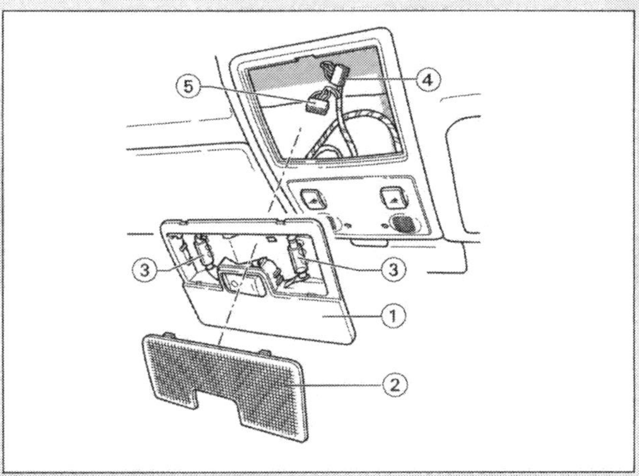

Zum Wechsel der Glühlampe ❸ ist nur die Streuscheibe ❷ mit einem Schraubendreher abzuhebeln. Die gesamte Innenleuchte ❶ kann man ebenfalls mit einem Schraubendreher vorsichtig heraushebeln. Trennen Sie dann die Stecker ❹ und ❺.

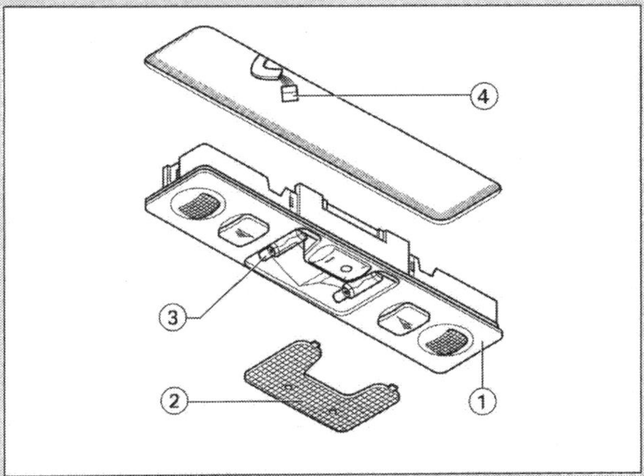

Auch die Lampe ❸ der hinteren Innenleuchte ❶ lässt sich durch einfaches Herausheben der Streuscheibe ❷ erreichen. Zum Ausbau der ganze Leuchte (auch herauszuhebeln) trennen Sie noch den Stecker ❹.

Innenleuchte in der Heckklappe ausbauen (Avant)

Arbeitsschritte

① Öffnen Sie die Heckklappe.

② Die Leuchte an der unteren Kante vorsichtig mit einem Schraubendreher heraushebeln.

③ Zum Einbau die Leuchte oben in die Aussparung einsetzen und unten vorsichtig eindrücken.

Die Leuchte kann mit einem Schraubendreher vorsichtig herausgehebelt werden. Zum Einbau zuerst oben einsetzen und unten vorsichtig hineindrücken.

Kofferraumleuchten ausbauen

Arbeitsschritte

① Zum Glühlampenwechsel muss man die Leuchten ausbauen. Dazu drücken Sie mit einem flachen Schraubendreher die Rastnase ein und hebeln die Leuchte heraus.

② Auf der Rückseite sitzt die Glühlampe.

③ Beim Einbau die Leuchte in die Öffnung einsetzen und auf der Gegenseite einrasten lassen.

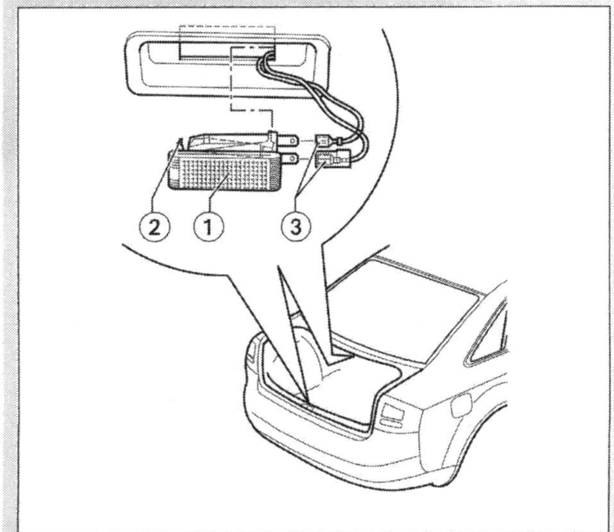

Zum Ausbau der Kofferraumleuchte ❶ mit einem Schraubendreher die Rastnase ❷ eindrücken und die Leuchte heraushebeln. Trennen Sie die Steckverbindung ❸.

DIE KAROSSE

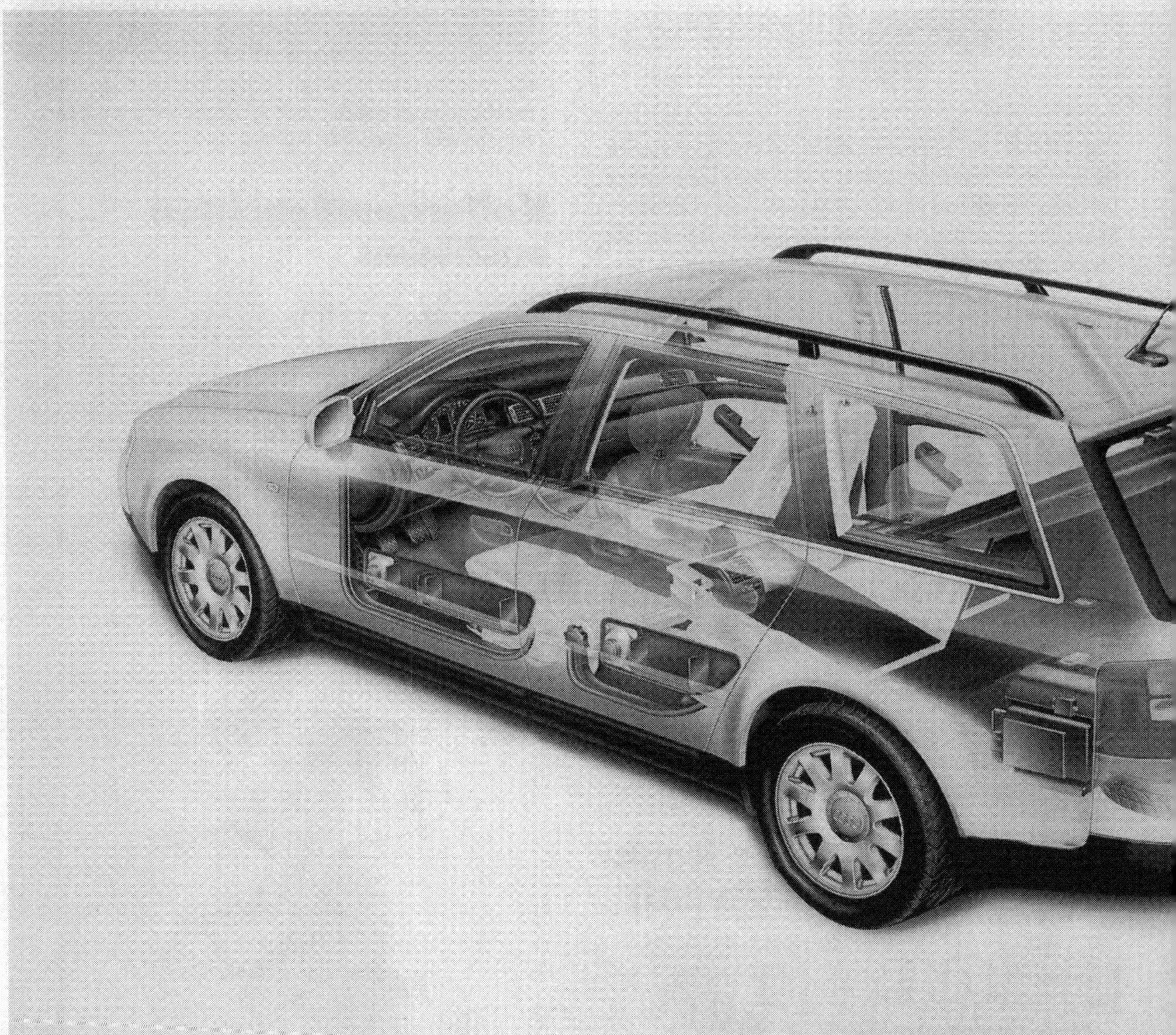

Das Design der A6-Karosserie ist ihr augenfälligstes Merkmal. Erst auf den zweiten Blick erkennt man noch andere Qualitäten: Bei der Verarbeitung hat Audi mittlerweile sogar Mercedes und BMW überholt. Und die Vollverzinkung sorgt für langjährige Korrosionsbeständigkeit

RIE

Reparatur

Dass der A6 außergewöhnlich aussieht, wird von kaum jemanden bestritten. Am allerwenigsten natürlich von seinen Besitzern. Doch die Karosserie verfügt noch über eine Menge anderer Qualitäten: Der cw-Wert liegt bei nur 0,28. Und die Steifigkeit der Karosserie, eine Voraussetzung für gute Fahrdynamik und hohen Komfort, liegt um 50 Prozent höher als beim Vorgänger. Das Gewicht ist dabei nicht gestiegen, sondern, im Gegenteil, gesunken. Grund dafür ist der Einsatz von Aluminium, etwa bei der Motorhaube, die komplett aus dem Leichtmetall besteht. Diese Konstruktion ist 36 Prozent leichter als ein vergleichbares Teil aus Stahlblech, die Torsionssteifigkeit liegt trotzdem um 20 Prozent höher.

Aluminium kommt auch bei den Türrahmen, dem Stoßfänger- und Cockpit-Modulträger und den Seitenaufprallträgern zum Einsatz. Je nach Ausstattung konnte Audi gegenüber dem Vorgängermodell insgesamt bis zu 40 Kilogramm Gewicht einsparen. Die komfort- und sicherheitsbedingte Mehrausstattung des neuen Modells ist dabei schon berücksichtigt.

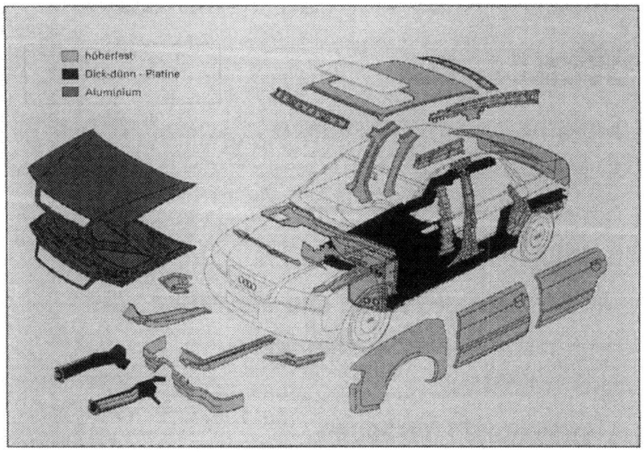

Die Karosserie des A6 ist gegenüber dem Vorgängermodell leichter und trotzdem verwindungssteifer geworden. Erreicht wurde das unter anderem durch den Einsatz von Aluminium – die Motorhaube besteht komplett aus dem Leichtmetall. Andere Elemente sind aus Stahl von besonderer Festigkeit oder unterschiedlicher, optimierter Dicke gefertigt.

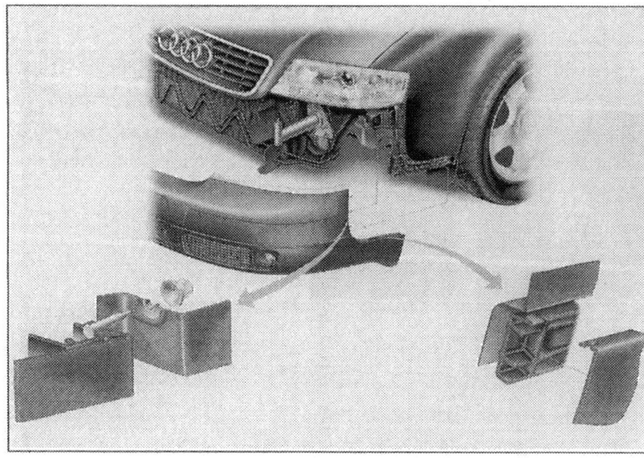

Besonders stolz ist Audi auf das Stoßfänger-Modul, das einen Wandaufprall bis zu einer Geschwindigkeit von vier km/h schadlos überstehen soll. Bei 15 km/h bleiben der Längsträger und der Kotflügel unbeschädigt. Die Konstruktion sorgt für niedrigere Reparaturkosten – und günstigere Versicherungstarife.

Passive Sicherheit

Für die passive Sicherheit der Insassen sorgt die selbsttragende Sicherheits-Fahrgastzelle, die mit verformbaren Längsträgern ausgestattet ist. Dazu kommen ein steifer Aufbau der Karosserie und ein Aufprallschutz auf beiden Seiten. Trotz dieser ausgeklügelten Konstruktion ist der A6 ein reparaturfreundliches Auto. Das merken Sie spätestens dann, wenn Sie nach einem Blechschaden einen Stoßfänger, einen Kotflügel oder eine Heckklappe wechseln müssen. Bis zu einer Wandaufprall-Geschwindigkeit von vier km/h ist das nicht nötig. Die spezielle Stoßfänger-Konstruktion soll derartige Zusammenstöße schadlos überstehen. Längsträger und Kotflügel bleiben bis zu einer Wandaufprall-Geschwindigkeit von 15 km/h unversehrt.

Scheiben und Fenster

Frontscheibe, Heckscheibe und das feststehende Seitenfenster bieten freilich keinen Spielraum fürs Do it yourself. Sie sind als konstruktives Element der Karosserie mit dem Aufbau verklebt. Ohne Spezialwerkzeug ist da nichts zu machen – ein typischer Fall für die Werkstatt. Das gilt leider auch für den Ausbau der Türscheiben.

Praxistipp

Arbeiten an der Karosserie

Die meisten der in diesem Kapitel vorgestellten Reparaturen können Sie mit einer Werkzeug-Grundausstattung selbst erledigen. Viel Teile sind mit Torx-Schrauben befestigt, weshalb Sie zusätzlich einen entsprechenden Schlüssel-Satz benötigen. Teile wie Motorhaube, Heckklappe und Türen sind jedoch ziemlich sperrig und können beim Ausbau nur schwer gesichert werden. Lassen Sie sich daher von einem Helfer unterstützen. Ein Tipp für Arbeiten an Motorhaube und Heckklappe: Sie erleichtern sich den Wiedereinbau, wenn Sie die Lage der Scharniere vor der Demontage mit einem wasserfesten Filzschreiber anzeichnen.
Bei der Montage von verschraubten Karosserieteilen müssen die vorgeschriebenen Spaltmaße eingehalten werden. Andernfalls kann es zu Klapper- oder Windgeräuschen kommen.

Gefahrenhinweis

Sicherheitshinweise für Karosseriearbeiten

Gurtstraffer: Die Vordersitze des A6 und die Außensitze im Fond sind mit Gurtstraffern ausgestattet, die bei einem Crash die Sicherheitsgurte schlagartig anziehen. Aktiviert werden die Gurtstraffer von elektrisch gezündeten Gasgeneratoren. Dieses Rückhaltesystem ist fürs Do it yourself tabu. Montage und Demontage der Gurtstraffer sind Sache der Werkstatt, die dabei strenge Sicherheitsvorschriften einhalten muss. Wenn Sie an der Karosserie arbeiten, dürfen Sie nicht ohne weiteres in der Umgebung der Gurtrolle mit Schlagschrauber oder Hammer arbeiten – die Gurtstraffer reagieren empfindlich auf Vibrationen und harte Schläge und können auslösen. Ziehen Sie zur Sicherheit vor allen Arbeiten unter dem Fahrzeug die Sicherung für die Gurtstraffer ab und warten Sie fünf Minuten, bis sich die Kondensatoren entladen haben.
Verzinkung: Die Karosserie ist außen elektrolytisch- und innen feuerverzinkt. Bei Schweißarbeiten entsteht giftiges Zinkoxid. Sorgen Sie für gute Belüftung am Arbeitsplatz.
Klimaanlage: Es dürfen keine Schweiß- oder Lötarbeiten durchgeführt werden, bei denen sich Teile der Klimaanlage erwärmen können.
Elektrische Anlage: Ist bei Arbeiten an der Karosserie auch die elektrische Anlage betroffen, muss die Batterie abgeklemmt werden. Beachten Sie bitte hierzu die Hinweise unter »Batterie ausbauen« im Kapitel »Die Fahrzeugelektrik«.

Stoßfänger ausbauen

Arbeitsschritte

① Fahrzeug vorn aufbocken und Vorderräder abnehmen.

② Lösen Sie den vorderen Teil des Innenkotflügels aus Kunststoff.

③ Schrauben Sie die Sechskantmuttern auf beiden Seiten ab. In der Zeichnung finden Sie die Position der Muttern.

④ Drehen Sie die Schrauben am Innenkotflügel heraus.

⑤ Drehen Sie die beiden Innensechskantschrauben unten am Stoßfänger heraus.

⑥ Ziehen Sie den Stoßfänger mit einem Helfer nach vorn ab.

⑦ Vor dem Einbau prüfen Sie bitte, ob die drei Clipse links und rechts am Kotflügel eingesetzt sind. Wenn nicht, eindrücken bis sie einrasten.

⑧ Schieben Sie den Stoßfänger mit einem Helfer auf den Pallträger, bis die Rastnasen am Kotflügel einrasten.

⑨ Clipsen Sie den Stoßfänger links und rechts in die Führungsteile ein.

⑩ Schrauben Sie die Sechskantmuttern mit sechs Newtonmetern fest.

⑪ Die Innensechskantschrauben mit 23 Nm festziehen. Der Pralldämpfer ist in der Höhenlage selbsteinstellend. Dadurch wird der Stoßfänger beim Einschrauben der Innensechskantschrauben automatisch in der vorher eingestellten Position befestigt.

⑫ Räder montieren und Fahrzeug ablassen.

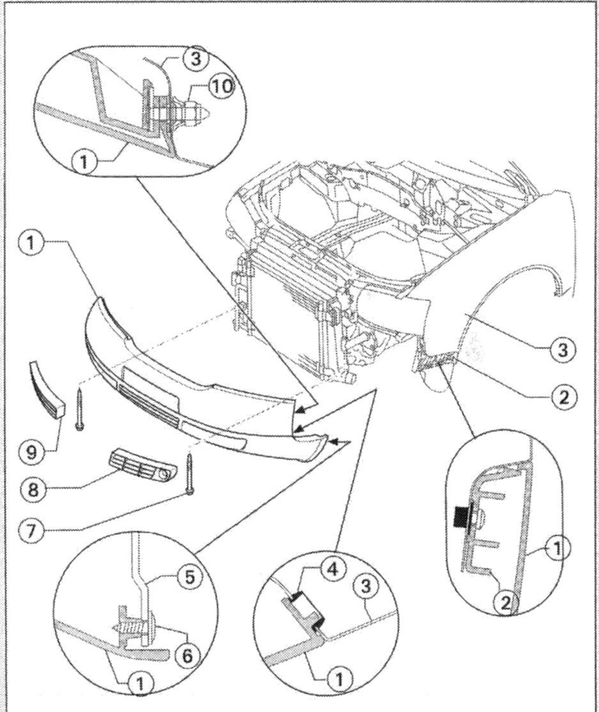

So demontieren Sie den Stoßfänger ❶: Innenkotflügel ❺ vorn lösen. Sechskantmutter ❿ ausschrauben. Schrauben ❻ aus dem Innenkotflügel ausschrauben. Innensechskantschrauben ❼ herausdrehen. Stoßfänger vom Führungsteil ❷ abnehmen. Beim Einbau muss die Rastnase des Stoßfängers in den Clip ❹ einrasten. Weitere Teile: ❸ Kotflügel. ❽ und ❾ Lufteinlassgitter.

Schlossträger in Service-Stellung bringen

Bei manchen Motorversionen bleibt im Motorraum ziemlich wenig Platz zum Schrauben. Um solche Arbeiten etwas zu erleichtern, lässt sich der gesamt Schlossträger nach vorn schieben. Diese Position nennt sich »Service-Stellung«.

Arbeitsschritte

① Bauen Sie den Stoßfänger aus wie vorstehend beschrieben.

② Lösen Sie die Geräuschdämmung vorn unter dem Motor. Ganz abbauen müssen Sie diese nicht.

③ Schrauben Sie die Luftführung zwischen Luftfilter und Schlossträger am Schlossträger ab.

④ Drehen Sie auf der rechten Seite die Befestigungsschraube heraus und an ihrer Stelle das Spezialwerkzeug (siehe Bildunterschrift) ein. Auf diesem Werkzeug gleitet der Schlossträger nach vorn.

⑤ Auf der linken Seite drehen Sie das Werkzeug in die vorhandene Gewindebohrung.

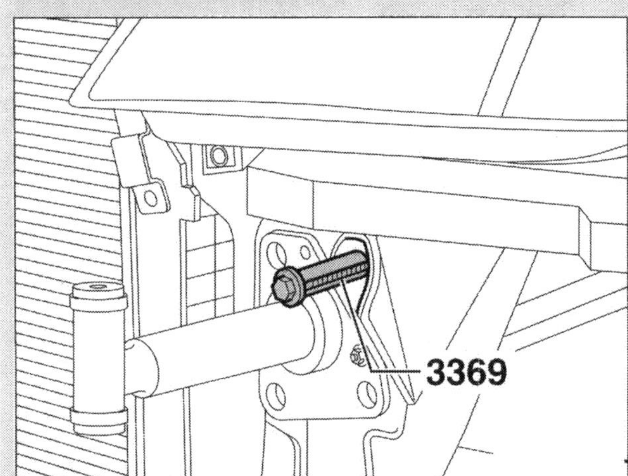

Um den Schlossträger in Servicestellung bringen zu können, brauchen Sie das abgebildete Spezialwerkzeug Audi 3369 zweimal. Sie können es folgendermaßen selber bauen: Nehmen Sie eine Schraube M8x90 und eine Unterlegscheibe mit 24 mm Außendurchmesser. Stecken Sie zuerst die Scheibe auf die Schraube, dann eine Hülse von 80 mm Länge und 17 mm Durchmesser.

⑥ Drehen Sie die Befestigungsschrauben links und rechts im Kotflügelbereich heraus.

⑦ Drehen Sie jetzt die Schrauben vorn heraus.

⑧ Ziehen Sie den Schlossträger nach vorn und fixieren ihn. Die hintere Bohrung am Schlossträger muss sich mit der vorderen Gewindebohrung an der Kotflügelbank decken. So schrauben Sie den Schlossträger links und rechts fest.

⑨ Beim Einbau beachten Sie bitte, dass nach der Montage die Einstellung der Scheinwerfer überprüft werden muss.

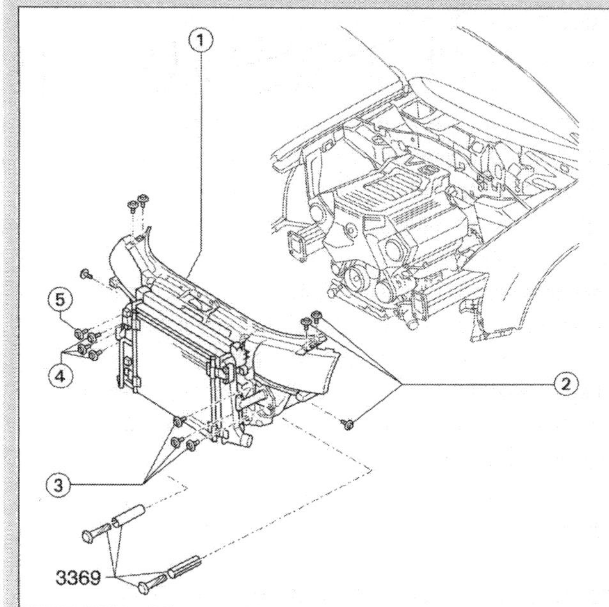

So bringen Sie den Schlossträger ❶ in Service-Stellung (beachten Sie bitte die Hinweise im Text): Befestigungsschraube rechts ❺ herausdrehen und Sonderwerkzeug eindrehen, links Sonderwerkzeug in das Gewinde einschrauben, Schrauben ❷ herausdrehen, dann Schrauben ❸ und ❹ ausschrauben.

Kotflügel ausbauen

Arbeitsschritte

① Bauen Sie den Stoßfänger und den Innenkotflügel aus.

② Bauen Sie das Schließteil aus wie im Bild beschrieben.

③ Lösen Sie den Scheinwerfer.

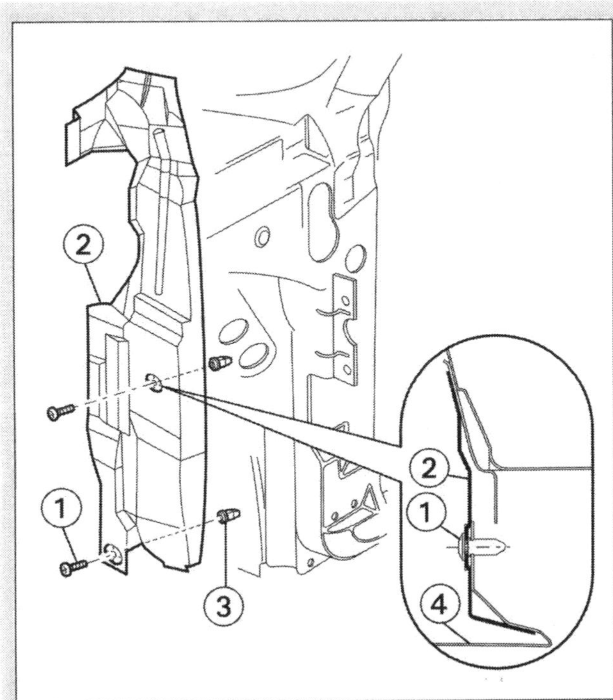

An das Schließteil kommen Sie bei ausgebautem Vorderrad und Innenkotflügel heran. Drehen Sie die Schrauben ❶ aus dem Spreitzclip ❸ und das Schließteil ❷ aus dem Kotflügel ❹ herausnehmen.

④ Trennen Sie die elektrische Steckverbindung für den seitlichen Blinker.

⑤ Drehen Sie die fünf Befestigungsschrauben am Kotflügel heraus. Wenn es sich bei Ihrem A6 um Innentorxschrauben handelt, müssen sie beim Einbau des Kotflügels erneuert werden. Grund: Schrauben und Scheiben besitzen eine Micro-Verkapselung.

⑥ Der Einbau erfolgt in umgekehrter Reihenfolge.

Motorhaube ausbauen und einstellen

Die Motorhaube besteht wie weiter vorn schon erwähnt aus Aluminium. Daher kann bei ungeeigneten Verbindungselementen Kontaktkorrosion entstehen. Audi verwendet Elemente mit einer speziellen Oberflächenbeschichtung mit einer grünlichen Färbung. Wenn Sie Zweifel an der Wiederverwendbarkeit von Teilen haben, verbauen Sie generell neue Teile. Audi lehnt eine Gewährleistung bei Kontaktkorrosion ab. Gummis, Kunststoffteile und Klebstoffe bestehen aus elektrisch nicht leitenden Materialien.

Arbeitsschritte

① Leitung für Scheibenreinigungsanlage abstecken und Leitung ausclipsen.

② Gasdruckfeder von der Klappe demontieren. Dabei benötigen Sie einen Helfer, der die Motorhaube hält. Die Sicherungsfeder am Ende der Feder heben Sie mit einem kleinen Schraubendreher an, dann können Sie die Gasdruckfeder vom Kugelzapfen abnehmen.

③ Drehen Sie die Muttern am Haubenscharnier ab. Um sich nach dem Einbau Justierarbeiten zu ersparen, können Sie die Position der Muttern auf dem Scharnier markieren.

④ Der Einbau erfolgt in umgekehrter Reihenfolge.

So stellen Sie gegebenenfalls die Haube ein:

⑤ In der Höhe können Sie die Haube über das Klappenschloss einstellen. Lösen Sie dazu die Schrauben des Schlossunterteils verstellen es nach unten oder oben.

⑥ Um einen sauberen Abschluss zu den Kotflügeln zu erhalten, verdrehen Sie die Anschlagpuffer aus Gummi in der Haube. Sie haben ein Gewinde und können wie eine Schraube herein- und herausgedreht werden.

Diese Anschlagpuffer (Pfeil) können Sie zum Einstellen der Motorhaube herein- und herausdrehen. So erhalten Sie einen sauberen Abschluss zu den Kotflügeln.

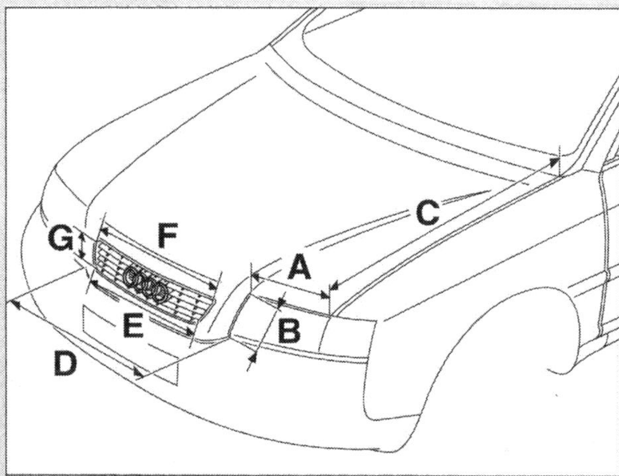

Die Fugenmaße im Bereich der Motorhaube: A: 5 mm. B: 5 mm. C: 3 mm. D: 5 mm (A-D bis 1 mm mehr). E: 2 mm. F: 2 mm. G: 2,5 mm (E-G 0,2 mm Toleranz).

Kofferraumdeckel ausbauen und einstellen

(mit Innenverkleidung ausbauen)

Arbeits-schritte

① Bauen Sie den Halter für das Warndreieck aus.

② Bauen sie die Auskleidung der Klappe aus. Dazu verkleidete Schrauben (siehe Foto) und Schrauben im Zuziehgriff herausdrehen. Auskleidung von unten nach oben ausclipsen.

An den Ecken verbergen sich Schrauben ❶, die die Innenverkleidung der Klappe halten. Sie sind mit Filz beklebt und schwer zu erkennen. Weiter oben sehen Sie den Anschlagpuffer ❷ zum Einstellen des Kofferaumdeckels.

③ Elektrische Leitungen trennen und ausclipsen.

④ Markieren Sie die Position der Muttern am Klappenscharnier.

⑤ Schrauben Sie die Muttern für die Verbindung beider Klappenscharniere zur Klappe ab. Gegebenenfalls die kleine Gasdruckfeder am Scharnier abbauen. Dazu mit einem kleinen Schraubendreher die Sicherungsfeder etwas anheben und Kugelkopf abziehen. Nehmen Sie mit einem Helfer die Klappe ab.

⑥ Beim Einbau gehen Sie in umgekehrter Reihenfolge vor.

So stellen Sie die Klappe ein:

⑦ Die Höhen- und Längseinstellung geschieht über das Klappenscharnier. Lösen Sie dazu die Muttern. Achten Sie auf die Skalen, die das Einstellen erleichtern.

⑧ Die beiden Anschlagpuffer stellen Sie so ein: Federstift mit Kreuzschlitz-Schraubendreher bis zum Anschlag eindrücken und den Federstift durch Linksdrehung verriegeln. Anschlagpuffer ganz in die Heckklappe eindrehen. Schließen Sie nun vorsichtig die Klappe, bis sie mit dem Seitenteil bündig abschließt. Drehen Sie den Anschlagpuffer schrittweise heraus. Die Puffer müssen bei korrekter Einstellung und geschlossener Klappe leicht auf der Ladekante anliegen. Federstift mit Kreuzschlitz-Schraubendreher durch Rechtsdrehung entriegeln.

⑨ Schließzapfen einstellen. Dazu die beiden Muttern lösen, dass sich der Zapfen gerade noch verschieben läßt. Klappe hinten vorsichtig schließen und verschieben, bis der Deckel mit dem Seitenteil hinten bündig ist. Deckel öffnen und Muttern festziehen.

⑩ Klappe mittig nach den Fugenmaßen ausrichten.

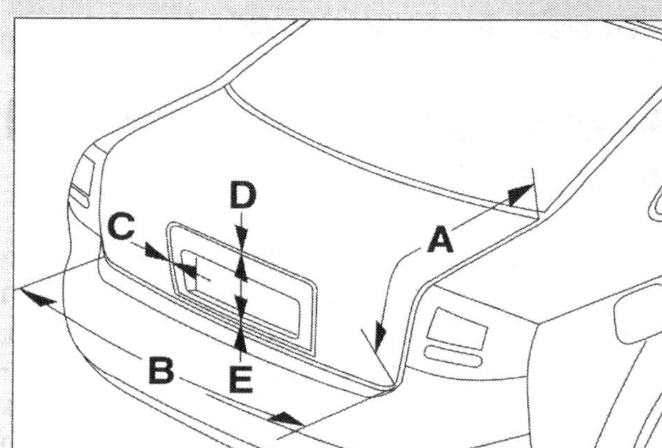

Die Fugenmaße im Bereich der Heckklappe: A: 3 mm. B: 5 mm (A-B Toleranz +1 mm). C: 1,5 mm (Toleranz 0,3 mm). D: bündig zur Klappe. E: 1,5 mm (Toleranz 0,5 mm).

Klappe hinten ausbauen und einstellen (Avant)

(mit Innenverkleidung ausbauen)

Arbeitsschritte

① Bauen Sie die Innenverkleidung der Klappe aus. Drehen Sie dazu die Schraube im Zuziehgriff innen heraus. Nehmen Sie das Warndreieck heraus und drücken das Klettband zur Seite. Dahinter sitzt noch eine Schraube, die heraus muss. Zum Schluss ziehen Sie die Verkleidung unten etwas ab und clipsen mit einem Schraubendreher die acht Klammern aus.

② Trennen Sie die elektrischen Steckverbindungen und ziehen Sie die Schläuche für die Zentralverriegelung und die Heckscheibenwaschanlage ab.

③ Öffnen Sie die Klappe und stützen Sie diese ab.

④ Lösen Sie die Gasdruckfeder, indem Sie die Haltefeder mit einem Schraubendreher anheben und die Feder vom Kugelzapfen abziehen.

Zum Ausbauen der Gasdruckfeder heben Sie die Haltefeder (Pfeil) an und ziehen die Feder vom Kugelzapfen ab. Beim Einbau wird die Gasdruckfeder einfach auf den Kugelzapfen aufgedrückt.

⑤ Schrauben Sie die Innensechskantschrauben vom Klappenscharnier.

⑥ Beim Einbau achten Sie bitte auf die richtige Lage der Gasdruckfeder. Sie muss mit dem Dämpfungselement an der Karosserie eingehängt werden.

So stellen Sie die Klappe ein:

⑦ Die Gasdruckfeder muss montiert sein.

⑧ Bauen Sie die die Ladekantenabdeckung aus. Dazu Kofferraumleuchte ausbauen, Halteschrauben herausdrehen, Schrauben aus den Verzurrösen herausdrehen und Abdeckung nach oben ausclipsen.

⑨ Lösen Sie die Kombimuttern und nehmen Sie die Abdeckung des Schließbügels ab.

⑩ Lösen Sie die Kombimuttern des Schließkeils, so dass er sich verschieben lässt. Hinweis: Wenn Sie einen Schließkeil neu einbauen, achten Sie darauf, dass die Nase nach hinten zeigt.

⑪ Lösen Sie die Schraube des Anschlags an der Karosserie und ziehen Sie das Oberteil des Anschlages vollständig heraus. Ziehen Sie die Schraube wieder leicht an.

⑫ Schließen Sie die Klappe und drücken Sie diese zwei Millimeter zu weit hinein.

⑬ Öffnen Sie die Heckklappe und ziehen Sie jetzt das Anschlagoberteil drei Verrastungen heraus.

⑭ Ziehen Sie die Schraube des Anschlags fest. War der Anschlag ausgebaut, muss er noch mit einem Niet befestigt werden.

⑮ Stellen Sie die Position der Heckklappe zum Schluss mit dem Schließbügel ein. Ziehen Sie die Muttern fest.

⑯ Prüfen Sie die Spaltmaße der Klappe.

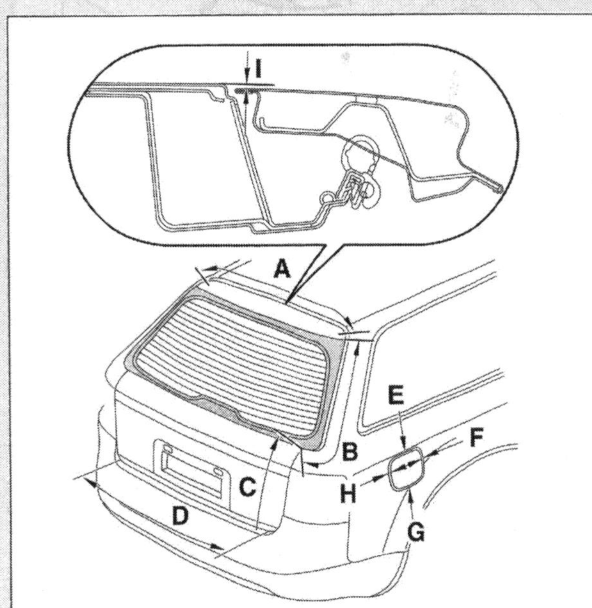

Die Fugenmaße im Bereich der Heckklappe (Avant): A: 4 mm. B: 4 mm. C: 4 mm. D: 5 mm (A–D Toleranz + 1 mm). E: 2,5 mm. F: 3,3 mm (E–F Toleranz 0,1 mm). G: 3 mm (Toleranz 0,2 mm). H: 2,5 mm (Toleranz 0,4 mm). I: 0 – 1 mm.

Stoßfänger hinten ausbauen

Arbeitsschritte

① Demontieren Sie die Kofferraumverkleidungen.

② Schrauben Sie die Sechskantmuttern ab.

③ Schrauben Sie den hinteren Teil des Innenkotflügels ab und drücken ihn zur Seite.

④ Dahinter liegende Mutter abschrauben.

⑤ Ziehen Sie die Stoßfängerabdeckung ab.

⑥ Der Einbau erfolgt in umgekehrter Reihenfolge.

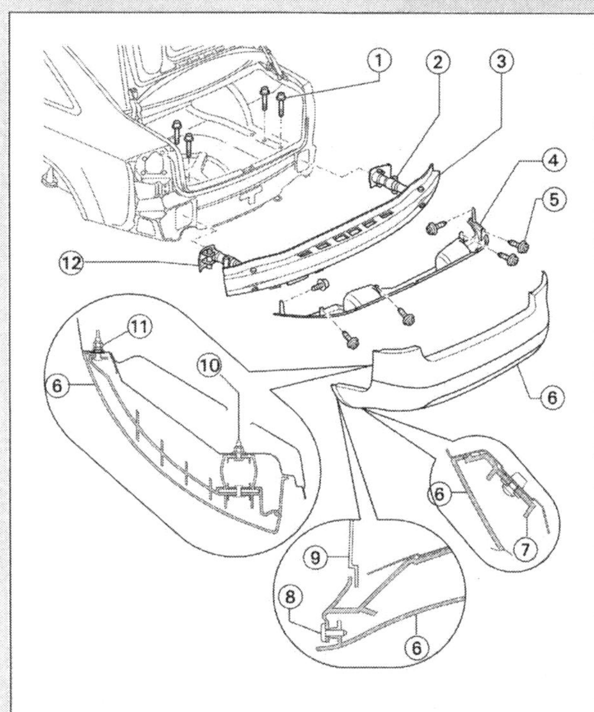

Montageübersicht des Stoßfängers hinten: ❶ Kombischraube. ❷ Pralldämpfer. ❸ Querträger. **Ausbau:** Schraube ❶ ausschrauben und Träger aus den Längsträgern herausziehen. ❹ Verkleidung für Abschlussblech hinten. ❺ Linsenblechschraube. ❻ Stoßfänger-Abdeckung. **Ausbau:** Muttern ❿ vom Kofferraum aus abschrauben. Muttern ⓫ im Radkasten abschrauben. ❼ Führungsteil. ❽ Kombischraube. ❾ Radhausschale. ❿ und ⓫: Sechskantbundmuttern. ⓬ Abdichtung.

Wasserablaufschläuche reinigen

Es empfiehlt sich, gelegentlich die Ablaufschläuche für das Schiebedach zu reinigen. Dazu benötigen Sie eine 2,3 Meter lange Sonde, die Sie beispielsweise aus Seelen von Tachometer-Antriebswellen anfertigen können.

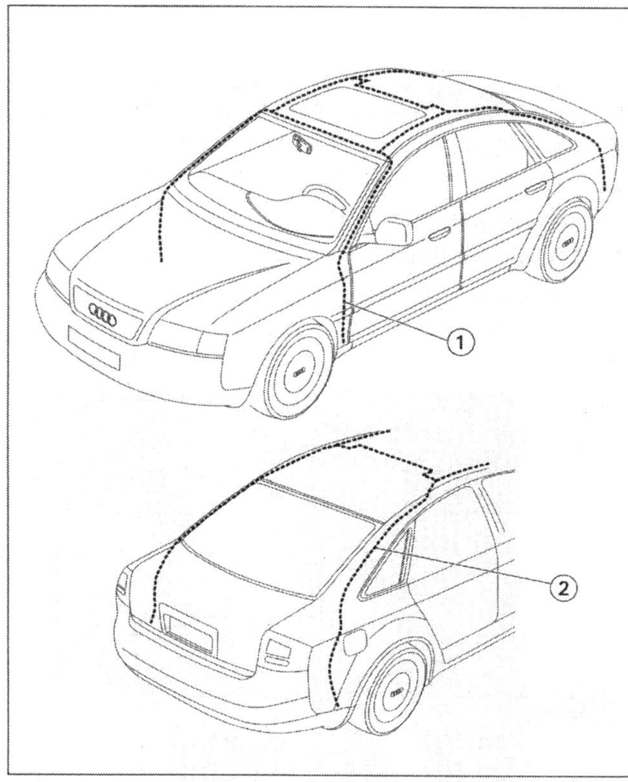

Die Wasserablaufschläuche vorn ❶ verlaufen in den A-Säulen und enden zwischen Tür und A-Säule. Die Reinigung erfolgt vom Schiebedach-Ausschnitt aus.
Die Ablaufschläuche hinten ❷ verlaufen in den C-Säulen und enden seitlich hinter der Stoßfängerabdeckung. Die Reinigung erfolgt vom unteren Schlauchende aus. Dazu muss der Stoßfänger ausgebaut werden.

Technische Daten

Motor

Modell		1.8	1.8 T	2.4	2.8	1.9 TDI
Motortyp		AJP	AEB	AGA/ALF	ACK/ALG	AFN
Hubraum	cm^3	1781	1781	2392	2771	1896
Bohrung	mm	81	81	81	82,5	79,5
Hub	mm	86,4	86,4	77,4	86,4	95,5
Verdichtungsverhältnis		10,3 :1	9,5 :1	10,5 :1	10,6 :1	19,5 :1
Höchstleistung	KW/PS	92/125	110/150	121/165	142/193	81/110
bei	1/min	5800	5700	6000	6000	4150
Max. Drehmoment	Nm	168	210	230	280	235
bei	1/min	3500	1750	3200	3200	1900
Zylinderanordnung/-zahl		R4	R4	V6	V6	R4
Schaltsaugrohr		ja	nein	ja	ja	nein
Nockenwellen		2	2	4	4	1
Nockenwellenverstellung		ja	nein	ja	ja	nein
Ventile pro Zylinder		5	5	5	5	2
Ventilsteuerung	Über Zahnriemen, obenliegende Nockenwelle(n), hydraulischer Ventilspielausgleich. Benziner: Antrieb der Auslassnockenwelle über Kette durch Einlassnockenwelle					
Schmiersystem	Druckumlaufschmierung, Ölpumpe bei den Benzinern über Kette von der Kurbelwelle angetrieben					
Öldruck bei 2000/min (Öltemperatur 80°)	bar	2,5-4,5	3,0-5,0 (3000/min)	min. 2.0	min. 2.0	keine Angabe

Elektrische Anlage

Modell		1.8	1.8 T	2.4	2.8	1.9 TDI
Hubraum	cm^3	1781	1781	2392	2771	1896
Bordspannung	V	12	12	12	12	12
Batterie	Ah	44	44/60	70	70	80
Batterie	A	220	220/280	340	340	380
Generator	A	70	70	90/120	90/120	120
Zündanlage	elektronisch geregelte Kennfeldzündung (Motronic)					–

Kühlsystem

Modell		1.8	1.8 T	2.4	2.8	1.9 TDI
Hubraum	cm^3	1781	1781	2392	2771	1896
Thermostat beginnt zu öffnen	bei °C	87	87	87	87	85
maximal geöffnet	bei °C	102	102	102	102	105
min. Ventilhub	mm	8	8	8	8	7
Öffnungsdruck des Verschlussdeckels		alle 1,4 bis 1,6 bar				
Wasserpumpen-Antrieb über Zahnriemen				ja	ja	
Wasserpumpen-Antrieb über Keilrippenriemen		ja	ja			ja

Kraftstoffanlage

Modell		1.8	1.8 T	2.4	2.8	1.9 TDI
Hubraum	cm^3	1781	1781	2392	2771	1896
Leerlaufdrehzahl	1/min	720-800	860-950	670-850	740-860	780-900
Gemischaufbereitung		Benziner			Diesel	
		Kombinierte Zünd-/Einspritzanlage Bosch-Motronic mit Schubabschaltung, Klopfregelung, Luftmassenmessung und sequentieller Einspritzung		Direkteinspritzung mit elektronisch geregelter Verteilereinspritzpumpe Bosch VP 37, Turbolader mit variabler Turbinengeometrie, Ladeluftkühlung		

Kraftübertragung

Übersetzungsverhältnisse 5-Gangschaltgetriebe (Frontantrieb)

Modell		1.8	1.8 T	2.4	2.8	1.9 TDI
Hubraum	cm^3	1781	1781	2392	2771	1896
Getriebekennbuchstabe		DDU	DHW	DSC	DSY	DHF
1. Gang		3,778	3,500	3,500	3,5	3,5
2. Gang		2,176	2,118	1,944	1,944	1,944
3. Gang		1,429	1,300	1,300	1,300	1,226
4. Gang		1,029	1,029	1,029	0,943	0,838
5. Gang		0,838	0,838	0,816	0,789	0,683
Rückwärtsgang		3,444	3,444	3,444	3,444	3,444
Achsantrieb		4,111	3,700	3,889	3,700	3,700
Tacho elektronisch		ja	ja	ja	ja	ja
Durchmesser Gelenkwellenflansch	mm	108	108	130	130	130
Durchmesser Kupplungsscheibe	mm	228	228	240	240	228
Kupplungstyp		Vierzylinder			Sechszylinder	
		Hydraulisch betätigte Einscheiben-Trockenkupplung mit asbestfreien Belägen		hydraulisch betätigte Einscheiben-Trockenkupplung mit Zweimassen-Schwungrad und asbestfreien Belägen		

Übersetzungsverhältnisse Automatikgetriebe (Frontantrieb)

Modell		1.8	1.8 T	2.4	2.8	1.9 TDI
Getriebekennbuchstabe	DMU	DRF	DES	DEU	DMX	
Zahl der Gänge		4	5	5	5	4
1. Gang		2,714	3,665	3,665	3,665	2,710
2. Gang		1,551	1,999	1,999	1,999	1,440
3. Gang		1,000	1,407	1,407	1,407	1,000
4. Gang		0,679	1,000	1,000	1,000	0,742
5. Gang		-	0,742	0,742	0,742	-
Rückwärtsgang		2,111	4,096	4,096	4,096	2,884
Achsantrieb		4,444	2,727	2,727	2,727	2,923

Gewichte Limousine* (Frontantrieb, Schaltgetriebe)

Modell		1.8	1.8 T	2.4	2.8	1.9 TDI
Leergewicht	kg	1320	1390	1430	1430	1415
Zulässiges Gesamtgewicht	kg	1900	1970	2010	2010	1995
Zulässige Anhängelast gebremst bei 8% Steigung	kg	1500	1500	1900	1900	1800
Zulässige Anhängelast ungebremst	kg	690	730	750	750	740
Dach-/Stützlast		100/85	100/85	100/85	100/85	100/85

*) Die für Ihr Fahrzeug geltenden Gewichte entnehmen Sie bite Ihren Fahrzeugpapieren

Gewichte Avant* (Frontantrieb, Schaltgetriebe)

Modell		1.8	1.8 T	2.4	2.8	1.9 TDI
Leergewicht	kg	1395	1445	1495	1510	1410
Zulässiges Gesamtgewicht	kg	1975	2025	2075	2090	2050
Zulässige Anhängelast gebremst bei 8% Steigung	kg	1500	1500	1700	1900	1800
Zulässige Anhängelast ungebremst	kg	730	750	750	750	750

*) Die für Ihr Fahrzeug geltenden Gewichte entnehmen Sie bitte Ihren Fahrzeugpapieren.

Fahrwerk

Vorderachse	Vierlenker-Einzelradaufhängung mit Hilfsrahmen, Querlenker oben und unten, Lagerbock aus Aluminium, Federbeine, Stabilisator
Hinterachse Frontantrieb	Verbundlenker-Hinterachse mit getrennten Federn und Stoßdämpfer
Hinterachse quattro	Doppel-Querlenker Achse an einem geschlossen Rohrhilfsrahmen, Federbeine
Spurweite	vorn 1540 mm, hinten 1569 mm
Radstand	2760 mm
Lenkung	Zahnstangenlenkung mit Servounterstützung
Wendekreisdurchmesser	11,68 m
Lenkgetriebe-Untersetzung	16,2
Lenkradumdrehungen von Anschlag zu Anschlag	3,75

Bremsanlage

Bremssystem	Diagonal-Zweikreis-Bremssystem mit Antiblockiersystem (ABS) und elektronischer Bremskraftverteilung (EBV), Bremskraftverstärker, Scheibenbremsen vorn und hinten, vorn innenbelüftet
Handbremse	Mechanische Seilzugbremse auf die Bremsbeläge der Hinterachse wirkend
Maße Vorderräder	
Scheibendurchmesser	288 mm (15 Zoll-Rad), 312 mm (16 Zoll-Rad)
Scheibendicke	25 mm
Mindeststärke	23 mm
Belagdicke der neuen Bremsklötze	14 mm (mit Trägerplatte)
Mindeststärke der Bremsklötze	7 mm (mit Trägerplatte)
Maße Hinterräder	
Scheibendurchmesser	245 mm
Scheibendicke	25 mm
Mindeststärke	23 mm
Belagdicke der neuen Bremsklötze	11 mm (mit Trägerplatte)
Mindeststärke der Bremsklötze	7 mm (mit Trägerplatte)

Stichwortverzeichnis

Wartungsplan Audi A6

Die Wartungsintervalle Ihres A6 hängen von den gefahrenen Kilometern und dem Zeitpunkt der letzten Inspektion ab. Wenn eine Wartung oder ein Ölwechsel erforderlich ist, erscheint eine entsprechende Anzeige im Display des Tageskilometerzählers. Dies geschieht eine Minute lang nach Einschalten der Zündung und nach dem Anlassen des Motors.
Es gibt zwei verschiedene Anzeigen:
»service OEL« für den Ölwechsel und
»service INSP« für die fällige Inspektion.
Nach der Durchführung des Service muss die Intervallanzeige zurückgesetzt werden (siehe Seite 38).

Trotzdem schreibt Audi den Ölwechsel alle zwölf Monate beziehungsweise 15.000 Kilometer vor. Bei erschwerten Betriebsbedingungen wie überwiegenden Kurzstreckenfahrten oder staubigen Straßenverhältnissen soll der Ölwechsel öfter durchgeführt werden.

Die Wartung soll nach der Intervallanzeige durchgeführt werden, davon unabhängig aber alle zwölf Monate oder nach 15.000 Kilometern.

Bei Produktion dieses Buches war eine Änderung der Wartungsintervalle ab Modelljahr 2000 in Vorbereitung. Je nach Ölsorte und Motor sind danach Ölwechsel-Intervalle von bis zu 50.000 Kilometer vorgesehen. Bitte beachten Sie dazu die Unterlagen zu Ihrem Fahrzeug.

Wenn Sie die Wartungsarbeiten selbst erledigen, beachten Sie bitte folgendes: Die Werkstätten fragen bei jeder Inspektion die Fehlerspeicher der elektronischen Steuergeräte vom Motor, Airbag, Wegfahrsicherung und ABS ab. Dazu benötigt man ein spezielles Fehlerauslesegerät. Die gelegentliche Kontrolle der Fehlerspeicher ist sinnvoll, weil manche Defekte im elektronischen System während der Fahrt nicht unbedingt auffallen. Die Steuergeräte besitzen Notlaufprogramme, die den Betrieb auch bei Ausfall beispielweise eines Sensors garantieren sollen. Manche dieser Programme funktionieren so gut, dass der Fahrer einen Fehler nicht bemerkt.

Wartungsplan

Ständige Kontrollen

- Scheibenwaschwasser auffüllen
- Bremsflüssigkeit prüfen
- Scheibenwischer und Waschanlage prüfen
- Standlicht, Abblend- und Fernlicht prüfen
- Motorölstand prüfen
- Rücklichter und Nebelschlussleuchten prüfen
- Kühlflüssigkeit prüfen und nachfüllen
- Bremsleuchten und Blinker prüfen
- Reifendruck prüfen
- Warnblinker prüfen
- Bremsen prüfen
- Hupe prüfen

Wartung alle 12 Monate

- Beleuchtung, elektrische Verbraucher, Schalter, Anzeigen, sonstige Bedienelemente auf Funktion prüfen
- Scheibenwisch- und Waschanlage auf Düseneinstellung und Funktion prüfen
- Scheibenwischerblätter: Ruhestellung und auf Beschädigung prüfen
- Eigendiagnose: Fehlerspeicher mit V.A.G. 1551 abfragen
- Service-Intervallanzeige zurücksetzen
- Türfeststeller schmieren
- Schließzylinder schmieren
- Schiebedach-Führungsschienen reinigen und mit Silikon-Gleitmittel einsprühen
- Säurestand der Batterie prüfen, ggf. destilliertes Wasser auffüllen
- Scheibenwasch-/Scheinwerferreinigungsanlage Flüssigkeit auffüllen
- Frostschutz im Kühlsystem prüfen
- Motorraum: Sichtprüfung auf Beschädigungen und Undichtigkeiten
- Motor von unten: Getriebe, Achsantrieb, Lenkung, Gelenkschutzhüllen: Sichtprüfung auf Beschädigung und Undichtigkeiten
- Motoröl: Wechseln, Ölfilter ersetzen
- Sichtprüfung der Bremsanlage auf Undichtigkeiten und Beschädigungen
- Dicke der Bremsbeläge prüfen
- Bremsflüssigkeitsstand abhängig vom Belagverschleiß prüfen
- Sichtprüfung der Abgasanlage
- Spiel, Befestigung und Dichtungsbälge der Spurstangenköpfe prüfen
- Dichtungsbälge der Achsgelenke prüfen
- Reifen (einschließlich Reserverad): Zustand, Reifenlaufbild, Fülldruck und Profiltiefe prüfen.
- TDI: Kraftstofffilter entwässern
- Probefahrt durchführen

Zusätzlich alle 30 000 km

- TDI: Kraftstofffilter wechseln
- Pollenfilter ersetzen
- 2.5 TDI: Zahnriemen für Nockenwellenantrieb auf Beschädigung prüfen. Zahnriemen für Einspritzpumpe auf Beschädigung und Spannung prüfen
- Ölstand im Schaltgetriebe prüfen
- Unterbodenschutz auf Beschädigung prüfen
- Scheinwerfereinstellung prüfen

Zusätzlich alle 60 000 km

- Luftfiltergehäuse reinigen und Filtereinsatz wechseln
- Zündkerzen ersetzen
- Hydraulik: Auf Dichtheit und Flüssigkeitsstand prüfen
- Ölstand des Achsantriebes beim automatischen Getriebe prüfen
- Viergang-Automatikgetriebe 01N: ATF wechseln

Zusätzlich alle 90 000 km

- 1.9 TDI: Zahnriemen für Nockenwellenantrieb und Spannrolle ersetzen

Zusätzlich alle 120 000 km

- 1.8 Turbo: Keilriemen und Keilrippenriemen ersetzen
- 2.4 Benziner und 2.5 TDI: Zahnriemen für Nockenwellenantrieb und Keilrippenriemen ersetzen
- 2.8 Benziner: Zahnriemen, Spannrolle für Zahnriemen und Keilrippenriemen ersetzen
- 2.5 TDI: Zahnriemen für Einspritzpumpe ersetzen

Alle 24 Monate

- Bremsflüssigkeit wechseln

Erstmals nach 36 Monaten, dann alle 24 Monate

- Abgasuntersuchung

FSC
www.fsc.org
MIX
Papier | Fördert gute Waldnutzung
FSC® C083411

Kolibri 360 GmbH
Ferdinand-Jühlke-Straße 7
99095 Erfurt, Deutschland
produktsicherheit@kolibri360.de

Druck:
CPI Druckdienstleistungen GmbH
im Auftrag der
Kolibri 360 GmbH
Ferdinand-Jühlke-Str. 7
99095 Erfurt